矿山环境保护

（第三版）

主　编　尹国勋
副主编　李成杰　张　东　黄兴宇

中国矿业大学出版社
·徐州·

内容简介

本书针对矿山开发过程中产生的废水、废气、噪声、固体废物及采掘工程诱发的地质灾害等，分析了其对水环境、大气环境、声环境和生态环境诸方面的影响，论述了矿山环境保护的基本理论、对污染物处理与防治的技术及固体废物的资源化利用途径，还从可持续发展的角度，介绍了矿山清洁生产、矿山环境影响评价和矿区地方病等内容。

本书可作为高等院校环境工程、环境科学、采矿工程等专业的本科生教材，也可作为矿山环保工作者和相关专业研究生的参考教材。

图书在版编目(CIP)数据

矿山环境保护 / 尹国勋主编. —3版. —徐州：中国矿业大学出版社，2020.12

ISBN 978-7-5646-4927-2

Ⅰ. ①矿… Ⅱ. ①尹… Ⅲ. ①矿区环境保护 Ⅳ. ①X322

中国版本图书馆CIP数据核字(2020)第270011号

书　　名　矿山环境保护
主　　编　尹国勋
责任编辑　褚建萍
出版发行　中国矿业大学出版社有限责任公司
　　　　　　（江苏省徐州市解放南路　邮编 221008）
营销热线　(0516)83884103　83885105
出版服务　(0516)83995789　83884920
网　　址　http://www.cumtp.com　**E-mail**:cumtpvip@cumtp.com
印　　刷　江苏淮阴新华印务有限公司
开　　本　787 mm×1092 mm　1/16　**印张** 28.25　**字数** 725 千字
版次印次　2020年12月第3版　2020年12月第1次印刷
定　　价　49.50元
（图书出现印装质量问题，本社负责调换）

前　言

本书自2010年出版发行以来，受到了读者的欢迎和鼓励。作为编者，非常感谢广大读者对本书的喜爱和好评。

近年来，环境保护的理念、理论和技术在不断发展，我国在矿产勘探和开发方面取得优异成果的同时，将矿山环境保护工作提到了前所未有的高度。遵循习总书记新时代生态文明思想，树立“绿水青山就是金山银山”理念，通过调整矿山宏观规划、完善相应的环境保护法律法规及污染物排放标准、推广先进的污染防治技术及强制性的生态恢复要求，我国的矿山环境保护工作取得了长足进步，矿区生态环境已今非昔比。考虑到该书的内容也应与时俱进，编者重新审视了该书，决定进行修订再版。

为保证本书的延续性，本次修订仍保持原有的框架和结构，但在内容方面进行了较大的修改和补充，删除了一些过时或者陈旧的内容，更新了相关的环境保护标准、技术要求和规范，针对矿山环境保护的新要求，更新了相关案例，力图使该书成为矿山环境保护高端人才培养中的重要教材，为保证我国资源重复再利用，实现资源、环境、经济相协调做出贡献。

全书共分十一章，参加第三版修订的人员有：李成杰（第一章第一节、第二章第三、四、五节、第三章、第七章、第九章第三节）、邢明飞（第一章第二节、第四章第一、二、三、四节）、张东（第二章第一、二节、第九章第一、二、四、五节）、黄兴宇（第四章第五节、第六章）、田彩霞（第五章）、王明仕（第八章第一、二、三节）、李艳丽（第八章第四、五节）、杨伟（第十章）、潘慧云（第十一章）。全书由李成杰通稿，尹国勋审定。

在本书的编写过程中，除采用了编者科研工作的有关成果和相关论文外，更多的是参考了同行专家、学者的大量学术成果和资料，在此对他们表示敬意和感谢。同时感谢该书第一、第二版参编者对此次修订工作的支持，感谢出版社相关编辑的辛勤工作和再版时提出的意见和建议。

由于编者水平有限，书中疏漏或错误之处在所难免，敬请读者批评指正。

编　者

2020年8月于河南理工大学

目　录

第一章　矿山环境问题

矿山是具有工业开采价值的矿产资源的赋存地，是矿业开发活动集中的区域。

矿山环境是指由人类采矿活动产生的矿建系统及选、冶系统等人为环境与矿山自然环境的统称。它以人类采矿活动为主体，与矿山及周边一定区域内的各种环境要素相互作用。

本书所指矿山环境保护，主要论述矿山采矿活动及选矿等矿业活动和矿山地质灾害对矿山大气环境、水环境、声环境、土壤环境和生态环境的影响及防治措施，不涉及矿山井下环境、矿产资源成矿和赋存环境以及由矿业活动发展起来的矿业城市环境。

第一节　矿产资源

一、矿产资源的概念

矿产资源简称矿产，是指由地质作用形成的，具有利用价值的，呈固态、液态、气态的天然矿物和矿石资源，它们是在地球演化进程中，由成矿作用使地球中分散的化学元素富集形成的。由于矿山物质是否被称为"矿产"取决于目前人类对其认识和利用的程度，故随着科技的进步和开发活动的进展，将有更多的矿山物质被称为"矿产"。矿产资源的形成需经过以百万年计的漫长地质时期，所以一般将矿产资源视为不可再生资源。

矿产资源是自然资源的重要组成部分，是国民经济、社会发展和人民生活的重要物质基础。目前95%以上的能源、80%以上的工业原料、70%以上的农业生产资料、30%以上的工农业用水均来自矿产资源。矿产资源属耗竭性资源，以不可再生性为其基本特点。中国成矿时空跨度大，矿种齐全，并拥有一批储量大、远景好的矿种，除少数矿产资源比较缺乏外，绝大多数矿种探明储量可观，其中至少有20种重要矿产名列世界前茅。

二、矿产资源的分类

国内外有关矿产资源的分类多种多样，有按化学元素分类的，有按不同工业矿物和岩石分类的，有按工业用途分类的，还有按矿产自然赋存状态分类的。

我国矿产资源分为能源矿产、金属矿产、非金属矿产和水气矿产四类。根据中华人民共和国自然资源部颁布的《中国矿产资源报告(2020)》，截至2019年年底，全国已发现173种矿产，其中，能源矿产13种，金属矿产59种，非金属矿产95种，水气矿产6种。

① 能源矿产：指可作为能源利用的矿产，主要有煤、石油、天然气、油页岩、铀、钍等。按赋存状态分为固体和液气体2个矿组、13个矿种。

② 金属矿产：指冶金工业所需的主要金属原料，主要有铁、锰、铬、钒、铜、铅、锌、汞、金、银等。按相关产业部门分为黑色金属、有色金属、贵金属、稀有和稀土元素4个矿组、59个矿种。

③ 非金属矿产：按相关产业部门分为化学工业原料、冶金辅助原料、建筑材料和其他非金属等3个矿组、95个矿种，其中有部分矿种还可按不同的用途再细分出若干个亚矿种，主

要有硫铁矿、磷、钠盐、明矾石、芒硝、天然碱、重晶石、云母、石英、石墨、石膏、金刚石、滑石等。

④ 水气矿产类：分为液态、气态 2 个矿组、6 个矿种。如地下水、矿泉水和二氧化碳气、硫化氢气、氦气、氡气。

按上述分类，截至 2019 年年底，我国已发现并查明资源量的矿产有 162 种。

三、矿产资源的特性

（一）不可再生性

有用元素或有用矿物的富集和成矿经历了以百万年为单位的地质年代，可是现代人类利用和开采矿产资源的速度却是相当惊人的，往往在几年、十几年，多则几十年内就可以把一个大矿采挖一空。所以相对于人类社会的发展而言，矿产资源是不会再生、不可更新的。在人类以现代科学技术对矿产资源大规模采掘的形势下，资源的枯竭是不可避免的。当然，人类如果有计划地利用矿产资源，提高矿产资源的综合利用率，扩大矿产的种类和范围，寻找和利用新能源，可以延长某些矿产资源的枯竭期限。

（二）成矿作用的多样性与复杂性

地壳是由近百种元素组成的，其中最主要的 9 种元素含量是：O 45.2%、Si 27.2%、Al 8.0%、Fe 5.8%、Ca 5.1%、Mg 2.8%、Na 2.3%、K 1.7%、Ti 0.9%，总计含量占 99%，而其他 90 多种元素含量之和才占 1%，这说明地壳中元素含量分布极不均匀。有用元素必须相对富集，并远远超过它们在地壳中的平均含量才能形成矿石，大量集中的矿石形成矿床才具有开采价值。矿床可分为三大类，即内生矿床、外生矿床、变质和多成因矿床。

（三）共生与伴生性

矿产资源通常具有多种组分共生或伴生的特点。有的矿产是由若干种平均含量差不多的元素或矿种组成的，称为共生；多数情况下是以某一矿种为主，另有若干种相对含量较少的矿种或元素混合而成的，称为伴生。例如内蒙古白云鄂博铁矿的成分十分复杂，已发现有用元素 20 多种，各种矿物百余种，其中可以综合利用的稀有、稀土矿物 30 多种。金川铜镍矿，是我国最大的硫化铜镍矿床，伴生有金、银、钴、硒、硫、镉、镓、锗等有用元素；四川攀枝花铁矿共生有钒、钛、钴、镓、锰等 13 种主要矿产。这些矿床都是拥有多种矿产的综合性矿床，这类矿床在我国较多，虽然可以一矿多用，但是矿石的选冶技术条件较复杂，在开采利用上难度较大。

（四）分布的不均衡性

矿产资源在地球上的分布极不均匀，世界各地矿产资源盈缺不一、贫富不匀，金属矿产资源常常分布在人烟稀少的山区。我国一些主要的矿产分布也极不均衡，而且又常常集中分布在僻远、经济发展较落后的地区，这就要求必须把大量矿产运往经济发达地区。以煤为例，我国煤炭分布呈现“北多南少、西富东贫”的特点，煤炭生产主要集中在中、西部地区，但消费却主要集中在东部和南部地区，这就导致我国形成“北煤南运、西煤东运”的格局。2019 年我国铁路煤炭发运量达 24.6 亿 t。

（五）数量与产量的不确定性

由于目前勘探方法存在局限性，已探明的矿产资源绝大多数在地面以下约 2 000 m 以浅的地带，这些不同形态的矿体只能根据地质条件等间接地推测其储量，误差往往较大，不规则的复杂矿体给矿产资源的寻找和勘探造成很大困难，需要投入大量资金和时间，因此矿产资源不确定性使开发投资具有一定的风险性。

四、中国矿产资源利用概况

中国是世界上矿产资源总量比较丰富、矿种配套程度比较高的国家之一，已探明的矿产资源总量约占世界的12%。我国已查明资源储量的矿产有162种，230个亚矿种。其中钨、锑、稀土、锌、萤石、重晶石、煤、锡、汞、钼、石棉、菱镁矿、石膏、石墨、滑石、铅等矿产的储量在世界上位居前列。另外，铂、铬、金刚石等矿产储量较少，不能满足国内的需要。中国矿产资源开采利用特点如下：

（一）矿产资源总量多，但人均占有量较少

中国矿产资源总量居世界第3位，但人均占有量只有世界平均水平的58%，居第53位。

（二）资源结构与需求结构不协调

部分在世界上具有明显优势的矿产需求量小，而需求量大的矿产资源量不足或是质量欠佳。大宗急需矿产（如石油、天然气、铁、铜、铝、磷、钾等）多数储量不足，或者受区位条件限制，开发利用条件差，难以满足经济建设的需要。

（三）矿石质量欠佳，贫矿多、富矿少

中国有些矿石品位低于世界平均水平，尤其是需求量大的大宗矿产更为突出。如中国铁矿平均品位仅33%，比世界平均水平低10个百分点以上；铜矿平均品位仅是富铜国家（如智利和赞比亚）的一半左右；铝土矿几乎全部为能耗高、碱耗大、生产成本高的一水硬铝土矿，而国外大部分为生产成本低的三水软铝土矿。

（四）地理分布不够理想

矿产分布多数远离资源消费区。中国主要矿产的地理分布极不均匀，不少待开发的大宗重要矿产主要分布在中、西部经济欠发达，开发条件差或交通运输困难的边远地区和生态环境脆弱地区，而矿产品加工消费区则主要集中在东部沿海地区。

（五）大型矿少、中小型矿居多

中国已探明的2万多个矿床中，大型或超大型矿床仅占矿床总数的8.6%，矿床规模以中小型为主。

（六）矿产资源开发强度大

由于国民经济建设对矿产资源的需求旺盛，矿产资源开采强度较大。据统计，2019年全国原煤产量38.5亿t，石油产量1.91亿t，天然气（含页岩气、煤层气）产量1 761.7亿m^3，铁矿石产量8.4亿t，粗钢产量10.0亿t，十种有色金属产量5 841.6万t。主要有色金属矿产品中，铜精矿产量162.8万t、铅精矿产量123.1万t、锌精矿产量280.6万t。黄金产量500.4 t（其中矿山金产量380.2 t）、磷矿石产量9 332.4万t。

第二节　矿产资源开发对环境的影响（以煤矿开发为例）

矿业在其开采、加工和运输过程中会对自然环境造成较大的破坏，产生各种各样的污染物质，造成大气、水体和土壤的污染，并给生态环境和人体健康带来直接或间接、近期或远期、急性或慢性的不利影响，而且还会引起土地退化、沙漠化和水环境变化等。

在各类矿山中，煤矿的环境问题颇具代表性。我国是一个产煤大国，煤炭是生产和生活的主要能源，在我国一次性能源中，煤炭占 75%。由于大量地使用煤炭，我国某些地区的大气污染主要是煤烟型污染，酸雨区的分布也与区域性煤炭的使用量有密切关系。同时，煤炭资源的开发利用还直接影响着社会经济的发展。

露天煤炭开采导致的环境问题主要有：破坏和占用大量土地，露天开拓、运输及废石堆放产生的大气污染，直接破坏生态环境和自然景观，采场和排土场风、水复合侵蚀造成的边坡稳定问题，排土场煤矸石酸性渗流污染，露天采坑造成的地下水疏干和区域水位下降，等等。

井工开采导致的环境问题主要有：矿井涌水诱发排、供水及生态环境三者之间的矛盾，采矿诱发的地面塌陷及其对地面建筑物、土地和生态环境的影响，固体废弃物占地及不合理堆放引起的滑坡和泥石流，等等。

煤炭资源开发对生态环境四大圈层的影响如表 1-1 所列。

表 1-1　煤炭资源开发对生态环境四大圈层的影响

圈　层	环　境　影　响
大气圈	粉尘；煤矸石自燃的有毒气体；甲烷逸散；煤烟型大气污染；等等
水　圈	疏干排水导致的地表水和地下水污染；改变地下水赋存条件及流向；区域地下水位下降；等等
生物圈	表层土直接剥离挖损；土地荒漠化；水土流失；耕地质量恶化；植被破坏；地面塌陷；煤矸石堆占土地；等等
岩石圈	冒顶、突水、突泥、瓦斯突出或爆炸等井下地质灾害；土地塌陷、地裂缝、滑坡、泥石流等地面地质灾害；等等

煤炭资源开发利用对环境的影响方式可以是物理或化学的、直接或间接的、长期或短期的。

一、对大气环境的影响

煤炭资源开采造成的大气污染是指煤矿开采产生的粉尘、废气和有害气体改变了矿区大气自然状态的成分和性质，甚至形成酸雨，导致大气环境质量下降的现象。有害气体和酸雨的沉降会污染地表水、土壤、农作物和植被。

（一）粉尘

在露天煤矿和井工开采工业广场表土剥离、基岩和煤层穿孔、爆破以及岩块和煤炭破碎、装载和运输过程中，都将产生大量的煤尘及其他粉尘，对矿区大气环境造成影响。

（二）煤矸山自燃产生的有毒气体

煤矸山自燃产生的有毒、有害气体和烟尘也是矿区大气污染的主要污染源之一。据统计，我国目前有 130 余座煤矸山正在发生自燃，占矸石山总数的 13%。由于煤矸山燃烧周期长，产生大量的 CO、CO_2、NO_x、H_2S 等有毒、有害气体，给矿区大气造成长期的严重污染。

（三）SO_2及酸雨污染

燃煤产生的 SO_2是我国西南、华南、华中地区酸雨污染的直接原因。酸雨进入土壤，危害农作物和森林生态系统；进入地表，引起水体酸化，破坏水生生态系统。酸雨还可能导致建筑物中某些金属和非金属材料部件受到缓慢腐蚀，影响其使用寿命。

（四）煤层瓦斯（气）

煤炭的井工开采中所散发出来的甲烷，也称为煤层瓦斯（气）。煤层瓦斯（气）是宝贵的能源，但若不加以利用，排入大气中，不仅污染矿区大气，而且还污染土壤。

据估计，我国的烟煤和无烟煤中含有 30 万亿～35 万亿 m^3 煤层瓦斯（气），大多数矿山仍是未加以利用便将其直接排到空气中。由于不同地区煤层瓦斯（气）的生成条件和赋存条件不同，煤层瓦斯（气）的含量在空间分布上存在较大的差异，表现为高瓦斯矿井和高瓦斯矿区常常集中分布在某些地区。在各大地区中，以华南地区的高瓦斯矿井的总数和平均矿井相对瓦斯涌出量最高（表 1-2）。

表 1-2　我国煤层瓦斯（气）的分布概况

区　域	矿井数/个			平均矿井相对瓦斯涌出量大于 20 $m^3/(t \cdot d)$ 的矿区数
	总　数	高瓦斯	低瓦斯	
华　南	1 065	516	549	23
		49%	51%	
华　北	580	173	407	5
		29%	71%	
东　北	230	120	110	5
		52%	48%	
西　北	107	16	91	0
		15%	85%	
西藏滇西	25		25	0
			100%	

二、对水环境的影响

（一）废水排放污染

矿山废水污染主要来自矿山建设和生产过程中排放的矿井水、选矿废水、尾矿水及废石堆放场淋溶水等。

煤矿高悬浮物矿井水除悬浮物含量高外（一般在 100～500 mg/L 之间），往往大肠菌群数和细菌总数也较高，全国大多数矿井排水属此类型。高矿化度矿井水是地下水与煤系地层中碳酸盐类及硫酸盐类等岩层接触，使矿井水中 Ca^{2+}、Mg^{2+}、CO_3^{2-}、HCO_3^-、SO_4^{2-} 等离子浓度增高所致，矿化度一般在 1 500～4 000 mg/L 之间，最高达 15 000 mg/L，溶解性总固体高于1 000 mg/L，往往还含有较高的悬浮物、细菌，感观性状指标差，不能达到生活饮用水的标准。酸性矿井水指 pH<6.0 的矿井水，pH 值一般在 2～5 之间，广泛分布于南方的高硫煤矿区。特殊污染型矿井水主要是指微量元素超标或含放射性元素的矿井水，主要有含氟矿井水、含重金属矿井水（铁、锰、铜、锌、铅等）以及含放射性元素矿井水。

选矿废水具有水量大、悬浮物含量高、有害物种类多的特点，主要有害物质是重金属和选矿药剂。我国的选矿废水，年排放总量大约为 36 亿 t。这类废水排入河流湖泊后，大量的悬浮固体会使河道淤塞；一些有毒的浮选剂等使水体及周围空气都有异臭，造成水中鱼虾数量减少、鱼肉有异味、鱼体变形等；有毒的重金属同样会对水源造成污染，尤其通过鱼及农作物的富集而对人体构成威胁。

煤炭的分选会排出大量黑色的选煤水，其中主要含有大量的悬浮煤粉等，焦煤的浮选选煤水中还含有油、酚、杂醇等有害物质。选煤水的直接外排不仅浪费能源，而且染黑水域，影响景观，同时还淤塞河道，妨害水生生物生长等。我国邯郸、抚顺等地的选煤厂都曾发生过外排选煤水严重污染生活和生产水源、堵塞河道的事故，经济损失达数万元至数十万元之多。

露天矿、排矿堆、尾矿及矸石堆经雨水淋滤、渗透后，形成含有高浓度硫酸和硫酸盐以及Cu、Pb、Zn、As、Hg、Cr、Ni 等有害元素淋溶水的地表径流，若未经处理排放，会直接或间接地污染地表水、地下水和周围的农田、土地，并进一步污染农作物，有害元素成分经挥发也会污染空气。

矿山废水引起的污染，不仅限于矿区本身，影响的范围远比矿区范围广。如美国由于选矿的尾矿池和废石堆所产生的化学及物理废水污染，致使 14 000 km 的河流水质恶化。在美国的阿肯色州、加利福尼亚州等十几个州内，主要河流均受到金属矿山废水的污染，河水中所含的有毒元素，如 As、Cu、Pb 等，其浓度都超过了允许标准。

（二）疏干排水引起的水文地质环境问题

露采和井巷开掘均会使地下水的赋存状态发生变化。矿井疏干排水可改变地下水的天然径流和排泄条件，同时导致地下水资源的巨大浪费，使区域地下水水位大幅度下降，造成矿区水文地质环境的恶化。如山西省曾因采矿而造成 18 个县缺水，26 万人吃水困难，30 多万亩水浇地变成旱地。焦作九里山矿区的多年排水使地下水位最大降深达 90 m。疏干碳酸盐围岩含水层时，其溶洞则构成了地面塌陷的隐患；当采空区或井巷与地表储水体存在水力联系时，更会酿成淹没矿井的重大事故。

矿井突水是煤矿常见的地质灾害。我国由于矿山疏干排水导致的矿井突水事故不断发生。据统计，近 30 多年来我国主要煤矿区因突水淹没矿井 58 次，部分淹井 64 次，造成经济损失 27 亿元。1984 年开滦范各庄煤矿发生特大水灾事故，一次事故造成的经济损失就高达 5 亿元。在河南焦作矿区，突水事故共发生 270 余次，最大突水量达 243 m^3/min，突水淹井事故 19 次，每次直接经济损失数千万元，矿区排水量高达 8.86 m^3/s，平均每采 1 t 煤就需排 60 t 水。开滦范各庄矿突水后，以突水点为中心的 10 余千米范围内，水位下降了 20～30 m，使厂矿、工业和生活供水原有系统失灵，发生“吊泵”现象，形成无水可供的局面。

在我国沿海地区的有些矿区，因疏干排水形成海水入侵，其入侵范围现仍在不断扩大，破坏了当地淡水资源，影响了植物生长。更严重的是，某些矿山由于排水，疏干了附近的地表水，浅层地下水长期得不到补充恢复，影响植物生长；有的矿区甚至出现土地石化和沙化的现象，生态环境遭到破坏。

三、对土地资源的影响

采矿对土地的破坏主要是指采矿工程占用和破坏土地，为采矿服务的交通（公路、铁路等）设施和采矿生产过程中因堆放大量固体废弃物占用土地，以及因矿山开采而产生地面裂缝、变形及地表大面积的塌陷等。据估计，到目前为止，我国采矿工业占用和破坏的土地已达 2 000 万～3 000 万亩之多。

（一）露天采矿对土地资源的破坏及其他环境的影响

露天采矿对土地资源破坏的最主要形式是对表土层的直接剥离挖损，这对土地的破坏是最严重和最直接的。1949—1989 年年底，全国露天煤矿采煤约 800 Mt，挖损及排土场压占破坏的土地约 17 600 ha；1991—2000 年开采原煤约 100 Mt，年破坏土地面积 2 200 ha；

2001—2030 年累计破坏土地面积将达 13.5 万 ha。虽然露天煤矿产量仅占全国煤炭总量的 4%，但其对矿区土地资源及生态环境的破坏是最为严重的。

我国的露天煤矿大都位于人口密度较稀疏的西部和北部，这些地区属于干旱或半干旱的生态环境脆弱区，如霍林河矿区、伊敏河矿区位于草原风沙区，平朔矿区、准格尔矿区位于水土流失严重区，神府东胜矿区位于毛乌素沙漠和西北黄土高原过渡地带的沙化区。矿区的开发加剧了水土流失和土地沙漠化。准格尔煤田土地沙化面积已占煤田面积的 21%。青海木里煤田对煤田进行开膛破肚式野蛮开采，在国家自然保护区挖了一个长 5 km、宽约 1 km、深 500 m 的大坑，现场满目疮痍，严重破坏了本就脆弱的生态环境（图 1-1）。

图 1-1　青海木里煤田采矿坑

（二）井下开采引起崩塌、滑坡、地面开裂与沉陷等土地破坏

矿山井下开采，由于采空和顶板岩石的冒落，地面发生大面积塌陷，致使大量良田废弃，村庄搬迁。我国 92.9%的煤炭来自井工开采，因而采煤沉陷是我国煤矿区最主要的生态破坏形式。根据调研报告显示，我国共有 23 个省（市、区）151 个县（市、区）分布有采煤沉陷区，采煤沉陷区面积 20 000 km^2，有的煤炭城市的沉陷面积已经超过了城市面积的十分之一。截至目前，国内生活在采煤沉陷区的城乡居民大约两千万人。由于我国各矿区地形、地貌、自然环境及地质采矿条件不同，开采沉陷对土地的影响和破坏程度也各不相同。西北、西南、华中、华北和东北大部分地区的山地、丘陵矿区开采沉陷后地表、地貌无明显变化，基本不积水，对土地影响相对小；黄河以北的大部分平原矿区属中、低潜水位平原沉陷区，开采后沉陷地只有小部分常年积水，积水区周围部分缓坡地易发生季节性积水，造成水土流失和盐渍化，对土地影响较为严重。位于黄淮平原的华东矿区（主要位于安徽、山东、江苏等省）属高潜水位沉陷地，开采沉降后地表大部分常年积水，造成耕地绝产，积水区周围沉陷坡地大部分发生季节性积水，并使原地面农田水利设施遭到严重破坏，对土地影响严重。同时，华东矿区人口密集，是我国重要的商品粮基地，采煤沉陷造成的耕地损失和人地矛盾较为突出。

（三）煤矸石和粉煤灰的堆放侵占大量土地

煤炭的开采和分选加工产生了大量的煤矸石，坑口发电厂又产生大量的粉煤灰。据统计，我国国有煤矿现有的矸石山有 1 000 余座，总堆积量达 30 亿 t，并且每年排放 1.5 亿～2.0 亿 t，占地面积超过 55 km^2。由于我国现阶段技术经济条件的限制，其综合利用率只占 20%～40%，致使大量的矿山固体废弃物侵占大量的农田、污染矿区环境、破坏生态平衡。例如，大同矿区的固体废弃物堆存量日益增多，主要是煤矸石和粉煤灰，占废弃物总产生量的 80%。

四、对生态环境的影响

露天开采可将矿区土地破坏得面目全非，原有的生态环境难以恢复。全国因采矿而破坏的森林面积已达 106 万 ha。据调查，矿山开发占用林地面积最多的 4 个省依次为黑龙江、四川、山西和江西。全国矿山开发占用草地面积为 26.3 万 ha，草地退化日趋严重，退化率由 20 世纪 70 年代的 16%上升到目前的 37%，平均每年以 67 万 ha 的速度递增。

五、物理污染

（一）噪声污染

矿山噪声的来源主要有矿山采矿机械振动（包括凿岩机、钻机、风机、空压机和电机等产生的振动）、爆破、机械维修、选矿作业以及矿区运输系统。矿山噪声源数量多、分布广，普遍未采取适当的控制措施，许多设备和作业区的噪声超过 90 dB 的国家标准，对矿山工厂和附近居民造成危害。

（二）热污染

目前我国有部分矿床，由于具有自燃倾向或处于热异常区以及属热水型矿井，其开采深度虽不大，但热污染问题已经较突出。高温使得井下作业环境条件变差，不但影响到工人的健康，而且劳动生产率急剧下降，矿山为解决工作面热污染问题不得不采用特殊的通风措施。

（三）放射性污染

某些矿山的矿石或矿井水放射性超标，对矿工具有辐射危害，因此对矿山开采的辐射安全工作必须引起足够的重视。

六、引发地质灾害

采矿过程中，在一定的地质、地形及气象条件下，在矿山及其相邻地带会发生山体崩塌、滑坡、泥石流、尾矿库溃坝等地质灾害。矿山地质灾害的环境影响将在第八章中详述。

综上所述，矿产开发对矿山水环境、大气环境、土壤环境、声环境和生态环境的影响是严重的，而各种不利的环境影响最终都集中表现在对矿山生态系统的影响。研究各类污染产生的原因，提出经济、实用、高效的污染防治措施，是保障矿山可持续发展和生态平衡的重要任务。

第二章　矿山废水的处理与综合利用

在矿山范围内，从采掘生产地点、选矿厂、尾矿库、废石场、排土场等地点排出来的废水统称为矿山废水。为突出其特点，本书所指矿山废水不包括矿区生活污水、医疗废水等非生产废水。

以煤矿为例，井工开采的煤炭占我国煤炭总产量的 92.9%。矿井水是矿山废水的主体，是在建井和井巷开采过程中，为保障正常生产和井下安全排放的地下水，水量大，成分复杂。我国大部分矿区缺水，同时矿井水大量直接排放，既是对水资源的浪费，使得区域地下水水位下降，又污染了矿区水环境。全国煤矿外排矿井水每年都在 22 亿 m^3 以上，大部分矿区的吨煤排水量为 2～4 m^3。焦作矿区是我国著名的大水矿区，年矿井水排放量高达 1.7 亿 m^3，平均每采 1 t 煤需排 56.7 m^3 水。

由于矿山废水排放量大，持续性强，而且含有大量的重金属离子、酸和碱、固体悬浮物、各种选矿药剂，个别矿山废水（例如铀矿山）中甚至还含有放射性物质等，因此，矿山废水在排放过程中会严重污染矿山环境，危及人体健康。

第一节　矿山废水污染

一、矿山废水的来源

矿山废水主要来源于以下几方面。

（一）矿井水

在矿井开拓、采掘过程中渗入、涌入和溃入井巷或工作面的水，统称矿井水。矿井水的来源包括大气降水、地表水和地下水。地下水主要包括断层水、含水层水和采空区水等。

1. 大气降水

大气降水可沿岩石的孔隙和裂隙进入地下，或直接进入矿井。大气降水对矿井水量的影响随地区、季节、开采深度的差异而不同。一般来说，降水量小的地区，少雨的季节，开采深度较大的矿井，大气降水对矿井水量影响较小。

2. 地表水

位于矿井附近或直接分布在矿井上方的地表水体，如河流、湖泊、水库、水池等，是矿井充水的重要水源，可直接或间接地通过岩石的孔隙、裂隙等流入矿井，威胁矿井生产的安全。

3. 含水层水

多数情况下，大气降水与地表水先是补给含水层，然后再流入矿井。流入矿井的含水层水量包括静储量和动储量。静储量就是巷道未揭露含水层前，赋存在含水层中的地下水。如果大气降水、地表水等不断流入含水层中，使含水层的水得到新的补充，这些补给含水层的水量称为动储量。因此，属静储量的含水层水对矿井水产生初期有一定的影响，而后逐渐减弱，属动储量的含水层水对矿井生产的影响将长期存在。

4. 断层水

张性断层破碎带是地下水的通道和汇集带，沿断层破碎带可沟通各个含水层，并与地表水发生水力联系，形成断层水。巷道揭露或采掘活动破坏了围岩的隔水性能造成断层带的水涌入井下。断层水与地表水或承压含水层连通后，对矿井生产造成巨大威胁，特别是在断层交叉处最容易发生透水事故。

5. 采空区水

采空区水又称老窑积水，就是前期生产形成的采空区及废弃巷道，由于长期停止排水而汇积的地下水。采空区水突水有以下特点：

① 当揭露采空区水时，积水会倾泻而出，瞬时涌水量大，具有很大的破坏性。

② 采空区水与其他水源无联系时，短期突水易于疏干；若与地表水有水力联系时，则形成稳定的充水水源，危害较大。

③ 采空区水由于长期处于停滞状态，含矿物质较多，有一定的腐蚀性。

（二）废石场淋滤水

2020 年我国煤矸石年排放量达 7.29 亿 t，利用率为 65%，历年积存的煤矸石 80 多亿吨，因此大量的煤矸石堆存成为煤矸石山。

煤矸石中普遍含有硫分及其他有害元素，如重庆南桐煤矿矸石含硫量高达 18.93%，贵州六枝煤矿矸石含硫量达 8%～16.08%，煤矸石中的黄铁矿结核经过风化及大气降水的长期淋溶作用，形成的硫酸或酸性水及离解出的各种有毒有害元素如镉、汞、铅、砷等渗入地下，导致土壤、地表水及浅层地下水的污染。

在铀矿石的开采和冶炼加工中会产生带有天然放射性元素如铀、镭等的废渣和尾矿等固体废物，它们是不容忽视的放射性污染源，同时与铀伴生的黄铁矿等硫化物与水、氧气等发生化学反应，特别是在氧化铁硫杆菌的作用下，生成硫酸盐和硫酸等，氧化黄铁矿等硫化物，将四价铀氧化成易溶的六价铀，同时溶解释放出许多重金属元素，从而形成酸性废水。

（三）选矿废水

选矿废水的主要来源如下：

① 碎矿过程中湿法除尘的排水，碎矿及筛分车间、胶带走廊和矿石转运站的地面冲洗水。

② 选矿废水。含大量悬浮物的选矿废水，通常经沉淀后澄清水回用于选矿，沉淀物根据其成分进入选矿系统后排入尾矿系统。有时选矿废水呈酸性并含有重金属离子，则须做进一步处理。

③ 冷却水。碎、磨矿设备冷却器的冷却水和真空泵排水。这类废水只是水温较高，往往被直接外排或冷却后回用于选矿。

④ 石灰乳及药剂制备车间冲洗地面和设备的废水。这类废水主要含石灰或选矿药剂。

在有色金属选矿中，处理 1 t 矿石浮选用水 4～7 m^3，重浮联选用水 20～30 m^3，除去循环使用的水量，绝大部分消耗的水量伴随尾矿以尾矿浆的形式从选矿厂流出。尤其在浮选过程中，为了有效地将有用组分选出来，需要在不同的作业中加入大量的浮选药剂，主要有捕收剂、起泡剂、有机和无机的活化剂、抑制剂、分散剂等。我国矿山每年采矿与选矿排出的污水达 12 亿～15 亿 t，占有色金属工业废水的 30%左右。

选矿废水中往往还含有钠、钾、镁、钙等的硫酸盐、氯化物或氢氧化物。选矿废水中的酸主要是含硫矿物经空气氧化与水混合而形成的。选矿废水中的污染物主要有悬浮物、酸碱、重金属和砷、氟、选矿药剂、化学耗氧物质以及其他的一些污染物如油类、酚、铵、膦等，其中重金属包括铜、铅、锌、铬、汞等离子及其化合物。

二、矿山废水的特点和主要污染物

（一）矿山废水的特点

1. 利用率低，排放量大，持续时间长

据统计，若不考虑回水利用时，每产 1 t 矿石，废水的排放量大约为 1 m^3。据不完全统计，目前全国煤矿年排矿井水约 45 亿 m^3，一般吨煤排放 2.5 m^3 矿井水，尤其是选矿厂废水的排放量相当惊人。如浮选法处理 1 t 矿石，一般废水排放量为 3.5～4.5 t；浮选-磁选法处理 1 t 原矿石的废水排放量为 6～9 t；若采用浮选-重选法处理 1 t 原铜矿石，其废水的排放量为 27～30 t。由此可见，选矿工艺废水的排放也是矿山废水的主要来源。地下开采，尤其是水力采煤、水砂充填法采矿，废水的排放量也是不可忽视的。有些矿山在关闭之后，还会有大量废水继续排出，长时间持续污染矿区环境。

2. 污染范围大，影响地区广

矿山废水引起的污染，不仅限于矿区本身，影响的范围远较矿区范围广。如日本足尾铜矿，由于矿山废水流出矿区，排入渡良濑川，又遇洪水泛滥，导致矿山的废水广为扩散，茨城、群马、埼玉数万公顷的农田遭受危害，废水流经之处，田园荒芜、鱼类窒息，沿岸数十万人民流离失所，无家可归。美国仅由选矿的尾矿池和废石堆所产生的化学及物理废水污染，致使 14 000 多千米的河流水质恶化。在美国的阿肯色州、加利福尼亚州等十几个州内，主要河流都受到金属矿山废水的污染，河水中所含的有毒元素，如 As、Pb 元素等含量，都超过了允许标准浓度。

3. 成分复杂，浓度极不稳定

矿山废水中有害物质的化学成分比较复杂，含量变化也比较大。如选矿厂的废水中含有多种化学物质，是由于选矿时使用了量大且品种繁多的化学药剂。有的化学药剂属剧毒物质（如氰化物），有的化学药剂虽然毒性不大，但当用量过大时也会污染环境，如大量使用捕收剂、起泡剂，会使废水中的生化耗氧量、化学需氧量急剧增高，使废水出现异臭；大量使用硫化二钠会使废水中的硫离子浓度增高；大量使用石灰等强碱性调整剂，会使废水中的 pH 值超过排放标准。

（二）矿山废水中的主要污染物

矿山废水中的主要污染物质概括起来有四大类。

1. 有机污染物

有机污染物是指废水中所含的碳水化合物、蛋白质、脂肪、木质素等有机化合物。矿山选矿厂、炼焦炉以及分析化验室排放的废水中含有酚、甲酚、萘酚等有机物，它们对水生物极为有害。

2. 油类污染物

油类污染物是矿山废水中较为普遍的污染物。当油膜厚度在 10^{-4} cm 以上时，它会阻碍水面的复氧过程，阻碍水分蒸发及大气与水体间的物质交换，从而影响鱼类和其他水生物的生长繁殖。

3. 无机污染物

无机污染物主要包括 Hg、Cd、Pb、Cr、Cu 的化合物，放射性元素及砷、氟、氰化物等。重金属的毒性大，被重金属污染的矿山排水随灌渠进入农田时，除流失一部分外，另一部分被植物吸收，剩余的大部分在泥土中聚积，当达到一定数量时，农作物就会出现病害。如土壤中含铜达 20 mg/kg 时，小麦会枯死，达到 200 mg/kg 时，水稻会枯死。此外，重金属污染的水还会使土壤盐碱化。矿山废水中的氰化物主要来源于金属选矿及炼油、焦化、煤气工业等。

4. 酸、碱污染物

酸、碱污染是矿山水污染中普遍存在的现象。如美国某水体中的酸有 70%来自矿山排水，尤其是煤矿排放的酸性矿井水。在矿山酸性废水中，一般都含有金属和非金属离子，其质和量与矿物成分、含量、矿床埋藏条件、涌水量、采矿方法、气候变化等因素有关。

酸性废水排入水体后，使水体 pH 值发生变化，消灭或抑制细菌及微生物的生长，妨碍水体自净；还可腐蚀船舶和水工构筑物。若天然水体长期受酸碱污染，水质将逐渐酸化或碱化，从而产生生态影响。

酸、碱污染不仅改变水体的 pH 值，而且还大大增加水中一般无机盐和水的硬度。酸、碱与水体中的矿物相互作用产生某些盐类，水中无机盐的存在能增加水的渗透压，对淡水生物和植物生长有不良的影响。

三、矿山废水污染的危害

矿山废水污染所造成的危害有以下几方面。

（一）危及人体健康及动植物的生存

矿山废水对人体健康的危害来自两个方面：其一，水中含有的微生物和病毒，会引起各种传染病和疾病的蔓延；其二，当饮用水中含有氰化物、砷、铅、汞、有机磷等有害物质时，会引起中毒事故。如选矿后的尾矿水中所含的酚类化合物达到有害浓度时，会引起头痛、头昏、贫血、失眠以及其他神经系统症状；在含汞矿床排放的矿坑水中，汞含量若超过 0.05 mg/L 时，即能毒害人的神经系统，使脑部受损，引起四肢麻木、视野变窄、发音困难等症状；铅在水中的浓度过高，会引起淋巴癌和白血病；等等。

矿山水体污染严重时排入河流、湖泊，还会影响水生动植物的生长，甚至造成鱼虾绝迹。

（二）危害工农业生产

矿山废水污染对农业生产的危害也是相当严重的，尤其是酸性水侵入农田或用于灌溉会导致农作物不能正常生长，甚至枯萎死亡。如安徽某硫铁矿，雨季时从废石堆淋滤出来的酸性水，大量排入采石河并用于农田灌溉，致使河两岸农作物受到严重危害，造成绝产田 1 000 余亩，减产田 2 000 余亩。

矿山废水对工业生产也会带来严重危害。地面和地下水受到污染后，若使用污染水进行生产，往往会引起产品质量降低或造成设备腐蚀，如井下酸性水能严重腐蚀管道和通排设备；经酸性水长期侵蚀的混凝土或木质结构，其强度及稳定性将大大降低。

第二节　环境标准

环境标准是为维护环境质量、控制污染而制定的各种技术指标和准则的总称。它是伴随环境立法而发展起来的，是环境保护法律体系的组成部分，是具有法规性的技术指标和准则。

矿山开发会对周围的地表水体和地下水体造成影响，可根据相应的环境质量标准进行分析和评价。

一、水环境质量标准

（一）地表水环境质量标准

目前，我国地表水环境执行《地表水环境质量标准》(GB 3838—2002)，该标准根据地表水域环境功能和保护目标，按功能高低依次划分为五类：

① Ⅰ类——主要适用于源头水、国家自然保护区；

② Ⅱ类——主要适用于集中式生活饮用水地表水源地一级保护区、珍惜水生生物栖息地、鱼虾类产卵场、仔稚幼鱼的索饵场等；

③ Ⅲ类——主要适用于集中式生活饮用水地表水源地二级保护区、鱼虾类越冬场、洄游通道、水产养殖区等渔业水域及游泳区；

④ Ⅳ类——主要适用于一般工业用水区及人体非直接接触的娱乐用水区；

⑤ Ⅴ类——主要适用于农业用水区及景观要求水域。

对应地表水上述五类水域功能，将地表水环境质量标准基本项目标准值分为五类，不同功能类别分别执行相应类别的标准值。水域功能类别高的标准值严于水域功能类别低的标准值。同一水域兼有多类使用功能的，执行最高功能类别对应的标准值。

根据《地表水环境质量标准》(GB 3838—2002)规定，地表水环境质量标准基本项目标准限值见表 2-1，集中式生活饮用水地表水源地补充项目标准限值见表 2-2，集中式生活饮用水地表水源地特定项目标准限值见表 2-3。

表 2-1　地表水环境质量标准基本项目标准限值(GB 3838—2002)　　单位：mg/L

序号	项目		标准值分类				
			Ⅰ类	Ⅱ类	Ⅲ类	Ⅳ类	Ⅴ类
1	水温/℃		人为造成的环境水温变化应限制在： 周平均最大温升≤1 周平均最大温降≤2				
2	pH 值(无量纲)		6～9				
3	溶解氧	≥	饱和率 90% (或 7.5)	6	5	3	2
4	高锰酸盐指数	≤	2	4	6	10	15
5	化学需氧量(COD)	≤	15	15	20	30	40

表 2-1(续)

序号	项目		标准值分类			
		Ⅰ类	Ⅱ类	Ⅲ类	Ⅳ类	Ⅴ类
6	五日生化需氧量(BOD_5) ≤	3	3	4	6	10
7	氨氮(NH_3-N) ≤	0.15	0.5	1.0	1.5	2.0
8	总磷(以 P 计) ≤	0.02 (湖、库 0.01)	0.1 (湖、库 0.025)	0.2 (湖、库 0.05)	0.3 (湖、库 0.1)	0.4 (湖、库 0.2)
9	总氮(湖、库,以 N 计) ≤	0.2	0.5	1.0	1.5	2.0
10	铜 ≤	0.01	1.0	1.0	1.0	1.0
11	锌 ≤	0.05	1.0	1.0	2.0	2.0
12	氟化物(以 F^- 计) ≤	1.0	1.0	1.0	1.5	1.5
13	硒 ≤	0.01	0.01	0.01	0.02	0.02
14	砷 ≤	0.05	0.05	0.05	0.1	0.1
15	汞 ≤	0.000 05	0.000 05	0.000 1	0.001	0.001
16	镉 ≤	0.001	0.005	0.005	0.005	0.01
17	铬(六价) ≤	0.01	0.05	0.05	0.05	0.1
18	铅 ≤	0.01	0.01	0.05	0.05	0.1
19	氰化物 ≤	0.005	0.05	0.2	0.2	0.2
20	挥发酚 ≤	0.002	0.002	0.005	0.01	0.1
21	石油类 ≤	0.05	0.05	0.05	0.5	1.0
22	阴离子表面活性剂 ≤	0.2	0.2	0.2	0.3	0.3
23	硫化物 ≤	0.05	0.1	0.05	0.5	1.0
24	粪大肠菌群/(个/L) ≤	200	2 000	10 000	20 000	40 000

表 2-2 集中式生活饮用水地表水源地补充项目标准限值 单位:mg/L

序号	项　　目	标准值
1	硫酸盐(以 SO_4^{2-} 计)	250
2	氯化物(以 Cl^- 计)	250
3	硝酸盐(以 N 计)	10
4	铁	0.3
5	锰	0.1

表 2-3　集中式生活饮用水地表水源地特定项目标准限值　单位：mg/L

序号	项　目	标准值	序号	项　目	标准值
1	三氯甲烷	0.06	41	丙烯酰胺	0.000 5
2	四氯化碳	0.002	42	丙烯腈	0.1
3	三溴甲烷	0.1	43	邻苯二甲酸二丁酯	0.003
4	二氯甲烷	0.02	44	邻苯二甲酸二(2-乙基己基)酯	0.008
5	1,2-二氯乙烷	0.03	45	水合肼	0.01
6	环氧氯丙烷	0.02	46	四乙基铅	0.000 1
7	氯乙烯	0.005	47	吡啶	0.2
8	1,1-二氯乙烯	0.03	48	松节油	0.2
9	1,2-二氯乙烯	0.05	49	苦味酸	0.5
10	三氯乙烯	0.07	50	丁基黄原酸	0.005
11	四氯乙烯	0.04	51	活性氯	0.01
12	氯丁二烯	0.002	52	滴滴涕	0.001
13	六氯丁二烯	0.000 6	53	林丹	0.002
14	苯乙烯	0.02	54	环氧七氯	0.000 2
15	甲醛	0.9	55	对硫磷	0.003
16	乙醛	0.05	56	甲基对硫磷	0.002
17	丙烯醛	0.1	57	马拉硫磷	0.05
18	三氯乙醛	0.01	58	乐果	0.08
19	苯	0.01	59	敌敌畏	0.05
20	甲苯	0.7	60	敌百虫	0.05
21	乙苯	0.3	61	内吸磷	0.03
22	二甲苯①	0.5	62	百菌清	0.01
23	异丙苯	0.25	63	甲萘威	0.05
24	氯苯	0.3	64	溴清菊酯	0.02
25	1,2-二氯苯	1.0	65	阿特拉津	0.003
26	1,4-二氯苯	0.3	66	苯并(a)芘	2.8×10^{-6}
27	三氯苯②	0.02	67	甲基汞	1.0×10^{-6}
28	四氯苯③	0.02	68	多氯联苯⑥	2.0×10^{-5}
29	六氯苯	0.05	69	微囊藻毒素-LR	0.001
30	硝基苯	0.017	70	黄磷	0.003
31	二硝基苯④	0.5	71	钼	0.07
32	2,4-二硝基甲苯	0.000 3	72	钴	1.0
33	2,4,6-三硝基甲苯	0.5	73	铍	0.002
34	硝基氯苯⑤	0.05	74	硼	0.5
35	2,4-二硝基氯苯	0.5	75	锑	0.005
36	2,4-二氯苯酚	0.093	76	镍	0.02
37	2,4,6-三氯苯酚	0.2	77	钡	0.7
38	五氯酚	0.009	78	钒	0.05
39	苯胺	0.1	79	钛	0.1
40	联苯胺	0.000 2	80	铊	0.000 1

注：① 二甲苯指对-二甲苯、间-二甲苯、邻-二甲苯。

② 三氯苯指 1,2,3-三氯苯、1,2,4-三氯苯、1,3,5-三氯苯。

③ 四氯苯指 1,2,3,4-四氯苯、1,2,3,5-四氯苯、1,2,4,5-四氯苯。

④ 二硝基苯指对-二硝基苯、间-硝基氯苯、邻-硝基氯苯。

⑤ 多氯联苯指 PCB-1016、PCB-1221、PCB-1232、PCB-1242、PCB-1248、PCB-1254、PCB-1260。

（二）地下水质量标准

为保护和合理开发地下水资源，防止和控制地下水污染，保障人民身体健康，促进经济建设，制定了《地下水质量标准》（GB/T 14848—2017）。该标准是地下水勘查评价、开发利用和监督管理的依据。

依据我国地下水水质现状、人体健康基准值及地下水质量保护目标，并参照了生活饮用水、工业、农业用水水质最高要求，将地下水质量划分为五类。

① Ⅰ类——地下水化学组分含量低，适用于各种用途。

② Ⅱ类——地下水化学组分含量较低，适用于各种用途。

③ Ⅲ类——地下水化学组分含量中等，以 GB 5749—2006 为依据，主要适用于集中式生活饮用水水源及工、农业用水。

④ Ⅳ类——地下水化学组分含量较高，以农业和工业用水质量要求以及一定水平的人体健康为依据，适用于农业和部分工业用水，适当处理后可作生活饮用水。

⑤ Ⅴ类——地下水化学组分含量高，不宜作为生活饮用水水源，其他用水可根据使用目的选用。

地下水质量常规指标及限值如表 2-4 所示。

表 2-4　地下水质量常规指标及限值

序号	指标	Ⅰ类	Ⅱ类	Ⅲ类	Ⅳ类	Ⅴ类
感官性状及一般化学指标						
1	色（铂钴色度单位）	≤5	≤5	≤15	≤25	>25
2	嗅和味	无	无	无	无	有
3	浑浊度/NTU[a]	≤3	≤3	≤3	≤10	>10
4	肉眼可见物	无	无	无	无	有
5	pH	6.5≤pH≤8.5			5.5≤pH<6.5 8.5<pH≤9.0	pH<5.5 或 pH>9.0
6	总硬度（以 $CaCO_3$ 计）/(mg/L)	≤150	≤300	≤450	≤650	>650
7	溶解性总固体/(mg/L)	≤300	≤500	≤1 000	≤2 000	>2 000
8	硫酸盐/(mg/L)	≤50	≤150	≤250	≤350	>350
9	氯化物/(mg/L)	≤50	≤150	≤250	≤350	>350
10	铁/(mg/L)	≤0.1	≤0.2	≤0.3	≤2.0	>2.0
11	锰/(mg/L)	≤0.05	≤0.05	≤0.10	≤1.50	>1.50
12	铜/(mg/L)	≤0.01	≤0.05	≤1.00	≤1.50	>1.50
13	锌/(mg/L)	≤0.05	≤0.5	≤1.00	≤5.00	>5.00
14	铝/(mg/L)	≤0.01	≤0.05	≤0.20	≤0.50	>0.50
15	挥发性酚类（以苯酚计）/(mg/L)	≤0.001	≤0.001	≤0.002	≤0.01	>0.01
16	阴离子表面活性剂/(mg/L)	不得检出	≤0.1	≤0.3	≤0.3	>0.3
17	耗氧量（COD_{Mn} 法，以 O_2 计）/(mg/L)	≤1.0	≤2.0	≤3.0	≤10.0	>10.0
18	氨氮（以 N 计）/(mg/L)	≤0.02	≤0.10	≤0.50	≤1.50	>1.50
19	硫化物/(mg/L)	≤0.005	≤0.01	≤0.02	≤0.10	>0.10
20	钠/(mg/L)	≤100	≤150	≤200	≤400	>400

表 2-4(续)

序号	指标	Ⅰ类	Ⅱ类	Ⅲ类	Ⅳ类	Ⅴ类
	微生物指标					
21	总大肠菌群/(MPN[b]/100 mL 或 CFU[c]/100 mL)	≤3.0	≤3.0	≤3.0	≤100	>100
22	菌落总数/(CFU/mL)	≤100	≤100	≤100	≤1 000	>1 000
	毒理学指标					
23	亚硝酸盐(以 N 计)/(mg/L)	≤0.01	≤0.10	≤1.00	≤4.80	>4.80
24	硝酸盐(以 N 计)/(mg/L)	≤2.0	≤5.0	≤20.0	≤30.0	>30.0
25	氰化物/(mg/L)	≤0.001	≤0.01	≤0.05	≤0.1	>0.1
26	氟化物/(mg/L)	≤1.0	≤1.0	≤1.0	≤2.0	>2.0
27	碘化物/(mg/L)	≤0.04	≤0.04	≤0.08	≤0.50	>0.50
28	汞/(mg/L)	≤0.000 1	≤0.000 1	≤0.001	≤0.002	>0.002
29	砷/(mg/L)	≤0.001	≤0.001	≤0.01	≤0.05	>0.50
30	硒/(mg/L)	≤0.01	≤0.01	≤0.01	≤0.1	>0.1
31	镉/(mg/L)	≤0.000 1	≤0.001	≤0.005	≤0.01	>0.01
32	铬(六价)/(mg/L)	≤0.005	≤0.01	≤0.05	≤0.10	>0.10
33	铅/(mg/L)	≤0.005	≤0.005	≤0.01	≤0.10	>0.10
34	三氯甲烷/(μg/L)	≤0.5	≤6	≤60	≤300	>300
35	四氯化碳/(μg/L)	≤0.5	≤0.5	≤2.0	≤50.0	>50.0
36	苯/(μg/L)	≤0.5	≤1.0	≤10.0	≤120	>120
37	甲苯/(μg/L)	≤0.5	≤140	≤700	≤1 400	>1 400
	放射性指标[d]					
38	总 α 放射性/(Bq/L)	≤0.1	≤0.1	≤0.5	>0.5	>0.5
39	总 β 放射性/(Bq/L)	≤0.1	≤1.0	≤1.0	>1.0	>1.0

注:a. NTU 为散射浊度单位。
b. MPN 表示最可能数。
c. CFU 表示菌落形成单位。
d. 放射性指标超过指导值,应进行核素分析和评价。

二、水污染物排放标准

废水排放标准是根据环境质量标准,并考虑技术经济的可能性和环境特点,对排入环境的废水浓度所做的限量规定。我国污水排放标准分为跨行业综合性排放标准(如污水综合排放标准)和行业性排放标准(如煤炭工业污染物排放标准,镁、钛工业污染物排放标准,铅、锌工业污染物排放标准等)。综合性排放标准与行业性排放标准不交叉执行。即有行业性排放标准的执行行业性排放标准,没有行业性排放标准的执行综合性排放标准。

在国土开发密度已经较高、环境承载能力开始减弱或环境容量较小、生态环境脆弱、容易发生严重环境污染问题而需要采取特别保护措施的地区,应严格控制企业的污染物排放行为,在上述地区的企业执行水污染物特别排放限值。执行水污染物特别排放限值的地域范围、时间由国务院环境保护行政主管部门或省级人民政府规定。

（一）煤炭工业污水排放标准

煤炭工业废水包括采煤废水和选煤废水。

煤炭工业[包括现有及新（扩、改）建煤矿、选煤厂]废水有毒污染物排放质量浓度不得超过表 2-5 规定的限值。

表 2-5　煤炭工业废水有毒污染物排放限值

序号	污　染　物	日最高允许排放浓度
1	总汞	0.05 mg/L
2	总镉	0.1 mg/L
3	总铬	1.5 mg/L
4	六价铬	0.5 mg/L
5	总铅	0.5 mg/L
6	总砷	0.5 mg/L
7	总锌	2.0 mg/L
8	氟化物	10 mg/L
9	总 α 放射性	1 Bq/L
10	总 β 放射性	10 Bq/L

1. 采煤废水排放限值

现有采煤生产线自 2007 年 10 月 1 日起，执行表 2-6 规定的现有生产线排放限值；在此之前过渡期内仍执行《污水综合排放标准》(GB 8978—1996)，自 2009 年 1 月 1 日起执行表 2-6 规定的新（扩、改）建生产线排放限值。新（扩、改）建采煤生产线自本标准实施之日 2006 年 10 月 1 日起，执行表 2-6 规定的新（扩、改）建生产线排放限值。

表 2-6　采煤废水污染物排放限值

序号	污　染　物	日最高允许排放质量浓度/(mg/L)(pH 值除外)	
		现有生产线	新（扩、改）建生产线
1	pH 值	6～9	6～9
2	总悬浮物	70	50
3	化学需氧量(COD_{Cr})	70	50
4	石油类	10	5
5	总铁	7	6
6	总锰	4	4

注：总锰限值仅适用于酸性采煤废水。

2. 选煤废水排放限值

现有选煤厂自 2007 年 10 月 1 日起，执行表 2-7 规定的现有生产线排放限值；在此之前过渡期内仍执行《污水综合排放标准》(GB 8978—1996)。自 2009 年 1 月 1 日起，应实现水路闭路循环，偶发排放应执行表 2-7 规定的新(扩、改)建生产线排放限值。

新(扩、改)建选煤厂，自本标准实施之日起，应实现水路闭路循环，偶发排放应执行表 2-7 规定的新(扩、改)建生产线排放限值。

表 2-7　选煤废水污染物排放限值

序号	污染物	日最高允许排放质量浓度/(mg/L)(pH 值除外)	
		现有生产线	新(扩、改)建生产线
1	pH 值	6～9	6～9
2	悬浮物	100	70
3	化学需氧量(COD_{Cr})	100	70
4	石油类	10	5
5	总铁	7	6
6	总锰	4	4

（二）铝工业水污染物排放标准

《铝工业污染物排放标准》(GB 25465—2010)规定了铝工业企业水污染物排放限值、监测和监控要求，并明确了标准的实施与监督等相关规定。本标准适用于铝工业企业的水污染物排放管理以及铝工业企业建设项目的环境影响评价、环境保护设施设计、竣工环境保护验收及投产后的水污染物和大气污染物排放管理。本标准规定的水污染物排放控制要求适用于企业直接或间接向其法定边界外排放水污染物的行为。

水污染物排放控制要求：自 2011 年 1 月 1 日起至 2011 年 12 月 31 日止，现有企业执行表 2-8 规定的水污染物排放限值。自 2012 年 1 月 1 日起，现有企业执行表 2-9 规定的水污染物排放限值。自 2010 年 10 月 1 日起，新建企业执行表 2-9 规定的水污染物排放限值。

表 2-8　现有企业水污染物排放浓度限值及单位产品基准排水量

单位：mg/L(pH 值除外)

序号	污染物项目	限值		污染物排放监控位置
		直接排放	间接排放	
1	pH 值	6～9	6～9	企业废水总排放口
2	悬浮物	70	70	
3	化学需氧量(COD_{Cr})	100	200	
4	氟化物(以 F 计)	8	8	
5	氨氮	15	25	
6	总氮	20	30	
7	总磷	1.5	2.0	
8	石油类	8	8	
9	总氰化物①	0.5	0.5	
10	硫化物①	1.0	1.0	
11	挥发酚①	0.5	0.5	

表 2-8(续)

序号	污染物项目	限值		污染物排放监控位置
		直接排放	间接排放	
单位产品基准排水量/(m^3/t)	选(洗)矿(合格矿)	0.2		排水量计量位置与污染物排放监控位置一致
	氧化铝厂	1.0		
	电解铝厂	2.5		
	铝用碳素厂(炭块)	3.0		

注:① 设有煤气生产系统企业增加的控制项目。

表 2-9　新建企业水污染物排放浓度限值及单位产品基准排水量

单位:mg/L(pH 值除外)

序号	污染物项目	限值		污染物排放监控位置
		直接排放	间接排放	
1	pH 值	6～9	6～9	企业废水总排放口
2	悬浮物	30	70	
3	化学需氧量(COD_{Cr})	60	200	
4	氟化物(以 F 计)	5.0	5.0	
5	氨氮	8.0	25	
6	总氮	15	30	
7	总磷	1.0	2.0	
8	石油类	3.0	3.0	
9	总氰化物①	0.5	0.5	
10	硫化物①	1.0	1.0	
11	挥发酚①	0.5	0.5	
单位产品基准排水量/(m^3/t)	选(洗)矿(合格矿)	0.2		排水量计量位置与污染物排放监控位置一致
	氧化铝厂	0.5		
	电解铝厂	1.5		
	铝用碳素厂(炭块)	2.0		

注:① 设有煤气生产系统企业增加的控制项目。

在国土开发密度已经较高、环境承载能力开始减弱或环境容量较小、生态环境脆弱、容易发生严重环境污染问题而需要采取特别保护措施的地区,应严格控制企业的污染物排放行为,在上述地区的企业执行表 2-10 规定的水污染物特别排放限值。执行水污染物特别排放限值的地域范围、时间,由国务院环境保护行政主管部门或省级人民政府规定。

表 2-10 水污染物特别排放限值 单位：mg/L(pH 值除外)

序号	污染物项目	限值		污染物排放监控位置
		直接排放	间接排放	
1	pH 值	6.5～8.5	6～9	企业废水总排放口
2	悬浮物	10	30	
3	化学需氧量(COD_{Cr})	50	60	
4	氟化物(以 F 计)	2.0	2.0	
5	氨氮	5.0	8.0	
6	总氮	10	15	
7	总磷	0.5	1.0	
8	石油类	1.0	1.0	
9	总氰化物①	0.2	0.2	
10	硫化物①	0.5	0.5	
11	挥发酚①	0.3	0.3	
单位产品基准排水量/(m^3/t)	选(洗)矿(合格矿)	0.1		排水量计量位置与污染物排放监控位置一致
	氧化铝厂	0.2		
	电解铝厂	1.0		
	铝用碳素厂(炭块)	1.2		

注:① 设有煤气生产系统企业增加的控制项目。

（三）铁矿采选水污染物排放标准

《铁矿采选工业污染物排放标准》(GB 28661—2012)规定了铁矿采选生产企业或生产设施的水污染物排放限值、监测和监控要求，并明确了标准的实施与监督等相关规定。本标准规定的水污染物排放控制要求适用于企业直接或间接向其法定边界外排放水污染物的行为。

水污染物排放控制要求：自 2012 年 10 月 1 日至 2014 年 12 月 31 日止，现有企业执行表 2-11 规定的水污染物排放限值。自 2015 年 1 月 1 日起，现有企业执行表 2-12 规定的水污染物排放限值。自 2012 年 10 月 1 日起，新建企业执行表 2-12 规定的水污染物排放限值。

在国土开发密度已经较高、环境承载能力开始减弱或环境容量较小、生态环境脆弱、容易发生严重环境污染问题而需要采取特别保护措施的地区，应严格控制企业的污染物排放行为，在上述地区的企业执行表 2-13 规定的水污染物特别排放限值。执行水污染物特别排放限值的地域范围、时间，由国务院环境保护行政主管部门或省级人民政府规定。对于排放含有放射性物质的污水，除执行本标准外，还应符合《电离辐射防护与辐射源安全基本标准》(GB 18871—2002)的规定。

表 2-11 现有企业水污染物排放浓度限值及单位产品基准排水量

单位：mg/L(pH 值除外)

序号	污染物项目	限值					污染物排放监控位置
		直接排放				间接排放	
		采矿废水		选矿废水			
		酸性废水	非酸性废水	浮选废水	重选和磁选废水		
1	pH 值	6～9	6～9	6～9	6～9	6～9	企业废水总排放口
2	悬浮物	100	100	150	100	300	
3	化学需氧量(COD_{Cr})	—	—	100	—	200	
4	氨氮	—	—	20	—	30	
5	总氮	15	15	25	15	40	
6	总磷	1.0	1.0	1.0	1.0	2.0	
7	石油类	10	10	10	10	20	
8	总锌	5.0	—	5.0	5.0	5.0	
9	总铜	1.0	—	1.0	1.0	2.0	
10	总锰	3.0	—	3.0	3.0	4.0	
11	总硒	0.2	—	0.2	0.2	0.4	
12	总铁	10	—	—	—	10	
13	硫化物	1.0	1.0	1.0	1.0	1.0	
14	氟化物	10	10	10	10	20	
15	总汞	0.05					车间或生产设施废水排放口
16	总镉	0.1					
17	总铬	1.5					
18	六价铬	0.5					
19	总砷	0.5					
20	总铅	1.0					
21	总镍	1.0					
22	总铍	0.005					
23	总银	0.5					
单位产品基准排水量/(m^3/t 矿石)	采矿	—					排水量计量位置与污染物排放监控位置相同
	选矿 浮选	3.0					
	选矿 重选和磁选	4.0					

表 2-12　新建企业水污染物排放浓度限值及单位产品基准排水量

单位：mg/L（pH 值除外）

<table>
<tr><td rowspan="4">序号</td><td rowspan="4">污染物项目</td><td colspan="5">限　值</td><td rowspan="4">污染物排放监控位置</td></tr>
<tr><td colspan="4">直接排放</td><td rowspan="3">间接排放</td></tr>
<tr><td colspan="2">采矿废水</td><td colspan="2">选矿废水</td></tr>
<tr><td>酸性废水</td><td>非酸性废水</td><td>浮选废水</td><td>重选和磁选废水</td></tr>
<tr><td>1</td><td>pH 值</td><td>6～9</td><td>6～9</td><td>6～9</td><td>6～9</td><td>6～9</td><td rowspan="14">企业废水总排放口</td></tr>
<tr><td>2</td><td>悬浮物</td><td>70</td><td>70</td><td>100</td><td>70</td><td>300</td></tr>
<tr><td>3</td><td>化学需氧量（COD_{Cr}）</td><td>—</td><td>—</td><td>70</td><td>—</td><td>200</td></tr>
<tr><td>4</td><td>氨氮</td><td>—</td><td>—</td><td>15</td><td>—</td><td>30</td></tr>
<tr><td>5</td><td>总氮</td><td>15</td><td>15</td><td>25</td><td>15</td><td>40</td></tr>
<tr><td>6</td><td>总磷</td><td>0.5</td><td>0.5</td><td>0.5</td><td>0.5</td><td>2.0</td></tr>
<tr><td>7</td><td>石油类</td><td>5.0</td><td>5.0</td><td>10</td><td>5.0</td><td>20</td></tr>
<tr><td>8</td><td>总锌</td><td>2.0</td><td>—</td><td>2.0</td><td>2.0</td><td>5.0</td></tr>
<tr><td>9</td><td>总铜</td><td>0.5</td><td>—</td><td>0.5</td><td>0.5</td><td>2.0</td></tr>
<tr><td>10</td><td>总锰</td><td>2.0</td><td>—</td><td>2.0</td><td>2.0</td><td>4.0</td></tr>
<tr><td>11</td><td>总硒</td><td>0.1</td><td>—</td><td>0.1</td><td>0.1</td><td>0.4</td></tr>
<tr><td>12</td><td>总铁</td><td>5.0</td><td>—</td><td>—</td><td>—</td><td>10</td></tr>
<tr><td>13</td><td>硫化物</td><td>0.5</td><td>0.5</td><td>0.5</td><td>0.5</td><td>1.0</td></tr>
<tr><td>14</td><td>氟化物</td><td>10</td><td>10</td><td>10</td><td>10</td><td>20</td></tr>
<tr><td>15</td><td>总汞</td><td colspan="5">0.05</td><td rowspan="9">车间或生产设施废水排放口</td></tr>
<tr><td>16</td><td>总镉</td><td colspan="5">0.1</td></tr>
<tr><td>17</td><td>总铬</td><td colspan="5">1.5</td></tr>
<tr><td>18</td><td>六价铬</td><td colspan="5">0.5</td></tr>
<tr><td>19</td><td>总砷</td><td colspan="5">0.5</td></tr>
<tr><td>20</td><td>总铅</td><td colspan="5">1.0</td></tr>
<tr><td>21</td><td>总镍</td><td colspan="5">1.0</td></tr>
<tr><td>22</td><td>总铍</td><td colspan="5">0.005</td></tr>
<tr><td>23</td><td>总银</td><td colspan="5">0.5</td></tr>
<tr><td rowspan="3">单位产品基准排水量/（m^3/t 矿石）</td><td colspan="2">采矿</td><td colspan="4">—</td><td rowspan="3">排水量计量位置与污染物排放监控位置相同</td></tr>
<tr><td rowspan="2">选矿</td><td>浮选</td><td colspan="4">2.0</td></tr>
<tr><td>重选和磁选</td><td colspan="4">3.0</td></tr>
</table>

表 2-13　水污染物特别排放限值　　单位:mg/L(pH 值除外)

序号	污染物项目	限值					污染物排放监控位置
		直接排放				间接排放	
		采矿废水		选矿废水			
		酸性废水	非酸性废水	浮选废水	重选和磁选废水		
1	pH 值	6～9	6～9	6～9	6～9	6～9	企业废水总排放口
2	悬浮物	50	50	60	50	100	
3	化学需氧量(COD_{Cr})	—	—	50	—	70	
4	氨氮	—	—	8	—	15	
5	总氮	15	15	20	15	25	
6	总磷	0.3	0.3	0.3	0.3	0.5	
7	石油类	3.0	3.0	5.0	3.0	10	
8	总锌	1.0	—	1.0	1.0	2.0	
9	总铜	0.3	—	0.3	0.3	0.5	
10	总锰	1.0	—	1.0	1.0	2.0	
11	总硒	0.05	—	0.05	0.05	0.1	
12	总铁	5.0	—	—	—	5.0	
13	硫化物	0.3	0.3	0.3	0.3	0.5	
14	氟化物	8.0	8.0	8.0	8.0	10	
15	总汞	0.01					车间或生产设施废水排放口
16	总镉	0.05					
17	总铬	0.5					
18	六价铬	0.1					
19	总砷	0.2					
20	总铅	0.5					
21	总镍	0.5					
22	总铍	0.003					
23	总银	0.2					
单位产品基准排水量/(m^3/t 矿石)	采矿	—					排水量计量位置与污染物排放监控位置相同
	选矿	2.0					

（四）镁、钛工业水污染物排放标准

《镁、钛工业污染物排放标准》（GB 25468—2010）规定了镁、钛工业企业生产过程中水污染物排放限值、监测和监控要求，适用于镁、钛工业企业水污染防治和管理。为促进区域经济与环境协调发展，推动经济结构的调整和经济增长方式的转变，引导镁、钛工业生产工艺和污染治理技术的发展方向，本标准规定了水污染物特别排放限值。镁工业企业是指以白云石为原料生产金属镁的硅热法镁冶炼企业及其白云石矿山；钛工业企业是指以钛精矿或高钛渣或四氯化钛为原料生产海绵钛的企业及其矿山，包括以高钛渣、四氯化钛、海绵钛等为最终产品的生产企业。

水污染物排放控制要求：自 2011 年 1 月 1 日起至 2011 年 12 月 31 日止，现有企业执行表 2-14 规定的水污染物排放限值。自 2012 年 1 月 1 日起，现有企业执行表 2-15 规定的水污染物排放限值。自 2010 年 10 月 1 日起，新建企业执行表 2-15 规定的水污染物排放限值。在国土开发密度已经较高、环境承载能力开始减弱或环境容量较小、生态环境脆弱、容易发生严重环境污染等问题而需要采取特别保护措施的地区，应严格控制企业的污染物排放行为，在上述地区的企业执行表 2-16 规定的水污染物特别排放限值。

表 2-14　现有企业水污染物排放浓度限值及单位产品基准排水量

单位：mg/L（pH 值除外）

序号	污染物项目	限　值		污染物排放监控位置
		直接排放	间接排放	
1	pH 值	6～9	6～9	企业废水总排放口
2	悬浮物	70	70	
3	化学需氧量（COD_{Cr}）	100	180	
4	石油类	8	15	
5	总氮	20	40	
6	总磷	1.5	3.0	
7	氨氮	15	25	
8	总铜	0.5	1.0	
9	总铬	1.5		车间或生产设施废水排放口
10	六价铬	0.5		
单位产品基准排水量/（m^3/t）	镁冶炼企业	1.5		排水量计量位置与污染物排放监控位置一致
	以钛精矿为原料生产海绵钛	80		
	以精 $TiCl_4$ 为原料生产海绵钛	10		
	以高钛渣为原料生产四氯化钛	17		
	以钛精矿为原料生产高钛渣	0.5		

表 2-15　现有企业水污染物排放浓度限值及单位产品基准排水量

单位：mg/L(pH 值除外)

序号	污染物项目	限值		污染物排放监控位置
		直接排放	间接排放	
1	pH 值	6～9	6～9	企业废水总排放口
2	悬浮物	30	70	
3	化学需氧量(COD_{Cr})	60	180	
4	石油类	3	15	
5	总氮	15	40	
6	总磷	1.0	3.0	
7	氨氮	8	25	
8	总铜	0.5	1.0	
9	总铬	1.5		车间或生产设施废水排放口
10	六价铬	0.5		
单位产品基准排水量/(m^3/t)	镁冶炼企业	1.0		排水量计量位置与污染物排放监控位置一致
	以钛精矿为原料生产海绵钛	55		
	以精 $TiCl_4$ 为原料生产海绵钛	8		
	以高钛渣为原料生产四氯化钛	12		
	以钛精矿为原料生产高钛渣	0.2		

表 2-16　水污染物特别排放限值

单位：mg/L(pH 值除外)

序号	污染物项目	限值		污染物排放监控位置
		直接排放	间接排放	
1	pH 值	6～9	6～9	企业废水总排放口
2	悬浮物	10	30	
3	化学需氧量(COD_{Cr})	50	60	
4	石油类	1.0	3.0	
5	总氮	15	15	
6	总磷	0.5	1.0	
7	氨氮	5.0	8.0	
8	总铜	0.2	0.5	
9	总铬	1.0		车间或生产设施废水排放口
10	六价铬	0.2		
单位产品基准排水量/(m^3/t)	镁冶炼企业	0.5		排水量计量位置与污染物排放监控位置一致
	以钛精矿为原料生产海绵钛	35		
	以精 $TiCl_4$ 为原料生产海绵钛	6		
	以高钛渣为原料生产四氯化钛	8		
	以钛精矿为原料生产高钛渣	0.1		

（五）铅、锌工业水污染物排放标准

《铅、锌工业污染物排放标准》(GB 25466—2010)规定了铅、锌工业企业生产过程中水污染物排放限值、监测和监控要求，适用于铅、锌工业企业水污染防治和管理。本标准规定了水污染物特别排放限值。铅、锌工业指生产铅、锌金属矿产品和生产铅、锌金属产品(不包括生产再生铅、再生锌及铅、锌材压延加工产品)的工业。

水污染物排放控制要求：自 2011 年 1 月 1 日起至 2011 年 12 月 31 日止，现有企业执行表 2-17 规定的水污染物排放限值。

表 2-17　现有企业水污染物排放浓度限值及单位产品基准排水量

单位：mg/L(pH 值除外)

序号	污染物项目	限值		污染物排放监控位置
		直接排放	间接排放	
1	pH 值	6～9	6～9	企业废水总排放口
2	化学需氧量(COD_{Cr})	100	200	
3	悬浮物(SS)	70	70	
4	氨氮(以 N 计)	15	25	
5	总磷(以 P 计)	1.5	2.0	
6	总氮(以 N 计)	20	30	
7	总锌	2.0	2.0	
8	总铜	0.5	0.5	
9	硫化物	1.0	1.0	
10	氟化物	10	10	
11	总铅	1.0		车间或生产设施废水排放口
12	总镉	0.1		
13	总汞	0.05		
14	总砷	0.5		
15	总镍	1.0		
16	总铬	1.5		
单位产品基准排水量/(m^3/t)	选矿(原矿)	3.5		排水量计量位置与污染物排放监控位置一致
	冶炼	15		

自 2012 年 1 月 1 日起，现有企业执行表 2-18 规定的水污染物排放限值。自 2010 年 10 月 1 日起，新建企业执行表 2-18 规定的水污染物排放限值。

在国土开发密度已经较高、环境承载能力开始减弱或环境容量较小、生态环境脆弱、容易发生严重环境污染等问题而需要采取特别保护措施的地区，应严格控制企业的污染物排放行为，在上述地区的企业执行表 2-19 规定的水污染物特别排放限值。执行水污染物特别排放限值的地域范围、时间，由国务院环境保护行政主管部门或省级人民政府规定。

表 2-18　新建企业水污染物排放浓度限值及单位产品基准排水量

单位：mg/L（pH 值除外）

<table>
<tr><th rowspan="2">序号</th><th rowspan="2">污染物项目</th><th colspan="2">限　值</th><th rowspan="2">污染物排放监控位置</th></tr>
<tr><th>直接排放</th><th>间接排放</th></tr>
<tr><td>1</td><td>pH 值</td><td>6～9</td><td>6～9</td><td rowspan="10">企业废水总排放口</td></tr>
<tr><td>2</td><td>化学需氧量（COD_{Cr}）</td><td>60</td><td>200</td></tr>
<tr><td>3</td><td>悬浮物（SS）</td><td>50</td><td>70</td></tr>
<tr><td>4</td><td>氨氮（以 N 计）</td><td>8</td><td>25</td></tr>
<tr><td>5</td><td>总磷（以 P 计）</td><td>1.0</td><td>2.0</td></tr>
<tr><td>6</td><td>总氮（以 N 计）</td><td>15</td><td>30</td></tr>
<tr><td>7</td><td>总锌</td><td>1.5</td><td>1.5</td></tr>
<tr><td>8</td><td>总铜</td><td>0.5</td><td>0.5</td></tr>
<tr><td>9</td><td>硫化物</td><td>1.0</td><td>1.0</td></tr>
<tr><td>10</td><td>氟化物</td><td>8</td><td>8</td></tr>
<tr><td>11</td><td>总铅</td><td colspan="2">0.5</td><td rowspan="6">车间或生产设施废水排放口</td></tr>
<tr><td>12</td><td>总镉</td><td colspan="2">0.05</td></tr>
<tr><td>13</td><td>总汞</td><td colspan="2">0.03</td></tr>
<tr><td>14</td><td>总砷</td><td colspan="2">0.3</td></tr>
<tr><td>15</td><td>总镍</td><td colspan="2">0.5</td></tr>
<tr><td>16</td><td>总铬</td><td colspan="2">1.5</td></tr>
<tr><td rowspan="2">单位产品基准排水量/（m^3/t）</td><td>选矿（原矿）</td><td colspan="2">2.5</td><td rowspan="2">排水量计量位置与污染物排放监控位置一致</td></tr>
<tr><td>冶炼</td><td colspan="2">8</td></tr>
</table>

表 2-19　水污染物特别排放限值单位　　单位：mg/L（pH 值除外）

<table>
<tr><th rowspan="2">序号</th><th rowspan="2">污染物项目</th><th colspan="2">限　值</th><th rowspan="2">污染物排放监控位置</th></tr>
<tr><th>直接排放</th><th>间接排放</th></tr>
<tr><td>1</td><td>pH 值</td><td>6～9</td><td>6～9</td><td rowspan="10">企业废水总排放口</td></tr>
<tr><td>2</td><td>化学需氧量（COD_{Cr}）</td><td>50</td><td>60</td></tr>
<tr><td>3</td><td>悬浮物（SS）</td><td>10</td><td>50</td></tr>
<tr><td>4</td><td>氨氮（以 N 计）</td><td>5</td><td>8</td></tr>
<tr><td>5</td><td>总磷（以 P 计）</td><td>0.5</td><td>1.0</td></tr>
<tr><td>6</td><td>总氮（以 N 计）</td><td>10</td><td>15</td></tr>
<tr><td>7</td><td>总锌</td><td>1.0</td><td>1.0</td></tr>
<tr><td>8</td><td>总铜</td><td>0.2</td><td>0.2</td></tr>
<tr><td>9</td><td>硫化物</td><td>1.0</td><td>1.0</td></tr>
<tr><td>10</td><td>氟化物</td><td>5</td><td>5</td></tr>
</table>

表 2-19(续)

序号	污染物项目	限　值		污染物排放监控位置
		直接排放	间接排放	
11	总铅	0.2		车间或生产设施废水排放口
12	总镉	0.02		
13	总汞	0.01		
14	总砷	0.1		
15	总镍	0.5		
16	总铬	1.5		
单位产品基准排水量/(m^3/t)	选矿(原矿)	1.5		排水量计量位置与污染物排放监控位置一致
	冶炼	4		

(六)铜、镍、钴工业水污染物排放标准

《铜、镍、钴工业污染物排放标准》(GB 25467—2010)规定了铜、镍、钴工业企业水污染物排放限值、监测和监控要求,并明确了标准的实施与监督等相关规定。本标准适用于铜、镍、钴工业企业的水污染物排放管理以及铜、镍、钴工业企业建设项目的环境影响评价、环境保护设施设计、竣工环境保护验收及其投产后的水污染物和大气污染物排放管理。本标准不适用于铜、镍、钴再生及压延加工等工业,也不适用于附属于铜、镍、钴工业的非特征生产工艺和装置。

水污染物排放控制要求:自 2011 年 1 月 1 日起至 2011 年 12 月 31 日止,现有企业执行表 2-20 规定的水污染物排放限值。

表 2-20　现有企业水污染物排放浓度限值及单位产品基准排水量

单位:mg/L(pH 值除外)

序号	污染物项目	限　值		污染物排放监控位置
		直接排放	间接排放	
1	pH 值	6～9	6～9	企业废水总排放口
2	悬浮物	100(采选)	200(采选)	
		70(其他)	140(其他)	
3	化学需氧量(COD_{Cr})	120(湿法冶炼)	300(湿法冶炼)	
		100(其他)	200(其他)	
4	氟化物(以 F 计)	8	15	
5	总氮	20	40	
6	总磷	1.5	2.0	
7	氨氮	15	20	
8	总锌	2.0	4.0	
9	石油类	8	15	
10	总铜	1.0(矿山及湿法冶炼)	2.0(矿山及湿法冶炼)	
		0.5(其他)	1.0(其他)	
11	硫化物	1.0	1.0	

表 2-20(续)

序号	污染物项目	限值		污染物排放监控位置
		直接排放	间接排放	
12	总铅	1.0		车间或生产设施废水排放口
13	总镉	0.1		
14	总镍	1.0		
15	总砷	0.5		
16	总汞	0.05		
17	总钴	1.0		
单位产品基准排水量/(m^3/t)	选矿(原矿)	1.65		排水量计量位置与污染物排放监控位置一致
	铜冶炼	25		
	镍冶炼	35		
	钴冶炼	70		

自 2012 年 1 月 1 日起,现有企业执行表 2-21 规定的水污染物排放限值。自 2010 年 10 月 1 日起,新建企业执行表 2-21 规定的水污染物排放限值。

表 2-21 新建企业水污染物排放浓度限值及单位产品基准排水量

单位:mg/L(pH 值除外)

序号	污染物项目	限值		污染物排放监控位置
		直接排放	间接排放	
1	pH 值	6~9	6~9	企业废水总排放口
2	悬浮物	80(采选)	200(采选)	
		30(其他)	140(其他)	
3	化学需氧量(COD_{Cr})	100(湿法冶炼)	300(湿法冶炼)	
		60(其他)	200(其他)	
4	氟化物(以 F 计)	5	15	
5	总氮	15	40	
6	总磷	1.0	2.0	
7	氨氮	8	20	
8	总锌	1.5	4.0	
9	石油类	3.0	15	
10	总铜	0.5	1.0	
11	硫化物	1.0	1.0	
12	总铅	0.5		车间或生产设施废水排放口
13	总镉	0.1		
14	总镍	0.5		
15	总砷	0.5		
16	总汞	0.05		
17	总钴	1.0		

表 2-21(续)

序号	污染物项目	限值		污染物排放监控位置
		直接排放	间接排放	
单位产品基准排水量/(m^3/t)	选矿(原矿)	1.0		排水量计量位置与污染物排放监控位置一致
	铜冶炼	10		
	镍冶炼	15		
	钴冶炼	30		

根据环境保护工作的要求,在国土开发密度已经较高、环境承载能力开始减弱或环境容量较小、生态环境脆弱、容易发生严重环境污染等问题而需要采取特别保护措施的地区,应严格控制企业的污染物排放行为,在上述地区的企业执行表 2-22 规定的水污染物特别排放限值。执行水污染物特别排放限值的地域范围、时间,由国务院环境保护行政主管部门或省级人民政府规定。

表 2-22 水污染物特别排放限值　　单位:mg/L(pH 值除外)

序号	污染物项目	限值		污染物排放监控位置
		直接排放	间接排放	
1	pH 值	6~9	6~9	企业废水总排放口
2	悬浮物	30(采选)	80(采选)	
		10(其他)	30(其他)	
3	化学需氧量(COD_{Cr})	50	60	
4	氟化物(以 F 计)	2	5	
5	总氮	10	15	
6	总磷	0.5	1.0	
7	氨氮	5	8	
8	总锌	1.0	3.0	
9	石油类	1.0	3.0	
10	总铜	0.2	0.5	
11	硫化物	0.5	1.0	
12	总铅	0.2		车间或生产设施废水排放口
13	总镉	0.02		
14	总镍	0.5		
15	总砷	0.1		
16	总汞	0.01		
17	总钴	1.0		
单位产品基准排水量/(m^3/t)	选矿(原矿)	0.8		排水量计量位置与污染物排放监控位置一致
	铜冶炼	8		
	镍冶炼	12		
	钴冶炼	16		

（七）稀土工业水污染物排放标准

稀土是元素周期表中原子序数从57到71的镧系元素，即镧(La)、铈(Ce)、镨(Pr)、钕(Nd)、钷(Pm)、钐(Sm)、铕(Eu)、钆(Gd)、铽(Tb)、镝(Dy)、钬(Ho)、铒(Er)、铥(Tm)、镱(Yb)、镥(Lu)和原子序数为21的钪(Sc)、39的钇(Y)共17个元素的总称，通常用符号RE表示，是化学性质相似的一组元素。稀土工业企业指生产稀土精矿或稀土富集物、稀土化合物、稀土金属、稀土合金中任一种或数种产品的企业。

《稀土工业污染物排放标准》(GB 26451—2011)规定了稀土工业企业水污染物排放限值、监测和监控要求，并明确了标准的实施与监督等相关规定。本标准适用于现有稀土工业企业的水污染物排放管理以及稀土工业建设项目的环境影响评价、环境保护设施设计、竣工环境保护验收及其投产后的水污染物排放管理。本标准不适用于稀土材料加工企业(或车间、系统)及附属于稀土工业企业的非特征生产工艺和装置。

水污染物排放控制要求：自2012年1月1日起至2013年12月31日止，现有企业执行表2-23规定的水污染物排放限值。

表2-23　现有企业水污染物排放浓度限值及单位产品基准排水量

单位：mg/L(pH值除外)

序号	污染物项目	限值		污染物排放监控位置
		直接排放	间接排放	
1	pH值	6～9	6～9	企业废水总排放口
2	悬浮物	70	100	
3	氟化物(以F计)	10	10	
4	石油类	5	5	
5	化学需氧量(COD)	80	100	
6	总磷	3	5	
7	总氮	50	70	
8	氨氮	25	50	
9	总锌	1.5	1.5	
10	钍、铀总量	0.1		车间或生产设施废水排放口
11	总镉	0.08		
12	总铅	0.5		
13	总砷	0.3		
14	总铬	1.0		
15	六价铬	0.3		
单位产品基准排水量	选矿(以原矿计)	m^3/t	1.0	排水量计量位置与污染物排放监控位置一致
	分解提取(以REO计)	m^3/t	30	
	萃取分组、分离(以REO计)	m^3/t	35	
	金属及合金制取	m^3/t	8	

自 2014 年 1 月 1 日起，现有企业执行表 2-24 规定的水污染物排放限值。自 2011 年 10 月 1 日起，新建企业执行表 2-24 规定的水污染物排放限值。

表 2-24　新建企业水污染物排放浓度限值及单位产品基准排水量

单位：mg/L（pH 值除外）

序号	污染物项目	限值		污染物排放监控位置
		直接排放	间接排放	
1	pH 值	6～9	6～9	企业废水总排放口
2	悬浮物	50	100	
3	氟化物（以 F 计）	8	10	
4	石油类	4	5	
5	化学需氧量（COD）	70	100	
6	总磷	1	5	
7	总氮	30	70	
8	氨氮	15	50	
9	总锌	1.0	1.5	
10	钍、铀总量	0.1		车间或生产设施废水排放口
11	总镉	0.05		
12	总铅	0.2		
13	总砷	0.1		
14	总铬	0.8		
15	六价铬	0.1		
单位产品基准排水量	选矿（以原矿计）	m^3/t	0.8	排水量计量位置与污染物排放监控位置一致
	分解提取（以 REO 计）	m^3/t	25	
	萃取分组、分离（以 REO 计）	m^3/t	30	
	金属及合金制取	m^3/t	6	

根据环境保护工作的要求，在国土开发密度较高、环境承载能力开始减弱或水环境容量较小、生态环境脆弱、容易发生严重水环境污染问题而需要采取特别保护措施的地区，应严格控制企业的污染排放行为，在上述地区的企业执行表 2-25 规定的水污染物特别排放限值。执行水污染物特别排放限值的地域范围、时间，由国务院环境保护行政主管部门或省级人民政府规定。

表 2-25 水污染物特别排放限值

单位：mg/L(pH 值除外)

序号	污染物项目	限值		污染物排放监控位置
		直接排放	间接排放	
1	pH 值	6～9	6～9	企业废水总排放口
2	悬浮物	40	50	
3	氟化物(以 F 计)	5	8	
4	石油类	3	4	
5	化学需氧量(COD)	60	70	
6	总磷	0.5	1	
7	总氮	20	30	
8	氨氮	10	25	
9	总锌	0.8	1.0	
10	钍、铀总量	0.1		车间或生产设施废水排放口
11	总镉	0.05		
12	总铅	0.1		
13	总砷	0.05		
14	总铬	0.5		
15	六价铬	0.1		
单位产品基准排水量/(m^3/t)	选矿(以原矿计)	0.6		排水量计量位置与污染物排放监控位置一致
	分解提取(以 REO 计)	20		
	萃取分组、分离(以 REO 计)	25		
	金属及合金制取	4		

(八) 锡、锑、汞工业水污染物排放标准

《锡、锑、汞工业污染物排放标准》(GB 30770—2014)规定了锡、锑、汞采选及冶炼工业企业生产过程中水污染物排放限值、监测和监控要求，对重点区域规定了水污染物特别排放限值。

本标准适用于现有锡、锑、汞采选及冶炼工业企业水污染物排放管理以及锡、锑、汞采选及冶炼工业企业建设项目的环境影响评价、环境保护设施设计、竣工环境保护验收及其投产后的水污染物和大气污染物排放管理。本标准不适用于锡、锑、汞再生及加工等工业。

水污染物排放控制要求：

自 2015 年 1 月 1 日起至 2015 年 12 月 31 日止，现有企业执行表 2-26 规定的水污染物排放限值。

自 2016 年 1 月 1 日起，现有企业执行表 2-27 规定的水污染物排放限值。自 2014 年 7 月 1 日起，新建企业执行表 2-27 规定的水污染物排放限值。

根据环境保护工作的要求，在国土开发密度已经较高、环境承载力开始减弱或水环境容量较小、生态环境脆弱、容易发生严重水环境污染问题而需要采取特别保护措施的地区，应严格控制企业的污染物排放行为，在上述地区的企业执行表 2-28 规定的水污染物特别排放限值。执行水污染物特别排放限值的地域范围、时间，由国务院环境保护主管部门或省级人民政府规定。

表 2-26　现有企业水污染物排放限值　　单位：mg/L(pH 值除外)

序号	污染物项目	限值		污染物排放监控位置
		直接排放	间接排放	
1	pH 值	6～9	6～9	企业废水总排放口
2	化学需氧量(COD_{Cr})	100	200	
3	总磷	1.5	2.0	
4	总氮	20	40	
5	氨氮	15	25	
6	石油类	5	10	
7	悬浮物	100(采选)	200(采选)	
		70(其他)	140(其他)	
8	硫化物	1.0	1.5	
9	氟化物	10	15	
10	总铜	0.5		
11	总锌	2.0		
12	总锡①	4.0		
13	总锑	1.0		
14	总汞	0.05		车间或生产设施废水排放口
15	总镉	0.1		
16	总铅	1.0		
17	总砷	0.5		
18	六价铬	0.5		
单位产品基准排水量/(m^3/t)	选矿(原矿)	1.65 2.5②		排水量计量位置与污染物排放监控位置一致
	锡、锑冶炼(产品)	7.5		
	汞冶炼(产品)	4		

注：① 为锡、锑工业企业废水监测项目；② 为多金属锑矿。

表 2-27　新建企业水污染物排放限值　　单位：mg/L(pH 值除外)

序号	污染物项目	限值		污染物排放监控位置
		直接排放	间接排放	
1	pH 值	6～9	6～9	企业废水总排放口
2	化学需氧量(COD_{Cr})	60	200	
3	总磷	1.0	2.0	
4	总氮	15	40	
5	氨氮	8	25	
6	石油类	3	10	
7	悬浮物	70(采选)	200(采选)	
		30(其他)	140(其他)	
8	硫化物	0.5	1.5	
9	氟化物	5	15	
10	总铜	0.2		
11	总锌	1.0		
12	总锡①	2.0		
13	总锑	0.3		

表 2-27(续)

序号	污染物项目	限值		污染物排放监控位置
		直接排放	间接排放	
14	总汞	0.005		车间或生产设施废水排放口
15	总镉	0.02		
16	总铅	0.2		
17	总砷	0.1		
18	六价铬	0.2		
单位产品基准排水量/(m^3/t)	选矿(原矿)	1.4 2.0②		排水量计量位置与污染物排放监控位置一致
	锡、锑冶炼(产品)	5.0		
	汞冶炼(产品)	2.0		

注:① 为锡、锑工业企业废水监测项目;② 为多金属锑矿。

表 2-28　水污染物特别排放限值　　单位:mg/L(pH 值除外)

序号	污染物项目	限值		污染物排放监控位置
		直接排放	间接排放	
1	pH 值	6～9	6～9	企业废水总排放口
2	化学需氧量(COD_{Cr})	50	60	
3	总磷	0.5	1.0	
4	总氮	10	15	
5	氨氮	5	8	
6	石油类	1	3	
7	悬浮物	10	30	
8	硫化物	0.5	1.0	
9	氟化物	5	10	
10	总铜	0.2		
11	总锌	1.0		
12	总锡①	2.0		
13	总锑	0.3		
14	总汞	0.005		车间或生产设施废水排放口
15	总镉	0.02		
16	总铅	0.2		
17	总砷	0.1		
18	六价铬	0.2		
单位产品基准排水量/(m^3/t)	选矿(原矿)	1.0 1.5②		排水量计量位置与污染物排放监控位置一致
	锡、锑冶炼(产品)	3.0		
	汞冶炼(产品)	1.0		

注:① 为锡、锑工业企业废水监测项目;② 为多金属锑矿。

三、其他标准相关要求

《矿山生态环境保护与恢复治理技术规范(试行)》(HJ 651—2013)规定了矿产资源勘查与采选过程中,排土场、露天采场、尾矿库、矿区专用道路、矿山工业场地、沉陷区、矸石场、矿山污染场地等矿区生态环境保护与恢复治理的指导性技术要求。该规范适用于煤矿、金属矿、非金属矿、油气矿、煤层气、砂石矿等陆地矿产资源勘查、采选过程和闭矿后生态环境保护与恢复治理。铀、钍等放射性矿产资源开发的生态环境保护与恢复治理可参照执行。该规范自 2013 年 7 月 23 日起实施。其中关于矿山水污染防治的要求如下:

(1) 充分利用矿井水、选矿废水和尾矿库废水,避免或减少废水外排。

(2) 矿山采选的各类废水排放应达到相应行业排放标准要求,矿区水环境质量应符合相应水环境质量标准要求;污废水处理后作为农业和渔业用水的,应符合相应的回用水质量标准要求;实施清洁生产认证的企业废水污染物排放与废水利用率还应满足清洁生产标准的相关要求。

(3) 可能产生酸性废水的采矿废石堆场、临时料场等场地的矿山,应采取有效隔离和覆盖措施,减少降水入渗,并采用沉淀法、石灰中和法、微生物法、膜分离法等方法处理矿区酸性废水。

(4) 矿井水和露天采场内的季节性和临时性积水应在采取沉淀、过滤等措施去除污染物后重复利用。

四、矿山水环境监测

矿山水环境监测主要针对矿山开发利用过程中的不同类型水体水质,是为了掌握矿山水环境质量状况以及水体中污染物的动态变化情况,通过对水的各项特性指标取样和分析测定,并进行记录或发出讯号的程序化过程。进行环境监测的水体类型包括地表水(河流、湖泊和水库等)、地下水(矿井水、井水和泉水)以及污水(矿井废水、矿产品分选废水、尾矿废水和生活污水等)。

水环境监测依据不同的标准,可以分为多种类型。2007 年国家环境保护总局发布并实施的《环境监测管理办法》将环境监测类型分为环境质量监测、污染源监督性监测、突发环境污染事件应急监测、为环境状况调查和评价等环境管理活动提供监测数据的其他环境监测活动。姚运先按照目的和性质将环境监测分为常规监测(包括污染源监测和环境质量监测)、特例监测(包括污染事故监测、仲裁监测、考核验证监测和咨询服务监测)和研究监测等。陈玲和赵建夫按监测的目的将环境监测分为监视性监测、事故性监测和研究性监测。

结合矿山水环境监测实际,矿山水环境监测可以分为监视性监测、事故性监测和研究性监测。

(一) 矿山水环境监视性监测

1. 矿山地表水环境监测

矿山地表水环境指的是矿山开发利用过程中可能影响到的区域内主要的地表水体,包括河流、水库和湖泊等,应制定完善的监测方案对其进行环境监测,确保矿山开发过程中水环境质量保持较好的状态,不会对区域内生态系统造成影响。

(1) 监测断面的布设

监测断面类型主要包括背景断面、对照断面、控制断面和消减断面。监测断面的布设应在总体和宏观上都能反映水系或所在区域的水环境质量状况，各断面的具体位置都能反映区域环境的污染特征，并尽可能以最少的断面获取足够的有代表性的环境信息，同时还应考虑实际采样时的可行性和方便性。

背景断面指为评价某一完整水系的污染程度，在未受人类生活和生产活动影响的水系源头处或未受污染的上游河段设置的、能够提供水环境背景值的断面。因此，背景断面应远离城市居民区、工业区、农药化肥施放区及主要交通路线，如果选定断面处于地球化学异常区，应在异常区上、下游分别设置；如遇有较严重的水土流失情况，应设在水土流失区的上游。

对照断面指具体判断某一区域水环境污染程度时，位于该区域所有污染源上游处，能够提供这一区域水环境本底值的断面，有别于背景断面，但可以提供受污染前的环境背景情况。

控制断面是为了解水环境受污染程度及变化情况的断面，主要用来反映矿山排污区（口）排放的矿井污水对地表水体的影响，因此应设置在排污区（口）的下游，污水与地表水体基本混匀处。

消减断面指工业废水或生活污水在水体内流经一定距离而达到最大程度混合，污染物受到稀释、降解，其主要污染物浓度有明显降低的断面，主要反映水体对污染物的稀释净化情况，设置在控制断面下游且主要污染物浓度有明显下降处。

另外，在我国跨行政区划水系管理中，还设置了入境断面和出境断面。入境断面用来反映水系进入本行政区域时的水质状况，设置在水系进入本区域且尚未受到本区域污染源影响处，因此，从这个角度出发，入境断面对于水系进入区域而言，类似于对照断面（或背景断面），提供了这一区域水系水环境本底值。出境断面用来反映水系离开本行政区域进入下一行政区域前的水质，设置在本区域最后的污水排放口下游，且污水与河水已经基本混匀并尽可能靠近水系出境处，因此，从这个角度出发，出境断面对于水系流出区域而言，类似于控制断面（或消减断面），反映了该区域水系受到污染后的基本情况。

图 2-1 表示某河段监测断面的布设情况，其中 A—A′断面为对照断面，G—G′断面为消减断面，B—B′、C—C′、D—D′、E—E′、F—F′断面均为控制断面。

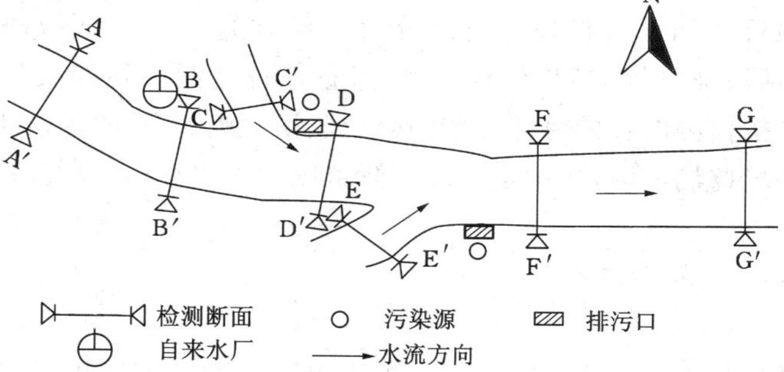

图 2-1　某水系监测断面布设示意图

（2）监测点位的布设

监测点位的布设通常与监测断面上监测垂线一起考虑，一般是先确定监测断面上监测垂线的数目，然后根据监测垂线的位置，严格在监测垂线上布设监测点位。在一个监测断面上设置的采样垂线数与各垂线上的采样点数应符合表 2-29 和表 2-30 的要求，湖泊（水库）监测垂线上的采样点的布设应符合表 2-31 的要求。

表 2-29　河流监测断面上监测垂线的设置

水面宽度/m	监测垂线数目	说　明
≤50	一条（中泓）	1. 垂线布设应避开污染带，要测污染带应另加垂线 2. 确能证明该断面水质均匀时，可仅设中泓垂线
50～100	两条（近左、右岸有明显水流处）	
>100	三条（近左、右岸和中泓）	

表 2-30　河流监测垂线上监测点位的设置

水面宽度/m	监测垂线数目	说　明
≤5	上层，一个监测点位	1. 上层指水面下 0.5 m，若水深不到 0.5 m，在 1/2 水深处 2. 下层指河底以上 0.5 m 处 3. 中层指 1/2 水深处
5～10	上、下层，两个监测点位	
>10	上、中、下层，三个监测点位	

表 2-31　湖泊（水库）监测垂线上监测点位的设置

水深/m	分层情况	监测点位数目	说　明
≤5		一个（水面下 0.5 m）	1. 分层是指湖水温度分层状况 2. 水深不足 1 m，在 1/2 水深处设置测点 3. 有充分数据证实垂线水质均匀时，可酌情减少监测点位
5～10	不分层	两个（水面下 0.5 m，水底上 0.5 m）	
5～10	分　层	三个（水面下 0.5 m，1/2 斜温层，水底上 0.5 m）	
>10		除水面下 0.5 m、水底上 0.5 m 处外，按每一斜温层分层 1/2 处设置	

湖泊和水库的水体可能存在分层现象，水质不均匀，应当对不同水深处的水温和溶解氧等参数分别进行测定，掌握湖泊水体水温和溶解氧对深度的变化规律，如图 2-2 所示。有温度分层现象出现时，特别是存在斜温层时，根据温度分层情况，如图 2-3 所示，确定监测垂线上的采样点的数量和位置。

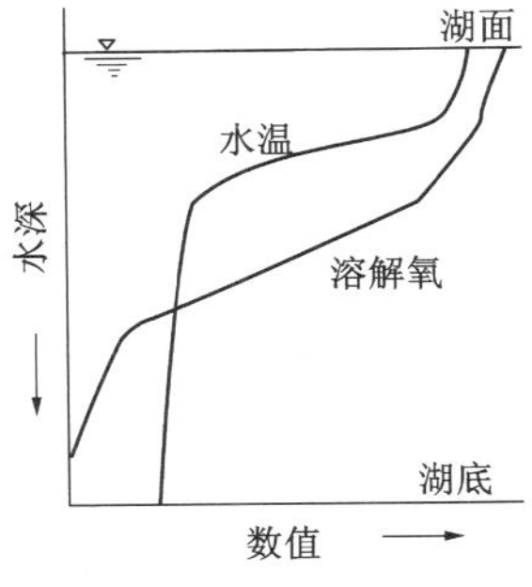

图 2-2　湖泊中水温和溶解氧变化规律

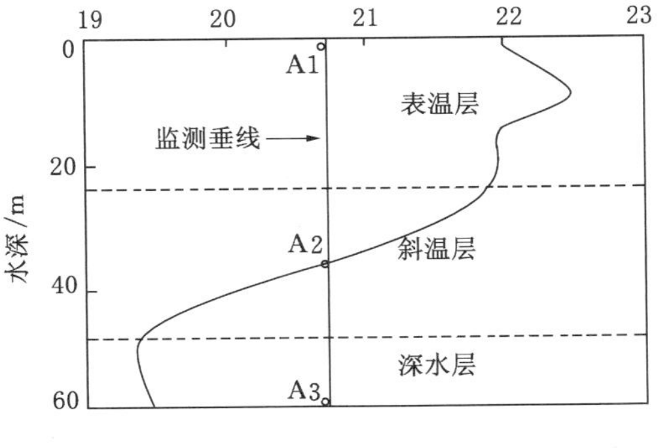

图 2-3　温度分布层与采样点位关系示意图

(3) 监测时间和监测频次的设置

依据不同的水体功能、水文要素和污染源、污染物排放等实际情况，力求以最低的采样频次，取得最有时间代表性的样品，既要满足能反映水质状况的要求，又要切实可行。确定合理的监测时间和监测频次的基本原则包括：

① 饮用水水源地、各行政区交界断面中需要重点控制的监测断面每月至少监测 1 次，全年不少于 12 次。

② 较大河流、湖泊、水库上的监测断面，逢单月监测 1 次，全年 6 次，监测时间可设在丰水期、枯水期和平水期，每期监测 2 次。

③ 水系的背景断面每年采样 1 次。

④ 如某必测项目连续 3 年均未检出，且在断面附近确定无新增排放源，而现有污染源排污量未增加的情况下，每年可监测 1 次。一旦检出，或在断面附近有新的排放源或现有污染源有新增排污量时，即恢复正常监测。

⑤ 有废水排入、污染比较严重的湖泊和水库，应根据实际情况酌情增加监测次数。

(4) 监测项目的设置

根据《地表水和污水监测技术规范》(HJ/T 91—2002)内容要求，选择监测项目应当遵循以下几点原则：

① 选择国家和地方的地表水环境质量标准中要求控制的监测项目。

② 选择对人和生物危害大、对地表水环境影响范围广的污染物为监测项目。

③ 选择国家水污染物排放标准中要求控制的监测项目。

④ 选择有“标准分析方法”“全国统一监测分析方法”的监测项目。

根据以上几点要求，矿山水环境监测项目内容见表 2-32。

表 2-32　矿山水环境监测项目的设置

类　型	必　测　项　目	选　测　项　目
河　流	水温、pH、DO、高锰酸盐指数、COD、BOD_5、氨氮、总氮、总磷、铜、锌、氟化物、硒、砷、汞、镉、铬(六价)	总有机碳、甲基汞等
湖泊/水库	铅、氰化物、挥发酚、石油类、阴离子表面活性剂、硫化物和粪大肠菌群	总有机碳、甲基汞、硝酸盐、亚硝酸盐等

2. 矿山地下水环境监测

矿山在开发过程中，不可避免地要对区域地下水环境产生一定影响，主要表现为地下水水位下降、固体废物污染浅层地下水以及矿山废水进入地下水含水层污染地下水等，因此，加强矿区地下水监测十分必要。

(1) 监测点位布设原则

① 应能控制不同的水文地质单元，能反映所在区域地下水系的环境质量状况和地下水质量空间变化。

② 监测重点是以供水为目的的含水层。

③ 监控地下水重点污染区及可能产生污染的地区，监视污染源对地下水的污染程度及动态变化，以反映地下水的污染特征。

④ 能反映地下水补给源和地下水与地表水的水力联系。

⑤ 考虑监测结果的代表性和实际采样的可行性、方便性，尽可能从经常使用的民井、生产井以及泉水中选择布设监测点。

(2) 监测点(监测井)设置方法

① 背景值监测井的布设。为了解地下水体未受人为影响条件下的水质状况，需在研究区域的非污染地段设置地下水背景值监测井(对照井)。

根据区域水文地质单元状况和地下水主要补给来源，在污染区外围地下水水流上方垂直水流方向，设置一个或数个背景值监测井。背景值监测井应尽量远离城市居民区、工业区、农药化肥施放区、农灌区及交通要道。

② 污染控制监测井的布设。污染源的分布和污染物在地下水中的扩散形式是布设污染控制监测井首要考虑的因素。根据当地地下水流向、污染源分布状况和污染物在地下水中的扩散形式，采取点面结合的方法布设污染控制监测井，监测重点是供水水源保护区。

③ 渗坑、渗井和固体废物堆放区的污染物在含水层渗透性较大的地区以条带状污染扩散，监测井应沿地下水流向布设，以平行及垂直监测线进行控制。

④ 渗坑、渗井和固体废物堆放区的污染物在含水层渗透性小的地区以点状污染扩散，可在污染源附近按十字形布设监测线进行控制。

⑤ 污灌区和缺乏卫生设施的居民区生活污水易对周围环境造成大面积块状污染，应以平行和垂直于地下水流向的方式布设监测点。

⑥ 区域内的代表性泉、自流井、地下长河出口应布设监测点。

(3) 监测频次与监测时间的设置

依据不同的水文地质条件和地下水监测井使用功能，结合当地污染源、污染物排放实际情况，力求以最低的采样频次，取得最有时间代表性的样品，反映区域地下水污染状况、污染原因和规律。另外，为了反映地表水与地下水的水力联系，地下水采样频次与时间尽可能与地表水一致。

① 背景值监测井和区域性控制的孔隙承压水井每年枯水期监测 1 次。

② 污染控制监测井逢单月监测 1 次，全年 6 次。

③ 作为生活饮用水集中供水的地下水监测井，每月监测 1 次。

④ 污染控制监测井的某一监测项目如果连续两年均低于控制标准值的 1/5，且在监测井附近确实无新增污染源，而现有污染源排污量未增的情况下，该项目可每年在枯水期采样 1 次进行监测。一旦监测结果大于控制标准值的 1/5，或在监测井附近有新的污染源或现有污染源新增排污量时，即恢复正常采样频次。

(4) 监测项目的设置

地下水监测项目包括常规监测项目和其他监测项目，如表 2-33 所示。

3. 矿山废水环境监测

矿山废水主要包括矿山开发过程中排放的矿坑水、矿产品加工分选过程中产生的废水、尾矿库废水以及机修车间的地坪冲洗水等，矿山废水进入水处理设施处理达标后，排入地表水环境，因此，矿山废水监测对于保证水处理设施效率、保护地表水环境质量具有重要意义。

表 2-33　地下水监测项目的设置

类　型	必测项目	选测/增测项目
常规地下水	pH值、总硬度、溶解性总固体、氨氮、硝酸盐氮、亚硝酸盐氮、挥发性酚、总氰化物、高锰酸盐指数、氟化物、砷、汞、镉、六价铬、铁、锰、大肠菌群	色、臭和味、浑浊度、氯化物、硫酸盐、碳酸氢盐、石油类、细菌总数、硒、铍、钡、镍、六六六、滴滴涕、总α放射性、总β放射性、铅、铜、锌、阴离子表面活性剂
工业用冷却、冲洗和锅炉用水		侵蚀性二氧化碳、磷酸盐、硅酸盐等
城郊、农村地下水		有机磷、有机氯农药、凯氏氮、全盐含量等
北方盐碱区和沿海受潮汐影响地区		电导率、溴化物、碘化物
矿泉水		硒、锶、偏硅酸等
地方病流行地区		碘化物、硒、钼、亚硝胺、重金属
地下水受污染区		总α放射性、总β放射性

(1) 监测点位的布设

① 第一类污染物监测点位一律设在车间或车间处理设施的排放口或专门处理此类污染物设施的排放口。

② 第二类污染物监测点一律设在排污单位的外排放口。

③ 进入集中式污水处理厂和进入城市污水管网的污水采样点应根据地方环境保护行政主管部门的要求确定。

④ 污水处理设施效率监测点的布设。

a. 对整体污水处理设施效率监测时，在污水处理设施的各入口和总排放口设置监测点。

b. 对各污水处理单元效率监测时，在污水处理设施各单元入口和排放口设置监测点。

《煤炭工业污染物排放标准》(GB 20426—2006)规定，煤炭工业废水采样点应设置在排污单位废水处理设施排放口(有毒污染物在车间或车间处理设施排放口采样)，按规定设置标志。采样口应设置废水计量装置，宜设置废水在线监测设备。

(2) 监测时间和监测频次的设置

① 地方环境监测站对矿山废水的监督性监测每年不少于1次，如果矿山企业被国家或地方环境保护行政主管部门列为年度监测的重点排污单位，应增加到每年2～4次。

② 矿山企业按照矿山废水生产周期和生产特点确定监测频次，一般每个生产日至少3次。

③ 矿山企业为了确认自行监测的采样频次，可以在正常生产条件下的一个生产周期内进行加密监测：周期在8 h以内的，每小时采样1次；周期大于8 h的，每2 h采样1次，每个生产周期采样次数不少于3次。采样的同时测定流量。根据加密监测结果，绘制矿山废水污染物排放曲线(浓度-时间、流量-时间、总量-时间)，并与所掌握的资料对照，如基本一致，即可据此确定企业自行监测的采样频次。根据管理需要进行污染源调查性监测时，也按此频次采样。

④ 矿山企业如有污水处理设施并能正常运转使污水能稳定排放，污染物排放曲线比较平稳时，监督监测可以采瞬时水样；对于排放曲线有明显变化的不稳定排放污水，要根据曲

线情况合理设置时间单元采样，再组成混合样品。正常情况下，混合样品中的每个时间单元采样不得少于 2 次。如排放污水的流量、浓度甚至组分都有明显变化时，则应采集等比例混合水样，使样品更具有代表性。

《煤炭工业污染物排放标准》(GB 20426—2006)规定，采煤废水和选煤废水应每月监测 1 次。如发现煤炭工业废水超过标准中所列任何一项有毒污染物限值指标时，应报告县级以上人民政府环境保护主管部门，并持续进行监测，监测频次每月至少 1 次。

(3) 监测项目的设置

矿山废水主要监测项目内容如表 2-34 所示。

表 2-34　矿山废水监测项目的设置

类　型	必　测　项　目	选测项目
黑色金属矿山开采废水	pH 值、悬浮物、重金属①	硫化物、锑、铋、锡、氯化物
有色金属矿山开采废水	pH 值、COD、悬浮物、氰化物、重金属	硫化物、铍、铝、钒、钴、锑、铋
煤炭采选废水	pH 值、悬浮物、硫化物	砷、油类、汞、挥发酚、COD、BOD_5
石油开采废水	COD、BOD_5、悬浮物、油类、硫化物、挥发性卤代烃、总有机碳	挥发酚、总铬
硫铁矿开采废水	pH 值、COD、BOD_5、硫化物、悬浮物、砷	
磷矿开采废水	pH 值、氟化物、悬浮物、磷酸盐、黄磷、总磷	
汞矿开采废水	pH 值、悬浮物、汞	硫化物、砷

注：① 重金属系指汞、铬、铬(六价)、铜、铅、镉和镍等。

4. 矿山环境影响评价过程进行的水环境监测

矿山建设项目对区域水环境的影响主要表现为矿坑废水、矿产品分选废水、尾矿废水等对区域地表水水体和地下水水体的影响。

(1) 矿山环境影响评价过程中地表水环境监测

① 矿山地表水环境影响评价等级的确定

矿山地表水环境影响评价等级按照影响类型、排放方式、排放量或影响情况、受纳水体环境质量现状、水环境保护目标等综合确定。

矿山废水进入地表河流的水污染影响型建设项目主要根据废水排放方式和排放量划分评价等级，见表 2-35。直接排放建设项目评价等级分为一级、二级和三级 A，根据废水排放量、水污染物污染当量数确定；间接排放建设项目评价等级为三级 B。

矿山废水进入湖泊、水库、海湾等水文要素影响型建设项目评价等级划分主要根据水温、径流与受影响地表水域等三类水文要素的影响程度进行判定，见表 2-36。

② 矿山地表水环境调查范围的确定

确定评价等级后，还需要确定地表水环境的调查范围。调查范围的确定需要遵循以下原则：应能包括建设项目对周围地表水环境影响较显著的区域。在此区域内进行的调查，能全面说明与地表水环境相联系的环境基本状况，并能充分满足环境影响预测的要求。在确定某项具体工程的地表水环境调查范围时，应尽量按照将来污染物排放后可能的达标范围，并考虑评价等级的高低后决定。

表 2-35　水污染影响型建设项目评价等级判定表

评价等级	判定依据	
	排放方式	废水排放量 Q/(m^3/d)；水污染物当量数 W
一级	直接排放	$Q \geqslant 20\ 000$ 或 $W \geqslant 600\ 000$
二级	直接排放	其他
三级 A	直接排放	$Q<200$ 且 $W<6\ 000$
三级 B	间接排放	—

注：(1) 水污染物当量数等于该污染物的年排放量除以该污染物的污染当量值。计算排放污染物的污染物当量数，应区分第一类水污染物和其他类水污染物，统计第一类水污染物当量数总和，然后与其他类污染物按照污染物当量数从大到小排序，取最大当量数作为建设项目评价等级确定的依据。

(2) 废水排放量按行业排放标准中规定的废水种类统计，没有相关行业排放标准要求的通过工程分析合理确定，应统计含热量大的冷却水的排放量，可不统计间接冷却水、循环水及其他含污染物极少的清净下水的排放量。

(3) 厂区存在堆积物(露天堆放的原料、燃料、废渣等以及垃圾堆放场)、降尘污染的，应将初期雨污水纳入废水排放量，相应的主要污染物纳入水污染当量计算。

(4) 建设项目直接排放第一类污染物的，其评价等级为一级；建设项目直接排放的污染物为受纳水体超标因子的，评价等级不低于二级。

(5) 直接排放受纳水体影响范围涉及饮用水水源保护区、饮用水取水口、重点保护与珍稀水生生物的栖息地、重要水生生物的自然产卵场等保护目标时，评价等级不低于二级。

(6) 建设项目向江河湖库排放温排水引起受纳水体水温变化超过水环境质量标准要求的，且评价范围有水温敏感目标时，评价等级为一级。

(7) 建设项目利用海水作为调节温度介质，排水量 $\geqslant 5\ 000\ 000\ m^3/d$ 时，评价等级为一级；排水量 $<5\ 000\ 000\ m^3/d$ 时，评价等级为二级。

(8) 仅涉及清净下水排放的，如其排放水质满足受纳水体水环境质量标准要求的，评价等级为三级 A。

(9) 依托现有排放口，且对外环境未新增排放污染物的直接排放建设项目，评价等级参照间接排放，定为三级 B。

(10) 建设项目生产工艺中有废水产生，但作为回水利用，不排放到外环境的，按三级 B 评价。

表 2-36　水文要素影响型建设项目评价等级判定表

评价等级	水温	径流		受影响地表水域		
	年径流量与总库容之比 a	兴利库容占年径流量百分比 b/%	取水量占多年平均径流量百分比 γ/%	工程垂直投影面积及外扩范围 A_1/km^2；工程扰动水底面积 A_2/km^2；过水断面宽度占用比例或占用水域面积比例 R/%		工程垂直投影面积及外扩范围 A_1/km^2；工程扰动水底面积 A_2/km^2
				江河	湖库	入海河口、近岸海域
一级	$a \leqslant 10$；或稳定分层	$b \geqslant 20$；或完全年调节与多年调节	$\gamma \geqslant 30$	$A_1 \geqslant 0.3$；或 $A_2 \geqslant 1.5$ 或 $R \geqslant 10$	$A_1 \geqslant 0.3$；或 $A_2 \geqslant 1.5$；或 $R \geqslant 20$	$A_1 \geqslant 0.5$；或 $A_2 \geqslant 3$
二级	$20>a>10$；或不稳定分层	$20>b>2$；或季调节与不完全年调节	$30>\gamma>10$	$0.3>A_1>0.05$；或 $1.5>A_2>0.2$；或 $10>R>5$	$0.3>A_1>0.05$；或 $1.5>A_2>0.2$；或 $20>R>5$	$0.5>A_1>0.15$；或 $3>A_2>0.5$

表 2-36(续)

评价等级	水温	径流		受影响地表水域		
	年径流量与总库容之比 a	兴利库容占年径流量百分比 b/%	取水量占多年平均径流量百分比 γ/%	工程垂直投影面积及外扩范围 A_1/km^2；工程扰动水底面积 A_2/km^2；过水断面宽度占用比例或占用水域面积比例 R/%		工程垂直投影面积及外扩范围 A_1/km^2；工程扰动水底面积 A_2/km^2
				江河	湖库	入海河口、近岸海域
三级	$a \geqslant 20$；或混合型	$b \leqslant 2$；或无调节	$\gamma \leqslant 10$	$A_1 \leqslant 0.05$；或 $A_2 \leqslant 0.2$；或 $R \leqslant 5$	$A_1 \leqslant 0.05$；或 $A_2 \leqslant 0.2$；或 $R \leqslant 5$	$A_1 \leqslant 0.15$；或 $A_2 \leqslant 0.5$

注：(1) 影响范围涉及饮用水水源保护区、重点保护与珍稀水生生物的栖息地、重要水生生物的自然产卵场、自然保护区等保护目标的，评价等级应不低于二级。

(2) 跨流域调水、引水式电站、可能受到大型河流感潮河段咸潮影响的建设项目，评价等级不低于二级。

(3) 造成入海河口(湾口)宽度束窄(束窄尺度达到原宽度的 5%以上)的，评价等级应不低于二级。

(4) 对不透水的单方向建筑尺度较长的水工构筑物(如防波堤、导流堤等)，其与潮流或水流主流向切线垂直方向投影长度大于 2 km 时，评价等级应不低于二级。

(5) 允许在一类海域建设的项目，评价等级为一级。

(6) 同时存在多个水文要素影响的建设项目，分别判定各水文要素影响评价等级，并取其中最高等级作为水文要素影响型建设项目评价等级。

地表水环境的现状调查范围应覆盖评价范围，应以平面图方式表示，并明确起、止断面的位置及涉及范围。

对于水污染影响型建设项目，除覆盖评价范围外，受纳水体为河流时，在不受回水影响的河段，排放口上游调查范围宜不小于 500 m，受回水影响河段的上游调查范围原则上与下游调查的河段长度相等；受纳水体为湖库时，以排放口为圆心，调查半径在评价范围基础上外延 20%～50%。

对于水文要素影响型建设项目，受影响水体为江河湖库时，除覆盖评价范围外，一级、二级评价时，还应包括库区及支流回水影响区、坝下至下一个梯级或河口、受水区、退水影响区。

对于水污染影响型建设项目，建设项目排放污染物中包括氮、磷或有毒污染物且受纳水体为湖泊、水库时，一级评价的调查范围应包括整个湖泊、水库，二级、三级 A 评价时，调查范围应包括排放口所在水环境功能区、水功能区或湖(库)湾区。

受纳或受影响水体为入海河口及近岸海域时，调查范围依据《海洋工程环境影响评价技术导则》(GB/T 19485—2014)要求执行。

③ 矿山水环境影响评价中监测断面的设置

a. 河流监测断面设置

水质监测断面布设应布设对照断面、控制断面。水污染影响型建设项目在拟建排放口上游应布置对照断面(宜在 500 m 以内)，根据受纳水域水环境质量控制管理要求设定控制断面。控制断面可结合水环境功能区或水功能区、水环境控制单元区划情况，直接采用国家及地方确定的水质控制断面。评价范围内不同水质类别区、水环境功能区或水功能区、水环境敏感区及需要进行水质预测的水域，应布设水质监测断面。评价范围以外的调查或预测范围，可以根据预测工作需要增设相应的水质监测断面。

b. 湖库监测点位设置

对于水污染影响型建设项目，水质取样垂线的设置可采用以排放口为中心、沿放射线布设或网格布设的方法，按照下列原则及方法设置：一级评价在评价范围内布设的水质取样垂线数宜不少于 20 条；二级评价在评价范围内布设的水质取样垂线数宜不少于 16 条。评价范围内不同水质类别区、水环境功能区或水功能区、水环境敏感区、排放口和需要进行水质预测的水域，应布设取样垂线。对于水文要素影响型建设项目，在取水口、主要入湖（库）断面、坝前、湖（库）中心水域、不同水质类别区、水环境敏感区和需要进行水质预测的水域，应布设取样垂线。对于复合影响型建设项目，应兼顾进行取样垂线的布设。

c. 入海河口、近岸海域监测点位设置

一级评价可布设 5～7 个取样断面，二级评价可布设 3～5 个取样断面。

④ 矿山水环境影响评价中监测点位的设置

监测点位的设置与常规地表水监测点位的设置基本上一致，如表 2-37 所示。

表 2-37　矿山水环境影响评价中监测点位设置

类　别	设置依据	设　置　内　容
河流	大、中河，河宽≤50 m	监测断面上，各距岸边三分之一水面宽处，设一条监测垂线，共 2 条
	大、中河，河宽＞50 m	监测断面主流线上及距两岸不少于 0.5 m，且有明显水流，设监测垂线，共 3 条
	特大河，如长江、黄河等	监测断面上监测垂线应适当增加，两侧垂线数目不必相等，拟设排污口一侧可以多设一些
	水深＞5 m	水面下 0.5 m 水深处及距河底 0.5 m 处，各设 1 个监测点，共 2 个
	1 m≤水深≤5 m	水面下 0.5 m 水深处设 1 个监测点
	水深＜1 m	监测点距水面不小于 0.3 m，距河底不小于 0.3 m
	三级评价，小河	监测垂线上只设 1 个监测点，在水面下 0.5 m，距河底不小于 0.3 m
湖泊/水库	大、中型，平均水深＜10 m	水面下 0.5 m，距底不小于 0.5 m 处设 1 个监测点
	大、中型，平均水深≥10 m，无水温分层	水面下 0.5 m，距底不小于 0.5 m 处设 1 个监测点
	大、中型，平均水深≥10 m，有水温分层	水面下 0.5 m 及斜温层以下，距底 0.5 m 以上设 2 个监测点
	小型，平均水深＜10 m	水面下 0.5 m，距底不小于 0.5 m 处设 1 个监测点
	小型，平均水深≥10 m	水面下 0.5 m 和水深 10 m，距底不小于 0.5 m 处设 2 个监测点
海湾	水深≤10 m	海面下 0.5 m，距底不小于 0.5 m 处设 1 个监测点
	水深＞10 m	海面下 0.5 m 和水深 10 m，且距底不小于 0.5 m 处设 2 个监测点

⑤ 矿山水环境影响评价中监测项目的设置

矿山水环境影响评价中需要对建设项目排放的废水以及建设项目可能影响到的水域的一般水质参数进行监测，分为常规水质监测和特征水质监测，其中常规水质监测反映水域水质的一般状况，特征水质监测反映建设项目将来排放的水质状况，监测内容如表 2-38 所示。

表 2-38 矿山水环境影响评价中监测项目表

类别		监测内容
常规水质监测		pH 值、DO、BOD_5、高锰酸盐指数、凯氏氮或非离子氨、酚、氰化物、砷、汞、铬(六价)、总磷、水温
特征水质监测	黑色金属矿山	pH 值、悬浮物、硫化物、铜、铅、锌、镉、汞、铬(六价)
	黑色冶炼、有色金属矿山及冶炼	pH 值、悬浮物、COD、硫化物、氟化物、挥发性酚、氰化物、石油类、铜、锌、铅、砷、镉、汞
	煤矿	pH 值、COD、BOD_5、DO、水温、砷、悬浮物、硫化物
	石油开发与炼制	pH 值、COD、BOD_5、DO、悬浮物、硫化物、水温、挥发性酚、氰化物、石油类、苯类、多环芳烃
	硫铁矿开采	pH 值、悬浮物、硫化物、铜、铅、锌、镉、汞、砷、铬(六价)
	磷矿开采	pH 值、悬浮物、氟化物、硫化物、砷、铅、磷
	萤石矿开采	pH 值、悬浮物、氟化物
	汞矿开采	pH 值、悬浮物、硫化物、砷、汞
	雄黄矿开采	pH 值、悬浮物、硫化物、砷

(2) 矿山环境影响评价过程中地下水环境监测

① 矿山地下水环境影响评价等级的确定

依据建设项目行业分类和地下水环境敏感程度分级进行判定，可划分为一、二、三级(表 2-39)。建设项目的地下水环境敏感程度可分为敏感、较敏感、不敏感三级，分级原则见表 2-40。

表 2-39 评价工作等级分级表

环境敏感程度	项目类别		
	Ⅰ类项目	Ⅱ类项目	Ⅲ类项目
敏感	一	一	二
较敏感	一	二	三
不敏感	二	三	三

表 2-40 地下水环境敏感程度分级表

环境敏感程度	地下水环境敏感特征
敏感	集中式饮用水水源(包括已建成的在用、备用、应急水源，在建和规划的饮用水水源)准保护区；除集中式饮用水水源以外的国家或地方政府设定的与地下水环境相关的其他保护区，如热水、矿泉水、温泉等特殊地下水资源保护区
较敏感	集中式饮用水水源(包括已建成的在用、备用、应急水源，在建和规划的饮用水水源)准保护区以外的补给径流区；未划定准保护区的集中式饮用水水源，其保护区以外的补给径流区；分散式饮用水水源地；特殊地下水资源(如矿泉水、温泉等)保护区以外的分布区等其他未列入上述敏感分级的环境敏感区①
不敏感	上述地区之外的其他地区

注：①“环境敏感区”是指《建设项目环境影响评价分类管理名录》中所界定的涉及地下水的环境敏感区。

② 矿山地下水环境调查范围的确定

根据《环境影响评价技术导则　地下水环境》(HJ 610—2016)进行地下水环境影响评价时,需要对矿山建设项目所在地地下水环境现状有所了解,调查范围的大小应以能说明地下水环境的基本状况为准则,并能满足地下水影响预测和评价的要求。矿山项目(除线性工程外)地下水环境影响现状调查评价范围可采用公式计算法、查表法和自定义法确定。当建设项目所在地水文地质条件相对简单,且所掌握的资料能够满足公式计算法的要求时,应采用公式计算法确定(参照 HJ 338—2018);当不满足公式计算法的要求时,可采用查表法确定。当计算或查表范围超出所处水文地质单元边界时,应以所处水文地质单元边界为宜。

a. 公式计算法

$$L=\alpha \cdot K \cdot I \cdot T/n \tag{2-1}$$

式中 L——下游迁移距离,m;

α——变化系数,$\alpha \geqslant 1$,一般取 2;

K——渗透系数,m/d;

I——水力坡度,无量纲;

T——质点迁移天数,取值不小于 5 000 d;

n——有效孔隙率,无量纲。

采用该方法时应包含重要的地下水环境保护目标,所得的调查评价范围如图 2-4 所示。

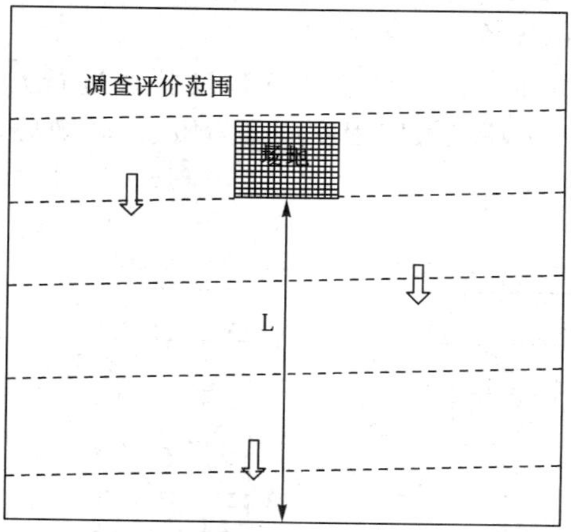

注:虚线表示等水位线;空心箭头表示地下水流向;场地上游距离根据评价需求确定,场地两侧不小于 $L/2$。

图 2-4　地下水环境现状调查评价范围示意图

b. 查表法

地下水环境现状调查评价范围如表 2-41 所示。

表 2-41　地下水环境现状调查评价范围参照表

评价等级	调查评价面积/km^2	备　注
一级	≥20	应包括重要的地下水环境保护目标,必要时适当扩大范围
二级	6～20	
三级	≤6	

c. 自定义法

可根据建设项目所在地水文地质条件自行确定，需说明理由。

③ 矿山地下水环境影响评价中监测点位的设置

通过对地下水水质、水位的监测，掌握或了解评价区地下水水质现状及地下水流场，为地下水环境现状评价提供基础资料。

监测点的布设原则：

a. 地下水环境现状监测点采用控制性布点与功能性布点相结合的布设原则。监测点应主要布设在建设项目场地、周围环境敏感点、地下水污染源以及对于确定边界条件有控制意义的地点。当现有监测点不能满足监测位置和监测深度要求时，应布设新的地下水现状监测井，现状监测井的布设应兼顾地下水环境影响跟踪监测计划。

b. 监测层位应包括潜水含水层、可能受建设项目影响且具有饮用水开发利用价值的含水层。

c. 一般情况下，地下水水位监测点数宜大于相应评价级别地下水水质监测点数的2倍。

地下水水质监测点布设的具体要求：

a. 监测点布设应尽可能靠近建设项目场地或主体工程，监测点数应根据评价等级和水文地质条件确定。

b. 一级评价项目潜水含水层的水质监测点应不少于7个，可能受建设项目影响且具有饮用水开发利用价值的含水层的水质监测点为3～5个。原则上建设项目场地上游和两侧的地下水水质监测点均不得少于1个，建设项目场地及其下游影响区的地下水水质监测点不得少于3个。

c. 二级评价项目潜水含水层的水质监测点应不少于5个，可能受建设项目影响且具有饮用水开发利用价值的含水层的水质监测点为2～4个。原则上建设项目场地上游和两侧的地下水水质监测点均不得少于1个，建设项目场地及其下游影响区的地下水水质监测点不得少于2个。

④ 矿山地下水环境影响评价中监测频次的设置

a. 水位监测频次要求

· 评价等级为一级的建设项目，若掌握近3年内至少1个连续水文年的枯、平、丰水期地下水位动态监测资料，评价期内至少开展一期地下水水位监测；若无上述资料，依据表2-42开展水位监测。

· 评价等级为二级的建设项目，若掌握近3年内至少1个连续水文年的枯、平、丰水期地下水位动态监测资料，评价期内可不再开展现状地下水位监测；若无上述资料，依据表2-42开展水位监测。

· 评价等级为三级的建设项目，若掌握近3年内至少1期的监测资料，评价期内可不再进行现状水位监测；若无上述资料，依据表2-42开展水位监测。

b. 基本水质因子的水质监测频次应参照表2-42，若掌握近3年内至少一期水质监测数据，基本水质因子可在评价期内补充开展一期现状值监测，特征因子在评价期内须至少开展一期现状值监测。

c. 在包气带厚度超过100 m的评价区或监测井较难布置的基岩山区，若掌握近3年内至少一期的监测资料，评价期内可不进行现状水位、水质监测；若无上述资料，至少开展一期现状水位、水质监测。

表 2-42　地下水环境现状监测频次参照表

分布区	水位监测频次			水质监测频次		
	一级	二级	三级	一级	二级	三级
山前冲(洪)积	枯平丰	枯丰	一期	枯丰	枯	一期
滨海(含填海区)	二期①	一期	一期	一期	一期	一期
其他平原区	枯丰	一期	一期	枯	一期	一期
黄土地区	枯平丰	一期	一期	二期	一期	一期
沙漠地区	枯丰	一期	一期	一期	一期	一期
丘陵山区	枯丰	一期	一期	一期	一期	一期
岩溶裂隙	枯丰	一期	一期	枯丰	一期	一期
岩溶管道	二期	一期	一期	二期	一期	一期

注：①“二期”的间隔有明显水位变化，其变化幅度接近年内变化幅度。

⑤ 矿山地下水环境影响评价中监测项目的设置

地下水水质监测项目的选择，应根据建设项目行业污水特点、评价等级和存在或可能引发的环境水文地质问题而确定，即评价等级较高、环境水文地质条件复杂的地区可适当多取，反之可适当减少。

5. 矿山建设项目环境保护验收时进行的水环境监测

矿山建设项目环境保护验收时进行的水环境监测，依据“三同时”要求，对用来治理矿山废水的环保设施及其运行和管理情况进行检查，测试污水处理设施运行效率以及水污染物(排放浓度和排放总量)达标情况，并对建设项目可能影响的环境敏感目标进行监测，检验能否达到相应的环境功能区所要求的环境质量标准。因此，验收水环境监测对象涉及矿山废水、矿山地表水和矿山地下水等，监测项目与矿山废水、地表水、地下水监测项目基本一致，区别在于监测时间不同，验收水环境监测发生在项目竣工验收阶段，其他水环境监测发生在建设项目建设前期和正常运行阶段。

(1) 监测布点与采样

验收监测应在项目正常生产工况且达到设计规模 75%以上的运行情况下进行，并记录监测时的生产工况、生产规模和其他有关参数。

监测布点应能真实反映污染物达标排放情况和污水处理设施的处理效果，监测布点应符合矿山废水环境监测布点原则。

对生产稳定且污染物排放有规律的排放源，应以生产周期为采样周期，采样不得少于 2 个周期，每个采样周期内采样次数一般应为 3～5 次，且不得少于 3 次。

对有污水处理设施并正常运转或建有调节池的建设项目，其污水为稳定排放的可采瞬时样，但不得少于 3 次。对污水处理设施处理效率测试的采样频次可适当减少。

对非稳定排放源和大型重点项目排放源，必须采用加密监测的方法。

(2) 监测项目

经环境保护行政主管部门批准的环境影响报告书和建设项目的环境保护设计中确定需要监测的因子，对建设项目投入生产或者使用后产生的新污染因子，须经国家或地方环境保护行政主管部门批准增加监测项目。

(二) 矿山水环境研究性监测

矿山开采过程对区域水环境影响较大，矿山废水含有大量的有毒有害物质，特别是金属矿山，废水中大量的重金属进入地表水体，造成地表水体生态破坏，矿区生态系统失衡，矿山环境恶化。如何使矿山开采与环境保护协调发展，是广大环境保护科研工作者亟待解决的问题。

目前，国内外学者对不同类型矿山开采过程中产生的废水对环境的影响进行了研究，通过现场布点和采样，分析有毒有害污染物在矿山生态系统中的循环和演化规律，为将来矿山生态系统治理提供了理论依据。

下面举例说明矿山水环境研究性监测的过程。

二. 广东大宝山矿区水环境监测

大宝山露天矿区位于广东省北部，属于湿润的亚热带气候。从 20 世纪 70 年代开始，大宝山矿区内的金属矿产(主要是铁矿和铜矿)就被大量开采，随着开采时间的增加，大量尾矿堆积，尾矿库已接近饱和，大量的尾矿废水开始溢流出尾矿库，对下游河流生态系统产生了破坏性影响。

研究区位置图见图 2-5，针对矿区酸性废水对河流生态系统的影响进行监测，布点 11 个，分三种类型：受酸性矿井水影响的洪水(FWAMD)、受酸性矿井水影响的溪水(SWAMD)和未受酸性矿井水影响的支流水(TWNAMD)。对采集的水样分析其 pH 值、DO、水温、EC、酸度、铅、锰、铁、铜、锌、铬等，这些监测因子对环境的影响较大，也是矿山废水的特征污染因子。

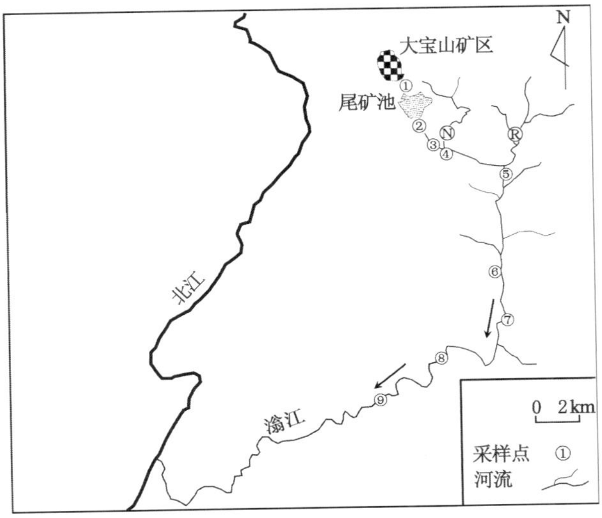

图 2-5 广东大宝山矿区水环境监测图

监测结果见表 2-43。可以看出,除 pH 值外,未受酸性矿井水影响的支流水中其余指标均符合国际标准,没有超标,pH 值呈现酸性特征,可能与区域背景值高有关系;受酸性矿井水影响的洪水表现为富含重金属污染物,说明洪水期矿山废水对区域水生态环境影响大;受酸性矿井水影响的溪水也表现出较高的重金属含量,可见,矿山开采产生的废水对水环境的影响是严重的。

表 2-43 大宝山矿区水环境监测结果表

参　数	FWAMD	SWAMD	TWNAMD	国际标准
pH 值	2.15	3.78	5.27	6～9
酸度/(mmol/L)	—	14.07	0.59	—
铅/(mg/L)	1.82	2.67	0.24	1.00
锰/(mg/L)	—	20.50	1.63	2.00
铁/(mg/L)	216.79	51.63	0.23	—
铜/(mg/L)	32.63	1.64	0.25	0.50
锌/(mg/L)	73.23	2.83	0.76	2.00
镉/(mg/L)	0.87	0.10	0.01	0.10

图 2-6 表示各监测点 pH 值随距离的增加而变化的情况,可以看出,随着距离的增加,酸性矿井水对河流的影响逐渐变小,矿山尾矿池下游 30 km 以后才发现了部分微生物,40～50 km以后逐渐发现大量的微生物。

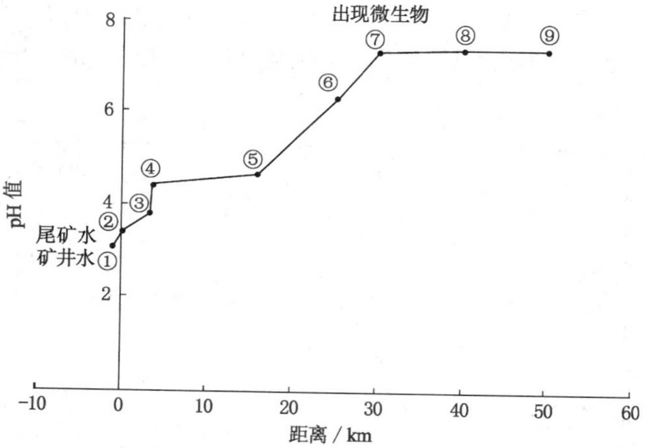

图 2-6 大宝山矿区水体及下游河水监测点 pH 值变化图

因此,通过合理布点采样对矿山水环境进行监测,可以很好地认识矿山废水对区域水生态系统的影响,便于矿山废水的治理。

2. 贵州煤矿水环境监测

贵州被称为“中国南方煤都”,煤的储存量为 2 419 亿 t。研究区位于贵州省兴仁县,地理坐标为北纬 25°24′—25°35′,东经 105°00′—105°19′,属于亚热带温暖季风气候,年均气温为 15.2 ℃,年均降水量为 1 320.5 mm,降雨集中在 5 月至 10 月间。

2005 年 4 月，对研究区地表水和地下水进行了采样，其中地下水包括泉水和溶洞水，将采集水样分为两类：一类为未受酸性矿井水影响的水体；另一类为受酸性矿井水影响的水体。采样位置如图 2-7 所示。

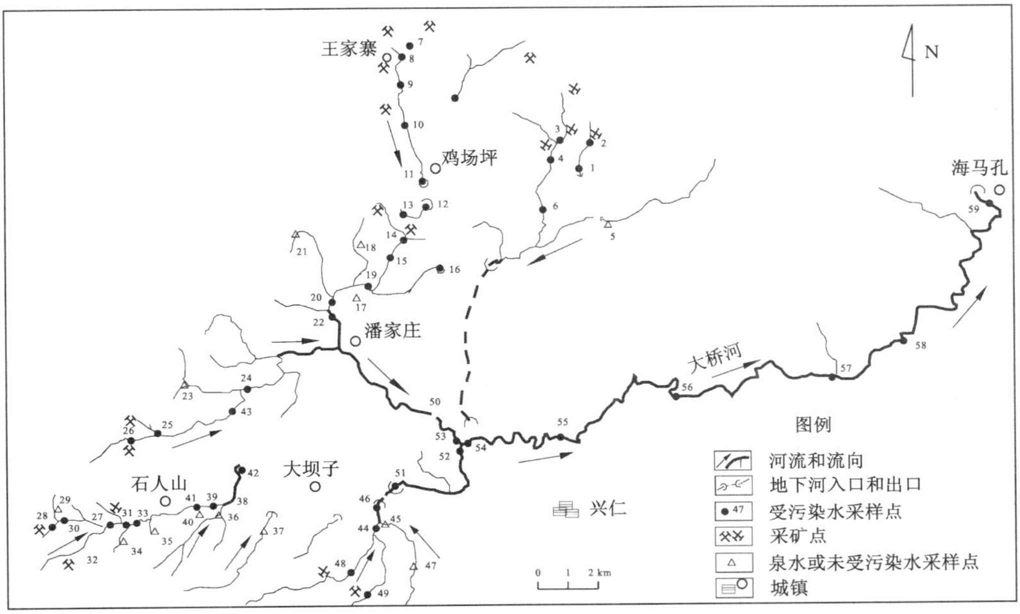

图 2-7　贵州兴仁矿区水环境监测图

根据布点，对两类水体进行采集，测定项目包括温度、溶解氧、pH 值、电导率、K^+、Na^+、Ca^{2+}、Mg^{2+}、Cl^-、NO_3^-、SO_4^{2-}、HCO_3^-、Al^{3+}、Fe^{3+}、Mn^{3+}、As^{3+}、TDS 等，考虑了当地水体基本特征因子和煤矿废水特征因子。

监测结果见表 2-44，由此可以看出，主要污染因子比未受污染水体要高，说明受影响水体化学组成已经发生改变，显示了高硫酸盐含量、高溶解性金属含量和低 pH 值的酸性矿井水的特征。随着传输距离的增加，溶解性的硫酸根、铁离子、铝离子和锰离子等被沉积的矿物吸附，在水中的浓度呈现降低的趋势，最后可以达到自然背景值。

表 2-44　贵州兴仁矿区水环境监测结果表

参数	受影响水体					未受影响水体				
	最小值	最大值	平均值	中间值	标准偏差	最小值	最大值	平均值	中间值	标准偏差
T/℃	13.2	29.4	18.5	17.6	3.53	14.6	27.7	18.4	17.7	3.48
DO/(mg/L)	3.25	12.10	7.50	7.50	7.61	1.87	2.64	9.21	6.87	7.72
pH	2.69	8.44	5.22	5.06	2.12	6.77	8.67	7.64	7.70	0.62
σ/(μS/cm)	373	4 010	1 140	842	757	125	710	330	260	194
K^+/(mg/L)	0.88	30.0	4.36	3.29	4.38	0.83	2.26	1.47	1.58	0.44
Na^+/(mg/L)	1.21	85.7	20.6	15.6	18.1	2.12	8.47	5.06	4.88	1.93
Ca^{2+}/(mg/L)	58.7	362	114	93.7	65.2	27.1	97.4	51.9	45.1	20.7

表 2-44(续)

参数	受影响水体					未受影响水体				
	最小值	最大值	平均值	中间值	标准偏差	最小值	最大值	平均值	中间值	标准偏差
Mg^{2+}/(mg/L)	7.0	120	33.0	26.3	20.6	2.5	28.9	10.6	6.22	8.76
Cl^{-}/(mg/L)	0.27	27.8	4.17	2.08	5.95	0.33	5.49	1.64	1.56	1.22
NO_3^{-}/(mg/L)	0.17	46.3	5.41	2.83	8.92	0.13	19.4	4.80	3.49	4.72
SO_4^{2-}/(mg/L)	18.1	3 480	580	460	6 130	2.44	260	70.4	25.9	80.4
HCO_3^{-}/(mg/L)	0	320	82.4	21.0	109	33.6	468.2	166.3	130.4	120
Al^{3+}/(μg/L)	0.01	180	13.4	2.75	31.1	bd	2.45	0.21	0.025	0.65
Fe^{3+}/(μg/L)	0.01	740	34.1	2.65	110	bd	0.09	0.02	0.02	0.02
Mn^{3+}/(μg/L)	bd	19.49	4.22	3.26	4.67	bd	1.91	0.14	0.001 4	0.51
As^{3+}/(μg/L)	0.07	1.41	0.50	0.46	0.29	0.04	0.64	0.18	0.07	0.19
TDS/(mg/L)	340	4 830	900	650	700	170	640	310	246	160

（三）小结

作为矿山环境管理重要的组成部分，矿山水环境监测通过对受影响的矿山地表水、地下水以及矿山直接排放的废水等实施监测，对于保护矿山环境，实现矿山开发利用的可持续性具有非常重要的作用。

五、矿井水的处理与利用

（一）国内矿井水的处理与利用

1. 煤矿矿井水的处理与利用

煤矿排放的废水中，矿井水占较大的比例，利用好矿井水既可以减少对环境的污染，又可以开辟新的水源，同时可以缓解煤矿用水的紧张情况。矿井水水质随矿井分布地区的不同有较大差异，主要受地质条件、煤层特性、采煤工艺的影响。矿井水中主要的污染物为采煤过程中煤粉和岩粉进入水中形成的较高含量的悬浮物，使水的颜色呈灰黑色。通常排至地面的矿井水中悬浮物含量为70～400 mg/L，这是因为矿井水在井下水仓中有一定的沉淀作用，否则排出的矿井水中悬浮物含量还要高。

煤矿矿井水的特征包括：矿化度较高，一般在1 000 mg/L以上，并含有硫酸盐、重碳酸盐类；硬度大，一般在25德国度以上，总硬度中永久硬度比重远大于暂时硬度；部分矿井水显酸性，pH值为3.1～3.5，随着开采深度的加大，pH值逐渐变小，含铁量逐渐增加；含有一定量的COD。

山西省部分矿井水水质特征见表2-45。

矿井水利用原则是先生产后生活，先井下后井上。用水对象主要包括井下防尘用水、选煤厂用水、水力采煤用水、生活用水等。

北方地区煤矿矿井水处理工艺基本上分为两大类：分体式给水净化组合工艺和一体化净水器。分体式给水净化组合工艺处理效果好，出水水质及运行均稳定可靠，对进水水质变化适应性强，但占地面积大；一体化净水器处理效果一般，对进水水质变化适应性较差，处理水量有时候达不到设计要求，实际运行处理量一般在额定处理量的70%左右，但优点是占

表 2-45　山西省部分矿井水水质特征表　　单位:mg/L

矿区	pH 值①	矿化度	悬浮物含量	COD	总硬度	BOD_5	硫化物
大同	8.39	1 562.9	148.03	4.63	50.07	9.00	0.051
阳泉	8.00	1 855.3	168.06	92.46	20.61	4.94	<0.02
西山	5.35～6.90	1 673.6	239.9	98.89	49.78	8.80	<0.02
汾西	3.55～7.93	1 673.6	106.97	40.03	64.98	0.52	<0.02
潞安	8.15	467.1	227.66	13.58	16.01	1.29	1.154
晋城	8.00	481.7	159.75	2.53	11.58	1.38	0.351
轩岗	7.89	511.1	72.65	38.33	23.94	3.99	<0.02
霍县	8.15	783.9	108.12	69.27	32.12	0.45	<0.02
矿区	Fe	Ca^{2+}	Mg^{2+}	Cl^-	HCO_3^-	SO_4^{2-}	CO_3^{2-}
大同	1.220	215.10	86.48	160.10	329.57	756.63	0.00
阳泉	2.795	123.89	14.23	42.45	620.11	716.95	91.53
西山	8.348	262.05	56.89	15.70	277.53	1 248.34	38.15
汾西	3.901	443.93	12.02	47.02	151.13	896.76	114.23
潞安	0.077 2	97.85	10.09	63.77	605.84	118.17	52.15
晋城	0.344	82.81	0.00	41.33	544.86	134.55	12.66
轩岗	0.887	118.39	32.00	11.93	221.94	159.38	8.96
霍县	0.118	209.97	11.76	8.06	222.01	223.38	9.34

注:① pH 值无量纲。

地面积小、操作方便、可实现自动控制。

影响处理效果的主要因素有混凝剂、进水悬浮物含量、水温和 pH 值。

矿井水混凝剂主要有以下几种:硫酸铝、硫酸亚铁、三氯化铁、碱式氯化铝和聚丙烯酰胺,以碱式氯化铝效果最好。

矿井水中悬浮物含量变化大,主要是因为矿井水在井下水仓中停留时间长短不一,其次与水仓是否及时得到清洗有很大关系。当矿井水在井下水仓中停留时间短,水仓又很久没有清洗时,悬浮物含量较高,此时采用一体化净水器处理工艺时处理效果较差。

水温对矿井水的净化处理有较大的影响。水温低时水分子布朗运动减弱,黏滞度增大,不利于胶粒的脱稳和聚集,对混凝效果影响明显。如无机盐混凝剂的水解反应是吸热反应,水温低不利于混凝剂水解,尤其在冬季影响更大。为了改善混凝效果,确保出水水质,冬季低温水应投加助凝剂。

pH 值直接影响混凝剂的水解和缩聚反应,因此对混凝剂品种的采用有很大的影响,常用混凝剂的 pH 值适用范围为:硫酸铝,pH 值为 5～7.5;硫酸亚铁,pH 值为 8.1～9.6;三氯化铁,pH 值为 6～8.4;碱式氯化铝,pH 值为 5～9。

净化处理后的矿井水可以作为澡堂洗浴用水、居住区住户冲厕所用水以及办公楼生活杂用水等。

2. 非煤矿矿井水的处理与利用

鞠海燕等认为,金属矿山废水主要来自采矿生产中排出的矿坑水、废石场的雨淋污水和选矿厂排出的选矿、尾矿废水。废水的水量和水质既与矿床种类、地质结构、水文地质等因素密切相关，也与开采方法和废水来源有关，其废水来源主要是废石堆场和矿坑。

由于金属矿体往往伴生多种金属和硫化矿物，因此，矿山废水具有 pH 值低、硫酸盐含量高等特点，其中往往还含有大量的重金属离子，如铜、锌、镍、铅、铁等以及氰化物。矿山废水中的主要污染成分包括有机和油类污染物、氰化物、酸和重金属污染物、氟化物和可溶性盐类。除此之外，还有热污染、水的浊度污染以及固体悬浮物和颜色变化等污染形式。其产生的危害主要有以下几个方面：

矿山酸性废水的 pH 值一般为 4.5～6.5，某些硫铁矿含量较高的矿山，pH 值可低至 2.5～3.0，甚至达 2.0。矿山酸性废水不仅腐蚀管道、水泵、钢轨等矿井设备，同时直接威胁着拦污、蓄污设施的安全与稳定。

目前金属矿山酸性废水的治理技术包括中和沉淀法、硫化沉淀浮选法、人工湿地法、微生物法等。

(1) 中和沉淀法

中和沉淀法是采用石灰石或石灰作为中和剂进行中和处理，利用酸碱中和反应生成难溶于水的氢氧化物沉淀，净化污水，提高废水 pH 值的治理技术。通常有三种工艺流程：

① 直接投加石灰法。将石灰配制成石灰乳，投入反应沟流入反应池，中和生成物 $CaSO_4$ 和 $Fe(OH)_3$ 在沉淀池中沉淀后除去。

② 石灰石中和滚筒法。将石灰石置于滚筒内，依靠滚筒旋转，扩大酸性水与石灰石的接触面，使中和反应持续进行下去。

③ 升流式变滤速膨胀中和法。将细粒石灰石或白云石装入圆锥体形的中和塔，水流自下而上通过滤料，滤速下部快上部慢，中和反应得以充分进行。

目前中和沉淀法是处理矿山酸性废水比较成熟的方法。如张志等采用中和沉淀法处理某酸性重金属矿山地下水中所含铅、锌、锑三种重金属离子，研究结果表明，该方法对三种金属离子均有很高的去除效率，处理后的水质指标达到了矿山选矿工艺用水的要求。陈喜红采用石灰中和-沉淀过滤-pH 值回调的处理流程处理江西万年银金矿矿山废水，处理后的出水水质符合农田灌溉用水标准。

(2) 硫化沉淀浮选法

硫化沉淀浮选法利用硫化剂将水溶液中的重金属离子转化为不溶性或难溶性沉淀，然后加入表面活性剂改变沉淀物表面的疏水性，疏水性沉淀物与起泡剂发生黏附上浮，从而达到去除或回收溶液中重金属离子的目的。该方法中浮选剂主要有捕收剂和起泡剂。捕收剂是用以增强沉淀物的疏水性和可浮性的药剂，而起泡剂主要是用于降低水的表面张力，使浮选泡沫具有适当的稳定性。常用的硫化物有 Na_2S、H_2S、NaHS、CaS、FeS 等。

金属硫化物溶解度通常比金属氢氧化物低几个数量级，当采用中和沉淀法不能将某些金属离子降到要求含量以下时，可采用硫化沉淀浮选法。谢光炎等对广西某铅铜矿酸性废水进行试验，发现采用离子浮选和中和沉淀浮选法进行处理时，沉淀物可浮性相对较差，处理效果不好，采用硫化沉淀浮选后，沉淀物的可浮性好，对废水中的铅、铜等离子有很高的去除率，废水经处理后各项水质指标均达到国家污水综合排放一级标准。该方法的优点是硫化物的溶解度小，处理废水的适应性强，沉淀物的可浮性好，金属离子的去除率高，并可实现多种金属离子共同沉淀，沉渣含水率低。但用硫化沉淀浮选法处理废水，pH 值难以控制，排放后不易达到国家标准，且硫化剂本身有毒，价贵，硫化剂过量也会造成污染，因此，限制了硫化沉淀浮选法的应用。

（3）人工湿地法

人工湿地法的基本原理是利用自然湿地生态系统中的物理、化学、生物的协同作用，通过沉淀、吸附、阻隔、微生物同化分解、硝化、反硝化以及植物吸收等途径去除悬浮物、有机物、N、P 和重金属等。人工湿地法具有处理方法成本低、易于管理、对有机物的吸附去除能力强等优点。据唐述虞研究，采用人工湿地法处理铁矿酸性废水，pH 值由 2.6 升高到 6.1，铜离子去除率为 99.7%，铁离子去除率为 99.8%，锰离子去除率为 70.9%。招文锐等对凡口铅锌矿选矿废水用宽叶香蒲湿地系统处理，发现出口水质明显改善，符合排放标准，其中铅、锌和镉的去除率分别为 99.0%、97.3%和 94.9%。

人工湿地法处理矿山酸性废水占地面积大，处理后部分残余 H_2S 会从土壤中逸出，污染环境。同时，单一或不同类型植物去除金属离子的种类、机理和效率不同，所以，很难选择一种植物可以去除全部金属离子，加上矿山废水酸性高，流量不稳定，因此，需要进一步的研究。

（4）微生物法

微生物法处理酸性废水是根据硫循环原理（图 2-8），利用硫酸盐还原菌（SRB，sulfate reducing bacteria）通过异化硫酸盐的生物还原反应，将硫酸盐还原为 H_2S，通过微生物氧化作用将 H_2S 氧化为单质硫。

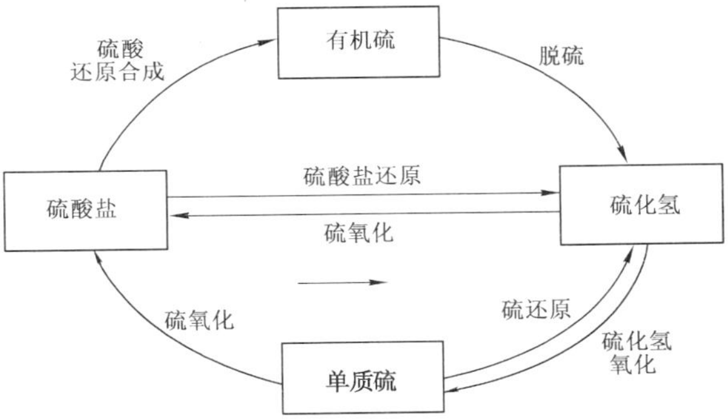

图 2-8　硫循环示意图

利用硫酸盐还原菌的微生物法处理酸性矿山废水费用低，适用性强，无二次污染，可以回收单质硫和重金属，同时，可以消除被重金属污染的土壤和污泥。但当废水中重金属离子成分较为复杂时，能用于这类废水处理的微生物还有待进一步研究。

金属矿山酸性废水的主要处理方法很多，各种方法均有优缺点，现比较如下，见表 2-46 和表 2-47。

表 2-46　金属矿山酸性废水的主要处理方法

处理方法	处理原则	处理试剂	主要特征	存在问题
中和法	添加碱，生成不溶于水的氢氧化物	$Ca(OH)_2$、$CaCO_3$、$Mg(OH)_2$、NaOH	操作简便，便于实现连续运转，运行费用低	生成大量沉淀物，络合离子难以去除
生物法	用氧铁菌将 Fe^{2+} 氧化为 Fe^{3+}，加碳酸钙中和	氧铁菌、$CaCO_3$	可以在低 pH 值下对 Fe 处理，试剂成本低	Fe 以外的元素处理困难，需对铁氧菌培养驯化
硫化法	生成不溶于水的硫化物	NaHS、H_2S、Na_2S	可以在低 pH 值下处理，成本低	不能处理 Cr，试剂管理困难

表 2-46(续)

处理方法	处理原则	处理试剂	主要特征	存在问题
铁酸盐法	将重金属氧化为带有磁性的 MFe_2O_4	$FeSO_4$、NaOH	能处理 Hg,络合离子妨碍少,Cu 可转化为资源	有 Al、Si 时需要进行预处理,反应时间长
离子交换法	用离子交换树脂的交换基吸附金属离子	离子交换树脂、NaOH、HCl	固液分离,脱水容易,可利用铁酸盐	树脂价格和再生费用高
络合物法	使络合物树脂附着在酚醛树脂、聚苯乙烯上以吸附重金属	络合物树脂、NaOH、HCl	可获得高纯度的处理水,可回收有价物质	Fe 过量溶出,沉淀量大
铁粉法	利用铁与重金属离子间的离子化倾向和游离状态的铁离子	铁粉、NaOH、HCl、$Ca(OH)_2$	可去除铁氧化物,亚铁氧化物,Cu 可以转化为资源	试剂成本高,不适用于高浓度COD、油类浓度高矿井水处理
离子浮选法	用黄原酸盐生成不溶于水的金属盐,使其附着在气泡上再除去	黄原酸盐、松油	可连续大量处理,金属可转化为资源	损耗有机催化剂,试剂成本高
萃取法	利用难溶于水的有机催化剂将金属离子萃取、反萃、浓缩、精制	有机萃取剂、界面活性剂	可连续大量处理,金属可转化为资源	电力成本高,半渗透易堵塞,需进行预处理

表 2-47 金属矿山酸性废水常用处理方法优缺点比较

处理方法	适用对象	运行费用/(元/t)	优　点	缺　点
传统石灰中和法	用途广泛,废水达标排放	2.5～5	工艺简单实用,费用低	产渣量大,储运困难,操作环境恶劣,管道腐蚀,有价金属浪费
石灰中和-铁(铝)盐沉淀	处理含砷、氟等酸性废水	3～5.5	回收有价成分,尤其是处理有毒金属	与石灰法相比工程投资与运行费用会增加
高密度石灰法	底泥回流改进石灰中和法,适合石灰法改进	1～3	减少石灰消耗量 5%～10%;沉淀污泥含固量可达到 20%～30%;降低污泥输送费用和运行费用;管道不易结垢	与石灰法相比需要补加污泥回流设施
铁屑置换	回收废水中的金属,先置换后再石灰中和	2.5～5	回收金属和污水处理相结合	增加运行成本,如采取固定床式设备会出现填料堵塞现象
生物硫化法	回收废水中的金属	2.5～5	回收金属和污水处理相结合	流程比较长
生物氧化法	利用细菌氧化并回收金属	2～5	利用细菌氧化提高 pH 值,降低运行成本,回收金属	运行成本比较合适,废水处理与回收金属相结合
离子交换法	适宜处理放射性废水、含铀废水等	3～6	处理效果好,运行操作简单	投资大,运行费用高,特殊情况下使用

（二）国外矿井水的处理与利用

1. 国外矿井水的处理方法

（1）传统处理方法

传统处理方法包括加入碱性试剂、通风曝气、絮凝沉淀等。加拿大和瑞典多数酸性矿井水处理厂采用氢氧化钙作为碱性试剂处理矿井水，这些处理过程是需氧的，重金属以氢氧化物形式沉淀下来。另一种处理过程是厌氧的，在瑞典 Laisvall，铅以硫化物的形式沉淀下来，在挪威 Thamshavn，矿井水用硫化氢处理，铜等以硫化物的形式沉淀下来，达到去除目的。

其他的处理方法用来处理非铁废水中的重金属，通过加入碎屑铁从溶液中析出或者沉淀铜，再通过离子交换、电化学辅助吸附到死的生物体上，通过反渗透和电解析来回收铜。

（2）被动矿井水处理方法

被动矿井水处理方法相对主动矿井水处理方法，具有能耗低、维护少和成本低等优势，尤其适应用于废弃矿井的矿井水处理。国外常见的被动矿井水处理方法详见表 2-48。

表 2-48　国外常见的被动矿井水处理方法

处理方法	目标污染物	典型应用地点	成　　本	处理效果
人工湿地	金属、硫酸盐	英国 Lamesley 煤矿；美国田纳西州 Copper Basin 矿区	美国海军设施工程服务中心（U. S. Naval Facilities Engineering Service Center）计算出每加仑水处理成本在 0.15～1.00 美元之间	典型去除效率：酸度 75%～90%，硫酸盐 10%～30%，铁 80%～90%，铝 90%，铜 80%～90%，锌 75%～90%，镉 75%～90%，铅 80%～90%
可渗透反应墙（PRB）	痕量金属、硫酸盐、硝酸盐、磷酸盐、砷、放射性核素	加拿大安大略省 Niekel Rim South 矿；美国爱达荷州 Silver Vally 矿区 Suecess 矿；美国科罗拉多州 Durango 矿区	成本取决于现场具体情况，长度和深度是主要影响因素，通常比传统处理技术建造成本高	在美国犹他州 Montieello Mill 尾矿，进水中硒浓度由 40 μg/L 降至低于检测限；在美国科罗拉多州 Durango 矿区，处理后硒浓度由 359 μg/L 降至 8 μg/L
缺氧石灰沟（ALD）	酸度	美国弗吉尼亚州 Valzinco 矿；英国 Howe Bridge 煤矿	建造成本因进水位置和化学成分的不同存在一定的差异，美国日纳西河谷管理局在亚拉巴马州废弃矿的运营和维护成本约为 0.11 美元/1 000 gal 水	流入的矿井水中铁和铝的浓度均低于 1 mg/L 时，ALD 可持续 10 年产生稳定的碱度
连续碱度产生系统（SAPs）	酸度、铝、铜、铁、锰、锌	美国科罗拉多州 Summitville 矿；韩国 Yeong Dong 煤矿	处理能力为 5 gal/min 的系统，处理成本约为 0.03 美元/gal；处理能力为 100 gal/min 的系统，处理成本约为 0.003 美元/gal	典型去除效率：铝 97%、铜 90%、铁 64%、锰 11%、锌 57%

（3）主动矿井水处理方法

主动矿井水处理方法中，最基础的有混凝、沉淀和普通过滤工艺。近年来随着科学技术的不断进步，反渗透、纳滤等膜处理方法大量应用于矿井水处理，取得了很好的效果。此外正渗透等一些新方法也在不断地研究与改进。国外常见的主动矿井水处理方法详见表 2-49。

表 2-49　国外常见的主动矿井水处理方法

处理方法	目标污染物	应用地点	成　本	处理效果
反渗透（RO）	盐分、金属等	澳大利亚新南威尔士州 Ulan 煤矿；美国犹他州 Binglum Ganyon 铜矿；智利 Antmcoya 铜矿	对于处理能力 100 万 gal/d 的系统，总安装成本估计为 4 290 万美元，年度运行和维护成本估计为 320 万美元	应用案例中，产水率高于 70%，可以去除 90%到 98%的 TDS（总溶解固体），硒浓度可以降低至<5 μg/L
纳滤（NF）	硫酸根、金属等	法国东都的 Jamy 和 Elorange 两个地下铁矿	美国国家环境保护局相关研究得出，建设处理能力为 500 gal/min 的工厂需花费 120 万美元，纳滤装置的运营成本约为 0.60～0.72 美元/1 000 gal	可以去除 60%的氯化钠，80%的碳酸钙，98%的硫酸镁
陶瓷膜过滤	金属、悬浮物	美国犹他州 Bingham Ganyon 矿；美国蒙大拿州 Upper Blackfoot 矿	成本主要取决于处理单元的大小、要处理的水量和水质要求，Upper Blackfoot 矿的处理系统造价约 67 万美元	重金属去除率达 99.5%
离子交换	硬度、金属	美国明尼苏达州 Soudan 地下矿山州立公园	Soudan 矿井排水量平均每天 86 400 gal，每年的成本约 16.9 万美元	pH 值为 4 时，原水硒浓度为 0.93 mg/L，硫酸盐为 80 mg/L，离子交换树脂处理后硒浓度小于 1 μg/L

2. 国外矿井水的利用方法

国外对于矿井水的利用，除了传统的回用于自身的生产之外，利用方式还包括生活饮用水、灌溉用水、工业用水和环境用水等。近年来，对于矿井水用于蓄热、蓄能发电以及回注的相关研究和应用逐渐增多。

（1）生活饮用水

很多矿区位于干旱少雨地区，水资源紧张，同时矿业开采又加剧了水资源短缺。为了营造环境友好的矿区，同时更好地履行社会责任，很多矿业公司利用矿井水为矿区居民供水。例如印度尼西亚第二大煤炭企业 PT Adaro 公司，将矿井水处理达到生活饮用水标准后，通过 15 km 长的管网供给矿区附近的 Padang Panjang 和 Dahai 两个村子，使超过 5 500 名村民从中受益。另外，Adaro 公司创新性地将矿井水处理设施交给村民自己管理与运营。运营管理人员由村民会议选出，并接受 Adaro 公司和相关专家的技术培训。

（2）灌溉用水

利用矿井水灌溉，可以增加缺水矿区的耕种面积并提高产量。例如美国内华达州的 Betz-Post 金矿，每天产生约 30 万 m^3 矿井水，其中有约 3 万 m^3 矿井水被用于灌溉 2 000 hm^2 的农作物。此外，矿井水还经常被用作干旱时的备用水源。有些地区直接利用未经处理的矿井水进行灌溉，造成了土地盐碱化、土壤酸化和重金属超标等问题。因此必须监测和控制矿井水水质，并定期评估环境影响。

(3) 工业用水

矿井水回用于矿石分选、场地降尘、钻探等是最常见的工业利用方式。近年来利用矿井水作为火电厂的冷却用水的研究越来越多。例如美国西弗吉尼亚大学的国家矿山复垦中心(NMRC),正在研究使用阿巴拉契亚盆地 1 万多个地下废弃矿井的近 9.5 亿 m^3 矿井水资源来为该地区的热电厂供水。

(4) 环境用水

矿井水作为环境用水开始于 20 世纪 80 年代,并逐渐发展出湿地修复功能。湿地除了能处理酸性矿井水外,还可以创造新的生态系统,增加了生物多样性。例如西班牙的 As Pontes 矿山,通过使用矿井水创建了一个新的湿地湖泊,从而美化了景观和周围环境,生物多样性甚至超过开采前。水产养殖也是矿井水环境利用的一个重要途径。例如美国马里兰州自然资源部和 Mettiki 煤炭公司研究评价了利用废弃煤矿的矿井水进行水产养殖的技术经济性,并将处理后的矿井水用于养殖褐鳟、虹鳟等鱼类。

(5) 矿井水回注

废水回注地下的做法在美国、欧洲有很长的研究和应用历史,近年来在采矿业,这种做法越来越受到重视。当面临严格的环境法规限制,特别是在环境敏感地区,矿井水无法外排处置时,回注是较为理想的可选方案,不但规避了政策风险,还有效补充了地下水资源量。南非的 Kolomela 铁矿位于南非开普省北部,开采活动破坏了地下含水层,为了控制地下水位下降,减小对地面农业和生态的影响,该矿利用钻孔每月向含水层回注约 36 000 m^3 矿井水,取得了很好的效果。

(6) 蓄热

通常地层深度每增加 100 m,温度提升约 3 ℃。地下水具有热能利用的潜力,采矿活动大大提高了从井下抽取地下水并利用其所含热能的潜力。欧洲开展了大量的研究和商业活动,对废弃矿井的矿井水低温资源进行开发利用。德国埃森市的 Zollverein 矿的矿井水水温 27 ℃,被用来给 5 000 m^2 的建筑供热。

(7) 蓄能发电

国外发达国家由于资源枯竭,遗留了大量废弃矿井,而废弃矿井拥有地下巷道等优质地下空间可供改造利用。近年来针对利用废弃矿井地下空间,并结合废弃矿井的矿井水资源来建设抽水蓄能发电站的研究逐年增多。例如德国的杜伊斯堡-埃森大学与鲁尔集团合作,将位于德国北莱茵-威斯特法伦州的 Prosper-Haniel 煤矿改建成 200 MW 抽水蓄能电站。该矿地下约 25 km 的巷道被改造成用来蓄能发电的水库,储存的矿井水量超过 100 万 m^3。

第三节　煤矿矿井水处理与利用

矿井水是煤矿废水的主体,在煤炭开采过程中,为保证采矿安全,需要对矿井排水和地下含水层进行预先的人工疏干。据不完全统计,目前全国煤矿矿井水的年排放量约为 45 亿 m^3。

一、煤矿矿井水的分类

从水质处理的角度出发,可将煤矿矿井水分为洁净矿井水、高悬浮物矿井水、高矿化度矿井水、酸性矿井水和含特殊污染物矿井水五类。

(一) 洁净矿井水

洁净矿井水是相对于其他被污染的矿井水而言的,一般直接在井下涌水口通过管道抽出地表。洁净矿井水矿化度及总硬度低,pH 值接近中性,有害离子含量低微或未检出,各种理化指标符合国家饮用水标准,直接或经简单消毒即可饮用,甚至可开发为矿泉水。

(二) 高悬浮物矿井水

在煤炭开采过程中,矿井水一般含有煤粉、岩粉等固体颗粒,主要成分是煤粉。煤粉的密度一般只有 1.5 g/cm^3,远小于地表水系中泥沙颗粒物的密度(2.4～2.6 g/cm^3),因此,煤矿矿井水中的悬浮物颗粒具有密度小、沉降速度慢等特点。悬浮物含量高,每升达到数千或数万毫克,但其总硬度和矿化度并不高。矿井水因含有大量的煤粉,颜色呈灰黑色。

(三) 高矿化度矿井水

高矿化度矿井水又称为苦咸水,含有较高的可溶性盐类及悬浮物质,含盐量大于 1 000 mg/L,甚至达到 10 000 mg/L,主要含有 SO_4^{2-}、Cl^-、Ca^{2+}、K^+、Na^+ 等离子,硬度较高,水质多数呈中性或偏碱,带苦涩味,少数为酸性。高矿化度矿井水又可以分为微咸水(矿化度为 1 000～10 000 mg/L)、咸水(矿化度为 10 000～50 000 mg/L)。据不完全统计,我国煤矿高矿化度矿井水含盐量一般在 1 000～4 000 mg/L,少数达 4 000 mg/L 以上。高矿化度矿井水主要分布在我国北方矿区、西部高原、黄淮海平原及华东沿海地区。

矿井水中矿化度高是由多种因素造成的,主要因素有:被采煤层中含有大量碳酸盐矿物及硫酸盐类矿物,使矿井水中 Ca^{2+}、Mg^{2+}、SO_4^{2-}、Cl^- 等盐类离子增加;地区干旱,降雨量少,蒸发量大,地下水补给不足,促使矿井水盐分浓缩;当开采高硫煤层时,因硫化物氧化产生游离酸,再与碳酸盐矿物、碱性物质发生反应,使矿井水中 Ca^{2+}、Mg^{2+}、SO_4^{2-} 等离子增加;矿区处于沿海地带,地下咸水侵入煤田。

(四) 酸性矿井水

煤矿酸性矿井水是指 pH 值小于 6.5 的矿井水,多出现在煤层及顶底板含硫量高的煤矿区。酸性矿井水不仅腐蚀排水设备,而且排到地面后还危害水生动植物及周围农作物的生长。

煤层是在还原环境中聚集的,煤层及顶底板中往往含有黄铁矿(FeS_2),在山西阳泉的野外地质剖面中,可清晰地看到"猴石灰岩"之下煤层(线)底板中有大量的黄铁矿晶痕。酸性矿井水主要是由于开采含有黄铁矿的煤层时,黄铁矿被氧化生成亚硫酸和硫酸而使矿井水呈现酸性的。

煤矿开采使得大量氧气进入井下环境,造成原处于还原状态的矿物发生氧化反应。这一过程在还原态矿物初露地表后同样发生。最常见的矿物就是硫化物类。黄铁矿是普遍存在的金属硫化物,煤层中也经常见到,与其他亲铜元素,如 As、Bi、Cd、Co、Cu、Ga、In、Hg、Mo、Pb、Re、Sb、Se、Sn、Te、Zn,经常联系在一起。黄铁矿氧化过程经历了一个复杂的反应循环过程,如图 2-9 所示。

下列方程式描述了这一反应过程:

$$2FeS_2 + 2H_2O + 7O_2 = 2Fe^{2+} + 4SO_4^{2-} + 4H^+ (aq)$$

进一步,二价铁氧化为三价铁,消耗酸:

$$4Fe^{2+} + 4H^+ (aq) + O_2 = 4Fe^{3+} + 2H_2O$$

三价铁继续充当电子受体,进一步氧化黄铁矿,或者发生水解,两者释放更多的质子。

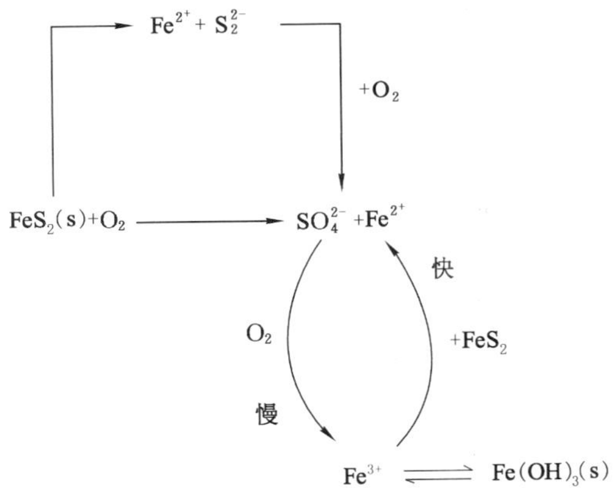

图 2-9　黄铁矿氧化反应路径简单示意图

$$FeS_2+14Fe^{3+}+8H_2O=15Fe^{2+}+2SO_4^{2-}+16H^+\ (aq)$$

$$Fe^{3+}+3H_2O=Fe(OH)_3+3H^+\ (aq)$$

总的反应结果是增加了酸：

$$4FeS_2+14H_2O+15O_2=4Fe(OH)_3+8SO_4^{2-}+16H^+\ (aq)$$

经过上述反应，导致含黄铁矿煤层中产生大量的硫酸盐，矿井水 pH 值也随之升高，呈现酸性矿井水的特征。其 pH 值一般在 6 以下，引起煤和岩石中的金属元素溢出，使矿井水中铁、锰等重金属离子增加而呈现明显的黄色。另外，水中的游离酸与部分碳酸盐矿物质反应，增加了无机盐类，导致矿井水的总硬度和矿化度升高。

（五）含特殊污染物矿井水

该类矿井水主要指含有毒、有害元素（氟和铅）或放射性元素（铀和镭）等当地煤矿特征污染物的矿井水。

二、洁净矿井水的处理与利用

洁净矿井水水质呈中性或弱碱性，低浊度，低矿化度，无有毒有害元素或其含量很低，基本符合生活饮用水标准，可设专用输水管道给予利用，一般采用清污分流方式，保证其在排出过程中不混入其他矿井水和煤粉、岩粉，将洁净矿井水和已被污染的矿井水利用各自单设的排水系统，分而排之。洁净矿井水可直接作为生产生活用水，或经过简单的消毒处理作为饮用水。做生活饮用水时需进行消毒处理。

另外，有些矿井水因含有一些有益于人体健康的微量元素，可作为矿泉水开发利用。如兖州矿区鲍店煤矿开采 3 煤层时，来自灰岩的地下水水量丰沛，水质优良，且微量元素 Sr 的含量优于国家饮用天然矿泉水的水质标准，该矿将其作为矿泉水进行了开发，获得了较大的经济效益。

三、含悬浮物矿井水的处理与利用

（一）水质特征

含悬浮物矿井水的主要污染物来自矿井水流经采掘工作面时带入的煤粒、煤粉、岩粒、岩粉等悬浮物。因此，这种矿井水多呈灰黑色，并有一定的异味，浑浊度也比较高，pH 值呈中性，含盐量小于 1 000 mg/L，金属离子含量微量或者未检出，不含有毒离子。在正常情况下，矿井水一般要在井下水仓停留 4～8 h，沉淀较大颗粒的煤粒、岩粒等。取地面蓄水池矿井水分析表明，其悬浮物的含量一般在 100～400 mg/L 范围内，粒径 50 μm 以下的约占 85%，颗粒物的平均密度为 1.2～1.3 g/cm^3。由表 2-50 可知，含悬浮物矿井水的另一水质特征是细菌含量较多。我国北方一些矿区（如平顶山、焦作、开滦、峰峰、郑州、邯郸）及华东、东北的大部分矿井的外排矿井水属这类矿井水，其水量约占我国北方部分重点国有煤矿矿井涌水量的 60%。目前，上述矿区许多煤矿将这类矿井水当作饮用水水源加以处理。因这种矿井水主要污染物是粒径极为细小的煤、岩粉，利用自然沉淀的方法去除这些悬浮物很困难，必须采用混凝沉淀的处理方法以实现对悬浮物的去除。实践证明，含悬浮物的矿井水经混凝、沉淀、过滤消毒等工序处理后，出水水质能达到我国生活饮用水水质标准要求。

表 2-50　几个煤矿矿井水水质特征

参　　数	杨村煤矿	大安山矿西平硐矿井	朔里煤矿	平顶山二矿
颜色	黑色		—	
浑浊度/NTU		10	—	浑浊
臭和味	弱臭味			无
pH 值	7.54	7.9	8.25	7.0
蒸发残渣/(mg/L)		304		
总硬度/(mg/L)		227	296	285.5
总碱度/(mg/L)		221		245
挥发性酚/(mg/L)	0.003 2		—	未检出
氰化物/(mg/L)	0.01		<0.004	—
F^-/(mg/L)	1.47		<0.2	0.6
Cl^-/(mg/L)		3.7	207.5	33.95
SO_4^{2-}/(mg/L)		24	555.21	245
S^{2-}/(mg/L)	0.771			
高锰酸钾指数/(mg/L)	2.27	1.19		
NH_3-N/(mg/L)	—	—	—	
NO_2^--N/(mg/L)	—	未检出	<0.069	
铜/(mg/L)	0.036		<0.1	未检出
锌/(mg/L)	0.05		—	
砷/(mg/L)	未检出		<0.007	
汞/(mg/L)			<0.004	未检出
铅/(mg/L)	0.06		<0.01	—
镉/(mg/L)	0.003 2	—	<0.01	未检出
硒/(mg/L)	—	—		未检出
六价铬/(mg/L)	0.031		<0.004	
大肠菌/(个/mL)	723 800	2	>23 800	240
细菌总个数/(个/mL)		51	36 000	2 380

（二）处理工艺

图 2-10(a)和图 2-10(b)是含悬浮物矿井水处理经常采用的两种工艺流程。图 2-10(a)所示工艺中，矿井水与混凝剂混合后直接进入澄清池进行澄清处理，上清液进入滤池过滤；图 2-10(b)工艺中，矿井水与混凝剂混合后，先在反应池中进行充分混合反应，再经沉淀池沉淀处理后，上清液才进入滤池过滤处理。所以，图 2-10(a)工艺优点是流程相对简单，节省基建投资；图 2-10(b)优点则是混凝反应充分，效果好。在选择流程时，可根据当地具体情况进行选择确定。

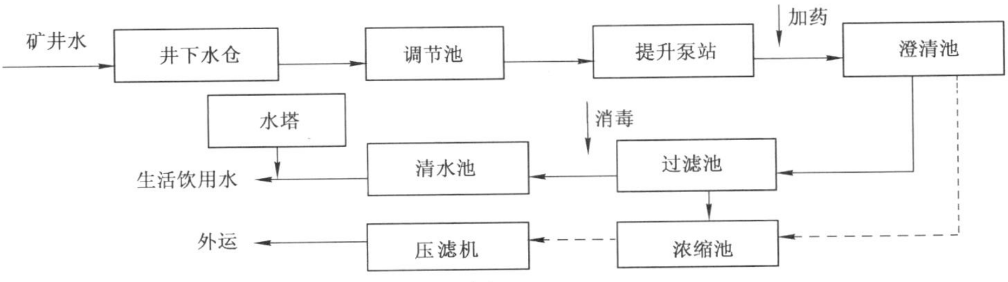

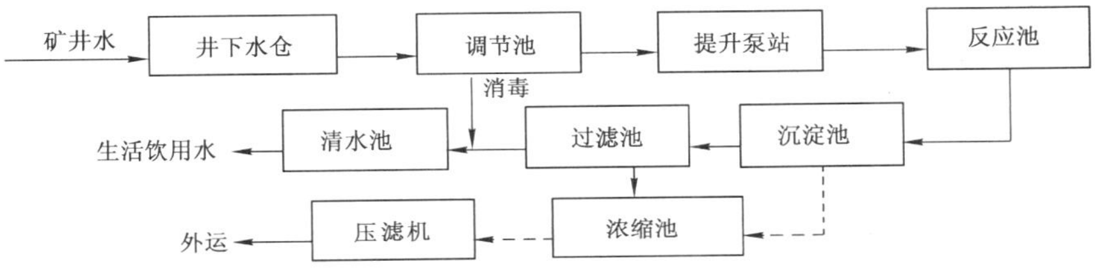

图 2-10　含悬浮物矿井水处理工艺流程

（三）处理实例

1. 概况

东北某矿区，年产煤量为 150 万 t。原矿井水处理厂建成于 2008 年，采用常规混凝沉淀处理工艺，设计处理能力为 5 112 m^3/d。随着近些年该矿矿井水水量的增加，原有的处理工艺已经不能满足现在的水力负荷。为了提高矿井水处理系统的处理能力、减少出水污染物的浓度、降低水处理成本、实现矿井水资源化回用，需要对该矿井水处理工艺系统进行改造。该矿井水主要来自井下排水，正常排水量为 5 000 m^3/d，最大排水量为 7 200 m^3/d。

2. 水质特征

矿井水原水见图 2-11。

图 2-11　矿井水原水水样

由图 2-11 可以看出，该矿矿井水水质呈黑色，感官性差。矿井水污染物主要为煤屑与岩粉，属于典型的高悬浮物矿井水，水质较差。经测定矿井水原水水质见表 2-51，悬浮物 SS、浊度和色度严重超标。

表 2-51 矿井水原水水质

项目	数值	项目	数值
悬浮物 SS/(mg/L)	1 700	TDS/(mg/L)	1 578
色度/度	147	总硬度/(mg $CaCO_3$/L)	162
pH	8.48	总硬度/(mg NaOH/L)	504
浊度/NTU	802	细菌总数/(个/mL)	750
氨氮(以 N 计)/(mg/L)	4.68	硫酸盐/(mg/L)	40.039
COD_{Cr}/(mg/L)	52.4	Fe^{2+}/(mg/L)	0
石油类/(mg/L)	0.21	Mn^{2+}/(mg/L)	0
总磷(以 P 计)/(mg/L)	0.156		

3. 原矿井水处理系统及存在的问题

原矿井水处理系统采用“隔板絮凝+斜管沉淀”工艺，工艺流程见图 2-12。原矿井水处理系统存在的问题如下：原矿井水处理系统已经运行 10 年，设备逐渐老化，部分设施淤堵严重，实际处理能力仅为 4 000 m^3/d，不能满足 7 200 m^3/d 的最大处理量要求；同时该处理系统工艺落后，药剂选择不合适，运行中加药量太大，造成水厂处理成本过高。

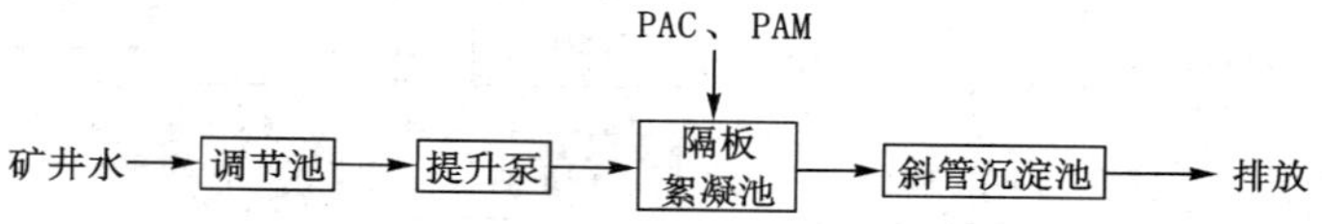

图 2-12 原矿井水处理工艺流程

4. 改造工艺的选择

设计出水水质达到《城市污水再生利用 景观环境用水水质》(GB/T 18921—2019)中水景类用水和《公共浴池水质标准》(CJ/T 325—2010)的要求，两种水质出水污染物标准分别见表 2-52 和表 2-53。

表 2-52 水景类用水水质标准

SS /(mg/L)	色度 /度	pH	浊度 /NTU	氨氮(以 N 计) /(mg/L)	石油类 /(mg/L)	总磷(以 P 计) /(mg/L)
≤10	≤30	6～9	≤5	≤5	≤1.0	≤0.5

表 2-53 浴池用水水质标准

pH	浊度 /NTU	TDS /(mg/L)	总硬度 /(mg $CaCO_3$/L)	总碱度 /(mg NaOH/L)	细菌总数 /(个/mL)
6.8～8.0	≤1	≤原水+1 500	≤150～200	≤80～120	≤100

该矿矿井水水量变化较大，为了保证配水均匀，应在处理设施前段设置水量调节池。该矿矿井水属于典型的高悬浮物矿井水，矿井水中悬浮物 SS、浊度与色度为主要去除对象，为了减轻混凝区加药量，降低水处理成本，采用“絮凝污泥回流强化助凝反应+高密度预沉

淀”，部分悬浮物 SS、浊度与色度在初期就能通过絮凝沉淀去除，之后通过提升泵进入混凝沉淀处理区进一步去除，最后部分出水过滤后再次降低浊度供给工人洗澡用水。具体流程见图 2-13。

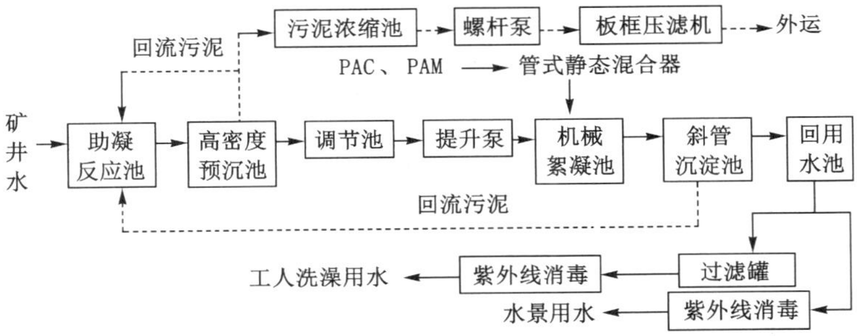

图 2-13　改造后矿井水处理工艺流程

由于矿井水水量较小，将原有隔板絮凝池改造为垂直轴式机械絮凝池进行絮凝反应，可以大大提高絮凝反应效果，且运行控制灵活。由于斜管沉淀池具有固液分离效果好、投资省、耐冲击负荷强、排泥方便等特点，沉淀区仍然采用斜管沉淀池。由于石英砂滤罐具有结构紧凑、安装操作灵活、出水效果好等特点，所以在工人洗澡用水前使用石英砂滤罐进一步降低浊度使出水达到浴池用水水质标准。为了保证消毒处理后出水直接进行回用，消毒方式采用紫外线消毒。系统产生的污泥为化学污泥，采用减量化处理后外运。

矿井水处理系统构筑物与设备的改造详见表 2-54 和表 2-55。

表 2-54　保留设备与构筑物清单

名　称	尺寸(型号)	数量及单位
调节池	21 m×9 m×3.7 m	1 座
絮凝池	6.7 m×5.2 m×5.3 m	2 座
沉淀池	6.7 m×6.8 m×5.3 m	2 座
板框压滤机	压滤面积 100 m^3	2 台
螺杆泵	G85-1YCJ100	2 台

表 2-55　新增设备与构筑物清单

名　称	参数(型号)	数量及单位	备注
絮凝池固定挡板	长 1 000 mm、宽 100 mm	24 块	
机械搅拌装置	叶轮直径 1.5 m	6 套	
助凝搅拌装置	叶轮直径 2 m	1 套	
静态混合器	DN350、长 1.2 m，4 个混合单元	1 套	
斜管填料	ϕ25 mm	33 m^3	
集水槽	5 760 mm×2 100 mm×460 mm	4 套	
出水渠	11 160 mm×360 mm×680 mm	1 套	
PAC 加药装置	WJE-1.0/1.44B-1	1 套	

表 2-55(续)

名　　称	参数(型号)	数量及单位	备注
PAM 加药装置	WJE-1.0/1.44B-1	1 套	
石英砂滤罐	ϕ2 300 mm,高 3 100 mm	2 套	
原水提升泵	Q=150 m^3/h、H=10 m、N=6.9 kW	3 台	2 用 1 备
过滤提升泵	Q=100 m^3/h、H=10 m、N=11.4 kW	3 台	2 用 1 备
回用水泵	Q=150 m^3/h、H=6 m、N=1.63 kW	3 台	2 用 1 备
反冲洗泵	Q=200 m^3/h、H=20 m、N=13.5 kW	3 台	2 用 1 备
污泥回流泵	Q=36 m^3/h、H=6 m、N=1.53 kW	2 台	1 用 1 备
污泥提升泵	Q=36 m^3/h、H=10 m、N=1.72 kW	3 台	2 用 1 备
紫外消毒装置	KCF-UV1 200 V	2 套	
控制柜	GGD	1 套	
现场控制箱		2 个	
流量计		4 台	
助凝反应池	7 000 mm×1 000 mm×4 000 mm	1 座	
回用水池	11 000 mm×9 600 mm×5 700 mm	1 座	

5. 经济效益和社会效益

(1) 处理效果

处理后的水质结果见表 2-56。

表 2-56　处理后出水主要污染物浓度

浊度/NTU	悬浮物 SS/(mg/L)	色度/(°)	COD/(mg/L)	总硬度/(mg $CaCO_3$/L)	总碱度/(mg NaOH/L)	氨氮(以 N 计)/(mg/L)	磷酸盐(以 P 计)/(mg/L)	石油类/(mg/L)
2.1	6.8	0	5.0	86	63	3.75	0.098	0.12

该工艺出水完全满足《城市污水再生利用　景观环境用水水质》(GB/T 18921—2019)中水景类用水的要求,再经过过滤工艺后可完全满足《公共浴池水质标准》(CJ/T 325—2010)的要求,可实现矿井水资源化回用。

(2) 技术经济分析

矿井水处理工艺改造前后技术经济比较见表 2-57。

表 2-57　工艺改造前后技术经济比较

工艺类型	处理性能	占地面积	运行管理	处理药剂成本费用
改造前工艺	处理能力低,出水水质差(不能稳定达标),不能实现矿井水资源化回用	处理流程简单,构筑物少	运行控制不灵活,抗冲击负荷能力弱	加药量大,成本高(1 号药剂:PAC 160 mg/L、PAM 20 mg/L),药剂成本费用为 0.520 元/m^3

表 2-57(续)

工艺类型	处理性能	占地面积	运行管理	处理药剂成本费用
改造后工艺	处理能力大,出水水质好,可实现矿井水资源化回用	处理流程较简单,构筑物增多,但充分利用了原有建筑物,占地面积不变	运行稳定,控制灵活,抗冲击负荷能力强	(1) 无回流单独投加 2 号药剂:PAC 140 mg/L、PAM 0.1 mg/L,药剂成本费用为 0.282 元/m^3 (2) 絮凝污泥回流强化助凝工艺:加药量小,成本低(2 号药剂:PAC 80 mg/L、PAM 0.1 mg/L),药剂成本费用为 0.162 元/m^3

注:1 号药剂:PAC 为 0.2 万元/t, PAM 为 1 万元/t; 2 号药剂:PAC 为 0.2 万元/t,PAM 为 2 万元/t。

矿井水处理系统设备投资为 113.8 万元,土建投资为 30 万元,基建总投资为 143.8 万元。具体明细见表 2-58。

表 2-58 基建投资估算

名 称	参数(型号)	数量及单位	单价/万元	总价/万元
絮凝池固定挡板	长 1 000 mm、宽 100 mm	24 块	0.1	2.4
机械搅拌装置	叶轮直径 1.5 m	6 台	0.5	3.0
助凝搅拌装置	叶轮直径 2 m	1 套	0.8	0.8
静态混合器	DN350、长 1.2 m,4 个混合单元	1 套	0.4	0.4
斜管填料	ϕ25 mm	33 m^3	0.1	3.3
集水槽	5 760 mm×2 100 mm×460 mm	4 套	0.1	0.4
出水渠	11 160 mm×360 mm×680 mm	1 套	0.2	0.2
PAC 加药装置	WJE-1.0/1.44B-1	1 套	8.0	8.0
PAM 加药装置	WJE-1.0/1.44B-1	1 套	8.0	8.0
石英砂滤罐	直径 2 300 mm,高 3 100 mm	2 个	6.0	12.0
原水提升泵	Q=150 m^3/h、H=10 m、N=6.9 kW	3 台	2.6	7.8
过滤提升泵	Q=100 m^3/h、H=10 m、N=11.4 kW	3 台	2.1	6.3
回用水泵	Q=150 m^3/h、H=6 m、N=1.63 kW	3 台	2.4	7.2
反冲洗泵	Q=200 m^3/h、H=20 m、N=13.5 kW	3 台	3.0	9.0
污泥回流泵	Q=36 m^3/h、H=6 m、N=1.53 kW	2 台	2,0	4.0
污泥提升泵	Q=36 m^3/h、H=10 m、N=1.72 kW	3 台	2.0	6.0
紫外消毒装置	KCF-UV1 200 V	2 套	6.0	12.0
控制柜	GGD	1 套	10.0	10.0
现场控制箱		2 个	2.0	4.0
流量计		4 台	1.0	4.0
管道及其配件			5.0	5.0
土建费用			30.0	30.0
合计	143.8			

采用絮凝污泥回流强化助凝反应+高密度预沉淀+混凝反应+高效沉淀的处理工艺，药剂成本费用为0.162元/m^3，小于无回流单独投加2号药剂费用0.282元/m^3，更远远小于改造前工艺投加1号药剂费用0.520元/m^3，絮凝污泥回流可大大降低混凝反应的加药量，使单位水处理成本大幅度降低。

(3) 改造后工艺运行费用

① 人工费

本套系统职工定员为9人，每人每月平均工资4 000元，整个水厂的年人工费为4 000×9×12=43.2(万元)，平均人工费用为0.164元/m^3。

② 药剂费

每日PAC药量为7 200×0.08=576(kg)，每日PAC药剂费为1 152元。每日PAM药量为7 200×0.000 1=0.72(kg)，每日PAM药剂费为14.4元。每日总药剂费为1 166.4元，每年总药剂费为0.116 64×365=42.6(万元)，平均药剂费用为0.162元/m^3。

③ 电费

经核算，矿井水处理区的总功率为19.28 kW，洗澡用水处理区的总功率为8.7 kW，系统运行总功率为19.28+8.7=27.98(kW)，则每年耗电量为27.98×365×24=245 105(kW·h)，每度电1元，每年电费为24.5万元，平均电费为0.093元/m^3。

水厂每年总运行费用为43.2+42.6+24.5=110.3(万元)，成本费用为0.419元/m^3。

四、高矿化度矿井水的处理与利用

(一) 概况

高矿化度矿井水又称苦咸水或矿井苦咸水，是指含盐量大于1 000 mg/L的矿井水。据不完全统计，我国煤矿高矿化度矿井水的含盐量一般在1 000～3 000 mg/L之间，少量达4 000 mg/L以上。如甘肃靖远煤业集团有限公司大部分矿井的矿井水含盐量在4 000 mg/L以上。这类矿井水的含盐量主要来源于Ca^{2+}、Mg^{2+}、Na^+、K^+、SO_4^{2-}、HCO_3^-、Cl^-等离子，其硬度往往较高，有些矿井水硬度(以含CaO计)可达1 000 mg/L。受采煤等作业的影响，这类矿井水还含有较高的煤粉、岩粉等悬浮物，浊度大。据调查，这类矿井水水量约占我国北方国有重点煤矿矿井涌水量的30%，主要分布于甘肃、宁夏、内蒙古西部、新疆、陕西的中部和东部、河南西部等矿区。

(二) 高矿化度矿井水零排放处理技术现状

高矿化度矿井水零排放过程是利用物理化学方法将水中含盐量降低到满足使用或外排要求，最终得到合格产品水、结晶盐及少部分化学污泥的过程。通常经过预处理、浓缩、结晶分盐三个阶段实现。

1. 预处理技术

预处理是浓缩和结晶分盐的基础。为确保浓缩和结晶系统长期稳定运行，减少结垢、污堵及频繁清洗，需对浓缩前的高矿化度矿井水进行预处理，以去除水中悬浮物(SS)、Fe、Mn、油类、有机物、Ca^{2+}、Mg^{2+}等结垢因子。通常采用混凝澄清、砂滤、超滤、微滤、化学沉淀及氧化技术。

(1) 除悬浮物技术

由于受到开采活动的影响，矿井水中普遍含有悬浮物，一般含量为200～500 mg/L，个别煤矿高达1 000 mg/L以上。在混凝剂和助凝剂作用下，分子间静电斥力平衡遭到破坏，悬浮物相互碰撞形成絮体沉淀下来。常用的混凝剂以铝盐和铁盐为主，助凝剂以高分子聚合物聚丙烯酰胺为主。除悬浮物技术主要有平流式斜管沉淀池技术、水力循环澄清池技术、机械搅拌澄清池技术、高密度澄清池技术及磁絮凝技术。平流式斜管沉淀池占地面积大、排泥系统复杂、常出现斜管坍塌现象，目前已逐步被淘汰。磁絮凝技术是在混凝阶段投加磁粉，使絮体带有磁性，可利用磁盘机将絮体快速分离，再利用磁种回收系统将磁粉回收。该技术目前常用于井下水处理，实际运行中，因聚丙烯酰胺投加量较大，水中残留的部分药剂会造成后续过滤系统滤料、膜表面堵塞，且出水 SS 较高，需要二次混凝沉淀。水力循环澄清池技术、机械搅拌澄清池技术、高密度澄清池技术集混凝沉淀于一体，泥渣循环，药剂投加量省，处理负荷高，运行效果稳定，出水 SS 可小于 10 mg/L，是目前高矿化度矿井水预处理除悬浮物常用的工艺技术。

（2）除铁、锰技术

受地下水水质影响，部分矿区矿井水中铁、锰含量较高。通常地下水中铁和锰以二价离子形式存在，在接触到空气或者加氯处理后，会转化成三价难溶性胶体颗粒沉积在膜表面或因铁细菌滋生加剧膜生物污染。传统的除铁、锰方法是先利用空气或化学药剂（NaClO、$KMnO_4$）进行氧化处理，再通过介质过滤去除，或直接采用锰砂滤料过滤除铁。为节省占地，出现了氧化-微滤/超滤新技术。此外，当铁离子含量≤0.05 mg/L 时，可用离子交换方式，采用投加阻垢剂的方式也能有效抑制铁、锰污染。实际工程中，为节省投资和运行成本，通常将铁、锰与悬浮物或硬度一起去除。

（3）除有机物技术

矿井水中少量有机污染主要来源于井下生产活动和地面中水利用系统。有机物会造成膜的生物污染或堵塞，导致膜性能衰减。随着膜在高矿化度矿井水中的普遍应用，矿井水中的有机污染也逐渐被重视。目前采用的除有机物技术主要有化学氧化技术、活性炭吸附技术、膜分离技术。化学氧化技术有加氯、臭氧、芬顿等技术。加氯主要是抑制微生物生长，一般作为常规手段；臭氧、芬顿能够有效降低水中的 COD。活性炭吸附技术通常与臭氧联合使用，因设计参数选取、运行不当等，活性炭吸附存在微生物污染风险，一般采用增加滤床深度、降低滤速来降低微生物污染。在 RO 前采用微滤或超滤预处理也是降低有机物浓度的有效手段，实际应用中，常采用加氯、臭氧、活性炭吸附、微滤或超滤几种方式组合协同去除有机物。

（4）除硬、除硅技术

高矿化度矿井水中普遍存在一定量的 Ca^{2+}、Mg^{2+} 和 HCO_3^-，以暂时硬度或永久硬度的方式存在，零排放过程会引起膜、蒸发结晶设备结垢。除硬技术主要有化学药剂法、离子交换法、晶种法及阻垢剂技术。化学药剂法有石灰软化法和双碱法，石灰软化法药剂成本较低，但产泥量大，污泥处置费用高；双碱法产泥量小，但药剂成本较高。实际工程中要根据硬度的组成成分、高低、污泥处置途径核算成本，选取经济、适宜的方法。化学药剂法除硬过程产生的沉淀物通常采用混凝、沉淀、过滤的方式去除，常用的构筑物形式有机械加速澄清池、高密沉淀池、V 形滤池。当规模较小或用地较为紧张时，管式超滤是一种高效的替代方式，硬度可降低至 20 mg/L 以下，硅可降低至 10 mg/L 以下。晶种法主要针对高硫酸盐高硬度矿井水，通过投加晶种诱导 $CaSO_4$ 结晶，同步去除水中的 SO_4^{2-} 和 Ca^{2+}，但该法因局限性应用较少。离子交换法是除硬较为彻底的一种方法，目前对 Ca^{2+}、Ba^{2+}、Sr^{2+} 的去除率大于

99.5%,因再生液需要无害化处理,故运行成本高,一般与化学药剂法协同分步使用。阻垢剂技术通过阻垢剂分散作用抑制膜结垢。除硬技术的选择应兼顾效率和运行成本,目前较为经济有效的方式是阻垢剂技术、化学药剂法及离子交换法分步协同技术。

2. 浓缩技术

高矿化度矿井水浓缩是实现零排放的关键步骤,其目的是提高矿井水中的盐浓度,达到结晶分盐技术指标和经济性要求。目前,高矿化度矿井水零排放已有的浓缩技术有膜浓缩技术和蒸发浓缩技术。膜浓缩技术包含两级 BWRO＋SWRO 浓缩、BWRO＋SWRO＋DTRO 浓缩、BWRO＋SWRO＋ED 浓缩、高效反渗透(HERO)技术;蒸发浓缩技术包括 MVR 降膜浓缩和 MED 多效蒸发,也有采用膜浓缩与蒸发浓缩协同技术,具体工艺的选择需要依据水质、水量及热源进行经济性分析而定。

(1) 膜浓缩技术

膜浓缩技术是利用膜对水中各组分具有选择性透过,实现水中盐的提浓。随着膜在水处理领域的广泛应用,膜成本逐步降低,技术不断完善成熟。膜浓缩技术具有自动化程度高、占地面积省、产水稳定、集成度高等优点。目前,在高矿化度矿井水浓缩处理中采用的膜浓缩技术主要包括纳滤膜技术、反渗透技术和电渗析技术。

纳滤膜技术是利用膜自身的带电性和筛分性特点,对 Ca^{2+}、Mg^{2+}、SO_4^{2-} 等二价离子进行截留。该技术具有操作压力低、通量高、投资低等特点,对二价盐的截留率可以达到 92%以上,一价盐的截留率较低。目前,常用纳滤膜技术将二价盐和一价盐分离,提高盐品质。

反渗透技术起初主要用于海水淡化、地下苦咸水利用,随着各行业水处理零排放技术的发展,出现了各种形式的抗污染膜、高压膜,如 DTRO、HERO、STRO 等。DTRO 和 STRO 是从垃圾渗滤液浓缩分离发展起来的,脱盐率一般可达 85%以上,较常规反渗透膜脱盐率低,对预处理要求不高,因流道宽、抗污染性强、操作压力高,目前在煤化工废水零排放中应用较多。HERO 技术是常规反渗透技术的一种改进,在反渗透前利用离子交换去除水中全部硬度,使反渗透在高 pH 条件下运行,降低了膜的污染或结垢,回收率可达 80%,较常规反渗透技术稍高,但大规模的集中除硬会导致预处理投资和运行成本较高,目前在高矿化度矿井水零排放中应用较少。

电渗析技术是一种电驱动膜分离技术,阴、阳离子在电流作用下不断透过阳膜和阴膜进入浓水室,使盐浓度不断提高。随着膜材料的发展,电渗析膜耐污染性、抗腐蚀性、抗氧化能力显著增强,浓差极化现象得到解决。电渗析技术的回收率可达 70%～85%,浓水盐浓度可达 200 g/L,较反渗透技术水量减少 1/3～1/2,对应可减小蒸发结晶规模,节省了蒸发结晶的投资和运行成本。因此,近几年电渗析技术应用范围由苦咸水淡化、锅炉水软化等给水领域扩展到废水零排放领域。

实际工程中,膜浓缩阶段含盐量从 0.3%～0.5%浓缩到 6%～10%,从技术角度和经济角度,都需要多种膜技术的组合。常见的组合方式有两级 BWRO＋SWRO 浓缩、BWRO＋BWRO/SWRO＋DTRO 浓缩、BWRO＋SWRO＋ED 浓缩。两级 BWRO＋SWRO 浓缩技术成熟可靠、投资最省、运行成本低,适用于膜驱动压力小于 80 bar 的场合,BWRO＋BWRO/SWRO＋DTRO 浓缩投资较高、运行成本较高,适用于膜驱动压力小于 120 bar 的场合;BWRO＋SWRO＋ED 浓缩投资高、运行成本高、产水一般,适用范围比较广,一般为提高产水水质,将 ED 产水返回到前段膜系统循环处理,或在 ED 膜后增加一级 RO。各种组合方式均有一定的优缺点，一般两级 BWRO＋SWRO 浓缩为首选工艺，当无法满足使用要求时，考虑采用 BWRO＋BWRO/SWRO＋DTRO 浓缩或 BWRO＋SWRO＋ED 浓缩。具体比较见表 2-59。

表 2-59 几种常见膜浓缩方式比较

项　目	两级 BWRO＋SWRO 浓缩	BWRO＋BWRO/SWRO＋DTRO 浓缩	BWRO＋SWRO＋ED 浓缩
浓缩效果	浓水含盐量可达 60～80 g/L	浓水含盐量可达 80～120 g/L	浓水含盐量可达 200 g/L
投　资	膜元件成本低，投资最省	DTRO 膜元件成本高，投资较高	投资高
运行成本	最低	较高	高
技术成熟性	成熟	较成熟	一般
产水水质	最好(≤200 mg/L)	好(≤500 mg/L)	较好(≤1 000 mg/L)
适用性	适用于膜驱动压力小于 80 bar	适用于膜驱动压力小于 120 bar	适用范围广

(2) 蒸发浓缩技术

蒸发浓缩采用的是加热浓缩的方式，主要包括多效蒸发(MED)和机械蒸汽再压缩(MVR)蒸发浓缩。MED 是后一效利用前一效的二次蒸汽为热源、多效串联的蒸发方式，一般单效蒸发吨水的蒸汽耗量为 1.0 t，二效为 0.57 t，三效为 0.4 t，效数越多，蒸汽耗量就越省，同时基建投资也越大。综合运行成本与投资，一般采用二效或三效蒸发较多。MED 蒸发浓缩技术应用灵活，对来料浓度适应范围广。有电厂余热可利用或自建锅炉的煤矿常采用 MED 蒸发浓缩技术。MVR 是利用蒸汽压缩机将物料蒸发的二次蒸汽升压升温，作为热源对来料进行加热的蒸发方式。与 MED 相比，MVR 最大限度地回收了蒸汽的热能，因此更节能，运行成本更低，占地面积也较小，设备相对简单，但受温升限制，MVR 的操作性不如 MED 灵活，适用范围不如 MED 广，一般用于蒸汽成本高或没有蒸汽源的场合。目前，废热资源相对较多的化工厂常采用蒸发浓缩技术，煤矿矿井水零排放采用蒸发浓缩的案例极少见，有采用膜浓缩与蒸发浓缩耦合，可以提高整个系统的抗结垢、抗腐蚀能力，降低项目整体投资。

3. 结晶分盐技术

结晶分盐是高矿化度矿井水零排放的最后一道工序。杂盐一般作危废填埋处置，处置成本高。结晶分盐技术则将浓盐水中的盐以单质盐的形式分离出来，可作为资源利用。目前主要有膜法分盐和热法分盐两种技术。膜法分盐是在膜浓缩阶段利用纳滤将水中一价盐和二价盐分离，再分别进行蒸发结晶，得到高品质单质盐的技术。该技术工艺较复杂，投资较高，运行成本较高，纳滤膜耐污染性能差，一般 1 年就要更换，使用寿命短，一般用在来水水质波动较大、两种结晶盐处于共饱和、热法结晶无法分盐的场合。热法分盐是利用不同单质盐在一定饱和蒸气压下溶解度不同而采用结晶的方法加以分离的技术。矿井水中盐以 Na_2SO_4 和 NaCl 为主，与水组成三元体系，三元体系中 Na_2SO_4 溶解度随温度升高变化较大，而 NaCl 较为平缓。因此，为提高结晶盐纯度、减少杂盐产量，常采用热法＋冷冻结晶结合技术，即先高温蒸发结晶得到 Na_2SO_4 结晶盐，再对其母液进行冷冻结晶，得到 $Na_2SO_4 \cdot 10H_2O$，通常可以控制杂盐率小于 8%，Na_2SO_4 结晶盐可达《工业无水硫酸钠》(GB/T 6009—2014) Ⅰ类一等品，NaCl 结晶盐达《工业盐》(GB/T 5462—2015)精制工业盐一级品。

（三）处理实例

1. 概况

本项目处理的废水（原水）主要为采矿区采煤废水，主要来自灵新煤矿三采区、四采区、五采区的矿井涌水以及一采区主斜井胶带巷的地面冲洗水，共计水量为 550 m^3/h。水质如下：① 悬浮物含量、浊度等超标：原水水质一般情况下悬浮物含量为 1 000 mg/L，不同时期排水浓度也有很大差异，水质不稳定期间悬浮物含量会超过 2 000 mg/L，甚至更高。矿井水中构成悬浮物物主要是煤屑、岩粉、黏土等细小颗粒物，尤其是煤粉，悬浮物稳定性好、不易脱稳沉降。由于受到煤、废机油、乳化油等污染，矿井水中还含有一定量的油类。② 离子浓度超标：原水水质中钙、镁、钠、铝、硼、氟化物、氯化物、硫酸盐、溶解性总固体、总硬度等指标超标。矿井水矿化度为 5 742 mg/L，为高矿化度矿井水。具体水质指标详见表 2-60。

表 2-60　灵新煤矿矿井水水质现状

参　数	数　值	参　数	数　值	参　数	数　值
Ca^{2+}/(mg/L)	125.4	游离 CO_2/(mg/L)	7.37	氨氮/(mg/L)	0.198
Mg^{2+}/(mg/L)	169.4	COD_{Cr}/(mg/L)	50	悬浮物/(mg/L)	66
K^+/(mg/L)	8.03	BOD_5/(mg/L)	31.57	石油类/(mg/L)	<0.04
Na^+/(mg/L)	1 405	H_2SiO_3/(mg/L)	14.08	硼/(mg/L)	2.09
NH_4^+/(mg/L)	0.253	CN^-/(mg/L)	<0.004	钡/(mg/L)	<0.003
Fe^{2+}/(mg/L)	0.11	溶解性总固体/(mg/L)	5 742	锶/(mg/L)	5.951
Al^{3+}/(mg/L)	0.638	电导率/(μS/cm)	7 205	硅/(mg/L)	11.11
Cl^-/(mg/L)	1 551	总硬度/(mg/L)	990	Mn^{2+}/(mg/L)	0.006 6
SO_4^{2-}/(mg/L)	1 397	酚酞碱度/(mg/L)	<2.0	Cu^{2+}/(mg/L)	<0.01
HCO_3^-/(mg/L)	555.5	甲基橙碱度/(mg/L)	456.5	Zn^{2+}/(mg/L)	0.025
CO_3^{2-}/(mg/L)	<2.0	总碱度/(mg/L)	456.5	SiO_2/(mg/L)	11.55
NO_3^-/(mg/L)	1.749	pH	8.877	H_2S/(mg/L	<0.005
NO_2^-/(mg/L)	<0.05	色度	4.4	溶解氧 DO/(mg/L)	9.68
F^-/(mg/L)	1.936	浊度/NTU	60.28	余氯/(mg/L)	<0.03
PO_4^{3-}/(mg/L)	0.176	总有机碳/(mg/L)	1.32		

2. 水处理工艺

水处理工艺采用直滤＋反渗透的井下双膜法集成工艺，分为柔性陶瓷直滤膜撬装设备处理单元和反渗透膜撬装设备处理单元两部分。原水经直滤设备过滤去除悬浮物后，经反渗透设备进一步浓缩产生纯水。浓水排至浓盐水库封存，产水供至产品水池复用。

(1) 柔性陶瓷直滤膜撬装设备处理单元

来自三采区、四采区、五采区的矿井涌水以及一采区主斜井胶带巷的地面冲洗水分别沿地沟汇集自流至沉淀池，分别经渣浆泵提升至旋分除固预处理系统进行处理，去除粒径大于 0.2 mm 的颗粒，产水沿 1050 大巷地沟与六采区井底水仓矿井水汇集后自流至预沉调节池；一采区风井、一采区副井、一采区四区段矿井涌水及一采区南翼采空区回流水等其他矿井水沿地沟汇集自流至清水池。预沉调节池及清水池内的矿井水经提升泵提升供至直滤设备，去除水中的悬浮物、胶体、微粒、细菌等大分子物质后，产水经管道自流至直滤产水池；直滤设备的错流水通过地沟自流至预沉调节池；直滤设备产生的污泥水、化学清洗水沿地沟自流至污泥暂存池，最终经泵排至＋1045 标高的一采区南翼采空区，污泥水经采空区自然过滤、截留后，又与其他矿井涌水汇合沿地沟自流至清水池。工艺流程见图 2-14。

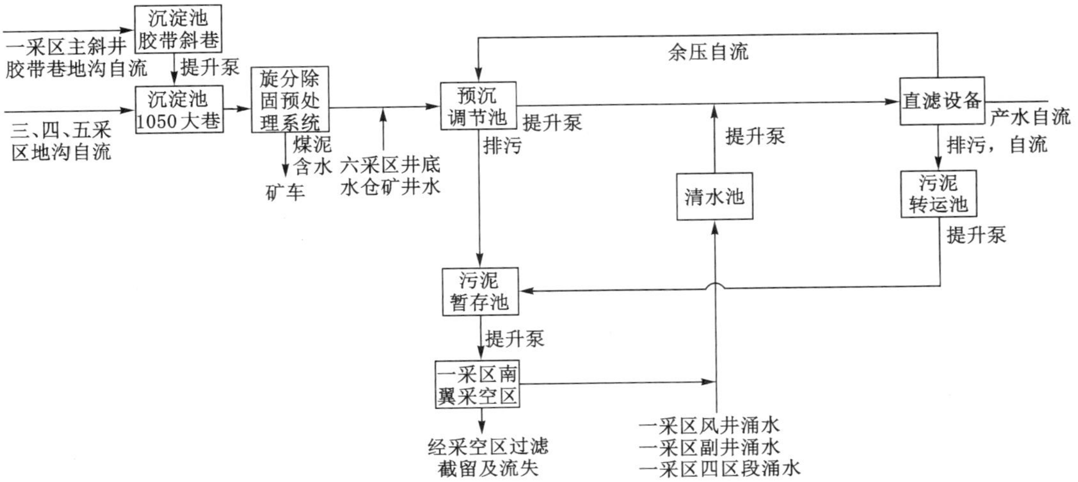

图 2-14　柔性陶瓷直滤膜撬装设备处理单元工艺流程

(2) 反渗透膜撬装设备处理单元

直滤产水池内的清水由原水反渗透供水泵提升，依次经过保安过滤器过滤、高压泵增压后供至原水反渗透设备，脱除水中大部分的盐分，产生的纯水经管道收集并自流至纯水产品水池，产生的浓水经管道收集自流至浓水池。浓水池内的浓水由纳滤除硬供水泵提升，经保安过滤器过滤、高压泵增压后，供至纳滤除硬设备进行软化，软化产水经管道收集自流至软化水池，产生的浓水经管道收集自流至浓盐水池。软化水池内的软化水，由浓水反渗透供水泵提升，经保安过滤器过滤、高压泵增压后，供至浓水反渗透设备进一步脱盐处理，以提高产水率。浓水反渗透设备产生的纯水经管道收集与原水反渗透产水汇合并自流至纯水产品水池；产生的浓水经管道收集自流至浓盐水池，与纳滤除硬设备产生的浓水汇合，最终经浓盐水泵提升至一采区北翼采空区的浓盐水库进行封存。原水反渗透设备、浓水反渗透设备的不合格产水、冲洗水、化学清洗加药箱废水均排至地沟，自流至预沉调节池。井下矿井涌水经深度处理后，产生的纯水储存在产品水池内，一部分井下回用，另外一部分供至地面回用。事故时，根据水池内的液位仪与管道自动阀联动排至原井下副水仓，产品水池溢流水排至原井下主水仓。工艺流程见图 2-15。

3. 处理效果

该项目于 2019 年建成后经过 1 年的良好运行，处理后的水质指标良好，可以达到生活饮用水水质标准，见表 2-61。直滤＋反渗透的双膜法集成工艺应用在高矿化度矿井水井下处理中，大大减少了占地面积，节省了矿建投资费用；通过对水处理设备尺寸的优化，很好地适应了井下复杂的地质工况条件；直滤处理设备的污泥水经采空区自然过滤截留，省掉了传统的压滤工艺，反渗透设备产生的浓水封存在采空区，无须传统的蒸发结晶，减少了工艺环

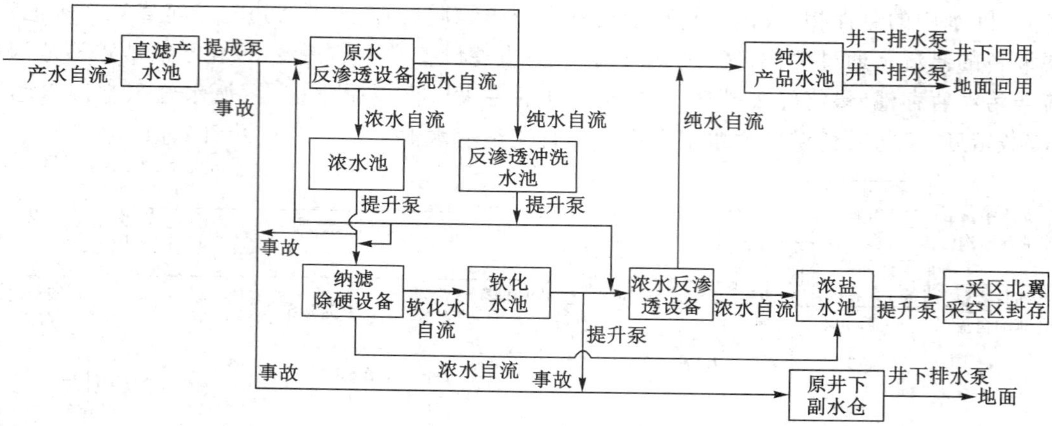

图 2-15　反渗透膜撬装设备处理单元工艺流程

节，很好地解决了浓盐水的去向问题，降低了投资和运行成本；通过对反渗透工艺的优化，提高了产水率。

表 2-61　双膜法集成工艺各阶段的水质指标

单位：mg/L

工序	项目	进水	原水反渗透产水	浓水反渗透产水	系统浓水	系统产水	生活饮用水卫生标准
1	溶解性总固体	5 742	172	236	37 673	498	1 000
2	总硬度	990	30	12	6 502	83	450
3	总碱度	456.5	13.7	37.5	2 989.7	41.7	—
4	钙 Ca^{2+}	125.4	3.8	1.5	823.5	10.5	—
5	镁 Mg^{2+}	169.4	5.1	2.0	1 112.7	14.2	—
6	钠 Na^{+}	1 405	42	115	9 203	128	—
7	氯化物 Cl^{-}	1 551	47	127	10 156	142	250
8	硫酸盐 SO_4^{2-}	1 397	42	16	9 176	117	250
9	重碳酸盐 HCO_3^{-}	555.5	16.7	45.6	3 638.0	50.8	—

五、酸性矿井水的处理与利用

（一）酸性矿井水

酸性矿井水是指 pH 值小于 6.0 的矿井排水，一般 pH 值在 3.0～6.0 之间，总酸度高，化学组成极不稳定。在煤矿矿井水中，大约有 10%的水是酸性水。我国南方煤矿的矿井水多呈酸性，pH 值一般在 4.5～6.0 之间，个别的 pH 值小于 3.0，这和我国南方煤的含硫量普遍较高有关。

酸性矿井水可分为一般酸性矿井水、高铁铝酸性矿井水、含其他重金属酸性矿井水。一般酸性矿井水的水质特点为：pH<6.0，总铁≤6.0 mg/L，总锰≤4.0 mg/L，其他重金属离子浓度均低于相关排放标准。高铁铝酸性矿井水的水质特点为：pH<6.0，总铁>6.0 mg/L，总锰>4.0 mg/L，其他重金属离子浓度均低于相关排放标准。含其他重金属酸性矿井水的水质特点为：pH<6.0，总铁≤6.0 mg/L，总锰≤4.0 mg/L，部分重金属离子浓度高于相关排放标准。

酸性矿井水主要来自高硫煤的开采。空气进入煤巷后，在地下水的参与下，使煤层中或顶底板中的硫铁矿、有机硫经过化学的、生物的作用形成游离的硫酸，使矿井排水呈酸性。其主要原因有：

① 在有氧和水的条件下，硫铁矿被氧化成硫酸和亚铁离子，在酸性条件下可进一步被氧化成三价铁离子 Fe^{3+}，Fe^{3+} 水解生成氢氧化铁，并使酸性增强。

② 细菌对硫酸和高价铁离子的形成也有促进作用，这些细菌主要包括硫杆菌、氧化亚铁硫杆菌、氧化铁硫杆菌、氧化铁的金属菌、嗜热嗜酸硫球菌及硫黄细菌等，它们在一定的pH 值和温度范围内有较强的催化氧化活力，在常温下能使硫铁矿的氧化速率提高几十倍。

③ 酸性矿井水主要是由硫酸引起的，有时也存在一些游离的二氧化碳，使矿井水呈酸性，尤其是在采空区出水和巷道墙壁渗水中 CO_2 形成的酸度不能忽视。

④ 酸性矿井水的性质除和煤的存在状态、含硫量有关外，还和矿井的涌水量、密闭状态、空气流通状况、煤层倾角、开采的深度和面积、水的流动途径等地质条件及开采方法有关。矿井涌水量稳定，则水的酸性也稳定；密闭差，空气流通良好，则水的酸性较强，Fe^{3+} 含量较多；开采越深，煤的含硫量越高，开采面积越大，水的流动途径越长，则氧化、水解等反应进行得越充分，水的酸性就越强，反之则弱。

（二）酸性矿井水处理方法

目前酸性矿井水几乎都是采用以石灰或石灰石作为中和剂的中和法处理，通常有直接投加石灰法、石灰石中和滚筒过滤法及升流式变滤速膨胀中和塔法、石灰石-石灰联合处理法、湿地生态工程处理法、生物化学处理法。

1. 直接投加石灰法

石灰是一种来源方便、价格便宜的碱性物质，在煤矿酸性水中和处理中，常采用石灰为中和剂，进行中和处理。

石灰主要化学成分为 CaO，当用水调配成石灰乳时，则形成熟石灰[$Ca(OH)_2$]：

$$CaO + H_2O = Ca(OH)_2$$

熟石灰与酸性水中 H_2SO_4 反应：

$$Ca(OH)_2 + H_2SO_4 = CaSO_4\downarrow + 2H_2O$$

同时还存在下列一些副反应：

$$Ca(OH)_2 + FeSO_4 = Fe(OH)_2 + CaSO_4\downarrow$$

$$4Fe(OH)_2 + 2H_2O + O_2 = 4Fe(OH)_3\downarrow$$

$$Fe_2(SO_4)_3 + 3Ca(OH)_2 = 3CaSO_4\downarrow + 2Fe(OH)_3\downarrow$$

石灰中和法常用工艺流程见图 2-16。

(1) 消化

生石灰(CaO)加水配置成 5%～10%石灰乳，经筛网滤去残渣。

(2) 一次曝气

通入空气可起到搅拌作用，同时将水中部分 Fe^{2+} 离子氧化成 Fe^{3+} 离子。

(3) 中和与复分解

将石灰乳加入酸性矿井水中，反应式为：

$$Ca(OH)_2 + H_2SO_4 = CaSO_4\downarrow + 2H_2O$$

同时，Fe^{2+}、Fe^{3+} 和石灰乳发生复分解反应：

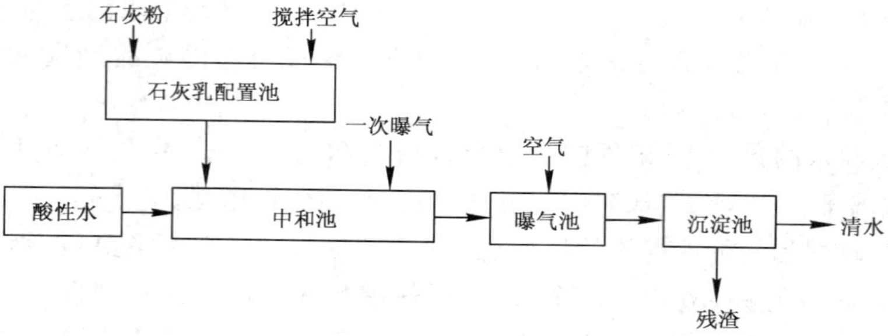

图 2-16　石灰中和法处理酸性矿井水工艺流程图

$$Fe^{2+}+SO_4^{2-}+Ca(OH)_2 = Fe(OH)_2+CaSO_4\downarrow$$

$$2Fe^{3+}+3SO_4^{2-}+3Ca(OH)_2 = 2Fe(OH)_3\downarrow+3CaSO_4\downarrow$$

石灰乳的颗粒越细，悬浮性越好，反应就越快，生成的沉渣越少。

(4) 二次曝气

残留的 Fe^{2+} 离子继续被氧化，同时氢氧化亚铁被氧化成氢氧化铁：

$$4Fe(OH)_2+O_2+2H_2O = 4Fe(OH)_3\downarrow$$

(5) 沉淀

水中的石膏、氢氧化铁在沉淀池中沉降。

(6) 污泥处理

此法对酸性水的水量和水质不加限制，易处理酸性较强且涌水量较大的矿井水，且石灰是一种凝聚剂，能使水中的微粒和胶体凝聚沉降而去除。但其投资与水处理费用较高，劳动条件也较差，出水 pH 值不够稳定；石灰乳处理生成较稀的絮凝沉淀污泥，体积较大，不易处理。

另外，纸浆、电石渣、发电厂的硼泥等碱性废液、废渣都可用做中和剂，而且价格比石灰便宜得多，电石渣还具有颗粒细而均匀的特点。

2. *石灰石中和滚筒过滤法*

此法采用石灰石做中和剂与水中的硫酸在滚筒中发生反应，生成微溶的硫酸钙和易分解的碳酸，由于滤料处于不断的波动和摩擦状态，滤料不断产生新的反应表面，从而使反应连续进行，随着水中硫酸的消耗，排水 pH 值随之升高。其工艺流程如下：

① 在滚筒机内石灰石和矿井水中的硫酸发生复分解反应：

$$CaCO_3+2H^++SO_4^{2-} = CaSO_4\downarrow+CO_2\uparrow+H_2O$$

② 生成的石膏和氢氧化铁在沉渣池中沉降，此时上层的水实际是碳酸溶液，pH 值为 5.0～5.7。

③ 酸性水在曝气池中曝气，以促使 CO_2 气体从水中逸出，进一步降低其酸度，升高 pH 值。同时水中的 Fe^{2+} 被氧化成 Fe^{3+}，后者再水解而沉淀去除。

④ 石膏和氢氧化铁在沉淀池中再次沉降。石灰石比石灰经济，生成浓稠的污泥便于处理，可除去水中的酸和 Fe^{3+} 离子。

该法只能使排水的 pH 值升高到 6.5 左右，去除 Fe^{2+} 离子很少，而且由于设备复杂、要求防腐措施、噪声大、工作环境条件差、二次污染严重等缺点，其应用受到限制。

3. 升流式变滤速膨胀中和塔法

升流式变滤速膨胀中和塔法的化学原理同直接投加石灰法相同，其工艺流程是将细小石灰石或白云石颗粒作为滤料装入圆锥形的中和过滤塔中，当酸性水从滤塔底部自下而上通过时，水流将会浮起滤料，使滤料膨胀，在水流的作用下，滤塔中的颗粒将会处于相互摩擦运动的状态，在中和的过程中滤料被消耗，产生的硫酸钙被水及时带走，这就保证了中和剂反应表面免于结垢，使中和反应沿着水流方向连续不断地进行。工艺流程如图 2-17 所示。当水流通过滤料时，水流下快上慢，中和反应得以充分进行。为了提高 Fe^{2+} 离子的去除效果，在中和过程的同时补充溶解氧，在塔底部设了一个充气装置。中和塔出水中含有 CO_2 气体，在曝气塔中经曝气装置吹脱后 pH 值升高，Fe^{2+} 离子氧化成 Fe^{3+} 离子而被除掉。

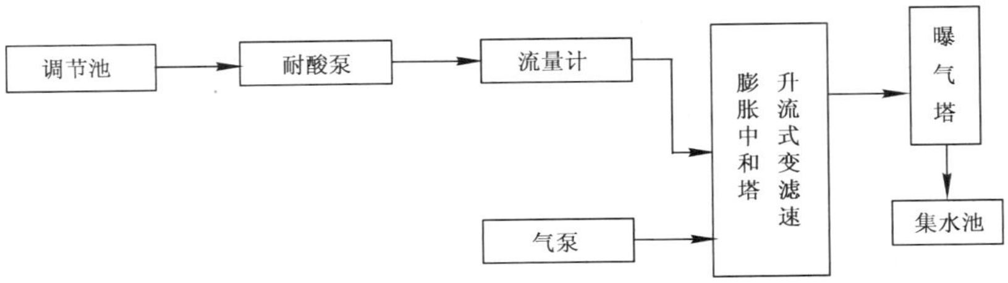

图 2-17　升流式变滤速膨胀中和塔工艺流程

4. 石灰石-石灰联合处理法

此法是综合石灰石和石灰两种处理工艺优点的一种方法。在第一阶段采用石灰石中和酸性矿井水中的 H^+ 离子，使酸性水的 pH 值接近 6.0，然后投加石灰到 pH 值为 8 左右。进一步中和 H^+ 离子，同时将 Fe^{2+} 离子氧化成 Fe^{3+} 离子，抑制 Fe^{3+} 离子的水解。该工艺适合各种性质的酸性矿井水的处理，对高价及低价铁离子的去除都比较完全，而且污泥的沉降速度要比直接投加石灰法快。

5. 湿地生态工程处理法

人工湿地的单元结构是在一定面积的土地上构筑一个透水或不透水的塘，然后在塘内填充各种介质。介质材料可以是土壤、砂、卵石、碎石、煤渣等，或者是这些材料的混合物。在有污水通过的介质上种植各种水生植物或花草。常用湿地植物有香蒲、马尾草、芦苇及泥炭藓等。

(1) 湿地生态工程处理法机理

湿地生态工程处理法具有投资省、运行费用低、易于管理等突出的优点，目前已用于煤矿酸性水处理。如美国已在煤矿系统建设了 400 多座人工湿地处理系统，能使酸性水 pH 值提高到 6～9，达到排放标准，出水平均总铁含量不大于 3 mg/L，总锰含量不大于 2 mg/L。

湿地生态工程处理酸性矿井水的设想并非从废水处理进化而来，而是从废弃矿井酸性水通过自然水藓(或泥炭)沼泽地观测研究发展起来的。美国俄亥俄州州立大学的研究人员发现鲍威尔逊野生生物区的水藓在高酸性水(pH 值 2.5 左右)条件下生长得很好。矿井水流过该酸性沼泽后，其 pH 值从 2.5 升至 4.0 左右，同时对 Fe、Mn、SO_4^{2-}、Ca^{2+}、Mg^{2+} 具有一定的去除作用。后来研究发现，这些湿地上主要生长着嗜酸植物香蒲等，这些植物耐一定浓度的 H_2SO_4 及其他金属。

湿地生态工程处理酸性矿井水可分为好氧过程和厌氧过程两个步骤。好氧过程是指湿地通过吸附(主要是离子交换)、消耗(植物摄取)、简易过滤等作用去除酸性水中的金属。不同种类的植物去除金属的机理和效率不一样。如水藓物种表面积大,是一种十分有效的离子交换介质。而香蒲的表面积虽然不大,但是它对酸性水处理效率比其他植物更高,主要原因是香蒲能有效地聚集 Fe^{2+} 和 Mn^{2+}。NictloLas 实验表明,香蒲根茎组织中的 Fe^{2+}、Mn^{2+} 的浓度高达300 mg/L 和 200 mg/L,叶组织中的 Fe^{2+}、Mn^{2+} 浓度高达 44 mg/L 和 52 mg/L。此外,藻类和细菌对去除酸性水中的金属离子同样起到了积极的作用。在湿地沼泽,大量有机质的富集,使沼泽下层出现厌氧环境。在厌氧条件下,酸性矿井水的 SO_4^{2-} 在脱硫弧菌作用下被还原为 H_2S,H_2S 随后又与溶解、吸附以及沉淀的金属作用生成不溶性的金属硫化物,这便是酸性水中的大部分金属去除后的最后归宿。死亡的植物沉下去为新的植物所替代,金属则埋在湿地底部。Henrot、Wieder 等人研究发现,泥炭是一种变质程度很低的煤,其富含腐植酸(约 40%)。腐植酸是一种天然的高分子化合物,有很宽的相对分子质量,含大量氧活性基团(如芳香烃基等),其活性部位能与铁离子等发生络合作用,这种络合作用达到饱和之前是去除铁离子的主要机制,络合作用达到饱和之后,这些活性基团促使二价铁离子氧化成三价铁,产生沉淀而得到去除。

(2) 我国开展湿地生态工程处理酸性矿井水的可能性

在煤矿区,随着地下煤炭资源大量采出,岩体原有平衡遭到破坏,在采空区上方地表造成大面积的塌陷。据统计,我国因开采塌陷土地面积达 30 万 ha,平均每采吨煤塌陷土地达 0.2 ha。在地下水位较高地区,塌陷区随着时间的推移逐步形成自然的湿地生态系统。在受酸性水危害的煤矿,可对这样的湿地进行人工改造和设计。改造工作主要是对现有湿地充填或浅挖以及有选择地种植一些对酸性水处理效果好的植物(如香蒲等)。设计工作主要是设计进水流量,包括要求湿地接纳最大进水量时,不产生淹没湿地现象和防止快速径流的冲刷。依国外实际运行的经验,要求控制进水流量在 20～40 L/min。湿地水深 50～100 mm,超过 150 mm 时,湿地除锰效率降低。唐述虞等研究结果表明,湿地生态工程对 Cu^{2+}、Fe^{2+}、Mn^{2+}、Zn^{2+}、Mg^{2+} 等金属离子和 SO_4^{2-} 具有较高的去除率。当这些离子进水浓度分别为:SO_4^{2-} 25 000 mg/L、Cu^{2+} 74.1 mg/L、Fe^{2+} 386.2 mg/L、Mn^{2+} 184.5 mg/L、Zn^{2+} 18.8 mg/L、Mg^{2+} 1 372.0 mg/L 时,对应的去除率分别为 83.0%、97.8%、86.6%、56.0%、87.4%、63.2%,当进水 pH 值为 3.5～5.8,停留时间为 5～10 d 时,出水 pH 值可达 6.18～7.07,完全符合国家一级排放标准。

湿地生态工程处理酸性水在技术上是可行的,可以在土地利用价值较低的煤矿塌陷区建设。

(3) 湿地生态工程处理法存在的问题

湿地生态工程处理系统处理煤矿酸性矿井水在工程上实现仍存在一定困难,主要表现在下列几个问题上:

① 要求进水理想的 pH 值高于 4.0,当 pH 值低于 4.0 时,意味着要改善基质和腐植土层并有必要添加石灰石。煤矿酸性水 pH 值一般为 3.0～4.0,为了保持湿地系统中基质和腐植土层特性,以满足植物生长要求,必须添加石灰石层,会增加一定的成本。

② 水流速度非常慢,停留时间长。

③ 将大片的塌陷区改造成具有处理能力的湿地工程,占地面积较大,在人口稠密、土地利用价值较高的煤矿区有困难。

6. 生物化学处理法

生物化学法处理含铁酸性水是目前国内外研究比较活跃的处理方法，在美国、日本等国家已进行了实际应用。该方法的原理是利用氧化亚铁硫杆菌在酸性条件下将水中 Fe^{2+} 氧化成 Fe^{3+}，然后用石灰石进行中和，以实现酸性矿井水的中和及除铁。

（1）生物化学处理法主要优点

① 郭亚鸣等人通过研究发现，生物化学处理法在常温条件下对二价铁具有很高的氧化率。在二价铁含量不高于 40 mg/L 时，其氧化率可达 100%；当二价铁含量增加到 300 mg/L 时，其氧化率仍能维持在 95%以上，而酸性矿井水含铁量一般不会超过 100 mg/L。这种经生物化学法处理后的出水，再用石灰石中和处理，上清液已不含铁，可以回用。因此，生物化学处理法充分地发挥了石灰石中和法处理成本低、操作运行管理方便等优点，改进了其对二价铁去除率低的缺点。

② 二价铁氧化细菌无须添加任何营养液，只以亚铁作为其生命的能源。在二价铁氧化为三价铁的过程中，氧化亚铁硫杆菌从中获得了能量，这种能量是由于 Fe^{2+} 氧化成 Fe^{3+} 时，电子通过生物氧化呼吸链中的电子转移系统（ETS）而产生的。1 mol 的 $FeSO_4$ 被氧化可产生大约 334.88 kJ 的能量。氧化亚铁硫杆菌等利用这些能量固定空气中的 CO_2 进一步合成细胞的蛋白质、核酸、碳水化合物等有机物，并使其自身繁殖。

③ 生物化学法处理后的沉淀物可以综合利用，用于制取铁红、聚合硫酸铁（PFS）。含铁酸性矿井水经生物氧化后，Fe^{2+} 氧化成 Fe^{3+}，该 Fe^{3+} 具有活性，与 OH^- 反应生成 $Fe(OH)_3$ 沉淀，该沉淀是生产铁红、聚合硫酸铁的原料，不仅解决了常规石灰乳中和处理法由于反应不完全而产生大量淤泥造成的二次污染，而且为煤矿企业的多种经营开辟了一条新的路子。

④ Fujie、Noike 等研究表明，利用生物转盘工艺来实现煤矿酸性矿井水生物化学法处理是可靠的，并在日本建成两座处理站。Kanji 研究发现，在生物转盘工艺中，Fe^{2+} 氧化速率属于一级反应，即与 Fe^{2+} 浓度一次方成正比，与转盘的转速也有关系，随着转盘转速提高，Fe^{2+} 氧化速度增大。当水温为 10～40 ℃时，pH 值在 1.5～2.6 范围内，Fe^{2+} 氧化速率不受 pH 值大小影响。

（2）生物化学处理法存在的问题

生物化学处理法作为酸性矿井水的一种处理方法，虽然有许多优点，但目前在国内没有得到实际应用，均处于实验室的研究水平，主要原因是该方法存在一些难以解决的问题，如生物化学处理法速度比物理化学方法要慢得多，因此，反应器的体积就相应增大，投资增加。此外，由于煤矿酸性矿井水成分复杂，常含有一些对微生物具有抑制作用的重金属，如 Pb、Zn 等，从而造成利用该方法处理酸性矿井水的困难。

（三）酸性矿井水回用与排放的基本处理工艺

根据《酸性矿井水处理与回用技术导则》（GB/T 37764—2019）可知，近年来我国对酸性矿井水处理提升到就地回用的高度。具体要求如下：① 矿山企业所产生的酸性矿井水应优先选择回用。② 酸性矿井水处理后回用包括企业自用与外供，应优先选择矿区自用，最大限度地提高矿井水利用率。③ 应根据酸性矿井水水质、水量、排放标准和回用途径进行清污分流、分级处理和分质回用。④ 酸性矿井水处理与回用技术选择应综合考虑技术可行性和经济合理性。⑤ 酸性矿井水处理后回用部分的设计出水水质应按规划的用水水质需求确定。⑥ 酸性矿井水处理后直接排放部分的设计出水水质应符合 GB 20426—2006、GB 25466—2010、GB 25467—2010、GB 26451—2011、GB 30770—2014 及当地环保部门等的要求。

酸性矿井水回用与排放基本处理工艺主要包括：

(1) 酸性矿井水处理后回用于选煤或选矿生产用水，其基本处理工艺如图 2-18 所示。

图 2-18　酸性矿井水处理后回用于选煤或选矿生产用水的基本处理工艺

(2) 酸性矿井水处理后回用于矿区井下或地面洒水、防尘、消防、洗车及机修厂设备清洗用水，其基本处理工艺如图 2-19 所示。

图 2-19　酸性矿井水处理后回用于矿区井下或地面洒水、防尘、消防、洗车及机修厂设备清洗用水的基本处理工艺

(3) 酸性矿井水处理后回用于电厂循环冷却用水、工业锅炉用水、液压支柱乳化液用水，其基本处理工艺如图 2-20 所示。

图 2-20　酸性矿井水处理后回用于电厂循环冷却用水、工业锅炉用水、液压支柱乳化液用水的基本处理工艺

(4) 一般酸性矿井水处理后回用于农田灌溉、养殖业用水，其基本处理工艺如图 2-21 所示。

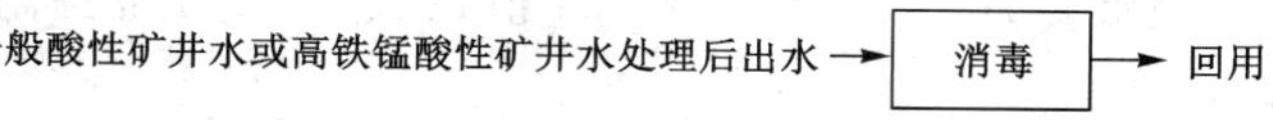

图 2-21　一般酸性矿井水处理后回用于农田灌溉、养殖业用水的基本处理工艺

(5) 含其他重金属酸性矿井水处理后回用于农田灌溉、养殖业用水，其基本处理工艺如图 2-22 所示。

图 2-22　含其他重金属酸性矿井水处理后回用于农田灌溉、养殖业用水的基本处理工艺

(6) 酸性矿井水处理后回用于景观环境用水，其基本处理工艺如图 2-23 所示。

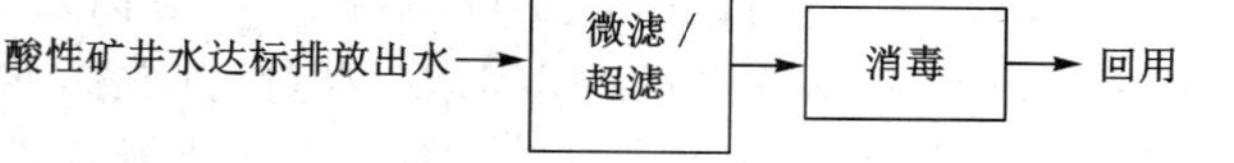

图 2-23　酸性矿井水处理后回用于景观环境用水的基本处理工艺

(7) 酸性矿井水处理后回用于城市杂用水，其基本处理工艺如图 2-24 所示 。

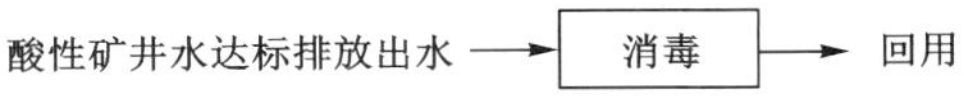

图 2-24　酸性矿井水处理后回用于城市杂用水的基本处理工艺

(8) 一般酸性矿井水中和法的基本处理工艺如图 2-25 所示。

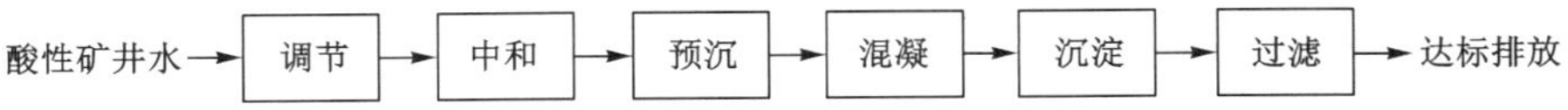

图 2-25　一般酸性矿井水中和法的基本处理工艺

(9) 高铁锰酸性矿井水中和法＋化学氧化法的基本处理工艺如图 2-26 所示。

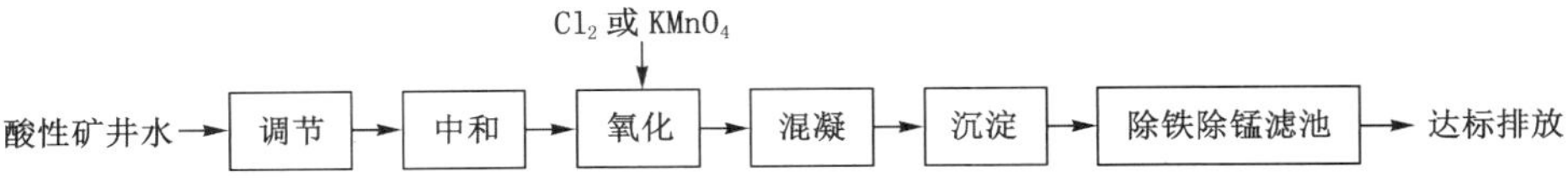

图 2-26　高铁锰酸性矿井水中和法＋化学氧化法的基本处理工艺

(10) 高铁锰酸性矿井水中和法＋接触氧化法的基本处理工艺如图 2-27 所示。

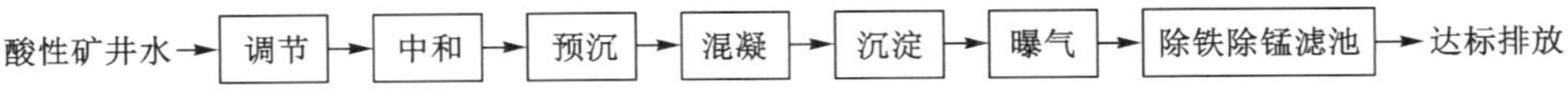

图 2-27　高铁锰酸性矿井水中和法＋接触氧化法的基本处理工艺

(11) 含其他重金属酸性矿井水高浓度泥浆法的基本处理工艺如图 2-28 所示。

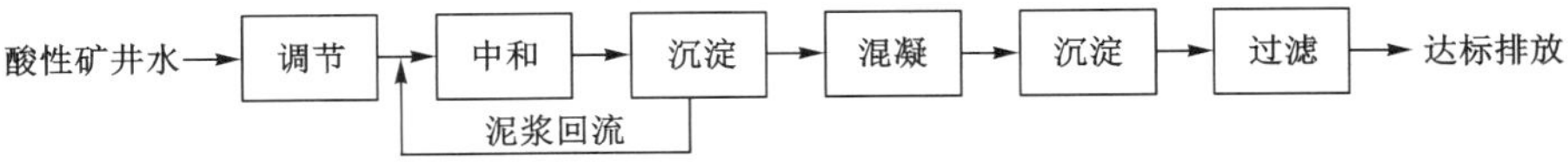

图 2-28　含其他重金属酸性矿井水高浓度泥浆法的基本处理工艺

(12) 含其他重金属酸性矿井水硫化-中和法的基本处理工艺如图 2-29 所示。

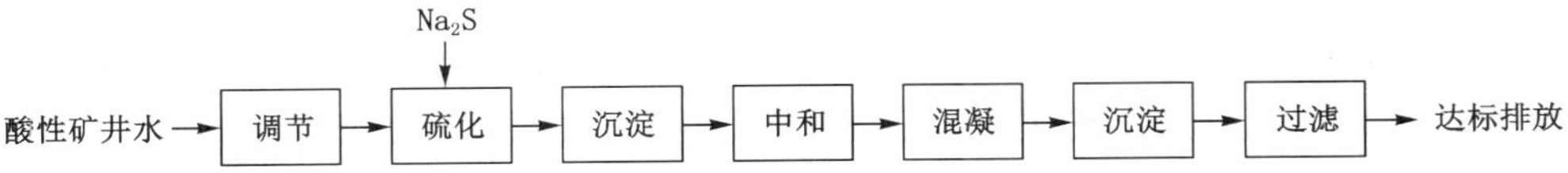

图 2-29　含其他重金属酸性矿井水硫化-中和法的基本处理工艺

(四) 处理实例

1. 概述

某煤矿位于山西省孝义市，设计生产能力为 300 万 t/a。随着煤炭开采的不断推进，该矿矿井水排放量不断增加，需在某风井场地新建 1 座处理规模为 200 m^3/h(每天运行 20 h)的矿井水处理站。该矿井水为铁、COD_{Cr}和 SS 浓度偏高的酸性矿井水。根据项目建设方及环保部门要求，处理后的矿井水水质指标需满足《地表水环境质量标准》(GB 3838—2002)Ⅳ类标准，出水部分回用于黄泥灌浆、绿化、道路降尘，剩余部分外排。设计进、出水主要污染物控制指标详见表 2-62。

表 2-62　设计进、出水主要污染物控制指标

项目	pH 值	COD_{Cr} /(mg/L)	BOD_5 /(mg/L)	SS /(mg/L)	TDS /(mg/L)	石油类 /(mg/L)	氨氮 /(mg/L)	总氮 /(mg/L)	铁 /(mg/L)	锰 /(mg/L)
进水	5.51	120	1.5	280	895	2.5	0.98	1.2	22	1.6
出水	6～9	30	6.0			0.5	1.5	1.5	6	4

2. 工艺流程

该矿矿井水 pH 值为 5.51，为酸性矿井水，需要对 pH 值进行调节；Fe^{3+} 质量浓度为 22 mg/L，工艺设计需要重点考虑铁的去除；COD_{Cr}超标主要是矿井水中的煤粉所含的还原性碳元素所致，一般随悬浮物的去除而被去除；石油类指标可通过设置除油设施及采用混凝、沉淀、过滤工艺而去除。该矿矿井水采用石灰中和-曝气反应-预沉调节-机械-混合-机械絮凝-斜管沉淀-普通快滤池-紫外线-次氯酸钠联合消毒的处理工艺，出水水质满足 GB 3838—2002 Ⅳ类标准和回用要求。工艺流程如图 2-30 所示。

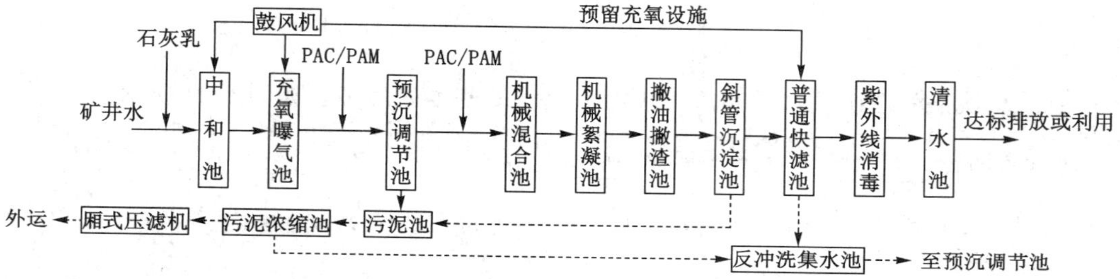

图 2-30　矿井水处理工艺流程

(1) 除铁工艺

常用的除铁工艺为：将矿井水中溶解的 Fe^{2+} 氧化成 Fe^{3+}，并使其转化为 $Fe(OH)_3$，然后通过沉淀或过滤方法去除。pH 值是铁去除效率的主要影响因素，pH 值越高，铁的去除效率越高，pH 值为 7.0～7.5 条件下曝气，Fe^{2+} 可迅速转化为 Fe^{3+}；但 pH>8.0 时会大量形成 $Fe(OH)_2$沉淀，不利于铁的后续处理。在中和池中用石灰乳将矿井水的 pH 值调节在 7.0～7.5 范围，在充氧曝气池内进行充分曝气，使 Fe^{2+} 转化成 Fe^{3+}，进而形成 $Fe(OH)_3$，达到去除 Fe^{2+} 目的。矿井水硬度相对偏高，充氧曝气池选用大孔型散流式曝气池，不易堵塞，且氧气经过切割、分散可有效提高气液接触面积，有利于提高氧转移效率。

(2) 悬浮物去除工艺

选用预沉调节-机械混合-机械絮凝-斜管沉淀-普通快滤池工艺来完成对悬浮物、COD_{Cr}、石油类及 Fe^{3+} 的进一步去除。煤矿井下排水的水质和水量变化较大，会导致井下排水与矿井水处理站工况不匹配，为调节水质、水量，同时完成对煤粉和 $Fe(OH)_3$的去除以降低后续处理设施的运行负荷，设平流式预沉调节池。为提高沉淀效果，在预沉调节池进水管上投加 PAC 和 PAM。药剂的良好混合对提高药效及絮凝效果有重要作用，选用混合效果好且不受水量变化影响的机械混合池。采用适应水量变化、水头损失小、易调节的机械搅拌絮凝池，并配以无级变速机械搅拌装置可使絮凝反应达到最佳状态。采用斜管沉淀池，由于加设了斜管，增加了有效沉淀面积，改善了水力条件，有利于悬浮物的沉淀分离，且便于与混

合池、絮凝池等建成一体，具有易管理、占地面积小、沉淀效率高等特点。采用池深较浅的普通快滤池，使斜管沉淀池出水可自流入普通快滤池，减少了中间提升，降低了能耗，节约了运行成本。在普通快滤池前端预留安装穿孔曝气管，向水中充氧，使得后续过滤工艺实现接触氧化除铁，含溶解氧的矿井水经过滤层时，水中 Fe^{2+} 被滤料吸附，进而被氧化。

(3) 消毒

普通快滤池出水经管道式紫外线消毒后进入清水池，在清水池投加次氯酸钠以保证出水余氯浓度。

(4) 污泥处理系统

预沉调节池及斜管沉淀池的煤泥排入污泥池，为了提高含固率和污泥脱水效果，污泥池的煤泥经提升后进入污泥浓缩池，污泥浓缩池底泥经提升后进入厢式压滤机脱水外运。滤池反冲洗排水和浓缩池上清液回流至反冲洗集水池，通过泵提升至预沉调节池循环处理，不外排。

3. 效益分析

矿井水处理站建成后，系统经过调试稳定运行 1 个月后，对矿井水进出水水质进行了分析(表 2-63)，出水水质完全满足设计要求。

表 2-63　矿井水处理效果

项目	pH 值	COD_{Cr} /(mg/L)	BOD_5 /(mg/L)	SS /(mg/L)	石油类 /(mg/L)	氨氮 /(mg/L)	总氮 /(mg/L)	铁 /(mg/L)	锰 /(mg/L)
进水	5.5	132	1.23	248	1.5	1.0	1.13	18.0	0.82
出水	7.2	23	0.85	12	0.42	0.9	1.5	2.3	0.03

项目建设日处理 4 800 t 矿井水，总投资为 1 027.20 万元，吨水投资为 2 140 元。运行成本为 0.493 元/m^3，其中燃料动力费为 0.208 元/m^3，药剂费为 0.165 元/m^3，工资福利费为 0.12 元/m^3(定员 7 人，以每人年均工资福利费为 30 000 元计)，回用量按照 2 000 t/d 计算则年创经济效益 120 万元。

六、特殊污染型矿井水的处理与利用

(一) 碱性矿井水处理技术

1. 概述

目前，处理碱性矿井水经常采用的方法是利用废酸或烟道气进行中和处理。

2. 碱性矿井水的处理工艺

(1) 水质特征

湖南省某煤矿是一座设计能力为年产无烟煤 15 万 t 的新建矿井。矿井水主要来源于降雨补给裂缝水和地表渗水，地表水在岩层缝隙渗透过程中与岩层的长石、云母、白云石、高岭石等发生化学反应，使其碱性化。现场采样分析结果见表 2-64。

表 2-64　矿井水水质特征

项目	pH 值	悬浮物 /(mg/L)	色度	铁 /(mg/L)	锰 /(mg/L)	铅 /(mg/L)	细菌总数 /(个/mL)	总大肠菌群 /(个/L)
分析结果	9.2	436	灰黑色	2.5	0.18	0.054	3.6×10^4	$>2.38\times10^4$

（2）工艺流程

如图 2-31 所示，矿井水从井下水仓直接提升到混凝池内，借助水的冲力进行搅拌，同时加入“CH”混凝剂（一种碱性物质）进行混凝处理，通过 pH 值传感器控制 pH 值为 11.0～11.5。混凝后的水不断进入澄清池内，上层清液不停地流入 pH 值调节设备内，同时不断地通入 CO_2 进行中和处理，使 pH 值降到 7.5 左右，再流入过滤池，出水经消毒处理后进入蓄水池备用。

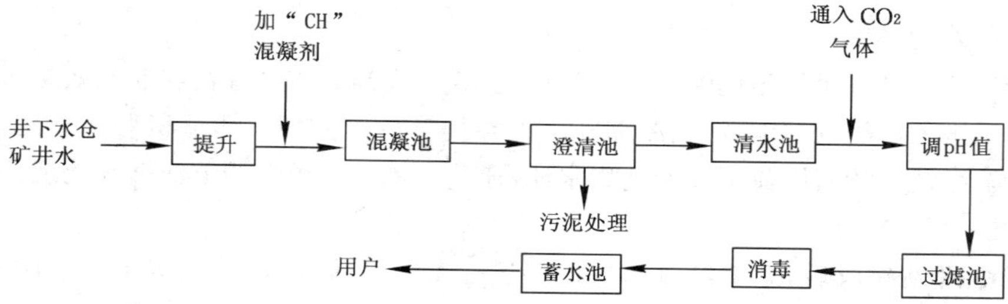

图 2-31　碱性矿井水处理工艺

（3）处理效果

处理后，主要水质分析结果如表 2-65 所示。

表 2-65　出水水质分析结果

项　　目	分析结果	项　　目	分析结果
pH 值	7.5	锌/(mg/L)	<0.034
氟化物/(mg/L)	<0.64	砷/(mg/L)	<0.011
硝酸盐氮/(mg/L)	<1.0	铬(六价)/(mg/L)	<0.018
铁/(mg/L)	0.24	细菌总数/(个/mL)	<84
锰/(mg/L)	<0.05	总大肠菌群/(个/L)	<3
铜/(mg/L)	0.004 3		

（4）效益分析

按“CH”市场售价，处理 1 t 废水药剂成本不超过 0.05 元，加上电费、人员工资、设备折旧费、维修费等，处理 1 t 这种碱性废水成本不超过 0.10 元。

（二）含氟矿井水处理技术

1. 概述

氟是人体中必需的元素，软水中含氟 0.4～0.7 mg/L，可预防龋齿。《生活饮用水卫生标准》(GB 5749—2006)规定氟含量不得超过 1.0 mg/L，适宜浓度为 0.5～1.0 mg/L。饮用水中氟含量>1.0 mg/L 时称高氟水，若每人每天摄入总氟量大于 5 mg 时，就会在体内积累导致氟中毒。如白沙矿务局三个矿的矿井水含氟达 10～15 mg/L，阜新矿务局有部分矿的矿井水含氟也高达 13 mg/L。

据尹国勋对河南永城矿区和山东兖州矿区高氟矿井水的成因研究，其成因主要有以下几方面：

① 地(矿)层中含氟矿物的溶解，是地下水中氟的来源；

② 有利的断裂构造是含氟水向地下运移的通道并构成其富集单元；

③ 水质条件是氟运移和富集的载体；

④ 地貌因素；

⑤ 气象因素。

2. 含氟矿井水的处理方法

(1) 铝盐沉淀法

铝盐在一定的 pH 值下发生水解，其产物对水中胶体状态的氟化物具有很强的吸附力，但处理效果受水的 pH 值影响很大，一般水的 pH 值接近中性时处理效果最佳。如阜新艾友矿矿井水含氟 10 mg/L，当 pH 值调整到 7.0 时，加入 60 mg/L 的 PAC，结果出水氟含量降为0.1 mg/L。这种方法的优点是在除氟过程中，矿井水悬浮物也得到去除，但缺点是处理费用比较高。目前，在煤矿含氟矿井水处理中很少采用该法。

(2) 石灰乳沉淀法

石灰乳沉淀法是利用石灰乳中的 Ca^{2+} 与矿井水中氟结合生成 CaF_2 沉淀，通过固液分离，以实现除氟。由于 CaF_2 在常温下溶解度比较大，所以利用此法处理后的出水中仍含有一定量的氟。通过下列理论计算，可估算其出水中的氟含量。在 18 ℃时，CaF_2 的溶度积常数 K_{sp} 为 3.4×10^{-11}，CaF_2 或 Ca^{2+} 在水中离解平衡：

$$CaF_2 \rightleftharpoons Ca^{2+} + 2F^-$$

由上式利用溶度积常数 K_{sp} 可求得利用石灰乳处理后出水残留 Ca^{2+} 浓度约 2.04×10^{-4} mg/L，其对应的 F^- 浓度为 7.8 mg/L。由此可知，利用石灰乳沉淀法处理含氟矿井水，出水含有一定量的氟，但能满足排放标准的要求。因石灰来源广而价廉，其运行费用比较低，煤矿目前经常采用石灰乳沉淀法来除氟。

(3) 离子交换-吸附法

离子交换-吸附法是指用活性氧化铝、离子交换树脂、活性炭、过磷酸钙、骨炭等多种离子交换剂或吸附剂以接触床形式除氟的方法。这种方法运行费用高，且上述这些吸附剂或交换剂的吸附容量或交换容量很有限，一般用于矿井水作为生活水源水除氟处理。若用活性氧化铝处理矿井水作为饮用水，因其出水含有一定的铝，长期饮用会产生老年痴呆症，故目前多采用对人体有益的活性氧化镁。

(4) 电渗析法

电渗析法处理效率较高，但是运行费也高，一般用于高矿化度含氟的矿井水处理。

(5) 电凝聚法

电凝聚法主要是指在电流作用下，铝板电极表面向溶液溶出铝离子 Al^{3+}，在水解过程和缩聚过程中，形成不同形态的铝聚合体作为吸附介质，吸附去除水中氟离子和氟络合物。电凝聚法用于除氟处理中时，进水 pH 值要求不超过 6.5，所以该法很少在煤矿应用。

(三) 含放射性污染物矿井水处理技术

1. 概况

我国《生活饮用水卫生标准》(GB 5749—2006)中规定的总 α 放射性≤0.5 Bq/L，总 β 放射性≤1 Bq/L。《煤炭工业污染物排放标准》(GB 20426—2006)中规定的日最高允许排放浓度总 α 放射性≤1 Bq/L，总 β 放射性≤10 Bq/L。在自然界的岩石、水体、土壤乃至大气中都普遍存在着天然放射性核素,人类在大气层中进行核试验也会产生放射性物质。放射性核素只能通过其自身的衰变降低其放射性,在衰变过程中释放出的 α 粒子、β 粒子和 γ 射线通过与人体接触或者接近以及通过食物链进入人体,以内照射源方式损伤人体内脏器官。

由我国煤矿矿井水中总 α、总 β 和 γ 射线等放射性指标检测结果可知,西南地区的云、贵、川三省有些矿井水中总 α 放射性为 0.04~4.70 Bq/L;西北地区陕、青、甘、宁夏、新疆五省区有些矿井水总 α 放射性为 0.06~1.8 Bq/L;华北京、冀、晋、内蒙古有些矿井水总 α 放射性为0.06~2.43 Bq/L;华东江、浙、徽、闽、赣、鲁诸省有些矿井水总 α 放射性为 0.04~1.0 Bq/L;中南湘、鄂、桂、豫等省区有些矿井水总 α 放射性为 0.04~1.97 Bq/L;东北辽、吉、黑三省有些矿井水总 α 放射性为 0.04~0.70 Bq/L。从生活饮用水标准看,西南、西北、华北和中南煤矿区的矿井水均有超标现象,而总 β 放射性一般在标准之内。

四川省南桐矿务局砚石台煤矿和南桐煤矿矿井水中均发现 α、β 放射性物质,西南某矿处理后的矿井水中总 α 放射性仍达到 4.7 Bq/L,淮北某矿矿井水中总 α 放射性、山东某矿矿井水中总 β 放射性均超过饮用水标准。所以,加强含放射性污染物矿井水的普查和处理技术的研究是非常必要的。

2. 处理方法

含放射性废水的基本处理方法有化学沉淀法、离子交换法、蒸发法三种,目的是将矿井水中具有放射性的物质截留下来。这些方法基本原理及适用性说明见表 2-66,煤矿可根据水质条件安排单项处理或组合联用。

表 2-66　含放射性废水的基本处理方法

序号	技术特征	化学沉淀法	离子交换法	蒸发法
1	依据原理	凝聚-絮凝-沉淀分离原理	放射性核素在液相和固相中骨架(和离子化极性基团)间的交换	水分以蒸汽形式被分离,不挥发盐分和绝大多数放射性核素残留在蒸残液中
2	废水(液)的限制条件	可处理高含盐量溶液,当含有油质洗涤剂、络合剂时,可能有不利影响	适宜于处理悬浮固体量低、含盐量低、无非离子型放射性物质	适宜预处理洗涤含量低的废水
3	净化系数	<10~100(β、γ);10^3(α);特殊情况>10^3(α)	>10~10^4;平均 10^2~10^3	10^3~10^5
4	浓缩倍数	10~100(湿污泥);20~10^4(干固体)	500~10^4	取决于溶液中的含盐量
5	经常联用的其他方法	蒸发、超滤	蒸发	冷凝、离子交换
6	缺点	絮凝物体积较大,污泥须再处理	热辐射稳定性较差	易结垢
7	维修要求	避免管道堵塞,防止发生腐蚀	避免交换床堵塞	避免结垢、起泡、盐分沉淀、不耐腐蚀
8	费用	较低	较高(主要是合成离子交换树脂价高)	能耗大、耗资高

注:净化系数=原水比强/净化后比强;浓缩倍数=原水体积/处理后体积。

3. 南桐矿务局砚石台煤矿含放射性矿井水处理实例

(1) 水质特征

砚石台煤矿是一个年产 45 万 t 原煤的中型煤矿，因矿区生活饮用水十分紧张，所以取＋320 m水平、＋210 m 水平及 0 m 水平矿井水进行分析，发现＋210 m、0 m 水平矿井水总 α 放射性浓度、总 β 放射性浓度较高(表 2-67)。

表 2-67　砚石台煤矿矿井水总 α、β 放射性浓度

取样点	总 α 放射性浓度/(Bq/L)	总 β 放射性浓度/(Bq/L)
＋210 m 水平矿井水	0.633±0.224	1.052±0.068
0 m 水平矿井水	0.589±0.027	0.185±0.027

(2) 工艺流程

图 2-32 为砚石台煤矿矿井水处理工艺流程。

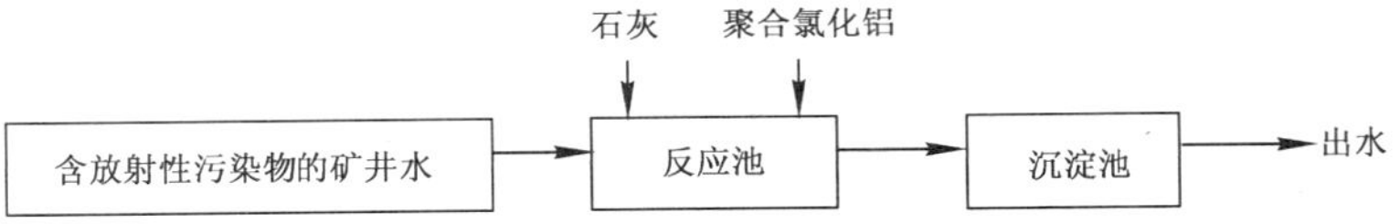

图 2-32　砚石台煤矿矿井水处理工艺流程

含放射性污染物的矿井水经水泵送入反应池，在反应池中与混凝剂聚合氯化铝混合(为了控制水的 pH 值，同时加入一定量的石灰)，再进入沉淀池进行沉淀处理。因胶体颗粒在互相聚合和下沉过程中，对水中放射性物质产生吸附而一并得到沉淀去除。

(3) 处理效果及经济效益

砚石台煤矿矿井水经混凝沉淀处理后，出水总 α 放射性浓度由(0.589±0.027) Bq/L 下降到 0.15 Bq/L，总 β 放射性浓度由(0.185±0.027) Bq/L 下降到 0.14 Bq/L，总 β 放射性浓度已低于生活用水规定标准，虽不宜直接饮用，但已达到排放标准，也可用作生活洗涤用水。

第四节　水处理设备

一、水处理设备选型及设计

水处理设备有定型的设备和非定型的设备，要根据废水的性质、场地条件、处理要求、处理费用等诸多因素决定选择定型设备还是非定型设备。

(一) 定型设备的选择

定型的环保设备也称为标准设备，是成批成系列生产的，可以买到成品。定型设备有产品目录或样本手册，有各种规格牌号，有不同的生产厂家，如电机、水泵等。定型设备选择的原则如下：

① 合理性。选择的设备必须满足处理工艺一般要求，既与工艺流程、处理规模、操作条件、控制水平相适应，又能充分发挥设备的作用。

② 先进性。设备的运行可靠性、自控水平、处理能力、处理效率要尽量达到先进水平，同时还要注意处理的能力，要考虑今后发展的要求。

③ 安全性。要求安全可靠、操作稳定、有缓冲能力、无事故隐患，对工艺、建筑物、地基、厂房等无过多的苛刻要求，操作时劳动强度小。

④ 经济性。设备较为便宜，易于维修、更新，尽量减少特殊维护要求，设备的运行费用要尽量低。

总之，要综合考虑以上的原则，审慎地研究对比，选择最合理的定型设备，同时注意定型设备更新换代。

（二）非定型设备的设计

环境工程中需要专门设计的特殊设备，称为非标准设备或非定型设备。由于污染物的种类非常多，处理的方法也较多，所以非标准设备在环境工程中大量存在。它是根据处理工艺要求，通过处理工艺的计算，提出设备的形式、材料、大小尺寸和其他一些要求，由建筑、结构、机械或环境工程等专业人员进行设计，由有关工厂或施工单位制造完成。

非定型设备的设计原则与定型设备相同。其主要的设计程序如下：

① 确定处理设备的类型。根据处理工艺流程确定处理设备的类型，如污水采用活性污泥法处理，曝气池和二沉池常为构筑物。

② 确定设备的材质。根据处理的污染物、工艺流程和操作条件，确定适合的设备材料。如上述处理水的曝气池和二沉池一般采用钢筋混凝土材料。

③ 汇集设计条件和参数。根据处理污染物的量、处理效率、物料平衡和热量平衡等，确定设备的负荷、设备的操作条件，如温度、压力、流速、加药、卸灰形式、工作周期等，作为设备或构筑物设计计算的主要依据。

④ 选定设备或构筑物的基本结构形式。根据各类处理设备的性能、使用特点和使用范围，依据各类规范、样本和说明书，进行权衡比较，确定设备的基本结构形式。

⑤ 设计设备或构筑物的基本尺寸。根据设计数据进行有关的计算和分析，确定处理设备或构筑物的外形尺寸以及设备或构筑物的各种工艺附件；设备或构筑物基本尺寸计算和设计完成之后，画出设备或构筑物示意草图，标注有关尺寸。

⑥ 设计数据汇总。

⑦ 向有关专业人员提出设计要求、完成时间等。

⑧ 汇总列出设备一览表。

二、泵

泵是提供液体流动动力的流体机械，是水处理常用的定型设备。根据泵的工作原理，可以分为容积式泵和叶片式泵。

① 容积式泵。容积式泵在运转时，机械内部的工作容积不断发生变化，从而吸入或排出流体。按其结构不同，又可分为往复式和回转式两种。往复式泵借活塞在气缸的往复作用使缸内容积反复变化，以吸入和排出流体，如蒸汽活塞泵等；回转式泵是根据机壳内的转子或转动部件旋转时，转子与机壳之间的工作容积发生变化，从而吸入和排出流体，如齿轮泵等。

② 叶片式泵。叶片式泵的主要结构是可旋转的、带叶片的叶轮和固定的机壳。通过叶轮的旋转对流体做功，从而使流体获得能量。根据流体的流动情况，可将它们再分为下列几

种：离心式泵、混流式泵、贯流式泵。

③ 其他类型的泵。如引射泵、旋涡泵、真空泵等。

（一）离心泵

1. 离心泵的工作原理及性能参数

（1）离心泵的工作原理

离心泵的主要结构部件是叶轮和机壳。机壳内的叶轮固定安装于由电动机拖动的转轴上。当电动机带动叶轮旋转时，机内流体便获得能量。

以图 2-33 所示的离心泵为例。叶轮是由叶片和连接叶片的前盘及后盘所组成的。叶轮后盘装在转轴上（图中未绘出）。机壳一般是用钢制成的阿基米德螺线状的箱体（输送腐蚀性较强的流体时可用玻璃钢做箱体），支撑于支架上。

当叶轮随轴旋转时，叶片间的流体也随叶轮旋转而获得离心力，并从叶片之间的出口处被甩出。被甩出的流体挤入机壳，于是机壳内的流体压强增高，最后由出口排出。流体被甩出后，叶轮中心部分的压强降低，低位池的流体就会在压力差的作用下被吸入叶轮中心。只要叶轮不停地旋转，流体就会不断地从低处被送到高处。

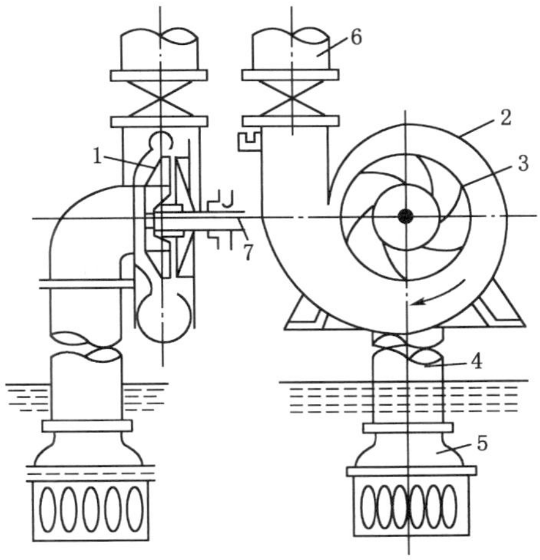

1—叶轮；2—泵壳；3—叶片；4—吸入管；
5—底阀；6—排出管；7—泵轴。
图 2-33　离心泵构造

（2）离心泵的扬程

泵的扬程（H）的定义是：泵所输送的单位重量流体从进口至出口的能量增值，也就是单位重量的流体通过泵所获得的有效能量。扬程的单位是 m。

显然，单位重量流体所获得的增量可用能量方程来计算。以进口与出口为计算断面，可列出它们的表达式：

$$H_1 = Z_1 + \frac{p_1}{\gamma} + \frac{v_1^2}{2g}$$

$$H_2 = Z_2 + \frac{p_2}{\gamma} + \frac{v_2^2}{2g}$$

式中　Z——断面对于选定的基准面的高度，水力学中称位置水头，表示单位重量的位置势能，简称位能；

p——压强，Pa；

γ——容重，N/m^3；

p/γ——断面压强作用使流体沿测压管所能上升的高度，水力学中称为压强水头，表示压力做功所能提供的单位能量，简称压能；

v——断面速度，m/s；

$v^2/2g$——断面流速，为初速度的铅直上升射流所能达到的理论高度，水力学中称为流速水头，表示单位重量的动能，简称动能。

下角“1”和“2”分别表示设备的进口与出口断面。

两式相减，就可求出叶轮工作时单位重量流量的流体所获得的能量。

$$H = Z_2 - Z_1 + \frac{p_2 - p_1}{\gamma} + \frac{v_2^2 - v_1^2}{2g}$$

(3) 离心泵的流量 Q

单位时间内泵所输送的流体量称为流量。常用体积流量表示，单位为 m^3/s 或 m^3/h。

(4) 离心泵的功率及效率

泵的扬程是指单位重量流体通过泵所获得的有效能量，在单位时间内通过泵的流体所获得的总能量称为有效功率，以 N_e 表示。

$$N_e = \frac{\gamma QH}{1\ 000} \quad (\text{kW})$$

式中，γ 为被输送流体的容重，N/m^3；Q 为流量，m^3/s；H 为扬程，m。

为表示输入的轴功率 N 被流体利用的程度，则要计算泵的效率 η：

$$\eta = \frac{N_e}{N} \times 100\%$$

将上式加以变换，可以得到轴功率的计算式：

$$N = \frac{N_e}{\eta} = \frac{\gamma QH}{1\ 000\eta}$$

同理，其静压效率 $\eta_j = \eta p_j / p$。泵的效率通常是由实验确定的。

(5) 离心泵的转速

指泵叶轮每分钟的转数，单位 r/min。

2. 离心泵的性能曲线

离心泵的扬程、流量以及所需的功率等性能显然是互相影响的，所以通常用以下三种形式来表示这些性能之间的关系：

① 离心泵所提供的流量和扬程的关系，用 $H = f_1(Q)$ 来表示；

② 离心泵所提供的流量和所需外加功率之间的关系，用 $N = f_2(Q)$ 来表示；

③ 离心泵所提供的流量与设备本身效率之间的关系，用 $\eta = f_3(Q)$ 来表示。

上述三种关系常以曲线形式绘在以流量 Q 为横坐标的图上，这些曲线称为性能曲线。

性能曲线有理想性能曲线和实际性能曲线两种。理想性能曲线是在无限多的且无限薄的叶片和不计流动损失情况下得出的上述三种关系。实际性能曲线考虑了实际运行时的机内损失，包括水力损失、容积损失和机械损失。图 2-34 中对理想性能曲线进行分析，然后转化成实际性能曲线。图中采用流量 Q 与扬程 H 组成的直角坐标系，纵坐标上还标注了功率 N 和效率 η 的尺度。

根据理论流量和扬程的关系式，可以绘出一条 Q_T-H_T 曲线。以向后叶型的叶轮为例，这是一条下倾的直线，如图 2-34 中Ⅱ曲线。

如按无限多叶片的欧拉方程，可绘制一条 $Q_{T\infty}$-$H_{T\infty}$ 的关系曲线，这是一条位于曲线Ⅱ上方的曲线，即曲线Ⅰ。

机内存在水力损失，流体必将消耗部分能量来克服流体阻力。这部分损失应从曲线Ⅱ中扣除，于是就得出曲线Ⅲ。

除水力损失之外，还应从曲线Ⅲ中扣除泵的容积损失。容积损失是以泄漏流量 Q 的大小来估算的。当泵的结构不变时，Q 值与扬程的平方根成比例，因而能够做出一条 q-H 关系曲线，示于图 2-34 的左侧。曲线Ⅳ就是从曲线Ⅲ中扣除相应的 Q 值之后得出的泵的实际性能曲线，即 Q-H 曲线。

流量-功率曲线表明泵的流量与轴功率之间的关系。因为轴功率 N 是理论功率与机械损失之和，根据这一关系，在图 2-34 中绘制出 Q-N 曲线，如图中曲线Ⅴ。

由 Q-H 和 Q-N 两曲线，可计算出在不同流量下的 η 值，从而得出 Q-η 曲线，如图中的曲线Ⅵ。Q-η 曲线的最高点为最大效率，它的位置与设计流量相对应。

Q-H、Q-N 和 Q-η 三条曲线是泵在一定转速下的基本性能曲线，其中最重要的是 Q-H 曲线，因为它揭示了离心泵的两个最重要、最有实用意义的性能参数之间的关系。

通常按照 Q-H 曲线的大致倾向可将其分为下列三种：平坦型、陡降型和驼峰型，如图 2-35 所示。具有平坦型 Q-N 曲线的离心泵，当流量变化很大时能保持基本恒定的扬程。有陡降型曲线的离心泵则相反，即流量变化时，扬程的变化相对较大。有驼峰型曲线的离心泵，当流量自零逐渐增加时，相应的扬程最初上升，达到最高点后开始下降。具有驼峰型性能的离心泵在一定的运行条件下可能出现不稳定。这种不稳定显然是应尽量避免的。

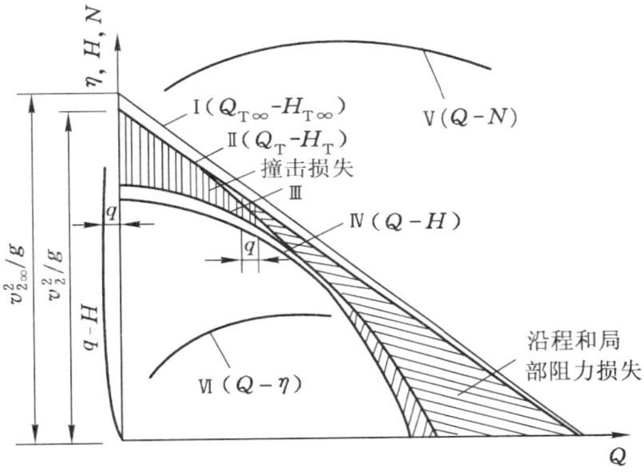

图 2-34　离心泵性能曲线分析

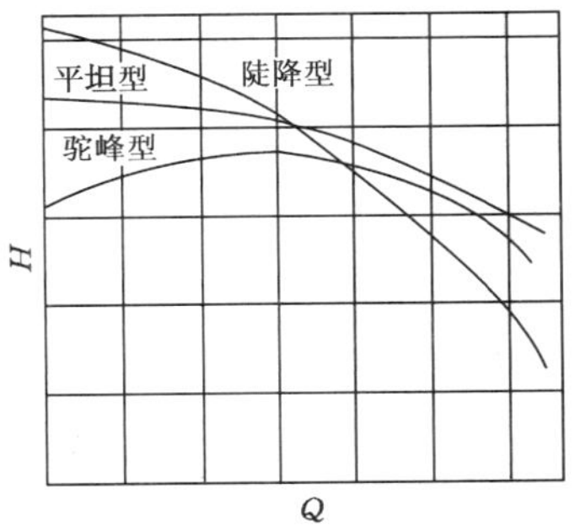

图 2-35　三种不同的 Q-H 曲线

3. 离心泵装置的管路及附件

当采用离心泵提升液体时，就必须向泵内（包括吸水管内）充满液体，为此，在泵体上常设有充液孔或漏斗，有时还另设真空抽气泵将水抽入吸水管和泵体内，否则就只能输送空气而打不上水来。因此，在提升液体的整个泵装置中，除离心泵泵体外，常配有管路和其他一些必要的零部件。离心泵和电动机用联轴器相连接，装在同一底座上，这些通常都是由制造厂配套供应的。

从吸液池液面下方的栏栅开始到泵的吸入口法兰为止，这段管段称为吸入管段。底阀用于启动前灌水时阻止漏水。离心泵的吸入口处装有真空计，以便观察吸入口处的真空度。吸入管段的水阻力应尽可能降低，其上一般不设置阀门。水平管段要向泵的方向抬升（$i=1/50$）。过长的吸入管段要装设防振件。

离心泵出口以上的管段是压出管段。泵的出口装有压力表以观察出口压强。止回阀用来防止压出管段中的液体倒流。闸阀则用来调节流量的大小。应当注意压出管段的重量应由适当的支座支撑，而不是直接作用在泵体上。

此外，还应装设排水管，以便将填料盖处漏出的水引向排水沟。有时出于防振的需要，在泵的出、入口处设置软连接。

4．离心泵的类型与选用原则

（1）离心泵的类型

离心泵的种类很多，常用的类型有清水泵、耐腐蚀泵、油泵和屏蔽泵等，下面对这些泵做简要介绍，具体情况可参阅泵的产品样本。

① 清水泵

清水泵一般用于输送物理、化学性质与清水类似的液体，最普通的清水泵是单级单吸式，其系列代号为“IS”，如果要求的压头较高，可采用多级离心泵，其系列代号为“D”，如果要求的流量很大，可采用双吸式离心泵，其系列代号为“Sh”。

② 耐腐蚀泵

输送酸、碱、浓氨水等腐蚀性液体时必须使用耐腐蚀泵，耐腐蚀泵中所有与腐蚀性液体接触的各种部件都需用耐腐蚀材料制造，其系列代号为“F”。但是，用玻璃、陶瓷、橡胶等材料制成的耐腐蚀泵，多为小型泵，不属于“F”系列。

③ 油泵

输送石油产品的泵称为油泵。因为油品易燃易爆，因此要求油泵必须有良好的密封性能，输送高温油品（200 ℃以上）的热油泵还应具有良好的冷却措施，其轴承和轴封装置都带有冷却水夹套，运转时通冷水冷却。

④ 屏蔽泵

屏蔽泵是一种无泄漏泵，它的叶轮和电机连为一个整体并密封在同一泵壳内，不需要轴封装置，又称无密封泵。

（2）离心泵的选用原则

离心泵选用原则分为两步进行：

① 根据被输送流体的性质和操作条件确定泵的类型；

② 根据具体管路对泵提出的流量和压头要求确定泵的型号。

5．离心泵的选择与计算

（1）泵形式的确定

确定泵的形式首先要看被输送物料的性质，物料的基本性质包括相态、温度、黏度、密度、挥发性、腐蚀性、磨损性等。此外，选择泵型时还要考虑处理工艺过程、动力、环境和安全要求等条件，例如，是否长期连续运转，扬程和流量是否波动，环境温度极限如何等。

环境工程中常用泵来输送污水和污泥，这时就要选择污水泵或污泥泵；如果输送的污水有腐蚀性，就要选择耐腐蚀泵或带衬里的耐腐蚀泵；输送的流体中有磨损性物质时，要考虑泵的耐磨性；如果是加药使用时，要考虑采用计量泵；如果要在水中进行输送时，就要使用潜污泵。

（2）扬程与流量的计算与校核

泵向开式（通大气）水池供水时，希望得到泵的扬程与管路系统装置之间的关系，可以列出图 2-36 中断面 0—0 与断面 3—3 间的能量方程：

$$H = H_z + \frac{p_a}{\gamma} + \frac{v_3^2}{2g} + h_1 + h_2 - \left(\frac{p_a}{\gamma} + \frac{v_0^2}{2g}\right) = \frac{v_3^2 - v_0^2}{2g} + H_z + h_t$$

式中 H_z——上下两水池液面的高差，也称为几何扬水高度，m；

h_t——整个泵装置系统的阻力损失，$h_t = h_1 + h_2$，m；

h_1——吸入段的阻力损失，m；

h_2——压出段的阻力损失，m；

p_a——大气压，Pa；

v_0、v_3——断面 0—0 和 3—3 的流速，m/s。

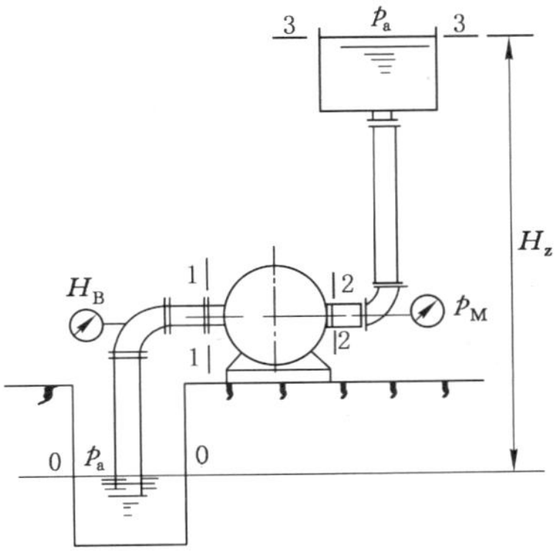

图 2-36 泵的扬程计算示意图

两池面足够大时，则可以认为上下水池流速 $v_0 = v_3 = 0$，上式就简化为：

$$H = H_z + h_t$$

此式说明离心泵的扬程为几何扬水高度和管路系统流动阻力之和。通常就是根据上式得出扬程，以此作为分析工况和选择泵型的依据。

当泵向压力容器供水时则要考虑压力容器的压力。如果补水池液面压强为大气压，则计算时应考虑$(p - p_a)/\gamma$的附加扬程；如果从低压容器(p_0)向高压容器(p)供水时，所需要的附加扬程为$(p - p_0)/\gamma$。泵在闭合环路管网上工作时，泵所需扬程仅仅是该环路的流动阻力。应强调的是泵的扬程是指单位重量流体从泵入口到出口的能量增量，它与泵的出口水头是两个概念，不能片面地理解为泵能将水提升 H(m)高。

泵的型号确定后，需校核所选泵的流量和扬程是否符合处理工艺要求。制造厂提供的泵的性能曲线或性能表一般是在常温下用清水测得的，若输送的液体的物理性质与水的差异较大，则应将泵的性能指标（扬程和流量）换算成针对被输送液体的扬程和流量值，然后把处理工艺条件所要求的扬程和流量与换算后的泵的扬程和流量比较，确定所选泵的性能是否符合要求。

(3) 扬程和流量的安全系数

流量是选泵的主要参量之一。一般以处理工艺计算确定的流量值为基础值，考虑到在实际运行中可能出现流量波动以及开车、停车的需要，应在正常流量值的基础上乘以 1.1。由于管道阻力计算时常有误差，而且在运行过程中管道的结垢、积炭也使管道阻力大于计算值，所以扬程也采用计算值的 1.1～1.2 倍，即

$$Q = 1.1 Q_{max}$$

$$H = (1.1 \sim 1.2) H_{max} \quad 或 \quad p = (1.1 \sim 1.2) p_{max}$$

(4) 离心泵安装高度的计算与校核

离心泵的安装高出吸液面的高差太大，即泵的几何安装高度 H_g 过大（图 2-37），泵的安装地点的大气压较低，泵所输送的液体温度过高，都可能产生汽蚀现象。正确决定泵吸入口的压强（真空度）是控制泵运行时不发生汽蚀而正常工作的关键，它的数值与泵吸入侧管路及液面压力等密切相关。泵的几何安装高度可按下式计算：

$$H_g = \frac{p_0 - p_v}{\gamma} - \sum h_s - \Delta h$$

式中 H_g——泵的允许几何安装高度，m；

p_0——液面的压强，Pa；

p_v——泵内汽化压强，Pa；

$\sum h_s$——吸液管路的水头损失，m；

Δh——实际汽蚀余量，$\Delta h = \Delta h_{min} + 0.3$，m。

选定离心泵后，从样本上查出标准条件下的允许吸上真空高度$[H_s]$或临界汽蚀余量 Δh_{min}，按照下式验算其几何安装高度：

$$H_g < [H_g] \leqslant [H_s] - \left(\frac{v_s^2}{2g} - \sum h_s\right)$$

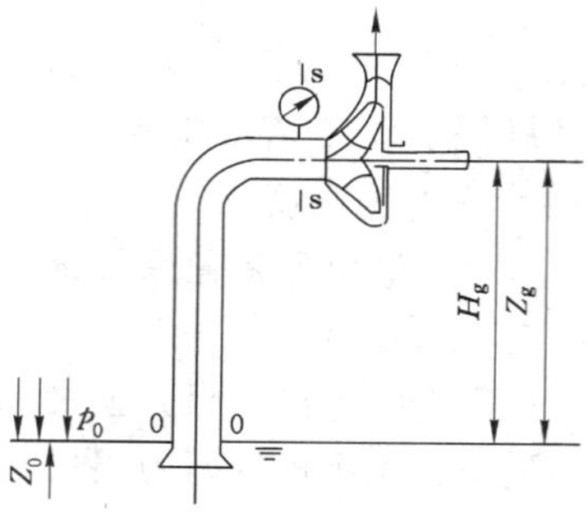

图 2-37 离心泵的几何安装高度

(5) 电动机功率的计算

用性能表选电动机时，在性能表中附有电动机的型号和传动部件型号，电动机和传动部件可一并选用。用性能曲线选择电动机时，因图中只有轴功率，故电动机的传动部件需另选。配套电动机功率(N_m)可按下式计算：

$$N_m = K \cdot \frac{N}{\eta_i} = K \cdot \frac{\gamma QH}{\eta_i \eta}$$

式中 Q——流量，m^3/s；

H——扬程，m；

K——电动机安全系数，见表 2-68；

η——泵的效率；

N——泵的轴功率，kW；

η_i——传动效率，电动机直联传动 $\eta_i = 1.00$，联轴器直联传动 $\eta_i = 0.95 \sim 0.98$，三角带传动 $\eta_i = 0.95 \sim 0.98$；

γ——容重，按照 SI 单位制为 kN/m^3，而密度 ρ 单位为 kg/m^3(数值上等于工程制中的 γ 值)。

表 2-68 电动机安全系数

电动机功率/kW	<0.5	0.5～1.0	1.0～2.0	2.0～5.0	>5.0
安全系数 K	1.50	1.40	1.30	1.20	1.15

(6) 离心泵的台数和备用率

考虑一开一备是合理的，但如果为大型泵，一开一备的配置是不经济的，这种情况下可设两台较小的泵供正常使用，另设一台同样大小的泵作为备用。一般来说，重要岗位的泵，应设备用泵，备用率为 100%，而其他情况下连续运转泵可考虑用 50%的备用率。在连续操作的大型装置中使用的泵应考虑较大的备用率。

总之，泵的选择还要考虑方方面面的问题，如安装的场地大小、基础如何等。

6. 几种泵的性能、性能曲线和适用范围

(1) 250WD/WDL 型污水泵

该系列泵系单级、单吸卧式与立式悬臂离心泵，适用于输送 80 ℃以下的污水、粪便以及带有纤维纸屑等非腐蚀性固体悬浮物的液体，不适合输送酸、碱以及其他含盐分的能引起金属腐蚀的混合液体。此类型泵的过流部件均用普通灰铸铁制成，泵轴转子由优质碳素钢制成。水泵排出口方向可以转动 12 个方向。

(2) 潜污泵

潜污泵适用于城市排放水、厨房排水、生活用排水、工程建筑工地排水、低洼地防汛排涝、农田灌溉等水质带有悬浮颗粒的污水，但不适用于抽吸含酸、碱的污水以及含大量盐分的腐蚀型液体。WQ20-15、WQ30-10 型潜水泵所适应的污水的不溶性固体含量不超过 0.6%、水温不得高于 40 ℃；80WQ、80WQ20 型潜水泵适用于抽送 80 ℃以下的氧化铁皮污水；QX22-15J 型潜水泵适用于工、矿、农业、园艺养殖场抽送含有 4%固体颗粒的污水。潜水泵是泵与电动机连成一体潜入水中工作的，由泵、三相异步电动机、机械及橡胶密封圈和电器保护装置四部分组成。

(3) 螺旋泵

螺旋泵是一种低扬程、低转速、流量范围较大、效率稳定的提水设备，适用于农业灌溉、城市排涝，特别适用于污水处理厂提升污泥。

(4) FS、FS_f型塑料耐腐蚀泵

该系列泵适用于化工、冶金、石油、铁路、医药、食品、造纸等行业。

(二) 往复泵

1. 往复泵的作用原理

往复泵主要由泵缸、活柱(或活塞)和活门组成。活柱在外力推动作用下做往复运动，由此改变泵缸内的容积和压力，交替地打开和关闭吸入、压出活门，达到输送液体的目的。由此可见，往复泵是通过活柱的往复运动直接以压强能的形式向液体提供能量的。

2. 往复泵的类型

按照往复泵的动力来源可分类如下：

(1) 电动往复泵

电动往复泵由电动机驱动，是往复泵中最常见的一种，电动机通过减速箱和曲柄连杆机构与泵相连，把旋转运动转变为往复运动。

(2) 汽动往复泵

汽动往复泵是直接由蒸汽机驱动，泵的活塞和蒸汽机的活塞共同连在一根活塞杆上，构成一个总的机组。

按照作用方式，可将往复泵分类如下：

(1) 单动往复泵

活塞往复一次只吸液一次和排液一次。

(2) 双动往复泵

活柱两边都在工作，每个行程均在吸液和排液。

第五节　矿井水的综合利用

一、改革工艺，抓源治本

污染物质是从生产工艺过程中产生的，因此，从工艺源头减少污染源和污染物的产

生是最根本、最有效的途径。如，从井下突水点直接抽排地下水，可避免水流沿途岩(矿)粉的混入，减轻地面水处理的压力；选矿厂生产工艺采用无毒药品代替有毒药剂、选择污染程度小的选矿方法等。国外已开始采用无氰浮选工艺，我国也有不少单位正在开展氰化物及重铬酸盐等剧毒药剂代用品方面的研究，一些选矿厂已经做到了少用或基本不用氰化物。

二、循环用水，一水多用

采用循环供水系统，使废水在一定的生产过程中多次重复利用，或处理后再回用，既能减少废水的排放量，减轻环境污染，又能减少新鲜水的补充量，节省水资源。

选矿废水循环利用，还可回收废水中残存的药剂，节约用药量。上游工序产生的废水若能满足下游工序用水的水质要求时，不用新鲜水。

根据不同用水水质的要求，可将处理后的水用于废(矿)石堆放场和运矿道路等洒水降尘、绿化等。

三、化害为利，回收利用

工艺废水的污染物质大都是生产过程中进入水中的有用元素、成品、半成品以及能源物质，排水不仅造成环境污染，而且造成原料和矿产品损失，若能加以回收，便可变废为宝，化害为利。因此，尽可能地回收废水中的有用物质，是废水处理当中应优先考虑的问题。据统计，全国有色金属企业每年从“三废”中排放的污染物质(如汞、镉、砷等)达2万多吨。因此，正确地回收与处理这些废弃的有用物质具有一定的经济效益和环境效益。

四、矿井水综合利用工艺

(一) 中性矿井水综合利用

我国大多数矿井废水为中性矿井水。以山西某煤矿为例，该煤矿建造了一座处理能力为240 m^3/d的矿井水处理站。矿井水被提升到地面后进入容积为50 m^3的预沉调节池，然后经一体化净水器(ZNYZ-10型高效全自动净水器及加药装置)，采用混凝、沉淀、过滤、消毒等处理工艺处理后，排至一座300 m^3清水池，经处理后的矿井水最终全部重复用作井下消防、洒水。湿煤泥经浓缩脱水后，泥饼外运。矿井水处理站工艺流程详见图2-38。

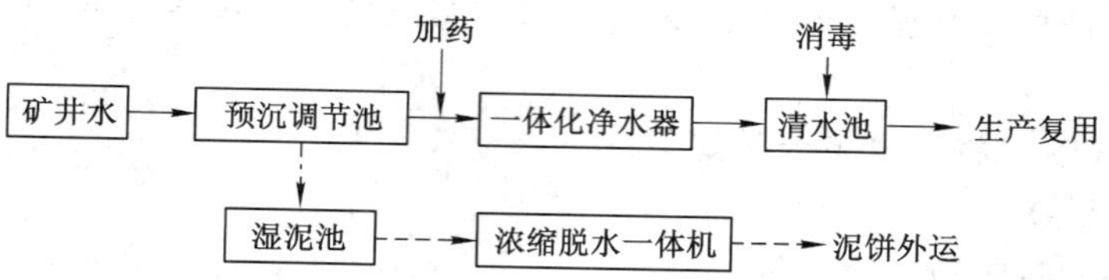

图2-38 矿井水处理站工艺流程图

通过对矿井水处理站进出口水取样分析发现，矿井水处理站对SS、COD、石油类、铁、锰、氨氮、硫化物的处理率分别为97.13%、87.05%、88.46%、97.07%、18.75%、64.43%、78.38%。矿井水经处理站处理后各项污染物浓度均满足《煤炭工业污染物排放标准》。

矿井水处理站检测结果及达标情况详见表2-69。

表 2-69　矿井水处理站检测结果及达标情况分析表　　单位：mg/L

采样点位	SS	COD	石油类	铁	锰	氨氮	硫化物
进口	156.63	191.10	0.52	4.43	0.12	1.15	0.37
出口	4.50	24.75	0.06	0.13	0.10	0.41	0.08
标准值	50.00	50.00	5.00	6.00	4.00	15.00	1.00
达标率/%	100	100	100	100	100	100	100
处理效率/%	97.13	87.05	88.46	97.07	18.75	64.43	78.38

(二) 深度处理回用工艺

对于缺水地区，还可以对矿井水做深度处理满足其他用水要求，该处理工艺一般作为常规处理工艺的延伸。比如常规处理出水通过超滤后可作为生活饮用水，通过离子交换后可作为锅炉补充水。矿井水深度处理工艺见图 2-39。

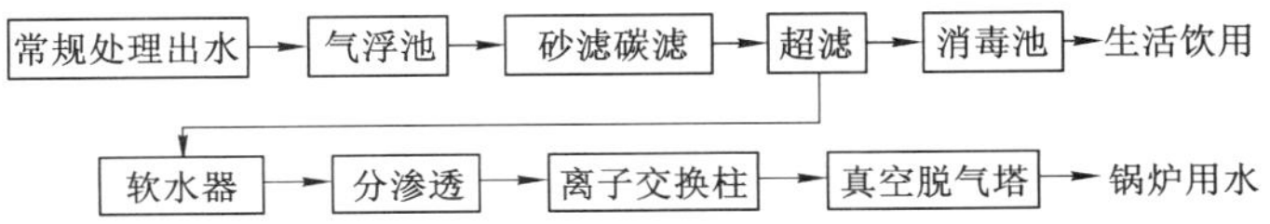

图 2-39　深度处理工艺流程图

(三) 重复利用工艺

矿井水复用模式的选择应根据矿井水的水质和水量及周边水源情况，结合环保、经济、管理等因素综合确定。矿井废水的常见复用模式详见图 2-40 和图 2-41。

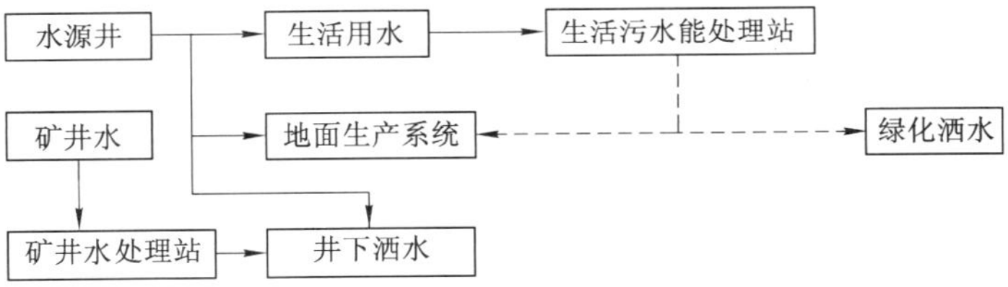

图 2-40　矿井水不足时的复用模式

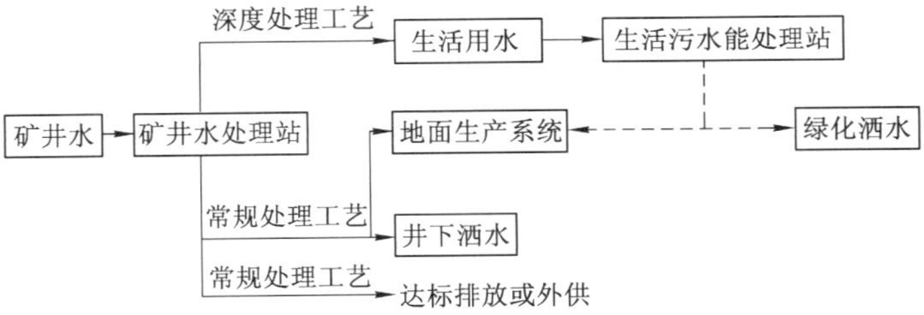

图 2-41　矿井水充足时的复用模式

(四) 酸性矿井水的回用实例

重钢接龙铁矿矿井水水量达 3 900 m^3/d，直接排放既污染环境，又造成资源浪费，经过中和处理后可以满足生产用水的需要。

根据表 2-70 水质特点，设计采用中和法处理，中和剂采用石灰乳液。处理流程如图 2-42 所示。

表 2-70　重钢接龙铁矿矿井水水质指标

矿　山	pH 值	SS/(mg/L)	COD/(mg/L)
重钢接龙铁矿	3.6	378	28

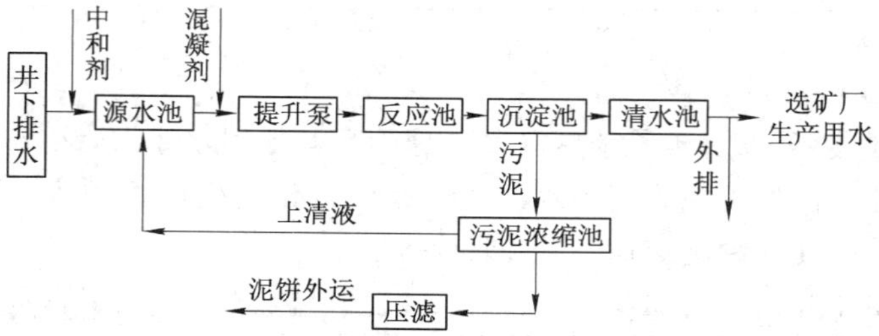

图 2-42　酸性矿井水回用处理流程

第三章　矿区大气污染与防治

矿区是我国大气污染的重灾区。矿区的大气污染恶化空气质量，不仅威胁人民群众身体健康，增加呼吸系统、心脑血管疾病的死亡率及患病风险，腐蚀建筑材料，还严重破坏生态环境，导致粮食减产、森林衰亡，造成巨大的经济损失。

第一节　矿区常见大气污染物性质及危害

现代矿山，特别是大型矿山，多为采矿、选矿和冶炼的联合企业，同时还设置有为产品服务的建材、化工、烧结、焦化、电厂等辅助企业，都在向矿区地面和井下空间排放各种无机的和有机的气体、烟雾、矿物性及金属性粉尘。这些污染物质进入矿区大气，使矿区大气质量恶化，从而危害人们的生活和身体健康，影响生态平衡，这种状态称为矿区大气污染。矿区大气污染属于地区性污染，即污染范围通常为矿区及其附近地区。

矿区大气污染物主要来源于露天开采和井巷开采的爆破、运输、选矿、冶炼。据统计，生产 1 t 铅，排烟量达 3 000 m^3；电炉炼铜废气排放量达$(4\sim6)\times10^4$ m^3/h。其次是露天开采的扬尘，大爆破生成的有毒气体、粉尘，汽油、柴油设备产生的废气，采、选、冶的固体堆积物氧化、水解产生的有害气体和由矿井排出的废气。根据对 3 个金属露天矿的大气分析，采场内大气中 CO 浓度为 22.4～64.4 mg/m^3，超标 3 倍；NO 浓度为 48 mg/m^3，超标 9～10 倍。大爆破时，空气中 CO 浓度高达 600 mg/m^3。此外，煤和煤矸山的自燃也能产生大量有害气体。

选矿厂对大气的污染主要是破碎研磨及干燥过程中产生的粉尘以及尾矿坝的干粉扬尘，其次是浮选车间的药剂废气。

一、矿区大气污染物分类及性质

矿区大气污染物按其性质可分为气态污染物和气溶胶污染物两大类。

（一）气态污染物

气态污染物系指矿山在采矿、选矿、冶炼生产过程中产生的在常温常压下呈气态的污染物，它们以分子状态分散在空气中，并向空间的各个方向扩散。密度大于空气者下沉，密度小于空气者向上飘浮。它们可分为：以 SO_2 为主的含硫氧化物；以 NO 和 NO_2 为主的含氮氧化物；以 CO_2 为主的含碳氧化物；碳氢化合物以及少数卤素化合物。此外，含铀、钍的矿山还存在放射性气体。

1. 含硫氧化物

矿区大气中含硫氧化物主要为 SO_2 和 SO_3，煤层或煤矸山自燃的矿区还排放 H_2S。据统计，生产 1 t 铅要排放 0.3 t 硫；生产 1 t 锌要排放 0.6 t 硫，我国有色金属冶炼厂烟气中 SO_2 浓度一般为 4%左右，高者可达 7%，每年进入烟气的总硫量约 50 万 t，其中含量大于 3.5%的高浓度烟气含硫量达 38.4 万 t/a，低浓度的烟气含硫量为 11.63 万 t/a。可燃性硫在燃烧时，大部分与氧化合生成 SO_2，少量生成 SO_3。

1 t 煤含硫量为 5～50 kg，煤燃烧的主要污染物是 SO_2。

含硫氧化物与空气中的原有成分或其他污染物可以发生化学或光化学反应产生二次污染物，主要有硫酸烟雾和光化学烟雾。

2. 含氮氧化物

含氮氧化物包括 NO、NO_2、N_2O、N_2O_3、N_2O_4、N_2O_5 等，通常主要指 NO 和 NO_2。全世界由于人为活动，每年产生的 NO 和 NO_2 总量约为 5×10^8 t。矿区含氮氧化物主要来自冶炼厂的生产过程、锅炉烟气、露天开采及井工开采的炸药爆炸以及矿区运输、装载、铲运等使用汽油、柴油为燃料的设备所排放的尾气。

3. 含碳氧化物

含碳氧化物系指 CO 和 CO_2。矿区含碳氧化物主要来自冶炼生产，如生产 1 t 铝排放 CO_2 910～1 000 kg，CO 80～400 kg；此外，还来自矿山爆破作业，汽油、柴油等内燃设备排放的尾气以及煤和矿石的自燃等。

（二）气溶胶污染物

气溶胶系指沉降速度可以忽略的固体粒子、液体粒子或固体和液体粒子在气体介质中的悬浮体。按照其性质，属于气溶胶的物质有：粉尘、烟尘、液滴、轻雾及雾等。矿区气溶胶成分极其复杂，含有数十种有害物质。

1. 粉尘

在矿山生产过程中，对矿物和岩石进行破碎、筛分、研磨、钻孔、爆破、运输等手段产生的悬浮于大气中或在大气中发生缓慢沉降的微小固体颗粒，属于固态分散性气溶胶。

2. 烟尘

在冶炼和燃烧过程中矿物高温升华、蒸馏及焙烧时产生的固体粒子，属于固态凝聚性气溶胶；或指常温下是固体物质，因加热熔融产生蒸气，并逸散到空气中，当被氧化后或遇冷时凝聚成极小的固体颗粒分散悬浮于空气中。例如，在熔铅过程中，有氟化铅烟尘产生；电焊时有锰烟尘及氧化锰烟尘产生；黄铜和青铜中含有锌，当锌被熔化时，则有锌蒸气逸到空气，继而氧化成氧化锌烟尘；等等。这些微细的气溶胶颗粒，都具有规则的结晶形态，并且其颗粒比一般粉尘小。

3. 液滴

在常温常压下是液体的物质，能在静止条件下沉降，在紊流条件下保持悬浮状态，粒径范围在 200 μm 以下的液体粒子。

4. 雾

在常温常压下能悬浮于气体中的微小液体，是在蒸气的凝结、液体雾化和化学反应等过程中形成的，属于液态凝聚性气溶胶，如酸雾、碱雾、水雾等。

二、矿区大气污染物造成的危害

矿区大气污染物对人和物造成的危害是多方面的，污染物可以通过呼吸作用、水体、土壤、食物进入人体，如图 3-1 所示。

我国鞍钢大孤山、武钢大冶、包钢白云鄂博铁矿和甘肃白银厂铜矿，相继由山坡露天转为凹陷露天，由于使用大型机械设备，污染物排放强度比地下开采大很多，大气污染的危害

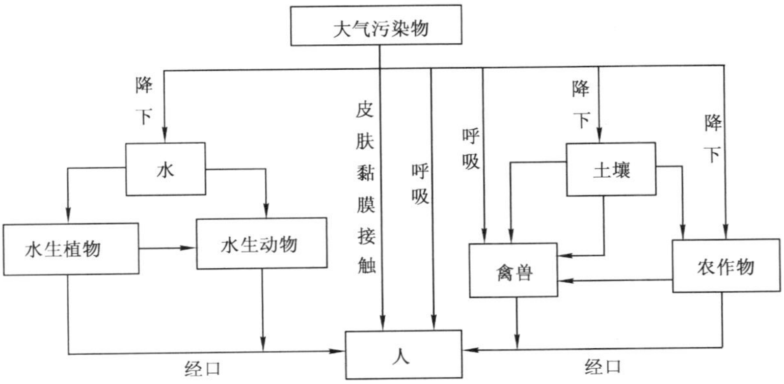

图 3-1　大气污染物进入人体的途径

逐渐扩大。如 1967—1970 年三年统计表明，白银露天矿工人疑似矽肺病累计出现率由 14.2%上升到 31.7%，两年后的矽肺病发病率达 3.3%。

矿区大气污染对人体造成的危害可分为直接危害和间接危害。直接危害是进入大气中的污染物质直接通过人体的呼吸作用进入人体内，影响正常的生理功能。如人体吸入含 CO 的空气后，由于血红素与 CO 结合的亲和能力是与 O_2 结合的亲和能力的 250～300 倍，CO 会很快散布到人体的各部分组织和细胞内，导致人因缺氧而引起窒息和血液中毒。矿区常见污染物性质及危害详见表 3-1。

表 3-1　矿区常见污染物性质及危害

气体名称	主要性质					中毒时的主要特征	许可浓度/(mg/m³)
	色味臭	相对密度	溶解性	爆炸性	毒性		
一氧化碳	无色、无味、无臭	0.97	微溶	有	剧毒	耳鸣、头痛、头晕、心跳、呕吐、感觉迟钝、丧失行动能力，严重时呼吸困难，停顿，出现假死。中毒特征：嘴唇呈桃红色，脸颊出现红色斑点	<0.002 4
一氧化氮	棕红色，特臭	1.57	微溶	无	剧毒	眼、鼻、喉出现炎症和充血，咳嗽、吐黄痰、呼吸困难、呕吐、肺水肿。中毒特征：手指尖和头发呈现黄色，潜伏期长	<0.000 25
硫化氢	无色，微甜，蛋臭	1.19	易	有	剧毒	脸色苍白、流唾液、呼吸困难，呕吐、抽筋、四肢无力、瞳孔放大	<0.000 66
二氧化硫	无色，硫黄味、酸味	2.2	易	无	剧毒	眼睛红肿、咳嗽、头痛、急性支气管炎、肺水肿	<0.000 5
氨	无色，氨水剧臭	0.7	极易	无	极毒	流泪、咳嗽、头晕。中毒特征：手指尖发黄等	<0.02

间接危害是影响矿区生态环境，破坏农作物生长，影响人们正常生活环境，对矿山造成经济损失。图 3-2 为某矿区大气污染实景。

图 3-2　矿区大气污染

上述影响主要表现在以下几个方面：

（1）刺激和腐蚀作用

如 SO_2、SO_3 与湿空气或湿表面接触形成硫酸，引起支气管炎、哮喘、肺气肿等病症。

（2）窒息作用

引起窒息的气体有 CO、H_2S、CH_4 等。井下采矿中，多种原因可使矿井空气中含有 CH_4、CO、CO_2、NO_x 及 H_2S 等有害性气体。

① 瓦斯：为无色无臭的可燃性气体，密度轻（相对空气密度 0.557），主要成分为 CH_4，其在矿中的含量与矿产种类及地质构造有关。瓦斯一般在煤矿中产生的较多，主要存在于煤层中，在煤矿崩落时排放出来。一般每采 1 t 煤可散发出 30 m^3 瓦斯，而在深矿井中可散发出高达 60 m^3 瓦斯，由于密度小，瓦斯多蓄积于巷道顶部。当工程揭露高瓦斯矿井的特定构造部位时，聚集的瓦斯会突然涌出，造成瓦斯事故。瓦斯可排挤空气中的氧气，在一定条件下可使矿工缺氧甚至窒息。当瓦斯与空气中的氧混合，其浓度达 5%～16%时遇明火可发生爆炸。

② CO 和 NO_x：主要来源于放炮。使用硝酸甘油炸药可产生大量的 CO，使用硝胺炸药则产生大量 NO_x，二者均可引起急性中毒。

③ H_2S：酸性矿井水与硫铁矿作用可产生 H_2S，经久封闭的废巷道内有 H_2S 积存，可引起矿工急性 H_2S 中毒。

④ CO_2：由于 CO_2 密度大（相对空气密度 1.53），多聚集于巷道低处及通风不良处，其危害在于排挤空气中的氧气而引起缺氧，当空气中 CO_2 含量达到 10%时，可使人窒息死亡。

（3）急性或慢性中毒作用

由于接触生产性毒物引起的中毒，称为职业中毒。短期内接触较高浓度的毒物，毒物一次或短时间内大量进入人体后可引起急性中毒；长期过量接触毒物可引起慢性中毒；短期内接触较高浓度的毒物可引起亚急性中毒。由于毒物作用特点不同，有些毒物在生产条件下只引起慢性中毒，如矿山开采、冶炼金属等，大气受到汞蒸气、氟气或其他重金属（Cd、Sn、Pb 等）微粒的污染；有些毒物常可引起急性中毒，如 CH_4、CO、Cl_2 等。

（4）引起职业病

众多矿山位于山区，地形较复杂，大气扩散条件比较差，有毒有害气体不仅污染大气环境，其沉降还不同程度地污染矿区水环境、土壤环境，使得某种元素富集，导致各种职业病并存，如尘肺病、慢性职业中毒、急性职业中毒、职业性眼耳鼻喉病及职业性皮肤病等，其中以尘肺病为主，包括矽肺病、煤肺病、煤矽肺病等，占各种职业病的70%以上。

(5) 降低能见度

矿区粉尘、烟尘污染引起烟雾笼罩，削弱了日光和紫外线的照射，能见度降低，杀菌作用减弱，易流行传染病，发生儿童佝偻病。

第二节　露天矿大气污染与防治

一、露天矿粉尘的来源

在露天矿区，防治大气污染的主要对象是露天采场，如剥离、凿岩、爆破、破碎、装运、选矿等，都产生大量的粉尘。根据露天锡矿山实测资料，凿岩、爆破、装运三个主要生产工序产尘量的比例是：干式凿岩无防尘措施时，凿岩占85%，装运占10%，爆破占5%；湿式凿岩时，凿岩占41.3%，爆破占45.6%，装运占13.1%。实测数据表明矿山产尘比例并不是固定不变的，而是随各个矿山的矿(岩)石性质、作业条件、选用设备以及防尘措施的不同而变化。露天开采需剥离矿层之上的坡积物和地层，开采强度大，需使用机械化强度高的穿孔、装载和运输等大型移动设备。资料表明，各种设备产尘量占总产尘量的比例是：穿孔设备占6.3%；装载设备占1.19%；运输设备占91.33%；岩凿设备占0.57%；推土设备占0.61%。图3-3为我国某露天矿实景，图3-4为俄罗斯西伯利亚“和平”钻石矿实景。

图3-3　我国某露天矿实景

凿岩工作中产尘是连续的，而且地点分散、时间长、细尘多，难以控制，是矿山防尘工作的重点。

爆破工作产尘特点是在短时间内集中产生大量的粉尘，并伴有大量炮烟，若无有效的通风排尘措施，不仅爆破地点的粉尘、炮烟长时间达不到国家规定的卫生标准，还会污染和影

图 3-4 俄罗斯西伯利亚“和平”钻石矿实景

响其他作业区。开挖较深的露天矿，由于通风条件差，污染可能持续时间较长。

装运过程中的产尘主要是由于已落粉尘重新飞扬，因此也叫再生性粉尘，产尘量与岩矿湿度、硬度、装载高度及当时的气候条件有关。我国露天矿多采用 4 m^3 电铲。据现场测定，微风时电铲工作场地粉尘平均浓度达 31 mg/m^3；干燥季节有风时则大于 40 mg/m^3；潮湿季节无防尘措施时为 9 mg/m^3。值得注意的是，随着采掘机械化程度的提高，粉尘产生量也会随之增加，这就给防尘工作提出了更高的要求。

二、露天矿粉尘的类型

① 按粉尘产生的原因，分为自然粉尘和生产性粉尘两大类。

自然粉尘是指因地理条件和气象变化所产生的粉尘，如风沙、尘土等，在我国西北地区矿区较突出。由于粉尘的粒度和重量不同，在空气中沉降时间也不同。

生产性粉尘是指生产过程中物质经过机械作用或化学作用生成的粉尘。矿山粉尘（简称矿尘）即属于生产性粉尘，其中悬浮于空气中的矿尘又称为浮尘，已沉落的矿尘称为落尘，游离 SiO_2 含量大于 5%的矿尘称为矽尘。

② 按粉尘的化学性质，分为有毒性粉尘和无毒性粉尘。

有毒性粉尘是指含 Pb、Hg、Cr、Sn、Ti、Mn 等损害人体健康的粉尘。表面能吸附有毒气体或具有放射性的粉尘也属有毒性粉尘。

无毒性粉尘包括烟尘、矿尘、矽尘、硅酸盐粉尘、黏土粉尘等。这类粉尘有两重性，当其在空气中含量较低时对人体危害较轻，但当这类粉尘在空气中含量较高、矿工又长期活动在该环境中时，大量吸入的粉尘就会形成矽肺病、煤尘肺等疾病，这类粉尘就具有“有毒”特征了。

三、露天矿粉尘的特点

粉尘的特点主要包括粒度、分散度、浓度、湿润性、荷电性等。

（一）露天矿粉尘的粒度

粉尘粒度以尘粒直径来衡量，用微米（μm）做单位。由于粉尘的形状不一，一般用尘粒的直径或其投影的定向长度来表示其粒度。

通常将粉尘按粒度分成四级：小于 2 μm；2～5 μm；5～10 μm；大于 10 μm。

粉尘粒度按其可见程度分成可见尘粒、显微尘粒和超显微尘粒三类。

① 可见尘粒：尘粒直径大于 10 μm，光线明亮时肉眼可见。

② 显微尘粒：尘粒直径为 0.25～10 μm，普通显微镜下可见。

③ 超显微尘粒：尘粒直径小于 0.25 μm，只在高倍或电子显微镜下可见。

粉尘粒度不同，在空气中飘浮的时间也不同，进入人体的深度也不同。颗粒越细，在空气中飘浮的时间越长（表 3-2），进入人体的机会也越多。据报道，进入肺泡引起矽肺病的粉尘直径为 1～3 μm，5 μm 以上的极少，5 μm 以下者称“呼吸性粉尘”，其危害最大。

表 3-2　静止空气中不同粒度的石英尘粒沉降速度

尘粒直径/μm	100	10	1	0.1
沉降速度/(m/s)	786	7.87	0.786	0.000 786

（二）露天矿粉尘的分散度

粉尘分散度是指粉尘整体组成中各种粒度的尘粒所占质量或数量的百分比。作业场所的粉尘有各种不同的粒径，若小颗粒所占百分比大，就称为分散度高，反之则称为分散度低。由于粉尘的颗粒越小，越难于捕获和沉降，越易被吸入人体内，因此，粉尘的分散度越高，其危害性也就越大。

金属矿山井下粉尘分散度实测结果大致如下：大于 10 μm 占 2.5%～7%；5～10 μm 占 4%～11.5%；2～5 μm 占 25.5%～35%；2 μm 以下占 46.5%～60%。一般情况下，5 μm 以下的矿尘往往占 90%以上，对工人健康危害极大，因此在采取防尘措施时，应列为重点。

（三）露天矿粉尘的浓度

粉尘浓度是表示粉尘量大小的参数之一，指空气中所含浮尘的数量。一般用两种指标来度量：① 每立方米空气中所含浮尘的质量，单位为 mg/m^3，其测量方法称为质量法；② 每立方厘米空气中所含浮尘的粒数，单位为粒/cm^3，其测定方法称为计数法。

在《环境空气质量标准》中，总悬浮颗粒物（TSP）指能悬浮在空气中，空气动力学当量直径≤100 μm 的颗粒；可吸入颗粒物（PM_{10}）指悬浮于空气中，空气动力学当量直径≤10 μm 的颗粒。

按作业地点分，以采掘工作面的粉尘浓度最高，其次为运输系统的各转载点。

（四）露天矿粉尘的湿润性

粉尘被水湿润后容易沉降下来。根据粉尘被湿润的难易程度，分为亲水性粉尘和疏水性粉尘。粉尘的湿润性，随气压的增加和它与水接触时间的增加而增加，随尘粒的变小与气温的上升而降低，其还与粉尘的岩矿成分有关。

微细颗粒因表面吸附气体形成气膜，水对它的湿润效果很差。为了提高水对微细粉尘的湿润效果，可在产生粉尘时，采取用水隔绝和排除空气的措施，以及提高尘粒与水滴的相对运动速度、降低水的表面张力等方法，以提高湿润效果。影响水对微细尘粒湿润效果的另一个原因是悬浮于空气中的微细尘粒易受风流涡流的影响，产生绕流现象，尘粒与喷雾的雾滴不易相碰。因此应改善喷雾器结构和性能，增加雾滴的分布密度，提高尘粒与雾滴的相对运动速度，以及加入湿润剂降低水的表面张力等，以提高雾滴对悬浮在空气中微细尘粒的湿润和沉降效果。

（五）露天矿粉尘的荷电性

粉尘的荷电性是指悬浮于空气中的粉尘通常带有电荷的性质。这种电荷的产生是破碎时摩擦、粒子间撞击或放射性照射、电晕放电等原因所致。

尘粒的荷电量主要取决于它的大小和重量，还与湿度和温度有关，湿度增大则带电量减少，温度升高则带电量增多。

粉尘荷电后，其凝聚性有所增强，使尘粒增大而较易沉降和被捕获，带电尘粒也较易沉降于支气管和肺泡中，增加了对人体的危害。

（六）其他

露天矿粉尘的其他特点如粉尘的溶解度、燃爆性、硬度与形状及其化学成分等。

溶解度指粉尘溶解于水中的能力。一般有毒性粉尘溶解度越大，则对人体越有害，机械刺激性粉尘则相反。

某些粉尘具有燃爆性，如煤、硫黄、铝、锌等，在一定的浓度范围内和适当的条件下能引起燃烧与爆炸，造成井下事故。

尘粒的硬度与形状也是对人体形成危害的重要因素之一，如硅质粉尘硬度大，具尖棱状形态，作用于呼吸道、黏膜、皮层，由于机械刺激作用可造成对人体的伤害。

尘粒的化学成分与矿物成分也是对人体形成危害的重要因素之一，有毒性粉尘会引起中毒，放射性粉尘会导致放射性病变。

四、影响露天矿大气污染的因素

（一）地质条件、采矿技术、地理和气象诸因素对露天矿大气污染的影响

1. 地质条件和采矿技术的影响

矿山的地质条件是确定剥离矿体上覆岩层和开采技术方案的依据，影响露天矿大气污染的主要因素有当地主导风向、开采方向、阶段高度和边坡角等。被揭露矿层（如煤层）的瓦斯及有毒气体的逸散也会污染露天矿大气环境。岩（土）和矿石的硬度、湿度等都影响着大气中的空气含尘量。在其他条件相同时，露天矿的大气污染程度随阶段高度和开采深度的增加而增加，如图 3-5 所示。露天矿的劳动卫生条件可以随着采矿技术工艺的改革而发生根本性变化。例如，用胶带运输机代替自卸式汽车运输，使用电力牵引或者联合运输方式能显著地降低露天矿的大气污染程度。

2. 露天矿所在地区的气象条件的影响

气象条件如风向、风速和气温等是影响大气污染的重要因素。例如长时间无风或微风，特别是大气逆温现象，造成大气成分发生严重恶化。风速和日照辐射强度是确定露天矿自然通风方案的主要气象资料。为了评价它们对大气污染的影响，应当研究露天矿区常年风向、风速和气温的变化。

高山露天矿区气象变化复杂，冬季，特别是夜间变化幅度更大。例如俄罗斯西拜斯克露天矿在 1966 年共有 53 天发生大气逆温现象，其中 89％发生在寒冷季节，其中 34％发生在 1 月份，致使露天矿大气污染严重。其最大特点是发生在夜间和凌晨，如图 3-6 所示。

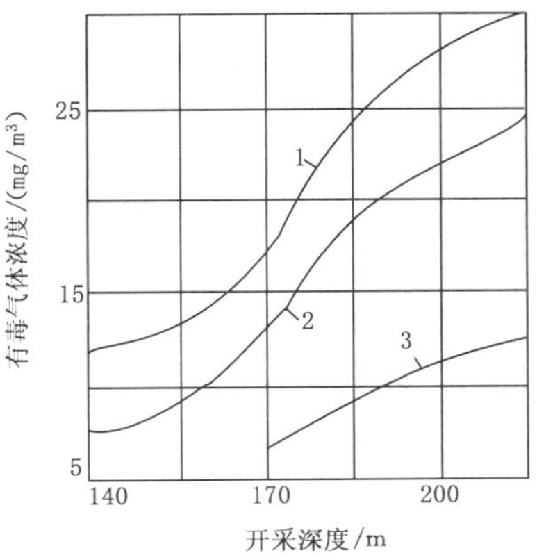

1—醛类；2—二氧化碳；3—黑烟。

图 3-5　露天矿随开采深度增加有毒气体的变化

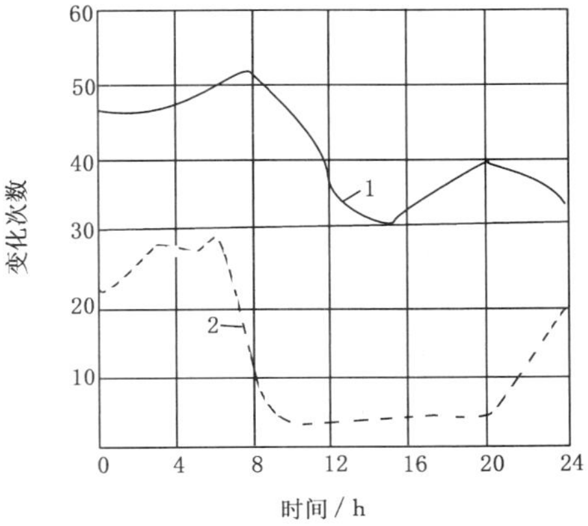

1—冷天；2—热天。

图 3-6　某矿一昼夜污染变化次数

炎热矿山的气象对形成空气对流、加强通风、降低粉尘和有毒气体的浓度都是有利的，有强烈对流的地区不易发生大气污染。

3. 地形、地貌的影响

露天矿区的地形和地貌对露天矿区通风效果有着重要影响。例如山坡上开发的露天矿，地形对通风有利，而且送入露天矿的自然风的风速几乎相等，即使发生风向转变和天气突变，冷空气也照常沿露天斜面和山坡流向谷地，并把露天矿区内粉尘和毒气带走。相反，如果露天矿地处盆地，四周有山丘围阻，则露天矿越向下开发，所造成深凹越大，这不仅使常年平均风速降低，而且会造成露天矿深部通风风量不足，不利于大气扩散，容易引起大气污染。

如果废石场的位置高，而且和露天坑凹的距离小于其高度的 4 倍时，废石场将成为露天矿通风的阻力物，造成通风不良，污染空气。

一些丘陵、山峦及高地废石场，如果和露天矿山边界相毗连，不仅能降低空气流动的速度，影响通风效果，而且促成露天采区蓄积高浓度的有毒气体，污染空气。

4. 降雨量的影响

由于季节不同，降雨量多少不一，以致空气湿度和矿岩中的水分各异。随着急风暴雨的来临，露天风速和降雨量增加，矿岩水分和空气湿度加大，从而显著地降低了露天矿的污染。雨季时由于降雨次数增多，大大地减少了粉尘污染，并且显著地改善了露天矿大气的成分。夏季干旱无雨时，空气含尘量比雨季高得多，也比冬季高；冬季雪覆盖大地时，空气含尘量显著下降。

（二）风速和风向对露天矿大气污染的影响

在尘源和毒气产生强度不变的条件下，露天矿大气局部污染程度是下列诸因素的函数：产尘点的风速、风向、紊流脉动程度、尘源到取样地点的距离以及露天矿入风风流中的污染情况。露天矿工作台阶上的风速与露天矿的通风方式、气象条件和露天台阶布置状况有关。自然通风时，露天矿越往下开采，下降的深度越大时，自然风力的强度就越低，加剧深凹露天矿的污染。

粉尘含量和有害气体的浓度随气流速度变化的过程是不相同的。如果增加气流速度，那么，空气中废气污染程度就随着降低，但气流达到一定速度后，空气含尘量开始增加，如图3-7所示。

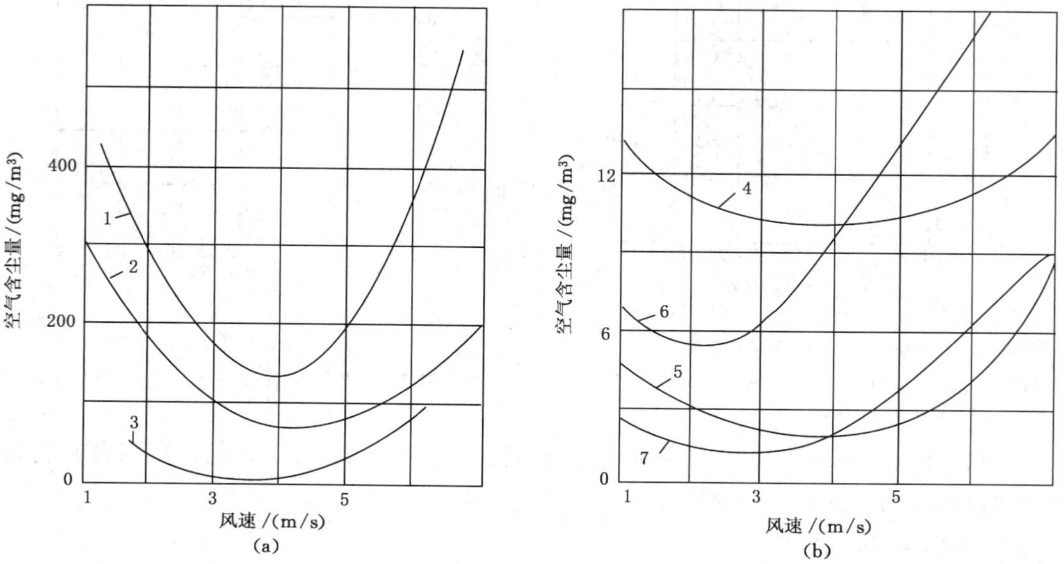

1—破碎机下风侧；2—破碎机上风侧；3—钻机下风侧；4—电铲装矿；
5—电铲司机室；6,7—全矿污染。

图3-7 风向、风速变化与空气含尘量的关系

空气的含尘量和废气污染程度变化特点在于气流速度过高会引起粉尘飞扬。当气流速度尚未达到一定数值时，粉尘和有害气体扩散过程将遵循同一规律，即有害气体和粉尘在空气中含量将下降，气流速度继续增加时，废气浓度继续下降，而空气含尘量由于粉尘飞扬而增加。这样的空气含尘量变化是露天矿局部或者全部大气污染的特点。

白银露天矿夏季实测表明：封闭圈以上平均风速为2 m/s，而最低水平的堑沟内平均风速为1.2 m/s，仅为地面风速的60%，露天坑内风速普遍低于坑外风速。

白银露天矿风向是南风与北风，夏季白天主要为南风，夜晚主要为北风，坑内东北风的频率为23%～26%，夜晚无风的频率个别测点达37%～53%，加之该矿夜间出矿频繁，所以夜班粉尘污染较大。至于气温，露天矿底部较上部高2.5 ℃左右。

（三）采、装、运设备能力对露天矿大气污染的影响

试验和研究表明：当其他条件相同时，空气含尘量与矿山机械的生产能力的关系，可用下式表示：

$$n = n_e \exp\left(C_1 \frac{Q - Q_H}{Q_H}\right) \tag{3-1}$$

式中 n_e——已知生产能力或运行速度的矿山机械工作时的空气含尘量，mg/m^3；

C_1——与机械类型、结构、开采矿岩的物理机械性质有关的系数；

Q_H——已知机械设备生产能力，m^3/h（或机械移动速度，km/h）；

Q——新的机械设备生产能力，m^3/h（或机械移动速度，km/h）。

上式为一定结构的矿山机械工作时确定空气含尘量(n)的公式。所谓一定结构，指同一型号的电铲但斗容不同，同一结构的钻机但孔径不同，或直径相同但转速不同等。

在计算时选取的Q值，对电铲、钻机而言是代表生产能力，即每小时若干立方米；对汽车、推土机和胶带运输机而言是代表移动速度，即每小时若干千米。

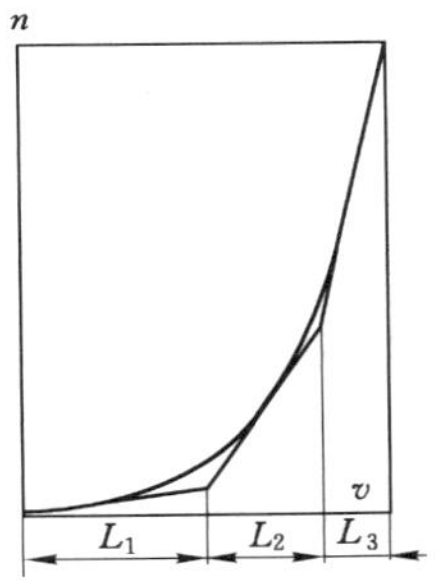

图3-8　采掘设备生产能力与空气含尘量的关系

对式(3-1)的分析如图3-8所示。该图表明，研究过程有三种状态：第一，空气含尘量的增长速度比机械设备生产能力的增长速度慢；第二，空气含尘量和机械设备生产能力的增长速度一样；第三，空气含尘量的增长速度大大超过机械设备生产能力的增长速度。

上述任何一种状态都取决于描述空气含尘量与机械设备生产能力关系曲线的正切线与横坐标之间夹角(α)的正切值。线段L_1，其$\tan\alpha<1$，符合第一种状态；线段L_2，其$\tan\alpha=1$，符合第二种状态；线段L_3，其$\tan\alpha>1$，符合第三种状态。

露天矿机械设备生产能力与有毒气体生成量的关系和机械设备生产能力与空气含尘量的关系大不相同。例如，使用火力凿岩，当不断增加钻进速度时，有毒气体生成量反而逐渐下降。

对柴油发动机的运矿汽车和推土机而言，尾气产生量和露天大气中有毒气体含量随运行速度的提高而直线上升。

(四) 矿岩的湿度与空气含尘量的关系

影响空气含尘量的主要因素之一是矿岩的湿度。随着矿岩自然湿度的增加，或者用人工方法增加矿岩的湿度能使各种采掘机械工作时的空气含尘量急剧下降。其关系可用下式表示：

$$n = n_e - \exp[-\alpha(\varphi - \varphi_e)] \tag{3-2}$$

式中　n_e——开采具有自然湿度的矿岩时空气含尘量，mg/m^3；

φ_e——矿岩中的自然湿度，%；

φ——湿润后的矿岩湿度，%；

α——取决于矿岩性质和对矿岩加湿方法的系数。

当电铲工作时，如砂岩的湿度从4%增加到8%，电铲周围空气含尘量则从200 mg/m^3下降到20 mg/m^3，即水分增加一倍，台阶工作面空气含尘量降为原来的1/10。但每种岩石都有自己的最佳湿度值，超过该值后，空气中含尘量降低不多。

五、露天矿粉尘的防治

(一) 爆破尘毒污染防治技术

爆破尘毒污染的控制方法分为通风防尘毒、工艺防尘毒和湿式防尘毒等方法。通风防尘毒应用最早且行之有效，但通风只能起到稀释、转移污染物的作用，而且由于露天矿范围大、开采深度逐渐增加等，通风防尘毒应用范围受到限制。工艺防尘毒主要包括保证堵塞长度、采用孔底起爆装置、控制炸药的包装材料、完善炸药配方、采用高台阶挤压爆破或松动爆破等。这些方法应用于矿山，起到了降低爆破尘毒产生量的作用。湿式防尘毒近几年发展较快，方法也越来越多，主要有充水药室爆破、水塞爆破、胶糊填塞炮孔、爆破区洒水泡沫覆盖爆区、使用喷雾器实现人工降雨和人工降雪、表面活性剂溶液降尘毒等。随着石油化工工业的迅速发展，利用泡沫覆盖爆区、富水胶冻炮泥降尘毒以及表面活性剂溶液降尘毒已成为降低爆破尘毒产生的一个重要途径。

泡沫药剂由起泡剂、稳定剂和水等组成，在寒冷地区还有适量的防冻剂。泡沫覆盖爆区降尘毒是在装药和安装好起爆网络后，用发泡器发生100倍以上的空气-机械泡沫，吹送到爆破区段。泡沫层厚度约为0.3～1.5 m，爆破1 m^3矿岩的泡沫消耗量为0.06～0.16 m^3。泡沫覆盖爆区降尘毒一般多用于气候炎热、水源不足的地区，降尘毒效率可达40%以上，通风时间可缩短2/3～3/4。

富水胶冻炮泥由水、水玻璃、硝酸铵、硫酸铜等组成。在酸性盐、硝酸铵和Cu^{2+}的作用下，水玻璃发生水解和电离，形成硅胶，放置一段时间后，硅溶胶自动形成凝胶即富水胶冻炮泥。用富水胶冻炮泥填塞炮孔，在爆破瞬间有毒气体和粉尘与富水胶冻炮泥微粒接触，发生复杂的物理、化学反应，在减少尘毒产生的同时，爆破后一段时间内也能使尘毒量明显下降。实验表明，用富水胶冻炮泥填塞炮孔与用砂土填塞相比，有毒气体下降可达70%以上，粉尘下降达90%以上。

表面活性剂是由水基和油基两种不同基团组成的，添加在水中能大幅度降低水的表面张力的一类有机化合物。在水中加入表面活性剂形成表面活性剂溶液，用其堵塞炮孔能明显减少爆破尘毒的产生。表面活性剂单体和助剂的单体不同，两者的降尘毒效果有很大差别。在实验室通过对表面活性剂溶液的表面张力，粉尘的沉降速度、润湿速率的测试和在硐室内进行爆破对比实验，得到了两种降尘毒效果较优的配方。用这两种配方进行的工业实验表明：有毒气体和粉尘的产生量均下降60%以上。

（二）露天矿运输路面扬尘防治技术

减少露天矿路面扬尘的根本途径是保证路面的结构及施工质量，并加强日常维护，使用永久性的水泥混凝土路面。然而由于经济、技术的原因，露天矿有相当数量的碎石路面。目前，露天矿汽车路面的防尘措施有洒水车洒水或沿路铺设的洒水器向路面洒水，喷洒钙、镁等吸湿性盐溶液，用乳液处理路面。洒水是目前使用最广泛的一种防尘措施，但在炎热季节，由于水分蒸发很快，必须频繁洒水，这势必耗费大量人力、物力，还可能因路面养护不善而恶化路况。在冬季洒水容易造成路面冰冻而不能使用。吸湿性盐水溶液对轮胎或金属零部件有强烈的腐蚀作用，而且抑尘成本比水高几倍到几十倍。抑尘剂处理路面作用时间长，原料来源广泛，制作、喷洒方便，成本低，无二次污染，近年来乳液抑尘剂处理路面得到了广泛应用，取得了很好的效果。

（三）钻机和铲装作业防尘技术

钻机防尘措施主要有干式捕尘、湿式除尘及干湿联合除尘三种方法。干式捕尘是将除尘器安装在钻机口进行捕尘的一种除尘方式，多级旋风除尘器组成的除尘系统效果较好。湿式除尘主要采用风水混合法除尘，即利用压气动力把水送到钻孔底部，在钻进和排渣过程中润湿粉尘，形成潮湿粉团或泥浆，排至孔口密闭罩内或用风机吹到钻孔旁侧。干湿联合除尘是将干式捕尘和湿式除尘联合起来使用的一种综合除尘方式，越来越多的矿山开始采用这种除尘方式，取得了明显效果。此外，高效高压静电除尘器的应用也取得了重大进展。

铲装作业的基本防尘措施是湿式作业，对司机室密闭净化。增加矿岩湿度是防止粉尘飞扬、降低空气含尘量的有效方法，包括预先润湿爆堆和装载时喷雾洒水。预先润湿爆堆在电铲装矿前30 min进行，可取得良好的防尘效果，又不影响作业。装载时喷雾洒水是在铲装作业的同时用喷雾器向作业地带喷雾洒水，这种方法设备简单、使用方便、效果较好。为了提高普通喷雾的效果，特别是呼吸性粉尘的降尘效果，可采用以下措施：

① 利用声波技术。利用声波发生器产生的高频高能波，使尘粒之间、尘粒与水雾之间产生声凝聚效应，从而提高水雾对尘粒的捕集效率。

② 利用荷电水雾。利用水雾粒子与尘粒间的静电相互作用来提高捕尘效率。

③ 利用磁化水喷雾。水经磁化后，其表面张力、吸附能力、溶解能力增加，同时水的雾化程度提高，从而提高了水与尘粒的接触能力与机会。

（四）排土机防尘技术

排土机在露天矿生产中为常用转运设备。排土机作为露天矿半连续胶排系统的重要设备，其物料转载点多，带式输送机带速高，物料粒度较小，在物料排弃过程中，会在各转载点和排料端产生大量粉尘，形成极大污染。针对排土机在运行中的严重粉尘污染，在物料运输的起点半移动破碎站处进行水喷淋，增加物料湿度进行抑尘，在排土机的各转载点处，设置了多处水雾喷头继续加湿物料进行抑尘，从而实现在物料输送过程中粉尘的有效控制。在排土机中段安装雾化水炮，对排料端直接喷洒水雾。由于喷出的水雾颗粒小、与粉尘颗粒结合性好，因此，捕尘效率高，抑尘效果显著且用水量少。雾化用水由地面水管供应，见图3-9。在转载点设置漏尘设施并在排料口增设雾化喷淋装置，为避免在转载点直接喷水造成设备陷入泥泞中，形成事故隐患，在各转载点用毡布进行遮盖，可有效控制粉尘的逸散，见图3-10。在排料臂排料口，设置一排水雾喷头，直接对排弃物料进行水雾抑尘，结合前述雾化水炮可有效降尘，效果显著，同时避免了物料加水后对设备造成的影响，见图3-11。

图 3-9　排土机雾化炮抑尘装置

图 3-10　排土机转载点密闭遮盖抑尘措施

图 3-11　排料口水雾抑尘措施

第三节　井巷开采矿大气污染与防治

地面空气进入矿井后称为井下空气。井巷开采是在有限的井巷空间内进行的，工作空间狭小，工作地点多变，矿内空气和地面大气对流性差，在采矿过程中产生的各种有毒有害物质对矿内空气的污染要比地面大气污染更为严重。

一、井巷开采大气污染的主要特性

（一）空气中氧的含量降低，二氧化碳含量增高

由于矿井内有机物和无机物的氧化及人员呼吸都直接消耗氧气，矿井内空气中氧含量降低。实验证明，当矿井空气中氧含量减少到 17%时，人们从事繁重体力劳动，就会感觉到心动过速，呼吸困难；当减少到 15%时，人们就会失去劳动能力；当减少到 10%～12%时，由于大脑缺氧人们就会四肢无力，神智混乱，时间稍长将对生命产生严重威胁；当减少到 6%～9%时，人们就会失去知觉，若不及时进行急救就会造成死亡。

CO_2是无毒的，而且是绿色植物光合作用所需的原料，所以一般情况下二氧化碳不列为污染物质。但在矿山井下 CO_2 含量增大到一定含量时，矿工会因缺氧而窒息。经实验测定证实，当空气中 CO_2 的浓度达到 5%时，人就会出现耳鸣、无力、呼吸困难等现象；当达到 10%～20%时人的呼吸就处于停顿状态，失去知觉，时间稍长就会有生命危险。但这里值得指出的是，CO_2对人的呼吸有刺激作用，当肺泡中 CO_2增加 2%时，人的呼吸量就增加一倍。因此，在对某些因有毒气体（如 CO、H_2S）引起中毒的人员急救时，最好首先使其吸入含 5% CO_2的氧气，以增强肺部的呼吸量。

（二）矿井空气中含有多种有毒有害气体

采矿过程中，大量地使用炸药落矿、采用以柴油机为动力的设备等，导致产生大量的有毒气体，常见到的有 CO、NO_2、H_2S、NH_3、含氧碳氢化合物等。而且由于生产工序不同，产生的这些气体常具有突发性。例如，爆破是在有限的空间内瞬时爆发的，所以爆破后的工作地点以及回风流中 CO、NO_2等有毒气体的含量将会突然增高。在通风不良的井巷内，这些有毒气体还可能不断地聚积，引起中毒事故，对矿工生命造成威胁。

除以上常见的有毒气体外，矿内空气中还有 H_2、CH_4 等有害气体。

（三）矿井空气中含有大量的粉尘

在矿山采掘过程中的凿岩、爆破以及矿山的装卸、转运等过程中，将会产生大量的粉尘，导致矿井空气中的粉尘含量急剧增加。即使采取了各种有效防尘措施之后，和地面空气中的含尘量相比，还会高出几倍或几十倍。正因为如此，井下工作人员长期吸入含尘量较高的矿井空气，容易引起各种职业病，尤其是矽肺病、煤尘肺。

（四）矿井内气象条件复杂

地下开采由于无阳光照射，温度高、空气湿度大，加之各种有毒有害气体的混入，从而导致井下气象条件比较复杂。

（五）某些矿井内空气中含有放射性气体

在开采含铀金属矿物或含铀多金属共生矿物时，由于矿井内空气中含有放射性氡及其子体，当含量超过规定的浓度时，会对人体造成伤害性影响。

二、井巷大气中污染物和污染源

由于井下环境的特殊性，进入有限空间的空气不像地面上那样可以让人尽情呼吸。同时，与地面相比，井下空气含氧量减少，碳氧化物及氮氧化物成分增多，粉尘浓度高，井下污染源多，通风条件不如地面，因此，井下空气更易被污染，自净能力极差。

矿山井下常见的有毒有害气体有：CO、NO_2、H_2S、SO_2、CH_4等。

（一）一氧化碳（CO）

一氧化碳是三无气体（无色、无臭、无味），相对空气的密度是0.97，故能均匀地散布在空气中。一氧化碳不溶于水，化学性能不太活跃，当空气中CO的含量达到0.4%时，短时间内就会使人失去知觉，若不及时抢救就会中毒死亡。其中毒特点是：患者嘴唇呈桃红色，两颊出现红色斑点。日常生活中的“煤气中毒”就是CO中毒。

（二）氮氧化物（NO_x）

氮氧化物主要指NO_2。因为NO极不稳定，遇到空气中的氧就很快转化为NO_2。

NO_2是一种具有强烈窒息性和毒性的褐红色气体，相对空气的密度为1.57，少量溶于水生成亚硝酸。NO_2对人的眼睛、鼻腔、呼吸道以及肺部有强烈的刺激作用，特别是对人体的肺部组织危害极大，容易引起肺水肿。中毒特征主要是有较长的潜伏期，即最初中毒后没有什么感觉，经过6 h以后或更长时间才发现有中毒征兆。即使在危险浓度下中毒，最初也仅感呼吸道受刺激、咳嗽，24 h后才开始产生严重的支气管炎、呼吸困难、咳黄痰、呕吐等症状，并出现肺水肿以致死亡；其次是中毒后的患者手指尖和头发呈现黄色。

（三）硫化氢（H_2S）

H_2S是一种无色、微甜并且具有臭鸡蛋气味的气体，相对空气的密度是1.19，易溶于水，在通常情况下，1个体积的水可溶解2.5个体积的H_2S，故它常积存于井底或巷道的积水中。H_2S易燃，当浓度达到6%时具有爆炸性。

H_2S的毒性很强，对人体的眼睛、黏膜、呼吸道有强烈的刺激作用，能引起血液中毒。当空气中H_2S的浓度达0.01%时即能嗅到气味并引起流唾液、鼻涕。当浓度达0.1%时，就会引起人体严重中毒，如不及时抢救，在短时期内会导致死亡。

（四）二氧化硫（SO_2）

SO_2是一种无色、具有强烈刺激性的气体，相对空气的密度为2.2，易溶于水，常积存在巷道底部，对矿工的眼睛和呼吸道有强烈的刺激作用。SO_2和呼吸道的湿润表面接触后即可产生亚硫酸，对呼吸器官有腐蚀作用，诱发喉炎和支气管炎，呼吸麻痹，严重时会引起肺水肿。当空气中SO_2的含量达0.002%时会对呼吸道产生强烈的刺激，并引起头痛和喉痛。当空气中SO_2含量达到0.05%时，会引起急性支气管炎和肺水肿，若不及时抢救，短时间内会造成死亡。

（五）瓦斯（CH_4）

瓦斯是成煤过程中的一种伴生气体，主要成分是烷烃，其中CH_4占绝大多数，另有少量的C_2H_6、C_3H_8和C_4H_{10}，此外一般还含有H_2S、CO_2、N_2和水汽，以及微量的惰性气体，如He和Ar等。

瓦斯保存在煤层或岩层的孔隙和裂隙内。瓦斯含量主要取决于煤的变质程度、煤层赋存条件、围岩性质、地质构造和水文地质等因素。一般情况下，同一煤层的瓦斯含量随深度而递增。地下开采时，瓦斯由煤层或岩层内涌出，污染矿内空气。

瓦斯从煤层或岩层内涌出的形式有：

① 缓慢、均匀、持久地从煤、岩暴露面和采落的煤炭中涌出，是矿内瓦斯的主要来源。

② 在压力状态下的瓦斯，大量、迅速地从裂隙中喷出，即瓦斯喷出。

③ 短时间内煤、岩与瓦斯一起突然由煤层或岩层内喷出，即煤、岩和瓦斯突出。单位时间涌出的瓦斯量称绝对涌出量（m^3/min）；平均日产1 t煤涌出的瓦斯量称相对涌出量（m^3/t）。

瓦斯爆炸事故是煤矿五大自然灾害之首。煤矿瓦斯爆炸事故所导致的后果是极其惨重的，可造成矿井设备、设施的严重破坏，威胁井下矿工生命安全。煤层或岩层中涌出的大量瓦斯涌向采掘空间后，使矿井空气中瓦斯含量增大。在压力不变的情况下，当瓦斯浓度达到43%时，氧气浓度就会被冲淡到12%，人会感到呼吸困难；当瓦斯浓度达到57%时，氧气浓度就会降到9%，短时间内人就会因缺氧窒息而死。

环境保护部和国家质量监督检验检疫总局于2008年4月2日联合发布了《煤层气（煤矿瓦斯）排放标准（暂行）》（GB 21522—2008）。该标准要求：自2008年7月1日起，新建矿井及煤层气地面开发系统的煤层气（煤矿瓦斯）排放执行表3-3规定排放限值。自2010年1月1日起，现有矿井及煤层气地面开发系统的煤层气（煤矿瓦斯）排放执行表3-3规定的排放限值。

表3-3　煤层气（煤矿瓦斯）排放限值

受控设施	控制项目	排放限值
煤层气地面开发系统	煤层气	禁止排放
煤矿瓦斯抽放系统	高浓度瓦斯（甲烷浓度≥30%）	禁止排放
	低浓度瓦斯（甲烷浓度<30%）	—
煤矿回风井	风排瓦斯	—

（六）放射性物质

自然界中的某些元素不随外界条件（如温度、压力等）的改变而改变，在其自发的衰变过程中放出射线的性质称为放射性。具有放射性的元素称为放射性元素。而含有放射性元素的矿物岩石，则称为放射性矿岩。自然界存在的放射性元素中，对人体危害较严重的有铀、钍、钶等。

根据含铀金属矿山的调查，矿井内空气中放射性物质的危害主要是氡及其子体。因此氡及其子体是冶金矿山污染防治的主要对象。

氡是一种无色、无味、透明的放射性气体，其半衰期为 3.825 d。在标准状态下的密度为 9.73 g/L，属于重衰变气体。氡一般不参加化学反应，属于惰性气体，能溶于水、油类、有机溶剂及其他液体。它在脂肪中的溶解度比在水中的溶解度大 125 倍。氡及其子体也能被固体物质吸收，吸附能力最强的是活性炭。氡子体在空气中多呈气溶胶状态，而且具有电荷性，它与其他物质的黏附性很强，最易与空气中的粉尘黏合。

氡在衰变过程中产生 α、γ、β 射线，这些射线对人体的危害程度取决于它的特性。当 α 射线从人体的口腔、鼻腔进入体内进行内照射时，对人体的组织损伤比较大，表现为呼吸系统的疾病；γ、β 射线在人体外部进行照射，使人体受到损伤，多表现为神经系统和血压系统的疾病。

氡和氡子体对人体的危害不同，根据统计，氡子体对人体所产生的危害比氡对人体所产生的危害大 18.9 倍。然而氡是氡子体的母体，从这个角度上说，防氡更具有重要意义。对含铀金属矿来说，由于铀的品位一般都在 0.1%以下，γ、β 射线的剂量比较低，对人体不会产生明显的外部损伤。所以，内照射的危害是主要的。α 射线进入人体后沉积在支气管上，短时间内能把它的 α 粒子的全部潜在能量释放出来，其射程正好轰击到支气管上皮基底细胞核上，这正是含铀矿山工人患肺癌的原因之一。

（七）矿井内柴油设备废气

以柴油为动力的设备称为柴油设备。由于这种设备具有生产能力大、效率高、成本低、使用方便等特点，在矿山中普遍采用。这些设备产生的废气对矿内大气的污染是严重的。

柴油设备废气的成分相当复杂，它是柴油在高温高压下进行燃烧时所产生的各种成分的混合物。其中无害成分有 N_2、O_2、CO_2 以及碳氢化物和水蒸气等，有害成分有 CO、NO_x、醛类、碳烟及 SO_2 等。

醛类是一种麻醉剂，主要由甲醛（HCHO）和丙烯醛（C_3H_4O）组成。甲醛具有特殊的致毒性，当空气中的甲醛浓度达到 7×10^{-5}时，对人体的呼吸道有轻度刺激；当浓度达到 1.8×10^{-4}时，会引起人体的多种并发症，如结膜炎、鼻炎、支气管炎等。丙烯醛对黏膜有剧烈地刺激作用。当空气中的丙烯醛浓度达 1.6×10^{-6}时，人就会嗅到气味；当浓度达到 5×10^{-6}时，人就会感到头痛、难以忍受；当浓度达到 1.4×10^{-4}时，如不及时抢救，人在几分钟内就会死亡。

碳烟的成分比较复杂，主要由油雾和微细碳粒组成。根据测定分析，碳粒呈球状，其直径绝大部分小于 1 μm。根据美国国家环境保护局实验证明，碳烟中的可溶性有机物质具有诱变作用。这些诱变物中 90%以上是致癌物质。诱变物质是由于碳烟颗粒中的多环芳香烃，特别是环数多的芳香烃与硝酸或亚硝酸作用生成硝酸衍生物而直接形成的。

国外的一些实验还证实，碳烟颗粒表面如果再吸附一些废气中的其他成分，其危害性就更大。根据动物实验，把老鼠置于微细碳粒和高浓度 NO_2 的混合物下进行观察，发现老鼠肺部的损伤程度要比在单独成分作用下的伤害程度大很多。有关碳粒对人体危害的机理还需进一步探讨研究。

（八）粉尘

悬浮于矿井内空气中的粉尘是在凿岩、爆破、装运、卸矿等各生产工艺环节中产生的，其粉尘强度、粒度大小、分散程度等，均与生产工艺过程有着密切的关系。根据国内外实测资料，各生产工艺环节的产尘强度如表 3-4 所示。

表 3-4　各主要生产工艺的产尘强度

生产工艺	凿岩/%	爆破/%	装运/%	备　注
干式作业	85	10	5	国内资料
湿式作业	41.3	45.6	13.1	国内资料
湿式作业	50	40	10	国外资料

由表 3-4 可以看出，在当前生产条件下，凿岩、爆破产生的粉尘是主要的。在采掘过程中，凿岩是主要生产工艺之一，产尘强度大，接触这类作业的人数多、时间长，加上产尘点比较分散，控制比较困难。所以，加强凿岩时的防尘工作是矿山防尘的重点。凿岩时粉尘进入空气中的强度与凿岩速度、同时工作的凿岩机台数、凿岩方式、岩石性质、钎头形状以及炮眼深度和方向等因素有关。

爆破作业产尘的特点是：瞬时产尘强度大，形成高浓度的含尘空气，维持时间短，但爆破时若不及时采取有效防尘措施，则爆破后数小时内，巷道中的粉尘浓度仍然很高，对生产工人仍能造成很大的危害。爆破产生的粉尘表面往往吸附着爆破生成的有毒气体，对工人造成的危害更大。爆破时的产尘强度与炮眼数目、炮眼深度、炸药数量、种类以及岩矿性质等有着直接关系。

装卸和运输矿岩时，主要会引起落尘再次飞扬，污染矿井内空气。实测表明，在没有任何防尘措施的情况下，人工装岩时，装岩地点空气中的含尘量可达 700～800 mg/m^3；机械装岩时，含尘量可达 1 000 mg/m^3 左右。

另外，地表入风流所含粉尘也是矿内大气中粉尘的来源之一。对河南某矿实测表明，地表入风流中含有大量粉尘，含尘量超过许可浓度三倍多。又如广东某矿，地表入风流的含尘量超过许可浓度八倍多。

三、井巷大气中污染防治

井巷大气中煤（粉）尘污染的防治方法有以下几种：

① 煤层注水。将煤体预先湿润，以降低开采过程中产生的粉尘对井下矿工的危害。若采用长孔静压注水，做到“逢采必注，不注不采”，降尘率可达 60%～90%。

② 通风除尘。稀释和排出工作地点悬浮粉尘，防止粉尘积累。根据山东大屯矿区的经验，当风速为 1.5～2 m/s 时，作业地点的粉尘浓度将大幅降低。

③ 湿式打眼和使用水炮泥。山东大屯矿区的炮采、岩巷和煤巷掘进全部采用湿式打眼，打眼时粉尘浓度显著降低，其作业点的粉尘浓度平均降低 98%以上，所有的采掘工作面均使用水炮泥。

④ 喷雾洒水、净化风流。炮采、炮掘工作面要做到放炮前后洒水、消尘，坚持装岩（煤）洒水和冲洗岩帮。可采用洒水装置，对主要进、回风巷定期冲刷、消除积尘。在矿井总进风巷、总回风巷、采煤工作面的进、回风和掘进工作面的回风巷道、转载点可安装光电、触动、声

控、连锁等自动化防尘水幕和转点喷雾装置，增强降尘效果。

⑤ 局部通风除尘与锚喷除尘。在掘进头配备局部除尘风机，锚喷作业配备除尘器。

⑥ 泡沫抑尘。泡沫抑尘装置主要由箱体、泡沫生产设备、分配器及喷头架等部分组成。泡沫抑尘装置在工作时主要通过泡沫生产设备在箱体内产生高浓度泡沫，高浓度泡沫在分配器中合理分配，并通过静压风作用将分配后的泡沫从喷头中喷出进行降尘；与水雾颗粒相比，泡沫颗粒体积大、质量轻，在风流中能够有效地吸附粉尘颗粒，且不易快速降落，从而达到快速高效的降尘效果。泡沫抑尘装置如图 3-12 所示。

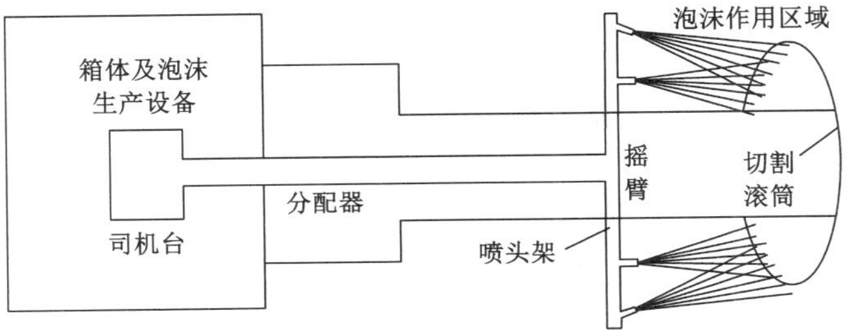

图 3-12 泡沫抑尘装置结构示意图

⑦ 发展对矿井中气体资源的综合利用。矿井内常见的有毒有害气体有 CO、SO_2、NO_2、H_2S、NH_3、含氧碳氢等。通常，天然气中甲烷的含量高达 98%以上，而煤矿抽放的瓦斯中甲烷含量一般低于 90%，多在 70%以下。然而，自然状态下与煤共存的瓦斯中甲烷的浓度不低于天然气，发展瓦斯发电供热综合利用，不仅可以为矿区提供必要的电能和热能，解决矿区电力短缺问题，改善能源利用效率，而且还可以为矿区创造经济效益，改善矿区大气质量，是一个值得提倡的发展方向。利用瓦斯发电最主要的方式是采用燃气轮机并利用余热。余热利用广泛采取的方式是：热电联供、联合循环和采用注蒸汽的燃气轮机。对矿井有毒有害气体的防治，主要是改革开采工艺，加强监视和管理，减少炸药用量，加强矿井通风，及时抽放井下废气，并做好井下作业人员的个体防护工作。

第四节 矿区大气污染物排放标准

本节主要介绍《煤炭工业污染物排放标准》《铝工业污染物排放标准》《铁矿采选工业污染物排放标准》《镁、钛工业污染物排放标准》《铅、锌工业污染物排放标准》《铜、镍、钴工业污染物排放标准》《锡、锑、汞工业污染物排放标准》中的大气污染物排放标准。

一、煤炭工业大气污染物排放标准

《煤炭工业污染物排放标准》(GB 20426—2006)规定了煤炭工业地面生产系统大气污染物排放限值和无组织排放限值。

① 现有生产线自 2007 年 10 月 1 日起，排气筒中大气污染物不得超过表 3-5 规定的限值，在此之前过渡期内仍执行《大气污染物综合排放标准》(GB 16297—1996)。新(扩、改)建生产线，自本标准实施之日起，排气筒中大气污染物不得超过表 3-5 规定的限值。

表 3-5 煤炭工业大气污染物排放限值

<table>
<tr><td rowspan="2">污染物</td><td colspan="2">生产设备</td></tr>
<tr><td>原煤筛分、破碎、转载点等除尘设备</td><td>煤炭风选设备通风管道、筛面、转载点等除尘设备</td></tr>
<tr><td>颗粒物</td><td>80 mg/m³或设备去除效率>98%</td><td>80 mg/m³或设备去除效率>98%</td></tr>
</table>

② 煤炭工业除尘设备排气筒高度应不低于 15 m。

③ 煤炭工业无组织排放限值。现有生产线自 2007 年 10 月 1 日起，煤炭工业场所污染物无组织排放监控点浓度不得超过表 3-6 规定的限值。在此之前过渡期内仍执行《大气污染物综合排放标准》(GB 16297—1996)。新(扩、改)建生产线，自本标准实施之日起，作业场所颗粒物无组织排放监控点浓度不得超过表 3-6 规定的限值。

表 3-6 煤炭工业无组织排放限值

<table>
<tr><td rowspan="3">污染物</td><td rowspan="3">监控点</td><td colspan="2">作业场所</td></tr>
<tr><td>煤炭工业所属装卸场所</td><td>煤炭贮存场所、煤矸石堆置场</td></tr>
<tr><td>无组织排放限值/(mg/m³)(监控点与参考点浓度差值)</td><td>无组织排放限值/(mg/m³)(监控点与参考点浓度差值)</td></tr>
<tr><td>颗粒物</td><td rowspan="2">周界外质量浓度最高点①</td><td>1.0</td><td>1.0</td></tr>
<tr><td>二氧化硫</td><td>—</td><td>0.4</td></tr>
</table>

注：① 周界外质量浓度最高点一般应设置于无组织排放源下风向的单位周界外 10 m 范围内，若预计无组织排放的最大落地质量浓度点越出 10 m 范围，可将监控点移至该预计质量浓度最高点。

二、非煤工业大气污染物排放标准

以下企业大气污染物排放标准均规定，在现有企业生产、建设项目竣工环保验收后的生产过程中，负责监管的环境保护主管部门应对周围居住、教学、医疗等用途的敏感区域环境质量进行监测。建设项目的具体监控范围为环境影响评价确定的周围敏感区域；未进行过环境影响评价的现有企业，监控范围由负责监管的环境保护主管部门根据企业排污的特点和规律及当地的自然、气象条件等因素，参照相关环境影响评价技术导则确定。地方政府应对本辖区环境质量负责，采取措施确保环境状况符合环境质量标准要求。

所有排气筒高度应不低于 15 m。排气筒周围半径 200 m 范围内有建筑物时，排气筒高度还应高出最高建筑物 3 m 以上。

在国家未规定生产设施单位产品基准排气量之前，以实测浓度作为判定大气污染物排放是否达标的依据。

根据环境保护工作的要求，在国土开发密度已经较高、环境承载力开始减弱或大气环境容量较小、生态环境脆弱、容易发生严重大气环境污染问题而需要采取特别保护措施的地区，应严格控制企业的污染物排放行为。执行大气污染物特别排放限值的地域范围、时间，由国务院环境保护主管部门或省级人民政府规定。

(一) 铝工业大气污染物排放标准

《铝工业污染物排放标准》(GB 25465—2010)规定了铝工业企业大气污染物排放限值、监测和监控要求以及标准的实施与监督等相关规定。本标准适用于铝工业企业的大气污染物排放管理以及铝工业企业建设项目的环境影响评价、环境保护设施设计、竣工环境保护验收大气污染物排放管理。

自 2012 年 1 月 1 日起，现有企业执行表 3-7 规定的大气污染物排放浓度限值。

自 2010 年 10 月 1 日起，新建企业执行表 3-7 规定的大气污染物排放浓度限值。

表 3-7　新建企业大气污染物排放浓度限值　　单位：mg/m^3

生产系统及设备		限值				污染物排放监控位置
		颗粒物	二氧化硫	氟化物（以 F 计）	沥青烟	
矿山	破碎、筛分、转运	50	—	—	—	车间或生产设施排气筒
氧化铝厂	熟料烧成窑	100	400	—	—	
	氢氧化铝焙烧炉、石灰炉（窑）	50	400	—	—	
	原料加工、运输	50	—	—	—	
	氧化铝贮运	30	—	—	—	
	其他	50	400	—	—	
电解铝厂	电解槽烟气净化	20	200	3.0	—	
	氧化铝、氟化盐贮运	30	—	—	—	
	电解质破碎	30	—	—	—	
	其他	50	400	—	—	
铝用碳素厂	阳极焙烧炉	30	400	3.0	20	
	阴极焙烧炉	—	400	—	30	
	石油焦煅烧炉（窑）	100	400	—	—	
	沥青熔化	—	—	—	30	
	生阳极制造	50	—	—	20①	
	阳极组装及残极破碎	50	—	—	—	
	其他	50	400	—	—	

注：① 混捏成型系统加测项目。

企业边界大气污染物任何 1 h 平均浓度执行表 3-8 规定的限值。

表 3-8　现有和新建企业边界大气污染物浓度限值　　单位：mg/m^3

序号	污染物项目	限值
1	二氧化硫	0.5
2	颗粒物	1.0
3	氟化物	0.02
4	苯并[a]芘	0.000 01

（二）铁矿采选工业大气污染物排放标准

《铁矿采选工业污染物排放标准》(GB 28661—2012)规定了铁矿采选生产企业或生产

设施的大气污染物排放限值、监测和监控要求以及标准的实施与监督等相关规定。

自2015年1月1日起，现有企业执行表3-9规定的大气污染物排放限值。

自2012年10月1日起，新建企业执行表3-10规定的大气污染物排放限值。

表3-9　现有企业大气污染物排放浓度限值

单位：mg/m^3

污染物项目	生产工序或设施	限值	污染物排放监控位置
颗粒物	选矿厂的矿石运输、转载、矿仓、破碎、筛分	50	车间或生产设施排气筒

表3-10　新建企业大气污染物排放浓度限值

单位：mg/m^3

污染物项目	生产工序或设施	限值	污染物排放监控位置
颗粒物	选矿厂的矿石运输、转载、矿仓、破碎、筛分	20	车间或生产设施排气筒

根据环境保护工作的要求，在国土开发密度已经较高、环境承载能力开始减弱或环境容量较小、生态环境脆弱、容易发生严重环境污染问题而需要采取特别保护措施的地区，应严格控制企业的污染物排放行为，在上述地区的企业执行表3-11规定的大气污染物特别排放限值。

执行大气污染物特别排放限值的地域范围、时间，由国务院环境保护行政主管部门或省级人民政府规定。

表3-11　大气污染物特别排放限值

单位：mg/m^3

污染物项目	生产工序或设施	限值	污染物排放监控位置
颗粒物	选矿厂的矿石运输、转载、矿仓、破碎、筛分	10	车间或生产设施排气筒

企业大气污染物无组织排放执行表3-12规定的限值。

表3-12　现有和新建企业大气污染物无组织排放浓度限值

单位：mg/m^3

污染物项目	生产工序或设施	限值
颗粒物	选矿厂、排土场、废石场、尾矿库	1.0

（三）镁、钛工业大气污染物排放标准

《镁、钛工业污染物排放标准》(GB 25468—2010)规定了镁、钛工业企业生产过程中大气污染物排放限值、监测和监控要求，适用于镁、钛工业企业大气污染防治和管理。镁工业企业是指以白云石为原料生产金属镁的硅热法镁冶炼企业及其白云石矿山；钛工业企业是指以钛精矿或高钛渣或四氯化钛为原料生产海绵钛的企业及其矿山，包括以高钛渣、四氯化钛、海绵钛等为最终产品的生产企业。

自2012年1月1日起，现有企业执行表3-13规定的大气污染物排放限值。

自2010年10月1日起，新建企业执行表3-13规定的大气污染物排放限值。

表 3-13　新建企业大气污染物排放浓度限值　　单位：mg/m³

生产系统及设备		限值				污染物排放监控位置
		颗粒物	二氧化硫	氯气	氯化氢	
矿山	破碎、筛分、转运等	50	—	—	—	车间或生产设施排气筒
镁冶炼	原料制备	50	—	—	—	
	煅烧炉	150	400	—	—	
	还原炉	50	400	—	—	
	精炼	50	400	—	—	
	其他	50	400	—	—	
钛冶炼	原料制备	50	—	—	—	
	高钛渣电炉	70	400	—	—	
	氯化系统	—	—	60	80	
	精制系统	—	—	60	80	
	镁电解槽	—	—	60	80	
	镁精炼	50	400	—	—	
	其他	50	400	60	80	

企业边界大气污染物任何 1 h 平均浓度执行表 3-14 规定的限值。

表 3-14　现有和新建企业边界大气污染物浓度限值　　单位：mg/m³

序号	污染物	限值
1	二氧化硫	0.5
2	颗粒物	1.0
3	氯气	0.02
4	氯化氢	0.15

（四）铅、锌工业大气污染物排放标准

《铅、锌工业污染物排放标准》(GB 25466—2010)规定了铅、锌工业企业生产过程中大气污染物排放限值、监测和监控要求，适用于铅、锌工业企业大气污染防治和管理。铅、锌工业指生产铅、锌金属矿产品和生产铅、锌金属产品(不包括生产再生铅、再生锌及铅、锌材压延加工产品)的工业。

自 2012 年 1 月 1 日起，现有企业执行表 3-15 规定的大气污染物排放限值。

自 2010 年 10 月 1 日起，新建企业执行表 3-15 规定的大气污染物排放限值。

表 3-15　新建企业大气污染物排放浓度限值　　单位：mg/m³

序号	污染物	适用范围	排放浓度限值	污染物排放监控位置
1	颗粒物	所有	80	车间或生产设施排气筒
2	二氧化硫	所有	400	
3	硫酸雾	制酸	20	
4	铅及其化合物	熔炼	8	
5	汞及其化合物	烧结、熔炼	0.05	

企业边界大气污染物任何 1 h 平均浓度执行表 3-16 规定的限值。

表 3-16 现有和新建企业边界大气污染物浓度限值

单位:mg/m^3

序号	污染物项目	最高浓度限值
1	二氧化硫	0.5
2	颗粒物	1.0
3	硫酸雾	0.3
4	铅及其化合物	0.006
5	汞及其化合物	0.000 3

（五）铜、镍、钴工业大气污染物排放标准

《铜、镍、钴工业污染物排放标准》(GB 25467—2010)规定了铜、镍、钴工业企业大气污染物排放限值、监测和监控要求以及标准的实施与监督等相关规定。本标准适用于铜、镍、钴工业企业的大气污染物排放管理以及铜、镍、钴工业企业建设项目的环境影响评价、环境保护设施设计、竣工环境保护验收及其投产后的水污染物和大气污染物排放管理。本标准不适用于铜、镍、钴再生及压延加工等工业;也不适用于附属于铜、镍、钴工业的非特征生产工艺和装置。

自 2012 年 1 月 1 日起,现有企业执行表 3-17 规定的大气污染物排放限值。

自 2010 年 10 月 1 日起,新建企业执行表 3-17 规定的大气污染物排放限值。

表 3-17 新建企业大气污染物排放浓度限值

单位:mg/m^3

序号	生产类别	工艺或工序	限值										污染物排放监控位置
			二氧化硫	颗粒物	砷及其化合物	硫酸雾	氯气	氯化氢	镍及其化合物	铅及其化合物	氟化物	汞及其化合物	
1	采选	破碎、筛分	—	100	—	—	—	—	—	—	—	—	车间或生产设施排气筒
		其他	400	80		40	60	80					
2	铜冶炼	全部	400	80	0.4	40	—	—	—	0.7	3.0	0.012	
3	镍、钴冶炼	全部	400	80	0.4	40	60	80	4.3	0.7	3.0	0.012	
4	烟气制酸	全部	400	50	0.4	40	—	—	—	0.7	3.0	0.012	
单位产品基准排气量/(m^3/t)			铜冶炼		21 000								
			镍冶炼		36 000								

企业边界大气污染物任何 1 h 平均浓度执行表 3-18 规定的限值。

表 3-18 现有和新建企业边界大气污染物浓度限值

单位:mg/m^3

序号	污染物	限值
1	二氧化硫	0.5
2	颗粒物	1.0
3	硫酸雾	0.3

表 3-18(续)

序号	污染物	限值
4	氯气	0.02
5	氯化氢	0.15
6	砷及其化合物	0.01
7	镍及其化合物①	0.04
8	铅及其化合物	0.006
9	氟化物	0.02
10	汞及其化合物	0.001 2

注:① 镍、钴冶炼企业监控。

炉窑基准过量空气系数为 1.7,实测炉窑的大气污染物排放浓度应换算为基准过量空气系数排放浓度。生产设施应采取合理的通风措施,不得故意稀释排放,若单位产品实际排气量超过单位产品基准排气量,需将实测大气污染物浓度换算为大气污染物基准排气量排放浓度,并以大气污染物基准排气量排放浓度作为判定排放是否达标的依据。大气污染物基准排气量排放浓度的换算,可参照采用水污染物基准排水量排放浓度的计算公式。在国家未规定其他生产设施单位产品基准排气量之前,暂以实测浓度作为判定是否达标的依据。

（六）锡、锑、汞工业大气污染物排放标准

《锡、锑、汞工业污染物排放标准》(GB 30770—2014)规定了锡、锑、汞采选及冶炼工业企业生产过程中大气污染物排放限值、监测和监控要求。

本标准适用于现有锡、锑、汞采选及冶炼工业企业大气污染物排放管理,以及锡、锑、汞采选及冶炼工业企业建设项目的环境影响评价、环境保护设施设计、竣工环境保护验收及其投产后的大气污染物排放管理。本标准不适用于锡、锑、汞再生及加工等工业。

自 2015 年 1 月 1 日起至 2015 年 12 月 31 日止,现有企业执行表 3-19 规定的大气污染物排放限值。

表 3-19　现有企业大气污染物排放限值　　单位:mg/m^3

序号	生产类别	工艺或工序	限值											污染物排放监控位置
			二氧化硫	颗粒物	硫酸雾	氮氧化物	氟化物	锡及其化合物①	锑及其化合物①	汞及其化合物①	镉及其化合物①	铅及其化合物①	砷及其化合物①	
1	采选	破碎、筛分	—	120	—	—	—	—	—	—	—	—	—	车间或生产设施排气筒
		其他	—	80	—	—	—	—	—	—	—	—	—	
2	锡冶炼	全部	750	80	—	300	6	8	8	0.015	0.05	8	0.5	
3	锑冶炼	全部	750	80	—	300	—	8	8	0.015	0.05	0.78②	0.5	
4	汞冶炼	全部	750	80	—	300	—	—	8	0.015	—	0.7	—	
5	烟气制酸	全部	960	50	45	300	6	8	8	0.015	0.05	0.05	0.5	
6	单位产品基准排气量/(m^3/t 产品)		冶炼		63 000						排气量计量位置与污染物排放监控位置一致			

注:① 金属及其化合物均以金属元素计;
② 以脆硫锑铅矿为原料的锑冶炼企业。

自 2016 年 1 月 1 日起，现有企业执行表 3-20 规定的大气污染物排放浓度限值。

自 2014 年 7 月 1 日起，新建企业执行表 3-20 规定的大气污染物排放浓度限值。

对重点区域规定了大气污染物特别排放限值(表 3-21)。

表 3-20　新建企业大气污染物排放浓度限值

单位：mg/m^3

序号	生产类别	工艺或工序	污染物名称及排放限值											污染物排放监控位置
			二氧化硫	颗粒物	硫酸雾	氮氧化物	氟化物	锡及其化合物①	锑及其化合物①	汞及其化合物①	镉及其化合物①	铅及其化合物①	砷及其化合物①	
1	采选	破碎、筛分	—	50	—	—	—	—	—	—	—	—	—	车间或生产设施排气筒
		其他	—	30	—	—	—	—	—	—	—	—	—	
2	锡冶炼	全部	400	30	—	200	3	4	1	0.01	0.05	2	0.5	
3	锑冶炼	全部	400	30	—	200	—	1	4	0.01	0.05	0.52②	0.5	
4	汞冶炼	全部	400	30	—	200	—	—	1	0.01	—	0.5	—	
5	烟气制酸	全部	400	30	20	200	3	1	1	0.01	0.05	0.5	0.5	
6	单位产品基准排气量/(m^3/t 产品)		冶炼		63 000						排气量计量位置与污染物排放监控位置一致			

注：① 金属及其化合物均以金属元素计；

② 以脆硫锑铅矿为原料的锑冶炼企业。

表 3-21　大气污染物特别排放限值

单位：mg/m^3

序号	生产类别	污染物名称及排放限值											污染物排放监控位置
		二氧化硫	颗粒物	硫酸雾	氮氧化物	氟化物	锡及其化合物①	锑及其化合物①	汞及其化合物①	镉及其化合物①	铅及其化合物①	砷及其化合物①	
1	采选	—	10	—	—	—	—	—	—	—	—	—	车间或生产设施排气筒
2	锡冶炼	100	10	—	100	3	4	1	0.01	0.05	2	0.5	
3	锑冶炼	100	10	—	100	—	1	4	0.01	0.05	0.52②	0.5	
4	汞冶炼	100	10	—	100	—	—	1	0.01	—	0.5	—	
5	烟气制酸	100	10	10	100	3	1	1	0.01	0.05	0.5	0.5	
6	单位产品基准排气量/(m^3/t 产品)	冶炼		63 000						排气量计量位置与污染物排放监控位置一致			

注：① 金属及其化合物均以金属元素计；

② 以脆硫锑铅矿为原料的锑冶炼企业。

企业边界大气污染物执行表 3-22 规定的浓度限值。

三、其他规范相关要求

《矿山生态环境保护与恢复治理技术规范(试行)》(HJ 651—2013)规定了矿产资源勘查与采选过程中，排土场、露天采场、尾矿库、矿区专用道路、矿山工业场地、沉陷区、矸石场、

表 3-22　现有企业和新建企业边界大气污染物限值　　单位：mg/m^3

序号	污染物项目	浓度限值		
		锡工业	锑工业	汞工业
1	硫酸雾	0.3		
2	氟化物	0.02	—	—
3	锡及其化合物①	0.24	0.24	—
4	锑及其化合物①	0.01	0.01	—
5	汞及其化合物①	0.000 3	0.000 3	0.000 3
6	镉及其化合物①	0.000 2	0.000 2	—
7	铅及其化合物①	0.006	0.006	0.006
8	砷及其化合物①	0.003	0.003	—

注：① 金属及其化合物均以金属元素计。

矿山污染场地等矿区生态环境保护与恢复治理的指导性技术要求。该规范适用于煤矿、金属矿、非金属矿、油气矿、煤层气、砂石矿等陆地矿产资源勘查、采选过程和闭矿后生态环境保护与恢复治理。铀、钍等放射性矿产资源开发的生态环境保护与恢复治理可参照执行。该规范自 2013 年 7 月 23 日起实施。矿山企业应采取如下措施避免或减轻大气污染：

① 采矿清理地面植被时，禁止燃烧植被。运输剥离土的道路应洒水或采取其他措施减少粉尘。

② 勘探、采矿及选矿作业中所用设备应配备粉尘收集或降尘设施。

③ 矿物和矿渣运输道路应硬化并洒水防尘，运输车辆应采取围挡、遮盖等措施。

④ 矿物堆场和临时料场应采取防止风蚀和扬尘措施。

⑤ 天然气井选点测试放喷，应远离居民区和建筑物，排出的气体要点燃焚烧。

⑥ 煤炭、石油、天然气开发中产生的伴生气或者其他有毒有害气体，应进行综合利用或无害化处置，确需排放的，须达到 GB 21522—2008 等国家或地方排放标准。

第五节　锅炉烟气的治理

矿山设置锅炉，主要是为浴池、食堂、宿舍等设置的供热系统供热和井筒防冻设施的空气加热。随着“煤改气”“煤改电”工作推进，目前矿山使用锅炉为燃气锅炉或者电锅炉。燃气锅炉主要使用天然气或煤气，燃烧之后的污染物主要为气态污染物（SO_2、NO_x、CO、CO_2等）和少量烟尘。天然气为清洁燃料，硫含量很低，硫氧化物可忽略不计；燃气锅炉含灰量很小，灰分也可忽略不计。虽然天然气中氮元素含量很少，燃烧所产生的燃料型 NO_x 浓度很低，但燃气锅炉烟气中仍存在一定量的 NO_x，主要是热力型 NO_x 和快速型 NO_x。燃气或空气进口温度、燃烧温度和压力参数较高时，热力型 NO_x 占主导；温度较低或富燃料的扩散火焰条件下，快速型 NO_x 占主导。

通常所说的氮氧化物主要包括 NO、NO_2、N_2O_3、N_2O_4、N_2O_5 等几种，其中污染大气的主要是 NO、NO_2。

控制 NO_x 排放的重点是对燃料燃烧过程及其排放物的治理，主要方法有改变燃烧条件和烟气脱氮两种。

一、NO_x形成机理概述

目前，NO_x的生成有三种已被接受的机理：① 热机理；② 瞬间机理；③ 燃料机理。

第一种机理认为NO_x是空气中的N_2和O_2在高温下反应生成的：

$$N_2 + O_2 \longrightarrow NO、NO_2$$

NO_x的产量随着温度的升高而呈指数增长，是当温度高于1 100 ℃时生成NO_x的主要机理。

第二种机理认为NO_x是空气中的N_2、O_2和碳氢化合物的自由基之间相对快速反应生成的：

$$CH_4 + N_2 + O_2 \longrightarrow NO、NO_2、CO_2 + H_2O$$

该机理是在较低温度时生成NO_x常见且重要的机理。

第三种机理则认为NO_x是由燃料中含氮的有机物直接氧化生成的：

$$R_3N + O_2 \longrightarrow NO、NO_2、CO_2 + H_2O$$

与具有三个键的N_2分子相比，燃料中的氮更容易与O_2发生反应生成NO_x，因此该机理也是在较低温度时生成NO_x常见的机理。

二、低NO_x燃烧技术

用改变燃烧条件的方法来降低NO_x的排放，统称为低NO_x燃烧技术。在各种降低NO_x排放技术中，低NO_x燃烧技术相对简单、经济且最有效，应用最广。该技术一般采用的方法有低氮燃烧器法(LNB)、烟道气循环燃烧法(FGR)、燃料直接喷射燃烧法(FDD)、催化助热燃烧法(CST)等。

三、烟气脱氮

(一) 主要净化方法

烟气中NO_x主要净化方法见表3-23。

表 3-23　烟气中NO_x主要净化方法

净化方法		方法及要点
催化还原法	非选择性催化还原法	用CH_4、H_2、CO及其他燃料气做还原剂与NO_x进行催化还原反应。废气中氧参加反应，放热量大
	选择性催化还原法	用NH_3做还原剂将NO_x催化还原为N_2。废气中的氧很少与NH_3反应，放热量小
液体吸收法	水吸收法	用水做吸收剂对NO_x进行吸收，吸收率低，仅可用于NO_x量小、净化要求不高的场合，不能净化以含NO为主的NO_x
	稀硝酸吸收法	用稀硝酸做吸收剂对NO_x进行物理和化学吸收，可以回收NO_x，吸收率低，消耗动力较大
	碱性溶液吸收法	用NaOH、Na_2CO_3、$Ca(OH)_2$、NH_4OH等碱性溶液做吸收剂对NO_x进行化学吸收，对于NO含量高的NO_x吸收效率低
	氧化吸收法	对于NO含量高的NO_x，废气用浓HNO_3、O_3、NaClO、$KMnO_4$等做氧化剂，先将NO_x中NO部分氧化成NO_2，然后再用碱溶液吸收
	吸收还原法	将NO_x吸收到溶液中，与$(NH_4)_2SO_4$、$(NH_4)HSO_3$、Na_2SO_3等还原剂反应，NO_x被还原成N_2，净化效果比碱溶液吸收好
	络合吸收法	利用络合吸收剂$FeSO_4$、Fe^{2+}、EDTA、Na_2SO_4等直接同NO反应，生成的络合物加热时重新释放出，富集回收

表 3-23(续)

净化方法	方法及要点
吸附法	用丝光沸石分子筛、泥煤、风化煤等吸附废气中的 NO_x，使废气净化
烟气同时脱硫脱氮	用硫酸铜法、吸收还原法、氧化还原吸收法、电子束照射法同时脱硫除氮
电化学方法	利用化学平衡来去除氮氧化物

(二) 非选择性催化还原法

该法是在贵金属铂、钯等催化剂作用下，反应温度为 550～800 ℃时，用 H_2、CH_4、CO 或由它们组成的燃料气作为还原剂，将废气中的 NO_x 还原为 N_2，同时，还原剂发生氧化反应生成 CO_2 和 H_2O。该法 NO_x 脱除率可达 90%，但还原剂耗量大，需采用贵金属催化剂和装设热回收装置，费用高，而且还原剂发生氧化反应时导致催化剂层温度急剧升高，工艺操作复杂，因此逐渐被淘汰，多改用选择性催化还原法。

(三) 选择性催化还原法

该法脱除 NO_x 的效率一般为 80%～90%，还原剂用量少，得到广泛应用。这种方法以氨(NH_3)作为还原剂喷入废气，在较低温度和催化剂的作用下，将 NO_x 还原成 N_2 和 H_2O。所谓选择性是指 NH_3 具有选择性，它只与 NO_x 进行反应，而不与氧发生反应。基本的放热还原主反应如下：

$$8NH_3 + 6NO_2 \longrightarrow 7N_2 + 12H_2O$$

$$4NH_3 + 6NO \longrightarrow 5N_2 + 6H_2O$$

$$2NH_3 + NO + NO_2 \longrightarrow 2N_2 + 3H_2O$$

工艺流程如图 3-13 所示。影响 NO_x 脱除效率的主要因素有催化剂的活性、反应温度、空间速度、还原剂用量等。反应温度适宜，才能有较高的净化效率。采用铜铬催化剂，在 350 ℃以下，随反应温度升高，净化效率增加，超过 350 ℃则副反应增加，净化效率降低。铂催化剂的反应温度以 220～255 ℃为宜，过低会生成 NH_4NO_3、NH_4NO_2。适宜的空间速度值应通过实验确定。还原剂用量常用 NH_3/NO_x 的物质的量比来衡量，该值小于 1 时，反应不完全，1～1.4 之间有个飞跃点，再大时氨耗增加，并造成污染。粉尘、SO_2、玻璃熔炉和水泥窑排出的酸性气体都可降低催化剂的作用，应做前期处理。

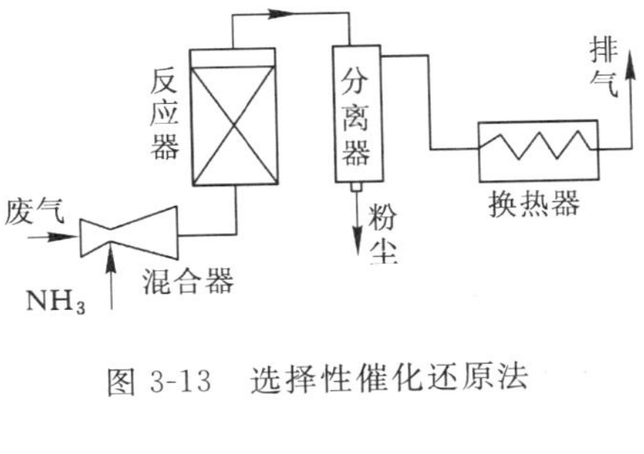

图 3-13　选择性催化还原法

(四) 碱性溶液吸收法

该法的实质是酸碱中和反应。在吸收过程中，NO_2 溶于水生成硝酸(HNO_3)和亚硝酸(HNO_2)；气相中的 NO 和 NO_2 生成 N_2O_3，N_2O_3 也将溶于水而生成 HNO_2。HNO_3 和 HNO_2 与碱(NaOH、Na_2CO_3 等)发生中和反应生成硝酸钠($NaNO_3$)和亚硝酸钠($NaNO_2$)。

对于不可逆的酸碱中和反应，可不考虑化学平衡，碱液吸收效率取决于吸收速度。

对于 NO_2 浓度在 0.1%以下的低浓度气体，碱液吸收速度与 NO_2 浓度的平方成正比。对于较高浓度的 NO_x 气体，吸收等分子的 NO 和 NO_2 比单独吸收 NO_2 具有更大的吸收速度，因为 NO+NO_2 生成的 N_2O_2 溶解度较大。当 NO_x 的氧化度(NO_2/NO_x)为 50%～60%(即NO_2/NO=1～1.3)时，吸收速度最大。可采用先将 NO 氧化，再用碱液回收 NO_x 的方法以提高吸收效率。由于低浓度下 NO 的氧化速度非常缓慢，因此 NO 的氧化速度成为吸收 NO_x 效率的决定因素。氧化方法有直接氧化和催化氧化两种。氧化剂包括液相氧化剂和气相氧化剂，液相氧化剂有 HNO_3、$KMnO_4$、$NaClO_2$、NaClO、H_2O_2、$K_2Cr_2O_7$ 等的水溶液，气相氧化剂有 O_2、O_3、$C1_2$ 和 ClO_2 等。硝酸氧化时成本较低，国内硝酸氧化-碱液吸收工艺已用于实际生产，其他氧化剂因成本高，国内很少采用。

碱性溶液吸收法广泛用于我国的 NO_x 废气治理，其工艺流程和设备较简单，还能将 NO_x 回收为有用的亚硝酸盐、磷硝酸盐产品，但一般情况下吸收效率不高。考虑到价格、来源、不易堵塞和吸收效率等原因，碱吸收液主要采用 NaOH 和 Na_2CO_3，尤以 Na_2CO_3 使用较多。但Na_2CO_3效果较差，因为 Na_2CO_3 吸收 NO_x 的活性不如 NaOH，而且吸收时产生的 CO_2 将影响 NO_x 的吸收，特别是 N_2O_2 的溶解。

第六节　贮煤场灰尘对大气环境的影响及防治措施

一、贮煤场灰尘对大气环境的影响

贮煤场灰尘主要来源于贮煤场煤堆表面扬尘和堆取煤料过程扬尘两方面，主要产生于汽车卸煤、煤场堆放、堆取作业等若干环节。汽车卸煤时，原煤由于重力作用和风吹作用造成扬尘；在煤场堆放情况下，煤堆表面在风吹作用下产生扬尘；堆取料机进行堆取作业时，在堆取料机机械动力扰动作用下容易产生扬尘。

煤灰起尘量的大小取决于作业强度、煤尘粒径、煤的表面含水率和环境风速，其中风速和煤堆表面含水率是决定煤尘对空气质量影响大小的两个主要因素。煤堆表面含水率越大，煤场扬尘越少。

煤灰起尘量按下式计算：

$$Q_p = 4.23 \times 10^{-4} \times v \times 4.9 \times A_p \tag{3-3}$$

式中　Q_p——煤灰起尘量，mg/s；

v——灰场平均风速，m/s；

A_p——灰场面积，m^2。

二、贮煤场灰尘大气污染防治措施

① 煤场采用半封闭式，有雨篷，四周设遮挡墙，场内设喷洒装置，定时洒水。

② 卸煤时应尽量降低卸煤落差，对作业区内的落煤和地面灰尘应及时喷水、清扫，以减少二次扬尘；在大风时不进行卸煤作业。

③ 运输车辆装载不宜过满，并尽量采取遮盖、密闭措施，减少其沿途抛洒，并及时清扫散落在路面的泥土和灰尘，冲洗轮胎，定时洒水压尘，减少运输过程中的扬尘。

④ 煤场周围大量种植乔木，组成防护林带，减少煤尘对周围环境的影响。

通过采取以上措施，可有效减缓煤尘污染周围环境的问题。

第七节　废石临时堆放场对大气环境的影响及防治措施

一、废石临时堆放场对大气环境的影响

露天矿剥离表层岩石及井工开采的工业广场建设、矿区道路建设、建井及采矿等工程均排弃废石。废石数量大，多在采矿现场就地堆放，废石临时堆放不仅直接占用土地，污染土壤和水体，易导致滑坡、泥石流等灾害，同时也会对周围大气环境产生影响。

废石堆放对大气的污染主要表现在粉尘污染和废气污染两个方面。

（一）粉尘污染

进入人肺部的微小粉尘可长期附存并对呼吸作用产生慢性影响；粉尘落到植被和作物表面，可妨碍其光合作用；粉尘浓度高时可影响人和动物的呼吸。矿区大量堆存的尾粉、尾砂、废石是重要的粉尘污染源，尤其在干燥多风季节更严重，尾粉、尾砂、废石的细小颗粒在风力作用下随风起尘，加重了矿区的粉尘污染。

煤矿区的废石主要是煤矸石，煤矸石是在成煤过程中与煤层伴生的一种含碳量低、比较坚硬的黑色岩石，它的矿物成分主要是高岭土、石英、蒙脱石、长石、伊利石、方解石、黄铁矿等。不同地区的煤矸石由不同种类矿物组成，其含量相差悬殊。由于煤矸石含碳量低，不能作为煤炭出售，因此成为煤矿固体废弃物，矸石堆也成了煤矿区的粉尘污染源。

据矸石堆扬尘风洞模拟实验有关资料分析，矸石堆放场的起尘风速约为 4.8 m/s，在具备起尘风速条件时，会对矸石堆放场周围下风向的局部地区产生影响，因此应采取措施防止矸石堆放场对周围大气环境的影响。

（二）煤矸石堆自燃引起的废气污染

在煤矿区，经日晒雨淋、风化剥蚀，煤矸石中所含的黄铁矿（FeS_2）被空气氧化，放出的热量促使煤矸石中所含煤炭风化以至自燃。煤矸石自燃时可释放出 H_2S、SO_2、CO、CO_2 等。

二、废石临时堆放场大气污染防治措施

（一）废石场的防尘措施

废石场的扬尘量与矿石的密度、粒度、湿度、风速等条件有关，防尘措施主要采用洒水抑尘的方法，一般对于硬岩、大块的废石，采用水枪冲洗比较合适；对于软质、易扬尘的岩土，采用洒水器比较合适。

此外，在废石堆物料表面喷洒覆盖剂也是一种效果不错的抑尘方法，由于覆盖剂和废石间具有黏结力，互相渗透扩散，在化学键力和物理吸附作用下，废石表面形成薄层硬壳，可防止风吹、雨淋、日晒引起的扬尘。覆盖剂的物料组成主要是焦油、酸焦油、防腐油、聚醋酸乙烯、乳化剂和水等。

（二）矸石山自燃的防治措施

煤矸石山自燃的预防主要是从煤矸石的不同堆放方法研究入手，许多国家通过采用分层压实方法堆放煤矸石，边堆放边压实，同时对边坡进行绿化，通过控制煤矸石的压实程度隔绝空气，解决矸石山的自燃问题。对于含硫量高的矸石堆，应采用石灰浆、黏土浆等灌注其孔隙以隔绝空气，抑制自燃。对于含碳量高的煤矸石应采用分选回收煤炭或作为沸腾炉

燃料燃烧。然而避免或减少煤矸石山自燃的根本途径是加快煤矸石的资源化利用。

第八节 运输过程扬尘对大气环境的影响及防治措施

一、岩矿装卸过程扬尘对大气环境的影响及防治措施

在向列车或汽车装卸矿(岩)石过程中可产生扬尘,在风力作用下向装载点周围扩散。装卸过程中的产尘量与岩矿的硬度、自然含水量、装卸作业高度及风速等一系列因素有关。据测定,微风条件下,岩矿装卸作业场地附近粉尘的平均浓度为 30 mg/m^{3}左右;干燥季节且有自然风流时,岩矿装卸作业场地附近粉尘的平均浓度可超过 40 mg/m^3。

装卸作业的防尘措施主要是洒水,可根据矿石含水情况使用水枪或洒水器,如图 3-14 所示。采取喷水措施后,岩矿装卸作业场地附近粉尘的平均浓度可降低为 1.3～2 mg/m^3。

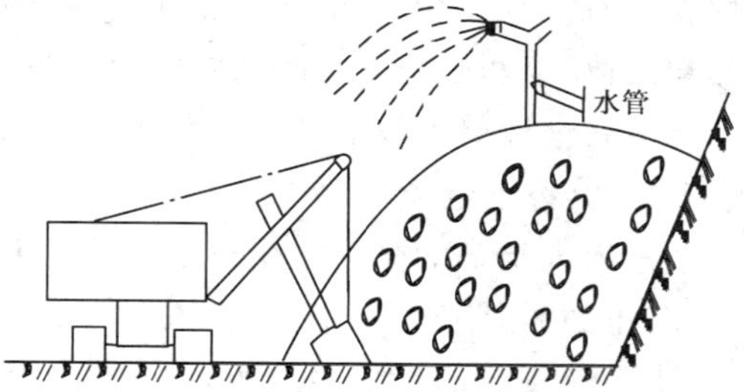

图 3-14 岩矿装卸过程洒水抑尘

二、运输过程扬尘对大气环境的影响及防治措施

汽车运输过程路面扬尘产尘量的大小与路面状况、汽车行驶速度和季节干湿等因素有关。

根据汽车道路扬尘扩散规律,当风速小于 4 m/s 时,风速对载煤汽车在道路上行使时引起的扬尘量影响较小;当风速大于 4 m/s 时,风速对汽车扬尘量影响明显。由风洞实验可知,在大气干燥和地面风速大于 4 m/s 条件下,载煤汽车行驶时引起的路面扬尘量与汽车速度成正比,与汽车质量成正比,与道路表面粉尘量成正比,其汽车扬尘量预测经验公式为:

$$Q = 0.123\left(\frac{v}{5}\right)\left(\frac{\omega}{6.8}\right)^{0.85}\left(\frac{p}{0.5}\right)^{0.72} = 0.0079v\,\omega^{0.85}p^{0.72} \tag{3-4}$$

式中 Q——汽车行驶扬尘量,kg/km;

v——汽车速度,km/h;

ω——汽车质量,t;

p——道路表面粉尘量,kg/m^2。

运输车辆在原煤输送过程中,随着车速的加快,汽车扬尘量将随之加大,因此道路两侧一定范围内将受到一定程度的扬尘污染影响。

对于道路运输扬尘,应采取加强道路硬化、及时对路面进行清洁打扫、定时洒水、运输车辆加装防尘帆布、矿石洒水等措施,以减少汽车运输过程产生的扬尘。

第九节 煤烟型大气污染的宏观控制

一、中国煤炭的煤质特征

总的来讲,中国的煤炭质量较好,北方煤田优于南方煤田。

中国煤炭资源以动力煤为主(图 3-15),煤炭中灰分普遍较高,以中灰煤(10%<灰分<30%)为主,低灰煤(灰分<10%)及高灰煤(灰分>30～50%)较少(图 3-16)。

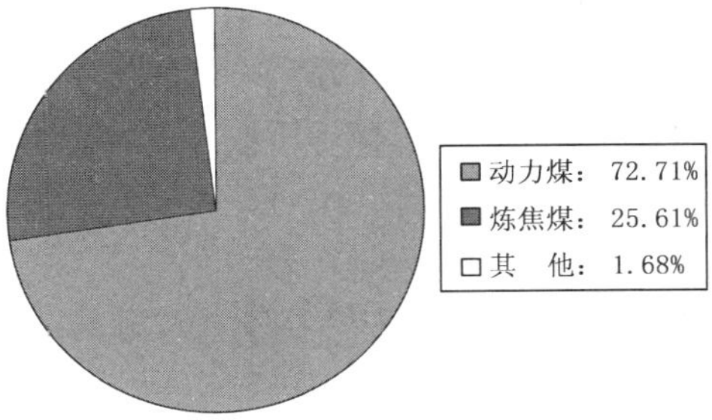

图 3-15　中国煤炭资源

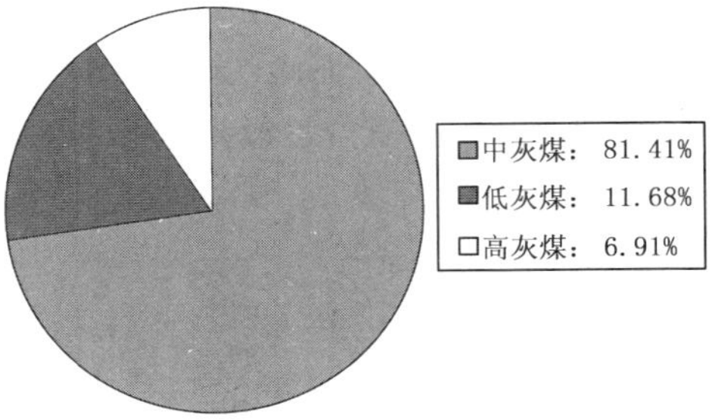

图 3-16　中国煤灰分

据统计,中国灰分小于 10%的特低灰煤仅占探明储量的 17%左右,大部分煤炭的灰分为 10%～30%。

中国无烟煤资源比较丰富,储量占全国煤炭储量的 17%,主要集中分布在山西(约占无烟煤总量的 46%)和贵州(约占无烟煤总量的 30%)。按地区划分,华北的无烟煤储量占全国无烟煤总量的 50%以上,西南无烟煤储量约占无烟煤总量的 30%,中南无烟煤储量约占无烟煤总量的 10%,华东、东北和西北三大地区的无烟煤储量总和还不到无烟煤总储量的 5%。虽然如此,中国典型的无烟煤和年老无烟煤较少,大多为三号年轻无烟煤,其主要特点是灰分和硫分均较高,大多为中灰、中硫、中等发热量、高灰熔融性煤,主要用作动力用煤,部分可做气化原料煤。

东北地区褐煤硫分多在 1%以下,如黑龙江省鸡西、鹤岗、双鸭山等矿区煤炭灰分一般小于 20%,含硫量在 0.5%以下。广东、广西、云南褐煤硫分相对较高,有的甚至高达 8%以上。褐煤全水分一般可达 20%～50%,分析基水分为 10%～20%,低位发热量一般只有 11.71～16.73 MJ/kg。

中国烟煤的最大特点是低灰、低硫。原煤灰分大都小于 15%,硫分小于 1%。部分煤田,如神府、东胜煤田,原煤灰分仅为 3%～5%,被誉为天然精煤。第二大特点是煤岩组分中丝质组含量高,一般在 40%以上,因此中国烟煤大多为优质动力煤。

中国贫煤的灰分和硫分都较高,其灰分大多为 15%～30%,硫分在 1.5%～5%之间。贫煤经分选后,可作为很好的动力用煤和气化用煤。

二、中国煤炭开发利用与煤烟型大气环境污染

(一) 中国煤炭开发利用

中国是世界上最大的煤炭生产国和消费国,也是世界上少数几个以煤炭为主要能源的国家之一。根据 2014 年国土资源部颁布的《全国煤炭资源潜力评价》,我国煤炭资源总量为 5.9 万亿 t,圈定预测区 2 880 个,面积近 45 万 km^2,预测资源量为 3.88 万亿 t。全国垂深 2 000 m 以内的煤炭资源总量为 5.9 万亿 t,其中,探获煤炭资源储量 2.02 万亿 t,预测资源量 3.88 万亿 t,位列世界第三位,但人均占有量不足世界平均值的 50%,且主要赋存在华北、西北地区。

（二）中国大气环境污染的特点

根据国务院2020年发布的《新时代的中国能源发展》，2019年中国一次能源生产总量达39.7亿t标准煤，为世界能源生产第一大国。其中煤炭消费量占能源消费总量比重为57.7%，天然气、水电、核电、风电等清洁能源消费量占能源消费总量比重为23.4%，非化石能源消费量占能源消费总量比重为15.3%。我国的能源结构决定在未来相当长的时间内煤炭仍会占比50%以上。如图3-17所示。

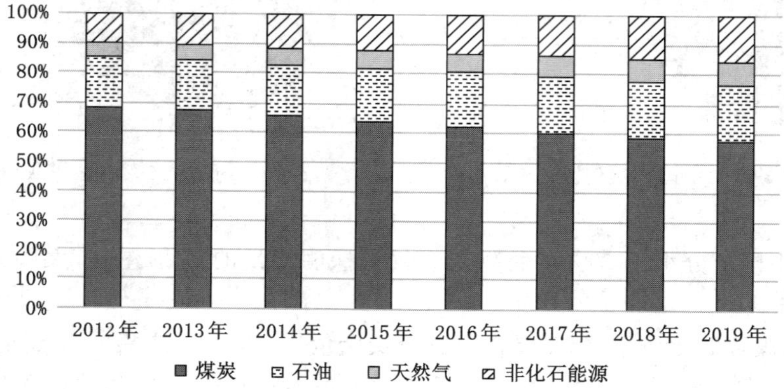

图3-17　中国能源消费结构(2012—2019年)

数据来源:国家统计局

根据《中国统计年鉴(2019)》，2018年全国烟尘排放量为796.26万t，二氧化硫排放量为875.4万t，氮氧化物排放量为1 258.83万t，全国烟粉尘排放的70%、二氧化硫排放的85%、氮氧化物排放的67%都源于以煤炭为主的化石燃料燃烧。

三、发展洁净煤技术

（一）概述

洁净煤技术是指煤炭在开发和利用过程中旨在减少污染与提高利用效率的深加工、燃烧及污染控制等技术，是使煤作为一种能源应达到最大限度潜能的利用，而释放的污染控制在最低水平，以达到煤的高效、清洁利用的技术。

（二）发展适合中国国情的洁净煤技术

中国发展洁净煤技术的宗旨是“提高煤炭利用效率，减少环境污染，促进经济发展”。重点放在目前我国对环境造成严重污染的主要环节，包括煤炭分选、型煤、烟气脱硫、燃煤灰渣处理等。

1. 煤炭分选

煤炭分选可以大大降低煤中灰分和硫分，减少燃煤对大气环境的污染。常规的物理选煤可以脱除60%的灰分和30%～60%的黄铁矿硫，化学和生物选煤可脱除煤中90%的硫。

我国原煤的入选比例从2015年的65.9%提高到2019年的72.3%。“十四五”规划中提出，2025年我国原煤入选率将提高至85%。我国富煤少油，在一定时期煤炭将在能源结构中占主导地位，目前原煤入选率仍有较大的提升空间。

表3-24列出了我国历年来原煤产量、入选煤量及入选率。

表 3-24 中国历年来原煤产量、入选煤量及入选率

年份	原煤产量/万 t	入选原煤量/万 t	入选率/%
2000	100 000	33 665	33.7
2005	219 000	70 300	32.1
2010	324 000	165 000	50.9
2015	405 000	247 000	65.9
2019	385 000	278 000	72.3

(1) 三产品重介工艺技术、二产品重介工艺技术

三产品重介工艺技术、二产品重介工艺技术的诞生，改变了过去传统重介选煤工艺的种种弊端，且将一些辅助工艺带到了选煤工艺的前台，打破了选煤工艺单一、简单的模式。其主要分选设备的入料粒度上限可达 80～100 mm，入选粒度范围可达到 80～1 mm，单台处理能力最高达 600～788 t/h，分选效率高达 95%以上，打破了国内长期以来多采用小直径重介旋流器组分选的传统理念。同时其介质循环系统简单，效率高，主要辅助设备脱介筛，筛面高，脱介效率高，磁选机回收效率高达 99%。介质控制系统简单，大大降低了介质耗量，提高了经济效益。

(2) 喷射式浮选机的工艺技术

通过改善浮选入料的进料方式，浮选入料在很短的时间内就能与浮选药剂矿化，提高浮选效率。浮选入料从浮选机的充分搅拌机构喷嘴中喷出，形成调整射流，在混合室中产生负压，空气经进气管进入混合室，完成浮选机的充气过程，调整射流将空气切割、粉碎成细小的气泡，并相互混合，空气通过混合室的负压区自矿浆中析出，形成微泡，选择性地在煤样表面析出，大大增加了煤粒向气泡附着的速度和附着力，强化了气泡的矿化过程。该浮选工艺能够满足 2.0 Mt/a 处理能力以上选煤厂的需要。

(3) 微泡浮选柱工艺技术

微泡浮选柱能产生低灰精煤，并且不受入料中污染物的影响，经过几次改进之后，浮选柱能显示比现有选煤厂浮选流程较高的效率。

2. 型煤

(1) 型煤的优点

与天然块煤及原煤相比，型煤具有特殊的优点：

① 粒度均匀。型煤形状规则，粒度和性质都比较均匀，是任何天然煤块都无法比拟的。

② 孔隙率大。型煤是由粉煤粒子挤压而成的，因此型煤的孔隙率比同一煤种的天然块煤明显增大(表 3-25)。

③ 反应活性高。型煤与同一煤种的天然块煤相比，反应活性明显提高，提高倍数在 0.15～3.60 之间。

表 3-25 同一煤种的型煤与天然块煤的孔隙率比较

煤 种	天然块煤的孔隙率/%	型煤的孔隙率/%
无烟煤	3	12.5
烟 煤	5	17.2

④ 改质优化。型煤通过原料煤的配比，加入黏结剂、添加剂等辅助材料成型，可对原煤明显起到降黏、固硫、改善热稳定性及提高强度等效果。黏结剂的优劣决定了型煤产品性能质量的好坏。通常性能优、品质高的型煤，都具备环保、高效、节能的燃烧特点。

(2) 型煤成型工艺

在工艺技术中，不同用途的型煤，按照其工艺途径和参数可归结为两类，即冷压成型和热压成型；三种传统工艺，即有黏结剂冷压成型、无黏结剂冷压成型及热压成型。

(3) 型煤工艺进展

① MDEA法脱碳气碳化煤球工艺

MDEA法脱碳气碳化煤球工艺流程如图3-18所示。

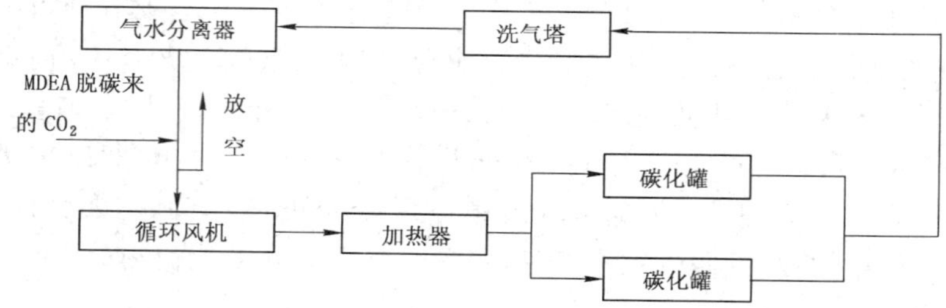

图3-18　MDEA法脱碳气碳化煤球工艺流程

该工艺是福建永安智胜化工联合公司在传统碳化煤球工艺基础上，将MDEA脱碳系统富余放空的CO_2气体引至碳化罐，对煤球进行碳酸化处理，使得富余再生气体中CO_2浓度达99%，提高了系统空速，有利于CO_2气体向生球内部扩散，加快了煤球碳化反应速度，有利于煤球碳化完全。该工艺缩短了煤球碳化时间，原来用石灰窑气时，需要20 h左右，而MDEA法脱碳气碳化煤球工艺只需要15 h左右。

② 腐植酸煤棒工艺

在粉煤中添加黏结剂以保证型煤的冷强度与热稳定性、热强度与活性，而能使煤粒之间互相粘连的介质必定对煤粒表面有一定的浸润性。型煤黏结剂要对煤粒产生黏合作用，首先必须将煤粒进行很好的湿润，让黏质分子和煤分子真正接触，才能为机械结合和物理化学结合创造条件。目前采用腐植酸钠作为型煤的黏结剂，已无可争论。该工艺流程分为两部分。

腐植酸煤棒工艺如图3-19所示。

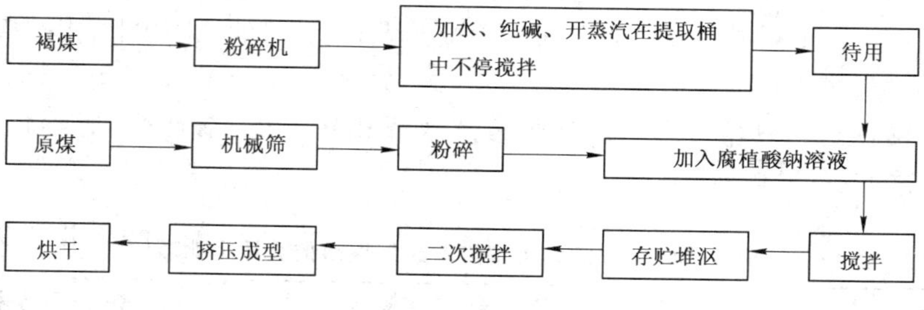

图3-19　腐植酸煤棒工艺

四、煤炭转化

（一）煤炭气化

煤炭气化是指煤在特定的设备内，在一定温度及压力下使煤中有机质与气化剂（如蒸汽、空气或氧气等）发生一系列化学反应，将固体煤转化为含有 CO、H_2、CH_4 等可燃气体和 CO_2、N_2 等非可燃气体的过程。

1. 煤炭气化的基本原理

煤炭气化反应温度通常在 700～1 600 ℃，压力由常压到 68.9×10^5 Pa，煤炭通过一系列的平行反应或串联反应，被转化成气体产品。就气化过程而言，煤经历干燥、干馏、气化和燃烧几个过程。

（1）干燥

原料煤进入气化炉后，首先受热，大约在 200 ℃，煤孔中吸附态的气体（如二氧化碳等）和水分被首先脱除。

（2）干馏

当原料煤经过干燥阶段，由于热交换进一步加剧，燃料温度达到 300 ℃左右，煤料开始热分解，逸出其中蕴藏的挥发性有机物，这一阶段主要进行的是煤的热解反应，如表 3-26 所示。

表 3-26　煤炭热解产物及基本化学反应

产　物	来　源	反　应
焦油和液体	弱键合结构单元	蒸馏和热解
CO_2	羧基	脱羧反应
CO（＜500 ℃）	羰基及醚键	脱羰基反应
CO（＞500 ℃）	杂环氧	环裂解
H_2O	羟基	脱水反应
$CH_4+C_2H_6$	烷基	脱烷基反应
H_2	芳香（—H 键和脂环）	环热解和脱氢反应

（3）气化

煤的气化常用的氧化剂是氧气（空气、富氧空气、纯氧）、水蒸气和二氧化碳。煤的气化和燃烧反应包括两种反应类型，即非均相气固反应和均相气相反应。在气化过程中发生的化学反应（反应式后面的数字是在 298 K、0.1 MPa 条件下的反应焓，单位为 kJ/mol，＋表示放热，－表示吸热）表示如下：

$$C+1/2O_2 \longrightarrow CO \qquad -123$$

$$C+O_2 \longrightarrow CO_2 \qquad -409$$

$$C+H_2O \longrightarrow CO+H_2 \qquad +119$$

$$C+CO_2 \longrightarrow 2CO \qquad +162$$

$$C+2H_2 \longrightarrow CH_4 \qquad -87$$

以上五个反应都是非均相气固反应，除此之外，还有均相气相反应：

$$CO+H_2O \longrightarrow CO_2+H_2 \qquad -42$$
$$CO+3H_2 \longrightarrow H_2O+CH_4 \qquad -206$$
$$H_2+1/2O_2 \longrightarrow H_2O \qquad -242$$
$$CO+1/2O_2 \longrightarrow CO_2 \qquad -283.2$$

（4）燃烧

由于煤的气化反应大多为吸热反应，因此常通过煤经气化后剩余的残焦与氧化剂进行的燃烧放热反应，为煤气化炉提供热量，使气化炉内温度维持在气化反应正常进行的温度范围。

2. 煤炭气化方法分类

煤炭气化方法可以根据煤炭气化的技术特点从不同侧面进行分类，目前国际上按气化炉内煤料与气化剂的接触方式将煤炭气化方法分为固定床气化法、气流床气化法、流化床气化法、熔融床气化法、煤炭地下气化法。

（1）固定床气化法

在气化过程中，煤由气化炉顶部加入，气化剂由气化炉底部加入，煤料与气化剂逆流接触，相对于气体的上升速度而言，煤料下降速度很慢，甚至可视为固定不动，因此称之为固定床气化法；而实际上，煤料在气化过程中是以很慢的速度向下移动的，应称其为移动床气化法。

（2）气流床气化法

它是一种并流气化法，用气化剂将粒度为 100 μm 以下的煤粉带入气化炉内，也可将煤粉先制成水煤浆，然后用泵打入气化炉内。煤料在高于其软化温度的条件下与气化剂发生燃烧反应和气化反应，灰渣以液态形式排出气化炉。

（3）流化床气化法

固体流态化技术就是当气流以逐渐增加的速度通过固体颗粒料层时，气流速度增加到临界流化速度之后，料层体积增大，颗粒运动加剧，显示出极不规则的运动，颗粒悬浮在上升运动的气流中，随气流速度增加，颗粒运动不断增加，但仍逗留在床层内运动而不被流体带出，这时床层表现出液体的某些特征，被称为流化床，因其属于密相流化床，极像沸腾的液体，又被称为沸腾床。

（4）熔融床气化法

它是将粉煤和气化剂以切线方向高速喷入一温度较高且高度稳定的熔池内，把一部分动能传给熔融介质，使池内熔融物做螺旋状的旋转运动并气化。依据熔融介质的种类不同可分为熔渣气化法、熔盐气化法和熔铁气化法三类。其特点是只有温度较高且高度稳定的熔池，气化反应全部过程都是在熔池内完成的，生成以 CO 和 H_2 为主的煤气，煤的转化率高达 99%。

（5）煤炭地下气化法

煤炭地下气化法是对地下煤层进行气化制得煤气的一种工艺过程。受地下煤层赋存状态、地质构造变化等复杂因素影响，与其他气化方法相比煤炭地下气化法进展缓慢。煤炭地下气化法具有许多优点如煤炭原地转化为燃料气，将建井、采煤、气化三大工艺合而为一，将物理的采煤方法转变为化学采煤方法等，而且煤炭地下气化技术被公认为千米以下深部煤层和常规方法不能开采的煤层最有效的开采方法之一，因此，获得国内外的共同重视。

（二）煤炭液化

煤炭液化技术是把固体状态的煤炭通过化学加工，使其转化为液体产品（液态烃类燃料，如汽油、柴油等产品或化工原料）的技术。煤炭通过液化可将硫等有害元素以及灰分脱除，得到洁净的二次能源，对优化终端能源结构、解决石油短缺、减少环境污染具有重要的战略意义。

煤炭液化可分为煤炭直接液化和煤炭间接液化两大类。

1. 煤炭直接液化

煤炭在一定的压力、催化剂及温度条件下，经过一系列的加氢反应，脱除自身氧、氮及硫等杂原子，生成液态气体烃及烃类的深度转化过程，就是煤炭直接液化过程。德国是最早研究煤的高压加氢液化技术的国家。目前，国外煤炭液化技术主要有美国的 SRC-1、SRC-2、EDS 及 H-COAL 工艺，德国的 IGOR 工艺，日本 NEDOL 工艺及英国的 SCE 工艺。中国从 20 世纪 70 年代开始开展煤炭液化技术的研究。神华集团有限责任公司在对国内外煤炭直接液化技术认真比选的基础上，采用众家之长和成熟的单元工艺技术，开发出具有自主知识产权的煤液化工艺路线及催化剂合成技术，该技术的突出特点是，液化过程中催化剂的活性较高，运行成本较低，生产流程简便，操作灵活，投资小。

2. 煤炭间接液化

煤炭间接液化是先把煤炭在高温下与氧气和水蒸气反应，使煤炭全部气化、转化成合成气，然后再在催化剂的作用下，经过 F-T（费托）合成，最终生成烃类产品及化学品的过程。F-T 合成是煤炭间接液化的核心技术。目前，世界各国主要的煤炭液化技术有南非 F-T 合成技术、荷兰 SMDS 技术、美国 MTG 合成技术及 STG 法。

五、煤层气开发利用

非常规油气是指用传统技术无法获得自然工业产量、需用新技术改善储集层渗透性或流体黏度等才能经济开采、连续或准连续型聚集的油气资源。非常规油气的特征是：大面积连续分布，圈闭界限不明显；无自然工业稳定产能，达西渗流不明显；储集层致密，孔隙率小于 12%，渗透率小于 1.0 mD。非常规油气主要包括致密油、致密砂岩气、页岩气、煤层气、油页岩、油砂及天然气水合物 7 种。煤层气属于其中一大类常用能源，资料显示，我国埋深 2 000 m 以浅的煤层气地质资源储量约 36.81 万亿 m^3，与国内现今常规天然气的资源量 38.04 万亿 m^3 基本相当。其中，1 500 m 以浅煤层气可采资源量为 10.87 万亿 m^3。

煤层气（瓦斯），其主要成分是甲烷（CH_4），是与煤炭伴生、以吸附状态储存于煤层内的非常规天然气。1 m^3 纯煤层气的热值相当于 1.13 kg 汽油、1.21 kg 标准煤，其热值与天然气相当，可以与天然气混输混用，而且燃烧后很洁净，几乎不产生任何废气，是上好的工业、化工、发电和居民生活燃料。煤层气空气浓度达到 5%～16%时，遇明火就会爆炸。

煤层气的开发利用还具有一举多得的功效：提高瓦斯事故防范水平，促进矿山环境保护，具有强大的安全效益；有效减排温室气体，产生良好的环保效益；作为一种高效、洁净能源，产生巨大的经济效益。煤层气不仅可作为发电燃料、工业燃料和居民生活燃料，还可液化成汽车燃料，也可作为生产合成氨、甲醛、甲醇、炭黑等的重要原料，开发利用的市场前景十分广阔。

第四章　矿山固体废物与资源化利用

第一节　固体废物的定义及分类

一、固体废物的定义

固体废物的概念在2020年4月29日修订并于2020年9月1日起施行的《中华人民共和国固体废物污染环境防治法》中有明确的含义。固体废物，是指在生产、生活和其他活动中产生的丧失原有利用价值或者虽未丧失利用价值但被抛弃或者放弃的固态、半固态和置于容器中的气态的物品、物质以及法律、行政法规规定纳入固体废物管理的物品、物质。经无害化加工处理，并且符合强制性国家产品质量标准，不会危害公众健康和生态安全，或者根据固体废物鉴别标准和鉴别程序认定为不属于固体废物的除外。

固体废物一词中的“废”字具有相对性。由于科学技术的不断发展，在原有的技术和经济条件下，不能利用而认为是废物的物体，现在可作为资源利用。固体废物仅仅相对于某一过程或某一方面没有使用价值，而并非在一切过程和一切方面都没有使用价值，某一过程或地点的废物，往往可作为另一过程或地点的原料，所以固体废物又有“放错地方的资源”之称。如煤矸石是煤矿的废物，但可用于发电；粉煤灰是发电厂的废物，但可用于制砖等。

二、固体废物的分类

为了更好地管理固体废物，需要对其进行分类。依据固体废物组分的不同，可分为有机固体废物和无机固体废物；按其危害性，也可分为一般固体废物和危险固体废物；按其形态，又可分为固态废物、半固态废物和液态废物；按其来源，分为工业固体废物、城市固体废物、农业固体废物和危险固体废物等。

《中华人民共和国固体废物污染环境防治法》中则按来源将固体废物分为工业固体废物、生活垃圾、建筑垃圾、农业固体废物和危险废物等。

工业固体废物是指在工业生产活动中产生的固体废物。按其行业可以分为矿业废物、冶金废物、能源灰渣、化工行业废物、石油工业废物、农产品加工业废物及其他废物。工业固体废物主要产生于采掘、冶金、煤炭、火力发电四大行业，其次是化工、石油等部门。

生活垃圾是指在日常生活中或者为日常生活提供服务的活动中产生的固体废物以及法律、行政法规规定视为生活垃圾的固体废物。例如，在居民生活、商业活动、市政建设与维护、机关办公等过程中产生的固体废物。依据其产生源，一般又可分为：居民生活产生的生活垃圾、市政维护与管理产生的垃圾和商业活动与机关产生的垃圾。

建筑垃圾，是指建设单位、施工单位新建、改建、扩建和拆除的各类建筑物、构筑物、管网等，以及居民装饰装修房屋过程中产生的弃土、弃料和其他固体废物。

农业固体废物是指在农业生产活动中产生的固体废物。例如种植业中产生的各种作物秸秆、烂菜烂果、落叶、废弃的生产资料（如农膜等）等；养殖业中的动物粪便、死禽死畜、死鱼烂虾等；农副产品加工业中的各种下脚料、渣滓、外壳；等等。

危险废物，是指列入国家危险废物名录或者根据国家规定的危险废物鉴别标准和鉴别方法认定的具有危险特性的固体废物。危险废物必然具有毒性（含急性毒性或浸出毒性，如含重金属等的废物）、爆炸性（如含硝酸铵、氯化铵等的废物）、易燃性（如废油和废溶剂等）、腐蚀性（如废酸和废碱等）、化学反应性（如含铬废物）、传染性（如医疗废物）、放射性等一种或几种的危害特性。

第二节　矿山固体废物的定义及来源

一、矿山固体废物的定义

矿山固体废物属于工业固体废物，主要是指各类矿山在建设井巷、开采、露天采矿过程中所产生的剥离物和废石以及选冶矿过程中所产生的尾矿或废渣等。

露天矿山的开采需要事先剥离矿体上的覆土层和坡积物（称为剥离物）。当剥离工作接近矿体时，剥离物中往往会夹带部分矿石。在井工开采工程的初期，也会产生为建设主井、副井和风井广场而剥离的坡积物。

矿山开采过程所产生的无工业价值的矿体围岩和夹石统称为废石。废石包括井下岩巷掘进产生的废石以及采矿产生的不能作为矿石的夹石和露天矿中剥离下来的矿体表面的围岩。一般地，井下矿每开采 1 t 矿石要产生废石 2～3 t，露天矿每开采 1 t 矿石要剥离废石 6～8 t。一个大中型坑采矿山，基建工程中要产生 20 万～50 万 m^3 的废石，生产过程中还会产生 6 万～15 万 m^3 的废石。一个露天矿山的基建剥离废石量，少则几十万立方米，多则上千万立方米。仅我国几个较大的露天矿，总废石量已达数亿吨。矿石在选矿过程中选出目的精矿后，剩余的含目的金属很少的矿渣称为尾矿。通常，每处理 1 t 矿石可产生尾矿 0.5～0.95 t。我国目前大多数企业采用湿法选矿，尾矿大多以流体状态排出，每年排出尾矿 1 亿 t 左右，均用尾矿坝储存。

二、矿山固体废物的来源

根据《中国环境统计年报》数据显示，2015 年我国一般工业固体废物产生量为 32.7 亿 t，其中重点调查企业产生的工业固体废物中尾矿、煤矸石、粉煤灰、冶炼废渣、炉渣的产量分别为 9.55 亿 t、3.87 亿 t、4.385 亿 t、3.39 亿 t 和 3.17 亿 t。其中黑色金属矿采选业一般固废产生量为 6.1 亿 t，煤炭开采和洗选业为 3.9 亿 t，有色金属矿采选业为 3.8 亿 t。

我国矿山开采产生的剥离废石量更惊人，且矿山开采的采剥比大，如冶金矿山的采剥比为 1∶(2～4)；有色矿山的采剥比大多在 1∶(2～8)，最高达 1∶14；黄金矿山的采剥比最高可达1∶(10～14)。我国矿山每年废石排放量超过 6 亿 t，仅露天铁矿山每年剥离废石就达 4 亿 t。目前我国废石的堆存总量已达数百亿吨，是名副其实的废石排放量第一大国。

随着矿业发展，矿山固体废物量也逐年增大。1995 年，工业固体废物产生量为 6.7 亿 t，其中矿山直接产生近 3.4 亿 t；2000 年，工业固体废物产生量为 7.5 亿 t，其中矿山直接产生近 3.7 亿 t。2015 年，工业固体废物产生量为 32.7 亿 t，其中矿山直接产生近 13.8 亿 t。2019 年，工业固体废物产生量为 44.1 亿 t，其中矿山直接产生近 18.1 亿 t。各种矿山固体废物产生量变化趋势见表 4-1。

表 4-1　矿山固体废物产生量变化趋势　　单位:万 t

年份	尾矿、废石	煤矸石	其他	合计	备　注
2015	95 501	38 692	65 636	199 829	其他为化学工业及矿产品消耗产生的废渣
2000	20 000	16 800	15 330	52 130	
1995	19 000	15 000	17 400	51 400	
1990	17 412	12 898	19 500	49 810	

矿山开采产生固体废物的环节如图 4-1 所示。

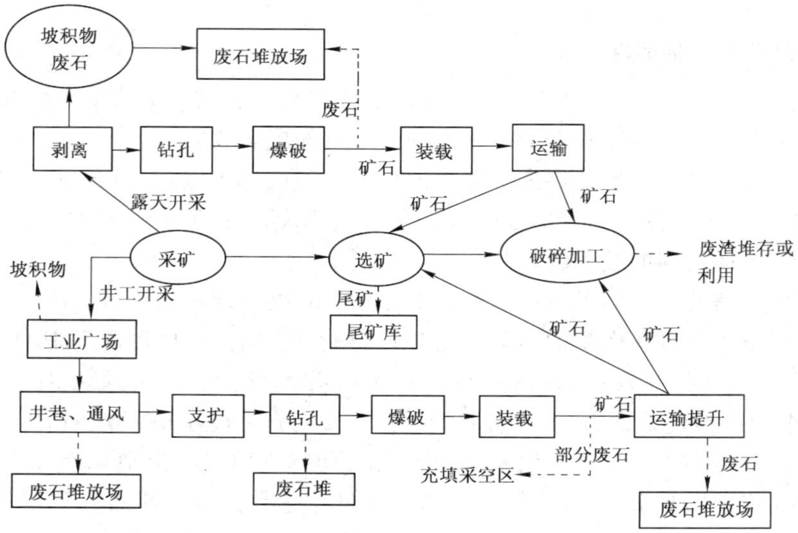

图 4-1　矿山生产工序及固体废物产生环节示意图

(尹国勋,2009)

金属矿床的矿石通常都要在矿山进行选矿,以提高矿石品位,将有用的矿石运至冶炼厂,同时丢弃无用的废石。非金属矿床及燃料矿床一般所含有用矿物较多,因而通常在矿山直接加工成产品,例如煤大多在矿区分选后外售,分选过程产生煤矸石和其他的杂质。

第三节　矿山固体废物对环境的影响

一、矿山固体废物对环境的影响

(一) 占用土地、损伤地表

矿山固体废物的危害,首先突出表现在对土地的占用和破坏上。地下开采破坏的土地面积同样相当惊人,据统计,在美国矿山破坏土地的总面积中,约 59%是由于采矿挖成的采空区而遭到破坏的;20%被露天废石堆占据;13%被选矿厂尾矿库占据;5%被地下采出的废石堆所占用;3%处于塌陷危险区。为此,一些国家专门制定了相关的法律、法令及规章条例,对矿山企业占用和破坏土地严格加以控制。

我国矿山占用和破坏土地的问题同样不容忽视。如河北某矿务局,煤矸石的堆积总量约 3 600 万 t，占用土地 60 ha；辽宁某露天煤矿，自 1914 年开采以来堆积废石量总计达 11.59 亿 m^3，其占用的土地面积，如以每亿吨废石和废渣占地 100 ha 计，该矿山固体废物所占用的土地面积可达 11 000 ha 以上。《中国矿产资源节约与综合利用报告(2019)》显示 2018 年我国尾矿年排放量约为 12.11 亿 t，其中铁尾矿产生量最大，约为 4.76 亿 t，其次为铜尾矿，产生量约为 3.02 亿 t；黄金尾矿产生量约为 2.16 亿 t；其他有色金属尾矿产生量约为 1.14 亿 t，非金属尾矿产生量约为 1.03 亿 t。据不完全统计，截至 2018 年年底，我国尾矿累积堆存量约为 207 亿 t。因此，我国在矿山占用土地及地面环境保护方面也公布了一系列的法律和规定，提出了严格的要求。

（二）污染水质和土壤、危害生物并影响农业生产

矿山固体废物中含有多种有毒有害物质，如重金属元素及一些放射性的物质，这些固体废物在露天场所长期堆放，会与空气发生氧化、分解以及溶滤等反应，使其中的有毒有害物质随雨水流失，另外还有一些有毒的残留浮选药剂以及剥离废石中的含硫矿物引发的酸性废水，一起污染水体和土壤，并被植物的根部所吸收，影响农作物生长，造成农业减产。这些有毒有害物质会通过食物链进入人体，危及人体健康。

矿山废石和尾矿的长期堆积，还会使水体受到严重污染，危害农业生产。例如我国冶金矿山 9 个重点选矿厂附近的 14 条河流被污染。某尾矿库排洪隧道洞塌陷，136 万 m^3 尾矿及尾砂水泄漏，污染了陕豫两省 16 个县市水源，矿山直接损失 3 200 多万元。广东某露天矿，在开采初期，每年排放的 100 多万吨尾矿和 3 000 多万立方米的泥浆水全部流入附近的农田与河道，致使良田严重沙化，河水泥沙含量急剧增高，最后导致河流淤塞，河床升高，水体严重污染。

矿山固体废物中的重金属元素，由于受各种作用的影响渗入土壤之后，导致土壤毒化，严重破坏土质，使土壤中的微生物大量死亡，土壤逐渐失去腐解能力，最终土壤越发贫瘠，最后沙化变成“死土”。

（三）引发重大地质灾害

矿山固体废物还会诱发重大的地质灾害，如排土场滑坡、泥石流、尾矿库溃坝等，给社会带来极大的损失。在过去的 30 多年里，全世界几乎每年都会发生尾矿存储设施破坏的事故。表 4-2 列出了近些年来国外发生的比较典型的尾矿库溃坝事故。

表 4-2　国外发生的典型的尾矿库溃坝事故

时　间	发生地点	泄出物种类及数量
2019.01	巴西米纳斯吉拉斯州	1 230 万 m^2 采矿废料
2000.09	瑞典阿尔蒂克矿	5 万 m^3 水
2000.03	罗马尼亚博尔沙	2.2 万 t 尾矿
2000.01	罗马尼亚巴亚马雷	10 万 m^3 水、尾矿
1999.04	菲律宾北苏里高省	70 万 t 尾矿
1998.12	西班牙海尔瓦	5 万 m^3 酸性水、矿浆
1998.04	西班牙阿斯纳克利亚尔	400 万～500 万 m^3 水、泥浆
1997.10	阿里佐亚平托峡谷	23 万 m^3 尾矿和废石
1996.03	菲律宾马尔科珀	150 万 t 尾矿
1995.08	圭亚那奥马尔	23 万 m^3 氰化物矿浆

通过对我国规模较大的2 000多座排土场和1 500多座尾矿库的统计，20世纪80年代以来，这些排土场和尾矿库发生泥石流和溃坝事故近百起。如1986年4月30日黄梅山铁矿尾矿库溃坝，冲倒了尾矿库下游3 km^2的所有建筑，尾矿掩埋了几百亩的土地，19人死亡，95人受伤；本钢歪头山铁矿1995—1999年排土场多次发生滑坡，直接威胁着沈丹铁路的安全；2000年广西南丹县大厂镇鸿图选矿厂发生尾砂坝溃坝，殃及附近住宅区，造成70人伤亡，其中死亡人数28人，几十人失踪；2008年9月8日，山西省襄汾县新塔矿业有限公司尾矿库溃坝，26.8万 m^3尾矿砂从50 m的高度下泄，过泥面积30.2 ha，波及下游500 m处的矿区办公大楼、集贸市场和部分民宅，死亡261人，失踪9人。

（四）污染环境，破坏生态平衡

长期堆放于矿山地表的固体废物，由于终年暴露在大气中，有些因为风化作用而变成粉状，干旱季节在一定的风速作用下会扬起大量粉尘而污染矿区的大气环境。据对河南几个有色金属矿山的调查实测表明，废石尾矿扬起的粉尘导致矿区采场和生活区空气中的粉尘含量超标10～14倍。

另外不少金属矿山的固体废物中还含有放射性物质。据实测资料统计，在非铀金属矿山中，有30%以上矿山的矿岩中含有放射性物质。由于放射性元素对人体健康的主要危害是引起各种癌症，因此，含放射性元素的矿山固体废物不但不能用作建筑材料，而且还必须进行严格的处理。

（五）矿山固体废物的大量排放造成资源的严重浪费

矿山固体废物中常含有多种金属元素，如果长期堆放和流失，不及时进行回收和综合利用，不仅污染环境，而且对于国家矿产资源来说也是一种极大的浪费。而且矿业固体废弃物在总工业固体废弃物中占据较大比重，但矿业固体废弃物的综合利用率较低，例如：煤矸石综合回收率为65.5%，尾矿利用率仅有28.5%，远低于粉煤灰86.4%、冶炼废渣91.5%和炉渣88.2%。以铁矿为例，我国资源共伴生组分很丰富，有30余种，但目前能够回收的仅有20余种。因此大量有价金属元素及可利用的非金属矿物遗留在固体废物中，造成每年矿产资源开发损失总值约1 000亿元。特别是老尾矿，由于受当时条件的限制，损失到尾矿中的有价组分会更大。

二、煤矿固体废物对环境的影响

在我国，煤矿固体废物具有排放量大、分布广、矿物组成及化学成分复杂、堆放形式自然多样的特点。煤矿固体废物给我们的生存环境带来的威胁与危害主要表现在以下几个方面。

（一）侵占土地

我国历年积存的煤矸石已达20多亿吨，压占土地5万多亩。目前年排放达3.87亿 t。大量的煤矿固体废物堆存，占用大量农田，这无疑加剧了我国人口多、可耕地资源短缺的紧张局面。

（二）污染大气

当前，对我国大气环境造成污染的最主要、最具普遍影响的污染物有5种：飘尘、二氧化硫、氮氧化物、一氧化碳和总氧化剂。煤矿固体废物在堆放及处理过程中不同程度地排放出这5种污染物。

1. 煤矸石自燃对大气环境的污染

煤矸石自燃是矸石山(堆)中碳质物的燃烧，其实质是碳的氧化过程。在煤矸石自燃过程中，碳氧化成二氧化碳(CO_2)和一氧化碳(CO)，燃烧充分时主要生成CO_2，燃烧不充分时则CO增多，此外还产生游离碳(表现为黑烟)。随着温度增高，部分矸石熔融，矸石山空隙减少，供氧出现不足，CO的产生量相对增多。CO由呼吸道进入人体，易与血红蛋白(Hb)相结合生成碳氧血红蛋白(COHb)，阻碍血红蛋白向体内供氧，引发人的中枢神经系统和酶活性中毒，当吸入CO浓度在1.2×10^{-3}以上，作用于人体1 h时，可使人的神经麻痹，甚至有生命危险。大部分CO_2进入大气之中，大气中CO_2浓度的增加，必然会给生态平衡带来一定影响，主要是加剧"温室效应"。

煤矸石中的硫分以有机硫化物和无机硫化物的形式存在。在燃烧过程中，有机硫化物分解、氧化生成SO_2，故有机硫化物称为可燃性硫化物；而无机硫化物多为硫酸盐，燃烧时不分解，残存于过火矸中，此种硫化物称为非可燃性硫化物。在燃烧时，可燃性硫主要生成SO_2，只有1%～5%氧化成SO_3，其主要化学反应如下：

$$S+O_2 \longrightarrow SO_2$$

$$2SO_2+O_2 \longrightarrow 2SO_3$$

SO_2在干燥洁净的大气中氧化成SO_3的过程是缓慢的，但当空气湿度较大、有颗粒物存在时，该氧化反应受到催化作用，产生大量的SO_3。在太阳紫外线照射下，可发生光化学反应，生成SO_3和硫酸雾。其催化反应机理为：

$$2SO_2+2H_2O+O_2 \xrightarrow[\text{(粉尘)}]{\text{催化剂}} 2H_2SO_4\text{(雾)}$$

SO_2是无色但具有特殊臭味的刺激性气体，在人体吸入浓度低时，主要是刺激上呼吸道，引发气管炎等呼吸道疾病，当吸入浓度高($>10^{-4}$)时，对呼吸道深部也有刺激作用，引起肺组织障碍、呼吸困难等严重疾病。近来还有人指出，SO_2对骨骼、脾也有刺激甚至损伤作用，还会引发生成变性血红素并破坏人的肌体内碳水化合物正常的新陈代谢。当形成硫酸雾时，对呼吸道、肺泡有更强的毒害作用，其毒性比SO_2大4～20倍。

煤矸石中的黄铁矿，在自燃过程中放出硫化氢(H_2S)，这是一种对人有强烈刺激作用的难闻气体，对人体的影响类似SO_2。

煤矸石在自燃过程中，除产生上述有害气体外，还产生大量的烟尘，主要是可燃性碳氢化合物经氧化、分解、脱氢、缩合和聚合等一系列复杂过程形成的含有飞灰、炭黑的粒状浮游物，其中粒径大于10 μm者，容易沉降，称为降尘，粒径小于10 μm者，不容易沉降，称为飘尘。飘尘对人体危害较大，它经过呼吸道沉积于肺泡，如被溶解，就会浸入血液，造成血液中毒，未被溶解的飘尘有可能被细胞吸收，造成细胞破坏，侵入肺组织或淋巴结，进而引起尘肺。

2. 粉尘污染

在煤矿区，特别是我国北方矿区，遇到干燥、多风天气，煤矸山常粉尘飞扬，对大气环境造成严重污染。

此外，煤矸石从开始排放，到风化破碎之后较长时期内一直慢慢地释放着它本身带有的甲烷(CH_4)，它和上述其他碳氢化合物一样污染着大气。

上述各种污染物往往数种同时共存于大气中，它们对人体的影响不仅比单一种类的污染物对人体的影响严重得多，而且也大于各污染物的影响之和，这就是这些污染物之间的协同作用。它们不仅对人体造成上述种种严重危害，而且还对周围环境全面地产生污染影响，使周围的树木落叶，庄稼枯萎，还使下风向数千米之内的油漆褪色。

（三）污染水体

煤矿固体废物随大气降水和地表径流进入河、湖等地面水体，或随风飘迁落入地面水体使地面水体受到污染；随沥渗水进入土壤使地下水被污染，若直接排入江、河、湖、海，又会造成更大范围的地表水体污染。

煤矸石对水体的污染按发生的原因分两种：一种是物理污染，大量的雨水将矸石上的细碎物质冲刷下来，形成混浊的泥流流入附近水体中，造成对水体的物理污染；另一种是化学污染，煤矸石的成分一般不受冻结与解冻的影响，但是受析出的影响。渗入矸石堆中的水可浸出硫化物，碳化物以及铁、铝、镁、钡、钠等的氧化物。煤矸石中的硫化物与水和大气可发生化学反应，其实质是硫化物的氧化反应，反应式为：

$$FeS_2+\frac{7}{2}O_2+H_2O \longrightarrow 2SO_4^{2-}+Fe^{2+}+2H^+$$

$$Fe^{2+}+\frac{1}{4}O_2+H^+ \longrightarrow Fe^{3+}+\frac{1}{2}H_2O$$

$$Fe^{3+}+3H_2O \longrightarrow Fe(OH)_3\downarrow+3H^+$$

上三式相加可得出总反应式：

$$FeS_2+\frac{15}{4}O_2+\frac{7}{2}H_2O \longrightarrow 2H_2SO_4+Fe(OH)_3\downarrow$$

从煤矸石山渗流出的水与其说是酸溶液，不如说是混合盐类的溶液，因为由上述反应式产生的酸继续与其他成分反应生成各种硫酸盐，被渗流水携带到地表水体中的酸实际上是酸性盐的水解产物。如果矸石中含有较多的重金属矿物，重金属会对水体产生毒性污染，其危害往往较重，但这类污染不具有普遍性。

（四）诱发滑塌、矸石流等环境地质灾害

堆放不稳固的煤矸山严重威胁着环境安全，历史上曾有过惨痛的教训。1966 年在英国南威尔士的阿邦芳，一座高达 60 m 的矸石山滑塌，0.11×10^6 m^3的矸石流落下来，使 100 多人丧生。造成这次事故的原因是矸石堆在一个矿泉上，使矸石山内水量达到过饱和，降低了矸石山的稳定性。1972 年美国西弗吉尼亚的布法罗山谷连降 72 h 暴雨，降雨量达 9.4 cm，使堆在山谷中的米德福克矸石蓄水坝破裂，近 0.5×10^6 m^3的水携带近 0.17×10^6 m^3矸石形成矸石流，倾泻到下游，冲毁了大量建筑物，使 100 余人死亡、4 000 多人无家可归。造成这两次惨祸的根本原因是贮矸场选址不当，矸石堆放时未经压实处理，堆积松散。此外，还不断有矸石烧死、熏死和滑塌压死人的报道。正在自燃的矸石山，如遇雨水渗入，受热后空气急剧膨胀，会引发爆炸。

第四节　矿山固体废物的分类及性质

一、矿山固体废物的分类

目前尚无统一的矿山固体废物的详细分类，作者认为可以按照矿山发展阶段及固体废物物理性状、主要矿物成分及危险性进行分类(表4-3)。

表4-3　矿山固体废物的分类(尹国勋,2009)

分类依据		分　类	矿山类型	固体废物
按矿山开发阶段		建设期固体废物	露天矿	坡积物、废石、尾矿、建筑垃圾
			井工矿	工业广场坡积物、废石、井筒及大巷废石、尾矿、建筑垃圾
		生产期固体废物	露天矿 井工矿	废石、尾矿、尾矿砂、工业废渣、废气处理粉尘、废水处理污泥
		闭矿后固体废物		矿山地面建筑垃圾、永久封存的废石、尾矿、尾矿砂、工业废渣
按物理性状①	相态	固态		废石、尾矿、尾矿砂、废渣
		半固态		全尾砂膏状体、废弃原油、废弃切削液及封装的废气、废液装置等
	粒度②	块状		废石、尾矿、尾矿砂、工业废渣
		粗粒		
		中粒		
		细粒		
按有机物含量		有机固体废物		煤矸石、油页岩尾矿等含一定量有机质的固体废物
		无机固体废物		不含或含微量有机质的固体废物
按主要矿物成分		碳酸盐类固体废物		石灰岩、白云岩、大理岩及多金属矿床的白云岩化围岩等碎屑
		硅酸盐类固体废物		石英砂、脉石类、石英砂岩等硅酸盐岩类、硅化围岩等碎屑等
		硫酸盐类固体废物		硫铁矿废石、尾矿,含硫铁矿围岩废石、工业废渣,部分废水、废气脱硫废渣
		黏土质类固体废物		泥岩、页岩类碎屑
		基性-超基性岩固体废物		基性-超基性岩岩屑(块)及尾矿
按危险性		一般固体废物		未列入国家危险废物名录的废石、尾矿及废渣等
		危险固体废物		列入国家危险废物名录或据国家规定的鉴别标准和鉴别方法认定的具有危险性的废物,如矿山含超标重金属的固废,具有爆炸性、易燃性、腐蚀性、化学反应性及超标放射性固废等,以及矿山机械加工产生的废润滑油、废切削液等

注:① 还可根据其他物性特征(如硬度、导电性等)细分。

② 可根据固废类型、用途、技术及工艺条件等细分和划分粒度等级。

二、矿山固体废物的矿物组成

矿产通常由多种矿物组成,主要有自然元素矿物、含氧盐矿物、硫化物及其类似化合物矿物、氧化物和氢氧化物矿物、卤化物矿物等。矿山固体废物中的矿物组成与原矿大致相同。对于矿山固体废物而言,量大且广的组成矿物为含氧盐矿物、氧化物和氢氧化物矿物等。认识和掌握矿山固体废物中的各种矿物组成及特性,对于矿山固体废物的资源化利用有着重要的意义。

(一)含氧盐矿物

含氧盐矿物占已知矿物总量的2/3左右,在地壳中分布极为广泛。含氧盐矿物可分为硅酸盐矿物、碳酸盐矿物、硫酸盐矿物和其他含氧盐矿物4类。

① 硅酸盐矿物是组成岩石最主要的成分，已知的硅酸盐矿物有 800 多种，约占矿物种类总数的 1/4，占地壳总质量的 80%。它们是许多非金属矿产和稀有金属矿产的来源，如云母、石棉、长石、滑石、高岭石等矿物以及 Be、Li、Zr、Rb、Cs 等元素。硅酸盐矿物的性质随其结构的不同变化较大。

② 碳酸盐矿物在自然界中分布较广，已知的碳酸盐矿物有 80 多种，占地壳总质量的 1.7%。这其中以 Ca、Mg 碳酸盐矿物最多，其次为 Fe、Mn 等碳酸盐矿物。碳酸盐矿物是非金属矿产的主要成分，如方解石、白云石、菱镁矿等，有的则是金属矿产的重要成分，如菱铁矿、菱锰矿等。在金属矿石中，碳酸盐矿物是常见的脉石矿物。碳酸盐矿物多为无色或者浅色(含色素离子 Fe、Mn 者颜色较深)，玻璃光泽，透明至半透明，硬度大多为中等(3～4)，相对密度随阳离子变化而异(2.7～5)，无磁性，电、热的不良导体，化学稳定性较差，在水中溶解度较大。

③ 硫酸盐矿物在自然界中产出约有 260 种，但其仅占地壳总质量的 0.1%。其中常见和具有工业意义的矿物不多，主要是作为非金属矿物的原料(如石膏)。此类矿物一般颜色较浅，透明至半透明，多数玻璃光泽，硬度较低(1.5～3.5)，除 Pb、Ba 的硫酸盐外，相对密度均较小，不具磁性，电、热的非导体，易溶于水且化学性质不稳定，含水的硫酸盐溶液具有导电性。

④ 其他常见的含氧盐矿物有磷酸盐、钨酸盐和钼酸盐，其他不常见的有硼酸盐、砷酸盐、矾酸盐、硝酸盐矿物等。

(二) 氧化物和氢氧化物矿物

氧化物和氢氧化物矿物是地壳的重要组成矿物，是由金属和非金属的阳离子与阴离子 O^{2-} 和 OH^- 相结合得到的化合物，如石英、氢氧镁石等。氧化物和氢氧化物矿物有 200 种左右，约为地壳总质量的 17%。其中以 SiO_2 分布最广，约占 12.6%，Fe 的氧化物和氢氧化物占 3.9%，其次是 Al、Mn、Ti、Cr 的氧化物和氢氧化物。氧化物和氢氧化物是许多金属(Fe、Mn、Cr、Al、Sn 等)、稀有金属和放射性金属(Ti、Nb、Ta、Tr、U、Th 等)矿石的重要来源。此外，它们还是许多非金属原料(如耐火材料)和宝石的矿物来源。

(三) 硫化物及其类似化合物矿物

此类矿物主要为金属硫化物，也包括金属与硒、碲、砷、锑等的化合物，其总数约为 350 种，约占地壳总质量的 0.15%，其中以铁的硫化物为主，有色金属铜、铅、锌、锑、汞、镍、钴等也以硫化物为主要来源，因此该类矿物在工业上具有重大意义。

(四) 其他矿物

矿山固体废物中除了含以上 3 类矿物外，还含有卤化物和单质矿物，但是数量较少。自然界中最常见和最重要的卤化物矿物为萤石、石盐和钾盐，常见的单质矿物是自然金、铂族矿物、金刚石和石墨等。

三、矿山固体废物的性质

矿山固体废物的性质分为物理性质和化学性质。物理性质包括光学性质、力学性质、磁学性质、电学性质和表面性质等。与固体废物资源化有关的化学性质主要包括矿物的可溶性、氧化性等。例如，我们可根据矿山固体废物中有用矿物的光泽、颜色的差异进行光电分选，根据废物中不同矿物的磁性差异进行磁选分离磁性不同的矿物，根据矿物的润湿性来浮选不同矿物，根据矿物的可溶性可浸出固体废物的有价成分。

认识和掌握矿山固体废物的性质是对其资源化利用的重要依据。

（一）物理性质

1. 光学性质

矿物的光学性质是矿物对光线的吸收、折射和反射所表现出来的各种性质，包括颜色、光泽、透明度等，这些性质是相互关联的。矿物颜色与色调的浓淡，决定着这些矿物的价值，提取矿石固体废物中的有价矿物，可借助于它与脉石矿物光泽、颜色的差异进行光电分选；而透明度则是鉴定矿山固体废物能否作为光学材料使用的特征之一，也是能否作为填料使用的特征之一，如石英、方解石就常作为无色透明的填料使用。

2. 力学性质

力学性质是指矿山固体废物在外力作用下所表现的物理力学性能，包括废物的硬度、韧性、相对密度等性能。硬度不同的废物，其利用价值不同，硬度大的可作为磨料，硬度小的则可作为填料；硬度也与废物的粉碎关系密切，韧性不同的矿山废物，所采用的粉碎流程不同，所选用的粉碎设备也不同；另外相对密度在选择资源化方法时也具有重要的指导意义。

3. 电学性质

矿物的电学性质是指矿物导电的能力及在外界能量作用下矿物带电的性质，即导电性及荷电性。在矿山固体废物的资源化过程中，可根据废物中矿物导电性的不同采用静电分离法来提纯有用的矿物；根据荷电性的不同，不同的矿物可用做不同的材料。

4. 磁性和润湿性

矿物的磁性是指矿物能被永久磁铁或电磁铁吸引或矿物本身能够吸引铁物体的性质。根据矿物的磁性差异，在矿山固体废物资源化过程中可利用磁选来分离各种有用的矿物。矿物表面能否被液滴所润湿的性质，称为润湿性。矿物的润湿性是浮选的理论基础。

（二）化学性质

1. 可溶性

矿物的溶解度是衡量其可溶性的指标，矿物的可溶性是矿物中有价成分浸出的重要依据。决定矿物水溶性的内在因素有晶格类型及化学键、电价和离子半径大小，阴、阳离子半径之比以及 OH^- 和 H_2O 的影响。

2. 氧化性

暴露或处于地表条件下的矿山固体废物中的矿物，在空气中氧和水的长期作用下，发生变化，形成一系列的金属氧化物、氢氧化物以及含氧盐等次生矿物。矿物被氧化后，其成分、结构和矿物表面性质均发生变化，对矿山废物的资源化利用有一定的影响。

第五节　矿山固体废物的资源化利用

矿山固体废物处置的原则是减量化、资源化和无害化。矿山固体废物的处置与资源化利用，既是对矿山清洁生产的要求，又是带有环境保护和循环经济意义的科学技术，还可形成新的经济增长点，促成一种有前景的行业。

一、国家及相关部门的规定

目前发达国家已把无废料矿山作为矿山的开发目标，把矿山固体废物综合利用的程度作为衡量一个国家科技水平和经济发达程度的标志。其利用目的不仅仅是追求最大经济效益，而且还从资源综合回收利用率、保护生态环境等方面加以综合考虑。

20 世纪 70 年代以来，国际上有关矿山固体废物利用的技术交流活动十分活跃。1973 年和 1975 年在波兰召开了第一、二届国际现代采矿工艺和冶金及环境保护会议，在会议中交流了采选冶技术和废料利用经验；1977 年在赞比亚召开了发展中国家水资源可持续利用会议；1979 年在华沙的第十三届国际选矿会议上讨论矿山固体废物中尾矿原料处理和所有组分全部利用问题；1980 年在芝加哥第六届矿物废料利用国际会议上专门研究了矿物废料综合利用问题；1981 年、1983 年以及 1986 年在捷克斯洛伐克召开了第一、二、三届新型矿物原料讨论会，讨论了岩石、矿物及其元素的利用途径和非传统矿物原料资源的利用问题，把矿物废料提高到了资源的角度来认识，提出了人类在 21 世纪重点开发无污染绿色产品的战略口号。

随着科学技术的发展，矿山固体废物利用的途径越来越多。国外矿山固体废物的利用率已达 60%以上，欧洲一些国家已经在向无废物矿山目标发展。保加利亚把从尾矿中回收的石英用作水泥混合料和炼钢溶剂，取得了较好的回收效益；美国、加拿大等矿业发达国家的尾矿综合利用工作做得较好，例如，美国国际矿厂和化学公司综合回收明尼苏达州铜、镍尾矿中的铅，每年可得 60 万 t 铅金属。

我国尾矿的综合利用研究起步较晚，但近几年发展迅速。其原因一方面与国家的重视程度有关，另一方面，也和我国的矿产资源特点及利用状况有关。我国的金属矿产资源贫矿多、伴生组分多、小型矿床多，目前不少矿山已经进入中晚期开采，资源紧张再加上开采成本越来越高，经济效益日趋降低，在这样的形势下，一些矿山走上了多种矿物产品共同开发和综合利用的道路。

20 世纪 80 年代以来，随着矿物学及工艺矿物学研究的深入，我国研究了许多尾矿中可以利用矿物组分的再选性质，对不可再选或再选技术经济效果较差的尾矿，研究了将它们作为非金属的应用性能并加以适当的分类，为尾矿的综合利用开辟了新的前景。近几年来，一些研究院所、高等院校等单位与矿山企业紧密合作，在从尾矿中回收有价金属与非金属元素、尾矿做建筑材料、磁化尾矿做土壤改良剂等方面已经取得了一些实用性的成果。多年来我国已从矿山废渣中回收了铜 148 万 t、铝 87 万 t、铅 39 万 t、锌 15 万 t，分别占其消耗量的 19%、1%、11%、4%。

煤矸石作为一种特殊的矿山固体废物，具有较高的热值，因此具有多种利用途径，其综合利用率相对较高，现已达到 65.60%左右。其他矿山固体废物，包括尾矿和废石，因不具有燃烧发热的特性，因此利用方式相对较少，目前尾矿利用率仅为 28.5%。

二、煤矸石的资源化利用

国家《煤矸石综合利用技术政策要点》指出，煤矸石综合利用以大宗利用为重点，将煤矸石发电、煤矸石建材及制品、复垦回填以及煤矸石山无害化处理等大宗量利用技术作为主攻方向，发展高科技含量、高附加值的煤矸石综合利用技术和产品。

图 4-2 为某煤矿的煤矸山。

煤矸石的综合利用主要有以下几个方面。

(一) 煤矸石发电

煤矸石或多或少都含有一定数量的碳或其他可燃物，因而可以当作燃料使用。煤矸石含有一定数量的固定碳和挥发分，灰分变化范围为 50%～90%，一般在 75%左右。煤矸石

图 4-2 某煤矿的煤矸山

的发热量在 1 000～6 000 kJ/kg 之间，一般烧失量为 10%～30%。利用煤矸石发电是利用其蕴含热量的主要形式。

煤矸石作为一种低热值燃料，利用其发电时一般采用沸腾炉燃烧技术。该燃烧技术是在燃烧煤矸石时，由炉底向炉膛鼓风使破碎成颗粒的煤粉呈悬浮状态，形成沸腾床。煤在沸腾床内与空气充分混合，从而强化了燃烧和传热。热值大于 4 180 kJ/kg 的煤矸石通过简易分选后可作为沸腾炉的燃料直接燃烧供电，热值达 6 270 kJ/kg 的煤矸石则可不经过分选而直接作为燃料燃烧供电。

1. 煤矸石发电的优势

一是改善矿区环境。我国每年煤矸石发电消耗煤矸石量约 1 400 万 t，占煤矸石综合利用量的 30%左右，减少堆积占地 2 000 余亩。而且，电厂灰渣可用于制砖，减少了黄土用量，保护了耕地，改善了矿区环境。

二是节省大量能源。2019 年煤炭资源综合利用电厂消耗煤矸石(煤泥)量为 1.51 亿 t，占煤矸石利用总量的 28.8%，回收利用能量折合标煤 4 700 万 t。因此利用煤矸石发电可节省大量宝贵煤炭资源。

三是社会效益可观。据不完全统计，截至 2019 年年底，煤炭资源综合利用发电机组装机规模达 4 100 万 kW，其中煤矸石、煤泥资源综合利用装机规模约 3 000 万 kW，低热值煤发电装机规模近 1 100 万 kW。以煤炭资源综合利用发电产业不同容量等级的装机规模与当期火电平均利用小时、自备电厂利用小时数测算，2019 年发电量测算约为 1 950 亿 kW·h。

2. 煤矸石发电的相关技术

煤矸石发电经过十多年的发展，在锅炉燃烧技术、环境保护技术等方面已经取得了长足的进步，进入 21 世纪后，大力发展煤矸石电厂更是一举多得的好事。

适用于煤矸石电厂的循环流化床锅炉燃烧技术取得了很大进步。作为煤矸石电厂核心设备的流化床锅炉技术水平的高低，直接影响到电厂的生产运行情况和企业经济效益。早期建设的煤矸石电厂基本以鼓泡型流化床锅炉为主，这种锅炉热效率低，不利于消烟脱硫。

20 世纪 90 年代以来，循环流化床锅炉逐步取代了鼓泡型流化床锅炉，成为煤矸石电厂的首选锅炉，逐步从 35 t/h 发展到 70 t/h，合资生产的已达到 240 t/h，热效率提高 5%～15%。以往由于煤矸石发热量低、灰分高、硬度大，锅炉磨损严重，经常造成锅炉停机检修，影响电厂运行。现在由于采取了防磨措施，循环流化床锅炉连续运行时间普遍超过 2 000 h。

3. 煤矸石电厂持续稳定发展需政策扶持

目前，我国力争将煤炭消费比重下降到 62%以下，电煤占煤炭消费比重提高到 60%以上，这也是我国履行国际承诺、达到碳达峰碳中和的重要举措。煤矸石电厂的健康持续稳定发展更需要国家和有关部门的政策调控，主要包括减免增值税，改制煤矸石电厂，建立资本金制度，完善矿区电网。

早在 20 世纪 70 年代中期，永荣矿务局就在国内率先建成了煤矸石发电厂，此后又将煤泥掺到煤矸石中发电，其自有的煤矸石发电厂年发电量已达 1.3 亿 kW·h，除自用外，还可供周边工农业及居民使用。每年煤矿挖出的 30 多万吨煤矸石和 10 多万吨煤泥，全部派上了用场。

为贯彻中央财经领导小组第六次会议和国家能源委员会第一次会议精神，落实《国务院办公厅关于印发能源发展战略行动计划（2014—2020 年）的通知》（国办发〔2014〕31 号）要求，我国制定了《煤电节能减排升级与改造行动计划》（2014—2020 年），指出：全面落实“节约、清洁、安全”的能源战略方针，推行更严格能效环保标准，加快燃煤发电升级与改造，努力实现供电煤耗、污染排放、煤炭占能源消费比重“三降低”和安全运行质量、技术装备水平、电煤占煤炭消费比重“三提高”，打造高效清洁可持续发展的煤电产业“升级版”，为国家能源发展和战略安全夯实基础。

有序发展低热值煤发电。严格落实低热值煤发电产业政策，重点在主要煤炭生产省区和大型煤炭矿区规划建设低热值煤发电项目，原则上立足本地消纳，合理规划建设规模和建设时序。禁止以低热值煤发电名义建设常规燃煤发电项目。

根据煤矸石、煤泥和洗中煤等低热值煤资源的利用价值，选择最佳途径实现综合利用，用于发电的煤矸石热值不低于 5 020 kJ(1 200 kcal)/kg。以煤矸石为主要燃料的，入炉燃料收到基热值不高于 14 640 kJ(3 500 kcal)/kg，具备条件的地区原则上采用 30 万千瓦级及以上超临界循环流化床机组。低热值煤发电项目应尽可能兼顾周边工业企业和居民集中用热需求。

重点推进现役燃煤发电机组大气污染物达标排放环保改造，燃煤发电机组必须安装高效脱硫、脱硝和除尘设施，未达标排放的要加快实施环保设施改造升级，确保满足达标排放要求。因厂制宜采用成熟适用的环保改造技术，除尘可采用低温静电除尘器、电袋除尘器、布袋除尘器等装置，鼓励加装湿式静电除尘装置；脱硫可实施脱硫装置增容改造，必要时采用单塔双循环、双塔双循环等更高效率脱硫设施；脱硝可采用低氮燃烧、高效率 SCR（选择性催化还原法）脱硝装置等技术。

（二）建筑材料

用煤矸石来做建筑材料在我国比较普遍，它制成的建材质量轻、强度高、吸水率小、化学稳定性好，主要用途有：制砖瓦、生产水泥、混凝土空心砌块、加气混凝土、轻骨料、陶粒等。因为煤矸石本身含有可燃物，用它代替黏土制砖，既节地又节能。

1. 利用煤矸石制砖

在禁用黏土砖之前，我国所使用的墙体材料中，黏土烧结砖占 90%以上。每生产 1 亿块黏土砖要毁田约 150 亩，全国仅制砖一项每年就减少农业用地约 60 万～90 万亩。煤矸石掺入页岩烧砖，既省黏土又节约燃料，各地使用比较普遍。

图 4-3、图 4-4 分别为煤矸石实心砖和空心砖外形。

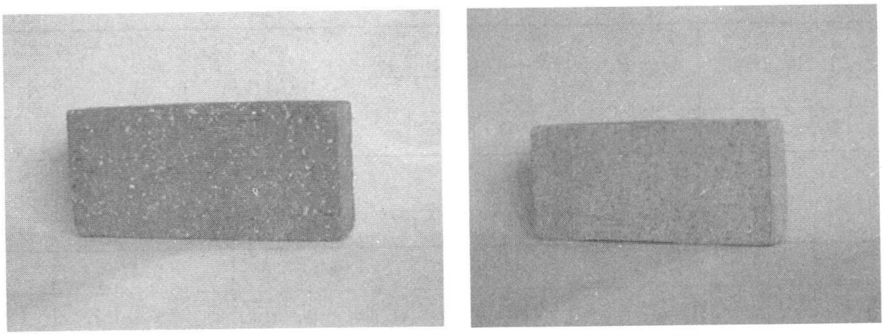

(a)　　(b)

图 4-3　煤矸石实心砖

(a)　　(b)

图 4-4　煤矸石空心砖

煤矸石砖与传统的黏土砖相比较，其强度和耐腐蚀性都优于黏土砖，且干燥快，收缩率小。从当前建材制品的发展趋势来看，用煤矸石制空心砖的前景更为广阔。其原因是：

第一，空心砖的隔热效果要优于实心砖；

第二，空心砖不存在黑心的问题；

第三，空心砖可以减轻建筑物的重量；

第四，用煤矸石制砖有利于保护耕地。

利用煤矸石制砖有两种方式：一是烧结方式，二是做烧砖内燃料。煤矸石砖是以煤矸石为主要原料，一般占坯料重量的 80%以上。

煤矸石经过破碎、粉磨、搅拌、压制、成型、干燥、焙烧后，即成为产品。而且焙烧时基本无须再外加燃料，其性能与规格和普通黏土砖基本相同。用煤矸石做烧砖内燃料节能效果显著，其工艺与用煤做燃料基本相同，只是增加了煤矸石的粉碎工序。对原料的工艺性能要求是评价煤矸石是否适宜制烧结砖的重要依据。在煤矸石制砖时应注意的是尽量选择含泥质、碳质较高的煤矸石，因为这类煤矸石质软，易粉碎和成型，因此有利于制砖。而砂质含量高的煤矸石难粉碎，不易成型，因此不宜用来制砖。

烧结砖以煤矸石为主要原料，对煤矸石的化学成分有一定要求，具体工艺性能要求和化学组成要求见表 4-4 和表 4-5。

表 4-4　烧结砖对煤矸石的工艺性能要求

可塑性指数	熔点/℃	收缩率/%	干燥敏感性系数	热值/(kJ/kg)	粒度/mm	
					>3	<0.27
7～15	≤1 250	≤4	≤2	1 750～2 300	≤2%	40%～50%

表 4-5　生产烧结砖对煤矸石原料的化学组成要求

化学组成	SiO_2	Al_2O_3	Fe_2O_3	CaO	SO_3
含量要求/%	55～70	15～25	≤2	≤3	≤1

另外，要求煤矸石的水分一般为 13%～17%，利用高压挤出机成型，隧道窑一次煅烧即成，产品质量参照 GB 13544—2011、GB/T 13545—2014。

山西原煤产量占到全国的 1/4 以上。据统计，山西省目前煤矸石积存量已达 10 亿 t 以上，占全国累计存量的 1/3，全省大小煤矸石山堆积近万座，占地约 25 万亩，且每年还在以 10%左右的速度递增。山西潞安矿业集团每年生产的煤矸石要占地 200 多亩，为处理这些煤矸石，每年要花 4 000 万元到 5 000 万元。而在煤矸石制砖生产线投产后，每年可生产 1.3 亿块标砖，日处理煤矸石 1 000 多吨，一年消化的煤矸石将近 40 万 t，“吃钱的废物”变成了“吐钱的宝物”。

2. 利用煤矸石制水泥

煤矸石在水泥生产中的应用主要体现在：做水泥混合材料、代替黏土原料配料煅烧水泥熟料、生产无熟料水泥等。

(1) 做水泥混合材料

煅烧良好的煤矸石是一种活性较高的水泥混合材料，随着煤矸石加入量的增加，水泥的干缩率减少、抗酸侵蚀能力提高、水化热下降。煤矸石无熟料水泥是以经 800 ℃煅烧后具有一定活性的煤矸石烧渣为主要原料，与激发剂石灰、石膏共同混合，细磨而成。

煤矸石空心混凝土砌块是由煤矸石、水泥和水混合而成的，一般采用机组流水法生产，主要工序有：混合料的制备、砌块的成型、砌块养护和成品检验、堆放等。空心砌块一般有 40%～50%的空心率，其块体容重仅为其材料容重的 50%～60%。另外它还具有强度高、抗冻、防震性能好等优点，可用于停车场、停机坪以及公路的底基层或铺筑层。

煤矸石加气混凝土是以煤矸石为硅质原料，以生石灰为钙质原料，加少量铝粉和适量石膏经搅拌、浇注、静停、蒸压而成的。该混凝土重量轻、保温隔热性能和防震性能好，具可加工性，可用来生产砌块、墙板、屋面板以及各种类型的保温制品。

图 4-5 为混凝土砌块外形。

(2) 代替黏土原料配料煅烧水泥熟料、生产无熟料水泥

煤矸石无熟料水泥的抗压强度为 30～40 MPa，其水化热较低，只相当于普通水泥的

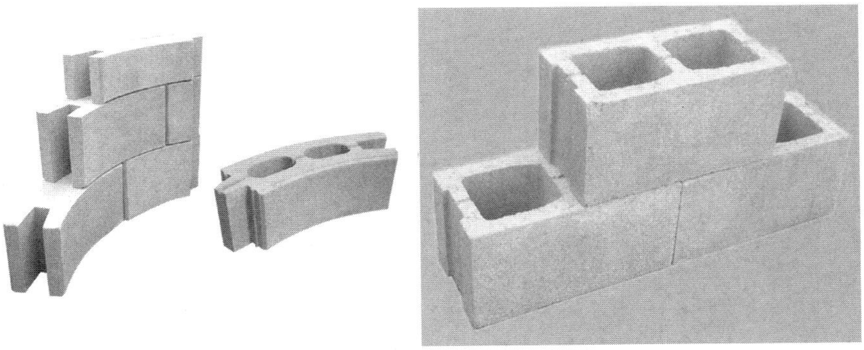

(a)　　　　(b)

图 4-5　混凝土砌块

1/4 左右，适宜于大体积混凝土工程或用以制作各种建筑砌块、大型板材及预制构件。当煤矸石含铝较高时，还可以用来代替黏土和铝矾土制成一系列不同凝结时间、具有快硬性的特种水泥和普通水泥的早强掺和料和膨胀剂。

3. 利用煤矸石制超轻陶粒

轻骨料及其混凝土和制品的性能优（密度轻、强度高、隔热保温性能好，耐火、耐久、抗冻性能优，抗震、抗渗性能强）、应用范围广、适应性强、节能效果显著、经济和社会效益好。这是此类产品在世界各地获得长久、快速、可持续发展的根本原因。

世界各地的生产和应用实践证明，在轻骨料产品中，由于天然轻骨料（浮石、火山渣等）和工业废渣轻骨料（煤炉渣、自燃煤矸石、膨胀矿渣等）受地区性资源和性能相对较差的限制，优质的轻骨料混凝土和制品多数选择由人造轻骨料（陶粒）配制而成。

在经济较发达的国家和地区，陶粒已成为轻骨料的主导产品。陶粒混凝土和制品已成为建设耐久性节能建筑、超高层建筑、抗震建筑、大型桥梁工程等的主要工程建筑材料。目前，全世界陶粒产品中超轻陶粒（堆积密度≤500 kg/m^3）约占 70%（国内约占 71.1%），普通陶粒（堆积密度 500～700 kg/m^3）约占 23.5%（国内约占 26.7%），高强陶粒（堆积密度 700～900 kg/m^3）约占 6.5%（国内约占 2.2%）。生产应用实践证明，超轻陶粒的隔热保温性能优、节能效果显著、生产成本低、市场需求大，已成为国内外轻骨料生产、应用中的主导产品。

自 20 世纪 70 年代起，我国北京、辽宁、山西等地也曾研究和开发煤矸石陶粒，试烧出堆积密度为 700～900 kg/m^3 的高强煤矸石陶粒。由于受当地煤矸石化学组成、矿物成分的限制和配方、焙烧技术的不足，尚未试烧出堆积密度为 500 kg/m^3 的超轻煤矸石陶粒和堆积密度为 500～700 kg/m^3 的普通煤矸石陶粒。图 4-6 所示为煤矸石制成的陶粒。

吉林省辽源市曾是我国最早的重要产煤基地之一，煤矸石堆存量 8 000 多万吨，堆积成 80 多座煤矸石山，占地面积 160 多公顷。辽源地区产出的煤炭属烟煤类中的气煤，挥发分较高，煤矸石的热值高达 5 020～7 530 kJ/kg，较易燃烧，当地煤矸石山不断自燃冒烟，既浪费能源，又污染周边环境。下面以该地区煤矸石研制生产超轻陶粒试验为例，介绍节能型煤矸石陶粒的开发。辽源矿业（集团）有限公司超轻煤矸石陶粒的主要物理性能如表 4-6 所示。

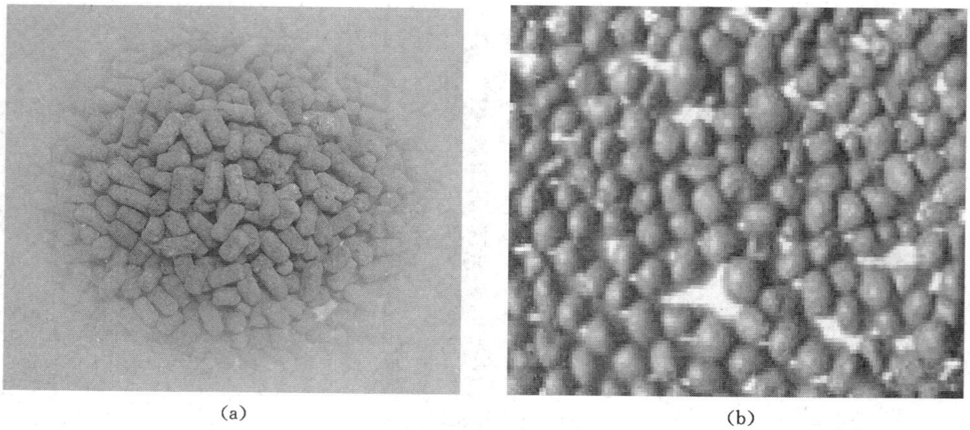

图 4-6　煤矸石制成的陶粒

表 4-6　辽源矿业(集团)有限公司超轻煤矸石陶粒的主要物理性能

性能名称及单位	检测指标	国家标准(GB/T 17431.1—2010)
堆积密度/(kg/m^3)	423	500 级
筒压强度/MPa	3.4	1.5(优等品)
吸水率/%	8.5	≤15

试验证明，我国吉林省辽源市产煤区可以利用煤矸石生产出节能型超轻陶粒。根据国际公认的陶粒膨胀原理，其他产煤区的煤矸石，只要化学成分和矿物成分能基本满足生产超轻陶粒的要求，采用最佳配方和热工工艺，也可以生产出超轻煤矸石陶粒。尤其褐煤(挥发分>37%)、烟煤(长焰煤、气煤、肥煤等，其挥发分分别为>37%、>37%、26%～37%)产煤区的煤矸石生产超轻陶粒的可行性更大。此外，投资还与生产线建设规模大小、工艺技术和装备先进性、陶粒密度等级等因素有关。经研究测算，超轻煤矸石陶粒的工厂生产成本一般为 70～90 元/m^3。以吉林正华新建材有限公司在辽源市筹建年产 20 万 m^{3}煤矸石陶粒生产线(陶粒平均堆积密度为 400 kg/m^3)的经济分析为例，陶粒工厂生产成本约为 70 元/m^3(其中：直接生产成本 61.2 元/m^3、管理费用 4.60 元/m^3、财务费用 1.14 元/m^3、销售费用 3.06 元/m^3)，约是当地目前超轻陶粒市场销售价格的 1/2，而且可以享受国家税收优惠政策(利用工业废渣≥30%，可免交增值税、所得税 5 年，5 年后可延续申请)。企业经济效益很好，每年可利用煤矸石约 83 500 t，利用粉煤灰约 12 200 t，节约能耗约 25%，利废、环保、节能等社会综合效益显著。

随着国家建筑节能工作的深入，我国新型优质节能墙体材料将会获得快速发展，其中超轻陶粒混凝土小型砌块、超轻陶粒混凝土空心隔墙条板、屋面隔热保温超轻陶粒混凝土垫层、建筑物底层地面下隔热防潮超轻陶粒填料等的市场需求量会快速增加。这些材料具有密度低、相应强度高、隔热保温性能好、耐火抗冻性能优和高效节能的优势。利用煤矸石生产节能型超轻陶粒的前景很好，发展空间巨大。但是，煤矸石化学成分、矿物成分、可燃性成分等差别较大，这不仅与煤矿的煤种、煤质有关，也与当地的地质、形成煤矿的历史条件等有关。因此，在开发、利用煤矸石时，一定要考察当地煤矸石的各项主要性能，以科学试验和经济分析为依据，经专家论证，确定可行性和最佳技术方案，才能确保超轻煤矸石陶粒生产线的产品质量优、稳定生产率高、节能效果显著、经济效益好。

4. 煤矸石制备地聚合物

地聚合物是一种由[AlO_4]和[SiO_4]四面体组成具有三维立体网状结构的新型无机聚合物，具有高抗压强度、硬化快、低收缩、高耐久、耐高温和抗渗透性等特点，在建筑材料、高强材料、固核固废材料、密封材料和耐高温材料等方面应用广泛。地聚合物的结构是由环状分子链构成的"类晶体"结构。环状分子之间结合形成密闭的空腔(笼状)，可以把金属离子和其他毒性物质分割包围在空腔内；同时聚合物骨架中铝氧四面体显电负性，可以吸收体系中的阳离子平衡电荷。因此地聚合物可以通过物理固定与化学固定两种方式固定矿渣中的多种重金属元素(Hg、As、Fe、Mn、Ar、Co、Pb)，有效防止金属尾矿的重金属污染。地聚合过程发生在室温或稍高温度的自然条件下，与普通硅酸盐水泥的生产相比，能耗较低且二氧化碳排放量至少减少了80%。

地聚合物通常由活性较高的硅酸铝原料(偏高岭土、煤矸石、矿渣等)与碱性活化剂混合而成。地聚物材料的凝结硬化过程就是原材料中硅氧键和铝氧键在碱性催化剂作用下断裂后再重组的反应过程。氢氧化钠、氢氧化钾、硅酸钠和硅酸钾是地聚合中最常用的碱性活化剂。活性硅酸铝在碱性条件下溶解，离子释放到溶液中。离子通过共享氧原子连接在一起，并产生含有 Si—O—Al 键的无定形三维聚合物结构。地聚合过程分为三步：用碱溶解铝硅酸盐以产生小的活性硅和氧化铝；将溶解物重新定向(运输)成单体；缩聚以形成无定形或半结晶的铝硅酸盐聚合物。

煤矸石地聚合物制备工艺简单，与水泥砌块制备工艺相仿。主要工艺过程包括：破碎、混料、养护、脱模等。在煤矸石地聚合物的制备过程中，影响其产品性能的主要因素有激发剂的类型、搅拌时间、振捣方式以及养护条件等。高碱浓度碱激发剂在一定浓度范围内可以促进地聚合物的形成，提高地聚合物机械强度，但浓度过高一方面会降低地聚合物的强度，另一方面增加成本。地聚合物养护条件包括养护温度、养护时间和养护方式，也是影响煤矸石地聚合物性能的关键因素。养护温度要适中，过高和过低的养护温度都不利于聚合反应进行。此外，在聚合反应中，养护温度过高会导致水分大量蒸发，从而影响聚合反应的进行。地聚合物的机械强度一般在养护初期增幅明显，之后强度增幅放缓，因此地聚合物具备早强的特点，可用于建筑抢修抢险等方面。

煅烧的煤矸石可以与高炉渣、氢氧化钙制备出地聚合物。煤矸石的活性是决定地聚合物能否合成的关键因素。煅烧处理的煤矸石具备优良的火山灰活性和水硬性，在一定范围内，煅烧煤矸石掺入量的不断增加将有效促进火山灰反应平衡的正向进行，从而产生更多高强度的胶凝材料。煤矸石与赤泥按照质量比为2∶8混合可以制备出高抗压强度地聚合物。煤矸石也可与粉煤灰混合制备地聚合物，煤矸石与粉煤灰的质量比为7∶3，在微硅灰掺量7%、养护温度20 ℃、养护湿度95%条件下，28 d抗压强度达到40～70 MPa，同时地聚合物对Co^{2+}、Cr^{3+}、Zn^{2+}、Ni^{2+}等重金属固化效果明显。

(三) 利用煤矸石生产化工产品

煤矸石中所含的元素种类较多，其中SiO_2和Al_2O_3含量最高，其次为Fe_2O_3、CaO、MgO等。煤矸石的主要化工用途就是通过各种不同的方法，提取煤矸石中某一种元素或生产硅铝材料。对于含铝较高的煤矸石，其开发的化工产品主要有结晶氯化铝、聚合氯化铝、硫酸铝、4A 分子筛、4A 沸石等；对于含硅较高的煤矸石，其开发的化工产品主要有水玻璃和合成碳化硅等。

1. 制备铝系产品

以煤矸石为原料制取聚合氯化铝的整个过程分为：粉碎焙烧—连续酸溶—浓缩结晶—沸腾分解—配水聚合五道工序。粉碎一般要在 8 mm 以下，焙烧温度控制在 600～800 ℃，这样可得到纯度较高的 $AlCl_3$。用煤矸石生产聚合氯化铝，投资小、成本低、工艺简单。

硫酸铝是无机盐化工中的一个基本品种，其产量的 50%以上用作造纸的施胶剂，其次用作水处理剂和木材防腐剂等。用来制备硫酸铝的煤矸石要求 Al_2O_3 含量大于 36%，Fe_2O_3 含量小于 3%。其工艺流程为：将该类煤矸石焙烧成熟料—在常压下进行酸溶处理—分离—浓缩—冷凝固化—破碎—产品。该方法可获得 80%的 $Al_2(SO_4)_3$，但如果对煤矸石不经焙烧而直接用酸常压溶出时，则 Al_2O_3 的溶出率只有 15%左右。此外，煤矸石中的残煤也可在焙烧时除去，有利于后续工序处理和提高产品质量。

因为用煤矸石生产铝盐后留下的残渣的主要成分为 SiO_2，所以除以上高铝产品外，其残渣还可以用来生产水玻璃、偏硅酸钠、白炭黑、碳化硅等。对于含硫较高的煤矸石还可作为制取硫黄和硫酸的原料。

氧化铝含量大于 20%的煤矸石，可深加工制造出高附加值的精细化工产品，制造出不同纯度的结晶氯化铝，再以结晶氯化铝为原料制造出更为高级的碱式氯化铝、亚微米级氧化铝及纳米级氧化铝等。

除制备铝化合物外，还可制备 4A 分子筛。国内外传统分子筛的生产大部分采用氢氧化铝、水玻璃和烧碱等化工原料合成的方法。由于这些原料短缺，价格昂贵，生产工艺流程较复杂，且生产成本高，阻碍了分子筛应用范围的扩大。利用富含高岭石的煤矸石生产分子筛，原料丰富廉价，工艺流程简单，成本低廉，具有较强的市场竞争力。中国矿业大学(北京)利用平顶山矿区煤矸石合成了 4A 分子筛，提出了一套切实可行的工艺流程，工艺为：研磨—煅烧(600～800 ℃)—加碱成胶—高温结晶(恒温 80～90 ℃)—洗涤—烘干—产品。该生产工艺特点是工艺简单，产品质量好，成本低。4A 分子筛如图 4-7 所示。

(a) (b)

图 4-7 4A 分子筛

4A 沸石是目前最好的无磷洗涤助剂，其去污效果可与三聚磷酸钠（STPP）媲美，且对人体无害，不损伤织物，易于生物降解，有利于环境保护。国内生产 4A 沸石的方法主要是以$NaSiO_3$和 $NaAlO_3$为原料进行水热合成，原料成本较高。以煤矸石为原料可以合成 4A 沸石。根据煤矸石的主要成分为 SiO_2和 Al_2O_3这一特点，曲阜师范大学利用山东北宿煤矿高铝煤矸石做原料，酸浸除铁，合成 4A 沸石，白度可达 95％以上；天津地质矿产研究所利用煤矸石成功地合成了 4A 沸石，其产品质量和性能指标均达到美国、日本等国同类产品标准；郑州轻工业大学等采用煤矸石合成 4A 沸石的新工艺，制备出优良的洗涤剂助剂 4A 沸石。

2．制备硅系产品

煤矸石生产聚合氯化铝的硅渣中常含有大量 SiO_2，将其与 NaOH 反应就可制得水玻璃，该工艺可在常压下进行，操作简单，成本低，经济效益好，很有开发前景。

利用煤矸石制白炭黑的方法为：首先调整水玻璃制备过程中未经浓缩的硅酸钠溶液密度，将其移入碱解罐中，在适当条件下冷却、抽滤除去水解产物，滤液注入搪瓷桶中；然后边搅拌边加热至一定温度，通入适当的 CO_2和空气，冷却抽滤，滤饼用水洗去大部分碱质后与等量水混合均匀，调制所得悬浮液 pH 值为 2～3，抽滤洗涤至无 SO_4^{2-}，将滤饼放在瓷盘中烘干至含水率小于 2％，即得白炭黑。在利用煤矸石中的 Al_2O_3制取 $AlCl_3$的同时，也能利用其中的 SiO_2生产出聚硅酸，将 $AlCl_3$与聚硅酸混合即可得到聚硅酸铝混凝剂。

煤矸石合成碳化硅（SiC）。碳化硅材料以优异的高温强度、高导热率、高耐磨性和耐腐蚀性在磨料、耐火材料、高温结构陶瓷、冶金等工业领域广泛应用。工业上生产碳化硅是以石英砂、石油、焦炭或优质无烟煤做原料，在艾奇逊炉中经高温电热还原生成的，这是一项高耗能、高污染的工业生产工艺。碳化硅分为高温型 A-SiC 和低温型 B-SiC 两种。B-SiC 易微细化，具有更好的烧结活性，作为磨料，B-SiC 在精密研磨中比 A-SiC 效果更好。B-SiC 还可大量用作炼钢脱氧剂。经大量研究表明，用高硅煤矸石与烟煤做原料，用 Acheson 工艺合成 SiC，与传统原料相比其反应速度快且反应温度低，代替了石英砂和大部分价格较贵的石油、焦炭，并可降低能耗和生产成本。其工艺为：煤矸石、石英粉、炭粉分别干磨—过筛—配料（加锯末、矿化剂、催化剂 Fe）—干磨混合—高温合成，通过以上工艺即可用煤矸石合成 SiC。如西安交通大学用硅质煤矸石与烟煤混合为原料合成了 B-SiC；武汉工业大学用硅质煤矸石和无烟煤为原料，经加热还原合成了 B-SiC-Al_2O_3复相材料。

3．制备钛白粉

当煤矸石中 TiO_2质量分数达到 7.2％时，便可用于制取钛白粉。其方法为：将生产白炭黑或水玻璃的残渣（含 TiO_2 32％～39％）加入盛有硫酸的反应釜中，用压缩空气鼓泡搅拌、加热后冷却，抽滤洗涤后，将滤液浓缩，放入水解反应器内，在搅拌条件下加入总 Ti 量为 10％的晶种，以蒸汽加热至沸腾，进行水解生成偏钛酸，然后冷却过滤，滤饼用 10％硫酸和热水洗至检不出 Fe 为止，再进行漂白、过滤、洗涤，得纯净偏钛酸，送入回转炉进行脱水转化煅烧，经粉碎即得钛白粉。

（四）利用煤矸石生产肥料

煤矸石含有 15％～20％的有机质以及多种植物所需的 B、Zn、Cu、Mn、Mo 等微量元素。某些煤矸石中的 N、P、K 和微量元素含量是普通土壤的数倍，经过加工可生产有机肥和微生物肥料。

煤矸石有机肥一般用化学活化法制成,即将有机质含量较高的煤矸石破碎成粉末后,与过磷酸钙按一定比例混合,然后加入适量的活化添加剂,充分搅拌,再加入适量水,堆沤活化即成。在此基础上还可以掺入氮、钾和微量元素等制成全养分矸石肥料。

煤矸石有机肥料可增加土壤的疏松性、透气性,改善土壤的结构,提高土壤肥力,从而达到增产的目的。

微生物肥料是近年来发展生态农业及绿色食品的新产品,目前我国年产量约 100 万 t,主要以固氮菌肥、磷肥、钾细菌肥为主。煤矸石中含有大量的有机物,是携带固氮、解磷、解钾等微生物最理想的基质和载体。煤矸石微生物肥料生产工艺简单,有利于改良土壤,是一种广谱性的微生物肥料。

利用煤矸石的酸碱性及其中含有的多种微量元素和营养成分,可将其用于改良土壤,调节土壤的酸碱度和疏松度,并可增加土壤的肥效。具体实施时,要查明土壤的化学成分和性质,并在其中掺入一些有机肥料。寇小燕等通过对滕南煤田地区的土壤、煤矸石及部分农作物的灰分进行化学分析,从理论上探讨了其促进植物增产的机理,得出该地区的煤矸石中含有促进植物生长的有益元素,煤中的夹矸具有吸附水分、降低蒸发速度的作用,有利于植物的正常生长。因此,该地区煤矸石可生产矿物肥料。

制备有机肥复合肥料的煤矸石要求有机质含量大于 20%,粒径小于 6 mm,其中 N、P、K 等植物生长所必需的元素含量要高,且富含农作物生长所必需的 B、Cu、Zn、Mo、Co 等微量元素。有害元素 As、Cd、Pb、Se 等的含量要符合农用标准的要求。陕西韩城下峪煤矿利用煤矸石生产的有机复合肥料,用于运城地区的农田后有明显的增产效果,在当年较干旱的气候条件下冬小麦仍实现了增产。

(五) 煤矸石中微量元素回收

煤矸石中不仅含有石英、方解石、硫铁矿等矿物质,还含有 Ga、Ge、U、Ti、V、Co 等稀有金属。其中金属镓与某些有色金属组成的化合物半导体材料已成为当代通信、大规模集成电路、宇航、能源、卫生等部门所需的新技术材料的支撑材料之一,具有极高回收利用价值。富镓煤矸石主要是指镓含量在 30 g/t 以上、达到了镓工业品位的煤矸石,尤其对于镓含量在 60 g/t 的煤矸石,镓回收是其主要利用途径,同时兼顾其他有价值组分的利用。

煤矸石中镓的浸出主要有两种方法:一种是高温煅烧,在 500～1 000 ℃进行煅烧,用酸或多种酸的混合物在一定温度和压力下浸出,使镓转入溶液;另一种是低温酸性浸出,在有酸存在下,加入一些添加剂,在 80～300 ℃和一定条件下浸取一定时间,使部分镓转入溶液。鉴于高温煅烧法能耗高,污染大,当前多采用低温酸性浸出法。酸性浸出母液中的镓一般可以用离子交换法、微乳液膜法、电解汞齐法、溶剂萃取法等方法回收。

(六) 煤矸石的回填复垦

利用煤矸石作为复垦采煤塌陷区的充填材料,既可使采煤破坏的土地得到恢复,又可减少煤矸石占地,减少煤矸石对环境的污染。同时,还复造了土地,可用于耕作、建房、修路等。

国内专家在 1998 年对矸石山的风化物施用化肥或生活污泥,进行种植苏丹草、红豆草的盆栽试验。试验结果表明煤矸石风化物复垦种植的生物成活率显著提高。

相关专家应用室内模拟试验与野外试验相结合的方法,对半干旱地区煤矸石风化物与黄土的水分特性进行了比较研究,结果表明矸石风化物具有颗粒粗、孔隙大、渗透系数高、田间持水量低、凋萎系数和累积蒸发量低的特点,并提出和论证了能充分利用水分的矸石山

"薄层覆盖复垦"新技术。进行复垦后，可针对具体情况进行绿化种植。先以草灌植物为主，然后再种植乔木树种，一般选择抗旱、耐盐碱、耐瘠薄的树种，对表层已风化成土的煤矸石复垦后，无须覆土，可直接进行植树造林或开垦为农田。在种植农作物前必须查明矸石中的有害元素含量。

（七）用煤矸石做公路路基

煤矸石作为充填材料可替代一般土石构筑铁路公路的路基和路堤。刘春荣等对国内煤矸石作为路基填料及路面基层填料的研究成果与工程实例表明：尽管煤矸石存在颗粒级配缺陷与水稳性差的特性，但只要掺入一定量的细颗粒，充分地压密与土质包边，煤矸石仍能作为路堤填料。

研究表明，煤矸石混合料做道路基层材料，它的强度、冻稳性和抗温缩防裂性能，均能满足多种等级公路的规范要求，而且有些混合料的性能还优于常用的基层材料，因此，煤矸石做道路基层材料具有广泛的推广价值。

中国矿业大学姜振泉教授等通过特殊压密试验探讨了煤矸石压密性与矸块破碎的关系，试验结果反映出煤矸石的压密性与一般土的压密性有实质差异，压密过程中较大比例的软岩矸块出现破碎，并伴随有密实程度和颗粒级配的明显变化，试验表明煤矸石经过适当的处理可以作为路基材料。

刘春荣等通过对煤矸石基本物理力学性质的研究，对其在路基填筑中应用的主要问题进行了探讨，提出了煤矸石作为筑路材料时压实度的检测方法。实践表明，道路建设中利用煤矸石在技术上是可行的，并且具有明显的技术、经济和社会效益，如徐丰公路庞庄矿区段塌陷区 1.2 km 长路段的路基，全部采用煤矸石填筑，使用性能良好。

（八）利用煤矸石发展煤系伴生矿和采煤废弃物综合利用基地

如山东可在兖州、新汶、肥城、枣庄、龙口矿区发展煤矸石（煤泥）—发电—高能载体产业链和煤矸石—发电—建材产品产业链；在新汶矿区发展煤炭地下气化项目；以淄博矿业集团为主，利用煤系共生资源高铝黏土发展铝土熟料、硫酸铝、高档耐火窑具、轻质保温材料等综合利用产品；在兖州、新汶等矿区围绕攻克煤系高岭土超细、增白、改性等技术难关，发展煅烧高岭土和精细化工产品；等等。

我国煤系伴生矿产资源有 100 多种，其中具有工业开采价值的有 20 多种，如各种耐火黏土、高岭土、膨润土、硅藻土、硫铁矿、油页岩、菱镁矿、石膏等，种类全，储量大。如高岭土、耐火黏土探明储量均达到 10 亿 t 以上。此外，煤田中还有可利用的瓦斯和地下水资源。我国煤系共伴生资源综合开发有很大的发展，到 1995 年底，高岭土生产能力达 62 万 t，耐火黏土 70 万 t，铝矾土 20 万 t，硫铁矿 50 万 t，膨润土 10 万 t，石墨 15 万 t。矿井瓦斯抽放 6 亿 m^3，利用量 4.5 亿 m^3，利用率达 75%，此外还开发了矿泉水产品及石膏、大理石、花岗岩等石材加工产品。对煤系共伴生资源进行深加工，提高了产品的附加值。如利用伴生的高岭土制成洗涤剂的助洗剂，使每吨高岭土增值 7～8 倍。

（九）今后我国煤矸石综合利用的发展方向

① 将综合利用视为一个系统工程，加强煤矸石组分与特性的基础研究，在提高综合利用率时，不仅要考虑经济可行，更要防治二次污染。

② 积极完善附加值高、用量大的煤矸石消纳技术，如制备超白高岭土、无机复合肥、菌肥、化工产品、岩棉及其制品、特种硅铝铁合金、新型陶瓷、微晶玻璃等技术。同时，深入开展

大型燃煤矸石循环流化床锅炉及成套发电技术、生态复垦及地面矸石山的综合处置利用等技术在实际工程中的应用。

③ 通过产学研联合攻关和开发，逐步建立技术引进、消化吸收、自主开发的技术创新机制，跟踪国际综合利用技术和装备的发展趋势，加大技术引进和国产化步伐，尽快缩短我国煤矸石综合利用技术装备水平与世界先进水平的差距。

（十）综合利用实例

平顶山煤业集团自 20 世纪 50 年代建矿以来，共形成矸石山 27 座，其中仍在排放的矸石山 16 座，废矸石山 11 座，历史累计排放总量达 5 515 万 t，占地面积 130 万 ha。由于矿区与市区紧紧相邻，煤矸石对周边环境产生了一些污染。2012 年平顶山煤业集团利用煤矸石生产水泥 580 万 t、砌块 50 万 m^3、矸石砖 50 000 万标块、水泥熟料 310 万 t。

平顶山煤业集团煤矸石的主要化学成分如表 4-7 所示。

表 4-7　平顶山煤业集团煤矸石的主要化学成分

成　分	含　　量	成　分	含　　量
SiO_2	55.09%～58.31%	SO_3	0.28%～0.84%
Al_2O_3	15.79%～18.31%	P_2O_5	0.044%～0.055%
Fe_2O_3	4.61%～5.49%	K_2O	2.50%～3.38%
TiO_2	0.84%～0.92%	Na_2O	0.80%～0.95%
CaO	1.25%～3.40%	烧失量	10.52%～13.55%
MgO	0.81%～1.07%		

多年来，平顶山煤业集团一直在探索煤矸石的有效利用途径。目前，其综合利用方式主要有：发电，生产水泥、速凝剂、釉面内墙砖，对塌陷区进行回填、复垦，铺设铁路、公路路基等，每年利用量约 170 万 t。

1. 利用煤矸石生产水泥

以煤矸石为原料可以生产的水泥品种很多。煤矸石在水泥工业上的应用主要是：用煤矸石代替黏土配料烧制水泥熟料，以煤矸石做混合材料磨制各种通用水泥，以煤矸石为原料烧制早强水泥，用自燃煤矸石生产煤矸石少熟料水泥、煤矸石无熟料水泥。目前，平顶山煤业集团建材公司生产水泥 15 万 t/a，实现销售收入 2 428 万元/a，利用煤矸石 8 096 t/a；四矿砌块水泥厂生产水泥 2.7 万 t/a，实现销售收入 422 万元/a，利用煤矸石 5 800 t/a。

2. 利用煤矸石制砖

目前推广煤矸石硬塑、半硬塑一次烧砖生产工艺。此法采用硬塑、半硬塑高压挤出设备，提高坯体的强度，可实现一次烧砖，将干燥、烧结一次完成，大大降低了次品率，提高了生产效率。利用这一技术主要生产符合新型墙体材料的承重或非承重空心砖。

3. 以煤矸石为原料烧制陶瓷制品

在传统的陶瓷制品生产中，主要是以优质矿物为生产原料。但近年来国外正在开发利用工业废渣和低劣质原料生产陶瓷制品，并在实际生产中推广应用。以煤矸石为主要原料可烧制的陶瓷制品主要有：釉面砖、陶瓷锦砖、细瓷等。

4. 矿井回填、工程填筑和土地复垦

从 1986 年起，平顶山煤业集团开始矸石山的绿化改造，使得往日烟尘弥漫的矸石山披上了绿装。同时，还对12个矿井塌陷区进行了综合改造，建成了东湖公园，二矿和六矿还在矸石山上建设了供职工休闲的设施。1991年该集团开始利用煤矸石对塌陷区进行土地复垦利用，七矿和八矿的复垦利用土地近340 ha。

三、其他矿山固体废物的资源化利用

（一）尾矿的综合利用

根据《中国矿产资源节约与综合利用报告(2015)》指出近5年来，我国尾矿年排放量高达15亿t以上，尾矿累计堆存总量146亿t，83%为铁矿、铜矿、金矿开采形成的尾矿。但尾矿综合利用率较低，仅为28.5%，远低于粉煤灰86.4%、冶炼废渣91.5%和炉渣88.2%。

尾矿的综合利用与资源化是矿业发展的必由之路，也是保持矿业可持续发展的基础。从人类社会发展所面临的非再生资源的枯竭和环境逐步恶化的大趋势看，尾矿的综合利用具有战略性的重要意义。从珍惜资源和循环经济的理念出发，对矿山固体废物应首先考虑回收其在现有技术经济条件下可以回收的资源，采用一次或多次回收金属。其次，是在地面将其作为原料开发高附加值产品，开创矿区经济新的增长点。最后再考虑其他的处理方式。目前，常见的尾矿综合利用方式有以下几种。

1. 回收尾矿有用金属

据不完全统计，目前我国金属矿山的尾矿累积堆存量已达146亿t。由于技术经济条件等原因，选矿回收率低，我国矿产资源总回收率仅有30%，大量资源损失于尾矿中，如云南铝业公司共堆存尾矿1.3亿t，按平均铝含量为0.15%计算，仅金属铝损失量就达20万t以上。

有色金属矿山的尾矿中往往含有多种有价金属。在选矿技术水平落后的条件下，可能会有5%～40%的目的组分留在尾矿中。另外，矿石中还有一些重要的伴生组分，当初选矿时就没有再进行回收。尾矿再选是尾矿利用的两个主要途径之一，并使其成为可利用的二次资源，可减少尾矿坝的建设和维护费用，节省破磨、开采、运输等费用，还可节省设备及新工艺研制的更大投资，因此尾矿的再选受到越来越多的重视。尾矿再选可采用重力分选、磁力分选、浮力分选、螺旋分选、生物氧化、溶剂萃取-电积法、浸提技术、化学试剂或生物浸出法、磁化焙烧等方法或结合化学试剂(包括捕收剂、抑制剂、活化剂、改性剂和起泡剂)进行再选回收。目前，尾矿再选已经在铁、铜、铅、锌、锡、钨、铂、金、铀等许多金属尾矿的处理方面有了进展，取得了明显的经济、环境及资源保护效益。

针对我国金矿尾矿中含金较高的情况，中国地质科学院郑州矿产综合利用研究所提出了四种回收金的工艺：再磨—浮选—氰化回收、浮选—再磨—氰化回收、重选—内混汞回收和强磁选—再磨—氰化回收。银洞坡金矿对积存的200万t尾矿进行回收，产值超过2亿元。山西双王金矿用重-浮流程选出含金91.3 g/t的硫金精矿，产值3.4亿元。

我国东北某地区7个大型铁矿选矿厂的11个尾矿库，年排2 700万t尾矿，至1995年5月累计堆存尾矿7.7亿t，含铁8%～16%，建设再选车间后回收铁精矿(含铁54%～65%)和供水泥厂用作添加剂的中矿(含铁35%～40%)。南氖铁矿用磁—重选流程再选尾矿500万t，回收品位达56.71%的铁精矿40.78万t，回收率为42.94%。

永平铜矿日处理尾矿2 000 t，对尾矿采用重—磁—重—浮—重选的联合流程步步抛尾，年产白钨精矿399.3 t、硫精矿1 584 t，年产值664.8万元，年利润172.8万元；大冶绿铜山铜矿多次对尾矿进行回收，在浮铜—磁选铁后尾矿中，采用强磁选工艺选出铁精矿，然后用再磨—浮—重—磁选工艺选出含金、银较高的金铜精矿和铁精矿。金铜精矿含金21.34

g/t、银 100 g/t、铜 16.58 g/t，回收率分别为 64.81%、18.16%和 53.66%。

2. 利用尾矿生产建筑材料

利用尾矿生产建筑材料的原理与利用煤矸石生产建筑材料比较类似，但因其不具备发热能力，应用领域不及煤矸石广。

(1) 利用尾矿制砖

铁尾矿可制成免烧砖、地面装饰砖。马鞍山矿山研究院采用齐大山、歪头山铁矿尾矿，成功地制成了免烧砖，各项指标均达到国标 100 号砖标准。江西铜业集团有限公司银山铅锌矿，由于该矿的尾矿化学成分比较稳定，利用它来生产蒸压硅酸盐砖，经测定达到国标 150 号砖标准。目前，该矿已建成一个年产 1 000 万块砖的尾矿砖厂。丹东市建材研究所利用金矿矿渣为主要原料，加入部分塑性较好的黏土原料，经烧结而制成一种新型建筑装饰材料——废矿渣饰面砖。利用铜尾矿和钨尾矿制砖目前也已研制成功。

(2) 利用尾矿生产水泥

众所周知，水泥是经过二磨一烧工艺制成的，水泥强度的高低取决于熟料的烧成情况及熟料中的矿物组成。熟料一般由硅酸三钙、硅酸二钙、铝酸三钙和铁铝酸四钙组成，其中对水泥早期强度起作用的是硅酸三钙、铝酸三钙；对后期强度起作用的是硅酸二钙、铁铝酸四钙、硅酸三钙；硅酸三钙是水泥熟料中的主要矿物(约占 50%)。尾矿用于生产水泥，就是利用尾矿中的某些微量元素影响熟料的形成和矿物的组成。

(3) 利用尾矿生产新型玻璃材料

同济大学以南京某高铁铝型尾矿为主要原料进行了熔制饰面玻璃的试验研究，制成的饰面玻璃漆黑发亮，均匀一致，无气泡，无疵点。

(4) 利用尾矿生产建筑微晶玻璃

北京科技大学以大庙铁矿尾矿和废石为主要原料制成了尾矿微晶玻璃花岗岩，其成品抗压强度、抗折强度、光泽度、耐酸碱度等均达到或超过天然花岗岩；同济大学与上海玻璃器皿二厂合作，以安徽琅琊山铜矿尾矿为主要原料，经过工业性试验，研制出可代替大理石、花岗岩和陶瓷面砖等具有高强度、耐磨和耐蚀的铜尾矿微晶玻璃材料；另外还有利用钨尾矿研制微晶玻璃。

(5) 利用尾矿生产其他建筑材料

鞍钢矿渣砖厂利用大孤山选矿厂尾矿配入水泥、石灰等原料，制成加气混凝土，其产品质量轻，保湿性能好。此外，铁尾矿可大量用作路基的基础材料。

3. 用尾矿回填矿山采空区

尾矿粒度细而均匀，用作矿山地下采空场的充填料具有输送方便、无须加工、易于胶结等优点。尾矿的回填可以大大减少占地。传统的水力充填(包括高浓度充填)均选用分级粗尾砂作为充填料；近年来发展起来的全尾砂膏体充填工艺，在减轻或消除尾矿对地表或井下环境污染方面，效果非常显著。

4. 利用尾矿固碳

工业革命以来，全球温室效应问题日益严重，因此 CO_2 封存技术逐渐得到人们重视。在现有众多 CO_2 封存技术中，矿物封存可以直接将 CO_2 转化为稳定的碳酸盐矿物，该技术工艺简单、相对费用低，是一种具有广阔应用前景的技术。尾矿中的一些矿物可通过碳化作用吸收空气中的二氧化碳，并转化成菱镁矿、方解石等碳酸盐矿物。二氧化碳的封存是由于二氧化碳与硅酸盐反应,生成热力学稳定的固体碳酸盐。二氧化碳在固碳反应后转化为碳酸盐,它将不会随地质时间尺度释放到大气中。镁铁质矿物(如橄榄石、蛇纹石和辉石)的结构中含有二价钙、镁或铁,其中橄榄石$(Mg,Fe)_2SiO_4$被认为是理想的碳酸化矿物。橄榄石在自然界中含量丰富,广泛分布在镁铁质和超镁铁质环境(如玄武岩、橄榄岩和邓氏岩)中,而且橄榄石也是溶解速度最快的硅酸盐之一。在碳化过程中,含有铁和镁的橄榄石可以形成含铁菱镁矿。

5. 利用尾矿用于土壤污染修复

磷灰石尾矿中含有大量磷酸盐,因此可以利用磷灰石尾矿修复铅、镉、锌、铜等造成的土壤重金属污染。磷酸盐尾矿可以用于处理射击靶场铅污染土壤,其中铅的稳定主要依靠沉淀作用,而表面吸附和络合作用占比较小。有些金属尾矿含有大量石灰石和白云石,这些碳酸盐可以提高土壤的 pH 值,促进重金属生成氧化物或碳酸盐沉淀,从而降低重金属的生物可利用性,因此含大量碳酸盐的尾矿可以用于含 Cd、Pb 污染土壤的修复。

6. 尾矿的其他用途

尾矿中含有一些植物所需的微量元素,将尾矿直接加工即可当作微肥使用,或用作土壤改良剂。如尾砂中的钾、锰、磷、锌、锡等组分,常常可能是植物的微量营养组分。尾砂中含有方解石、长石或者矾类盐,可生产工业污水絮凝剂、捕收剂等;用花岗闪长岩类尾砂生产絮凝剂或水玻璃,在工业中具有广泛用途。另外,尾砂还可做杀虫剂等用于农业生产。

(二) 废石的综合利用

我国矿山开采产生的剥离废石量为世界第一。我国矿山开采的采剥比大,如冶金矿山的采剥比为 1∶(2～4);有色矿山采剥比大多在 1∶(2～8),最高达 1∶14。我国矿山每年废石排放总量超过 6 亿 t,仅露天铁矿山每年剥离废石就达 4 亿 t。目前,我国剥离的废石堆存总量已达数百亿吨。

1. 从废石中提取有价金属

废石中有价金属很多,目前提取的主要有铜、金等比较昂贵的金属。江西德兴铜矿利用酸性废水浸出废石中的铜,既充分利用了矿山资源,又保护了水体和土壤环境免遭酸性废水的污染。为充分利用资源,张家口金矿利用堆浸技术从废石中提取金,取得了较好的效果。

2. 废石用作井下充填料

用废石回填矿山井下采空区是既经济又常用的废石利用方法。回填采空区有两种途径:一种是直接回填,将上部中段的废石直接倒入下部中段的采空区,这样可节省大量的提升费用,无须占地,大部分的矿山都采用了这种回填方法;另一种方法则是将废石提升到地表后,进行适当的破碎加工,用尾矿和水泥拌和后回填采空区,这种方法安全性好,但处理成本较高。我国山东的招远金矿和焦家金矿就是采用拌和水泥回填采空区方法的。

3. 废石的其他用途

此外,废石还可代替黏土生产硅酸盐水泥和低碱水泥,有的单位还用废石生产微晶玻璃和水处理混凝剂等。

(三) 粉煤灰的综合利用

粉煤灰主要来自矿山锅炉和自备电厂烟气除尘。我国对粉煤灰的利用起步较晚,始于 20 世纪 50 年代,主要是将粉煤灰用于建材及建材制品、混凝土和砂浆的掺和料;60 年代,在建材制品方面的应用形成产品;80 年代,将粉煤灰列入国家资源综合利用的重要组成部分,制定专用政策和法规，纳入国家法制管理轨道。从此，粉煤灰利用进入快车道，粉煤灰综合利用的研究由建材、建筑领域扩展到化工、冶金、农业与环境保护等众多领域，取得了一批研究成果，极大地推动了粉煤灰利用的发展。目前粉煤灰的综合利用主要集中在水泥行业、墙体材料、采煤塌陷坑充填、土木工程等。

1. 利用粉煤灰生产水泥

粉煤灰和黏土的化学成分相似，可替代黏土配制水泥生料。由于粉煤灰中含有一定量的未能燃烧的炭粒，用粉煤灰配料还能节省燃料。目前国内主要生产粉煤灰硅酸盐水泥和粉煤灰无熟料水泥两种类型。利用粉煤灰做水泥混合材料生产各种水泥，不仅能减少污染，而且能降低物料的水分，减少热能消耗，对于提高水泥的质量、产量，降低水泥成本等有显著的优越性。

2. 粉煤灰在砂浆和混凝土中的应用

粉煤灰砂浆是用粉煤灰取代或部分取代传统建筑砂浆中的某些组分，改善其某种性能的砂浆。微细粉煤灰能代替部分水泥或石灰膏或砂，具有提高黏聚性及密实度等作用。粉煤灰的形态效应、活性效应和微集料效应可提高混凝土的强度、抗渗性、抗侵蚀性和耐磨性等。在混凝土中掺加定量粉煤灰，可节约水泥，提高混凝土制品质量及工程质量，降低生产成本和工程造价。

3. 粉煤灰在墙体材料中的应用

粉煤灰可以通过高压蒸汽养护、常压蒸汽养护、自然条件养护以及高温烧结制成各种粉煤灰建筑制品，主要有粉煤灰陶粒、砖、瓦、小型空心砌块和砌块等。粉煤灰陶粒是在高温烧结下的一种轻质骨料，由于具有容重轻、隔热性能好等特点，可用于制造高强度轻质混凝土构件，减轻高层建筑物建材的自重，节能，降低建筑造价。粉煤灰砌块是以粉煤灰、石灰、石膏和骨料等为原料，加水搅拌、振动成型、蒸汽养护而成的密实块实体，适用于砌筑民用和工业建筑的墙体和基础。粉煤灰烧结砖是以粉煤灰和黏土为原料，经搅拌、成型、干燥、焙烧制成的砖。

4. 在农业方面的应用

粉煤灰中含有大量农作物所需的营养元素，如硅、钙、镁等，可用于制造各种复合肥，能起到用量少、增产效果好、价格便宜的作用。粉煤灰还可以改良土壤，使其容重、密度、孔隙率、通气性、渗透率、三相比关系、pH 值等理化指标得到改善，起到增产效果。用粉煤灰改良黏性土、酸性土效果显著。在适宜的掺灰量下，一般小麦、玉米、大豆都能增产 10%～20%，但对沙质土不宜使用粉煤灰。

5. 粉煤灰的精细利用

粉煤灰是一种混合物，包含着品种繁多的物质，精细利用则是将它们一一分选出来，提高粉煤灰综合利用水平。我国已研究开发的精细利用项目主要有：高铁玻璃珠的分选，用于生产铁；漂珠（空心玻璃微珠）的分选，用于生产高强轻质的保温耐火材料；炭粒的分选，用于制作工业碳素制品；高铝粉煤灰提取氧化铝或氢氧化铝，用于生成铝合金或做阻燃剂和高温耐火材料的添加剂等；取代或部分取代填塑材料，用于生产塑料制品，如地板、落水管、电线管等；磨细的粉煤灰还用于涂料中的填料等。

6. 粉煤灰在环境保护中的应用

粉煤灰具有较大的比表面积，利用其吸附性能，处理一些含有害物质的废弃物。利用粉煤灰未燃尽炭的多孔性，可吸附地下水污泥中产生的氧、磷及有机物以及工业废水中的磷酸盐、重铬酸盐和氟化物等。为进一步提高粉煤灰的吸附性能，扩大粉煤灰在环保方面的利用渠道，从 20 世纪 80 年代中期开始，国外开始利用粉煤灰合成沸石。为了改善难过滤性料浆和稀薄料浆的过滤特性，通常要加入过滤助剂。用粉煤灰为原料合成的托贝莫来石粒子可用于处理含重金属离子的污染物或作为过滤剂以替代硅藻土处理含重金属离子的污染物。

第五章　矿山噪声污染与防治

第一节　矿山噪声及其特点和危害

一、矿山噪声

根据物理学观点，噪声是指声强和频率的变化均无规律的声音。通俗地讲，噪声是人们在日常生活和工作中所不需要的杂乱无章的声音。《中华人民共和国环境噪声污染防治法》中称："环境噪声污染，是指所产生的环境噪声超过国家规定的环境噪声排放标准，并干扰他人正常生活、工作和学习的现象。"环境噪声污染是一种能量污染，是危害人类环境的公害。噪声污染有其自身的特点。噪声是暂时性的，噪声源停止发声，噪声便消失。环境噪声源分布是分散性的，噪声影响的范围是局限性的。

矿山噪声按三种方法分类。

① 按噪声产生的地点，矿山噪声可分为地面噪声和井下噪声。

地面噪声又可分为选场噪声、露天采场噪声和机修厂噪声等。地面噪声是矿山噪声的重要来源。表 5-1 表明，选矿厂和露天采场主要设备的声压级绝大部分超过国标和部标所规定的噪声许可标准。此外，地面上的主力扇风机、空压机、锻钎机等产生的噪声，大都超过 100 dB(A)，而且声压级高、来源多。

表 5-1　矿山地面主要生产设备的噪声级

噪声级	设备类型	主要生产设备	声压级/dB(A)
选矿厂	破碎设备	破碎机(粗碎)	65～85
		破碎机(中碎)	91～95
		MQG250×3600 球磨机	96～100
		3600×4000 球磨机	101～105
	筛分设备	18×36 振动筛	96～100
		单层振动筛	101～105
	其他设备	摇床	65～85
		胶带运输机	91～95
露天采场	钻孔设备	国产 53-200 潜孔钻	65～85
		国产 BC-1 型穿孔机(门窗开)	91～95
		国产改装潜孔钻(门窗开)	96～100
	铲运设备	国产 C-3 电铲(门窗开)	91～95
		苏制 3KT-44M3 电铲(门窗开)	96～100
		上海 32 吨汽车(门窗开)	86～90
		美制 120 吨汽车(门窗开)	91～95

井下噪声主要是由于凿岩、爆破、通风、运输、提升、排水等生产过程产生的。井下噪声最大、作用时间最长的是凿岩设备和通风设备产生的噪声，其次是爆破、运输、二次破碎等产生的噪声。井下噪声声压级大都在 95～110 dB(A)之间，个别的噪声声压级超过 110 dB(A)，是矿山噪声强度最大的噪声源，而且从噪声的频谱特性来看，多呈中、高频噪声(表 5-2)。

表 5-2 井下几种主要设备的噪声级

设备名称	规格	声压级/dB(A)	频谱特性
凿岩台车	C22-500	116	高频
气腿凿岩机	YT-25	113	高频
轴流式局部通风机	28、30 kW	112	高中频
轴流式局部通风机	11 kW	100	高中频
轴流式局部通风机	4、5.5 kW	95	高中频
气动装岩机	ZYQ-14	105	高中频

② 按噪声产生的原因，矿山噪声可分为设备噪声和非设备噪声。

设备噪声主要是指扇风机、空气压缩机、凿岩设备、装卸设备、运输设备和破碎设备等产生的噪声。

非设备噪声主要是指爆破、压气管线中压气的排放和泄漏、片帮、冒顶和放顶以及矿石倾卸到矿仓、溜井、溜槽中的滚动和撞击等产生的噪声。

③ 按噪声发生机理的不同，矿山噪声可分为机械噪声、空气动力噪声、电磁噪声。

机械噪声是由于机械设备运转时，部件间的摩擦力、撞击力或非平衡力，使机械部件和壳体产生振动而辐射的噪声，如破碎机、球磨机、振动筛分机等产生的噪声。机械噪声声源常分布在粗破碎、中破碎、细破碎、烧结车间和选矿主厂房中。凡具有这种噪声的车间有 80%以上声压级超过 100 dB(A)，如圆锥破碎机噪声达 104 dB(A)，四辊破碎机噪声达 105 dB(A)、球磨机噪声达 98～101 dB(A)。噪声呈宽带性质，峰值一般在 500～1 000 Hz 之间。

空气动力噪声是一种由于气体流动过程中的相互作用，或气流和固体介质之间的相互作用而产生的噪声，常见的空气动力噪声有通风机、鼓风机、空气压缩机、喷射器等扰动气体而形成的噪声，存在的范围比机械噪声小，但其危害程度并不亚于机械噪声。抽风机室的抽风机声压级普遍超过 100 dB(A)，最高 103 dB(A)，噪声呈宽带性质、峰值在 500～2 000 Hz 之间。

电磁噪声是由于磁场脉动、磁场伸缩引起的电气部件振动而发出的声音，如电机定转子的吸力、电流和磁场的相互作用及磁场伸缩引起的铁心振动，主要由电动机引起。噪声值明显比前两种要小，多数与前两种噪声共生。其影响往往被更高的噪声掩盖，就本身的噪声来讲也大多数超标。

二、矿山噪声的特点

大型的矿山开采时，使用了许多大型、高效和大功率设备，随之带来的噪声污染越来越严重。目前解决矿山机械设备噪声已经成为环境保护和劳动保护的一项紧迫任务。图 5-1

是现场测定矿山机械设备噪声级范围。

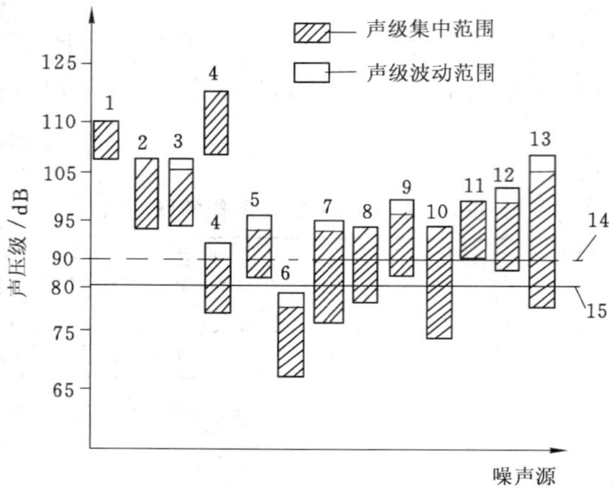

1—井下凿岩机械；2—井下通风机；3—井下铲运机械；4—地面空压机；5—地面主要通风机；6—地面卷扬机；5—水泵；8—露天矿牙轮钻机；9—露天矿 4 m^3电铲；10—地面 20 t 自卸式汽车；11—选矿厂破碎机；12—选矿厂球磨机；13—选矿厂筛分机；14—部标标准线；15—国标标准线。

图 5-1　矿山机械设备噪声级范围

矿山噪声具有以下特点：

(1) 矿山企业机械设备多，噪声源多，稳态声源多

根据实测和调查，矿山噪声大多数声源为稳态噪声，如凿岩机械、通风设备、压气设备、提升设备、选矿机械等。爆破和露天矿的穿孔机械产生脉冲噪声，并伴随有振动。爆破还会产生冲击波。矿山运输属交通噪声，为非稳态声源。

(2) 声源量大且分散，超标严重

矿山噪声，不管是地下开采还是露天开采，或是选矿工艺，到处都有噪声源，声压级大于 100 dB(A)的约占 52%。有的岗位噪声高达 110～120 dB(A)，如各种类型的风动凿岩机、锻钎机、大型球磨机等。

(3) 噪声频带宽，噪声源波动范围大

实测资料表明(图 5-2)：宽频带噪声在矿山噪声中较普遍，噪声能量大多集中在 63～2 000 Hz的频段内。球磨机和风洞凿岩机噪声能量为 125～4 000 Hz，噪声级都很高。

凿岩机械噪声一般为 110～120 dB(A)，通风机械噪声为 95～105 dB(A)，装运机械噪声为 90～100 dB(A)，压气设备噪声为 85～90 dB(A)，提升设备噪声为 50～80 dB(A)，选矿机械噪声为 85～110 dB(A)。

(4) 交通运输噪声多

井巷掘进和地下采矿，要用矿车、电耙、电机车等运送岩石和矿石，露天采矿的运输工具为卡车、机车，这些都是移动性噪声源。

(5) 地下噪声比地面噪声大，地下和地面噪声自然衰减不一样

由于井下巷道狭窄，声波在巷道中多次反射，周围岩壁越硬，反射声越大。同一种声源在井下巷道中声压级比地面大 4～8 dB(A)。

(6) 矿山噪声源往往和粉尘发生源相伴生

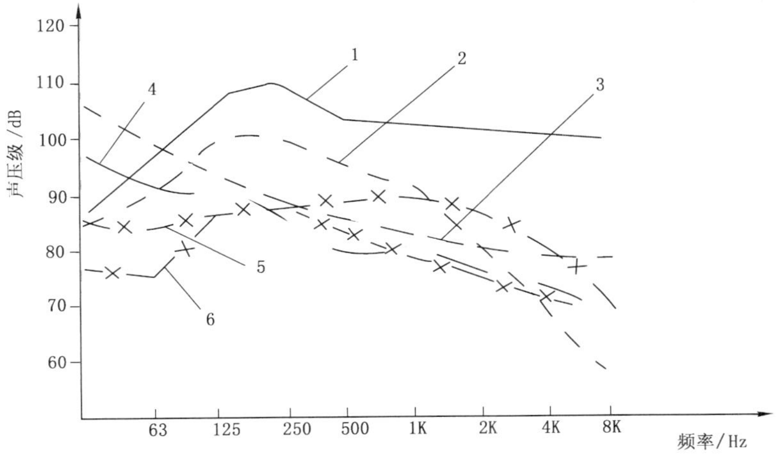

1—YSP45 型凿岩机；2—36×40 球磨机；3—N85 分贝标准曲线；4—C-3 型电铲；5—L8-6037 空压机；6—20000-65×4 离心式水泵。

图 5-2　矿山机械噪声频谱图

矿山噪声源主要产生于露天采场和井下工作面的爆破，大型机械设备、运输以及设备选矿厂粉碎工艺(图 5-3)。矿山噪声源与粉尘的发生源基本一致。

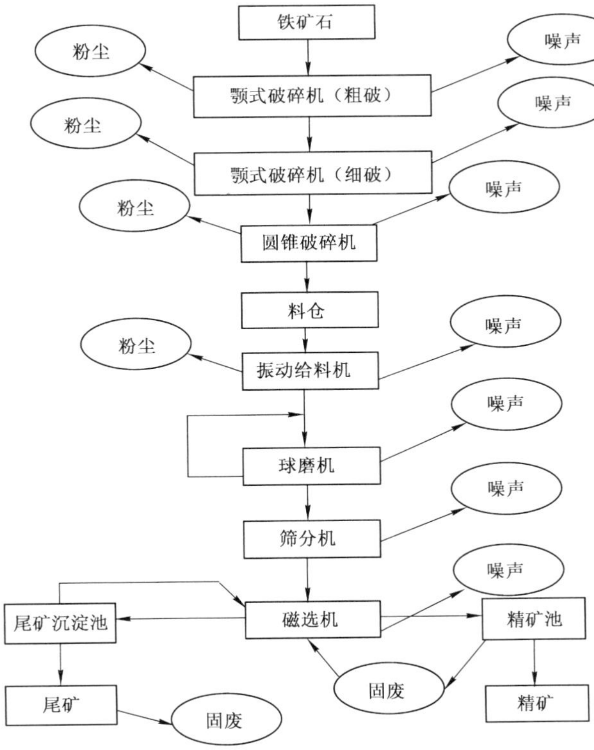

图 5-3　选矿工艺流程及产污环节示意图

三、矿山噪声的危害

国外医学界的研究认为，采矿业环境中50%～80%的工作人员都不同程度地受到听觉损害，损害程度不仅与噪声的强度、频率有关，还与每个人的心理、生理状态以及社会生活等多方面因素有关。

根据国际标准化组织（ISO）的统计，噪声性耳聋发病率如表5-3所示。

表5-3　工作40年后噪声性耳聋发病率　　单位：%

声压级/dB(A)	国际标准化组织统计	美国统计
80	0	0
85	10	8
90	21	18
95	29	28
100	41	40

根据我国统计资料，井下工龄10年以上的凿岩工，20%左右的人员为职业性耳聋。噪声除了造成上述耳聋外，矿山噪声造成的其他危害情况见表5-4。

表5-4　矿山噪声危害一览表

影响方面	内　　容
影响正常生活	使人们没有一个安静的工作和休息环境，烦躁不安，妨碍睡眠，干扰谈话等
对矿工听觉的损伤	矿工长期在噪声90 dB(A)以上的环境中工作，将导致听阈偏移，当500、1 000、2 000 Hz三个频率的听阈平均偏移25 dB(A)时，称噪声性耳聋
引起矿工多种疾病	噪声作用于矿工的中枢神经系统，使矿工生理过程失调，引起神经衰弱症；噪声可引起血管痉挛或血管紧张度降低，血管改变，心律不齐等；噪声使矿工的消化机能衰退，胃功能紊乱，消化不良，食欲缺乏，体质减弱
影响矿工安全生产和降低矿山劳动生产率	矿工在嘈杂环境里工作，心情烦躁，容易疲乏，反应迟钝，注意力不集中，影响工作进度和质量，也容易引起工伤事故；由于噪声的掩蔽效应，矿工听不到事故的前兆和各种警戒信号，更容易发生事故

第二节　噪声的量度

一、噪声的客观量度

（一）声压与声压级

当声波在媒质中传播时，会使媒质中空间各处的空气压强产生起伏变化。通常用p来表示压强的起伏变化量，即$p=p_{空}-p_{空0}$，称为声压。其中，$p_{空}$为空气压强，$p_{空0}$为平衡状态下的空气压强（静态压强）。声压的单位是帕斯卡（Pa），1 Pa=1 N/m^2。

人耳能听到的声音的最低界限称听阈，正常人的听阈声压为 2×10^{-5} Pa。能使人耳产生疼痛感觉的界限称痛阈，正常人的痛阈声压为 20 Pa。两者相差百万倍，于是引入“级”的概念。

人耳声压级常用 L_p 表示，定义为：

$$L_p = 10\lg\frac{p^2}{p_0^2} = 20\lg\frac{p}{p_0} \quad (\text{dB}) \tag{5-1}$$

式中　p——被量度的声压的有效值；

p_0——基准声压，$p_0=2\times10^{-5}$ Pa。

（二）声强与声强级

声场中某点处，与质点速度方向垂直的单位面积上在单位时间内通过的声能量称为瞬时声强，它是一个矢量。对于稳态声场，声强是指瞬时声强在一定时间 T 内的平均值。声强的符号为 I，单位为瓦特每平方米（W/m^2）。

声强级常用 L_I 表示，定义为：

$$L_I = 10\lg\frac{I}{I_0} \quad (\text{dB}) \tag{5-2}$$

式中　I——被量度的声强；

I_0——基准声强，在空气中，$I_0=10^{-12}\ \text{W/m}^2$。

（三）声功率与声功率级

声源在单位时间内发射的总能量称为声功率，记为 W，单位为瓦（W）。声功率级常用 L_W 表示，定义为：

$$L_W = 10\lg\frac{W}{W_0} \quad (\text{dB}) \tag{5-3}$$

式中　W——被量度的声功率的平均值；

W_0——对于空气媒质，基准声功率为 10^{-12} W。

（四）分贝的运算方法

1. 级的相加

（1）公式法

由于级是对数量度，对于不产生干涉作用的互不相干的多个噪声源叠加时，不能进行简单的声压级算术相加而是根据能量叠加进行声压级计算。对于 n 个声源有：

$$L_{p_T} = 10\lg\left(\sum_{i=1}^{n} 10^{0.1L_{p_i}}\right) \tag{5-4}$$

（2）查表法

式（5-4）可从两个声压级 L_{p_1} 和 L_{p_2} 的差值 $\Delta L_p=L_{p_1}-L_{p_2}$（假定 $L_{p_1}>L_{p_2}$）求出合成的声压级。因为 $L_{p_2}=L_{p_1}-\Delta L_p$，则有：

$$L_{p_T} = 10\lg[10^{0.1L_{p_1}} + 10^{0.1(L_{p_1}-\Delta L_p)}] = L_{p_1} + 10\lg[1+10^{-0.1\Delta L_p}] = L_{p_1} + \Delta L' \tag{5-5}$$

式（5-5）可制成表 5-5 分贝加法计算表或绘成图 5-4 分贝相加曲线。从而直接在曲线或表中查出两声压级叠加时的总声压级。从表 5-5 知，如果两个声压级相差大于 10 dB，那么计算总声压级时较小的声压级对总声压级的贡献可以忽略。

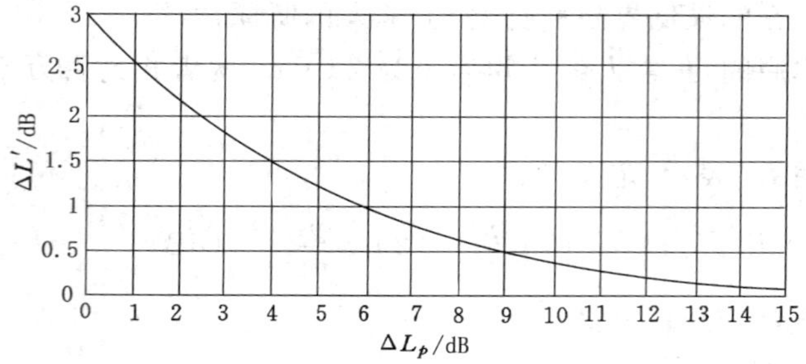

图 5-4　分贝相加曲线

表 5-5　分贝加法计算表

ΔL_p/dB	0	1	2	3	4	5	6	7	8	9	10	11	12	13	14	15 以上
$\Delta L'$/dB	3.0	2.5	2.1	1.8	1.5	1.2	1.0	0.8	0.6	0.5	0.4	0.3	0.3	0.2	0.2	0.1

例 5-1　两个声压级都为 80 dB 的声音叠加，求叠加后的总声压级。

解　方法一：利用公式进行计算

$$L_{p_T} = 10\lg(\sum_{i=1}^{n} 10^{0.1L_{p_i}}) = 10\lg(10^{0.1\times 80} + 10^{0.1\times 80}) = 83\ (\text{dB})$$

方法二：利用查表法

$\Delta L_p = L_{p_1} - L_{p_2} = 0$ dB，因此 $\Delta L' = 3$ dB。

故　$L_{p_T} = 80 + 3 = 83$ (dB)

2. 级的相减

已知某机器运行时的总声压级为 L_{p_T}(包括背景噪声)，机器停止运行时的背景噪声声压级为 L_{p_B}，那么被测机器的真实噪声声压级 L_{p_S} 为：

$$L_{p_S} = 10\lg(10^{0.1L_{p_T}} - 10^{0.1L_{p_B}}) \tag{5-6}$$

令 $\Delta L_{p_B} = L_{p_T} - L_{p_B}$，则

$$\Delta L_{p_S} = L_{p_T} - L_{p_S} = -10\lg[1 - 10^{-0.1\Delta L_{p_B}}]\quad (\text{dB}) \tag{5-7}$$

式(5-7)也可绘成图 5-5 分贝相减曲线或表 5-6 分贝减法计算表。由 L_{p_T} 和 L_{p_B} 的差值 ΔL_{p_B} 查出修正值 ΔL_{p_S}。

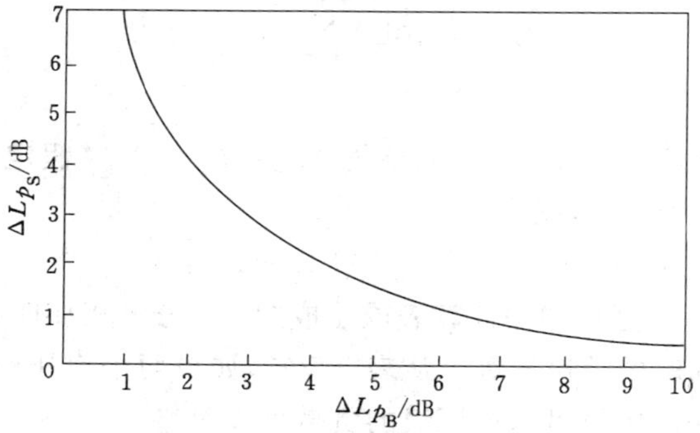

图 5-5　分贝相减曲线

表 5-6　分贝减法计算表

ΔL_{p_B}/dB	1	2	3	4	5	6	7	8	9	10	11
ΔL_{p_S}/dB	6.9	4.4	3.0	2.3	1.7	1.3	1.0	0.8	0.6	0.45	0.34

例 5-2　两台机器工作时，在某点测得声压级为 80 dB，其中一台停止工作后，在该测点测得的声压级为 76 dB，求停止工作的机器单独工作时在该点的声压级。

解　方法一：利用公式进行计算

已知 $L_{p_T}=80$ dB，$L_{p_B}=76$ dB，由式(5-6)得

$$L_{p_S}=10\lg(10^{0.1\times 80}-10^{0.1\times 76})=77.8\ (\text{dB})$$

方法二：利用图或表近似计算

$$\Delta L_{p_B}=L_{p_T}-L_{p_B}=80-76=4\ (\text{dB})$$

通过查表 5-6，得到 $\Delta L_{p_S}=2.3$ dB，因此，$L_{p_S}=80-2.3=77.7$ (dB)。

二、噪声的评价量

噪声对人的危害和影响包含各个方面。噪声评价量的建立必须考虑噪声对人们的影响特点、噪声的频率大小、涨落大小。噪声出现的时间不同，对人的影响不同，同样的声音对于不同心理和生理特征的人群反应不同。不同的评价量及标准分别适用于不同的环境、时间、噪声源特征和对象。

（一）A 声级

环境噪声的度量，不仅与噪声的物理量有关，还与人对声音的主观听觉有关。人耳对声音的感觉不仅和声压级有关，还与频率的高低有关。为了能使仪器直接测量出人的主观响度感觉，研究人员为测量噪声的仪器（声级计）设计了一种特殊的滤波器，叫 A 计权网络。通过 A 计权网络测得的噪声值更接近人的听觉，这个仪器测得的声压级称为 A 计权声级，简称 A 声级，记为 L_A。A 声级能较好地反映人耳对噪声强度与频率的主观感觉，因此，对于一个连续的稳态噪声是一种较好的评价方法。

（二）等效连续 A 声级

A 计权声级能较好地评价稳态的、宽频带噪声。对于声级起伏或不连续的噪声，采用噪声能量按时间平均的方法来评价噪声对人的影响更确切，为此提出等效连续 A 声级的概念。

等效连续 A 声级又称等能量 A 计权声级，它等效于在相同的时间间隔 T 内与不稳定噪声能量相等的连续稳定噪声的 A 声级。其符号为 $L_{\text{Aeq}\cdot T}$ 或 L_{eq}，数学表达式为：

$$L_{\text{eq}}=10\lg\left(\frac{1}{T}\int_0^T 10^{0.1L_A(t)}\,\mathrm{d}t\right) \tag{5-8}$$

式中　L_{eq}——在 T 时间内的等效连续 A 声级，dB(A)；

T——连续取样的时间间隔，s；

$L_A(t)$——t 时刻的瞬时 A 声级，dB(A)。

（三）噪声评价(NR)曲线

前面介绍了 A 声级和等效连续 A 声级，它们是对噪声所有频率的综合反映，很容易测量，所以，国内外普遍将 A 声级作为噪声的评价标准。但是，A 声级是不能代替频带声压级来评价噪声的，因为不同的频谱形状的噪声可以是同一 A 声级值。所以，若想较细致地确

定各频带噪声标准，还需用"噪声评价曲线"来评价噪声。国际标准化组织（ISO）推荐使用一族噪声评价线，如图 5-6 所示。

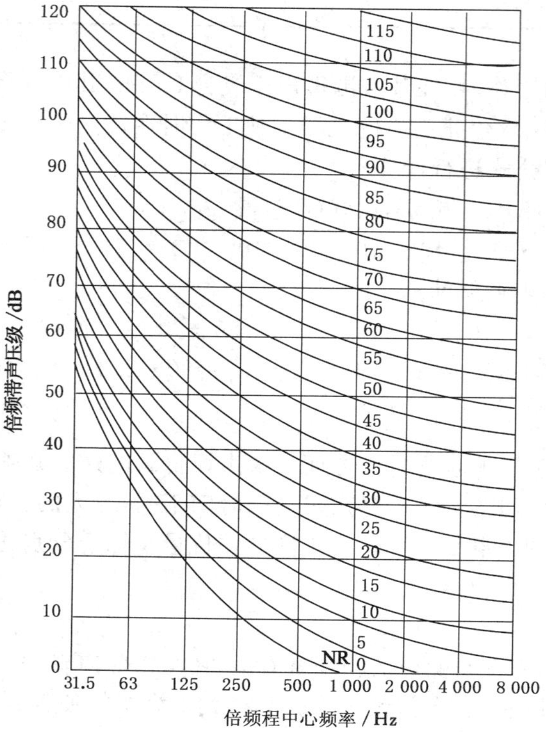

图 5-6　噪声评价曲线

第三节　有关环境噪声的标准

一、听力和健康保护噪声标准

（一）国际标准化组织推荐的噪声标准

为了保护人们的听力和身体健康，1971 年，国际标准化组织公布了《职业性噪声暴露和听力保护标准》（ISO R1999—1971），规定每天工作 8 h，允许等效连续 A 声级为 80～85 dB(A)；时间减半，允许噪声提高 3 dB(A)，但不得超过 115 dB(A)，如表 5-7 所示。

表 5-7　ISO 建议的噪声允许标准

每天允许暴露时间/h	8	4	2	1	0.5	0.25	0.125	最高限
噪声级/dB(A)	85～90	88～93	91～96	94～99	95～102	100～105	103～108	115

（二）我国的噪声卫生标准

1.《工业企业噪声控制设计规范》（GB/T 50087—2013）

为防止工业企业噪声的危害，保障职工的身体健康，保证安全生产与正常工作，保护环境，2013 年颁布《工业企业噪声控制设计规范》(GB/T 50087—2013)，自 2014 年 6 月 1 日起实施。该规范适用于工业企业中的新建、改建、扩建与技术改造工程的噪声(脉冲声除外)控制设计。工业企业内各类工作场所噪声限值应符合表 5-8 的规定。

表 5-8 各类工作场所噪声限值

工作场所	噪声限值/dB(A)
生产车间	85
车间内值班室、观察室、休息室、办公室、实验室、设计室、室内背景噪声级	70
正常工作状态下精密装配线、精密加工车间、计算机房	70
主控室、集中控制室、通信室、电话总机室、消防值班室、一般办公室、会议室、设计室、实验室、室内背景噪声级	60
医务室、教室、值班宿舍、室内背景噪声级	55

注：(1) 生产车间噪声限值为每周工作 5 d，每天工作 8 h 等效声级；对于每周工作 5 d，每天工作时间不是 8 h，需计算 8 h 等效声级；对于每周工作日不是 5 d，需计算 40 h 等效声级；

(2) 室内背景噪声级指室外传入室内的噪声级。

2.《工业企业设计卫生标准》(GBZ 1—2010)

本标准规定了工业企业选址与总体布局、工作场所、辅助用室以及应急救援的基本卫生学要求。本标准适用于工业企业新建、改建、扩建和技术改造、技术引进项目(以下统称建设项目)的卫生设计及职业病危害评价。对于生产过程和设备产生的噪声，应首先从声源上进行控制，使噪声作业劳动者接触噪声声级符合 GBZ 2.2 的要求。采用工程控制技术措施仍达不到 GBZ 2.2 要求的，应根据实际情况合理设计劳动作息时间，并采取适宜的个人防护措施。非噪声工作地点的噪声声级的设计要求应符合表 5-9 规定的设计要求。

表 5-9 非噪声工作地点噪声声级设计要求

地点名称	噪声声级/dB(A)	工效限值/dB(A)
噪声车间观察(值班)室	≤75	≤55
非噪声车间办公室、会议室	≤60	
主控室、精密加工室	≤70	

(三) 噪声暴露率

对于非稳态噪声的工作环境或工作位置流动的情况，应测量不同的 A 声级和相应的暴露时间，计算等效连续 A 声级或噪声暴露率。噪声暴露率是指将暴露时间的时数除以该暴露声级允许工作的时数。设暴露在 L_i 声级的时数为 C_i，L_i 声级的允许暴露时数为 T_i，则按每天 8 h 工作可计算出噪声暴露率：

$$D = \frac{C_1}{T_1} + \frac{C_2}{T_2} + \frac{C_3}{T_3} + \cdots + \frac{C_n}{T_n} = \sum_{i=1}^{n} \frac{C_i}{T_i} \tag{5-9}$$

如果 D 大于 1，表明 8 h 工作的噪声暴露剂量超过允许标准。

二、声环境质量标准

我国 2008 年 10 月 1 日开始实施的《声环境质量标准》(GB 3096—2008)规定了五类声

环境功能区的环境噪声限值及测量方法，如表 5-10 所示。

表 5-10 环境噪声限值 单位：dB(A)

声环境功能区类别		时段	
		昼间	夜间
0 类		50	40
1 类		55	45
2 类		60	50
3 类		65	55
4 类	4a 类	70	55
	4b 类	70	60

0 类声环境功能区：指康复疗养区等特别需要安静的区域。

1 类声环境功能区：指以居民住宅、医疗卫生、文化教育、科研设计、行政办公为主要功能，需要保持安静的区域。

2 类声环境功能区：指以商业金融、集市贸易为主要功能，或者居住、商业、工业混杂，需要维护住宅安静的区域。

3 类声环境功能区：指以工业生产、仓储物流为主要功能，需要防止工业噪声对周围环境产生严重影响的区域。

4 类声环境功能区：指交通干线两侧一定距离之内，需要防止交通噪声对周围环境产生严重影响的区域，包括 4a 类和 4b 类两种类型。4a 类为高速公路、一级公路、二级公路、城市快速路、城市主干路、城市次干路、城市轨道交通(地面段)、内河航道两侧区域；4b 类为铁路干线两侧区域。

三、《工业企业厂界噪声排放标准》(GB 12348—2008)

为了防治工业企业噪声污染，改善声环境质量，制定本标准。该标准规定了工业企业和固定设备厂界环境噪声排放限值及其测量方法，适用于工业企业噪声排放的管理、评价及控制。机关、事业单位、团体等外环境排放噪声的单位也按该标准执行。排放限值如表 5-11 所示。

表 5-11 工业企业厂界环境噪声排放限值 单位：dB(A)

厂界外声环境功能区类别	时段	
	昼间	夜间
0	50	40
1	55	45
2	60	50
3	65	55
4	70	55

① 夜间频发噪声的最大声级超过限值的幅度不得高于 10 dB(A)。

② 夜间偶发噪声的最大声级超过限值的幅度不得高于 15 dB(A)。

③ 工业企业若位于未划分声环境功能区的区域，当厂界外有噪声敏感建筑物时，由当地县级以上人民政府参照 GB 3096 和 GB/T 15190 的规定确定厂界外区域的声环境质量要求，并执行相应的厂界环境噪声排放限值。

④ 当厂界与噪声敏感建筑物距离小于 1 m 时，厂界环境噪声应在噪声敏感建筑物的室内测量，并将表 5-11 中相应的限值减 10 dB(A)作为评价依据。

四、《建筑施工场界环境噪声排放标准》(GB 12523—2011)

本标准规定了建筑施工场界环境噪声排放限值及其测定方法。该标准适用于周围有噪声敏感建筑物的建筑施工噪声排放的管理、评价及控制。市政、通信、交通、水利等其他类型的施工噪声排放可参照本标准执行。该标准不适用于抢修、抢险施工过程中产生噪声的排放监管。

建筑施工场界环境噪声排放限值：昼间 70 dB(A)，夜间 55 dB(A)。

① 夜间噪声最大声级超过限值的幅度不得高于 15 dB(A)。

② 当场界距噪声敏感建筑物较近，其室外不满足测量条件时，可在噪声敏感建筑物室内测量，并将相应的限值减 10 dB(A)作为评价依据。

第四节　噪声的测试

为了研究和控制噪声，必须对噪声进行测定与分析，根据不同的测定目的和要求，可选择不同的测定方法。对于工矿企业噪声的现场测定，一般常用的仪器有声级计、频率分析仪、自动记录仪和优质磁带记录仪等。

一、声级计

声级计是噪声现场测量的一种基本声学仪器。它是一种可测量声压级的便携式仪器。国际电工委员会 IEC61672-1-2013 和 GB/T3785.1—2010 按照声级计的性能分为两级：1 级和 2 级。通常，1 级和 2 级声级计的规范有相同的设计目标，主要是允差极限和工作温度范围不同，2 级规范的允差极限大于或等于 1 级规范。

声级计一般由传声器、放大器、衰减器、计权网络、检波器和指示器等组成，如图 5-7 所示。

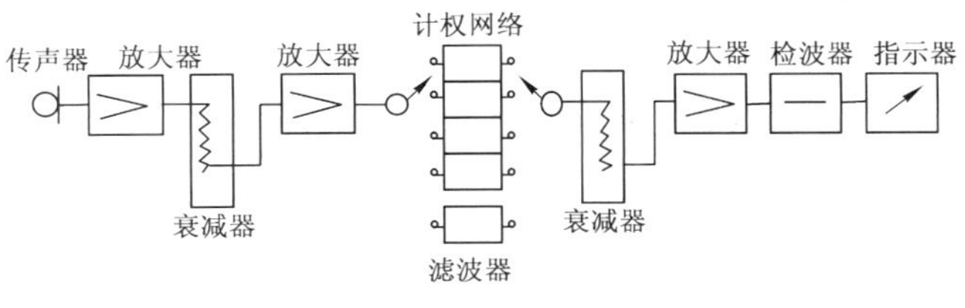

图 5-7　声级计方框图

声级计工作原理是：声压信号通过传声器转换成电压信号，经过放大器放大，再通过计权网络，则可在表头显示出分贝值。

声级计常用的频率计权网络有三种，称 A、B、C 声级。噪声测量时，如不用频率分析仪，只需读出声级计的 A、B、C 三档读数，就可以粗略地估计该噪声的频率特性。声级计表头读数为有效值，分快、慢两挡。快挡适用于测量随时间起伏小的噪声；当噪声起伏较大时，则用慢挡读数，读出的噪声为一段时间内的平均值。

二、频率分析仪

在实际测量中很少遇到单频声，一般都是由许多频率组合而成的复合声，因此需要对声音进行频谱分析。频率分析仪是用来测量噪声频谱的仪器，它主要是由两大部分组成：一部分是测量放大器，一部分是滤波器。若噪声通过一组倍频程带通滤波器，则得到倍频程噪声频谱；若通过一组 1/3 倍频程带通滤波器，则得到 1/3 倍频程噪声频谱。在矿山噪声测量时，常用倍频程带通滤波器。

三、噪声测量方法

在噪声测量时应注意以下几个方面：

① 测量噪声要避免风、雨、雪的干扰，若风力在 3 级以上时，要在声级计传声器上加防风罩；大风天气(风力在 5 级以上)应停止测量。

② 手持仪器进行测量，应尽可能使仪器离开身体，传声器距离地面 1.2～1.5 m。离房屋或墙壁 2～3 m，以避免反射声的影响。

③ 测点的选择应选在测量距离大于机器最大尺度两倍外，且避免距离墙壁或其他物体太近。同时应将传声器尽量接近机械的辐射面，这样可使噪声的直达声场足够大，而其他噪声源的干扰相对较小。

④ 在测定时，若本底噪声小于被测噪声 10 dB(A)以上，则本底噪声的影响可忽略不计。若其差值小于 3 dB(A)时，则所测的噪声值没有意义；若其差值在 3～10 dB(A)之间，可根据表 5-12 进行校正；测定后应作出完整的噪声测定记录。

表 5-12 排除本底噪声的修正表

所测出的声源噪声级与本底噪声的差值/dB	3	4,5	6,7,8,9
修正值	−3	−2	−1

⑤ 为了保证测量的准确性，仪器每次使用前及使用后要进行校准。可以使用活塞发生器、声级校准器或其他声压校准器来进行声学校准。噪声测量仪器经过一段时间使用后，应送有关计量部门对其主要性能进行全面检定，检定周期规定为 1 年。

第五节 噪声的控制原理和方法

一、噪声控制的基本原理

噪声的传播包括三个环节：声源、传播途径和接收者。噪声只有当声源、传播途径和接收者同时存在时才构成噪声污染，所以噪声控制必须把这三个环节作为一个系统来考虑。噪声控制措施包括声源控制、传播途径控制和接收者保护三个方面。

① 从声源处抑制噪声是噪声控制中最根本和最有效的手段。通过对声源性质和发声机理分析，采取降低激发力、减小系统各环节对激发力的响应以及改变操作程序或改造工艺

过程等措施降低声源噪声。矿山的主要设备噪声源有扇风机、空气压缩机、凿岩设备、装卸设备、运输设备和破碎设备等。通过进风口元件结构合理设计、动叶叶尖与机壳间隙的减少、动叶上附加导叶及合理的动叶与静叶间的轴向间距可减少煤矿局部通风机声源噪声。

② 在声传播途径中的控制，即在传播途径上阻断或屏蔽声波的传播，或使声波能量充分随距离衰减。首先，在总体设计时应充分利用噪声传播随距离的衰减特性及有利的地形、地物（如山坡、深沟等）对噪声声源进行合理布局。将高噪声的车间、设备等与低噪声的车间、办公楼、生活区分开，将强噪声源设置在距厂区较偏远地区；利用声源的指向性，使噪声指向空旷无人区或者对安静要求不高的区域。也可以采用植树、绿化草坪等手段减少噪声的干扰。其次，如果上述措施仍达不到降噪的目的，还可以在噪声传播途径中采取局部的声学技术措施，如消声器、隔声、吸声、隔振、阻尼减振等进一步减弱噪声。

③ 对接收者的防护。声源和传播途径上控制噪声难以达到标准时，或者工作过程中不可避免有噪声时，往往需要采取接收器防护措施。矿工可佩带耳塞、耳罩、有源消声头盔等。对于精密仪器设备，可将其安置在隔声间内或隔振台上。

二、噪声控制的基本程序

噪声控制基本程序应是从声源特性调查入手，通过传播途径分析、降噪量确定等一系列步骤再选定最佳方案，最后对噪声控制工程进行评价。

噪声控制基本程序示意图如图 5-8 所示。

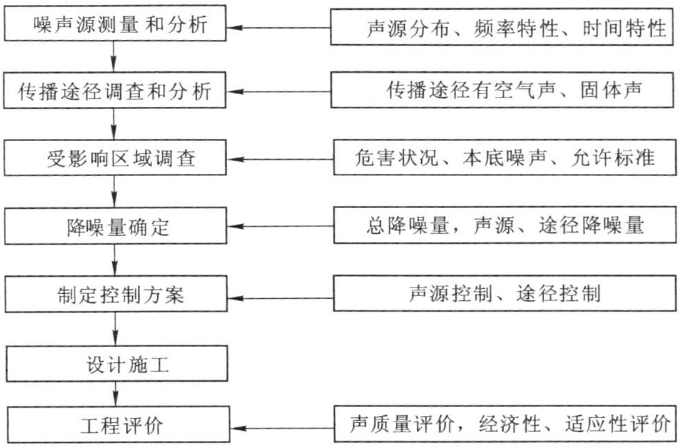

图 5-8　噪声控制基本程序示意图

三、吸声

矿山企业的一般工矿车间和矿井硐室内表面多是一些坚硬而密实的材料，如混凝土天花板、光滑的墙面和水泥地面，这些壁面很容易发生声波的反射。当室内声源辐射声波时，受声点除了接收到声源发出的直达声波外，还接收到经房间内壁表面多次反射形成的混响声。直达声和混响声的叠加，加强了室内噪声的强度。如果在房间的内壁面饰以吸声材料或安装吸声结构，或在房间内悬挂一些空间吸声体，吸收掉一部分混响声，则室内的噪声就会降低。这种利用吸声降低噪声的方法称为“吸声降噪”。

吸声是一种最基本的减弱声传播的技术措施。吸声材料按其吸声机理可分成多孔性吸声材料及共振吸声结构两大类。吸声处理一般可使室内噪声降低 3～5 dB(A)，使混响声很严重的车间降噪 6～10 dB(A)。

矿山设备噪声控制中，吸声材料和吸声结构主要用于消声器、隔声罩和管道内壁的衬垫以增加噪声的衰减量，以及用作室内壁的饰面层和吸声吊顶，以降低室内的噪声（混响声）。

（一）吸声系数与吸声量

吸声材料或吸声结构吸声能力的大小通常用吸声系数 a 表示。当声波入射到吸声材料或结构表面上时，部分声能被反射，部分声能被吸收，还有一部分声能透过继续向前传播。被吸收声能与入射总声能之比称为吸声系数，即

$$a = \frac{E_a}{E_i} = \frac{E_i - E_r}{E_i} = 1 - r \tag{5-10}$$

式中 E_i ——入射总声能，J；

E_a ——被材料或结构吸收的声能，J；

E_r ——被材料或结构反射的声能，J；

r ——反射系数。

一般的材料或结构的吸声系数在 0～1 之间，a 值越大，表示吸声性能越好。通常，$a \geqslant 0.2$ 的材料方可称为吸声材料。吸声系数与材料或结构的物理性质、声波入射的角度及声波频率有关。吸声系数是频率的函数，同一种材料对于不同的频率具有不同的吸声系数。材料的平均吸声系数 $\bar{a}$ 为中心频率 125 Hz、250 Hz、500 Hz、1 000 Hz、2 000 Hz、4 000 Hz 六个倍频程吸声系数的平均值。

吸声量规定为吸声系数与吸声面积的乘积，即

$$A = aS \tag{5-11}$$

式中 A——吸声量，m^2；

a——某频率声波的吸声系数；

S——吸声面积，m^2。

如果组成厂房各壁面的材料不同，则壁面在某频率下的总吸声量 A 为：

$$A = \sum_{i=1}^{n} A_i = \sum_{i=1}^{n} a_i S_i \tag{5-12}$$

式中 A_i——第 i 种材料组成的壁面的吸声量，m^2；

a_i——第 i 种材料在某一频率下的吸声系数；

S_i——第 i 种材料组成的壁面的面积，m^2。

（二）吸声降噪量

室内某位置声压级的大小不仅与声源辐射的直达声大小有关，还取决于混响声的大小。具体讲，随声源辐射性能和声源的位置、房间的体积、形状以及内表面的吸声情况的不同，室内各点声压级相异。室内某点声压级可用下式计算：

$$L_p = L_W + 10\lg\left(\frac{Q}{4\pi r^2} + \frac{4}{R}\right) \tag{5-13}$$

式中 L_p ——室内某点的声压级，dB；

L_W ——声源的声功率级，dB；

r——室内某点距声源的距离，m；

Q——声源的指向性因数,它是个无量纲量,它与声源的指向特性及声源放置的位置有关,如图 5-9 所示;

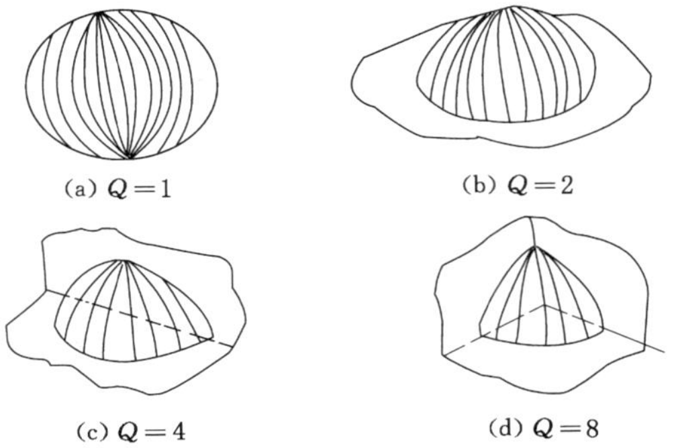

图 5-9　声源的指向性因数

R——房间常数,它与房间的声学特性有关,$R=\dfrac{S\bar{a}}{1-\bar{a}}$,$S$ 为房间的总面积,$\bar{a}$ 为平均吸声系数。

$$\bar{a}=\frac{\sum_{i=1}^{n}S_i a_i}{\sum_{i=1}^{n}S_i} \tag{5-14}$$

$\dfrac{Q}{4\pi r^2}$表示直达声场的作用,$\dfrac{4}{R}$代表混响声场的作用。由式(5-13)可知,改变房间常数 R 可改变室内某点的声压级,设 R_1、R_2 分别为室内设置吸声装置前后的房间常数,距声源中心 r 处相应的声压级 L_{p_1}、L_{p_2} 分别为:

$$L_{p_1}=L_W+10\lg\left(\frac{Q}{4\pi r^2}+\frac{4}{R_1}\right) \tag{5-15}$$

$$L_{p_2}=L_W+10\lg\left(\frac{Q}{4\pi r^2}+\frac{4}{R_2}\right) \tag{5-16}$$

吸声前后的声压级之差,即吸声降噪量为:

$$\Delta L_p=L_{p_1}-L_{p_2}=10\lg\left[\frac{\dfrac{Q}{4\pi r^2}+\dfrac{4}{R_1}}{\dfrac{Q}{4\pi r^2}+\dfrac{4}{R_2}}\right] \tag{5-17}$$

当受声点离声源很近时,即 $Q/4\pi r^2$ 远大于 $4/R$ 时,ΔL_p 的值很小,也就是说在靠近噪声源的地方,声压级的贡献以直达声为主,吸声装置只能降低混响声的声压级,所以吸声处理在声源近场降噪效果不明显。

对于离声源较远的受声点,如果 $Q/4\pi r^2$ 远小于 $4/R$,且吸声处理前后的面积不变,则式(5-17)可简化为:

$$\Delta L_p=10\lg\frac{R_2}{R_1}=10\lg\frac{(1-\bar{a}_1)\bar{a}_2}{(1-\bar{a}_2)\bar{a}_1} \tag{5-18}$$

式(5-18)适用于远离声源处的吸声降噪量的估算。对于一般矿山企业厂房,则式

(5-17)可进一步简化为：

$$\Delta L_p = 10\lg \frac{\bar{a}_2}{\bar{a}_1} \tag{5-19}$$

一般的室内降噪处理可用式(5-19)计算。由于该式是通过理论推导并经一定简化得出的，因此计算结果与实际有一定的差距，但在设计室内吸声结构或定量估算其效果时，仍有很大的实用价值。由于平均吸声系数的求取麻烦，而且现场条件复杂，$\bar{a}$ 难以准确计算，常利用吸声系数和混响时间的关系，计算室内降噪量。

在室内稳态扩散声场中，声源停止发声后，在声场中还存在着来自各个界面的迟到的反射声形成的声音残留现象。残留声称为“混响声”，这种现象的长短可以混响时间表征。混响时间的定义为：在混响过程中，把声能密度衰减到原来的百万分之一，即衰减 60 dB 所需的时间，用 T_{60} 表示。当 $\bar{a}<0.2$ 且不考虑室内空气对声波的吸收时，可用赛宾公式计算混响时间：

$$T_{60} = \frac{0.161V}{A} = \frac{0.161V}{S\bar{a}} \tag{5-20}$$

式中　V——房间容积，m^3；

　　A——室内总吸声量，$A=S\bar{a}$。

结合式(5-19)和式(5-20)，考虑吸声处理前后室内体积和内壁面积不变，可得出吸声降噪量的公式：

$$\Delta L_p = 10\lg \frac{T_1}{T_2} \tag{5-21}$$

式中　T_1，T_2——分别为吸声处理前后的混响时间。

按式(5-19)和式(5-21)将室内的吸声状况和相应的降噪量列于表 5-13 中。

由表 5-13 可以看出，如果室内平均吸声系数增加 1 倍，混响声级降低 3 dB；室内平均吸声系数增加 10 倍，混响声级降低 10 dB。这说明只有在原来房间的平均吸声系数不大时，采用吸声处理才有明显的效果。

表 5-13　室内吸声状况与相应降噪量

$\bar{a}_2/\bar{a}_1$ 或 T_1/T_2	1	2	3	4	5	6	8	10	20	40
ΔL_p /dB	0	3	5	6	7	8	9	10	13	16

（三）吸声材料与吸声结构

多孔吸声材料是目前应用最广泛的吸声材料，主要以玻璃棉、矿渣棉、泡沫塑料、石棉绒、软质纤维板以及微孔吸声砖等为主。多孔吸声材料内部具有无数细微孔隙，孔隙间彼此贯通，且通过表面与外界相通。当声波入射到多孔材料表面时，一部分在材料表面上反射，一部分则透入材料内部继续向前传播。在传播过程中，引起孔隙中空气的运动，与形成孔壁的固体筋络发生摩擦，由于空气的黏滞性与热传导效应，将声能转换为热能而耗散掉。声波在刚性壁面反射后，经过材料回到其表面时，一部分声波透回空气中，一部分又回到材料内部，声波因在材料内反复传播而不断耗散。多孔吸声材料一般对中高频声波具有良好的吸声性能，增加多孔吸声材料的厚度或密度，或者在多孔吸声材料后留空气层可提高多孔吸声材料对中低频声波的吸收性能。

吸声结构是由于共振作用，在系统共振频率附近对入射声能具有较大的吸收作用的结构。常见的吸声结构有薄板共振吸声结构、穿孔板共振吸声结构和微穿孔板吸声结构等。

1. 薄板共振吸声结构

把薄的塑料板、金属板或胶合板等的周边固定在框架上，并将框架与刚性板壁紧密结合，薄板与板后的空气层就形成了薄板共振吸声结构。薄板共振吸声结构实际上是由薄板和后面空气层组成的振动系统。薄板相当于质量块，板后的空气层相当于弹簧，当声波入射到薄板上，薄板受激发生振动，由于摩擦作用将机械能转化为热能耗散掉。当入射声波的频率接近于振动系统的固有频率时，将发生共振，吸收的声能达到最大值。

薄板共振吸声结构的固有频率可按下式计算：

$$f_0 = \frac{1}{2\pi}\sqrt{\frac{\rho_0 c^2}{M_0 L} + \frac{K}{M_0}} \tag{5-22}$$

式中　f_0——系统的固有频率，Hz；

ρ_0——空气密度；

c——空气中声速，m/s；

M_0——薄板的面密度，kg/m^2；

L——空气层厚度，m；

K——结构的刚度因素，$kg/(m^2 \cdot s^2)$。

薄板共振吸声结构的共振频率主要取决于板的面密度和背后空气层的厚度，增大 M_0 和 L 均可使 f_0 下降。实用中薄板厚度常取 3～6 mm，空气层厚度一般取 3～10 cm，共振频率为80～300 Hz，故常用于低频率吸声。

2. 穿孔板共振吸声结构

在钢板、铝板或胶合板、塑料板等板材上，以一定的孔径和穿孔率打上孔，背后留有一定厚度的空气层，就成为穿孔板共振吸声结构，如图 5-10 所示。这种吸声结构实际上可以看作由单腔共振吸声结构并联而成。当入射声波的频率和系统的共振频率一致时，就激起孔径处空气的共振。穿孔板孔径处空气往复振动，速度、幅值达最大值，摩擦与阻尼也最大。此时，声能转变为热能最多，即消耗声能最多。穿孔板共振吸声结构主要用于吸收低中频噪声的峰值。穿孔板共振吸声结构的共振频率是：

$$f_0 = \frac{c}{2\pi}\sqrt{\frac{P}{L(t+\delta)}} \tag{5-23}$$

式中　f_0——系统的固有频率，Hz；

c——空气中声速，m/s；

L——板后空气层厚度，m；

t——板厚，m；

δ——孔口末端修正量，m；

P——穿孔率，即穿孔面积与总面积之比，圆孔正方形排列时，$P=\pi d^2/4B^2$，圆孔等边三角形排列时，$P=\pi d^2/2\sqrt{3}B^2$，其中 d 为孔径，B 为孔中心距。

工程上一般取板厚 2～5 mm、孔径 2～4 mm、穿孔率 1%～10%、空腔深以 10～25 cm 为宜。由于穿孔板结构的吸声频带较窄，可在穿孔板背后填充一些多孔的材料或敷上声阻

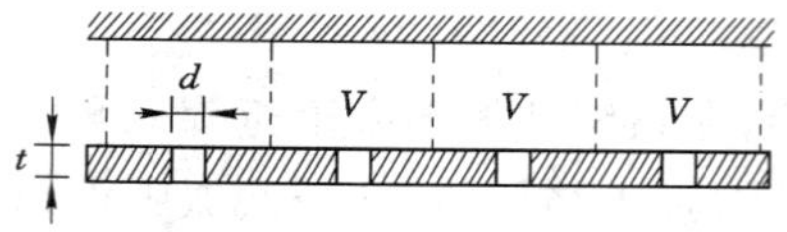

t—孔径深度，m；V—空腔体积，m^3；d—孔径，m。

图 5-10　穿孔板共振吸声结构

较大的纺织物等材料或采用不同穿孔率、不同腔深的多层穿孔板吸声结构的组合形式展宽吸声频带。

3. 微穿孔板吸声结构

微穿孔板可用铝板、钢板、镀锌板、不锈钢板、塑料板等制作。它是在板厚小于 1 mm 的金属板上钻孔径小于 1 mm 的微孔，穿孔率在 1%～5%之间，后部留有一定厚度(5～20 cm)的空气层。由于微孔中空气的黏滞阻力可以耗散入射的声能，其吸声系数和吸声带宽远好于穿孔板共振吸声结构。常用的是单层或多层微穿孔板共振结构形式。微穿孔板由于不怕水和潮气、不霉、不蛀、耐高温、耐腐蚀、清洁无污染、能承受高速气流的冲击，因而在吸声降噪方面有广泛运用。

四、消声

消声是利用消声器来降低空气动力性噪声传播的措施。消声器主要用于矿山通风设备。消声器是一种既能允许气流顺利通过，又能有效地阻止或减弱声能向外传播的装置。消声器只能用来降低空气动力设备的进、排气口的噪声或沿管道传播的噪声，而不能降低空气动力设备本身所辐射的噪声。消声器的种类和结构形式很多，根据其消声原理和结构的不同大致可分为六类：一是阻性消声器；二是抗性消声器；三是阻抗复合式消声器；四是微穿孔板消声器；五是扩散式消声器；六是有源消声器。一个合适的消声器，可以使气流声降低 20～40 dB(A)，响度相应降低 75%～93%。

一个好的消声器要满足以下三个条件：

① 具备良好的消声性能。在使用现场工况条件下，在所要求的频率范围内，有足够大的消声量。

② 具有良好的空气动力性能。要求消声器对气流阻力小，阻力损失和功能损失在允许的范围内，不影响空气动力设备的正常运行。

③ 具有良好的机械结构性能。消声器的材料要坚固耐用，适用于高温、高湿、腐蚀性等特殊环境；同时消声器要体积小、重量轻、结构简单，并便于加工、安装和维护。

阻性消声器是一种吸收型消声器，是把吸声材料固定在气流通过的通道内，利用声波在多孔吸声材料中传播时，因摩擦阻力和黏滞阻力将声能转化为热能，从而达到消声的目的。阻性消声器的结构如图 5-11 所示。消声器设计时，根据消声量选择其结构形式和吸声材料，同时考虑“高频失效”和气流再生噪声对消声效果的影响。阻性消声器常用于大型离心式通风机和轴流式通风机扩散器内壁中。阻性消声器的优点是能在较宽的中、高频范围内消声，特别是对刺耳的高频噪声有突出的消声作用。其缺点是在高温水蒸气以及对吸声材料有侵蚀作用的气体中，使用寿命较短，而且对低频噪声消声效果差。

抗性消声器依靠管道截面的突变或旁接共振腔等在声传播过程中引起阻抗的改变而产生声能的反射、干涉，从而降低由消声器向外辐射的声能，达到消声目的。常用的抗性消声

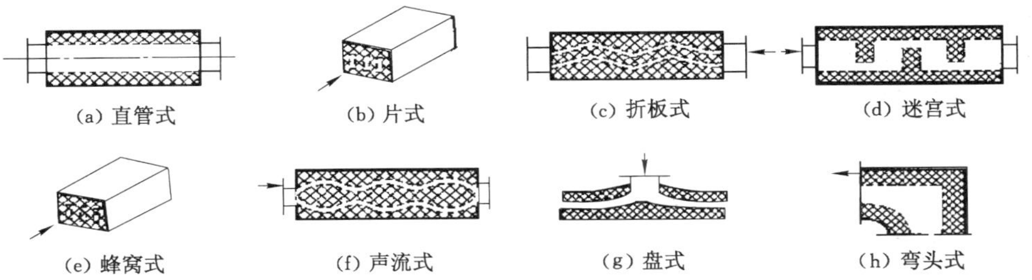

图 5-11　阻性消声器结构示意图

器有扩张室式、共振腔式、插入管式、干涉式、穿孔板式等。这类消声器适用于低中频的窄带噪声的控制。图 5-12 是单节扩散式消声器，由管和室组成，是扩散式消声器最简单的形式；图 5-13 是单腔共振消声器，是由管道壁上的开孔与外侧密闭空腔相通而构成的，是共振消声器的基本形式。

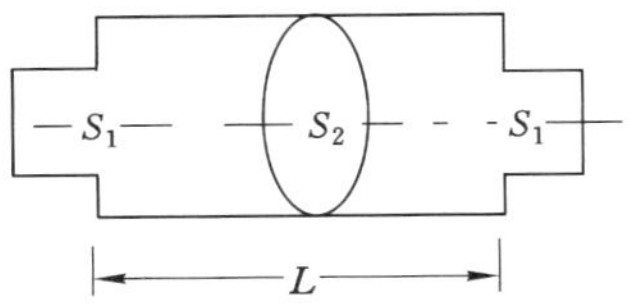

图 5-12　单节扩散式消声器

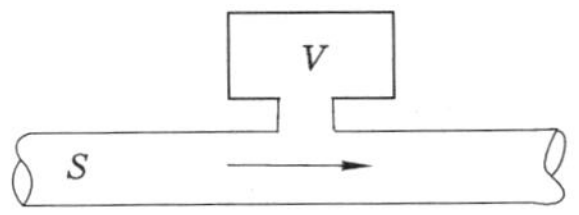

图 5-13　单腔共振消声器

矿山噪声具有频率高、频带宽以及频谱较复杂的特点。实测资料表明，矿山主要机械设备噪声的频谱在 31.5～8 000 Hz 之间，噪声能量集中在 63～2 000 Hz 之间，均在中、高频噪声范围内，表现出了宽频带噪声的特点。所以通常将阻性和抗性两种结构消声器组合起来使用，以控制高强度的宽频带噪声。常用的形式有阻性-扩散式复合式消声器、阻性-共振复合式消声器和阻性-扩散式-共振腔复合式消声器等。图 5-14 是常见的几种阻抗复合式消声器。

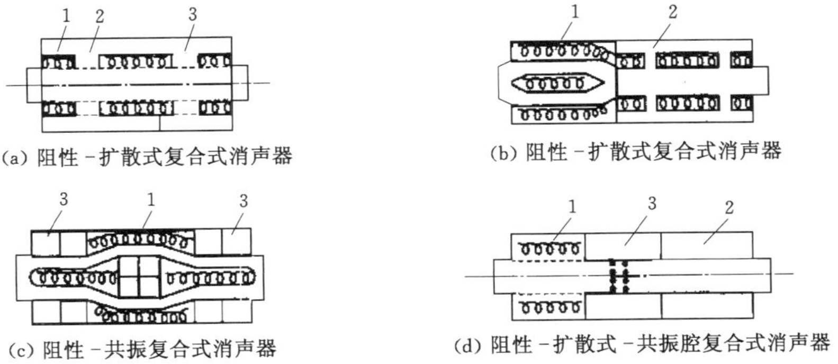

1—阻尼；2—扩张室；3—共振腔。

图 5-14　几种阻抗复合式消声器

五、隔声

隔声是噪声控制最常用的技术之一。声波在空气中传播时，使声能在传播途径中受到阻挡而不能直接通过的措施，称为隔声。具有隔声能力的屏蔽物称作隔声构件或隔声结构。常用的隔声结构有隔声墙、隔声罩、隔声间和声屏障等。

（一）透射系数与隔声量

隔声构件的透射系数 τ 是指声波入射时，透射声功率 W_t 与入射声功率 W 的比值，即

$$\tau = W_t / W \tag{5-24}$$

τ 值越小，表示隔声性能越好；通常所指的 τ 是无规入射时各入射角度透射系数的平均值。

隔声量，又称传声损失，是指墙或间壁一面的入射声功率级与另一面的透射声功率级之差，用 TL 表示。隔声量等于透射系数的倒数取以 10 为底的对数，即

$$TL = 10\lg \frac{1}{\tau} \tag{5-25}$$

$$TL = 10\lg \frac{I_i}{I_t} = 20\lg \frac{P_i}{P_t} \tag{5-26}$$

式中　P_i，P_t ——分别为入射声压和透射声压；

I_i，I_t ——分别为入射声强和透射声强。

隔声量是频率的函数，同一隔声结构，不同的频率具有不同的隔声量。故工程中常用 125～4 000 Hz 6 个倍频程中心频率的隔声量的算术平均值，来表示某一构件的隔声性能，称为平均隔声量。为更准确地表示某一隔声构件的隔声性能，可选用 ISO 推荐的隔声指数作为评价标准。

（二）质量定律

隔声技术中，常把板状或墙状的隔声构件称为隔板或隔墙，简称为墙。当声波入射到隔墙表面时，会引起隔墙的整体振动而辐射声波。单层隔声墙的单位面积质量越大，隔声量越大；声波频率越高，隔声量越大。

质量定律是在以下假设基础上推出的：声波垂直入射的是单层均质密实墙；墙是无限大；墙的两边均为通常状况下的空气。

质量控制范围内，垂直入射条件下，墙的隔声量 TL 为：

$$TL = 20\lg m + 20\lg f - 42.5 \tag{5-27}$$

在无规入射时，可按下式近似计算：

$$TL = 20\lg m + 20\lg f - 47.5 \tag{5-28}$$

若采用平均隔声量表示隔墙的隔声性能时，在 100～3 200 Hz 范围内，可采用下面的经验公式进行计算：

$$\overline{TL} = 13.5\lg m + 14 \quad (m \leqslant 200\ \mathrm{kg/m^2}) \tag{5-29}$$

$$\overline{TL} = 16\lg m + 8 \quad (m > 200\ \mathrm{kg/m^2}) \tag{5-30}$$

由质量定律可知，增加墙的厚度，从而增加单位面积的质量，即可以增加隔声量，但是仅依靠增加墙的厚度来提高隔声量是不经济的，如果把单层墙一分为二，做成双层墙，中间留有空气层，则墙的总重量没有变，但隔声量却比单层墙提高了。工程应用中，双层墙平均隔声量的估算经验公式为：

$$\overline{TL} = 16\lg(m_1 + m_2) + 8 + \Delta R \quad (m_1 + m_2 > 200\ \mathrm{kg/m^2}) \tag{5-31}$$

$$\overline{TL} = 13.5\lg(m_1 + m_2) + 14 + \Delta R \quad (m_1 + m_2 \leqslant 200\ \mathrm{kg/m^2}) \tag{5-32}$$

上两式中的 ΔR 为空气层的附加隔声量。

（三）隔声结构

可制作隔声罩将吵闹的机器密封或局部密封起来，由于隔声罩结构不同，可使噪声级降低 10～40 dB 不等。隔声间又称隔声室，是由隔声构件组成的具有良好隔声性能的房间，插入隔声室可使噪声级降低 20～50 dB，可在吵闹的车间内建立隔声间操作室保护工人不受噪声干扰。隔声屏障可使噪声级降低 5～12 dB。

六、隔振及阻尼减振

物体的振动除了向周围空间辐射在空气中传播的声（空气声）外，还能以弹性波的形式在基础、地板和墙壁中传播，并在传播过程中向外辐射噪声，这种通过固体传播的声波称为固体声。振动控制的常用措施：一是控制振动源振动，即消振；二是在振动传播路径上采取隔振措施，或在受控对象上附加阻尼材料或阻尼元件，通过减弱振动传递或加大能量消耗减小受控对象对振源激励的响应。可以采用以下方法实现隔振：

① 采用大型基础；

② 在机械振动基础周围开设防振沟；

③ 在振动设备下安装隔振器如隔振弹簧、橡胶垫等，使设备与基础之间的刚性连接变成弹性支撑。

表 5-14 表示常用噪声措施的降噪原理与应用范围。

表 5-14　常用噪声措施的降噪原理与应用范围

措施种类	降噪原理	应用范围	减噪效果/dB(A)
吸　声	利用吸声材料或结构，降低厂房、室内反射声，如悬挂吸声体等	车间内噪声设备多且分散	4～10
隔　声	利用隔声结构，将噪声源和接受点隔开，常用的有隔声罩、隔声间和隔声屏	车间工人多，噪声设备少，用隔声罩；反之，用隔声间；当使用两者均不行时，用隔声屏	10～40
消声器	利用阻性、抗性、小孔喷注和多孔扩散等原理消减气流噪声	气动设备的空气动力性噪声，各类放空排气噪声	15～40
隔　振	把具有振动的设备，原与地板刚性接触改为弹性接触，隔绝固体声传播，如隔振基础、隔振器	设备振动厉害，固体传播远，干扰居民	5～25
减振(阻尼)	利用内摩擦、耗能大的阻尼材料，涂抹在振动构件表面，减少振动	机械设备外壳、管道振动噪声严重	5～15

注：摘自周新祥《噪声控制技术及其新进展》，冶金工业出版社 2007 年版。

第六节　矿山机械设备噪声控制

一、风机噪声控制

矿井通风是保障矿井安全的主要技术手段之一。在矿井生产过程中，必须向矿井连续输送新鲜空气，供给人员呼吸，稀释和排除有害气体和浮尘，改善井下气候条件及救灾时控制风流的作业。以机械或自然通风为动力，使地面空气进入井下，并在井巷中做定向和定量流动，最后将污浊空气排出矿井的全过程就称为矿井通风。

矿井通风的主要动力是通风机。按通风机的构造和工作原理可分为离心式通风机、轴流式通风机、罗茨鼓风机和叶片式风机等。按通风机的服务范围可分为矿井主要通风机（主扇）、矿井辅助通风机（辅扇）和矿井局部通风机（局扇）。矿井主要通风机服务于全矿井或矿井的一翼，是矿井的主要通风设备；矿井辅助通风机服务于矿井中的某一分支（如某采区或某工作面），帮助主要通风机克服分支的阻力，保证分支所需的风量，是矿井的辅助通风设备；矿井局部通风机是服务于掘进工作面或局部通风地点，是矿井掘进通风的主要设备。

（一）通风机工作原理及噪声源分析

离心式通风机（图 5-15）主要部件由叶轮 1、机壳 2、集流器 3、前导器 4 等组成。其中叶轮是传送能量的关键部件，它由前、后盘和均布在其间的弯曲叶片组成，如图 5-16 所示。当叶轮被电动机拖动旋转时，叶片流道间的空气受叶片的推动随之旋转，从而获得能量。空气在离心力的作用下，由叶轮中心以较高的速度被抛向轮缘，进入螺旋机壳，后经扩散器排出。在叶轮将空气抛向轮缘的同时，叶轮中心部位的压力降到大气压以下，外界空气就会在大气压的作用下，通过风机入口进入叶轮，叶轮连续旋转，形成连续的风流。

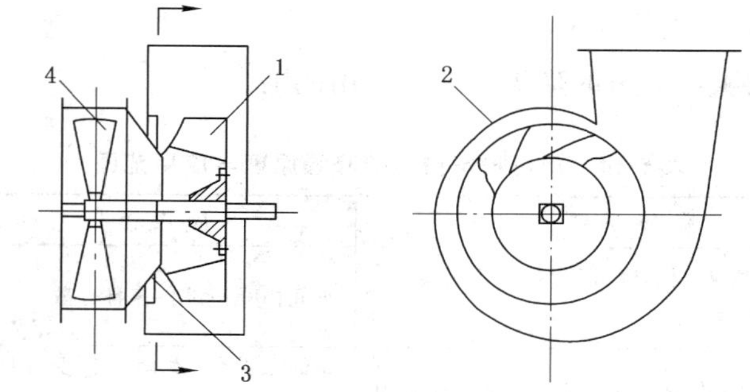

1—叶轮；2—机壳；3—集流器；4—前导器。

图 5-15　离心式通风机示意图

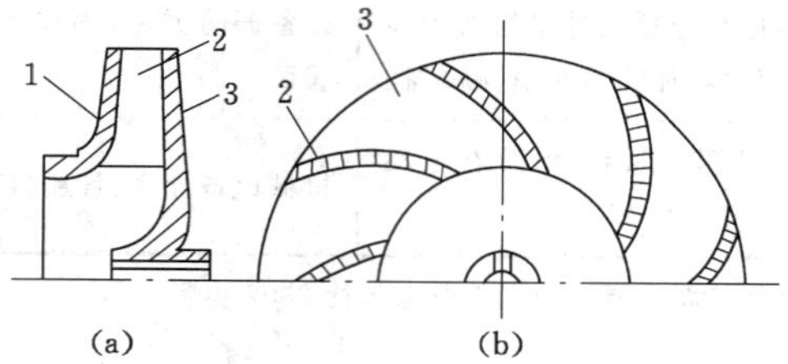

1—前盘；2—叶轮；3—后盘。

图 5-16　叶轮结构示意图

轴流式通风机（图 5-17）主要部件有叶轮 3、5，导叶 2、4、6，机壳 10，主轴 8 等组成。叶轮由叶片和轮毂组成，叶片断面呈机翼形，并以一定的安装角装在轮毂上。当叶轮由主轴拖动旋转时，叶轮流道中的气体受到叶片的作用而增加能量，经固定的各导叶校正流动方向后，以接近轴向的方向通过扩散器 7 排出。

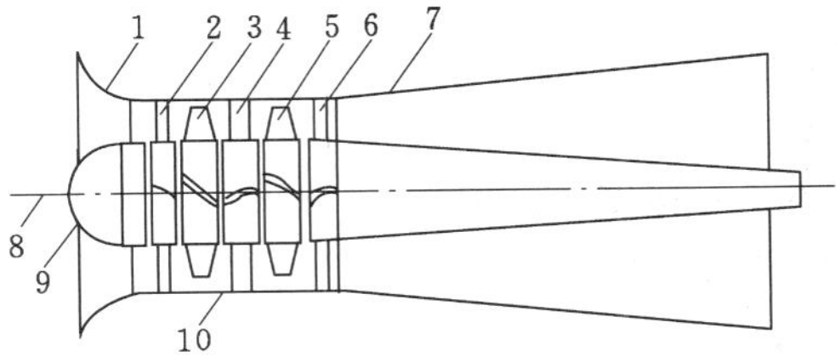

1—集流器；2—前导叶；3—第一级叶轮；4—中导叶；5—第二级叶轮；
6—后导叶；7—扩散器；8—主轴；9—疏流器；10—机壳。

图 5-17 轴流式通风机示意图

主要通风机在运转过程中产生强烈的噪声。按噪声产生的机理，主要通风机噪声包括空气动力性噪声、机械噪声和电磁噪声；按噪声产生的部位，主要通风机噪声包括进气噪声、排气噪声、机壳噪声、电动机噪声和风机振动通过基础辐射的固体声。在这些噪声中，一般以进、排气口的空气动力性噪声最强，具有噪声频带宽、噪声声级高、传播远等特点。根据对风机的实测分析表明，风机的空气动力性噪声比其他部分的噪声高出 10～20 dB(A)，因此对风机采取噪声控制首先应考虑空气动力性噪声。

1. 空气动力性噪声

风机的空气动力性噪声主要是气体流动过程中所产生的噪声，它主要是由于气体非稳定流动(即气流的扰动)，气体与气体及气体与物体相互作用产生的噪声。从噪声产生的机理来看，它主要由两种成分组成，即旋转噪声和涡流噪声。如果风机出口直接排入大气，还有排气噪声。

(1) 旋转噪声

旋转噪声是由于工作轮旋转时，轮上的叶片打击周围的气体介质、引起周围气体的压力脉动而形成的。对于给定的空间某质点来说，每当叶片通过时，打击这一质点气体的压力便迅速起伏一次，旋转叶片连续地逐个掠过，就不断地产生压力脉动，造成气流很大的不均匀性，从而向周围辐射噪声。其频率就是叶片每秒钟打击空气质点的次数，因此它与叶片数和转数有关。旋转噪声的强度与圆周速度的 5～6 次方成比例。当圆周速度增大一倍时，声压级将增加 10～15 dB。

旋转噪声的频率可由下式确定：

$$f_n = \frac{nZ}{60}i \tag{5-33}$$

式中 n——风机工作轮的转数，r/min；

Z——叶片数；

i——取 1,2,3,…谐波序号，$i=1$ 为基频，从旋转噪声的强度来看，其基频最强，其次是二次谐波、三次谐波等等，总的趋势是逐渐减弱的。

(2) 涡流噪声

涡流噪声又称紊流噪声。通风机叶片转动时，其周围的气流将产生涡流，这种涡流由于黏滞力的作用，又会分裂成一系列小涡流。涡流的移动和分裂使气流发生扰动，在气流中形成压缩和稀疏过程，由此产生噪声。

涡流噪声的频率可由下式计算：

$$f_i = Sr\frac{v}{D}i \tag{5-34}$$

式中 f_i——涡流噪声的峰值频率,Hz;

Sr——斯特劳哈尔数,在 0.14～0.20 之间,一般可取 0.185;

v——气流与叶片的相对速度,m/s;

D——叶片在气体进口方向的宽度,m;

i——谐波序号,$i=1,2,3,\cdots$。

涡流噪声的频率主要取决叶片与气流的相对速度,叶轮旋转时,叶片各处的圆周速度随着与转轴的距离而变化,因而气流的相对速度也是连续变化的。因此,通风机旋转所产生的涡流噪声是宽频带的连续谱。

风机的空气动力性噪声是旋转噪声和涡流噪声相互混杂的结果。其频谱往往是一个宽频带的连续频谱,在其上有几个较突出的峰值,一般超出连续部分 5～15 dB。

2. 机械噪声

机械噪声包括通风机轴承噪声、胶带及其传动引起的噪声、转子不平衡引起的振动噪声、机壳及管道的振动噪声。当叶片刚性不足,气流作用使叶片振动也会产生噪声。一般地说,如果轴承精度高,轴的动平衡好,传动件加工良好,通风机和管道结构刚度有保证,安装和装配正确,则机械噪声与气流噪声相比是次要的。如果在通风机进、排气口都安装有消声器,则机械噪声就显得很重要。

3. 电磁噪声

电磁噪声属于机械性噪声,是由电动机驱动、运转而形成的。在电动机中,电磁噪声是由交变磁场对定子和转子作用产生周期性的交变力引起振动而产生的。

(二) 风机噪声频谱特性分类

通过对风机产生噪声的机理分析和大量的现场实测表明,风机噪声频谱可适当地分类。如常见的离心风机,其叶片数为 10～12 片,转速为 250～1 450 r/min 时,基频落在倍频程中心频率 63～125 Hz 的范围内,主要频率范围为 125～2 000 Hz;当转速为 1 450～2 900 r/min 时,基频落在 250～500 Hz,重要频带为 250～4 000 Hz。离心风机的峰值一般在 500 Hz 以上,重要频带范围在 125～4 000 Hz 或 250～8 000 Hz,呈宽频带噪声。这样,按倍频程最大声压级的分布特性,可将风机噪声分为五类:特低频、低频、中频、高频、宽频。其划定分类及典型风机举例见表 5-15。几种常见风机出气口噪声级及倍频程声压级见表 5-16。

表 5-15　风机噪声频谱分类

噪声频谱分类	定义方法	举例
特低频	倍频程声压级最大值在 125 Hz 以下,并高于相邻频带声压级 5 dB 以上	LG 10 m^3/min 和 LG 200 m^3/min Y-4-65-12 No5
低　频	倍频程声压级最大值在 250 Hz 以下,并高于相邻频带声压级 5 dB 以上	9-27 型 No10,12,14 8-18 型 No10,14,16 4-72 型 No3,5(n=1 450 r/min)
中　频	倍频程声压级最大值在 500 Hz,并高于相邻频带声压级 5 dB 以上	9-27 型 No5,6 8-18 型 No5,6,8 n=2 900 r/min

表 5-15(续)

噪声频谱分类	定义方法	举例
高　频	倍频程声压级最大值在 1 000 Hz 以上，并高于相邻频带声压级 5 dB 以上	D250，D400
宽频带	在 250～4 000 Hz 频带内，均有较高的声压级	D700，D1100，D1000 LG 30 m^3/min

表 5-16　几种常见风机出气口噪声级及倍频程声压级

风机型号	风量 Q /(m^3/min)	各倍频程声压级/dB								噪声级/dB	
		63 Hz	125 Hz	250 Hz	500 Hz	1 000 Hz	2 000 Hz	4 000 Hz	8 000 Hz	A	C
D36 容积鼓风机	80	112	116	102	118	116	112	103	94	120	123
罗茨 LGB41×37-40/3500	40	126	112	114	115	118	108	104	94	118	126
8-18-101No8	171	110	118	118	124	116	114	106	98	122	122
4-62-101No7	167	77	83	80	85	91	84	78	71	93	96
8-18-101No6	63	90	93	95	98	113	100	93	83	111	115
9-27-12No8	52	103	100	108	108	103	100	95	92	109	115

注：表中测点距出气口 1 m 处。

（三）通风机噪声控制方法

如前述，风机噪声最强的是空气动力性噪声，其次是机械噪声和电磁噪声等。控制扇风机噪声的根本性措施是：改进风机的结构参数，提高风机的加工精度，从研制低噪声、高效率的新型风机入手，从声源上控制噪声。现主要阐述风机噪声在传播途径上的控制，即被动控制。根据风机噪声的大小、现场条件、噪声控制的要求，可选择不同的噪声控制措施。通常国内通风机噪声综合治理可以通过以下几个途径：① 采用隔声方法降低通风机机体和电机噪声；② 采用饰面吸声或悬吊吸声体的方法降低机房噪声；③ 通风机机组装设在地下建筑物内，以使机械噪声和电机噪声与外界环境隔离；④ 采用扩散塔消声结构降低通风机气流噪声。

1. 在通风机出气口管道上安装消声器

控制风机的空气动力性噪声的最有效措施是在风机进、出气口安装消声器。风机安装消声器一般有以下几种情况：当向需要控制强噪声的区域送风时，可仅在风机出口管道上安装消声器；对送风区域无噪声要求、抽风区域有噪声要求时，可仅在风机进口管道上安装消声器；当进、出气口区域均有噪声要求时，如在井下使用的辅助通风机，则应在进、出气口管道上都要装消声器。

根据风机噪声频谱特性与区域环境的允许噪声频率特性的差值，决定设计或选用消声器的消声频率特性，即噪声频带的衰减量。根据环境噪声功能区域，选用相应的国家噪声控制标准。风机噪声的有关数据可由厂家提供，如资料不全，也可进行估算，最好进行实际测量，以便获得精确可靠的数据，取得良好的噪声控制效果。设计或选用消声器时，其阻力损失不能超出允许范围，而且应尽量小些。同时，要避免消声器的气流噪声过大，工业用风机消声器的气流速度应控制在 10～20 m/s；消声器宜安装在风机进、出口，即离噪声源较近，以防风机噪声激发管路振动；当需要装几个消声器时，消声器宜分段安装。另外，还要考虑消声器的特殊环境要求。

采用矿渣膨胀珍珠岩吸声砖或水泥蛭石混合材料吸声砖，是目前主要通风机排风口消声装置中较理想的材料。

图 5-18 为赤马山矿东、西风井排风口消声装置。采用排行式结构，消声器长 5～6 m，片间距 0.25～0.36 m，通道风速为 5.65～12.65 m/s，阻塞比 0.3～0.4，吸声砖厚度为 190 mm。吸声砖采用矿渣膨胀珍珠岩吸声砖或水泥蛭石混合料吸声砖，具有耐燃、耐潮、抗腐蚀、无二次污染和较好的吸声性能。经测定，东风井由 113 dB(A)降至 80 dB(A)；西风井由 103.5 dB(A)降至 78 dB(A)，阻力损失为 20～50 Pa。

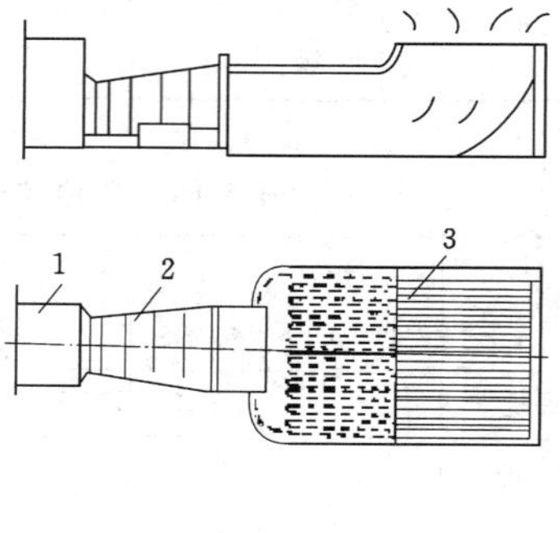

1—风机房；2—风机机壳；3—吸声砖。

图 5-18 赤马山矿东、西风井排风口消声装置

2. 通风机机组加装隔声罩

风机噪声不但沿管道气流传播，而且能透过机壳和管道向外辐射噪声，同时，机组的机械噪声和电磁噪声也向外传播，污染周围环境。当环境降噪要求较高时，可采取综合措施控制噪声，其中最有效的措施是设计安装机组隔声罩。

机组大多采用密闭式隔声罩，这种隔声罩隔声效果好，但同时存在机组散热问题，成为隔声罩设计的关键。目前，一般都采用隔声罩内通风冷却的办法，冷却方式有自然通风冷却法(图 5-19)和强制通风冷却法等。

自然通风冷却法常适用于机组发热量不大、工作气温不高的场合。该方法是在隔声罩下部开进风口、上部开出风口，并在进出口都设计安装消声器。当隔声罩外部的冷空气经消声的进风口进入罩内后，被机组的热量加热为热空气，气体的热压促使热空气从罩顶部出风口排出，此时，冷空气从进风口不断地补充，从而使机组降温冷却，达到散热的目的。

对于电机和风机转数很高的机组，在单位时间内散发热量较多，工作媒质气温很高，就必须采用强制通风的办法控制机组的温升。针对不同的场合，可分别采用附加通风冷却法(图 5-20)、罩内负压吸风冷却法和罩内循环空气冷却法。附加通风冷却法是最常用的，它特别适用于输送高温工作媒质的系统。该方法的主要特点是在原有机组隔声罩内附加了一

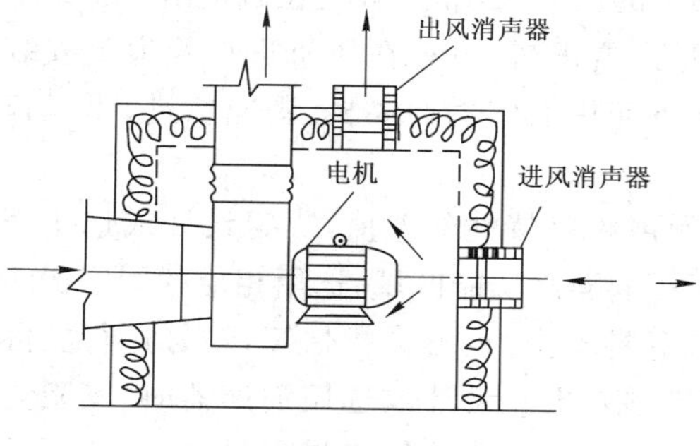

图 5-19 自然通风冷却法

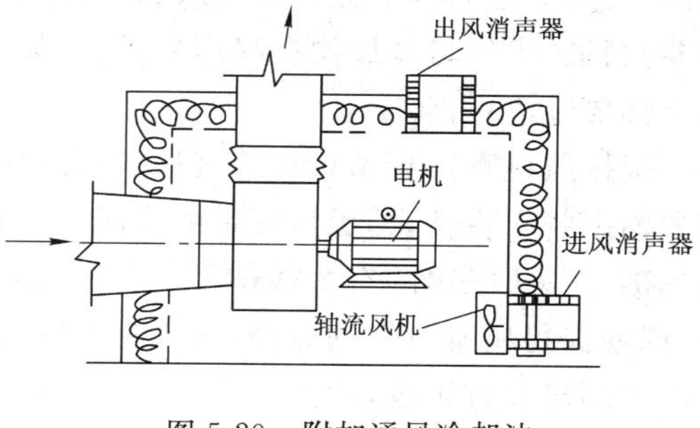

图 5-20 附加通风冷却法

套通风冷却系统，该系统由进风消声器、进风风机及出风消声器组成。进口安装的风机常为轴流风机（风量大），为增加罩内空气量并呈紊流状态，增加散热量，风机必须装在进风口侧。

3. 风机综合降噪措施

风机噪声除空气动力性噪声外，还有机械噪声、电磁噪声等，要使机组噪声不污染周围环境，必须对风机噪声进行综合治理。

在风机选型和安装以前，针对现场实际情况，就要考虑噪声控制问题。这样，可以降低减噪的经济成本，施工方便，并取得良好的噪声控制效果。一般风机的位置应远离办公楼和需安静的区域；要选用高效低噪声风机、低转速风机，在通风系统设计时，应尽量减小管路长度，适当降低管道风速，少设弯接头及阀门，风机进、出口与管道连接处应安装柔性接管等；风机运转工况应位于或接近最高效率工况点；如机组通过基础传递强烈的振动，可考虑弹性基础隔振；对于管道或机壳振动强烈，可采用加涂阻尼材料减振；对于多台机组工作，可将机房建造成隔声间，即把机组（一台或几台）封闭在隔声间内，使其噪声传不出去。建造隔声间投资少，降噪效果好；同时，也应考虑其他隔振和机壳、管道的阻尼减振，包括涂贴阻尼材料及吸声材料等，这样，会取得更好的降噪效果。另外也可以用地坑法消声，如图 5-21 所示。

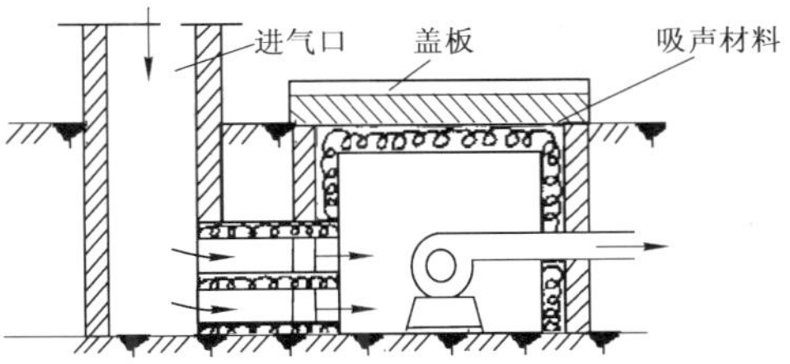

图 5-21 地坑法消声示意图

二、气动凿岩机噪声控制

在矿山井下开采作业中，凿岩机是主要的噪声源。目前我国地下金属矿山凿岩作业主要还是用气动凿岩机，少数有条件的矿山采用液压凿岩机。气动凿岩机也称风动凿岩机，是用压气驱动，以冲击为主，间歇回转（内回转式凿岩机）或连续回转（独立回转式凿岩机，也称外回转式凿岩机）的一种小直径的凿岩设备。尽管气动凿岩机类型很多，但其结构组成基本相同。它们都包括冲击配气机构、回转（转钎）机构、排粉系统、润滑系统、推进机构和操作机构等。

YT23 型气腿凿岩机的机构如图 5-22 所示。其柄体 2、气缸 3 和机头 7 连成一体。手柄通过螺栓 8 与柄体相连；气腿通过连接轴 9 和机体下部相连，支撑凿岩机并给以推进力；钎子 6 插在机头的钎尾套内并用钎卡 5 支持；自动注油器 10 连载进气管上，借助压缩空气使润滑油雾化并带入凿岩机内润滑各运动副；冲洗炮眼用的压力水由水管经凿岩机的尾部进入，经水针到达钎子中心孔。凿岩机的操作手把和气腿伸缩操作手把均装在柄体 2 上，以便于操作。

（一）气动凿岩机噪声源分析

气动凿岩机噪声源有：废气排出的空气动力性噪声，活塞对钎杆冲击噪声，凿岩机外壳和零件振动的机械噪声，钎杆和被凿岩石振动的反射噪声。图 5-23 所示为凿岩机在井下开采作业的噪声频谱。风动凿岩机总噪声频谱较宽，属于具有低频、中频和高频成分的广谱声。同时，测得它的声功率级为 123 dB(A)。在对凿岩机噪声源的分析中可知，凿岩机的噪声源主要是排气动力性噪声和钎杆的振动噪声。在 1 500 Hz 频率以下的噪声，排气动力性噪声是主要的噪声源，而在 1 500 Hz 频率以上，钎杆的振动噪声则成为主要噪声源。因此风动凿岩机噪声控制要对排气噪声和钎杆噪声采取措施。

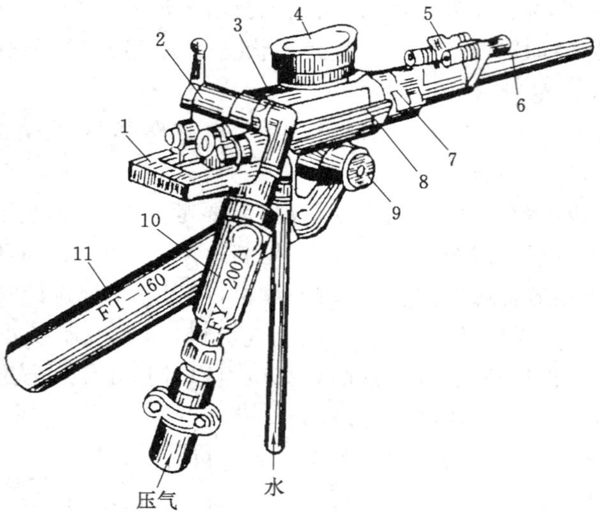

1—手柄，2—柄体；3—气缸；4—消音罩；5—钎卡；6—钎子；
7—机头；8—螺栓；9—连接轴；10—自动注油器；11—气腿。

图 5-22　YT23 型气腿凿岩机

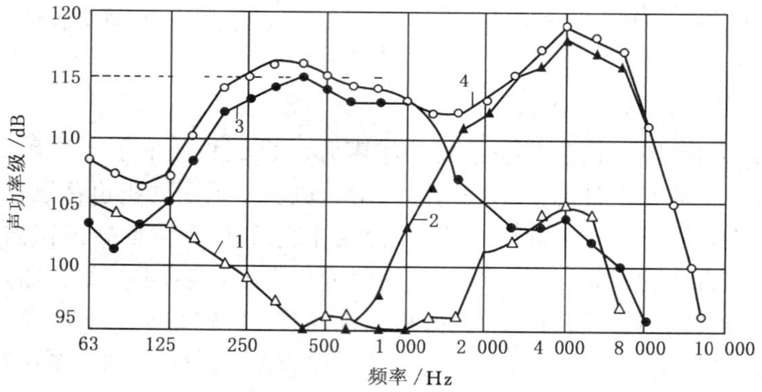

1—机壳噪声；2—钎杆噪声；3—排气噪声；4—整机噪声。

图 5-23　凿岩机频谱特性

（二）气动凿岩机噪声控制方法

1. 降低排气噪声方法

风动凿岩机噪声的主要声源是排气噪声。废气经排气口以高速气流冲击和剪切周围静止的大气，引起剧烈的气体扰动，在废气和大气混合区排气速度降低引起无规则的旋涡，旋涡以同样无规则的方式运动、消散，出现许多频带不规则的噪声；活塞往复一次，压气从气缸排出两次，产生周期性脉动噪声；排气本身就是凿岩机内部机械噪声的传播介质，上述过程产生的噪声称为“空气动力性噪声”。排气的流速越大，排气管直径越细，则产生的噪声峰值频率越高，越趋于尖叫刺耳。在凿岩机排气口安装消声器，是控制排气噪声的有效方法。

图 5-24 所示为凿岩机排气口安装的阻抗复合式消声器。该消声器是用隔板分为不同

小室的圆柱体。引射器压入隔板中，废压缩气体从凿岩机沿着软管，经过连接管进入消声器的接受小室，被引射器吸入，并经过扩散器进入大室。从扩散器出口到消声器的排气口，需经几道带有分布不对称且有很多小孔的隔板。这些隔板不断改变气流的方向。通过降低小室的压力来补偿消声器气流的阻力。在消声器端部或其他位置，粘贴 50 mm 厚的吸声材料，消除中、高频噪声，即起到阻性消声器的作用。该消声器的最大消声量达 30 dB，能取得良好的消声效果。

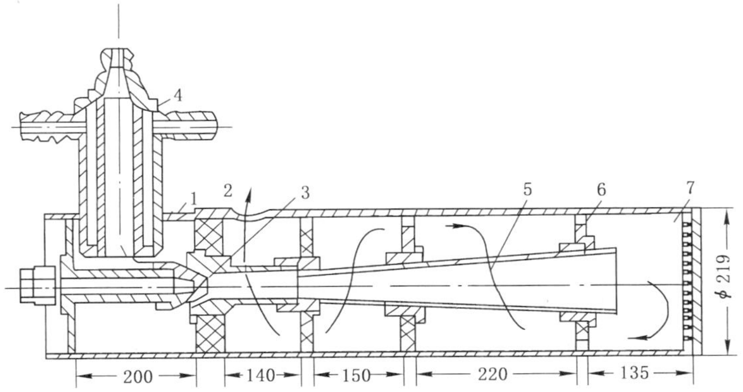

1—圆柱体；2—隔板；3—引射器；4—连接管；5—扩散器；6—带孔隔板；7—吸声材料。

图 5-24　凿岩机排气口消声器

2. 降低钎杆冲击噪声方法

钎杆噪声主要是活塞撞针撞击作用产生的。通过理论分析和实验研究，欲降低钎杆噪声，可从以下几点考虑：一是增加活塞撞针与钎杆撞击持续时间，当撞击时间增加一倍时，声功率级约减少 12 dB；二是减小活塞撞针直径，同时，增加长度也可使持续时间提高；三是增大钎杆直径，比如，钎杆直径增大 0.5 倍时，高频噪声可以减少 8 dB；四是钎杆减振可有效地降低噪声，当钎杆材料的阻尼系数增加 1～2 倍，钎杆的声功率级噪声减少 3～5 dB。

三、空压机噪声控制

（一）空压机噪声源分析

空压机是矿山主要机电设备，同时也是矿山主要噪声源，噪声级高达 100 dB 以上。

空压机按其工作原理可分为容积式和叶片式两类。容积式空压机又分往复式（亦称活塞式）和回转式，一般使用最为广泛的是往复式空压机。空压机是个综合噪声源，空压机噪声是由进、出口辐射的空气动力性噪声、机械运动部件产生的机械性噪声和驱动机（电动机或柴油机）噪声组成的。从空压机组噪声频谱可看出：声压级由低频到高频逐渐降低，呈现出低频强、频带宽、总声级高的特点。由于矿井空压机房多建在副井口附近，噪声掩蔽运输和提升信号，容易造成井口地面的运输工伤事故。

1. 进气与排气噪声

空压机的进气噪声是由于气流在进气管内的压力脉动而形成的。进气噪声的基频与进气管里的气体脉动频率相同，它们与空压机的转速有关。进气噪声的基频可用下式计算：

$$f_i = \frac{nZ}{60}i \tag{5-35}$$

式中 Z——空压机气缸数目，单缸 $Z=1$，双缸 $Z=2$；

n——空压机转速，r/min；

i——谐波序号，$i=1,2,3,\cdots$。

空压机的转速较低，往复式空压机转速为 480～900 r/min，因此，进气噪声频谱呈典型的低频特性，它的谐波频率也不高。

空压机的排气噪声是气流在排气管内产生压力脉动所致。由于排气管端与贮气罐相连，因此，排气噪声是通过排气管壁和贮气罐向外辐射的。排气噪声较进气噪声弱，所以，空压机的空气动力性噪声一般以进气噪声为主。

2. 机械性噪声

空压机的机械性噪声一般包括构件的撞击、摩擦噪声，活塞的振动噪声，阀门的冲击噪声等，这些噪声带有随机性，呈宽频带特性。

3. 电磁噪声

空压机的电磁噪声是由电动机产生的。电动机噪声与空气动力性噪声和机械性噪声相比是较弱的。但对于一些空压机由柴油机驱动时，则柴油机就成为主要噪声源，柴油机噪声呈低、中频特性。实验表明，同一种空压机，若将电动机驱动改为柴油机驱动，其噪声要高出 10 dB(A)以上。

综上所述，空压机的噪声主要是进、排气空气动力性噪声，其次为机械性噪声和电磁噪声。

（二）空压机噪声控制方法

1. 进气口安装消声器

进气口辐射的空气动力性噪声是整个空压机组中最强的噪声，控制噪声应安装进气消声器。对一些进气口在空压机机房里的场合，可先将进气口由车间引出厂房外，然后再加消声器。这样消声器的效果会发挥得更好。由于进气噪声呈低频特性，所以，一般加装阻抗复合式消声器。图5-25所示为两节不同长度的扩张室与一节微穿孔板组成的复合式消声器，用于进气口消声。它的消声原理为：当气流通过消声器的插入管进入扩张室时，由于体积膨胀，起到缓冲器的作用，从而使气体脉动压力降低、强度减弱，达到其降噪的目的；微穿孔板的使用可展宽消声频带，以提高其消声效果。张广迅针对某矿空压机房 5L-40/8 空压机，在进气口的一段管路壁上开一些均匀小孔，并在这段管路上外接其直径 3～4 倍的闭合空腔。小孔中空心气柱与空腔构成共振动系统，在共振频率下，空气柱振动速度很大，克服摩擦阻力消耗较大的声能，形成一个抗性共振消声器，从而达到降噪效果，其消声量可达 30～50 dB。

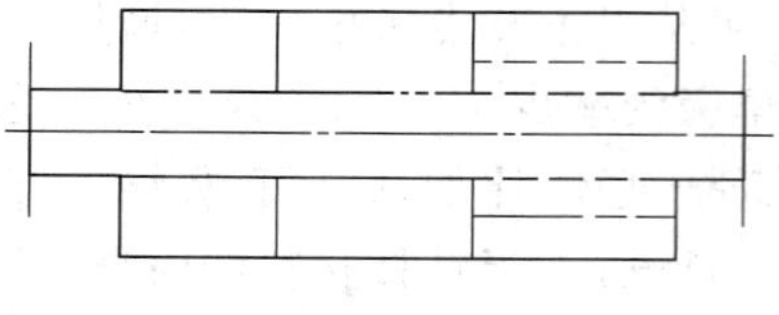

图 5-25　进气口的消声器

2. 空压机装隔声罩

在环境噪声标准要求较高的场合，不仅要对空压机进气口噪声加以控制，还必须对机壳及机械构件辐射的噪声采取措施，才能满足降噪要求，为此应对整个机组加装隔声罩，见图5-26。为获得良好的隔声效果，隔声罩的设计要保证其密闭性。为了便于检修和拆装，隔声罩常设计成可拆式，留检修门及观察窗；同时应考虑机组的通风即散热问题，在进、出风口安装消声器。

3. 空压机管道的防振降噪

空压机的排气至贮气罐的管道，由于受排气的压力脉动作用而产生振动并辐射出噪声。它不仅会造成管道和支架的疲劳破坏，还会影响周围操作人员的身心健康。为此，对管道可采用下列方法防振降噪。

(1) 避开共振管长

当空压机的激发频率（空压机的基频及谐频）与管道内气柱系统的固有频率相吻合时，会引起共振，此时的管道长度称为共振管长。对于空压机的管道，它一端与压缩机的气缸相连，另一端与贮气罐相通。由于贮气罐的容积远远大于管道的容积，所以，可将管道看成一端封闭，其声学管内的气柱固有频率可由下式计算：

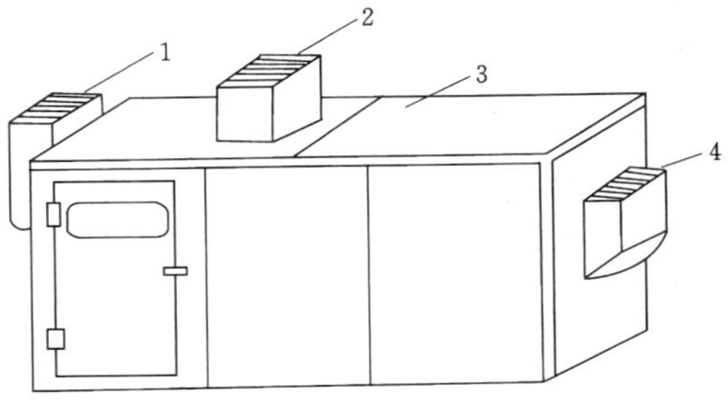

1—进气消声器；2—排气消声器；
3—隔声罩；4—电机进气消声器。

图 5-26　空压机的隔声罩

$$f_i = \frac{c}{4L}i \tag{5-36}$$

式中　c——声速，m/s；

L——管道长，m；

i——1，3，5，…。

一般共振区域位于 $(0.8 \sim 1.2) f_i$ 之间。设计输气管道长度时，应尽量避开与共振频率相关的长度。

(2) 排气管道中加装节流孔板

节流孔板相当于阻尼元件，对气流脉动起减弱作用，从而降低管道的振动和噪声辐射。

4. 贮气罐的噪声控制

空压机不断地将压缩气体输送到贮气罐内，罐内的压缩空气在气流脉动的作用下，产生激发振动，从而伴随强烈的噪声，同时激励壳体振动辐射噪声。这种噪声，除采取隔声方法外，也可以在贮气罐内悬挂吸声体，利用吸声体的吸声作用，阻碍罐内驻波形成，从而达到吸声降噪的目的。

5. 空压机站噪声综合治理

一般矿山企业内空压机站均有数台空压机运转，对每台空压机安装消声器，虽能取得一定的降噪效果，但整个厂房噪声水平并不能取得根本改善，可采取如下措施：根据空压机站运行人员的工作性质要求，建造隔声间作为值班人员的停留场所，隔声间噪声可降低到 60～65 dB(A)以下。也可在空压机站的顶棚或墙壁上悬挂吸声体，噪声可降低 4～10 dB(A)。

四、电机噪声控制

(一) 电机噪声源分析

电机（包括发电机和电动机）是使用量大面广的动力设备，是空压机、风机、球磨机等的驱动设备。目前国产的中小型电机噪声多在 90～100 dB(A)之间，大型电机噪声均高达 100 dB(A)以上，声能分布在 125～500 Hz 之间（个别的达 1 000 Hz）。其噪声为低、中频性。电动机噪声一般由三部分组成:空气动力性噪声、机械性噪声和电磁噪声。

1. 空气动力性噪声

空气动力性噪声是电机的主要噪声源,它的产生机理与风机的空气动力性噪声机理相似,噪声的强度与叶片的数量、尺寸、形状及转速有关。

2. 机械性噪声

机械性噪声包括电机转子不平衡引起的低频声、轴承摩擦和装配误差引起的高频噪声、结构共振产生的噪声等。它对电机噪声的影响仅次于空气动力性噪声。

3. 电磁噪声

电磁噪声是由于电机空隙中磁场脉动、定子与转子之间交变电磁引力、磁致伸缩引起电机结构振动而产生的倍频声。电磁噪声的大小与电机的功率及极数有关。对于一般功率不大的小型电机,电磁噪声并不突出。但对于大型电机,功率很大,电磁噪声在电机噪声中占有一定分量。

综上所述,在电机的噪声中,空气动力性噪声最强,机械性噪声次之,电磁噪声最弱。

(二) 噪声控制

1. 合理设计电机结构

合理设计电机结构、提高加工精度、改变风扇结构,直接从声源上降低噪声是非常有效可行的途径。例如,一台 55 kW 电机,原风扇叶片为直叶片,现改为后弯式叶片,叶片由多片改为 4 片,并使风扇的直径由 350 mm 缩短为 325 mm,为保证风量,适当增加叶片的宽度。实验表明,通过对风扇直径和叶片形状的改进,噪声可由 97 dB(A)降至 88.5 dB(A)。

2. 加装消声器

对于冷却风扇位于电机尾部的电动机,大多在电机尾部和机壳上加装阻性消声筒,并在消声筒内放置吸声锥,吸声锥做成可调式,根据实际需要,对通流的断面积进行调节,如图 5-27所示。把电机半围封起来,在降低空气动力性噪声的同时,也阻挡机壳的辐射噪声,常使噪声降低十几分贝。

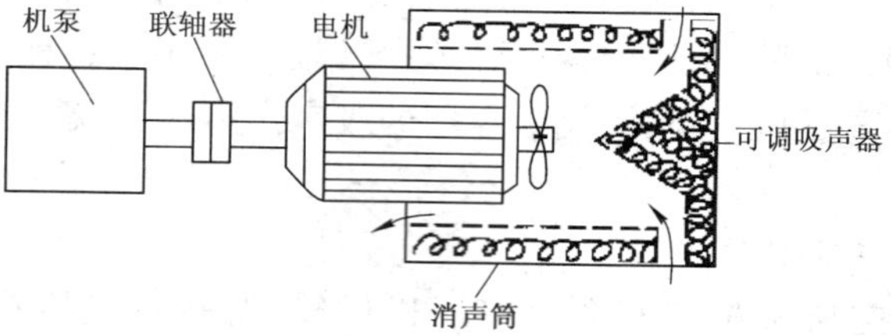

图 5-27 电机消声筒

对于某些功率较大的电机,通风冷却系统是从电机尾部和联轴节两端进入,从机体两侧向外排气,这种进、出气方式的噪声控制,可在进、出气处加装适当形式的消声器。为避开电机主轴及电缆线等障碍物,消声器可设计成拼装结构,便于拆卸,可随时检查、维修电机。为保证电机冷却散热的需要,各消声器的通流面积均设计成原来的 1.2 倍。图 5-28 所示为 JK_2型 800 kW 电机加装消声器。从加装消声器前后的实测数据知道,在距机组 1 m 处噪声,由 100 dB(A)降至 85 dB(A),测量电机的温升及动平衡,均在允许范围之内。

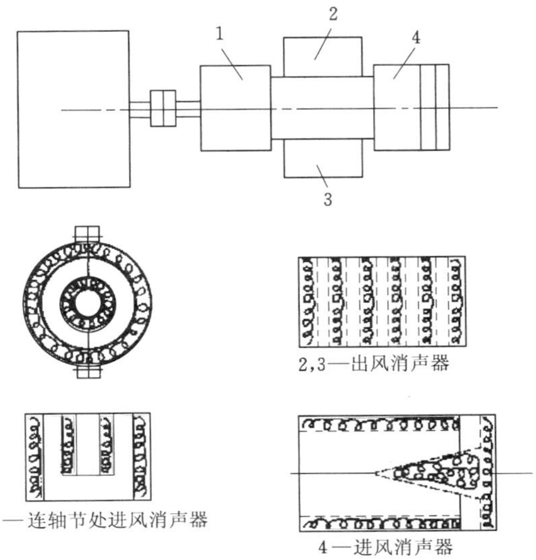

图 5-28　JK_2型 800 kW 电动机加装消声器示意图

3. 隔声罩

对于大、中型电机，在降噪量要求很大的情况下，可采用全封闭隔声罩，即将整个电机都罩起来，在隔声罩上开进、排气口，并安装进、排气口消声器，这种控制方法十分有效。电机隔声罩的外壳用钢板制成，内衬吸声材料，并加护面结构。不过，在设计电机隔声罩时，要特别注意电机的温升问题。为了满足电机的散热要求，大、中型电机隔声罩内壁与电机外缘的间距一般在 70～100 mm，这样有利于气流流动，并保持一定流速，不易产生涡流噪声，同时进、排气口的消声器的通流面积要比实际需要的通流面积大 20%。一般罩内气流通畅，有足够的储气量，进、出气口面积足够大，电机加装隔声罩一般不会影响电机的温升。

五、球磨机噪声控制

球磨机是电力、矿山、冶金、水泥、建材等许多领域广泛使用的用来磨碎固体物料的机器设备，当其用于粉碎煤块时，又称为钢球磨机。球磨机在运行过程中会带来极大的噪声污染，不仅影响到人们的休息与工作，也对人的身体健康造成极大的危害。

（一）球磨机组成简介

钢球磨机主要由料斗、轴承部、传动部、转动部主要部件与隔声罩、电动机减速机、棒销联轴器和基础部等辅助部件组成，并且配有辅机。转动部即大罐是钢球磨煤机的主要组成部分，它由一定厚度钢板焊接而成的筒体与两个端盖组成。端盖上有空心轴颈，大轴以空心轴颈支于主轴承上。大罐筒体部分和端盖都装有耐磨钢板作内衬，如图 5-29 所示。

大罐筒体部分的内衬由波形衬板组合而成，通过固体楔和拧紧楔所形成的横向压力牢固地把筒体衬板压紧在筒体上。衬板构成有规律的波形，来提升钢球和燃料，使钢球有规律地均匀运动并阻碍下落。端盖衬板由内外两排扇形衬板组成，外端衬板有加强筋。

衬板和大罐之间铺设有隔热石棉板，有的还铺有隔音毛毡，大罐外表面包有一层护板。为了避免衬板螺栓孔漏风及漏粉，在槽孔处缠有石棉绳。大罐上开有检修孔，以主轴承、大牙轮、传动牙轮、电动机、减速机及润滑系统支撑，带动钢球磨机大罐转动。

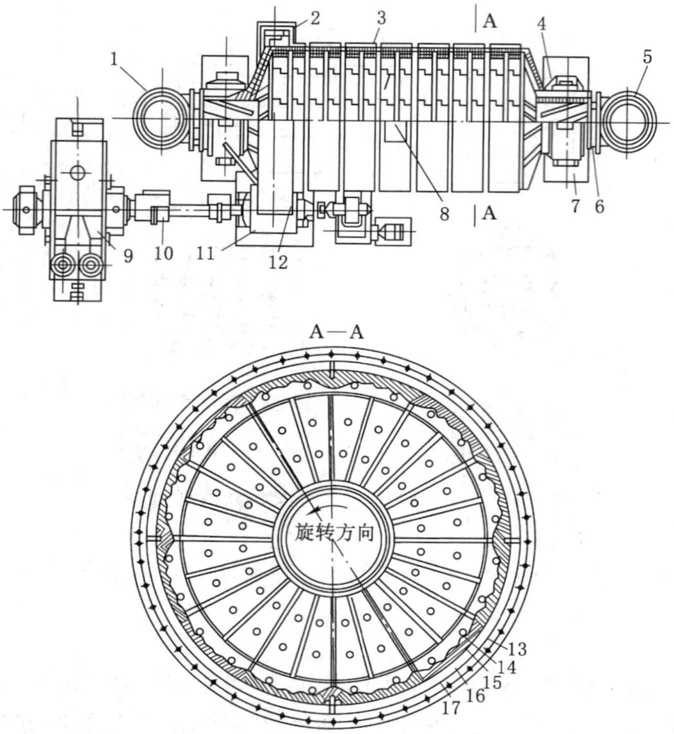

1—进煤连接管；2—齿轮轮缘；3—钢球磨煤机筒体；4—轴承座；5—煤粉出口连接管；6—密封装置；7—轴承座基础；8—检查孔；9—电动机；10—联轴器；11—传动小齿轮；12—传动齿轮外罩；13—筒身；14—护甲；15—石棉垫；16—隔音毛毡；17—外包钢板。

图 5-29　筒式钢球磨煤机

（二）球磨机工作原理

球磨机在磨煤过程中是按撞击原理工作的，同时还伴有研磨和挤压作用。球磨机由电动机经棒销联轴器圆柱齿轮及开式大牙轮减速器传动而驱动传动部件旋转。当筒体转动时钢球在离心力的作用下，钢球被衬板带到一定高度后，由于本身重力作用而沿抛物线下落，如图5-30 所示。煤在下落钢球的撞击下被击碎，同时，钢球还在大罐内产生旋转运动，球与球之间，球与钢衬板之间产生挤压研磨作用，把煤磨成粉。在磨煤的同时，一般采用热空气作干燥气氛，磨好的煤由干燥热风带出大罐。从钢球磨煤机出来的不完全符合设计所需的细度的煤粉，通过粗粉分离器再由回粉管路回到钢球磨煤机进行重磨，而合格的煤粉经过旋风分离器分离后，落入煤粉仓储储存。

（三）球磨机噪声源分析

球磨机的噪声主要由筒体内的钢球、物料与衬板之间的相互撞击和研磨产生的噪声，该噪声由筒体表面向外辐射，它属于柱状声源。筒体噪声又分为两部分：一部分是由撞击和研磨产生的空气声经筒体透射到周围；另一部分是筒体在钢球、物料撞击衬板多点激励下的声辐射。两者相比，后者更为强烈。除筒体产生噪声外，电动机、联轴器、传动装置也产生较大的噪声，约达 90 dB(A)，但它与筒体噪声相比，属于次要地位。其噪声级通常在 105～115 dB(A)，是目前选矿厂最主要的噪声污染源之一。

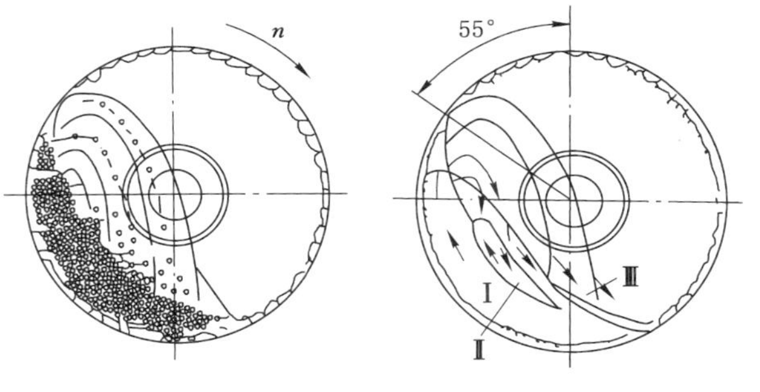

Ⅰ—压力研磨；Ⅱ—摩擦研磨；Ⅲ—冲击破碎。

图 5-30　钢球磨煤机筒内钢球及燃料运动情况

（四）球磨机噪声控制

1. 改变内衬板材料

一般球磨机衬板材料采用锰钢，钢球落在其上产生较大撞击声。如采用橡胶衬板代替锰钢衬板，可以大大地降低噪声。经实验研究，一般可使球磨机降噪 15～20 dB(A)。

2. 阻尼包扎、减振隔声

即在球磨机筒外壁上紧紧包扎一层阻尼隔声材料，降低筒体振动的声辐射。先在筒外壁粘贴一层橡胶，再加一层玻璃棉或工业毛毡，最外层用金属铁皮，并用卡箍夹紧筒体。一般可获得 5～10 dB(A)以上的降噪量。不足的是，其施工难度较大，不利于检查、维修，增加附加载荷，耗费电能。图 5-31 为球磨机包扎阻尼隔振套示意图。

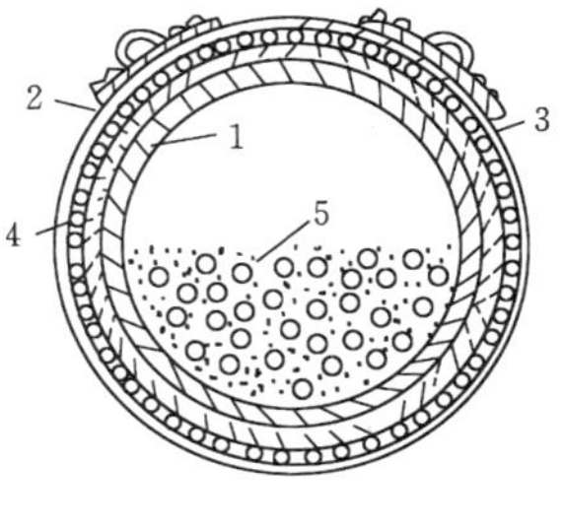

1—筒体；2—橡胶(1～2 cm)；3—玻璃棉；4—金属皮或木制套；5—钢球和磨料。

图 5-31　球磨机包扎阻尼隔振套

3. 采用隔声罩

采用隔声罩或隔声围护结构是球磨机噪声控制的常用方法。用隔声罩将球磨机的筒体部分封闭起来，阻隔了噪声的外传途径，通常降噪可达约 20 dB(A)。但安装隔声罩后会带来设备检修、运行和维修的困难及设备的通风、散热困难。所以隔声罩常做成组装的，隔声罩内要留门及工人操作的空间。

4. 确定合理的钢球数

钢球间的相互撞击是在钢球过多的情况下发生的，过多的钢球对物料的粉碎无作用，反而增加撞击噪声。因此，通常在球磨机中所装钢球体积占筒体容积 30%～50%，而钢球最大直径为筒体直径的 1/8～1/24 时才算合理。

5. 改变钢球的材料

在满足粉碎物料的条件下，可用高阻尼合金球代替钢球。这种材料比钢的内耗大，所以激发的噪声比钢球小。

第六章 矿山生态环境治理

我国矿山生态环境破坏的特点是由矿产资源特点及开采方式决定的，大致可以分为三种类型。一是露天开采矿山，其造成的生态环境破坏数量多、分布广、影响大，主要是采场对生态、自然景观的破坏。二是地下开采矿山，主要是采矿造成的地面塌陷等问题。三是矿产资源采、选造成的化学污染和尾矿污染问题。

矿山生态环境恢复治理工作一直是矿山生态环境管理的核心环节，早在2001年，国家发展计划委员会发布的《"十五"生态建设和环境保护重点专项规划》中，就将矿山生态环境恢复治理列为重点工程内容，明确提出：积极采取有效的措施，促进矿山生态环境恢复治理与土地复垦。拓宽资金渠道，保证生态环境投入的增长。坚持国家、地方、集体、个人一起上，多渠道、多层次、多方位筹集生态建设和环境保护资金。

2013年，财政部和国土资源部印发了《矿山地质环境恢复治理专项资金管理办法》，进一步规范了矿山地质环境恢复治理专项资金管理，提高了资金使用效益。

我国《国民经济和社会发展第十三个五年规划纲要》中也明确指出：强化矿产资源规划管控，严格分区管理、总量控制和开采准入制度，加强复合矿区开发的统筹协调。支持矿山企业技术和工艺改造，引导小型矿山兼并重组，关闭技术落后、破坏环境的矿山。大力推进绿色矿山和绿色矿业发展示范区建设，实施矿产资源节约与综合利用示范工程、矿产资源保护和储备工程，提高矿产资源开采率、选矿回收率和综合利用率。完善优势矿产限产保值机制。建立矿产资源国家权益金制度，健全矿产资源税费制度。

第一节 矿山开发对生态环境的影响

矿山生态系统是陆地生态系统的一个子系统，采矿生产使矿山生态结构破坏，矿山生态功能丧失或降低，生态环境恶化，生态平衡受到破坏。采矿造成地表挖掘破坏或塌陷崩落，地下水水位下降，露天矿边坡失稳或滑坡；矿山排出的"三废"使地表植被破坏，耕地废弃，河流淤积，地下水受到污染，土壤沙化，水土流失；采矿过程排出的粉尘、有毒有害气体也导致附近农业用地减产，土壤受到污染。更为严重的是，矿山开采将导致数倍于开采面积的区域地表形态发生根本变化，从而严重影响其生态环境。据统计，我国平均每年因矿业生产活动在陆地表面搬动运移的岩土量达32.5亿t。从表6-1可知，矿业是除农业外扰动土地最多的行业。若用级别来定量表示各行各业对生态施加的综合影响强度，则矿业对生态环境的影响强度居于首位，见表6-2。

表6-1 中国不同行业每年扰动的土壤和岩石数量[①]

行 业	农业	矿业	牧业	基础设施	林业	城市建设	总量
扰动量/亿t	326.0	32.5	16.5	3.2	2.0	1.1	381.3

注：① 引自杨福海《矿山生态复垦与露天地下联合开采》，冶金工业出版社2002年版。

表 6-2　不同行业对生态环境的影响强度①

行　业	矿业	化学和石油加工业	冶金	燃料能源	建筑业	制浆造纸业	运输业
影响强度	2.4	1.8	1.5	1.4	1.1	1.0	1.0

注：① 引自杨福海《矿山生态复垦与露天地下联合开采》，冶金工业出版社 2002 年版。

20 世纪 80 年代以来，随着国家对矿产资源需求的迅速增加及矿业经济的迅猛发展，在矿山高强度开发过程中，由于长期忽视生态环境保护与恢复治理，矿山植被、景观、土地、水体均遭受不同程度破坏，“三废”达标排放率、生态恢复治理率和土地复垦率均较低；局部地区水源、大气、土地遭到严重污染；采矿诱发的次生地质灾害（如滑坡、崩塌、泥石流等）多发；矿山生态环境恢复治理历史遗留问题严重，并成为制约社会经济可持续发展的重要因素。

一、露天开采对生态环境影响

（一）侵占、破坏土地

露天开采占用并破坏了大量土地，其中占用的土地指生产、生活设施所占的土地；破坏的土地指露天采矿场、排土场、尾矿场、塌陷区及其他矿山地质灾害破坏的土地。采矿过程中排放的废石和尾矿对土地资源的破坏最为严重。

据估计，全世界已有超过 300 万 ha 的土地被露天采矿所破坏或荒芜。20 世纪 70 年代末期的统计资料表明，美国露天开采每年破坏的土地约 6 万 ha，加拿大的情况与其类似。

2000 年前，我国采矿业破坏的土地有 140 万～200 万 ha，并以每年约 2 万 ha 的速度增加，2000 年后每年增加 3.4 万 ha。据不完全统计，我国露天开采每万吨煤破坏土地 0.24 ha，其中采场挖损破坏土地为 0.08 ha，外排土场压占土地约 0.16 ha；1991—2000 年期间，我国每年露天开采原煤 1 亿 t，估算年破坏土地约 2 400 ha，10 年共计 2.4 万 ha；2000 年以后，破坏土地面积每年还将以 8%～9%的速度递增，预计到 2030 年累计破坏土地面积约 13.5 万 ha。露天煤矿直接挖损对土地的破坏非常严重，不经生态重建或复垦治理将毫无利用价值。

露天开采还对耕地、森林、草地等造成了破坏。2008 年 4 月国土资源部对国家地质环境进行调查后指出，因采矿及各类废渣、废石堆置等，目前全国累计侵占土地达 586 万 ha，破坏森林 106 万 ha，破坏草地 26.3 万 ha。地表植被破坏和大量堆放的尾矿，导致严重的水土流失和土地荒漠化，如准噶尔煤田耕地沙化面积占全国耕地面积的 1.04%，占煤田面积的 21%，占用林地是全国林地面积的 0.79%。由此必然加剧我国耕地紧张，降低森林覆盖率，引起草场退化。

（二）水土流失及土地沙化

露天开采在很大程度上破坏了原来相对稳定的土壤、植被和山坡土体，破坏了矿山地面景观，产生的废石、废渣等松散物质极易促使矿山地区水土流失。我国是世界上水土流失最为严重的国家，全国现有水土流失面积 356 万 km^2，超过国土总面积的 1/3。每年流失土壤的总量达到 50 多亿吨，相当于 66.7 万 ha 土地被剥走了 1 cm 厚的表土。而据科学研究，在自然力的作用下，形成 1 cm 厚土壤需要 100～400 年的时间。每年流失的土壤养分相当于 4 亿 t 标准化肥，几乎等于全国一年化肥产量。过去 50 年，因水土流失而损毁的耕地面积达 270 万 ha，对耕地安全和粮食安全构成了严重威胁。

经国务院批准，2006 年 5 月 8 日水利部正式公布了 42 个国家级水土流失重点预防保护区、重点监督区和重点治理区(简称“三区”)。这是中华人民共和国成立以来,我国首次确定并向社会公布的国家级水土流失防治重点区域。这次公布的“三区”涉及25个省区市,总面积222.98万km^2,占国土总面积的23.2%。其中水土流失面积95.46万km^2,占全国水土流失总面积的26.8%。国家级水土流失重点预防保护区共16个,涉及21个省区市,总面积97.63万km^2,其中水土流失面积29.45万km^2。这些区域水土流失较轻,林草覆盖度较高,但存在水土流失加剧的潜在危险,主要为次生林区、草原区、重要水源区、萎缩的自然绿洲区等。国家级水土流失重点监督区共7个,涉及13个省区市,总面积30.60万km^2,其中水土流失面积17.98万km^2,主要是矿山集中开发区、石油天然气集中开发区、特大型水利工程库区、交通能源等基础设施建设区以及在建的国家特大型工程区,包括辽宁冶金煤矿区、晋陕内蒙古接壤煤炭开发区、陕甘宁内蒙古接壤石油天然气开发区、豫陕晋接壤有色金属开发区、新疆石油天然气开发区等,这些以矿产资源开发为主的区域,开发历时长,强度大,造成的水土流失及其危害比较严重。国家级水土流失重点治理区共19个,总面积108.88万km^2,其中水土流失面积59.31万km^2,这些区域原生的水土流失较为严重,对当地和下游造成严重水土流失危害,主要为大江、大河、大湖的中上游地区。

(三)破坏水资源

露天开采对采矿地区水环境的影响,取决于采矿工程的规模、采矿技术条件、地下水位、区域水文地质条件、采矿场的排水能力等。露天采场内疏干排水改变了地下水的自然流场及补、径、排条件,打破了地下水原有的自然平衡,破坏了大气降水、地表水与地下水这一均衡系统的转化关系,常常形成以采区为中心的大面积水位下降漏斗区,造成水质恶化、泉眼干枯、水源枯竭等。一些国家的研究报告表明,露天开采可对采场以外相当远范围内的区域水环境产生影响。例如,波兰有一面积为0.21万ha的露天采场,引起周围面积达12万ha的区域水环境的变化;法国有几个露天褐煤矿,开采后使地下水位降到200 m以下,造成矿区周围几平方千米的地面沉陷。据不完全统计,我国因废渣、尾矿造成水体严重污染的有色金属矿山达30多座。

另外,露天开采使基岩裸露,易使流入境内的地下水酸化和受到重金属等有害物质的污染。而且,露天矿坑大量排放的酸性废水,对周围受纳水体也会产生一定的污染。我国矿业活动产生的废水主要包括矿坑水,选矿、冶炼废水及尾矿池废水等。其中煤矿、各种金属、非金属矿业的废水以酸性为主,并多含大量重金属及有毒、有害元素(如铜、铅、锌、砷、镉、六价铬、汞、氰化物)和有机污染物、悬浮物等;石油、石化业的废水还含挥发性酚、石油类、苯类、多环芳烃等物质。有些矿山,特别是不少非国营矿山,废水未经达标处理就任意排放,甚至直接排入地表水体中,使土壤或地表水体受到污染;此外,由于排出的废水入渗,地下水也受到污染。水环境的变化与水资源的破坏继而影响地表土壤和植被,使之受到一定的污染,影响到矿区的生态平衡,破坏了矿区周边的生态环境。

(四)引发泥石流、滑坡、溃坝等地质灾害

露天开采要剥离地表坡积物、土壤和矿体上覆岩层,地面及边坡开挖影响山体和边坡的稳定,导致岩(土)体变形,诱发崩塌、滑坡(图6-1)、泥石流(图6-2)等地质灾害。废石(渣)等大量的固体废物如果堆存不恰当、处置不合理,或堆积于山坡或沟谷中,在暴风雨诱发下极易发生泥石流、滑坡、溃坝等事故,对矿山生态环境造成严重破坏。

图 6-1　滑坡

图 6-2　泥石流

滑坡是露天矿山最常见的地质灾害。当山体坡度超过 25°，地表为坡积物或砂质黏土等松软地层时，由于长时期受风化侵蚀或水流冲刷而处于自然平衡的临界状态，尤其当受到采矿和大气降水影响时，很容易出现裂隙、滑动，继而出现大面积的山体滑坡。有调查资料表明，由于受采矿影响而引起的山体滑坡在全国许多矿山时有发生。抚顺西露天煤矿曾发生滑坡 60 余次；白银露天矿曾发生超过 100 万 m^3 的大型滑坡；襄樊万山采石场滑坡造成 11 人死亡；攀钢石灰石矿发生大滑坡 3 次，造成设施严重损毁；2003 年，铜川矿区因连续降雨诱发大面积崩塌、滑坡、泥石流等地质灾害点有 94 处，直接经济损失 2 000 余万元；美国有一座高达 244 m 的煤矸石山曾滑进了附近的一座城里，造成 800 余人死亡。近 20 年来我国先后发生过多次大规模的废石场滑坡、崩塌、泥石流以及尾矿坝垮塌等恶性事故，导致人员伤亡、被迫停产、破坏公路、毁坏农田等恶果。依据《全国地质灾害通报（2019 年）》，2019 年全国共发生地质灾害 6 181 起，其中滑坡 4 220 起、崩塌 1 238 起、泥石流 599 起、地面塌陷 121 起、地裂缝 1 起、地面沉降 2 起；造成 211 人死亡、13 人失踪、75 人受伤，直接经济损失 27.7 亿元。

2008 年 9 月 8 日早，山西襄汾县新塔矿选矿厂的尾矿库发生溃坝事故，其泄容量为 26.8 万 m^3，泥石流淹没了一座 3 层办公楼、一个农贸市场及两个村子的部分房屋，导致数百人失踪。图 6-3 为塔儿山矿区尾矿库溃坝前后示意图，图 6-4 则是塔儿山矿区集贸市场的事故现场。

2009 年 6 月 5 日，重庆武隆铁矿乡鸡尾山山体发生大面积山体滑坡，土石将红宝村的一个铁矿和多户人家及路人掩埋，造成数户居民搬迁和巨大的经济损失。图 6-5 即为山体垮塌事故现场。

（五）生物资源的损害

矿区生物资源的损害主要是矿山工业建设、矸石堆放、开山修路、露天采矿剥离等引起的。其主要表现为：

第一，采矿活动造成生物的生存环境或栖息地被破坏。由于矿井采矿及其配套工程设

图 6-3　塔儿山矿区尾矿库溃坝前后示意图

图 6-4　灾后的塔儿山矿区集贸市场

图 6-5　武隆铁矿乡鸡尾山山体垮塌事故现场

施诸如交通线、建筑物等的建设，矿山生态系统原有的大面积连续的生物环境被人为分割成许多面积较小的不规则板块，甚至是完全消失。这限制了生物的活动范围，影响了生物生存活力，导致生物多样性受损。例如，乌海地区因煤炭开发直接破坏的天然草场高达14万ha，使包括四合木、绵刺、草苞菊、蒙古扁桃在内的世界珍稀濒危野生植物从地球上消失。

第二，矿产开采对矿区及周围水体、大气和土壤的严重污染，导致某些生物减少，甚至灭绝，最终导致矿区生物多样性受损。

第三，在进行矿区生态修复和重建的过程中，人为引入的外来物种入侵，对当地生态系统造成严重干扰和破坏，致使原有物种大量灭绝，导致矿区生物物种单一，生态系统退化。

（六）烟（粉）尘的污染

露天采矿过程中的大爆破产生的烟（粉）尘冲向天空，使土壤、植被和水体受到污染。烟尘量的多少取决于矿岩硬度、含水量和药量等。有资料表明，一次大爆破产生的烟尘含量超过15～20 m^3，粉尘及有害气体可漂浮至10～20 km之外，经1到4昼夜可在2～4 km的范围内降落200～500 t粒度1.5 mm以下的粉尘。据捷克和波兰学者的研究资料显示，粉尘污染使作物收成损失27%～29%，土豆和糖用甜菜收成减少5%。露天堆积的排土场废弃土石，易于风化破碎，产生的大量粉尘随风飘扬，加重矿区环境的粉尘污染。降尘损害土地、农作物、景观和设备；飘尘的比表面积很大，能吸附芘、苯并芘、苯并苊、苯并蒽等有机毒物，它们发生协同作用时毒性更大，因而对生态环境的危害较大。

二、井工开采对生态环境影响

（一）影响地下水系、破坏水均衡

井工开采破坏了地下岩层结构及地表水、地下水均衡系统，尤其是地下水循环系统。矿坑疏干排水使一些地下水源相继枯竭，造成大面积疏干漏斗、大批泉井干枯、水位下降、河水断流、地表水入渗或经塌陷灌入地下，使原本地下水良好的富水区变为缺水区；地面塌陷改变地表水体径流条件，使水质恶化；矿山废水的排放，使矿区周围河道淤积、水质污染，造成水质型缺水，严重影响了矿山地区的生态环境。山西省采煤矿井水外排，使区域地下水位下降数十米到100多米，造成18个县28万人饮水困难，30万亩水田变成旱地，全省井、泉减少3 000多处。黑龙江省鸡西、鹤岗、双鸭山、七台河4个矿业城市，每年因采煤排放矿井水1.56亿 m^3，约为地下水可开采量的5倍，因此形成了地下水疏干区，导致大量水井吊泵报废，严重影响城市供水和农业供水。

（二）破坏地形地貌

大规模的地下采矿活动常引起大面积的地表变形，破坏了矿区原始的地形地貌，对土地资源破坏严重。据对国内1 000多家国有大中型矿山的调查，井工开采占68.9%，塌陷区占地面积为8.42万ha，占矿山开发破坏土地面积的39.6%。另外，采用水溶法开采岩盐所形成的地下溶腔，也可导致地面沉陷。这在一些盐矿已有发生，如湖南湘澧盐矿、云南洱源县乔石盐矿和湖北应城盐矿水采基地。

地表变形通常是指由于地下采矿造成地表下沉、水平移动、地表倾斜、地表弯曲等变形，甚至形成地表下沉盆地或出现漏斗状的塌陷坑。地表变形往往造成地表积水或地貌改变、建筑物断裂或倒塌、公路塌方、山坡滑落、水库漏水等，使矿区大片耕地变为凹凸不平的荒滩或阶梯状的洼地。例如，徐州是我国华东地区重要的煤炭基地，长期煤炭开采对区域耕地、生态等造成严重破坏，矿地矛盾突出。据徐州矿务集团公司调查，截至2008年6月徐州已塌陷耕地 52 ha，其中 25%因常年积水不能耕种，水深达 3.5 m，两季积水只可种一季的占 40%，其余的虽全年可耕种但都不同程度地减产，严重地影响了农业生产。目前，徐州市煤炭资源接近枯竭，累计形成 38.87 万亩采煤塌陷地，整治采煤塌陷地 19.52 万亩。历史事实表明，所有大中型矿山在开采过程中都会对当地的地形地貌产生不良影响，如云南个旧锡矿、广西大厂锡矿、江西德兴铜矿等矿山的地形地貌都发生了很大改变。

（三）造成山体崩塌、塌陷等地质灾害

矿山井巷的开掘会破坏岩石应力平衡状态，由于地下采空，地面及边坡开挖影响山体、斜坡稳定，在一定条件下会引起山体崩塌（图 6-6）、塌陷（图 6-7）、滑坡等地质灾害，影响土壤和植被的生长，破坏矿区生态环境。特别是地表下沉和塌陷区引起地表水和地下水的水力联通，容易酿成淹没矿井的水灾事故。大面积地表塌陷的同时，会出现高度、深度不等的地裂缝，导致地面建筑物的坍塌，破坏地面景观，影响人民生活甚至危及生命财产安全。

图 6-6　山体崩塌

图 6-7　塌陷

由于矿井疏干排水，在许多岩溶充水矿区，常常引起地面塌陷等灾害。在中国，采空塌陷主要出现于 20 世纪 70 年代以后，尤其是 2000 年以后，随着采矿业的发展，大量个体业者进行采煤采矿活动，使得采空塌陷在各地频频发生。从全国看，采空塌陷与采矿量呈直线关系。2000 年 6 月 18 日，在浙江省武义县采矿区的潘村，一名女工正在工地选矿，突然双脚陷进地面塌陷形成的矿坑，旁边一名职工施救不成，女工被塌陷坑吞没。另外，安徽淮南、山东莱芜及长江中下游两侧的有色金属矿山，也都出现了地面塌陷。

开滦范各庄发生突水淹井事故后，矿区附近出现 11 个地面塌陷坑，以突水点为中心的 10 余千米范围内，水位下降 20～30 m，使厂矿、工业和生活供水原有系统失灵，发生吊泵，形成无法供水的局面。据统计，仅 2003 年全国因采矿引起的塌陷 180 余处，塌陷坑 1 600 多个，塌陷面积 1 150 km^2。2006 年，全国发生采矿塌陷灾害的城市近 40 个，造成严重破坏的近 30 个，每年因采矿地面塌陷造成的经济损失达 4 亿元以上。据 2007 年对全国 1 173 个大中型矿山企业调查，地面塌陷破坏土地面积达 84 200 多公顷，煤矿区最为突出。华北、华东地区煤矿采空塌陷，每年平均为 10.5 万亩。图 6-8 和图 6-9 为矿山塌陷区。

有关矿山地质灾害及其防治的内容将在第八章详述。

图 6-8　铁矿采空造成的地面沉陷

图 6-9　采煤塌陷造成的水灾

（四）引起气候变化

矿山排放的废气、粉尘及矿区燃煤排放的烟尘等污染矿区及其周围的大气环境，使空气能见度、清洁度降低；空气温度、光照、太阳辐射、蒸发散热量等局部气候特征发生改变。地表植被受到破坏，动物、植物和微生物的生存环境遭到破坏，生物量下降，生物种类减少，区域环境的生态平衡也随之受到破坏。

（五）损害矿区景观环境

由于在矿山开采过程中，采掘土方、堆弃废石及尾矿、排放污染物，破坏了矿区地质地貌原有的形态，影响了自然风景观瞻，毁坏了珍贵的地质遗迹和名胜古迹。这不仅给人们带来视觉污染，也给人类历史文化和科学研究造成了不可弥补的损失。

三、矿山生态环境治理的意义及进展

（一）矿山生态环境治理的意义

加强矿山生态环境保护，最大限度地减轻矿山开发对生态环境的污染和破坏，搞好矿山生态环境的治理和恢复，提高矿山生态环境恢复率，这是矿山生态环境保护与治理的总体要求和具体目标。

矿区生态环境的治理不仅关系到区域环境的可持续发展，而且对改善全国、全球的生态环境有着十分重大的意义。通过法律法规的完善与制约，限制不合理的矿产开采活动，从而减轻矿山生态环境的破坏；通过土地复垦、生态修复等措施，尽力恢复矿区土地原有功能和矿山生态环境，重新建立健康的矿山生态系统；通过发展新型绿色能源，减轻自然的生态负荷，遏制矿山生态环境的人为破坏，逐步恢复天然林草植被、水源涵养功能和生物多样性；通过综合治理，减少水土流失、土地沙漠化等灾害的发生，可持续发展能力进一步增强，人与自然更加和谐。矿山生态环境是整个环境系统的重要组成部分，矿山生态环境保护和治理工作是城市工业化、现代化建设的重要内容，有利于现代化生态城市的建设与发展；有利于其他产业的发展，实现经济结构的合理化；有利于保护和抢救现存的重要矿业遗产，科学利用矿业遗产，弘扬矿业历史文化，实现矿产资源开发和生态环境保护的良性循环，推动矿山企业走上可持续发展道路。

为保护矿山的生态环境，多年来广大矿山科技人员进行着不懈的努力。

土地复垦是矿山生态环境治理的主要方式之一。在我国，矿山土地复垦的意义主要表现在以下几方面：

(1) 矿山土地复垦是合理利用土地、补充农业用地、提高土地生产力的一项重要措施

随着地下和露天开采矿山的发展，土地占用和破坏加剧。据估算，目前我国因矿产资源开发等生产建设活动，挖废、塌陷、压占等各种人为因素造成破坏的废弃土地约 1.47 亿 ha，约占耕地总面积的 10%，其中因采矿破坏的土地面积达 586 万 ha，并且每年仍以 4 万～6.67 万 ha 的速度增加，而全国土地复垦率仅在 12%左右。在这种情况下，一方面要政策性地促使矿山节约用地，少占农田；另一方面，要加强土地复垦工作，恢复矿区压占、沉陷土地的生产力。

(2) 矿山土地复垦可改善矿区及矿区附近的生态环境，保证人民群众生命财产的安全

矿山建设和生产很大程度上破坏了原来的土地表层，引起水土流失、农田毁坏、植被减少等，并且引发了土壤、水等的严重污染。矿山环境的这种污染还可扩散到周围区域，影响到附近的农田、牧场、林地、果园及居民区。更严重的是，矿区塌陷、矸石山、尾矿溃坝、滑坡、泥石流等会毁坏田地、房屋，危及居民生命财产的安全。土地复垦是结合消灭污染源、保护环境以改善生态条件、提高土地生产力的一项综合工程。它是解决矿区环境问题的根本途径。

(3) 矿山土地复垦有利于改善工农关系，保障农民的生产和生活

资料表明，采矿等工业生产和建设活动引起各矿区范围内的人均耕地面积普遍急剧下降。有些农村人均耕地不足 0.2 亩，在部分地区，耕地被大量破坏，一些农民陷入了“无房可住、无地可种、无岗可上、无水可用”的困境。由此，产生了矿区土地占用和破坏与当地农民耕地丧失的矛盾。这种矛盾随着生产的发展而日益尖锐，使矿山和农民间的关系紧张，影响到社会安定和建设进度。因此，只有进行矿区土地复垦，将高质量的农田归还于农民，这类矛盾才能得到根本性的解决。土地复垦开展得好的地区如安徽淮北、河北唐山等地已初步解决了这类矛盾。

(4) 矿山土地复垦促进了矿区的可持续发展

1998 年以后，我国要求对新建矿制定相应的土地复垦规划，要求采矿与土地复垦同步进行，推行“谁破坏，谁复垦；谁复垦，谁受益”原则。一些矿区结合采矿工艺和当地的自然地理条件，积极探索，并联合科研单位和高等院校发展了多种土地复垦技术，如土地平整技术、矸石充填技术、疏干复田技术、挖深垫浅技术、剥离-采矿-复垦的一体化工程技术、无覆土种植技术、土壤污染控制与治理技术、土壤培肥改良技术、植被快速恢复技术等。例如：平煤集团根据采煤塌陷地的实际情况，将塌陷区土地复垦为水域养殖型、林果种植型、基地建筑型、疏排复耕型、景点娱乐型和三产用地型土地，有效利用了矿区闲散劳动力和采矿设备，重建了矿区的生态环境，恢复了塌陷区土地的使用价值和生产力，促进了矿区经济的可持续发展。

综上所述，土地复垦工作是贯彻“十分珍惜和合理利用每寸土地”国策的一项重大、有效的措施，它对缓解我国尖锐的人地矛盾和改善土地破坏区的生态环境都将起到现实和长远的作用，并将产生巨大的经济、社会和生态效益。

（二）矿山生态环境治理的进展

我国矿山自然生态环境保护与治理工作时间紧迫，任务艰巨。近几年，政府高度重视矿山生态修复工作，逐步加大了资金投入，从2000年中央财政安排570万元4个项目开始起步，到2006年安排10.6亿元340个项目，共支出预算24.1亿元797个矿山环境恢复治理项目。此后，国家对矿山的治理力度进一步加大。截至2014年，全国累计毁损土地达303万 hm^2，已完成治理恢复土地为81万 hm^2，治理率为26.7%。重点选择在影响最大、最直接的城市周边、风景名胜区、地质遗迹保护区、主要交通干线两侧可视范围、饮用水源地保护区以及历史文化保护区等区域进行治理。尽管我国矿山生态环境治理工作取得了一定成果，但几十年乃至数百年的矿山废弃地环境治理历史欠账不可能在短时间内还清，需要有一个较长的过程，但我们必须要有紧迫感，抓紧落实当前自然资源部、生态环境部对矿山生态环境保护与治理提出的目标和要求，在保证矿山社会经济效益的同时，实现环境效益的最大化。

第二节　矿山治理的法律法规

一、国外矿山治理的法律法规

矿山环境的立法以美国最为悠久，直到20世纪70年代初发达的工业化国家才形成了一套比较完善的管理措施和法律法规体系。近20年以来，发展中国家对环境问题给予了高度重视，把矿山环境的管理和治理逐渐提到了议事日程上来。但大多数国家并未制定专门的矿山环境法律，主要是通过对矿业法、资源法和环境保护法等法律法规的不断完善，进一步明确和强化矿山环境管理的内容。

最近几年，为适应矿业国际化和环境保护日益受到重视的需求，世界上许多国家都修改了矿业法或者实施细则和规章，增添了包含更多和更严格的环境保护内容，其中对矿山恢复、复垦和闭坑都有专门的规定。例如，日本的《矿业法》就专门明确了矿山环境破坏的赔偿责任，同时制定了保证金制度，以《矿业法》为基础，在矿山矿害防治对策上制定了现营矿山主要适用的《矿山安全法》以及闭坑后的矿山主要适用的《金属矿业等矿害对策特别措施法》（简称《特措法》）；1999年澳大利亚制定了《联邦环境保护和生物多样性保护法》，确定了矿山部门应当遵守的原则和规范。其主要内容包括：开展环境影响评价；制定环境政策和管理计划；准备矿山闭坑和复垦计划；实行财务担保，缴纳环境治理费和补偿费；定期进行环境审计；等等。

在一些发达国家，如美国、加拿大、澳大利亚，基本上形成了一套从联邦到州（省）的完整体系，并针对矿产资源的不同类型形成了从金属矿产、油气、煤矿、铀矿到石料等不同的环境管理法律法规。这些法律法规较为详尽、明确、可操作性强。例如美国1977年出台的《露天开采治理与复垦法案》（以下简称《复垦法案》）详尽规定了包括原有矿和新开矿作业的标准和程序及复垦技术与目标，规定将使用土地恢复到原用途要求的环境，稳定矿渣堆，恢复表层土壤，尽可能降低矿山排水危险，因地制宜种草植树，等等。《综合环境效应、赔偿与责任法案》，即众所周知的"超级基金"，规定了逆向责任追究制度与连带责任制度，责成以往矿主中最富有者整理并修复弃用地，然后由其自行向其他责任方索偿。

对于这些发达国家，与矿业有关的环保法规差异颇大，但又有一些共性，主要涉及土地保护、环境影响评价、许可证制度和土地复垦等方面问题。

二、国内矿山治理的法律法规

20世纪80年代以来，我国相继出台了《中华人民共和国矿产资源法》《中华人民共和国固体废物污染环境防治法》《中华人民共和国水污染防治法》《中华人民共和国大气污染防治法》《中华人民共和国水土保持法》《中华人民共和国环境保护法》《中华人民共和国水法》《中华人民共和国森林法》《中华人民共和国矿山安全法》及《全国生态环境保护纲要》《“十五”国土资源生态建设和环境保护规划》等相关法律法规。

早在1988年10月21日国务院针对采矿等造成土地破坏的生产建设活动专门出台了与《土地管理法》配套实施的《土地复垦规定》，对破坏土地的复垦做了规划和指导。1993年，国家土地管理局(现自然资源部)颁布《土地复垦技术标准(试行)》，对我国的土地复垦活动起到了有效的引导和约束作用。

1992年《中华人民共和国矿山安全法》颁布实施以来，对保障矿山安全生产、促进采矿业的健康发展发挥了重要作用。

1996年出台的《中华人民共和国煤炭法》(简称《煤炭法》)，是我国煤炭工业法制化的一个重要里程碑，有力地促进了煤炭行业的健康发展。2008年，《煤炭法》进行第一次修订，该修订稿突出了资源有序开发、煤矿安全、保护环境和矿工权益等内容，增加了煤矿安全监察、安全生产投入规定、职业病和其他职业危害防治、防范制度规定等内容。2013年，《煤炭法》进行第二次修订，共69条。

1996年我国颁布了修正后的《中华人民共和国矿产资源法》。1999年，国土资源部制定了《矿产资源规划管理暂行办法》等规章制度。

2004年以来，《矿山安全法》修订草案逐步完善，进一步明确了乡政府的监管权，增加了矿区安全保护的有关内容等。

2005年9月，国家环境保护总局、国土资源部与卫生部共同发布了《矿山生态环境保护与污染防治技术政策》。

2006年，国土资源部、财政部与国家环境保护总局共同出台了《关于逐步建立矿山环境治理和生态恢复责任机制的指导意见》等。

2011年，在吸收国外优秀经验的基础上，国务院出台了《土地复垦条例》，提出许多新的具体措施，其中把土地复垦方案编制和复垦费用及保证金缴纳纳入采矿许可证制度，有效地推动了矿山废弃地的修复工作。

2012年，国土资源部(现自然资源部)发布了《关于开展工矿废弃地复垦利用试点工作的通知》，开展历史遗留矿山废弃地复垦试点工作，经过了3年的实践，2015年国土资源部(现自然资源部)根据生态文明建设等新形势、新要求制定了《历史遗留工矿废弃地复垦利用试点管理办法》。

为了便于矿山环境治理，对于矿业权和矿业用地，我国制定并修订了相关的法规制度。

我国现行矿业权制度包括矿业权人的资质认证制度、矿业权审批登记制度、矿业权有偿取得制度和矿业权依法转让制度等几个方面。为充分维护矿产资源国家所有者的权益，建立完善了矿业权、财产权制度，以经济手段管理矿业权，同时按照国际惯例加快对外合作的步伐，1996年修订的《中华人民共和国矿产资源法》提出采矿权、探矿权的有偿取得、有偿使用和依法流转，根据物权理论建立矿业权出让、转让两级市场，废止矿业权“不得买卖、出租，不得用作抵押”的原有法律规定，从法律上解决了矿业权有偿取得和可以有条件转让的问题，形成了我国矿业权市场的基本框架，正式确立了矿业权的财产性质和商品性质。

1999 年施行的《中华人民共和国土地管理法》标志着我国矿业用地使用权的取得方式从无偿征拨向有偿出让的转变。因此，矿业用地如果属国有土地，则企业依法以出让等有偿使用方式获得国有土地的使用权；如果属集体所有，则经国家征地后企业再以出让等有偿使用方式获得集体所有土地的使用权。

另外，我国有关矿山管理的地方性法规、规章也在进一步地发展和完善。1982 年湖北省人民政府颁布了《湖北省云应地区盐矿资源管理暂行规定》。1994 年云南省第八届人大常委会第八次会议审议通过了《云南省集体矿山企业、私营矿山企业和个体采矿管理条例》。1994 年吉林省第八届人大常委会第十一次会议审议通过了《吉林省集体所有制矿山企业、私营矿山企业和个体采矿管理条例》。1999 年以来，广东省人民政府制定了《广东省采石取土管理规定》《广东省矿产资源管理条例》《广东省矿产资源规划》。贵州省制定了《贵州省矿产资源总体规划》《贵州省地质灾害防治规划》《贵州省矿山环境保护与治理规划》等法规。浙江省也编制了《浙江省矿山生态环境保护与治理规划》《浙江省矿产资源总体规划》《浙江省生态环境建设规划》《浙江省环境保护“十一五”规划》等法规，以保障矿山生态环境治理的顺利执行和实施。内蒙古自治区乌海市人民政府颁布了《乌海市矿山地质环境治理监管实施意见》《关于开展煤矿非煤矿山采空区普查工作的通知》等。山西省颁布了《全省非煤矿山尾矿库化工企业安全生产专项整治工作方案》等。2013 年 7 月 23 日环境保护部颁布了《矿山生态环境保护与恢复治理技术规范(试行)》和《矿山生态环境保护与恢复治理方案(规划)编制规范(试行)》，为矿山生态环境保护与恢复提供了技术支撑。2015 年 3 月，安徽省出台了我国首部非煤矿山管理地方法规，即《安徽省非煤矿山管理条例》，并于当年 5 月 1 日起施行。该条例对非煤矿山的建设、生产、环境保护、管理等进行了规范，填补了安徽省在这一领域的立法空白，也是全国首部规范非煤矿山管理的地方性法规。

国家与地方法律法规的建立与完善，说明中央和地方政府对矿山环境的高度重视。加强矿山环境治理监管力度，将矿山生态环境问题上升到可持续发展的角度进行治理和保护，这是国家政策与环境效益、社会经济效益统一协调发展的体现。

第三节　矿山生态环境保护的阶段划分及理论基础

一、矿山生态环境保护的阶段划分

矿山生态环境保护工作应贯穿矿山“从摇篮到死亡”的全过程，即从矿山开发设计时就应有矿山生态环境保护规划，“规划”应包括建设期、营运期和闭矿期三个阶段。

(一) 建设期矿山生态环境保护

建设期矿山生态环境保护应按照《矿山开发方案》《矿山环境影响报告书》《水土保持方案》《地质灾害评价报告书》《安全评价报告书》等制定的生态保护规划实施。包括生态环境保护内容在内的环境保护措施和建设项目应实行“三同时”制度。矿山选址应符合政府和相关部门有关规划和各地区的《生态建设规划》《自然保护区规划》《地下水保护规划》《城市发展规划》《风景名胜区规划》《旅游区规划》等。“三场(工业广场、废石堆放场和矿石堆放场)”的选择应科学规划并符合环境保护的要求。露天开采或井巷开采都应关注“三场”位置的选择，即在满足采矿需求的同时，应尽可能少地破坏地表植被，减轻对景观的影响；既能满足废石和矿石堆存的容量需要，又要考虑扬尘对周围环境敏感点的影响。废石堆放场和矿石堆放场最好选择在环境敏感点的下风向，距周围环境敏感点的距离应大于 500 m。建设期产生的施工废水和生活废水应简单处理后回用，不向地表水体排放。

（二）营运期矿山生态环境保护

在不影响矿山生产的前提下，按规划逐步实施生态保护工作，保证治理资金，确保矿井水的处理效果和综合利用率符合国家要求。生产过程中产生的矿山固体废物要积极妥善的处置，对于有利用价值的废石和尾矿采取可行的综合利用方式，减小固体废物的堆存量。对于无法综合利用的矿山固体废物，可以考虑在其上覆土造田或恢复植被。

另外，矿山企业应全面实施《矿山环境影响报告书》中提出的各项污染防治措施，确保污染防治设施的正常运行；按规划实施生态恢复工程，尽量减少矿区生态环境破坏。

（三）闭矿期矿山生态环境保护

按闭矿期矿山生态环境保护规划做好具体的实施步骤和时间安排。有序拆除无用的地面建筑，妥善处理建筑垃圾。被硬化的地面尽量恢复为裸土地面，并恢复植被。清理固体废物堆放场，优先采用回填采空区或地表塌陷区等方法及时处理和利用剩余固体废物，不能利用的固体废物应因地制宜，平整地面，覆土造田或恢复植被。

二、矿山生态环境保护的理论基础

矿山生态环境保护是一个系统工程，它是在研究采矿活动生态环境影响的基础上，研究通过调控人类行为使矿山生态系统发生正向演替的原理和工程方法。矿山生态环境保护的每一个环节，如生态环境保护立项、生态环境保护规划、生态环境保护工程措施、生态环境保护生物措施、生态环境保护验收和后期管理等，都需要广泛的理论支撑。生态环境保护的理论基础主要有生态学原理、地域分异原理、系统界面活动控制原理等。

（一）生态学原理

1. 矿山生态系统

(1) 生态系统

生态系统这一概念是由英国生态学家 A. G. 坦斯利(A. G. Tansly，1935)首先提出的。他认为，生态系统的基本概念是物理学上使用的“系统”整体，这个系统不仅包括有机复合体，而且也包括形成环境的整个物理因素复合体。因此，生态系统可定义为在任何规模的时空单位内由物理-化学-生物学活动所组成的一个系统。从中可以看出，坦斯利的定义实际上强调的是生态系统各组分之间功能上的统一性。世界著名生态学家 E. P. 奥多姆 1971 年也曾指出，生态系统就是包括特定地段中的全部生物和物理环境的统一体。他认为，只要其主要成分能相互作用，并能得到某种机能上的稳定性，哪怕是短暂的，这个整体就可视为生态系统。具体地说，生态系统可定义为：一定时间、空间内的生物和非生物成分通过物质循环、能量流动和信息传递而相互作用、相互依存所构成的生态学结构和功能的单位。生态系统研究的是生物群落与其环境间的相互关系及作用规律。

20 世纪五六十年代，我国生态学界曾引用过“生物地理群落”这个概念，它是指在一定地表范围内相似的自然现象即大气、岩石、植物、动物、微生物、土壤、水文等条件的总和。1965 年在哥本哈根国际生态学会上决定，生态系统和生物地理群落是同义语。这个决定已被各国广大生态学家所接受，但目前各国使用最广泛的还是生态系统这一术语，我国的情况也是如此。

按照生态系统的定义，一个生态系统在空间边界上是不确定的。也就是说，它的大小是不确定的，其空间范围在很大程度上往往是依据人们所研究的对象、内容、目的或地理条件等因素而确定的。从结构和功能完整性角度看，它可小到含有藻类的一滴水，大到整个生物圈。

（2）矿山生态系统

矿山生态系统是人类生态系统的组成部分之一。人类生态系统在名称上存在差异，有人称之为人类生态系统，有人则称之为生态-经济-社会复合生态系统，此外，还有人称之为人工生态系统。人类生态系统是指人类为自身的经济利益，对自然生态系统进行改造和调控而形成的生态系统。人工草场、防护林区、鱼塘、农田、矿山、城市等，均是人类生态系统。因此，我们把矿山生态系统定义为：矿山生态系统是矿区空间范围内的人类与相应的自然环境系统和人类社会环境系统通过各种相互联系而形成的，以矿产资源开发利用为主导的自然、经济与社会复合生态系统。

矿山生态系统是人类生态系统经过漫长的发展而产生的。从历史的发展来看，矿山生态系统先后存在两种不同的类型，它们分别代表着不同的时代和不同的社会生产力，并反映出人们对自然界的不同认识水平，是一个由低到高的发展演变过程，其发展过程经历了以下三种状态：

原始型矿山生态系统——指人类社会发展早期工业化大生产开始前的矿山生态系统，此时矿业开发利用程度很低，没有形成产业规模。其特征是：① 社会生产力水平低，生态系统结构简单，生态与经济结合组成的生态经济循环主要是小范围的封闭式循环，经济发展对自然生态系统的压力小，生态与经济的矛盾没有显现；② 是一种与低水平的生态经济生产力相联系的落后人类生态系统类型，随着社会生产力的发展，必然要向更高级别的矿山生态系统类型过渡。

掠夺型矿山生态系统——指人类社会进入工业化大生产阶段的矿山生态系统类型。19世纪开始的资本主义工业化使矿山生态系统的发展进入新的发展阶段。此种生态系统的特点是科学技术已经大发展，社会生产力有了飞速提高，经济的飞速发展对矿产的需求量不断扩大。由于没有生态协调的思想意识做指导，人们为了发展经济而对矿山生态系统进行掠夺式的开发，采富弃贫，导致矿产资源的利用率低，矿产资源浪费严重。在这种矿山生态系统类型下，由经济系统与生态系统结合形成的复合生态经济系统的结构呈现畸形，往往是单一过量地利用矿产资源，从而造成对生态系统的严重破坏，矿区灾害频繁发生。在此情况下，矿山经济活动与自然生态系统形成愈来愈尖锐的矛盾。这种生态系统类型是一种必须摒弃的错误生态系统类型，它必然要向新的更高、更合理的生态经济系统类型转变。

协调型矿山生态系统——指人类社会发展进入新的发展时代后，从过去的生态与经济不协调走向两者协调发展的矿山生态系统类型。其特征是科学技术更快发展，社会生产力水平很高，矿产资源的综合利用率大大提高。由于人们已经有生态与经济协调和可持续发展的理论做指导，矿区灾害很少发生，矿山生态系统处于健康状态。这时的生态系统循环也是开放式的循环，但由于经济系统与生态系统结合形成的复合型生态经济系统结构和功能已经走向协调，因此不会导致生态环境危机的产生。这种矿山生态系统类型是当前人们正在努力建造、今后将成为普遍存在的一种先进矿山生态系统类型。它的形成和发展，将引导矿业发展进入协调和可持续发展状态。

我们目前所要追求的理想状态就是第三种系统状态——协调型矿山生态系统。

2. 生态演替与干扰原理

生态系统的演替，是指随着时间的推移，一种生态系统类型(或阶段)被另一种生态系统类型(或阶段)替代的顺序过程。生态系统是动态的，是不断变化着的，在内因和外因的共同作用下，生态系统各组成成分及其相互关系发生显著性改变，进而生态系统发生演替。按演替的方向，生态系统的演替可分为正向演替和逆向演替。正向演替是从裸地开始，经过一系列中间阶段，最后形成生物群落与环境相适应的动态平衡的稳定状态，即演替到了最后顶级阶段；逆向演替与此相反，即群落丰富、完整健康的生态系统最终演替为裸地。两类演替如图 6-10 所示。

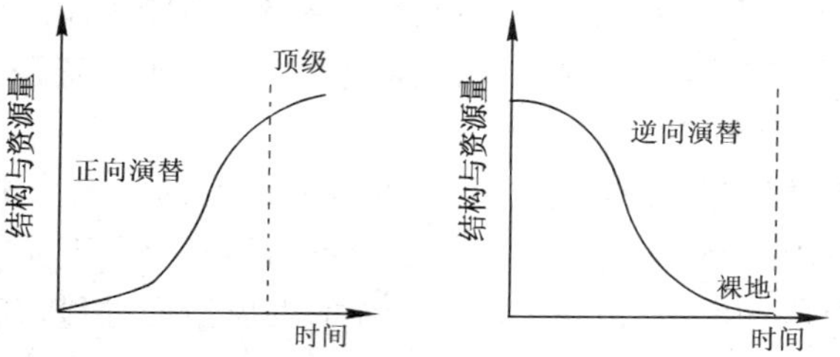

图 6-10　两类演替过程

干扰可理解为对正常过程的打扰或妨碍，是群落外部不连续存在、间断发生因子的突然作用或连续存在因子的超“正常”范围波动，这种作用或波动能引起有机体、种群或群落发生全部或部分明显变化，使生态系统的结构和功能发生位移。从积极的角度看，干扰的生态学意义表现在：干扰有利于促进生态系统的演替，是维持生态系统平衡和稳定的重要因子，能调节物种间的生态关系。随着人类活动的加剧，人为干扰已超过自然干扰，被认为是驱动种群、群落和生态系统演替的主要动力。

因为受采矿的影响，强烈的人为破坏性干扰使自然生态系统受损，进而发生逆向演替，最终演化为极度退化状态。矿区的生态恢复是一种作用于受损矿山生态系统的增益性干扰，通过适当的工程和生物措施，使受损的矿山生态系统在人为干扰和自然恢复的双重作用下发生正向演替，进而达到人类可接受的状态。矿山生态系统演变过程如图 6-11 所示。矿区的生态恢复就是通过人类的改造和自然演替的共同作用，使矿山生态系统朝着人类预期的方向演化的过程，包括土地要素、水文要素、植被要素、景观要素等的恢复与重建。

按照生态系统自身的演替规律，矿区生态恢复要分步骤分阶段地循序渐进。例如，要恢复某一极度退化的矿区裸土地，首先要通过工程措施建立植物生长的立地条件；再引入耐旱、耐贫瘠、速生的先锋植物为临时性植被，使裸土地迅速覆绿；再通过合理的土地管理，如施肥、灌溉或翻耕压青等水肥措施，使土壤迅速培肥和熟化，达到养地的目的；最后引入永久性植被，如草本、灌木或乔木。可以按照矿区土地的自然地理属性和破坏情况，因地制宜地发展多样化的土地利用类型，如林业、农业、娱乐、公共机构、商业和工业用地等。

3. 景观生态学原理

景观是由相互作用的生态系统镶嵌构成，并以类似形式重复出现，具有高度空间异质性

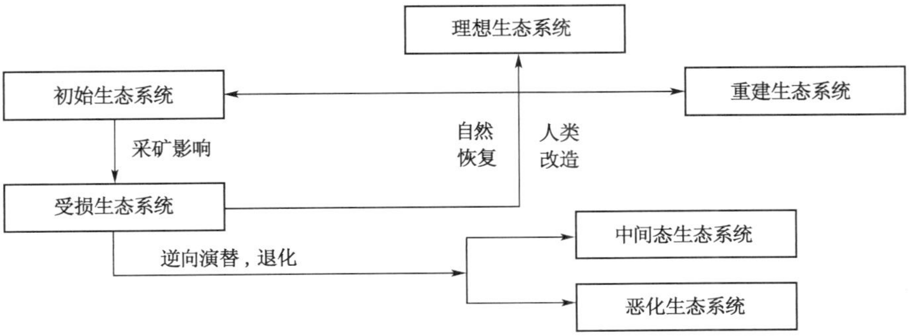

图 6-11　矿山生态系统演变过程

的区域，其主要特征是可辨识性、空间重复性和异质性。景观是高于生态系统的自然系统，生态系统是相对同质的系统，景观则是异质的。景观生态学原理包括景观结构与功能原理、生物多样性原理、物种流动原理、养分再分布原理、能量流动原理、景观变化原理、景观稳定性原理、斑块-廊道-本底关系原理等。

在矿区生态环境恢复与重建的整个过程中，景观生态学原理都具有重要的指导意义。

① 在评价矿山开采、生态恢复等人类行为对景观结构、功能的影响及在景观变化中的作用。在采矿活动中，以工业广场为中心斑块，矿区公路为廊道，整个采矿影响区为本底的工业景观构造，部分地或整体地割断了自然景观的连续性，使其结构、功能和稳定性受到影响。矿区生态环境的恢复与重建活动则是在对采矿活动生态环境影响评价的基础上，采取工程和生物措施逐步恢复或提高受采矿影响的自然景观的结构、功能和稳定性。

② 在矿区生态环境恢复与重建目标设计中的作用。矿区废弃地恢复为何种景观类型并不是随意的，而是在综合分析整个矿区的社会-经济-生态环境系统各种影响因素的基础上提出的合理性规划。不合理的生态恢复规划，以及在废弃地恢复与重建中没有因地制宜，不仅会增加投入，而且会使已经开始自然生态恢复的废弃地再度面临破坏，引起更为严重的生态问题。如在非稳定塌陷区进行大投入的耕地复垦活动，或在已经覆绿的矸石山上进行过度土地平整和复垦活动等。

矿区生态环境恢复要满足“技术上适当、经济上可行、社会能够接受”的原则，具体包括自然法则、社会经济技术条件和美学原则。自然法则是强调恢复时应遵循的自然规律；社会经济技术条件是生态环境恢复与重建的支撑条件，它在一定程度上制约着其可能性、水平与效果；美学原则是指矿区的生态环境恢复与重建应给人以美的享受，实现矿区环境的整体和谐。

③ 在矿区生态环境恢复与重建过程中的作用。矿区生态环境恢复与重建应贯穿于整个采矿活动中，从探矿期、建矿期到采矿期和闭矿期，矿区生态恢复应该有步骤、有顺序地进行，逐步恢复废弃地的土地生产力和生态系统的稳定性，包括中长期规划和年度计划。在中长期规划中，应依据景观元素的动态变化特征，使矿区自然景观整体朝着一定的方向演化，实现矿区的生态环境和谐发展；在年度计划中按照景观三要素原则，优先在关键地段恢复植被，形成自然斑块，并充分发挥廊道的连接斑块和分隔本底的功能。如在露天排土场的生态恢复过程中，优先恢复边坡植被，通过合理配置斑块和廊道将平台区有效分割，初步形成防

止排土场水土流失和环境恶化的植被防护体系，建立排土场植被生长和土壤培肥的立地条件，为进一步的生态恢复创造有利条件，最终形成整个排土场良好的自然景观本底。再如对不稳定塌陷地的治理，可有计划地将大块塌陷地采取围堰分割的办法使之变小，健全廊道功能，建立大小、形状合理的斑块，以便于利用。

（二）地域分异原理

地域分异原理是进行矿区生态环境恢复的基础。所谓地域分异是指不同地区之间恢复条件存在明显的差异，而在一定的区域之内又有普遍的相似性。我国不同区域间的自然地理条件差异大，不同矿区土地的利用方式和恢复方向也会存在明显的差异；而同一区域内的自然地理条件又具有相似性，因此不同矿区的生态恢复方向也具有相似性和可比性。

矿区生态环境恢复的地域差异表现在以下几方面：

① 自然环境条件的差异：包括气候类型、地貌类型、水文地质、生态环境类型等方面；

② 资源条件的差异：包括矿层赋存条件、土地质量等方面；

③ 生产布局的差异：包括采矿开发规模、历史及农业生产布局等方面；

④ 社会经济条件的差异：包括产业结构、耕作方法和人地矛盾等方面。

一定区域内的相似性可能表现在以下几方面：

① 资源赋存条件和开拓开采方法相似；

② 土地利用方式相似；

③ 开采后破坏形式相似；

④ 生态环境类型相似；

⑤ 社会经济条件相似。

卞正富（1998 年）根据地域分异原理的主导因子和综合因子相结合的原则，综合考虑各矿区开采破坏前生产力水平（包括干湿类型、热量条件和种植制度、地形特征和煤炭赋存条件与开发强度）和生态类型，以及开采破坏引起土地生产力水平下降状况、生态破坏等级类型，将我国煤矿区分为以下 6 个大区和 12 个亚区，见表 6-3。

表 6-3　我国煤矿区综合分区与生态恢复方向

大　区	亚　区	土地破坏类型	限制性因子	复垦难度	生态恢复方向
Ⅰ 东北-蒙东区	东北区	生产力下降	冷害频繁，水土流失，土地利用粗放，森林采育失调	中等	坡耕地退耕还林，恢复自然生境，提高土地利用率，适度开发宜农土地后备资源
	蒙东区	生态破坏	干旱，露天开采占一定比例，风沙扬尘	中等	林牧业结合，防风固沙，退耕还草
Ⅱ 黄淮海区	高潜水位区	生产力下降	旱涝不均，盐渍沼泽化，人口稠密	中等	挖深垫浅法综合发展农林副渔业，优化排水系统
	中低潜水位区	生产力下降	季节性干旱，地表倾斜和裂缝引起的水土流失，人口稠密	不大	北部农林结合，建设集雨工程；平原区复垦为耕地，建设水利灌溉工程，发展节水农业

表 6-3(续)

大　区	亚　区	土地破坏类型	限制性因子	复垦难度	生态恢复方向
Ⅲ 晋陕蒙西区	汾渭河谷地区	生态破坏	半干旱,土壤侵蚀,水土流失严重	较大	农果业为主,坡改梯,打坝淤地,加强水土保持,阶地发展灌溉农业
	晋陕蒙接壤区	生态破坏	干旱,风蚀,开采强度大,露天开采比例大	中等	林牧业为主,防风固沙,控制荒漠化,通过塬面径流拦蓄、保墒工程,加强雨水入渗,发展雨养旱地
Ⅳ 华东南区	长江中下游地区	环境污染	矿石风化引起水体酸性污染,小矿多、分散、管理难,干旱缺水,土质瘠薄,水土流失	不大	发展林果业、药材等经济作物;开挖山前截洪沟,发展节水灌溉,实施退耕还林、退水改旱
	岭　南地　区	环境污染	洪涝,台风,矸石风化引起水体酸性污染	不大	矸石综合利用,发展林果业、药材等经济作物;实施退耕还林、优化排水系统
Ⅴ 西南区	云贵高原-广西岩溶区	生态破坏	地形破碎,耕地分散,水源零星,垂直分布差异显著。水土流失与石漠化	不大	耕地坡改梯垄沟,高低结合、分带拦蓄发展水保工程,因地制宜发展林果业
	四　川盆地区	生态破坏	地表倾斜裂缝,土壤侵蚀严重,生态承载量大	中等	种植植物防冲带,发展集雨工程拦蓄雨水,发展节水(喷灌和滴灌)农业
Ⅵ 新甘宁青藏区	新　甘宁　区	生态破坏	内陆干旱,风蚀,土地退化严重,地广人稀	较大	林牧结合,防治沙化、盐碱化,综合利用水资源,保护绿洲农业和自然生境
	青　藏高原区	生态破坏	气候高寒,光、热、水不匹配,人口稀少,交通不发达,农业经营粗放	中等	高原畜牧业为主,保护林业资源,集约经营河谷农业

各矿区在生态恢复初期,应依据地域分异原理,结合当地的自然地理条件和地质采矿条件,在土地适宜性评价的基础上,对恢复与重建后土地的利用价值和生态系统类型进行预设计,提出合理的矿区土地恢复与重建计划。

(三) 系统界面活动控制原理

界面是相互作用、相互联系的事物或系统之间的共同部分或联系渠道。地理学将界面视为相对均衡要素之间的“突发转换”或“异常空间邻接”。从环境管理的角度看,生态环境问题主要源自人类在界面上的活动。首先,这是由于界面是不同系统的物质、能量和信息的交汇处,来自不同系统的物质、能量或信息往往具有不同的运动方向或变化趋势,故极易出现不均衡的现象或复杂的矛盾,因而界面是系统间最活跃、最容易发生变化的部分;其次,界面是各系统的边缘地带,界面上的人类活动通常表现为对利益的互相争夺,对责任的互相推诿。

矿区生态恢复的对象是受采矿影响生产力下降的土地。将影响矿区土地生产力和生态系统特征的各种因素构成一个系统 F。生态恢复的目的就是利用生物与工程措施改善系统 F(包括土地生产力因素子系统和生态系统特征因素子系统)各元素的取值范围,达到恢复甚至提高土地生产力的目的,促进生态系统达到平衡状态。生态恢复界面定义为矿区生态恢复前、后系统 F 所构成的交集。此定义包括 3 个界面:生态恢复前、后土地生产力因素子系统所构成的界面；生态恢复前、后土地生态系统特征因素子系统所构成的界面；采矿影响区与未受影响的系统F的界面。

1. 土地生产力界面整合

采矿过程对土地生产力的破坏表现为土地利用对环境的影响和对土壤的扰动，而生态恢复行为是通过投入，对受影响因子进行改造而恢复土地生产力水平。影响恢复土地生产力水平的要素可分为环境要素、土壤要素和投入要素三类。

国外一些专家研究了土地自然属性对土地利用的影响程度，见表6-4。相对于农用地恢复而言，环境要素的整合包括地下水水位状态、地形地貌特征（平整度、坡度、地块形状和大小）及排灌条件三方面。农用地恢复的关键是消除矿山开采对地下水位产生的消极影响。开采沉陷通常使地下水位下降，使潜水位埋深相对变浅。露天开采则通常使地下含水层疏干，因此地下水位的整合就是使潜水位埋深降至作物正常生长所要求的合理埋深，恢复露天采场土地的地下水位。排灌条件可以用排水能力、灌溉保证率表示。

表6-4 土地自然属性对土地利用的影响

自然属性	农业	林业	娱乐	居住	公共机构	商业	工业
地形起伏△	1	2	3	2	2	2	2
坡度△	1	1	3	2	1	1	1
标高	2	2	3	3	3	3	3
太阳辐射	2	2	3	3	3	3	3
排水△	1	1	3	1	1	1	1
温度△	1	1	2	3	3	3	3
降雨△	1	1	2	3	3	3	3
覆岩△	1	2	2	2	2	3	3
土壤农业特性△	1	2	2	3	3	3	3
土壤工程特性	2	3	3	1	1	1	1
位置	2	3	1	1	1	1	1
通达度	3	3	2	1	1	1	1
地块大小、形状△	1	3	3	2	2	1	1
周围土地利用情况	3	3	2	1	1	1	3

注：1表示影响最大；2表示中等影响；3表示影响最小。△表示对农业利用影响明显的因子。

土壤要素的整合就是通过改善土壤养分的吸收储存环境，增加土壤养分输入，减少养分流失，提高作物生长量，并保证土壤养分有增无减，达到恢复后的土地可持续利用的目的。

投入要素的整合包括物质、资金和人力三个方面。物质投入包括种子、肥料、农药等的直接投入；资金投入是技术及物质的间接投入，如农业机械、电力、能源、技术服务费用等；人力投入主要是指劳动力的投入。

土地生产力界面整合就是为了实现自然要素、土壤要素和投入要素之间的最佳匹配状态，使恢复后的土地达到理想的生产力水平。

2. 土地生态系统特征界面整合

矿区生态恢复界面生态系统研究的目标就是实现恢复区域生态系统平衡。恢复区域生态系统的平衡可以具体化为水土资源的持续利用、人地关系的协调、生物多样性的保护及生态系统内物质、能量的循环效率等多方面。

3. 采矿影响区界面整合

采矿影响区界面通常指土地减产减收边界，是矿山企业征地和赔偿的边界。

第四节　矿山生态环境恢复与重建

一、国外矿山生态环境恢复与重建

矿山生态环境恢复与重建最早开始于德国和美国。德国从20世纪20年代开始在煤矿废弃地上植树。美国在20世纪20年代就明确要求保护土地和自然环境。20世纪50年代，一些国家的矿山生态破坏地区已系统地进行绿化。到60年代许多工业发达的国家加速矿山生态环境恢复与重建法规的制定和矿山生态环境恢复与重建工程的实践活动，比较自觉地进入科学的生态环境恢复与重建时代。进入70年代后，生态环境恢复与重建技术已经集采矿学、地质学、农学、林学、生态学等多学科为一体，逐步发展成为一项牵动着多行业、多部门的系统工程。

(一) 美国矿山的生态环境恢复与重建

伴随采矿业和电力工业的高速发展，美国矿区环境污染和生态环境破坏日益严重。1977年美国国会通过了《露天开采控制和生态重建法案》及其他一系列有关法令。美国环境法中明确要求，在破坏的矿区土地上，必须把生态系统的资源组成部分恢复到矿山开发前的环境状态。

林业生态环境恢复与重建方式是美国矿区废弃地开发治理采取的主要方式。人工林的营造在绝大多数情况下可以不进行废弃地表面平整或仅简单平整。有研究表明，废弃地的物理和化学改良能给森林短期和长期的生产力造成深刻的影响。采矿后过度平整土地会导致森林植被生产力降低，种植在未平整的废弃地上的人工林，其存活率和以后的生产率均大大高于种植在经过平整后的土地上的人工林。

美国矿山人工林生态环境恢复与重建利用了各种各样的乔灌木树种。矿区土壤的酸碱度是选择造林树种的一个重要参考指标。在pH值为4.0的废弃地上，可以种植的树种有刺槐、秋橄榄、日本五针松、欧洲赤松、弗吉尼亚松、欧洲落叶松、日本落叶松等耐酸品种，也可以采用凹叶木兰、红柞、悬铃木、黑桦、花楷槭、糖槭、北美东部杨树、大齿杨和颤杨等。另外，在pH值高达8.3的废弃地上，仍有部分硬木树种能够生长。

生态环境恢复与重建的造林工程以营造混交林为佳。初期造林密度为900株/ha，定植密度为600～700株/ha。以松柏类为主的人工林，其标准为400～500株/ha。一般栽植刺槐等作为生态重建先锋林木，在中间阶段则栽植悬铃木、大齿杨，最后阶段主要为获取木材，栽植红柞、玫瑰树、美国白蜡、美国山核桃等。这种林的轮伐期为20～30年。矿区废弃地一般具有毒性或接近毒性边缘，可对当地水体产生不同程度的污染。在这种情况下，通常需要对矿区废弃地进行某种程度的平整，以便喷洒石灰及保证造林机械的正常运行。

矿区废弃地造林一般采用手工和机械化造林的方法，同时广泛利用草本、灌木和乔本种子掺混化肥、吸水剂的混合物喷播技术。喷播的乔灌木植物种主要为松树、刺槐、杨树、悬铃木等。在陡坡，尤其是在干旱地区进行林业生态环境恢复与重建工程时，广泛采用了微灌技术，该技术可以防止坡面的水土流失，从而大大提高造林的成活率。

在矿区营造的人工林必须进行科学管理，铲除草本植被或施用除草剂是减少草本植被竞争作用的常用方法。在坡度大于20%的地区，任何铲除措施必须沿等高线进行，以减少作业区内土壤侵蚀的危险。

（二）德国矿山的生态环境恢复与重建

德国政府和威斯特伐伦州政府法令规定，矿山资源开采后应恢复原有的农林经济和自然景观，这些法规保证了生态环境恢复与重建工作的顺利进行。在德国，生态环境恢复与重建工作主要在鲁尔井工采煤区和莱茵露天煤矿进行。露天采煤破坏土地的生态环境恢复与重建目的在于恢复原有的森林景观。人工林营造一般在表面平整、土壤改良后进行。在莱茵露天矿区生态环境恢复与重建中，造林的主要目的在于美化景观。造林客体主要是沙砾岩土，其成分为石块、碎石、沙砾和20%左右的黄土。一般首先营造由速生和对立地条件要求不太严格的树种组成的人工林，然后通过改造，营建符合经营目的的人工林。

在露天采煤区生态环境恢复与重建中，废弃地采用先锋树种预先绿化，随后进行用材林营造。用于林业生态环境恢复与重建的最优树种有欧洲赤松、黑松、红柞、疣皮桦和刺槐等。

（三）英国矿山的生态环境恢复与重建

1969年英国颁布了《矿山采矿法》，提出采矿者在开矿时必须同时进行生态环境恢复与重建及生态环境恢复与重建地的管理工作，明确按国家农林标准进行生态环境恢复与重建。由于生态环境恢复与重建政策及资金的保障，生态环境恢复与重建工作成绩显著。截至1993年，仅露天矿就已重建了5.4×10^4 ha的农林用地。露天矿区的林业生态环境恢复与重建主要采用本土乔木树种和灌木种，以及多种优良的无性系品种造林。造林时间一般选择每年的温暖季节，可采用施肥或不施肥、整地或直接造林等多种方式进行。

在英国，井工采煤的煤矿矸石山积存量16亿t，占地9 000 ha。对堆存多年的矸石山生态环境恢复与重建是用机械设备就地推平，保持一定标高后先种草，后植树造林，绿化矸石堆。后期为了减少矸石占地和环境污染，改用排矸系统与复田相结合的方式，直接将矸石排入采煤塌陷区复田。

建设排矸场时，先将表土和次表土取出分别堆存，然后用矸石围成堤坝，在矸石四周边坡覆土，种草植树护坡，防止水土流失。排矸场的面积、取土量和堆置的高度，根据当地环保要求和用途设计。矸石堆至标高后，推平，压实。矸石压实的好处是：复田稳定承载力强，可增强矸石的化学稳定性，消除矸石自燃的危险性及硫化物氧化引起的污染。压实后在上面覆土，覆土的厚度依用途而定，农业用地先覆次表土30 cm，再覆耕作层表土25 cm；绿化用地的覆土厚度为15 cm。

复田做农业用地时，如果矸石酸性很强，在矸石推平压实后要适当翻松，以增加通气性，有利于作物生长。在覆土前施石灰20 t/ha中和酸性。由于矸石中不含磷肥，所以农业生态环境恢复与重建要加大磷肥的施用量。

造林时根据矸石酸性程度适当加些石灰，也可直接在矸石上植苗，树木亦能很好地生长。对新的生态环境恢复与重建地，首先选用适应性强的先锋植物种，前三年种草，以改良土壤，培肥地力，为种植农作物创造良好的耕种环境。

此外，英国还针对露天矿开采区，专门制定了露天矿恢复土地法规，规定在采煤后必须及时恢复土地，如巴特威尔露天矿采用内排土的方式，边采边填，最后覆土造田。覆土厚度

1.3 m，其中上表层为 30 cm 厚的耕作层。覆土造田后先交农业部门管理，待达到当地种植标准后出售。

（四）澳大利亚的矿山生态环境恢复与重建

采矿业是澳大利亚的支柱产业，仅 1987—1988 年，矿产品原料及初级产品的出口额就占全国商品出口总值的 44%。由于矿山的开采方式主要是破坏性极强的露天开采，澳大利亚付出的环境代价和生态代价是十分昂贵的。因此，采矿破坏土地的恢复工作引起了广泛重视。生态环境恢复与重建已成为开采工艺的一个重要的组成部分。

澳大利亚矿山生态环境恢复与重建的显著特点是采用综合模式。矿山生态环境恢复与重建的设计不仅限于合理安排土地的功能恢复，而且十分注重矿区堆存废弃物的浸滤作用对地表和地下水系的影响。林业生态环境恢复与重建是恢复破坏土地最基本的方式。在树种选择、树种混交模式、树草共生和竞争、栽培工艺等方面进行了广泛的研究，其中菌根技术研究把树种筛选工作提高到生物工程设计水平。

（五）国外矿山生态环境恢复与重建的特点

从以上这些国家矿山生态环境恢复与重建的特点，可以看出它们有以下共同之处：

① 有健全的生态环境恢复与重建法规。

② 有专门的生态环境恢复与重建研究和实施机构。

③ 有明确的生态环境恢复与重建资金渠道和生态环境恢复与重建基金。

④ 将生态环境恢复与重建纳入开采许可制度之中。

⑤ 实行生态环境恢复与重建保证金制度。

⑥ 建立严格的生态环境恢复与重建标准。

⑦ 重视生态环境恢复与重建研究和多学科专家的参与合作。

二、我国矿山生态环境恢复与重建

我国矿山的生态环境恢复与重建始于 20 世纪 60 年代。到了 80 年代，矿山的生态环境恢复与重建工作进入了有组织、有规模的阶段。目前，我国矿山的生态环境恢复与重建主要在采矿造成的四种破坏类型上进行。这四种主要的破坏类型是：露天采矿场、排土场（废石场）、尾矿场（包括采煤中产生的矸石山）和井工开采塌陷区。

（一）露天采矿场生态环境恢复与重建

露天采矿场生态环境恢复与重建包括采空区的生态环境恢复与重建和边坡的生态环境恢复与重建。

1. 露天采矿场采空区的生态环境恢复与重建

露天采矿场采空区是指露天剥离与回采后形成的空场。露天采空区地表自然景观与生态环境遭到彻底的破坏，自然恢复过程相对缓慢，因此必须进行生态环境恢复与重建。目前我国露天采矿场采空区生态环境恢复与重建主要有以下三种模式。

（1）农林利用生态环境恢复与重建模式

对于较平缓或非积水的露天采空区可以采用农林利用为主的生态环境恢复与重建模式。具体的工程措施是将露天采空区充填、覆土、整平，然后进行农林种植。根据充填物质的不同，又可将其分为剥离物充填、泥浆运输充填和人造土层充填三种重建类型。

（2）蓄水利用生态环境恢复与重建模式

对于常年积水的挖损大坑以及开采倾斜和急倾斜矿床形成的矿坑，可以作为蓄水设施加以利用，如渔业开发、水源地、污水处理池等。

① 渔业开发：海南田独铁矿是一个中型深凹的露天矿，自20世纪50年代中期闭坑后，露天采矿坑即蓄水养鱼，发展渔业。

② 水源地：广西荔浦县锰矿烟灯陡矿区有一采空区约20 ha，采矿过程中揭出地下河涌水点几处，经过县防疫部门检验符合生活用水标准，后就将其蓄水为水塘。在1990年8、9月该县大旱时，该水塘作为饮用水源发挥了重要作用，现已成为荔浦县重要的生活水源。

③ 污水处理池：东胜矿区马家塔煤矿利用废弃矿坑做氧化塘，用于处理矿区的污水，塘体建设成公园，内设游泳池、钓鱼池及养殖池等，使污水得到综合利用。

(3) 挖深垫浅，综合利用生态环境恢复与重建模式

对积水或季节性积水的挖损坑，可采用挖深垫浅的措施，低洼处开挖成水体，发展水产养殖、做水源等，垫高处发展种植业。山东北墅石墨矿的部分矿坑的生态环境恢复与重建采用了这种方式。

2. 露天采矿场边坡的生态环境恢复与重建

目前，国内露天采矿场边坡生态环境恢复主要是天然植被的自然恢复，也有个别的矿山进行了人工植被的建设。在露天采矿场边坡上进行人工植被建设，需要进行边坡处理，将较陡的边坡变成缓坡或改成阶梯状，这有利于人工和机械操作，有利于截留种子，促进植被恢复。

江西永平铜矿在露天采矿场的边坡进行了植被的重建工作。在边坡上挖坑、换土并施农家肥，采用带土球穴植（乔木）、直播（灌木）的方法，种植了适于在边坡生长、覆盖面大、固着力强的野葛藤、铁蒺藜、芮草、马尾松、湿地松等，总成活率60%～86.5%，取得了较好的效果。昆阳磷矿在采矿场边坡上，人工补给车桑子、庶茅等草本植物的种源，促进了边坡植被的生态演替。

根据矿区地质调查，浙江某石灰岩矿山结合边坡岩性和稳定性分析结果，对边坡采取底部场地平整，标高在100 m、120 m、140 m高程处设马道，马道上方削坡，120 m马道设置排水沟；100 m以下基本保持原地形坡度，平顺清坡。针对节理、裂隙发育的部位，设置随机锚杆进行加固。离坡脚3 m设置2 m高的挡墙，挡墙与坡面之间回填土（填至墙顶标高），种植乔灌木。挡墙前设置排水沟。同时以一定的工程手段，通过一定的施工技术，在边坡坡面上重新建立生态层，以保证边坡稳定，同时兼有治理边坡水土流失、恢复生态环境、绿化景观等的综合效果。对坡面和坡脚分别进行绿化。播种采取喷播的方式，营造种子快速发芽环境。

施工结束后，为使植物种子顺利发芽，度过苗期，快速覆绿，养护管理是必不可少的。其内容主要有覆盖遮阳网、浇水、施肥、补种、病虫害防治等。

该石灰岩矿的边坡生态恢复效果见图6-12。

(二) 排土场生态环境恢复与重建

排土场生态环境恢复与重建的时间根据排土堆置工艺不同分两种情况：在排土堆置的同时进行生态环境恢复与重建，如开采缓倾斜薄矿脉的矿山或一些实行内排土的矿山；大多数金属矿山的排土场为多台阶状，短时间不能结束排土作业，待结束一个台阶或一个单独排土场后，便可以进行生态环境恢复与重建。

根据排土场条件的差异，我国露天采矿排土场生态环境恢复与重建类型可分为以下三种。

图 6-12　浙江某石灰岩矿的边坡生态恢复效果

（转引自张梁：《对矿山地质环境保护与治理恢复方案编制规范解读》,2009）

1. 含基岩和坚硬岩石较多的排土场的生态环境恢复与重建

这类排土场需要覆盖垦殖土才适宜于种植农作物和林草。在缺乏土源时，可以利用矿区内的废弃物如岩屑、尾矿、炉渣、粉煤灰、污泥、垃圾等做充填物料，种植抗逆性强的先锋树种。

2. 含有地表土及风化岩石排土场的生态环境恢复与重建

这类排土场经过平整后可以直接进行植物种植。我国金属矿山多位于山地丘陵地带，含表土较少，又难以采集到覆盖土壤，但可以充分利用岩石中的肥效，平整后直接种植抗逆性强的、速生的林草种类，并在种植初期加强管理，一般可达到理想的效果。

3. 表土覆盖较厚的矿区排土场的生态环境恢复与重建

直接取土覆盖排土场，用于农林种植。表土覆盖的厚度视重建目标而定，用于农业时，一般覆土 0.5 m 以上，用于林业时，覆土 0.3 m 以上，用于牧业时覆土 0.2 m 以上。平台可以种植林草，也可以在加强培肥的前提下种植农作物，边坡进行林草护坡。

广东石碌铜矿排土场环境治理方案如下：排土场主要是边坡整治，把长 3 km、高达 60 m 的边坡分成台阶式边坡，削坡减载，增加坡脚荷载，提高安全系数，在坡顶和各级台阶上建设良好的边坡排水系统；然后对排土场坡顶和坡面进行植被复垦，植树造林，保持水土；可以根据土壤改良情况，在排土场种植龙眼、荔枝等经济作物，成为矿湖公园的一部分。其总体规划效果图见图 6-13。

（三）尾矿场生态环境恢复与重建

矿山尾矿场的生态环境恢复与重建一般是在干涸的尾砂层上直接种植植被或覆土后，划块成田，种植作物或种草植树，覆盖尾矿场的表面防止尾矿场的浮尘污染。露天矿尾矿场的生态环境恢复与重建包括尾矿场立地条件的分析、尾矿场土壤的改良或覆盖、植物种的筛选与种植和种植模式的选择。

如福建长汀河田稀土矿在尾矿场实施果草型的配置模式。它根据适宜性植物筛选的结

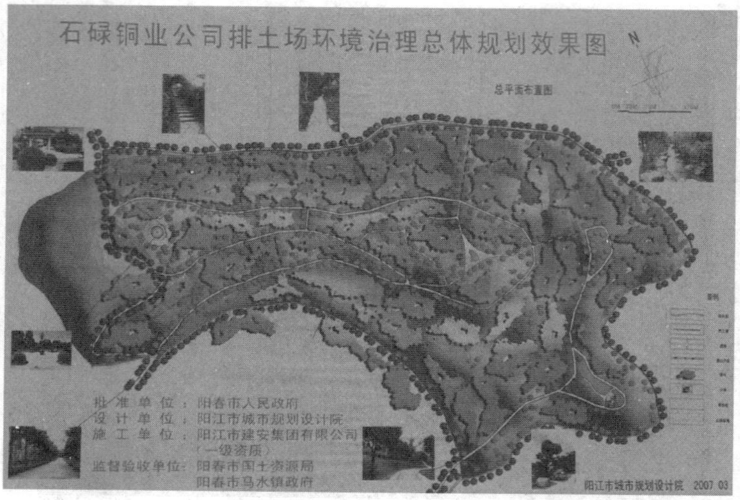

图 6-13 石碌铜业公司排土场环境治理总体规划效果图

（转引自张梁:《对矿山地质环境保护与治理方案编制规范解读》,2009）

果以及稀土尾矿局部的地貌特征来进行植物的配置(表 6-5)。

表 6-5 福建长汀河田稀土矿尾矿场植被配置模式

地貌部位	先锋植物种群组合单元
渣堆区坡上部	马尾松(阳性)＋杨梅-象草-糖蜜草＋宽叶雀稗＋马唐
渣堆区台部	板栗＋水蜜桃-糖蜜草＋宽叶雀稗＋马唐
渣堆区坡中部	象草＋狗尾草-糖蜜草＋宽叶雀稗＋马唐
渣堆切沟(谷)	象草＋狗尾草

露天矿尾矿场生态重建的类型一般有不覆土重建和覆土重建两种类型。

1. 不覆土重建

在土源缺乏的矿区,从外地取土来覆盖尾砂,会导致取土处土地的破坏,因此,这类尾矿场可以采用不覆土,直接通过植树绿化来重建尾矿场。但如果尾砂中所含的重金属离子浓度超标,则必须进行深度的土壤改良或尽量种植不参与食物链循环的林木。不覆土直接种植,节省了覆土的工程量,节省了投资,但可选择的植物种类将有所限制。此时,应选择耐贫瘠、抗逆性强的植物种。由于尾砂保水能力差,为了满足作物生长的需要,在水源缺乏的地区或旱季,可对其进行喷灌、滴灌和渗灌;由于尾砂保肥能力差,施肥宜采用少量多次。

2. 覆土重建

在有土源的矿区,在平整后的尾矿场上覆盖土层,进行林业、农业的重建。对于尾砂中含有超标重金属离子的尾矿场,进行生态环境恢复与重建时,除了进行必要的改良外,还要根据条件覆盖表土,一般覆盖 0.5 m 以上。南方地区土源缺乏,最好将表土剥离单独存放,待尾矿疏干、改良后,将剥离表土覆盖其上。

水口山铅锌矿在豹市岑老尾矿场上进行生态环境恢复与重建时,覆土后在坡面上种植马鞭草等多年生草本,在尾矿场内种植苦棕树和马鞭草等植物,能有效防止水蚀和风蚀。此外，在尾矿上覆土约 1 m，然后种植农作物和果树，能取得良好的社会效益和经济效益。

湖南桃林铅锌矿选择了冬茅草、马鞭草、泡桐、水杨柳、刺槐、蜡树等，在 108 ha 的尾砂场内直接植被固沙，取得了较好的效果。

（四）矸石山生态环境恢复与重建

矸石山是煤矿的废石排放场，是我国重要的矿山废弃地，总占地面积达各类矿山排土场总占地的 1/3。由于近年来煤矸石利用率提高，尤其是煤矸石作为燃料和建材的利用技术不断开发，矸石山占地呈现逐年减少的趋势。这使得矸石山的生态恢复方式由原来的“山上恢复”向矸石山清理完毕后的矸石堆放区的“山底恢复”发展。但由于矸石的长期堆放和雨水的淋溶、浸出，矸石堆放地的土壤成分受矸石的影响非常明显，土壤贫瘠，不利于植被生长。

1. 生态恢复技术

矸石山生态恢复一般需要对土地进行平整，若有坡度则需采用穴坑整地和梯田整地等方式，这样有利于蓄水保墒，提高缓苗率和成活率。对于酸性矸石场，矸石淋溶后的酸性物质会通过毛细作用上升到土层，造成土壤的酸化，从而严重影响植物生长和土壤微生物的生成。常将 CaO 或 $CaCO_3$ 破碎后均匀地撒入矸石场，在表层翻耕一定深度，使 pH 值呈中性后再恢复植被。

2. 生态恢复植物措施

根据矸石山立地条件及当地的自然条件，选择耐干旱、耐贫瘠、萌发强、生长快的林草种类，尽量选择乡土树种。

在种植方式上，针对不同的植物种，采用不同的种植方式。对落叶乔灌木采用少量的配土栽植，对常绿树种采用带土球移植；对花草等草本植物采用蘸泥浆或拌土撒播。有些落叶乔灌木如火炬树、刺槐等，在种植前还可采用短截、强剪或截干的措施促使其生长。

矸石场生态重建的主要途径是植树种草，以绿化为重建方向，极少情况下用于农业，这是因为矸石土壤的保水、保肥性能差。用于农业生产时，首先要对酸性的矸石土壤进行中和处理，再全场覆土 0.5 m 以上。作物品种选择的原则是，种高秆植物不如种矮秆作物，种蔬菜不如种豆类。总之，矸石土壤上发展作物，其根本目的是改善矿区的环境，辅之以经济效益。

（五）井工开采塌陷区生态环境恢复与重建

1. 井工开采塌陷形成机理

矿井下的矿物被采出以后，开采区域周围岩体的原始应力平衡状态受到破坏，应力重新分布，达到新的平衡。在此过程中，岩层和地表产生连续的移动、变形和非连续的破坏（开裂、冒落等）即矿区开采塌陷。矿区开采塌陷的直接外在表现即地面变形。塌陷区地面变形主要是塌陷、沉降、开裂三种形式，它们一般相继产生，伴随出现。

矿区的地面沉降一般先塌陷，影响范围广，分布面积大。据广东的两个矿区的统计，沉降面积可达 25 ha 以上。沉降形态多似锅状、蝶状等。沉降范围内，塌陷、开裂分布普遍，由矿井水疏干所引起的沉降区，基本处于地下水降落漏斗范围内。当地下水位降低和排水量增大时，沉降范围和深度也随之增大。同时，沉降中心亦随着地下水降落中心的转移而转移。地面沉降除产生垂直位移外，也伴有水平位移现象。

地面开裂是塌陷和沉降的伴生产物，涉及的范围广、数量多，形状为弧形、直线形、封闭形或同心圆形。一般多分布在沉降范围内或塌陷周围，开裂长度一般达 5～150 m，裂口面倾角陡，一般在 70°～80°，倾向一般多指向沉降或塌陷中心。

矿山井下采空造成地面塌陷的机理主要有三种情况：一是采空区安全顶板厚度不够，采空引起顶板坍塌冒顶后造成地面塌陷；二是地下采空引起地下水位下降造成上覆土体失去顶托后发生地面下沉；三是地下大面积采空后，矿层上部失去支撑，岩体自下而上产生变形，最终在地面形成下沉变形的移动盆地。一般来说，前两种塌陷机理发生在开采矿层埋深浅、开采规模不大的小型矿山；后一种主要发生在规模大、埋深大且地下大面积采空的大型矿山。

按照塌陷区上覆岩层的破坏程度，一般将塌陷区分为冒落带、裂缝带和整体移动带。

冒落带是指用全部垮落法管理顶板时，回采工作面放顶后，引起矿层直接顶板岩层产生破坏的范围。冒落带内岩层破坏的特点是：随着煤层的开采，其直接顶板在自重力作用下发生法向弯曲，当岩层内部的拉应力超过岩石的抗拉强度时，便产生断裂、破碎成块垮落，冒落带块大小不一，无规则地堆积在采空区内。根据冒落岩块的破坏和堆积情况，冒落带可分为不规则冒落和规则冒落两部分，冒落岩石具有一定碎胀性，冒落岩块间空隙较大，连通性好，有利于水、砂、泥土通过。冒落岩石体积大于冒落前的原岩体积。岩石具有碎胀性是使冒落能自行停止的根本原因。

冒落岩石具有一定的可压缩性，冒落岩块间空隙随着时间的延长和采动程度的加大，在一定程度上可得到压实，一般是稳定时间越长，压实性越好，但永远也不会恢复到原岩体的体积。

冒落带的高度主要取决于采出厚度和上覆岩石的碎胀系数，通常为采出厚度的 3～5 倍。薄矿层开采时冒高较小，一般为采出厚度的 1.7 倍左右；顶板为坚硬岩石时，冒落带高度为采出厚度的 5～6 倍；顶板为较弱岩时，冒落带的高度为采出厚度的 2～4 倍。实践中可用下式近似估算冒落带高度：

$$h = \frac{m}{(k-1)\cos\alpha} \tag{6-1}$$

式中 h——冒落带高度；

m——采出矿层厚度；

k——岩石碎胀系数；

α——矿层倾角。

在采空区上覆岩层中产生裂缝、离层及断裂，但仍保持层状结构的那部分岩层称为裂缝带，裂缝带位于冒落带和弯曲带之间。裂缝带内岩层产生较大弯曲、变形及破坏。其破坏特征是：裂缝带内岩层不仅发生垂直于层理面的裂缝或断裂，而且产生顺层理面的离层裂缝。根据垂直层理面裂缝的大小及其连通性好坏，裂缝带内的岩层断裂又分为严重断裂、一般断裂和微小断裂三部分。严重断裂部分的岩层大多数裂开，具有一定的连通性；一般断裂和微小断裂部分岩层不断开，连通性差。

冒落带和裂缝带合称为两带，又称为冒落裂缝带。两者之间一般没有明显的分界面，均属于破坏性影响区。

两带高度与岩性有关。一般情况下，软弱岩石形成的两带高度为采厚的 9～12 倍，中硬岩石为采厚的 12～18 倍。准确地确定两带高度，尤其对解决含水层以下的采矿问题有特别重要的意义。

整体移动带又称弯曲带，位于裂缝带之上直至地表，此带岩石的移动特点是：弯曲带内岩层在自重力的作用下产生层面法向弯曲，在水平方向处于双向受压缩状态，因而其压实程度较好，一般情况下具有隔水性，特别是当岩性较软时，隔水性能更好，成为含水层下开采时的良好保护层。

弯曲带内岩层的移动过程是连续而有规律的，并保持其整体性和层状结构，不存在或极少存在离层裂缝，在竖直面内，各部分的移动值相差很小。

弯曲带的高度主要受开采深度的影响。当采深很大时，弯曲带的高度可大大超过冒落带和裂缝带之和，此时开采形成的裂缝带不会达到地表，地表的移动和变形相对比较平缓，有时在地表也可能产生一些裂缝（由地表的拉伸变形所引起），但这些裂缝表现为上大下小，到一定深度自行闭合而消失，一般不和井下裂缝相沟通。通常情况下，弯曲带属于非破坏影响区。

塌陷区生态重建的目标有农业、建筑、水域（鱼塘、公园、水库等），不同的塌陷类型有不同的重建目标。目前，其重建利用方向趋向于综合利用。

2. 塌陷区对生态环境破坏的结构类型

根据塌陷地的性质，可将塌陷地分为塌陷干旱地、塌陷沼泽地、季节性积水塌陷地、常年浅积水塌陷地和常年深积水塌陷地。根据塌陷地的稳定程度，可将塌陷地分为稳定塌陷地和不稳定塌陷地。

（1）塌陷干旱地

这类塌陷地的特点是一般不积水，地形起伏大，耕作极其不便，造成大面积的作物减产。

（2）塌陷沼泽地

这类塌陷地主要分布于地势平坦、排水不畅的平原地区，其土壤会出现沼泽化和次生盐碱化现象。此类塌陷地既不宜发展农业生产，也不宜进行水产养殖，往往造成农作物减产，开发难度大。

（3）季节性积水塌陷地

这类塌陷地的特点是在塌陷区内，由于局部地块塌陷，地面较周围地表低，在雨水较多的季节积水形成水塘，而在少雨或无雨的季节形成板结地，对农业生产极为不利，一般农田减产达40%～50%。

（4）常年浅积水塌陷地

常年浅积水塌陷地较季节性积水塌陷地的下沉深度大，一般在0.5～3 m，积水深度0.5～2.5 m，极易造成作物的绝产，导致土地生产结构的突变，若不进行适当处理很难耕种养殖。

（5）常年深积水塌陷地

这类塌陷地下沉深度最大，一般均在3 m以上，最深达12～15 m。其主要分布在大中型矿的采空区，其特点是地表下沉至地下水位以下，形成不规则的地表水域，有的与河道相通，形成塌陷人工湖或小水库。此类塌陷地水质较好，水量充足，是发展渔业的理想场地。

3. 塌陷区生态环境恢复与重建模式

根据塌陷区对生态环境破坏的结构类型，塌陷区的生态环境恢复与重建可以归纳为以下六种模式。

(1) 积水稳定塌陷地农林业综合开发的模式

此类塌陷地地表高低不平,但土层并未发生较大的改变,土壤养分状况变化不大,只要采取工程措施修复整平,并改进水利条件,即可恢复土地原有的实用价值。根据工程措施的不同又可分为以下三种。

矸石充填——利用矸石作为塌陷区的充填材料。矸石充填分三种情况:第一,新排矸石充填,是利用矿井排矸系统,将新产生的矸石直接排入塌陷区,推平后覆土。第二,预排矸石充填,是在建井过程和生产初期,在采区的上方地表预计要发生下沉的地区,将表土取出堆放在四周,按预计下沉的等值线图,用生产排矸设备预先排放矸石,待到下沉停止,矸石充填到预定的水平后,再将堆放四周的表土推到矸石层上覆土成田。第三,老矸石山充填,是利用老矸石充填塌陷区生态重建。矸石充填后,可覆土作为农林种植用地,也可经过地基处理后用作建筑用地。

粉煤灰充填——将坑口电厂粉煤灰充填于塌陷区,用于农林种植。其方法是利用管道将电厂粉煤灰用水力输送到塌陷区储灰场,待粉煤灰达到设计的标高后停止冲灰,将水排净,覆盖表土,表土厚度一般在 0.5 m 以上,即可进行农林种植。在缺乏土源的地方,可选择合适的作物或林草种类直接种植。对有害成分含量较高的粉煤灰充填土地应尽量种植不参加食物链循环的林木。

其他物充填——在利用煤矸石和粉煤灰进行充填重建时,也可以利用矿区的其他物质。如靠近河、湖的一些矿区,可利用河、湖淤泥充填塌陷区,先将矿井废弃物或其他固体废弃物排入塌陷区底部,取河、湖的泥土,通过管道加水输送充填到废石上,待泥干后用推土机整平,进行农林种植。

上述三项工程措施使大面积塌陷干旱地回归为粮、棉、油、菜、果生产基地,不但经济效益显著,而且可改善矿区的生态环境。

(2) 非积水稳定塌陷地开发为建筑用地

肥城矿区查庄、南高余等矿用稳定塌陷地做建筑用地,共节约耕地 31.67 ha,带来了显著的经济效益与社会效益。

(3) 季节性积水稳定塌陷地农林渔综合开发生态重建模式

季节性积水稳定塌陷地较非积水塌陷干旱地开发难度大,土壤结构也不同程度地发生了变化,多雨季节积水成沼泽状,干旱季节成板结状。这类塌陷地的重建,主要的工程措施为挖深垫浅,即将塌陷下沉较大的土地挖深,用来养鱼、栽藕或蓄水灌溉,用挖出的泥土垫高下沉较小的土地,使其形成水田或旱地,种植农作物或果树。

(4) 常年浅水位积水稳定塌陷地渔林农生态重建模式

在地下水位较高的塌陷区,即使沉陷量不大,也终年积水,而周围的农作物则是雨季沥涝,旱季泛碱。这类塌陷地由于水浅不能养鱼,地涝不能耕种,形成大片荒芜的景象。此类塌陷地生态重建的主要工程措施为挖深垫浅,即将较深的塌陷区再挖深使其适合养鱼、栽藕或其他水产养殖,形成精养鱼塘;然后用挖出的泥土垫到浅的沉陷区使地势抬高成为水田或旱地,建造林带或发展林果业。

(5) 常年深积水稳定塌陷地水产养殖与综合开发重建模式

常年深积水稳定塌陷不适宜于发展农业,但适宜于水产养殖或进行旅游、自来水生产等综合开发。如淮北煤矿区洪庄、烈山塌陷区具有水面大、水体深的特点,重建时采取了开挖鱼塘发展水产养殖的模式，先后开挖了精养鱼塘120 ha、特种鱼苗塘13.3 ha，并配套发展种植业和加工业。平顶山矿区在低洼积水地段修造了大小鱼塘30多个，蓄水面积70 ha。淮南矿区1995年已开发利用塌陷积水区养鱼，塌陷湖中种植水生生物发展养殖业，沿湖种植林木、柳条，用来发展编织业等。

除了发展渔业外，大面积的深水塌陷地还可以建水上公园、水上娱乐城、自来水净化厂和污水处理厂、拦蓄水库、水族馆等。淮北矿区和徐州矿区在塌陷区建立水上公园，为矿区职工提供了休息娱乐的场所。平顶山矿务局谢山矿利用约10 ha塌陷地改造为生物氧化塘，塘中种植水葫芦等水生植物来处理矿井水及生活污水，净化后水质基本达到渔业用水的标准。

(6) 不稳定塌陷地因势利导综合开发生态重建模式

不稳定塌陷地是指新矿区开采引起塌陷或老矿区的采空区重复塌陷而造成的塌陷地。其类型包括非积水塌陷干旱地和塌陷沼泽地，也包括季节性积水塌陷地和常年积水塌陷地。此类塌陷地的重建采用因势利导自然利用模式。对不稳定的塌陷干旱地，有针对性地整地还耕，修建简易型水利设施，灵活利用，避免土地的长期闲置。对季节性积水不稳定塌陷地，因其水位常变，以发展浅水种植为主，也可因势利导开挖鱼塘养鱼，四周垫地，种优质牧草做鱼禽饲料。常年积水不稳定塌陷地以人放天养的形式进行养鱼，但不宜建造水上或水下设施。

三、矿区生态景观恢复与重建

（一）矿区景观生态重建定义

笼统地说，矿区景观生态重建就是要在矿山开发影响区域，重建适合人类生存的良好的自然环境，并从中生产出更多的物质财富。具体地说，矿区景观生态重建是指对矿山开发引发的结构缺损、功能失调的景观生态，借助人工支持和诱导，对其组成、结构和功能进行超前性的计划、规划、安排和调控，同时对逐渐逼近最终目标这一逆向演替过程和可能出现的各种问题，进行跟踪评估并匹配相应的技术经济措施，最终重建一个符合人们需求和价值取向的可持续的高稳定景观。

其建设目标主要有：

① 保障生态安全，控制和改善矿区景观的演化，增强景观稳定性。

② 提高景观内各生态系统总体生产力，提高能量与物资投入的效率。

③ 保护和促进包括生物多样性在内的景观多样性的综合价值（经济、生态与美学价值）。

④ 建造适于人类生存的可持续利用景观模式。

其建设的内容包括：

① 景观空间结构的调整。通过对原有景观要素的优化组合或引入新的成分，调整或构建新的景观格局，以增加景观异质性和稳定性，从而创造出优于原有景观生态系统的经济和生态效益，形成新的高效、和谐的人工自然景观。根据不同生境，选择适宜且有较高经济价值的生物品种，提高生产力。

② 控制人类活动的方式与强度，补偿和恢复景观的生态功能。如矿山开发利用方式的改变，对采矿、矿物加工、综合利用等工艺技术的调节，都将有效地影响到生态系统功能的发挥或恢复。

③ 按生态学规律进行可更新自然资源的开发与生产活动。生态农业重建是一种典型的人类对于可更新自然资源(光、热、水、土、生物)的深度利用。

④ 依据仿自然原理,建设与自然系统协调的新型人文景观。

(二) 矿区景观生态研究现状

1. 国外矿区景观生态重建研究现状

在美国,典型的成功例子有侯氏公司的"大众工艺和教育"和鲍威尔河工程的"长远考虑"。加利福尼亚州的侯氏公司为了银汞矿的开采,在开采初期就制订出了详细土地复垦及景观生态重建计划,在计划中将社区目前和将来的需求与创造力联想到一起。该计划的中心是"相邻土地管理计划"。它为开矿期间、以后保护和改善周边环境提供了几种方法,包括:发展滨线、保护珍稀植物、保护草地、教育和研究课题。矿产开采结束后,整个侯氏公司厂区将会成为环境研究的科研所。

美国西弗吉尼亚南部是一个美丽的地方,陡峭的山上长满了树,山谷溪水潺潺。煤矿开采了100多年,已成为该地区的经济支柱。但是,无规划的开采严重破坏了自然景观。整个山头被削平了,大量废石堆积成山,酸液排放造成严重腐蚀。为造福西弗吉尼亚地区,鲍威尔河工程在20世纪90年代对其景观生态重建做了长远规划,该规划主要包括:在第一个时期,鲍威尔河工程主要工作是扩大规模,使之从地区中心演变成为国际复垦技术、政策、工业和教育中心。教育内容包括矿石样本、复垦技术、工作区参观等。随着建筑用地的增加,教育中心及其用地部分将会由于不断地开矿和复垦而成为景观中心。矿产开采结束后,鲍威尔河工程将成为鲍威尔公园的长远研究中心。它还是该地区矿产政策和公众教育的示范工程。鲍威尔河工程内的大量平地将会修建大学校园、会议中心和许多工业区、商业区。所有这些努力都有利于相互之间的利益联系,而所有的利益都要兼顾。鲍威尔公园会成为许多家庭和学生的居住地。现在这座新型城市的设计已走入了正轨。

澳大利亚是以矿业为主的国家,是世界上先进而成功处理扰动土地的国家。恢复扰动土地由政府出资进行,且已成为开采工艺的一部分。矿山生态恢复特点之一是采用综合模式,实现了土地、环境和生态的综合恢复,克服了单项治理带来的弊端。另一特点是多专业联合投入,包括地质、矿冶、测量、物理、化学、环境、生态、农业、经济学,甚至医学、社会学等多学科多专业。第三个特点是高科技指导和支持。卫星遥感提供土地恢复设计的基础参数并选择各场地位置,计算机完成复垦场地地形地貌的最优化选择,以及最少工程量的优化选择和最适宜的经济投入产出选择,即费用-效率优化方案。高科技成果为矿山复垦提供了各种先进设备,借助先进设备进行生态恢复过程中的观测。分子生物学和遗传学用于设计新的速生、丰产树种和草类,高科技的引入产生了高效益的生态恢复。

苏联于1954年开始立法,1968年将其具体化,包括一系列恢复被破坏土地肥力、造林绿化、创立适宜人类生存活动景观的综合措施。农业、林业复垦是最普遍的。他们广泛采用的是土地开发最可靠、最经济的林业复垦,尽力利用自然条件进行人工林营造,可以降低人工林的投入。

2. 我国矿区景观生态重建研究现状

我国早在古代的采石活动中就注重景观生态恢复重建。浙江绍兴东湖风景区原先是一处采石场,从汉代起就开始采石,在隋代扩建绍兴城时大规模开采。由于长年累月的开凿,形成千奇百怪的峭壁和深邃的小塘,构成了东湖的雏形。至清代,东湖筑堤分界,外为河,内为湖，并经长期改造，形成了山水交融、洞窍盘错的风景旅游胜地(图 6-14)。

图 6-14　绍兴东湖风景区

唐山市南湖公园是在开滦集团公司唐山矿塌陷区的基础上由天津园林设计院和唐山园林规划管理处共同规划的，区域面积 310 ha，其中包括：水面(32.5 ha)，公仆林、青年林及巾帼林等，现正在规划高尔夫球场，昔日唐山矿塌陷区是唐山市环境老大难问题，今日已成为环境幽雅的城市公园(图 6-15)。

图 6-15　唐山市南湖公园

矿山开发地区景观生态研究与其他领域景观生态的研究相比具有其特殊性，主要表现在以下几个方面。

(1) 矿山开发对景观生态的破坏具有突变性，且很难恢复

在矿山开发密集地区，矿产资源的开发使地形地貌及水文等景观要素发生突变。如露天开采需要剥离大量的岩土，并堆置到新的地点，从而引起地形地貌的突变，原来的山沟变成了高地，原来的高山变成了凹地。矿山疏干排水以及矿山用水造成矿区周围地下水位大幅度下降，出现突变。这些变化对景观生态环境的破坏是致命的，靠生态的自然恢复能力是

很难实现的，或者需要很漫长的时间，因此，必须采取人工干预的方法对其进行重建。

(2) 矿山开发为矿区景观生态建设创造条件。矿山开发为社会创造巨大的财富，为该类地区的景观生态建设提供经济保证，同时矿山开发需要搬运大量的岩土，这也为景观生态建设创造了重建的机会。另外，矿山开发对景观生态的影响是可以预测的，只是过去我们重视的不够。只要我们能够在矿山开发之前，对整个矿山开发密集地区进行统一的整体规划，在规划中适当考虑减少景观生态破坏及边开采边治理的开采方案，在废弃物排弃场地的选择中兼顾经济效益和生态效益，最终实现该类地区景观生态的可持续发展是可能的。

(3) 矿山开发地区景观生态研究不同于矿区的景观生态研究

矿区景观生态研究仅是在矿区范围内，利用景观生态原理对恢复与重建进行研究，而矿山开发地区景观生态的研究是全过程、全方位的景观生态研究。矿区重建是小范围的重建，而区域景观重建是大范围的，后者包括前者。

(4) 矿山开发地区景观生态研究不同于城市景观生态研究

城市景观生态研究主要研究城市景观格局及其动态变化，为城市发展服务，而矿山开发地区景观生态格局及动态的研究主要是为该地区景观生态重建服务，最终目的是在矿区重建良性的人工景观生态系统。

(三) 矿区生态景观设计

1. 指导思想

矿区生态景观设计应按照可持续发展的理念，本着区域协调和综合利用的思想，合理调整土地利用格局。

① 四个结合：即点、线、面结合；平面、立体结合；乔、灌、花、草结合；自然植物群落与人工植物群落结合。

② 三个效益：生态效益主要体现在净化空气、净化水质、降低噪声、调节小气候、保持水土、监测环境污染方面。社会效益主要体现在美化厂容、增进健康、避灾防火及有利于工矿企业的精神文明建设，提高工矿企业的声誉和知名度，增强企业的凝聚力方面。经济效益主要是直接创造物质财富，间接产生社会效益。

③ 三个统一：即绿化、净化、美化的和谐统一，以绿为主，绿美结合，三季有花，四季常青。

2. 设计要求

露天矿区景观设计应在满足生产需要的同时，尽量发挥土地的综合功能：① 符合行车视线要求；② 最大限度地发挥其主要功能；③ 根据矿区道路性质、自然条件等因素进行设计；④ 满足厂容及环境艺术方面的要求；⑤ 选择合理种植密度，合理配置植物。采用孤植、对植、列植、绿篱、绿墙、色带、丛植、树群、林带、林植相结合的方式。如对植可用于厂门、建筑物入口、广场入口处等，也可结合蔽荫休息，在空间构图中做配置使用；列植在矿区园林绿地中见效快，可使环境变得整齐、明快，容易与道路、生产场地取得协调；林带在矿区园林绿地中可以遮挡杂乱景物，分隔绿地空间，也可防风、滞尘、减噪、做绿色背景等。

3. 设计分区

对于露天矿区，按照生产需要划分不同的功能区域，在不同程度与方式的干扰下形成了不同的土地利用方式和格局，相应综合利用方略也不同。按照矿区功能可分为各类景观区：综合楼景观区、蓄水池景观区、选矿场景观区、植物园景观区、工业广场景观区、人造地貌景观区、苗木示范景观区、剥离采矿景观区、输矿干道景观区、生态重建景观区和生活服务景观区等。

4. 排土场景观格局优化设计

排土场是露天矿区最大的废弃地，也是矿区土地资源综合利用开发的主要对象，需要对其地貌形态进行重塑和景观格局优化。

(1) 排土场景观设计目标

露天矿在岩土运输、排弃过程中，应对排土场采取排土场基底构筑技术、主体构筑技术、平台构筑技术、边坡构筑技术、排水渠构筑技术等，以实现如下目标：

① 将废弃地尽可能地复垦成为可利用地。在可利用地的利用过程中，前期以林业用地和牧业用地为主，中后期在自然条件及土地类型允许的前提下，根据市场需求，进行用地结构调整。为保证重建生态系统的景观稳定，调整后的用地结构中平台林牧用地不能小于30%。

② 复垦地不发生二次污染，水土流失轻微，土地质量好于原土地，平台复垦标准尽量按农业用地的标准进行复垦，以便进行土地结构调整。

③ 在保证"耕地总量动态平衡"的前提下，最大可能地增加林牧用地面积，基本消除荒草地和其他未利用地，重建后的生态环境要明显优于原脆弱的生态环境。

④ 复垦规划中的工艺要经济合理，矿山能够承受复垦费用，并在复垦工程完成过程中，首先取得一定的生态效益和社会效益，保障矿山生产的安全，同时要充分考虑经济效益的获得，使三大效益尽快协调、统一。

(2) 排土场景观格局优化

按照排土场的分布位置和组成，将其土地利用格局布局如下：

① 林业用地平台。主要分布在离矿区公路、铁路、工业广场、建筑用地及输矿干线100～200 m内的平台。主要功能是保障矿山生产的安全、防风固沙、防尘及矿区景观美化等。

② 林牧用地边坡。主要功能是增强排土场稳定性及水土保持。

③ 农林牧复合用地平台(前期为林牧用地，中后期林牧用地占30%、农用地占70%)。主要分布在外排土场第1、2台阶以上的平台及内排土场最终平台。主要功能：首先，矿区土地利用格局优化后，土地利用结构最明显的改善是原地貌30%的未利用地消失；其次是耕地面积、林牧用地面积明显增加，景观结构改善、生物多样性增加和土地生产力提高。

5. 景观生态单元设计与综合利用

露天矿区的主要景观是内外排土场，按照生态恢复规律和复垦土地综合利用的要求，其边坡与平台的景观生态单元的用途以地力恢复和生态恢复为主，逐步转变为以生产为主，调整产业结构，促进矿区社会与经济的持续发展。

(1) 苗木景观生态单元设计与生产

从林业用地平台建设或矿区生态恢复的角度看，景观生态单元设计均离不开适合矿区排土场立地条件的苗木。在差的矿区排土场立地条件下，利用矿区大量复垦地，培育具有抗旱、抗寒、抗虫害等特点的苗木，建立矿区苗圃基地，以满足排土场复垦与景观重建的需求，可降低风险和投资，提高成活率，保障矿区生态健康与安全。一般苗木景观生态单元应安排在土地平坦、土壤质地较好和肥沃的平盘上，利于培养苗木。例如平朔矿区安家岭矿苗木景观生态单元(表6-6)，初建规模为15 ha，培育的优质苗木供矿区使用，解决了矿区绿化用苗和复垦土地的植被重建用苗。一般 3～4 年苗木出圃，销售总收入 271 万元，扣除 121 万元成本后，盈利 150 万元。苗木生产投资小、风险小、造林成活率高、经济效益高。

表 6-6 苗木景观生态单元设计与实施

景观	面积/ha	苗木种类
灌木单元	5.0	丁香、连翘、碧桃、金银木、欧李、山桃、日本黄桃、胶东卫矛、黄栌
落叶乔木单元	4.0	新疆杨、垂柳、金丝垂柳、杏树、捻树、刺槐、国槐
常绿乔木单元	4.0	云杉、青楱、白皮松、樟子松、油松、桧柏、侧柏
花卉牧草单元	1.0	苜蓿、白菊花、福禄考、小黄菊、石脉根、白三叶
种子直播单元	1.0	云杉、落叶松、侧柏、樟子松、油松、刺槐、锦鸡儿

(2) 牧草景观生态单元设计与生产

从生态恢复角度讲，一般平盘早期多以牧草为主，用以熟化土地，恢复地力。如苜蓿每年可固定土壤空气中游离态氮 126～593 kg/ha，平均每年 225 kg/ha，是天然的生物氮肥加工厂，可以培肥土壤。另外，发展牧草对于调整矿区产业结构，促进矿区循环经济健康发展也是十分必要的。按照生态恢复规律，牧草景观生态单元初期分布于矿区排土场大部分的平盘和边坡，并随时间推移逐步集中分布于边坡和少数平盘。目前，牧草景观生态单元生产模式主要有：

① “种草-改土”的生态模式。在复垦的最初时期(1～2 年)，以“种草-改土”的生态发展为思路，根据种植条件、技术措施、产品开发、市场培育等方面进行投入，为以后更大规模地发展生产绿色农产品准备条件，兼顾一些经济效益。如果按年产氮 225 kg/ha 计，可以节约尿素 489 kg，节约费用约 586.8 元/ha(每 100 kg 尿素约 120 元)。该模式投资少，但生产能力低。

② “种草-售草”的经济发展模式。此种模式在充分考虑生态效益的同时，合理利用土地资源，挖掘产业发展的潜力，扩大苜蓿种植面积，加工成草产品直接上市。如果没有灌溉条件，年产干草 4.5 t/ha，售价 800 元/t，年产值 3 600 元/ha，投入约 1 200 元/ha(以 5 年高产期计算)，利润 2 400 元/ha。如果有灌溉条件，年产干草 7.5～12.0 t/ha，售价 800 元/t，年产值6 000～9 600 元/ha，投入约 2 100 元/ha，利润 3 900～7 500 元/ha。该模式的投资比前一种大，但利润也较大。

③ “种草-养畜”的发展模式。以“生态农业”为思路，合理配置生态结构，保障生态环境健康与安全，改善矿区人民膳食结构。年产干草 4.5 t/ha，每头奶牛需要干草 5 t/年，以 10 年的回收投资期计，利润 3 000 元/ha，同时牛粪还可以还田。这种模式是草业产业化发展的最经济的模式。

④ “复合”发展模式。即将上述 3 种模式综合运用，转变“种草只为卖不为养”的旧观念，坚持走“种草养畜、转化增值”的路子，同时畜产品的加工增值，将进一步促进这项产业的发展。这种模式是产业化程度较高时适合采用的模式。目前，平朔矿区的安太堡矿和安家岭矿已交叉实施了前 3 种模式。

(3) 中药材景观生态单元设计与生产

平朔矿区气候干旱、无霜期短，适合耐旱、耐寒冷、耐瘠薄、喜阳光的中药材生长。同时，复垦地是人工搬运到排土场的生土，几乎不含人为的有害物质。因此，利用复垦土地生产中药材不仅是可行的，而且利于生态保护，并能够创造巨大的经济效益。如甘草，有极强的耐旱、耐寒、耐盐碱能力，是荒漠地区防风固沙的生态防护植物；甘草茎叶还是家畜的优质饲草，在内蒙古、宁夏大草原，甘草区的甘草羊就具有独特的风味。黄芪的收获部分是根，地上部茎叶也是家畜的良好饲草，同甘草一样，地下部分入药，地上部分发展畜牧业。板蓝根是春种秋收植物，以根入药，为大宗常用中药，叶也可做饲草或放牧。金银花以花蕾入药，是极佳的生态建设植物，根系发达，细根很多，生根力强，耐旱、耐涝、耐瘠薄、耐寒冷。该景观生态单元多分布于平盘上，适宜种植的中药材种类有甘草、黄芪、麻黄、知母、板蓝根、郁李仁、党参、芍药、赤芍、柴胡、桔梗、连翘、射干、银柴胡、丹参等。可供选择的生产模式有：

① "初期"发展模式。按 66.7 ha 起步，种植 5～6 个品种，每个品种 10 ha 左右。种子、机耕、机播、田间管理费用及采收费等总投入 56.58 万元。一般板蓝根可当年受益，其余品种可 3 年后受益，总纯收入为 146.0 万元。适合于复垦的初期，发展面积不宜过大，使其利于风险防范，可采用滚动逐步发展的方式，投入小。

② "稳定"发展模式。按 333.3 ha 起步，种植 5～6 个品种，每个品种 65.0 ha 左右。面积大，需要投入的资金数额大，约 500 万元，3 年纯收入可达 466.26 万元。在复垦土地地力提高后、中药材生长立地条件完全具备的情况下，可分年度逐步扩大种植面积。

(4) 绿色农产品景观生态单元设计与生产

在矿区进行绿色农产品生产与开发，不仅有效地利用了大量的新垦土地，而且会产生较好的效益，对实现"耕地总量动态平衡"具有一定的意义。生产与开发的产品，首先可以供给矿区职工生活所用，维护本矿区职工消费者身体健康。随着可利用地面积的逐渐扩大，生产规模也随之扩大，可创立具有特色的品牌绿色农产品。

平塑矿区的绿色农产品景观生态单元主要分布在排土场平盘上，绿色农产品生产模式如下：

① 绿色农产品类型：一类是大棚果蔬。根据当地的气候条件，生产当地所需的无污染、安全、富营养类蔬菜、水果，首先供给矿区职工，再根据市场需求，扩大规模。目前，安家岭矿已进行 10 余种绿色蔬菜的生产。二类是杂粮类作物。杂粮营养丰富，具有食补、食疗的特殊作用，在丘陵地带的中低产田适宜性比大宗作物好。如糜子耐瘠薄，是新开垦地上的先锋植物。这是工业用地逐渐转变为农业用地的主要途径之一，也是将来在复垦的土地上建立农村新景观，使失去土地的农民重返家园必须要进行的一项工程。有价值生产与开发的杂粮主要包括糜子、荞麦、莜麦、马铃薯等。

② 绿色农产品规模与布局。生产基地选择在无污染和生态条件良好的地区，具有持续的生产能力。根据矿区的实际情况，应考虑以下几点：

a. 本矿主导风向为西北风，但在作物生长季节，东南风较多。为避免采剥区的粉尘污染及运输排土过程中的扬尘可能造成大中悬浮颗粒物超标，本矿小杂粮生产基地应选择在矿坑的东南部，并有一定的屏障。

b. 排土场平台较宽阔，周边有防污染林带和防风林带。

c. 排土场平台一般为黄土性物质，有效土层厚度大于 80 cm，土壤容重小于 1.4 g/cm^3，土壤污染物低于允许的浓度限值，经过快速生土熟化，土壤肥力达到相应的指标要求。

d. 1～4 年内上述 4 种小杂粮可作为改良土壤作物，经过 5～8 年的土壤改良后，再进行较大规模的生产与开发。

根据试验，复垦地糜子、莜麦、荞麦平均产量可达 1 875 kg/ha，马铃薯产量可达 30 000 kg/ha。经监测认证后的绿色杂粮，其价格一般可增 2～5 倍。如糜子、莜麦、荞麦、马铃薯的价格分别以申报前的 2 倍计，即 3.8 元/kg、6.1 元/kg、6.1 元/kg、0.5 元/kg，种植糜子、莜麦、荞麦、马铃薯的产值分别为 7 125 元/ha、11 437.5 元/ha、11 437.5 元/ha、15 000 元/ha。而单位面积种植投入平均为 4 005 元/ha，产投比分别为 1.77∶1、2.84∶1、2.84∶1、3.74∶1。

(5) 矿山公园设计与开发

我国的矿山公园，是以展示矿业遗迹(主要指矿产地质遗迹和矿业生产过程中探、采、选、冶、加工等活动的遗迹、遗址和史迹)景观为主体，体现矿业发展历史内涵，具备研究价值和教育功能，可供人们游览观赏、科学考察的特定空间地域。

自 2005 年起，国土资源部实施“矿山公园”计划，第一批有 28 家单位获得批准建设资格，其中的湖北黄石(图 6-16)、黑龙江鸡西恒山、吉林白山板石、黑龙江嘉荫乌拉嘎、浙江遂昌金矿(图 6-17)、河南南阳独山玉等 6 个国家矿山公园已相继揭碑开园。其余获批单位目前正在建设中。

图 6-16　湖北黄石矿山公园

图 6-17　浙江遂昌金矿

建设矿山公园可以起到以下五个方面的作用：① 弘扬悠久的矿业历史文化，有效保护和科学地利用矿业遗迹资源；② 有利于加强矿山环境的保护和恢复治理；③ 有利于促进资源枯竭型矿山的产业结构调整和经济转型；④ 有利于树立典范，推动矿山走可持续发展道路；⑤ 可为生态环境破坏严重的老矿区附近居民提供休闲娱乐的场所。

特大型露天矿区具备开展工业旅游和生态旅游的条件，其工业旅游景观单元与开发包括露天采场、煤炭传输系统、大型排土场、选(洗)煤场区、矿区废水循环利用等；生态旅游景观单元与开发包括矿区原生态环境、矿区重建生态环境、新建农村景观、生活服务区等。

黄石国家矿山公园位于黄石市铁山区境内。大冶铁矿历经百年开采，东露天采场形成了落差 444 m 的世界第一高陡边坡。为了治理生态环境，该矿投资数千万元形成了亚洲最大的硬质岩复垦基地。2006 年 7 月，以大冶铁矿区、铜绿山古铜矿遗址区组成的“一园两区”，经国家矿山公园评审委员会评审通过，确认为黄石国家矿山公园，规划面积为 30 km^2，是湖北省首座国家矿山公园。

嘉阳国家矿山公园，前身为嘉阳煤矿，建矿历史已有 70 余年，在岁月的流逝中，沉积了丰厚的工业遗迹，拥有被誉为工业革命“活化石”的嘉阳小火车、国内唯一专门用于观光体验的真实矿井——黄村井以及具有中西合璧建筑特点的原生态小镇芭蕉沟等矿业遗迹。嘉阳国家矿山公园被专家认为是中国煤炭工业发展的“活体里程碑”和“实体博物馆”，不仅是研究中国煤矿地质科学、煤矿工业技术的重要场地，也是开展爱国主义教育生动的实践基地。

浙江省遂昌金矿位于遂昌县花园岭，占地面积 70 ha，是一家集采选冶为一体，具有悠久历史的花园式现代黄金矿山企业。2007 年 12 月 18 日，浙江省首个国家矿山公园——遂昌金矿国家矿山公园正式开园。遂昌金矿被誉为“江南第一金矿”，千余年的矿业开发活动留下了唐、宋、明等朝代类型多样、内容丰富的矿业遗迹。其中黄岩坑古矿硐和冶炼遗址为国家一级矿业遗迹，是浙闽赣古代银矿产区内规模最大、保存最完整、古代文献记载最丰富翔实的遗址。矿山公园的核心景区 6.3 km^2，拥有大小景点 30 多处，包括黄金博物馆、古代矿业遗迹展示区、现代金矿生产流程展示区、金色池塘、黄金商铺一条街、园林等景观，形成了以观光旅游、矿业科普宣传、休闲度假为一体的综合性园区。

四、煤矿区的主要生态环境问题的防治

（一）贯彻国家法律法规

《中华人民共和国煤炭法》《中华人民共和国矿产资源法》《中华人民共和国环境保护法》《中华人民共和国水土保持法》《土地复垦规定》《历史遗留工矿废弃地复垦利用试点管理办法》等相关管理法规的颁布和实施，标志着我国煤矿区生态环境损害防治工作已进入法制化轨道。这就要求我国煤炭工业工作者从领导到基层要加强生态环境保护意识和法律意识，切实贯彻国家相关法律法规，坚持煤炭资源开发利用与生态环境保护并重、防治结合、以防为主的方针。同时，根据本地区煤炭开采的特点和损害现状，制定针对性强、行之有效的管理法规，保障矿区生态环境损害修复的实施，促进矿区人与自然的和谐发展。在管理体制方面，土地管理部门、煤炭管理部门和环保部门等相关行政主管部门应积极完善管理体制，加强统筹协调，明确权、责、利等问题，齐抓共管。在“谁污染谁治理，谁破坏谁恢复，谁使用谁补偿”的原则下，推进矿区管理体制和方法的改革与创新，将矿区生态环境治理与企业、工人的切身利益相联系，使矿区生态环境保护与治理由政府行为转变成企业行为和个体行为。

(二)煤矿区生态环境损害的修复与治理

由于煤矿生态系统比其他生态系统复杂得多,同时生态环境损害的原因复杂,损害程度不一。因此,单纯从一个角度看问题,孤立运用某一学科的理论和技术对矿区生态环境损害进行修复和治理,往往事倍功半,甚至适得其反。所以,应综合运用物理学、化学、生物学、环境科学、生态学、经济学、计算机科学等多学科的理论和方法,结合 GIS、RS、GPS 等“3S”高科技技术,从多角度、多侧面对矿区生态环境损害进行评价、修复和治理。此外,在对修复技术进行设计开发时,应尽量从“以废治废”的角度,将治理与利用相结合,充分体现“利用是为了治理,而治理是为了更好地利用”的思想。

(三)因地制宜,科学进行煤矿区土地复垦

煤矿区土地复垦对象主要是塌陷的土地以及被煤矸石、粉煤灰压占后污染的土地。煤矿区土地复垦应根据已经产生的地面塌陷程度进行科学整治。例如,对于浅层塌陷区,可以恢复耕种,建设高价值经济田,如大棚蔬菜、瓜果等;对于常年积水区的边沿部位及积水较浅或季节性积水的区域可挖池筑堤,建养鱼塘;对于积水较深的地区应综合利用,如培植水生植物、建立水禽基地等。总之,要因地制宜,本着“宜粮则粮、宜林则林、宜渔则渔”的原则,做好塌陷区的土地复垦工作。

(四)矿区生态工程的研究和示范基地的建立

由于矿区环境问题规模大、复杂程度高,必须组织专门人员开展矿区生态工程及生态重建实用技术研究、矿区生态环境质量指标体系研究和矿区生态保护与重建协调机制研究等。同时,建立矿区生态工程示范基地。示范基地建设可采取以国家、地方政府为主,受益者(企业)为辅的经济运行模式。一般应优先选择矿区服务年限长、生态环境脆弱,且具典型意义、经济基础较好、领导与群众环保意识较强的矿区作为示范基地。

第五节　矿区土地复垦及其技术

一、矿区土地复垦的概念和内涵

矿区土地复垦是依据矿山生态学、土地经济学、环境科学、测绘学、土壤学及区域规划等理论,结合采矿工程特点,对采矿过程中因挖损、塌陷、压占、污染等造成破坏的土地采取整治措施,使其恢复到可供利用状态或恢复生态的活动。土地复垦是一项综合工程技术,其最终目的是恢复土地的生产力,实现矿区生态系统新的平衡。

“土地复垦”一词来源于国外,欧美常用“restoration”“reclamation”和“rehabilitation”三个词进行描述。1974 年,美国科学院对这三个术语做如下定义:

“restoration”:中文可译为“复原”,是指将破坏的场地复原到被破坏前所存在的状态。这里包括重新修复被破坏前地形、复原被破坏前地表水和地下水以及重新建立原有的植物和动物群落。

“reclamation”:中文应译为“恢复”,中国学者习惯译为“复垦”,是指将被破坏的地区恢复到近似破坏前的状态。主要包括场地恢复到近似被破坏前的地形,植物和动物群落也恢复到近似被破坏前的水平。

“rehabilitation”:中文可译为“重建”,是将被破坏的场地恢复到与被破坏前制定的规划相一致的形式和生产力,即将被破坏的地区恢复到稳定的和永久的用途,这种用途可以和被破坏前一样，也可以在更高的程度上用于农业，或者改做游乐休闲地或野生动物栖息区。

实践证明，对于采矿废弃地，“复原”是难以实现的；“恢复”则被广大环境工作者认为是可以实现的；“重建”则具有更大的灵活性，可以不受原地形条件的限制，完全可以按照公共利益及经济条件来确定复垦土地的利用方案。因此，矿区土地复垦侧重于“恢复”和“重建”。矿区土地复垦的内涵是恢复矿区土地的价值，重建矿区生态环境。

二、矿区土地复垦的分类

矿区土地复垦是一个系统工程，涉及不同学科。按照不同目的，对矿区土地复垦进行有效分类是认识其内在规律、有效实施其具体环节、取得良好复垦效果的基础和前提。

（一）按照工程阶段和顺序分类

按照工程阶段和顺序，矿区土地复垦分为工程复垦和生物复垦。

工程复垦是土地复垦的初级阶段。此阶段的主要任务是利用采矿工程设备对矿区废弃地进行土地整理，建立有利于植物生长的立地条件，或为今后有关部门利用废弃地做前期准备。其主要工艺措施有：堆置受采矿影响区域的耕层土壤、充填塌陷坑和裂缝、物理化学方法改良土壤、覆土与土地平整、修筑梯田、建造人工水体、修建排水网、修筑复垦区的道路、做好复垦区建筑的前期准备工作、防止复垦区水土流失和沼泽化等。

生物复垦是土地复垦的高级阶段。此阶段的主要任务是根据复垦区土地的利用方向，采取相应的生物措施恢复废弃地的土地肥力及生物生产效能，重建矿区的生态平衡。其主要工艺措施有：表层土壤培肥与改良、建造农林附属物、选择耕作方式及耕作工艺、优选农作物及树种、修建排灌设施、复垦土地的景观重构与开发利用、做好地下水和地表水的恢复和保护工作等。

（二）按照工程方法和措施分类

按照工程方法和措施，矿区土地复垦分为充填复垦和非充填复垦。

充填复垦是一种重要的复垦形式，它可充分利用矿山固体废弃物，起到一举多得的效果，因而在我国及其他国家都被广泛使用。按充填物料不同，可分为矸石充填、粉煤灰充填、生活垃圾充填、其他工业废料充填、塘河湖泥充填等。利用露天矿剥离物充填井工开采塌陷坑以及露天矿倒堆法充填采空区的复垦也属于充填复垦一类。充填复垦应优先考虑矿山固体废弃物的高附加值综合利用，因此随着我国加大对固体废弃物的综合利用程度，充填复垦的比例逐渐降低，目前约占15%。

非充填复垦是20世纪80年代逐步发展和完善的土地复垦方法，它是在充分考虑废弃地的自然地理条件的基础上，按照主导环境因子原理，因地制宜地重建矿区生态系统，恢复和提高废弃地的土地价值。非充填复垦技术包括：塌陷区的土地平整法、梯田法、疏排法、深沟台田法、挖深垫浅法、坡地整形法；边坡稳定化处理，废矿坑综合利用，尾矿场微地形重塑与覆绿，矸石山整形与覆绿等。由于非充填土地复垦灵活多样，因地制宜，对土壤扰动小，工程投资小，因而在我国各矿区得以迅速推广，目前占85%。但非充填复垦后期管理投入较大，需要长期的跟踪和投入，复垦效果差异性大。

（三）按照复垦对象和土地破坏类型分类

按照复垦对象和土地破坏类型，矿区土地复垦分为采矿场复垦、排土场复垦、矸石山复垦、尾矿场复垦、塌陷区复垦。其中，塌陷区是主要的土地破坏类型。据煤炭行业测算，每从地下采出1万t煤，使3～5亩的土地遭受不同程度的塌陷。

（四）按照复垦方向和土地利用方式分类

关于土地复垦后用途的确定,《土地复垦规定》提出应遵循三个原则:① 要符合土地利用总体规划,在城市规划区应符合城市规划;② 要尽量复垦为耕地或其他农用地,鼓励种粮食;③ 要尽量恢复原来用途。但由于土地破坏程度的不同,所处的位置不同,应本着经济合理、因地制宜的原则确定用途。宜农则农、宜林则林、宜渔则渔、宜建则建,还可开辟成游览娱乐场地。

我国目前矿区土地复垦方向有农业复垦、林业复垦、牧草地复垦、建筑用地和恢复为娱乐场所等形式,具体见表6-7。这主要是由下述情况决定的:

表6-7　我国现有复垦土地利用方式比例

土地利用类型	农田	水产养殖	建设	林地	娱乐	生态工程	其他
比例/%	36	25	10	7	5	7	10

第一,我国绝大多数矿山位于农村,破坏的土地也多为农用地,因而矿山开采与农业生产的矛盾在各大矿区普遍存在。因此我国矿山土地复垦后土地的主要利用方向仍是农业用地,包括农作物、蔬菜、果树种植及水产养殖、禽畜养殖等,这是符合我国国情的,也是政策鼓励的。随着市场经济的推行,农副产品价格的上涨,农民进行矿区土地复垦的积极性空前高涨。

第二,作为矿区村庄搬迁和矿山工业广场扩大用地的需要,建筑复垦也是一种重要的复垦形式。

第三,我国有不少矿区位于丘陵山区,这些地区水资源缺乏,水土流失严重,如山西的大部分矿区。这类矿区复垦的主要方向是林业复垦,通过植树造林改善矿区的环境条件,并起到保持水土的作用。

第四,我国内蒙古等地的一些矿区土地被破坏前为良好的牧草地,需要将被破坏的草地恢复至原状态。

第五,有些矿区位于城市郊区,为满足矿工的文化生活需要,将破坏的土地复垦为游乐场所和文体活动场所。

（五）按照采矿阶段性的特点分类

采矿可划分为以下六个阶段:地质勘探、基本建设、投产到达产、达产后稳定期、产量衰退期和闭矿期。采矿六个阶段的累积破坏和占有土地量的曲线如图6-18所示。

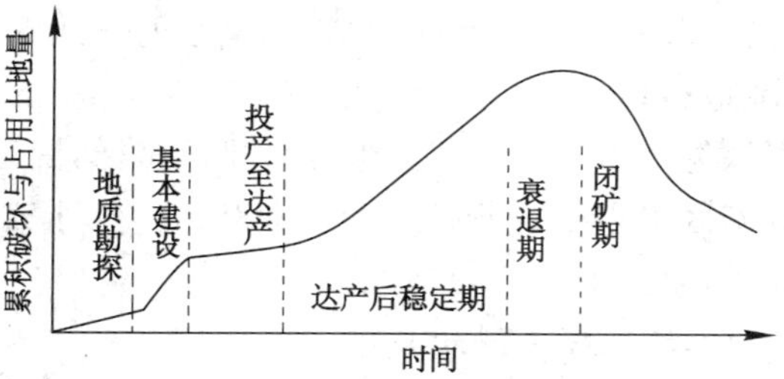

图6-18　采矿不同阶段的累积破坏与占用土地量曲线(井工开采)

① 地质勘探阶段主要为钻探、勘探，占有或破坏少量土地；

② 基本建设阶段对土地的破坏与占有包括工业广场与居民生活设施占用及排弃、井巷工程的废弃矸石占地两部分；

③ 投产至达产阶段用地量相对较小，主要为排矸占地；

④ 达产后，土地逐步塌陷，且经过一段时间后，土地沉陷成为矿区重要的占地类型，并且每年破坏的土地量大致相等，表现在曲线为连续破坏土地阶段；

⑤ 进入衰退期，土地沉陷量逐渐减小，最终为零，表现为累积曲线平缓并达到峰值；

⑥ 进入闭矿期，随着地面建筑物的拆除，受采矿影响破坏地面的部分恢复，以及永久性排土场、尾矿库的封场与复垦等生态工程的实施，大量被破坏与占用的土地得以恢复，表现为曲线的逐渐下降。

从采矿阶段的划分及不同阶段对土地的破坏与占用情况分析，土地复垦可划分为以下三个阶段：

第一阶段为预复垦阶段，从地质勘探起至矿井开采连续破坏土地之前，此阶段的主要目标是尽量减小土地破坏，有条件的矿井可采取预复垦措施，如预先剥离表土等；

第二阶段为平衡复垦阶段，对应于连续破坏土地阶段，此阶段的目标是平衡复垦与破坏土地量并充分利用沉陷地；

第三阶段为衰退期与闭矿期的大规模复垦阶段。

预复垦阶段可以采取有效的采矿规划与采矿工艺措施达到减小土地占用与破坏的目的，如合理规划采区边界、开采规模、排矸方式、开采顺序等。此阶段最有效的控制或管理措施是要求采矿规划设计书中应该有采后地形地貌图及采矿过程中地形地貌的动态变化图，并使采后地形以对复垦最为有利的方式出现。这一技术的实现可以依靠数字地图和 DTM 模型实现。此阶段土地占用面积大于破坏面积，适宜复垦的面积几乎没有。

平衡复垦阶段可以有计划、有步骤地对已沉陷稳定的土地实施复垦措施，对尚未稳定的沉陷地进行充分利用。根据采矿对土地的破坏规律，此阶段当年稳定的土地可以近似看作与当年破坏的土地量相当，这样复垦土地的最大数量与当年破坏的土地数量平衡。对稳定沉陷地的复垦已有许多较为成熟的复垦方法，如平整法、疏排法、挖深垫浅法、充填法等；对不稳定沉陷地的利用程度在我国各矿区间差异较大，主要利用形式有粗放的农业利用，作为排矸场、排灰场等，对不稳定的季节积水区、长年积水区利用程度最低。

衰退期与闭矿期的大规模复垦阶段，绝大部分被破坏的土地均沉陷稳定并适宜于复垦，复垦时可充分利用矿山企业的技术力量、闲置的机械设备进行复垦，并将复垦工程与矿井报废计划衔接起来。

三、采矿场土地复垦

采矿场主要指露天采矿剥离与回采后形成的空场。采矿场地表土壤结构、自然景观与生态环境遭到彻底的破坏，自然恢复过程相对缓慢，因此必须进行土地复垦以恢复生态环境。

（一）采矿场复垦的影响因素

采矿场复垦主要取决于矿床赋存、地形条件、围岩、表土及当地的实际需要。矿床赋存是影响采矿工艺的首要因素，由此也显著影响着土地破坏程度和复垦的难度。矿床赋存形式包括埋藏深度、矿床大小、形状和岩层倾角等；地形分为山地、丘陵、平原、高原和盆地 5

类，此外，还有受外力作用而形成的河流、三角洲、瀑布、湖泊、沙漠等；围岩因素包括围岩的厚度、伴生形式、风化程度和浸出液毒性等；表土因素包括土壤母质、肥力、剖面和理化性质等；实际需要分为农、林、牧、副、渔、娱乐、水源地和生态工程等多种类型。

露天开采的水平矿和缓斜矿的剥离物可堆弃在露天矿场（采用内排土工艺）内，复垦场地的坡度可与矿床底板坡度相近，以利于地表水的排除。在矿床开采前利用采运设备超前采集表层土壤，接着覆盖在内排土场上即可恢复原先的地形。然后按田园化要求修筑道路、灌溉水渠及营造防护林带。

开采矿体长的倾斜或急斜矿时，也可采用内排土方法，将矿体分为若干小矿田，在其中寻出剥离系数最小的一块矿田进行强化开采，尽快将矿石采出以腾出空间，同时将剥离的表土暂时堆弃在该矿田周边，然后再开采另一块矿田并将剥离物回填在已腾出空间的采空区内，再将其周边的表土覆盖上去并整平。复垦地用于种植大田作物时整平的坡度不应超过1°，用于植树造林时不超过3°，必要时可修筑成梯田。

对于倾斜或急斜的矿床，用水力开采或随等高线开挖后，裸露的石坡一般呈“石林”状。这类地形的复垦就地取材修筑梯田，按等高线堆筑石墙，并尽量与“石林”连接，然后在墙内回填尾矿，尾矿可用泥浆泵吸取，经过管道回填到梯田。尾矿干涸后要保持0.5%～1%的坡度，以满足复垦后排灌的要求，再在平整后的地面覆客土整平（覆土厚度一般为0.3～0.5 m），供农业或林业利用。

对于地下水丰富的矿区，为恢复因采矿而破坏了的含水层，必须在采空区内先回填岩石，必要时需建立黏土隔水层，再覆盖肥沃的土壤层。用于农业、林业复垦的采矿场，在适宜的位置上需设置防洪设施，如截洪沟和排水沟，以免洪水冲毁场地。

采矿场边坡和安全平台上可用植被保护。为使植被在边坡上成长，可用泥浆法处理，或在安全平台上种植藤本植物，以拢住岩石。平台（崖道）可视具体条件种植矮株的经济林、薪炭林。种植方式可以采用土球穴植（乔木）、直播（灌木）、水力喷播（草本或藤本）等。

深度较大的露天矿坑可改造成各种用途的水池，如工业和居民的供水池、养鱼和水禽池、水上运动池、文化娱乐设施和疗养地等。此时，要求矿坑四周围岩的浸出液无毒性、无大的破碎带、渗水性小，否则应采取一定的边坡稳定化、堵漏、防渗等措施。

（二）采矿场土地复垦典型工艺介绍

对于较平缓或非积水的露天采空区通常可以采取充填工艺进行以农林为目的的土地复垦；对于常年积水的挖损大坑，以及开采倾斜和急倾斜矿床形成的大坑，可采用非充填工艺作为蓄水体加以利用，如渔业、水源、游泳场、污水处理池等。

充填物可以是采矿剥离物、管道运输泥浆、人造土等。充填方式可按倾斜分层式、水平分层式或混合式进行，如图6-19所示。其中，水平分层式充填具有更高的地面稳定性和防形变性，通常复垦为建筑用地时采用该方法。本节将重点介绍充填工艺中的剥离—采矿—复垦一体化充填工艺、泥浆运输充填工艺、人造土充填工艺，非充填工艺中的贮水池岸坡稳定工艺和水力喷播工艺。

1. 剥离-采矿-复垦一体化充填工艺

剥离-采矿-复垦一体化充填工艺，即内排土工艺，指在编制矿山采掘计划时，综合考虑矿产开采和土地复垦要求，融复垦与采矿于一体，统筹规划采剥作业与复垦覆土作业。该工艺与采矿工艺相辅相成，是矿区土地复垦与采矿工程最直接有效的结合形式，适用于大矿山

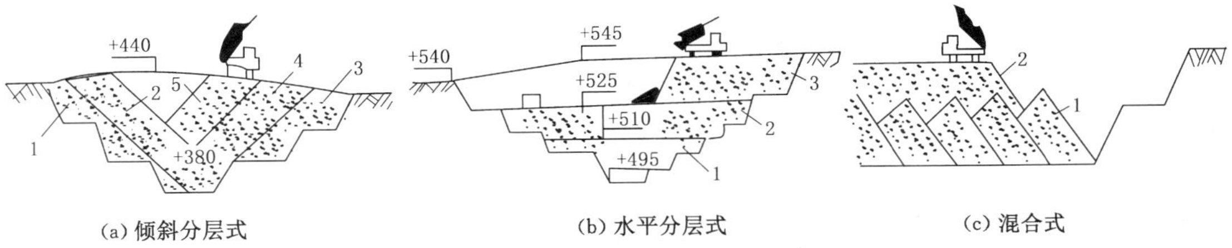

1～5—充填次序。

图 6-19　露天采矿场充填示意图

地形较平坦的矿区。该工艺的关键在于对采场复垦进行远景规划和实施方案设计，搞清能用于复垦的表土量及其平面位置与采出时间，确定采场表土层剥离和复垦参数。

采矿剥离物一般既有土壤又有岩石，表层土壤是经过长时间自然过程(耕作土壤还有人为作用过程)形成的，对植物的生长起着关键的作用，因此表土应尽量保存好。在剥离时，将表土与岩石底土分层剥离。表土的采集厚度视具体条件而定，对自然土壤可采集到灰化层(心土层)，农业土壤可以采集到犁底层。采集的时间宜在温暖、干燥的季节进行，这有利于土壤肥力的保存。

我国目前采用的剥离-采矿-复垦一体化充填工艺主要应用条带剥离、强化采矿、条带复垦及循环道路等先进技术。即首先将矿区划分为若干采矿区段，在每个采矿区段中，每隔120～200 m 划分若干条带，依采矿进程，分别划定表土剥离条带、岩石底土剥离条带、强化采矿条带、岩石底土回填条带、表土回填条带；然后，利用大型铲运机将剥离条带的岩石底土和表土"剥皮式"分开铲装，沿着固定的循环道路运行，运输到回填条带分别按顺序"铺洒式"排放，岩石底土排放在下部，整个条带达到设计标高后，进行适当整平压实；表土再排放在上部，整平后达到生物复垦的土地标准要求。各条带依采矿进程向前推进，从而"边开采，边复垦"，实现"采掘-运输-排弃-整形-复垦"的良性循环。当矿层埋藏较深，岩石底土剥离或回填条带可采用阶梯式、分多层剥离或回填。此工艺步骤如图 6-20 所示。

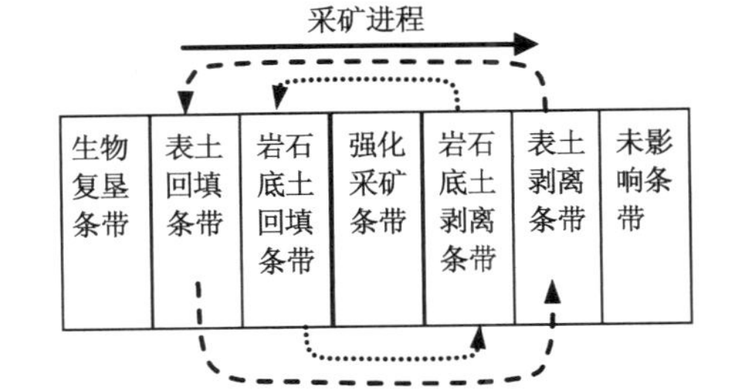

图 6-20　剥离-采矿-复垦一体化充填工艺

此工艺的优点表现在：取消了外排土场，减少了土地的征用，减轻了环境的影响，缩短了剥离土方的运距，减少了重复搬运的工作和二次土方量，使表土剥离后能及时覆盖，有利于保持土壤肥力，节省土地复垦的费用，缩短土地复垦的周期。

2. 泥浆运输充填工艺

泥浆运输充填工艺就是将尾矿泥通过管道送至采空区，尾矿泥沉淀干涸后，平整后铺上一层表土，便可作为农林用地。用尾矿泥充填采空区，要求尾矿浸出液无毒性。

泥浆是由黏土和尾矿砂加水制成的，体积比约 1∶1∶4。泥浆充填前，先将采空区划成若干小块，在地块四周堆砌土堤，堤高 1.2 m 以上，由管道运来的泥浆分阶段排入地块内，先灌入 0.5 m 厚的泥浆。根据气候情况，每阶段间隔 2～8 个月，以便积水排干后，沉积的泥浆蒸干成黄土，然后再次灌浆。

灌浆的疏干时间和周期取决于其中黏土与尾矿砂的比例，比例愈高，则疏干愈难。为了加快疏干速度，需要采取一些措施：① 在泥浆堆体作业区四周挖沟，沟深 60～80 cm，犁沟滤水使堆体干缩下沉，历时 10 天至半个月，堆体干涸，表面形成裂缝。② 池心部多淤泥、水涡，该部位可以采取由外围推入干粗砂或沿管道运输水砂，增加固料比，挤出多余的水分。③ 黏土比例很大的堆体，例如磷灰岩的尾矿，煤泥或泥炭土堆体，则须从根本上改善堆置方法、工艺和堆体形式，同时采用提高排浆浓度（含固料 30%～60%）或加砂的办法。

利用泥浆运输充填采空区，对运输距离较远的采空区充填非常适用，所造土地空隙好，有利于植物生长；同时用此方法造地既经济又快捷，大范围造地用这种方法更适合。

3. 人造土充填工艺

有的矿区几乎没有土壤，这时将岩石破碎后覆盖一层“造林沙砾层”，形成人造土层，亦可在人造土层中掺入生活垃圾、池塘污泥、尾矿或粉煤灰等。“造林沙砾层”中的粒级比例可视当地条件（如岩石的硬度、掺入量）而定。此外，人造土还可以由泥煤、锯末、粉碎麦秆、树叶、粪肥等组成。人造土层应分层配制，按上轻下重的原则，大岩块在下，黏土、污泥等在上。杂料、杂土（包括垃圾）采用城镇生活垃圾时，为了防止污染、保证原地土壤和水质的安全、卫生，用于造土的垃圾应符合城镇垃圾农用控制标准。

国外用于矿区土地复垦的人造土包括“生物土”和“无毒土”两种，常用做自然表土的改良剂或直接作为表土使用。“生物土”是一种具有自然结构的肥料，是青霉素的副产品，已被证明对重建土地的植被和土壤保持有很大的作用，常作为土壤改良剂或肥料使用。“无毒土”是一种粒状、类似土壤的干燥、生物有机产品，其中含有碳酸钙、氮、磷、钾、有机质和生物活性物质。它具有极好的外形和物理生物特性，是农民、土地复垦承包商、土地充填施工者的理想产品。它是通过回收富含有机质的废水和废气制成的，工艺流程简单并进行了消毒。该产品在土地复垦中的应用是覆盖在地表上，通过调节土壤的 pH 值、固定金属元素、提高养分和增加有机质来改善土壤的可耕性，从而提高土壤的生产力。这种人造表土因富含多种养分且经过加工处理，其价格比自然的表土贵，其养分含量比自然表土高，因此，这种人造土覆盖在地表要薄得多，但其效果并不次于自然表土。

4. 贮水池岸坡稳定工艺

对于深度较大的露天采空区若改造成各种用途的贮水池，则贮水池岸坡的稳定化则是土地复垦的关键。水池岸边地带是水域和陆地交互作用地区，它包括水上和水下部分，水上部分称为岸。当贮水池注水后，岸坡的稳定性通常会降低，因此土地复垦时，应对岸坡进行整治，保证岸坡的稳定系数达到 1.5～2.0。

岸坡稳定化的施工方式和土方量取决于岸边地区的用途、岸的高度和岸边岩石的组成。若岸边地带用作浴场，则可将矿坑边坡削缓，坡度 1∶7 达到 1 m 深，缓坡区内要覆盖砂子。

若矿坑水面以下部分的边坡由硬岩块组成，应修筑成台阶状，每一个梯段设置一个平台，宽度不大于 1.5 m，反坡 1∶10，最低的平台要高于水面 1.5 m，而第二个要高出水面 5～7 m。边坡削缓成 1∶2。边坡的水上部分高度大于 3～5 m 时，要沿边坡上部修筑截洪沟或土堤，以防边坡受降雨损害和水侵蚀。

边坡削缓的土方量大小取决于坑的大小、深度和削缓角度，其计算公式见式(6-2)。施工机械可用推土机、电耙或电铲等进行。

$$V=\frac{H^2L(\tan\beta-\tan\alpha)}{8\cdot\tan\alpha\cdot\tan\beta} \tag{6-2}$$

式中　V——削缓土方量；

H——岸坡阶段高度；

L——矿坑边坡整治的长度；

α——设计边坡角度；

β——实际边坡角度。

根据苏联矿山测量科学研究院的研究结果，岸坡总稳定性最差的情况发生在透水岩石边坡被水浸泡在其 1/3 深处的时候，此时岸坡的稳定性系数与无水边坡相比减小 10%～25%。因此，当贮水池开始注水时，应利用附近河流或湖泊供给的水快速灌满贮水池，这样既可堵住地下酸性水和碱性水的溢出，又可保证岸坡的稳固。

5. 水力喷播工艺

水力喷播是利用水力喷播机械进行水力播种。为了提高植物成活率和减少侵蚀，在种液中添加肥料和各种纤维的覆盖物。纤维覆盖材料通常是木质或纸质的纤维制成的碎屑状，与种子一起混合成种子浆液，并具有一定的黏着性。它主要应用于较难植被土地上的植被工作，能迅速有效地播种且促进种子发芽，添加的纤维覆盖物还可以防止侵蚀、提高植被的成活率。为增加急斜边坡喷播植被的固着性，喷播前可用铁栅网包裹岩体。这一技术常用于废弃场顶部、陡坡、灰场、运动场、娱乐场、沙地等场地的植被与侵蚀控制。

(三) 采矿场土地复垦实例

湖南常德 601 矿将沙砾尾矿充填于采空区，并将剥离的表土覆于其上，覆盖厚度为 0.8 m，重建为农田，种植水稻，当年插双季稻，早稻平均亩产 330 kg，晚稻平均亩产 225 kg。

昆阳磷矿采用内排土充填采空区，整平后覆盖剥离表土 0.4～0.8 m，进行林业生态重建，选出赤桉、直干桉、黑荆、早冬瓜、圆柏、藏柏等树种。经过两年的植被恢复，共营造各种林木 6.65 ha，果树 2.38 ha，取得了较好的生态和经济效益。

广西荔浦锰矿是一个露天水力开采的矿山。其尾矿主要成分是泥浆，尾矿泥浆通过管道输送至采空区，待尾矿泥浆沉淀干涸后，在其上覆盖 0.3～0.5 m 厚土层，然后经平整后种上夏橙和湿地松。

山东北墅石墨矿在废弃的采矿坑土地复垦时，利用剥离的土石将矿坑底部填平，中层以尾砂与碎石混合回填，厚度 0.2～0.5 m，上层覆盖熟土与尾砂的混合物，厚度 0.3～0.5 m。在这些土地上种植蔬菜、小麦、玉米、花生、大豆等作物，并建成果园 90 亩，栽培苹果和葡萄。近两年，果品总产量达 6 万 kg，平均亩产 680 kg。

四、排土场土地复垦

排土场的土地复垦工程措施主要包括边坡的稳定化和平台区土壤改良两个方面。边坡的稳定化措施要求排土场边坡的稳定性不受地形、地表水的影响，不发生崩塌和泥石流，不会成为二次污染源，如扬尘和酸性废水。平台区土壤改良措施要求能满足农林复垦的要求，应具有一定的平整度、土壤层厚度和适宜的土壤理化性质，并具有一定的排水设施，防止沼泽化和冲刷边坡。

（一）排土场边坡稳定化措施

对排土场边坡采取必要的水保措施，保证排土场的稳定性。边坡稳定化措施包括边坡削缓、阶地化、设石挡和排水沟、表面覆盖（种植或化学处理）。具体措施见表 6-8。

表 6-8　排土场边坡稳定化措施

边坡状态	边坡倾角	必要的防护措施
平缓	3°～5°	营造水土保持林、灌木、种草
缓坡	6°～10°	建造防水的石挡和排水沟，种植多年生草皮
斜坡	11°～20°	边坡绿化护坡、阶地化、设石挡和排水沟
陡坡	20°～安息角	边坡削缓、阶地化、设石挡和排水沟、化学加固、格网式草皮铺装或水力喷播

其他的常规工程技术有鱼鳞坑、水平阶、反坡梯田等。目前，推广土石混排坡面，加大表层土量，覆土后立即种植。根据立地条件，从坡顶到坡底分别配置牧草带、乔灌草混交带、密灌木带生物防护体系（图 6-21），防止坡面沟蚀、滑坡、泥石流发生。

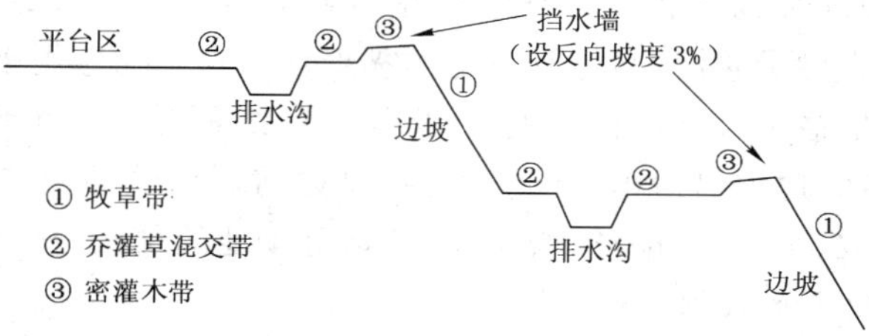

图 6-21　排土场边坡生物防护体系

边坡稳定化的土壤侵蚀与控制新技术还包括侵蚀被、沉积控制技术、侵蚀控制构筑物和新型保水剂。

1. 侵蚀被

侵蚀被是由各种材料如木屑、聚烯烃纤维、聚丙烯纤维、再利用的尼龙、椰子纤维、稻草、麦秆等编织而成的，铺设在土壤表面防止土壤的侵蚀，同时又可以使植物自然穿过而生长。它的产品品种多，依其功能分为“含芯被”“含芯含种被”和“单层网被”。最常用的“含芯被”是由各种纤维材料或稻草、麦秆、木屑等作为芯料，经网织而成。“含芯含种被”是芯层材料中含有植物种子。“单层网被”是用纤维编织而成的网格。侵蚀被的主要作用是通过人造物质合成材料铺设在地表阻止土壤的流失，保持种子，加速种子萌发，迅速建立植被以防止侵蚀。

2. 沉积控制技术

主要利用各种侵蚀控制产品来控制沉积物，限制侵蚀与污染面积。侵蚀控制产品多用聚丙烯化学材料编织而成，呈细小的网状，具有透水性强的特点。实用中常制成“过滤墙”，往往仅让水通过“过滤墙”，而侵蚀的土壤却被挡在规定的范围内，常用于建筑、筑路、采矿等场地的沉积控制。

3. 侵蚀控制构筑物

这些产品的品种较多，其根本特点是：用各种材料制成不同形状的构筑物，铺设在地表达到控制侵蚀的目的。它主要分为混凝土构筑系列和三维软材料系列。混凝土系列是由混凝土作为原材料制成的砌块，三维软材料系列是用聚丙烯带制成的三维栅格，或用钢丝编成的“石筐”，内部均用碎石充填以达到防止侵蚀的目的。

4. 新型保水剂

保水剂是一种有机聚合产品，是近十几年发展起来的一种新型化工制剂。常用的保水剂有固态和液态两种，固态又有粉末、颗粒、薄片和纤维状四种。最近的产品又添加了各种肥料。保水剂有吸贮水分的能力，它能迅速吸收和保持达自身几百倍乃至上千倍的水分。吸水膨胀后生成凝胶，水分不易析出，能使土壤和植物慢慢地吸收。含肥的保水剂还可缓慢地释放养分，提高肥料的利用率。

（二）排土场平台区土壤改良措施

由于排土场中岩石含量多或具有生物毒性，土壤较少或熟化程度低，不适宜直接种植，一般首先需要改良土壤，建立腐殖质含量较多、土壤结构良好的肥沃土壤层。目前采用的土壤改良方法有建立隔离层、覆盖土壤层、生物土壤改良。

1. 建立隔离层

当排土场岩石含有有毒的重金属和 pH 值呈酸性或碱性时，对植物生长不利，因此必须对其进行改良。改良一般采用铺盖隔离层的方法。通常情况下，在采矿剥离物堆放时，应将有毒岩石埋在排土场底部，其他岩石和土壤覆盖其上。隔离层是在尾矿上覆盖一层能与重金属反应使其沉淀的物质，如石灰、硅酸钙、水泥、炉灰、钢渣、粉煤灰等含有碱性的物质，可以使重金属生成硫化物等沉淀，降低岩石酸性和减少重金属的迁移扩散。隔离层完成后还要在其上覆盖土壤层。

2. 覆盖土壤层

在排土场结束作业后，即铺盖土壤，因地制宜就近运输进行覆土造田，有条件的矿山最好将剥离的表土进行分运分堆，以便做后期覆土用。覆土的厚度以矿山条件及底层岩土性质和可利用程度而定，一般覆盖土层厚度 0.1～0.6 m，既可以植树种草，也可以用于农业耕种。以农业利用为主时，覆土厚度要超过 0.5 m；以林草利用为主时，覆土厚度一般不超过 0.3 m。在耕作初期不宜深耕，以免把贫瘠的岩石翻上来。排土场平台复垦还可采用其他的覆盖物质，如草木灰、泥炭、可利用的污泥和分选场的废料等。

有些矿山受环境条件、经济和生产管理条件的限制，难以实现排土场全面覆土，但可以充分依靠生长的植物逐渐形成腐殖层，采用局部覆土，以减少铺盖的土壤使用量。局部覆土方式包括穴植、条播（植）等。穴植是在排土场表面挖坑培土施肥，土球种植乔木；条植是将排土场划分多个平行的条带，条带宽度 2 m，间距 5～10 m，条带上方挖沟覆土或直接覆土，覆土厚度 0.3～0.5 m，然后播种种子、密植乔木或高位灌木，条带方向应与当地常年风向垂直。

3. 生物土壤改良

在排土场平台上不覆盖土层，采用直接种植绿肥植物，利用微生物活化剂、施有机肥以及用化学法中和酸碱性的土壤，以达到改良土壤的目的。酸性土层的改良需用石灰做调节剂；碱性土层的改良需用石膏、氯化钙等做调节剂。广泛分布于矿区的第四纪砂质黏土和黄土中缺乏氮、磷，但具有团粒结构，含有大量的钾，具有良好的溶水性、透水性，无须施肥便可种植绿肥植物。绿肥植物根系发达，主根入土深度达 2～3 m，根部具有根瘤菌，根系腐烂后还对土壤有胶结和团聚作用，有助于改善土壤结构和肥力。此外，绿肥植物耐酸碱、抗逆性好、生命力强，能在贫瘠的土层上达到高产。目前矿区采用的绿肥植物主要有草木樨、紫花苜蓿、三叶草等。种植多年生的草本植物可以加速腐殖质层的形成，如在砂岩排土场种植草本植物，4～5 年后便可形成 5～10 cm 的腐殖质层。在土壤改良的第一年，应加强田间管理，尤其是水肥管理，保证植被成活生根。

微生物法是利用菌肥或微生物活化剂改善土壤和作物的生长营养条件，能迅速熟化土壤，固定空气中的氮素，促进作物对养分的吸收，分泌激素刺激作物的根系发育，抑制有害微生物的活动等。毕银丽等利用丛枝菌根接种白蜡幼苗，在宁夏大武口选煤厂煤矸石山上进行土地复垦试验，13 个月后，幼苗成活率较对照提高 15%，根系范围增加 1.4 倍。此外，利用生物治理、改良土壤的方法还可采用生物活性剂、微生物和蚯蚓等形成肥沃土壤层。

此外，采用合理的轮作倒茬和耕作改土，加快土壤熟化和增加土壤的肥力，如豆科作物与粮棉作物轮作、绿肥作物与农作物轮作、施有机肥等。

（三）排土场土地复垦实例

武汉大冶铁矿东露天排土场以难风化的硬岩——闪长岩和大理岩为主，该矿在硬岩排土场上进行了树种的选择及造林试验，确定了刺槐、旱柳、侧柏、火棘等主要造林树种及硬岩排土场造林技术原则。在造林前进行场地的平整，秋季挖 50 cm×50 cm×50 cm 的大穴，用生活垃圾和人工矿渣充填，进行早春造林。造林密度 1 m×1 m～2 m×2 m，造林后 1～2 年进行旱季灌溉是保证树木成活的主要措施。

山西孝义铝矿矿床为缓倾斜薄矿体，覆盖层较厚，平均 43 m，覆盖层大部分是土层和软岩，黄土占 34%。在排土场复垦时，将红色黏壤土与黄色粉壤土以 7∶3 比例混合，覆土厚度0.6～1.0 m。在坡底线和坡顶线内分别构筑截洪泄洪沟，减少地表径流对边坡的冲刷，减少边坡的水土流失，更主要的是防止边坡滑塌。采用豆科牧草如苜蓿、紫云英、红豆草、小冠花、沙打旺等植物培肥措施和采用豆科、禾本科作物轮作、间作的方法改良土壤，既改善了土壤性状，又解决了耕地少的问题。同时进行了粮草轮作的试验，在干旱年份种草，在正常年份种植农作物，既避免了旱年作物的减产，又可压青培肥。此外，还利用先进农业技术如保水剂拌种、根瘤菌拌种，种植了大豆和玉米。在边坡上采用草-灌配置模式种植牧草，如红豆草、紫花苜蓿、无芒雀麦、苇状羊茅、野生大豆以及灌木柠条。平台重建地种植 3 年后，其肥力水平已达当地中等地力水平；大豆和玉米获得较好的收成，其中玉米试种第三年单产就达 8 220～8 295 kg/ha，达到当地农田玉米产量最高水平。

海南铁矿排土场强风化岩石及风化表土占排土量的 70%以上，这种风化岩的特点是吸水性强，遇水松软呈粉末状。利用生活垃圾和有肥力的土壤覆盖排土场，采用穴植和营养袋方式直接种植橡胶 30 多万株 533 ha，热带水果龙眼、杧果、荔枝、黄皮等 226 ha，营造防护林

133 ha，经济林 38 ha，覆盖率达 76%以上。

福建潘洛铁矿将剥离的表土覆盖于废弃排土场上，覆土厚度 0.3～0.4 m，种植茶叶、水稻、地瓜、木薯、花生、蔬菜、水果等，其中茶叶亩产 20 kg，花生亩产 150 kg。

浏阳磷矿按重建用途平整排土场，做稻田用的排土场平整为梯段，覆盖一层黏土，压实后划块成田，铺上 0.3 m 的种植土；做果园时，只在平整后的排土场上铺一层剥离表土，在栽树的洞穴中放一些含磷很低的磷矿粉。修整边坡 18 万 m^2，开挖截水导流渠，建设挡墙、堤坝，稳定了边坡，减少了水土流失，至少每年减少 1 万～1.5 万 m^3 土流入浏阳河。近 20 年来，重建农、林、牧、渔、绿化土地共 29.94 ha。

五、尾矿场土地复垦

2000 年前，我国每年产生的选矿尾矿达 6 亿 t，尾矿堆存占地达 1.87 万～2.47 万 ha，已超过排土场，成为矿山废弃地和土地复垦的重要类型之一。尾矿中含有其他品位低的矿物元素，在条件允许的情况下，优先回收有用成分，其次可作为其他废弃地的充填复垦材料，最后考虑尾矿场的土地复垦。尾矿场的土地复垦一般是在干涸的尾砂层上直接植被，或覆土后划块成田，种植作物或种草植树，防止尾矿场的浮尘污染。

（一）尾矿场土地复垦的立地条件

尾矿场土地复垦立地条件分析包括尾矿的物理、化学特性分析和尾矿场环境要素分析。尾矿场的物理特性主要分析尾砂的容重、密度、堆存特征和机械组成等；尾矿场的化学特性主要分析 pH 值、有机质、总氮、总磷、总钾、重金属含量与类型、浸出液毒性等；尾矿场环境要素分析包括尾矿场周围地形、水文、气候（蒸发量、平均风速等）、土壤和植物资源等。

根据已有的调查研究资料，尾矿场的立地条件分析结果为：

① 尾矿机械组成单一，颗粒细小、松散，堆存时易流动和塌漏，易被水流冲走发生水蚀现象；质地轻，表层干燥时易发生风扬现象。

② 尾矿持水能力差、昼夜温差大，对植物扎根生长不利。

③ 尾矿 pH 值呈酸性、碱性，极端贫瘠。

④ 尾矿含大量重金属、盐、残留选矿药剂，对植物有毒害作用，对地下水和周围水体产生污染。

⑤ 尾矿场多处于山地或凹谷，易发生山洪冲坝的危险；局地气候明显，植物生长缓慢；周围土壤和植物资源缺乏，取土运土困难。

以上因素分析表明，尾矿场的立地条件要比排土场差很多，在进行土地复垦前，应进行详细的调查研究，以便制订适宜的土地复垦方案。

（二）尾矿场植被恢复技术

由于尾矿场存在坝体控制，因此，与排土场相比较，土地复垦的重点是尾矿场内的土壤改良与植被恢复。土壤改良措施包括建立隔离层、覆盖土壤层和生物土壤改良三个方面，与排土场类似。

1. 尾矿场植物种筛选的原则

露天矿尾矿场植物种筛选的原则有改树适地、改地适树两种。改树适地是指通过选择生命力强、生长迅速、耐性强、耐贫瘠的乡土植物来适应尾矿基质的不良特性，并对尾矿起到一定的改良作用；改地适树即通过先锋植物的根部固氮、萃取、过滤、固定、刺激、转化等植物修复技术，改良尾矿基质中对乡土植物生长不利的理化性质，以达到使乡土植物能在尾矿上生长的目的。

对于以林草为利用方向的尾矿，采用改树适地的原则；对于以农业、果园利用为方向的尾矿，采用改地适树的原则。因为具有一定经济效益的农作物和果树涉及其可食性问题，所以要尽量改良尾矿基质，保证农作物和果品的可食性。此外，由于不同的农作物或果树对不同的金属吸收、运输、转化的差异和不同种类金属在植物体内不同部位积累的差异，在具体的物种选择中，还应该考虑选择那些食用部分有害元素含量符合食用标准的农作物或果树，以免有害元素通过食物链对人体造成危害。

2. 尾矿场植物种的筛选与种植

根据改树适地的原则，在生物复垦初期土壤贫瘠、种植条件恶劣的情况下，应选择生长力强的草本植物，如马鞭草、铁线草、狗牙根、白茅、羊茅属及黑麦草属等植物。本着先草后树的原则，因地制宜地选择合适的物种非常重要，如德兴铜矿选择了象草、画眉草、马尾松等；大冶铁矿选择了刺槐、山毛豆、大叶桉、夹竹桃等。农作物及经济作物有水稻、花生、桃、梨、梅、柑橘；药类植物有金银花、藤三七、药用牡丹等。

根据改地适树的原则，首先以先锋植物建立临时性植被，待尾矿改良后，再建立以乡土植物为主的永久性植被。先锋植物中关于超量积累植物的萃取技术研究最多，这类植物能超量富集土壤中的重金属或盐分，具有如下特点：地上可收割部位能忍耐和积累高浓度的污染物；在野生条件下生长迅速、生长周期短、生物量大、利于机械化收割。目前，这类植物已发现 360 多种，大多属于十字花科植物。如陈同斌发现蜈蚣草可以超量富集砷；Kumar 发现芥子草可超量富集铅；薛栋森则发现菌耳和地衣可超量富集汞；滨藜可以超量富集硝酸盐。

尾矿场植物的种植方法大体与排土场上植被的种植方法类似，有种子直播和幼苗穴植。种子直播又分条播和穴播。条播是在尾矿上挖沟撒播，适用于种子较小的植物；穴播是挖坑点播，适用于种子较大的植物种。幼苗穴植一般采用 1～2 年生幼苗，栽植时，可采用带土球栽植，也可在穴内施有机肥、肥沃土等客土造林。一般草本、灌木适用于直播，而乔木适用于幼苗穴植。穴植的种植时间有春整春种、秋整春种两种。春整春种即春季造林时整地与植苗同时进行，造林时间宜早不宜迟。秋整春种是指造林前一年秋季提前整地，翌年春季造林。实践表明，秋整春种利于保墒蓄水，可以提高造林的成活率，较春整春种提高 20%（表 6-9）。

表 6-9　不同时间整地造林缓苗率和成活率对照表

树　种	春整春种		秋整春种	
	缓苗率/%	成活率/%	缓苗率/%	成活率/%
樟子松	78.8	70.2	99.3	98.3
落叶松	80.9	73.9	94.7	93.2

注：引自林鹰《矸石山复垦造林技术的研究》，载于《东北林业大学学报》，1991 年第 5 期。

（三）尾矿场土地复垦实例

综合当地的气候、地形地貌、土壤性质及水文地质条件、尾矿砂理化特性和需求状况等五大因素，我国尾矿场土地复垦方式归纳见表 6-10。

表 6-10　我国不同类型矿山尾矿场的复垦方式

分　类	尾矿库名称	复垦利用效果
林业用地	峨口铁矿尾矿库	种植沙枣、沙打旺等，成活率 90%
	东鞍山铁矿老尾矿库	种植樟子松、油松等，成活率 90%
	东鞍山烧结厂前峪尾矿库	种植白榆、刺槐等，成活率 90%
	德兴铜矿尾矿库	坡面种植水土保持植物
	攀枝花矿尾矿库	坝坡面种植山毛豆、金银花等
	水口山铅锌矿尾矿库	种植马鞍草、柑橘等五年，年产柑橘约 300 t
农业用地	莫家洼、韩家沟尾矿库	造田 35 ha，种植小麦、玉米等
	午汲选矿厂尾矿库	种植蔬菜、小麦、花生等
	南芬选矿厂老尾矿库	造地约 40 ha
农-林用地	金厂峪金矿尾矿库	种植果树 2 000 余株，农作物 10 ha
尾砂改良土壤	兴旺寨铁矿尾矿库	改良土壤 140 ha
尾砂造地	马兰庄铁矿尾矿库	造地约 34 ha，种植花生、小麦等
尾矿综合利用	齐大山铁矿尾矿库	用粒径小于 0.5 mm 的尾矿做免烧砖、加气混凝土、人造大理石等
建筑用地	金口岭铜矿尾矿库	修建了一栋四层办公楼、住宅、学校等

福建长汀县芦竹稀土矿在尾矿场复垦时，采用不覆土的方式，用石灰中和酸性的尾砂，选择了适宜的禾本科草本如多年生糖蜜草、宽叶雀稗、象草，乔木如板栗、马尾松等。采用草木结合、高矮搭配、多种混种的植物群落配置方式，按稀土尾矿场的局部不同地形进行适宜布局。在尾矿场的坡地上进行林草化配置，以牧草混种为主，间种乔木、灌木植物，实行乔、灌、草结合，促进草地植被率先形成，控制水土流失，培肥地力，改善生态环境，进而发展林地植被。在尾矿场内实行果草化配置，以果树栽培为中心，以牧草混种防护，实行果、草结合，发展果树生产。在种植时，尾矿场台部和坡部均采用开穴移栽幼苗。播种时，在台部采用“二”字形条沟播种；在坡部采用“田”字形播种。种植穴、沟内施基肥、稻草。

中条山有色金属集团有限公司根据毛家湾尾矿场的理化性质，采取不覆土、尾砂与黄土混合覆盖、覆较厚的黄土(0.4～0.6 m)三种处理方法，种植了玉米、花生、高粱、大豆。结果表明，黄土与层砂混合后，改良了土壤的结构，提高了田间持水量，作物的产量明显高于不覆土和覆较厚黄土的作物产量，特别是花生、高粱分别达到亩产 220.6 kg 和 538.9 kg，高于当地平均亩产量；玉米与当地亩产持平，为 284.6 kg。不同处理的平均亩产见表 6-11。对尾矿场上作物的可食性分析表明，毛家湾尾矿场作物产品中的重金属浓度基本等于原有种子的含量，远远低于尾砂土壤中的含量，并且符合食品卫生标准。

表 6-11　土壤经不同处理后的作物平均亩产　　单位：kg/亩

作物品种	不覆土	尾砂与黄土混合	覆较厚的黄土
花　生	160.6	220.6	112.5
高　粱	394.8	538.9	302.5

表 6-11(续)

作物品种	不覆土	尾砂与黄土混合	覆较厚的黄土
玉　米	168.6	284.6	216.2
大　豆	5.9	10.2	15.7

注:引自周连碧等《胡家峪铜矿尾矿库复垦农作物种植研究》,载于《采矿技术》,2002 年第 2 期。

六、矸石山土地复垦

矸石山土地复垦一般可分为三种情况。首先是煤矸石可以综合利用,例如煤矸石可以用作各种建筑材料和化工原料,发热量较高的还可以作为沸腾炉的燃料,或作为坑口电厂的原料等。目前,我国煤矸石的综合利用率正逐年增大,这是煤矸石资源化利用的最佳途径。第二种情况是矸石山作为充填材料,采用充填方式复垦采矿场或塌陷区的土地,此时矸石山可以完全清除。第三种情况是因各种原因,煤矸石长期不能利用,矸石山复垦的主要任务是矸石山整型和覆绿。整型,即将矸石山平整或修整为阶地状,使它能抗御水和风的侵蚀,并在平整的表面上采取农业化学措施以保证植被的生长;覆绿,即矸石山生物复垦与植被建立,修复矿山生态环境。此处将着重讨论第三种情况。

(一)矸石山整型技术

矸石山整型方案的设计取决于矸石山的几何形状、周围的地形、岩土的形状和矸石山堆置的次序等。所以,矸石山的整型设计要求整型后占地面积小,外观与周围地形景观相协调,施工工程量小,施工期短,宜集中处置。此外,矸石充填场地要考虑不改变地区的水文系统,即不阻碍正常的水流及集水方向,同时,也不要使地表水流经矸石山,以免淋溶渗透造成对地下水的污染。

矸石山整型包括矸石山的扁平化和阶地化两种。

1. 矸石山扁平化

即将锥形的矸石山改造成扁平化的矸石场。当矸石山处于待充填复垦的采矿废弃地内,或周围土地相对充裕时,可以从矸石山顶部用推土机逐层把矸石推向周边,不断拓展矸石场的占地面积,从而降低矸石山的高度。在矸石山扁平化施工前,应注意预先剥离、保留矸石山残积风化层和矸石山周围的表土层,它们是整型后矸石场表层覆盖和生物复垦的重要资源。残积风化层的厚度随着排矸龄的增加逐渐增大,一般有 0.1 m 左右,坡面和坡角厚度不均,通常采用水枪冲刷的方式剥离。表土层的厚度依土壤肥力而定,一般 0.2～0.4 m,通常采用推土机剥离。

施工前首先根据矸石场设计,划定矸石场的占地范围;剥离预充填矸石场内的表土,堆置在矸石场外围的空地上,在空地四周用剥离土堆砌土堤,堤高 1.2 m 以上;在矸石山周围挖排水沟,沟宽 2～4 m;用水枪冲刷矸石山的残积风化层,风化物泥浆流入排水沟;再用泥浆泵通过管道输送到矸石场外围空地的土堤内;待矸石场充填整平结束后,土堤内的泥浆已经蒸干;将空地上的表土和矸石风化物平铺到矸石场表面,最后覆盖植被。

2. 矸石山阶地化

为消除矸石山对周围环境的有害影响,在不清除矸石山的情况下可采用绿化的办法,为此在矸石山的坡面上建造阶地,覆盖土壤,栽种树木。阶地之间的坡面广种多年生的草本植物。矸石山绿化的结果可改善环境,清洁大气,并改善矿区景观面貌,这对于土地紧张的市区或靠近居民区的矸石山尤为重要。

矸石山阶地化的形式分为三种：

① 水平式阶地，用于矸石山坡面角小于30°的情况。在坡面上，每隔20～25 m设一阶地，挖方就地填于阶地下方的坡面上。设计阶地高度为10～15 m，阶面宽度4～6 m，阶面设置横向内倾角4°～6°，以利于拦水保墒。

② 鱼鳞状阶地，用人力或简单机械挖掘直径为1 m的半圆状小阶地，挖方堆于附近形成围堰。鱼鳞阶地高度间隔为2～3 m，且交错设置。

③ 螺旋状阶地，对放缓的矸石山绿化时，需修建通往山顶的运输道路或旅游道路，此时宜用螺旋状阶地。阶地纵向倾角6°～15°，横向内倾角4°～6°。

（二）矸石山覆绿的立地条件

矸石山覆绿必须首先考虑矸石山的立地条件。

1. 机械组成

矸石可在短期内风化，矸石山坡面表面一般有0.1 m左右灰黑色颗粒状的残积风化层，下层为未风化的矸石块。风化层的机械组成包括石、砾、砂、粉砂及更细的粒级。砂以下颗粒（<1 mm）一般可占10%左右，如堆积时间较长，可增加到20%～40%，一般只要砂以下的颗粒占10%，植物就可生长。风化层下部为未风化矸石，也有些细颗粒（基本上不是风化产生的），而且石、砾含量差异很大。

2. 水分状况

矸石风化物比土壤颗粒粗得多，水分运行有其特殊的规律，易渗透，不易蒸发。矸石中的泥岩类成分水浸后崩解、粉碎，并随水淋移，形成一托水层，使下渗的水分不会很快渗入深层，故矸石山浅层含有一定的重力水可供植物利用，但矸石总孔隙率低，有效含水量偏低，仅为黄土的61.68%（表6-12）。

表6-12　煤矸石及黄土与水分有关的基本物理常数

物　质	田间持水量/(g/kg)	凋萎系数/(g/kg)	有效含水量/(g/kg)	密度/(g/cm³)	总孔隙率/%
黄　土	212	45	167	2.37	45.7
煤矸石	137	34	103	2.56	35.6

3. 酸度

新的矸石山风化物的pH值为7左右。但矸石风化物的pH值会受到风化程度以及矸石山自燃状况的影响。矸石自燃产生的SO_2、H_2S等常会使风化层局部变酸，严重时pH值为5左右，尤其是下半部分矸石，局部pH值可达3.5。植物生长与风化物酸度有密切关系。含硫低的矸石山风化层多在微酸性到中性之间，可生长植物，如鸡西煤矿在12年排矸龄的矸石山上，自然恢复了鬼针草、万年蒿、黄蒿和毛连菜的草本植物群落，并偶有家榆出现，植被覆盖度超过35%；含硫高的矸石山风化层呈酸性到强酸性，多不生长植物。

4. 营养元素

新排放的煤矸石可耕性差，必须覆土后才能复垦。矸石山表层风化物具有一定的蓄水保肥能力，可逐渐发育成土壤，煤矸石的营养元素含量见表6-13。煤矸石中氮、磷、钾的含量均较低，全氮量相当于5级土壤，特别是易被植物吸收的速效氮和磷含量更低，仅是5级土壤的1/6～1/10；有机质含量约是5级土壤的一半；土壤阳离子代换量略大于10 me/100 g。总的来看，矸石具有一定量的养分，但含量低，仅相当5～6级土壤的营养元素含量，尤其是可被植物利用的速效养分含量更低，属很贫瘠的土壤。因此，如何利用生物措施促进煤矸石潜在养分的有效转化以利于植物利用，并适量补充氮、磷、钾肥料，是解决矸石山复垦与植被恢复问题的重要技术措施。

表 6-13　矸石营养元素含量

试样	全量养分/%			速效养分/(mg/kg)			有机质/%	阳离子代换量/(me/100 g)
	N	P	K	N	P	K		
1	0.025	0.027	0.92	5.44	0.61	53.4	0.050	9.85
2	0.070	0.029	0.75	7.14	1.12	28.5	0.945	7.62
3	0.091	0.020	0.96	4.52	0.22	25.3	0.457	10.40
4	0.082	0.023	0.84	2.66	0.87	49.8	0.325	16.42
平均值	0.067	0.025	0.87	4.94	0.71	39.3	0.444	11.07
5级土壤	0.05～0.075			30～60	3～5	30～50	0.6～1	
6级土壤	<0.05			<30	<3	<30	<0.6	

5. 重金属

与土壤自然背景值比较，煤矸石中镉超标最为严重，铜次之，铬、铅和锌均未超标(表6-14)。随着风化程度的增加，矸石中重金属含量并未发现显著性变化(铬除外)。研究表明，矸石中的重金属多通过同晶替代作用赋存在稳定矿物的晶格中，生物活性低，因此煤矸石的重金属生物毒效应并不十分突出；同时，煤矸石中重金属的可交换相随风化程度的增加而显著增加，重金属的可交换相可以直接被植物根部吸收，其对生态环境的影响最大。因此，对于自燃后呈酸性或风化程度高的矸石山进行复垦时，应注意酸性改良或建立隔离层，防止植物受到污染。

表 6-14　新庄孜煤矿的煤矸石中重金属元素含量

单位：mg/kg

样　品	镉	铬	铜	铅	锌
未风化泥岩样	6.16	8.41	421.71	34.61	53.21
弱风化泥岩样	6.41	10.29	411.49	42.70	62.12
强风化泥岩样	5.28	92.28	331.27	34.75	49.82
土壤环境质量标准二级标准(中性)	0.3	300	100	300	250

6. 地表温度

矸石风化物为灰黑色，吸热性强，比浅色的黄土增温快。据测定，矸石山气温较周围黄土山地平均偏高3.2 ℃，空气湿度偏低5.5%；春季地温偏高，矸石山上植物萌芽早20～25天；夏季矸石山地表温度可达40～50 ℃，严重时发生自燃，烧死植物幼苗。

7. 土壤生物

土壤中的动物与微生物对于土壤改良和植被恢复均具有十分重要的意义。土壤微生物能够改善土壤养分状况，提高植物抗性。洪坚平等对阳泉三矿煤矸石山的微生物量调查研究结果表明：矸石中细菌量为8.2×10^4个/g，放线菌量为1.6×10^4个/g，真菌量为2.1×10^4个/g，与周边黄土相比较，土壤微生物含量明显偏少，不利于植物抗性的提高和煤矸石肥力的改善。土壤动物通过扰动土壤，促进了土壤孔隙的形成、土壤空气流通和水分的渗入，为植物生长提供了良好的水、气条件。王伟等对山西阳泉280矸石山的调查中，未发现有蚯蚓、鼠类等土壤动物的活动。

总之，矸石及矸石风化层通气、透水性能好，有一定的保水能力，但地表高温、有效养分不足、重金属污染、土壤生物缺乏，特别是自燃后的矸石酸性强、盐分高，给植被恢复带来了极大的困难。

（三）矸石山覆绿技术

1. 整地及控制侵蚀技术

矸石山一般堆成山状，为了利于种植，需要对矸石山进行整地。矸石山整地的方式主要有穴坑整地和梯田整地。穴坑整地是按一定的种植密度，定点挖穴，穴的规格一般为穴径50 cm，穴深25～30 cm，这样有利于蓄水保墒，提高缓苗率和成活率。梯田整地可分为水平梯田整地和倾斜梯田整地。因倾斜梯田耐侵蚀且蓄水保墒能力强，所以多采用倾斜梯田整地方式。矸石山坡面一般有细沟、浅沟侵蚀，但如果有外部的集水，就会产生严重的沟蚀，甚至塌方、滑坡。因此，矸石山整地在采取水保措施的同时要降低坡度。

2. 矸石山基质改良

根据矸石山的立地条件，要取得良好的复垦效果，必须对矸石山进行基质改良。用于矸石山基质改良的物质包括：表土、无机化学肥料、有机废料、绿肥等。

酸性矸石场未经中和处理就种植，则矸石淋溶后的酸性物质会通过毛细作用上升到土层，造成土壤的酸化，从而严重影响植物生长和土壤微生物的生成和发育。酸性矸石场基质改良物质一般采用CaO或$CaCO_3$，方法是将其破碎后均匀地撒入矸石场，翻耕深度10～15 cm，用量依矸石的pH值和中和材料的纯度以及矸石层的深度而定。

对于无毒性、养分含量低的矸石山，由于矸石山结构松散，持水保肥能力差，施用的速效肥很容易淋溶流失，因此应施加缓释肥或有机肥。绿肥作物能够吸收土壤深层的养分，具有固氮作用，在其本身腐烂后，氮元素营养便留在土壤中有利于增加土壤的养分，并能改善土壤的物理结构，促进植物的发育。

3. 矸石山植物种类的选择

根据矸石山立地条件及当地的自然条件，植物种类的选择根据改树适地的原则，一般选择耐干旱、耐贫瘠、萌发强、生长快、固氮的林草种类，并优先选择乡土植物。由于矸石山特殊的立地环境，乡土植物的选用必须预先在矸石山上进行物种筛选试验，才能取得成功。根据这些特点，一些抗旱的豆科植物宜作为矸石山绿化的先锋植物，如北方的刺槐、紫穗槐、胡枝子、锦鸡儿、紫花苜蓿等。

4. 矸石山植物栽植技术

影响植物栽植成活的重要因素是植物的水分代谢和平衡是否得以维持。植物的根和叶是影响植物的水分代谢和平衡的重要器官。苗木栽植过程中，根系损失和暴露、残留茎叶的蒸腾作用，将导致苗木的水分平衡完全破坏。采用适宜的栽植技术可以最大限度地恢复根系吸水和减少苗木失水，避免苗木失水死亡，如起苗前浇水、剪枝，土球移植，运输时土球包衣或洒水，种植时根系蘸水蘸浆，植后浇透水，以及苗木的固定、遮阳与定期浇水等措施。

(四) 矸石山土地复垦实例

开滦矿务局范各庄南排矸石场土地复垦时，对占矸石场71.87%的强酸性矸石进行中和，方法是在矸石场上撒 CaO 和 $CaCO_3$，翻耕后全面覆土。覆土厚度：种植农作物时大于0.5 m，植树时大于0.3 m，种草时大于0.1 m。种植的洋槐、臭椿、火炬树、铁扫帚、苏丹草等树木和牧草生长良好，大豆、西红柿单产与当地农田基本持平。

淮南矿务局在大通矿南矸石山(软质岩)种植了麻栎、侧柏、刺槐和榆树，挖穴0.5 m×0.5 m×0.4 m，回填客土，每穴填土量0.1 m^3，株行距1.5 m×1.5 m，同时要在根部蘸足泥浆后再种，栽后浇水。在潘一矿(硬质岩)重建时，挖大穴1 m×1 m×1 m，每穴填土0.8 m^3，栽后初期每两天浇一次水。

鹤岗矿务局对矸石山进行平整后，采用穴状整地，密度为4 404～5 550穴/ha，穴径50 cm，穴深25～30 cm。整地时间为秋整春种，利于保墒，穴内含水量可达8.4%以上。将风化的岩石粉作为植生土。选择本地的耐干旱、贫瘠的乡土树种兴安落叶松、樟子松、垂柳、小黑杨、家杨。经3年的观察表明，兴安落叶松、樟子松是本区主要的造林树种。造林时间比山地造林提前20～25天，分别采用了窄缝栽植、明穴栽植、蘸浆窄缝栽植三种栽植方法。比较结果显示，蘸浆窄缝栽植效果明显优于根系未经处理的窄缝栽植和明穴栽植，幼苗成活率提高20%，基盖度提高70%。几年来累计造林50 ha，矸石山林的生长状况不次于周围山地同样林木的生长。

山西阳泉矿务局在矸石山上覆盖黄土和城市污泥，秋季挖穴，第二年春季带土球移栽或在穴中填土后栽植。经长期的试验表明，沙打旺、红豆草、紫花苜蓿、黄花苜蓿、胡枝子、沙生冰草、苇状羊茅和无芒雀麦是适合矸石山上推广的优良牧草品种；刺槐、杨树、臭椿、杜松、侧柏等是适合矸石山绿化的先锋树种；一些灌木如花木兰、桃叶卫矛、榆叶梅等也可正常生长。

七、塌陷区土地复垦

(一) 塌陷区土地复垦方向

塌陷区的土地破坏方式与复垦方向受地形因素的影响最大。按照我国对地形特征的划分标准，地表坡度小于2°为平原，2°～6°为丘陵，大于6°为山地，25°以上为高山。井工开采形成塌陷产生的附加坡度都较小，地形变化不大，因此塌陷区土地复垦应以复原塌陷前的生态景观为主，新景观塑造为辅。根据不同的地形，我国塌陷区土地复垦方向见表6-15。

表6-15　我国塌陷区土地复垦类型

地形	原土地利用类型	土地破坏方式	工程复垦措施	复垦方向
高山	林地	地表裂缝	裂缝注浆堵漏	修建山中蓄水池
山地	林地	地表裂缝	裂缝用泥浆、尾矿充填	植树种草，恢复生态
	农用地	地表倾斜加剧	适度水保措施	退耕还林(草)
丘陵	林牧地	地表倾斜加剧	适度水保措施	植树种草，恢复生态
	农用地	地表倾斜加剧	修筑梯田	农果业(耕地、果园)

表 6-15(续)

地形	原土地利用类型	土地破坏方式	工程复垦措施	复垦方向
平原	林牧地	地表倾斜	适度水保措施	植树种草,恢复生态
	建设用地	地表倾斜	充填、土地平整	建设后备用地
	农用地	地表倾斜、土壤肥力下降	充填、土地平整、修筑梯田	农耕旱地
	农用地	水渍化、盐渍化、沼泽化,季节性积水	疏排法,深沟台田法,土地平整,挖深垫浅法	水田、台(旱地)田;基(旱地、水田、牧场)塘(鱼塘或氧化塘)
	农用地	常年积水	挖深垫浅、防渗堵漏	水产养殖、蓄水池综合开发

平原区土地肥沃、人口密集、经济发达,然而采煤塌陷造成土地生产力下降或完全丧失,由此引起人地矛盾紧张。为缓解这种紧张的人地矛盾,同时保证我国 18 亿亩耕地红线,平原塌陷区将成为我国未来几年矿区土地复垦和全国土地整理的重点区域。

(二)平原塌陷区的立地条件

1. 土壤含水量

土壤含水量是受采煤塌陷影响最大的土壤理化指标。以神府东胜煤田大柳塔矿塌陷区为例,塌陷初期出现的地表裂缝,使降水从裂缝处流入土壤深处,从而削弱了地表径流在表土层的停留时间和在坡面分布的规律性(坡中含水量明显高于坡顶和坡底);塌陷 3 年后,地层趋于稳定,地表裂缝大多被掩埋,土壤含水量表现出与对照相似的坡面分布规律性:坡底>坡中>坡顶,但表层土壤(0.4 m 以内)的持水性明显降低,土壤含水量较对照区降低 3%~6%,植被的可利用水量显著降低。

2. 土壤机械组成

土壤质地是土壤重要的物理性质,也是反映土壤耕作性能的标志特性之一。0.01~0.05 mm 粒径称为物理性砂粒;小于 0.01 mm 粒级称为物理性黏粒,这两类颗粒的含量是反映土壤机械组成的重要指标。资料表明,土壤的物理特性如可塑性、膨胀性、吸湿性、渗透性及最大分子持水量等均以物理性黏粒为明显界限;物理性砂粒与物理性黏粒的比值反映了土壤的渗透能力等。与对照区相比较,塌陷产生的地表裂缝使黏粒流失,物理性砂粒含量相对增加,土壤渗透能力增大;同时坡顶处物理性砂粒含量高于坡中处,坡中又高于坡底处。因此,塌陷使土壤物理性砂粒含量增加,土壤存在沙化趋势,尤其在坡顶处更为明显。

3. 土壤密度和孔隙率

土壤密度是土壤的一个基本物理性质,对土壤的透气性、入渗性能、持水能力、溶质迁移能力以及土壤的抗侵蚀能力都有非常大的影响。从不同坡位角度分析,土壤密度在不同坡位处变化显著,变化次序为:坡底>坡中>坡顶,这是由于在风蚀或水蚀条件下,坡顶、坡中处表层土中小粒径颗粒损失较多,而在坡底处积聚了坡顶、坡中处侵蚀下移的小粒径颗粒的缘故。与对照区相比,塌陷区土壤密度均大于对照区,且随着塌陷年限延长,土壤密度有明显减小趋势。通过对影响土壤密度因素的数量化统计分析表明:坡位、土壤深度、塌陷与否三个因素对土壤密度的影响程度依次降低。因此,塌陷并不会引起土壤密度大小的改变,而塌陷引起的地表倾斜成为影响土壤密度的首要因素。

土壤孔隙率通常指土壤全部孔隙容积与土体容积的百分率,它反映土壤的松紧程度。

一般认为，若土壤总孔隙率在50%左右，孔隙比（毛管：非毛管）在1.5～4.1时，透水性、通气性和持水能力比较协调。若非毛管孔隙小于10%，不能保证通气；小于5%则大多数植物不能正常生长。与对照区相比较，塌陷使土壤总孔隙率明显变小，非毛管孔隙率明显变小，孔隙比明显增大；且随着塌陷年限的增长，这一趋势更为明显。据此可认为，矿区塌陷使土壤透水、通气性和持水能力变弱。

4. 土壤养分

陈秋计等根据土壤养分能值的转换率，计算出土壤养分所具有的能值，分析沉陷地的土壤养分空间变化，以揭示沉陷地土壤系统的演变规律。针对山东兖州矿区沉陷地，研究结果表明：随着沉陷深度的加大，土壤养分能值的变化轨迹呈"V"形（图6-22），在开始阶段，养分能值随沉陷深度加大而逐渐减少，达到某一极值后，土壤养分能值随沉陷深度加大而逐渐上升。在沉陷深度1.5 m处，正好处于下沉盆地的边缘，受到下沉拉应力作用，容易产生裂缝，同时有上凸的趋势，因此易引起土壤养分的流失，养分能值最小。在下沉深度4.0 m处，养分能值甚至超过对照农田。从变化曲线上可以看出，养分能值的空间分布很不均匀，最大值是最小值的1.5倍，处于坡脚处的土壤养分能值较高。

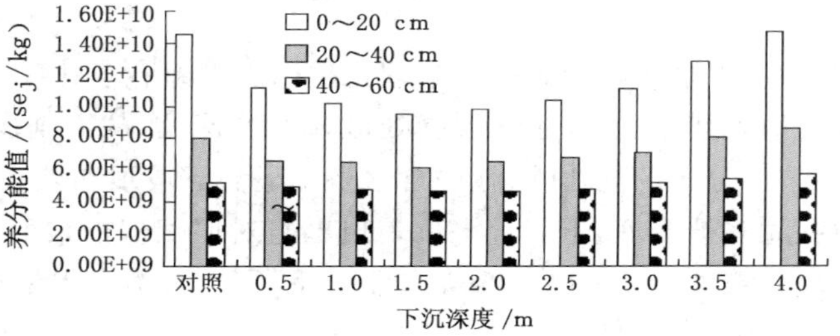

图6-22　土壤养分能值随沉陷深度变化情况

（三）塌陷区土地复垦典型方法介绍

塌陷区土地复垦的基本方法可分为充填法和非充填法两大类。由于塌陷之前的土地多为耕地，因此，塌陷区土地复垦前应注重肥沃表土层的剥离、保存与重构等措施。

1. 表土剥离工艺

表土是土地恢复的重要基础，是复垦区非常珍贵的资源。优质农田的复垦往往严格要求构造土壤剖面，对表土和心土的构造都有特定的要求，以保证复垦土壤的生产力等于或优于原土壤。以前的塌陷区土地复垦往往不重视表土的剥离与重构，采用混推法，造成复垦土地的土壤养分分布不均，上下层混合，复垦效果差。

表土剥离工艺与施工机械密切相关，施工机械有泥浆泵、推土机、拖式铲运机。

（1）泥浆泵表土剥离工艺

此工艺是把由高压水泵产生的高压水通过水枪喷出，高压水流将挖深区土壤切割分散形成泥浆，再由泥浆泵通过管道输送到待复垦的较浅区域。此工艺简单、投资少、应用广泛，是一种适用于沙性土的表土剥离技术。通过多年的实践，此工艺存在问题如下：土壤养分流失；上下土层混合；土壤含水量大、不易排出、渗透率降低；土壤盐渍化；土壤微生物和土壤动物破坏；复垦后土地生产力恢复需要较长的时间。

（2）推土机表土剥离工艺

推土机是沉陷地表土剥离施工中常用的工具。此工艺效率高、工期短；但推土机经济运距较短，运距过长将大大增加施工成本，在施工过程中有明显的压实现象，土壤密度偏大，孔隙率减小，入渗率偏低。重构后土壤密度最大可达 1.8 g/cm^3，不利于植物扎根生长。

（3）拖式铲运机表土剥离工艺

此工艺更符合复垦土壤重构的要求，所构造的土壤质量更高，达到目标生产力的时间更短，一般当年或第二年即可恢复。常采用条带法施工，即根据拖式铲运机的工作宽度，将塌陷区划分成多个条带，间隔条带剥离表土，堆置在相邻条带内，再进行充填或底土平整，之后将相邻条带内堆置的表土铲回并覆盖到原条带上；再按相同方法剥离、重构相邻条带。

无论采用何种工艺，土壤剥离和重构时应尽可能避免机械碾压造成的土壤板结现象，或采用复垦后的翻耕来解决这一问题。

2. 充填工艺

在采煤塌陷区，充填材料主要为煤矸石、粉煤灰、其他工业废料、生活垃圾、塘河湖泥等。充填前，应对充填材料的有害成分进行化验测试，以保证充填后不产生二次污染。充填复垦机械有汽车、挖掘机、推土机和泥浆泵等，物料运输方式包括铁路运输、汽车运输、管道运输等。充填方式包括全厚充填、分层充填、条带充填、预充填等方式。

（1）全厚充填

全厚充填就是一次将塌陷坑用矸石或其他材料回填至设计标高（图 6-23）。此法施工方法简单、适用性强、应用广泛。使用这种方法恢复的土地可以用于农林种植，稍做地基处理可建低层建筑，经强夯处理可建高层建筑。

（2）分层充填

为了达到预期的充填复垦效果，以一定的充填厚度逐次将塌陷区回填至设计标高，其工艺要点是分层充填、分层碾压。此充填工艺具有较高的地基稳定性，将塌陷地改造为建筑用地常用这种充填方法（图 6-24）。

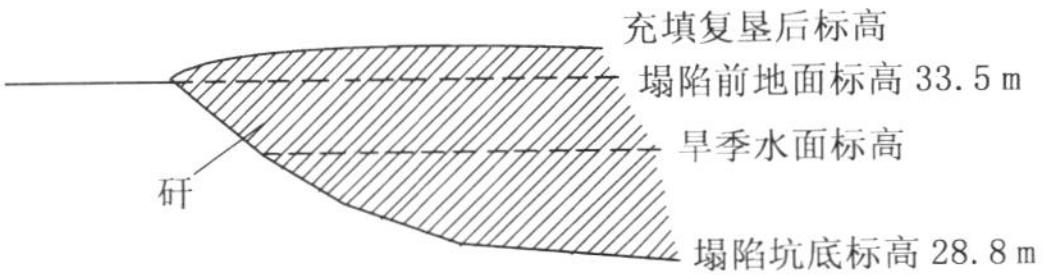

图 6-23　全厚充填示意图

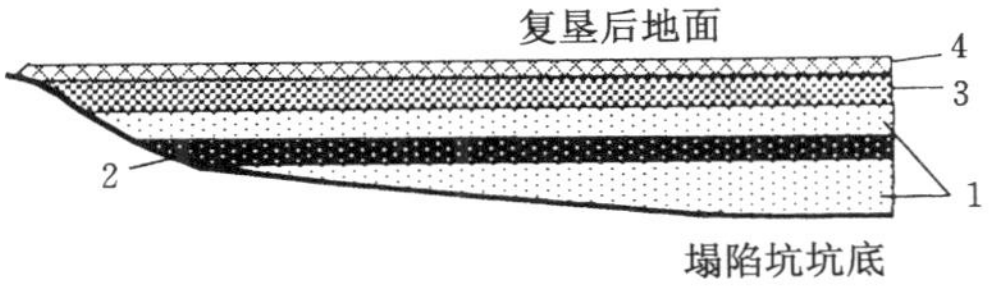

1—矸石充填层；2—自燃过的矸石充填层；
3—黏土保护层；4—沃土层。

图 6-24　分层充填示意图

（3）条带充填

对于大面积的塌陷区复垦，充填物料的供应是一个长期的、连续的过程，不能在短期内完成充填工程。为防止大面积施工所引起的不良生态环境影响，可考虑采用条带充填法。此工艺是预先将塌陷坑划分为若干充填条带，条带宽度 2～4 m；挖沟 1～2 m 深，表土和生土分别堆置在沟两侧；充填材料逐段充填入沟内，达到设计标高后覆表土进行生物复垦。当充填材料浸出液酸性强时，应做好充填物隔离措施，沟底标高应大于旱季地下水水位，且沟底铺 5～10 cm 厚的石灰隔离层，充填层上面也应铺隔离层，然后再覆盖表土。依据条带设置的差异，此工艺分为边缘法和平行法。边缘法即充填沟沿塌陷坑边缘设置，表土堆置高处，生土堆置低处，充填沟依次向塌陷坑中心递进；平行法是将塌陷坑划分成等间距的平行条带，充填沟沟底保持水平，按一定的方向充填水平沟。

(4) 预充填

在建井过程和生产初期，在采区的上方地表预计要发生下沉的地区，将表土取出堆放在四周，按预计下沉的等值线图，用生产排矸设备预先排放矸石，待到下沉停止，矸石充填到设计标高后，再将堆放四周的表土平推到矸石层上覆土成田。

3. 非充填工艺

(1) 土地平整法

本法主要消除附加坡度、地表裂缝以及波浪状下沉等破坏特征对土地利用的影响，适用于中低潜水位塌陷地的非充填复垦，与疏排法配合用于高潜水位塌陷地非充填复垦、矿山固体废弃物堆放场的平整以及建筑复垦场地的平整等。

土地平整的要求：土地平整要与沟、渠、路、田、林、井等统一规划；土地平整施工顺序合理，做到先易后难、短期内见效益，并且效益逐年提高；土地平整与垦区排灌设施做到"三同时"，使复垦土地稳产高产；合理划分平整单元，使挖方量等于填方量，且施工量最小；在一个平整单元内满足平整度的要求，对于水田绝对高差不大于 3～5 cm，旱地不大于 10 cm。

土地平整后的地面标高，应满足农作物生长的要求，即农田地下水埋深应大于地下水的临界深度。地下水临界深度与土壤质地、地下水矿化度、作物种类等因素有关，见表 6-16、表 6-17。

表 6-16　北方地区采用的地下水临界深度

单位：m

矿化度/(g/L)	沙土	壤土	黏土
<2	1.8～2.1	1.5～1.7	1.0～1.2
2～5	2.1～2.3	1.7～1.9	1.1～1.3
5～10	2.3～2.6	1.8～2.0	1.2～1.4
>10	2.6～2.8	2.0～2.2	1.3～1.5

表 6-17　各种农作物要求的地下水埋深

单位：m

地下水埋深	小麦	玉米	棉花	高粱	甘薯
生长适宜期	1.0～1.2	1.2～1.5	1.1～1.5	0.8～1.0	0.9～1.1
雨后短期允许	0.8～1.0	0.4～0.5	0.4～0.7	0.3～0.4	0.5～0.6

(2) 修筑梯田法

修筑梯田法是在大型塌陷盆地的边缘地带，沿地形等高线修成梯田。此法适用于地处丘陵山区的塌陷盆地，或中低潜水位矿区开采沉陷后地表坡度较大的情况。我国山西大部分矿区，河南、山东等地的一些矿区不少塌陷地可采用此法复垦，利用此法复垦可解决充填法复垦充填料来源不足的问题。

梯田断面的三要素包括：田面宽(B)、田坎高(H)、田坎侧坡(β)，见图 6-25。

梯田设计就是要根据塌陷后地形及土质条件与耕作要求等确定断面要素。断面要素设计合理，既可保证边坡稳定、耕作灌溉方便，同时又节省用地、用工，提高土地的利用率。在地形坡度 3°～5°的情况下，田面宽选择 30 m 左右为宜。10°以上丘陵陡坡田面宽以不少于

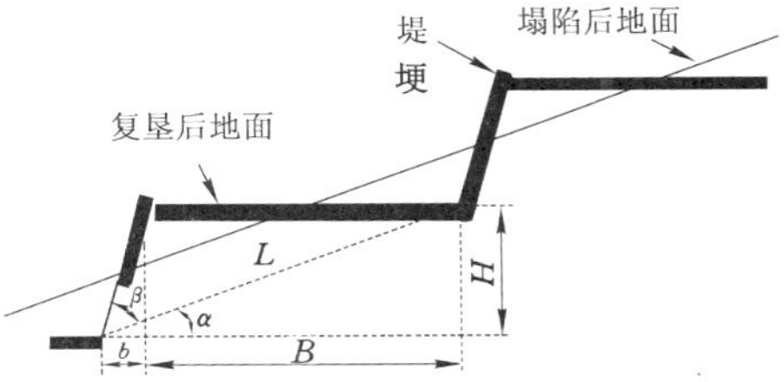

L—斜坡距离；B—田面宽；b—田坎占地宽；
H—田坎高；α—地面坡度；β—田坎侧坡。
图 6-25　梯田断面示意图

8 m 为宜，最小不小于 3 m。在坡度一定的情况下，田面宽越大，田坎越高；反之田坎越低。田坎太高，修筑困难且易塌损。一般田坎高在 0.9～1.8 m 时为宜。田坎侧坡越缓，安全性越好，但占地、用工量大；反之田坎侧坡较陡，占地和用工量减小，但安全性差。边坡坡度与筑埂材料有关，用壤土时取 16°～24°，用黏土时大于 30°，用石坎时大于 60°。

B、H、β 三者之间的关系见式(6-3)。

$$B = H(\cot \alpha - \cot \beta) \tag{6-3}$$

梯田施工主要包括表土处理、平整底土和田坎修筑等几个环节。施工顺序是：清除地面障碍物、处理表土、平整底土、修筑田坎、回铺表土。表土处理和底土平整常用中间堆土法、逐级下翻法和条带法等，见图 6-26。田坎修筑是保证梯田稳固的关键，一般应采取夯实等加固措施。

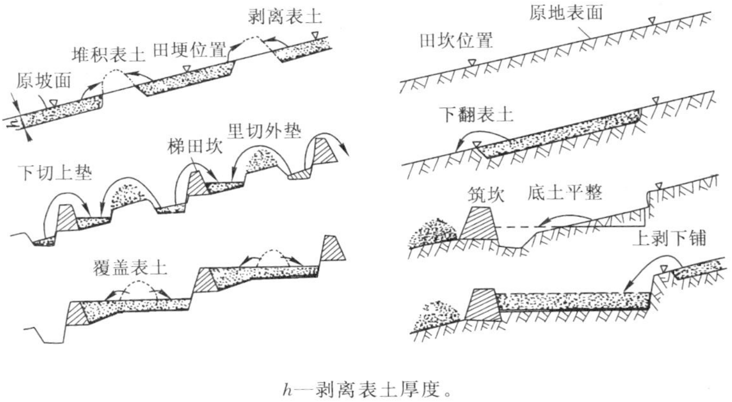

h—剥离表土厚度。
图 6-26　中间堆土法和逐级下翻表土剥离示意图

梯田灌溉措施应从多方面开辟灌溉水源。非积水塌陷盆地的灌溉水源可以从外部引入，也可结合梯田复垦将塌陷盆地底部挖深蓄水，这样也可减轻水土流失造成的危害，因为养分随地表径流从梯田流入盆底，又用盆底蓄水浇灌梯田，正好实现了养分的循环利用。

(3) 疏排法

井工开采沉陷引起地表积水而影响耕种，地表积水可分成两种情况。一种情况是外河洪水位高出塌陷后地表标高，这种情况下，若不采取充填法复垦，必须采用强排法排除塌陷坑积水或采用挖深垫浅的方法抬高部分农田标高方可耕种。另一种情况是外河洪水位标高低于塌陷后农田标高的情况，这种情况下，可在塌陷区内建立合理的疏排系统，通过自排方式排除塌陷盆地内积水。无论自排还是强排，都必须进行排水系统设计，满足复垦土地的防洪、除涝和降渍的目的，使地下水埋深大于地下水临界深度，这样才能保证作物的正常生长。

一般的排水系统由排水沟系和蓄水设施、排水区外承泄区和排水枢纽等部分组成。排水沟系按排水范围和作用分为干、支、斗、农四级固定沟道；蓄水设施可以是湖泊、坑塘、水库等，排水沟也可兼做蓄水用；承泄区通常指外河；排水枢纽指排水闸、强排水电站等。疏排法复垦的排水系统设计包括防洪系统、除涝系统和降渍系统，分别适用于常年浅积水塌陷地、季节性积水塌陷地和塌陷沼泽地的土地复垦。

塌陷区的防洪系统包括堤坝整修和分洪两个方面。井工开采引起塌陷的同时，也导致河湖堤的塌陷和裂缝。堤坝整修的重点是加高并扩宽堤顶和修补堤坝裂缝。分洪就是将治理区以外的洪水通过治理区以外的沟道汇入承泄区。许多矿山为保证生产安全，在开采之初就已在其井田边界四周开挖了防洪沟道，这些防洪沟道若在采煤塌陷后及时整修疏浚，就可起到很好的分洪作用。

除涝系统设计的原则是分片排涝，高水高排，低水低排；排蓄结合，排灌结合；力争自排，辅以强排。在治理地势总体平坦，局部特别低洼时，可将低洼段改造成蓄水池，或将低洼段用挖深垫浅法复垦，挖出的鱼塘实际也起蓄水作用。排水沟也可分段设闸，丰水季节开闸排水，枯水季节关闸蓄水，蓄水可用于灌溉。

降渍系统是通过明沟排水、暗沟排水和竖井排水等工程措施降低地下水潜水位，使土壤含水率达到适宜的范围，以利于农作物的生长。通常使用的方法是明沟排水，即在降雨条件下，地下水水位上升；降雨结束后，地下水侧向渗透流入降渍沟使地下水回落，从而起到降低地下水水位的作用。明沟排水降渍原理见图 6-27。明沟间距一般取 200～500 m，土壤水基质势与土壤质地密切相关，一般不小于 0.2～0.3 m。

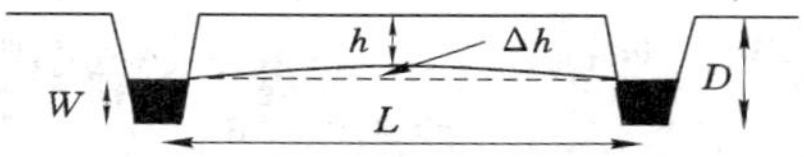

h—地下水临界深度；D—明沟深度；
L—明沟间距；W—明沟水深；
Δh—土壤水基质势。

图 6-27 明沟排水降渍原理图

疏排法与挖深垫浅法配合使用，效果更佳。

(4) 深沟台田法

对于混合型或条带型的塌陷地的边缘地带，可以采用深沟台田的方法重构土壤。此法既可用于高潜水位塌陷区的降渍，又可用于低潜水位塌陷区的蓄水灌溉。具体做法为：在塌陷洼地分段开深沟，取出的土就近摊平，抬高地面建成台田，用于水田、旱地耕作或家畜养殖；深沟用于蓄水或排水(图 6-28)。

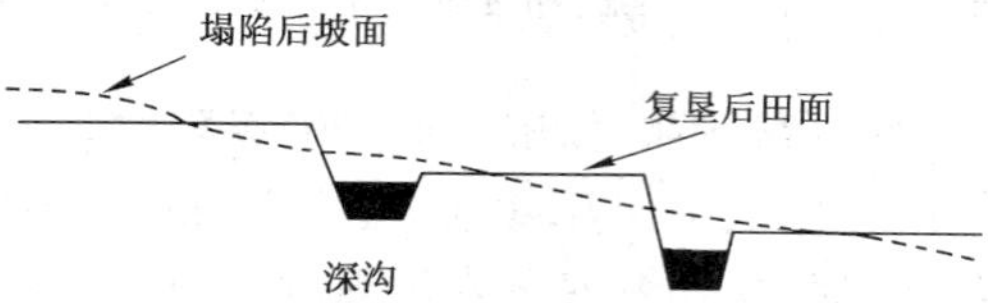

图 6-28 深沟台田法示意图

(5) 挖深垫浅法

“深挖潭，低作堰”是早在李冰父子修建都江堰时就已采用的方法，挖深垫浅法是具有我国特色的一种非充填复垦方法，适合多种类型的塌陷地。这种方法适用于高潜水位矿区或水资源丰富的矿区。塌陷区复垦往往把造田与挖塘相结合，即将深塌陷区或其他塌陷区的泥土取出垫入浅塌陷区上，抬高浅塌陷地的标高而成为农田，降低深塌陷地的标高而成为鱼塘。此工艺按挖土覆土方法的不同，分为机械和人工两种。机械法又常用推土机、泥浆泵、吸泥船等，目前常采用泥浆泵法复垦，其复垦工艺包括：高压水枪挖土、管道输送泥浆、充填和沉淀、泥浆干燥、塌陷地平整翻耕，具体见图 6-29。

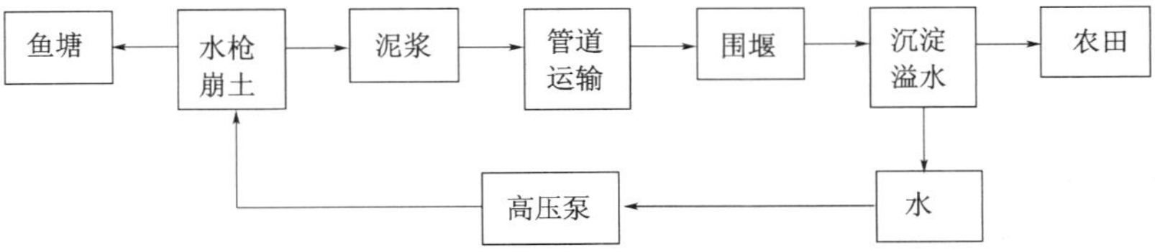

图 6-29　泥浆泵挖深垫浅复垦工艺流程图

(6) 边坡地水保措施

平原塌陷区复垦为林牧地时，由于附加坡度不大(2°～6°)，只需要进行适当的边坡地水保措施即可。这些措施包括人工挖鱼鳞坑、与坡向垂直方向挖平行沟、地表裂缝充填堵漏等。

(四) 塌陷区土地复垦实例

肥城矿区采用挖深垫浅法对三个季节性积水塌陷地设计了三种不同类型的农林渔综合重建模式，试验历时 4 年，累计投入 17.46 万元，总产出 85.43 万元，净产出 67.93 万元，累计增产粮食 72.97 万 kg，新增林地 31.94 ha，取得了显著的经济效益与生态环境效益。

淮北沈庄煤矿将常年浅水位积水的塌陷地复垦为渔林农综合模式，一年的收入就可以收回复垦成本。20 年来，累计复垦台田 1 466.67 ha，建成蔬菜基地 333.33 ha，防护林 266.67 ha，产粮 97 万 kg，新建精养鱼塘 411.33 ha，年产鱼 500 万 kg，农业总产值达到 6 000 万元。

平煤集团谢山矿利用约 10 ha 的塌陷地改造为生物氧化塘，塘中种植水葫芦等水生植物来处理矿井水及生活污水，净化后水质总体达到渔业用水标准。

平煤集团根据采煤塌陷地的实际情况，将塌陷区土地复垦为水域养殖型、林果种植型、基地建筑型、疏排复耕型、景点娱乐型和三产用地型，有效利用了矿区闲散劳动力和采矿设备，重建了矿区的生态环境，恢复了塌陷区土地的使用价值和生产力，促进了矿区经济的可持续发展。

第七章 矿山清洁生产

第一节 清洁生产的概念

20世纪50年代，工业发达的资本主义国家在遭受了诸如“八大公害”等环境污染事件的报复之后，走上了“先污染后治理”的道路。由于认知的局限性，我国也是如此。通过治理污染的实践，认识到防治工业污染不能只依靠末端治理，要根本解决工业污染问题，必须以“预防为主”，实行清洁生产，将污染物消除在从原料-生产-产品-售后服务-废旧产品再循环利用的全过程，即将污染控制贯穿于产品“从摇篮到坟墓”的全过程。同时，清洁生产也是矿山环境保护的重要理念。

一、实行清洁生产的必要性

传统的污染末端控制存在以下弊端：

第一，近年来，随着人们环境意识的增强和产品品种的不断增加，规定控制的污染物（特别是有毒有害污染物）的排放标准也越来越严格，对工业生产所排污染物的检测种类越来越多，从而对污染治理与控制也提出了越来越高的要求。为达到排放的要求，企业要花费大量的资金，大大提高了治理费用，即使如此，一些污染物还是难以达到排放标准的要求。

第二，由于污染治理技术的限制，很难达到彻底消除污染的目的。如对某些工业废水的处理方法首先通过必要的预处理，再进行生化处理后排放，但其中有些污染物是不能被生物降解的，只是稀释排放，不仅污染环境，治理不当还会造成二次污染；有的治理只能将污染物转移，废气变废水，废水变废渣，废渣堆放填埋，污染土壤和地下水，形成恶性循环，破坏生态环境。

第三，末端处理的办法，不仅需要投资，而且造成了可回收资源（包含未反应的原料）的浪费，使得企业原材料消耗增加，产品成本提高，经济效益下降，影响了企业治理污染的积极性和主动性。

第四，通过近年来的实践证明：污染预防优于污染治理。根据日本环境厅1991年的报告，就整个日本的硫氧化物造成的大气污染而言，排放后不采取对策所产生的受害金额是现在预防这种危害所需费用的10倍。据美国环境保护局（EPA）统计，美国用于空气、水和土壤等环境介质污染控制总费用（包括投资和运行费），1972年为260亿美元（占GDP的1%），1987年猛增至850亿美元，20世纪80年代末达到1 200亿美元（占GDP的2.8%）。即使如此之高的经济代价仍未能达到预期的污染控制目标，末端处理在经济上已不堪重负。

在联合国的大力推动下，清洁生产逐渐为各国政府和企业所认可，清洁生产进入了一个快速发展期。自20世纪70年代末期以来，不少发达国家的政府和各大企业集团都纷纷研究开发和采用清洁工艺，开辟污染预防的新途径，把推行清洁生产作为经济和环境协调发展的一项战略措施。

目前，所提倡的污染防治是实行清洁生产。清洁生产有如下好处：

第一,清洁生产体现的是以“预防为主”的方针。传统的末端治理侧重于“治”,与生产过程相脱节,先污染后治理;清洁生产侧重于“防”,从生产的源头抓起,注重对生产全过程进行控制,强调“源削减”,尽量消除或减少在生产过程中污染物的排放量,且对最终产生的废弃物进行综合利用。

第二,清洁生产实现了环境效益与经济效益的统一。传统的末端治理投入多、难度大、运行成本高,只讲环境效益,没有经济效益;清洁生产则是从使用“清洁原料”替代有毒有害材料、改造产品设计、改革和优化生产工艺和技术装备、物料循环和废弃物综合利用的多个环节入手,通过不断加强管理和采用先进技术,达到“节能、降耗、减污、增效”的目的,在提高资源利用率的同时减少污染物的排放量,实现经济效益和环境效益的最佳结合。

二、清洁生产的概念

(一)国际上对清洁生产的定义

目前国际上对清洁生产并未形成统一的定义,清洁生产在不同的地区和国家存在着许多不同但相近的提法,使用着具有类似含义的多种术语。例如,欧洲国家有时称其为“少废无废工艺”“无废生产”;日本多称“无公害工艺”;美国则称其为“废物最少化”“污染预防”“减废技术”。此外,还有“绿色工艺”“生态工艺”“环境工艺”“过程与环境一体化工艺”“再循环工艺”等。这些不同的提法或术语实际上描述了清洁生产概念的不同方面。

1984年,联合国欧洲经济委员会在塔什干召开的国际会议上曾对无废工艺作了如下的定义:无废工艺是这样一种生产产品的方法(流程、企业、地区-生产综合体),能使所有原料和能量在原料-生产-消费-二次原料的循环中得到最合理的综合利用,同时对环境的任何作用都不致破坏环境的正常功能。

美国环境保护局对废物最少化技术所作的定义是:在可行的范围内,减少产生的或随之处理、处置的有害废弃物量。它包括在产生源处进行的削减和组织循环两方面的工作。这些工作导致有害废弃物总量与体积的减少,或有害废物毒性的降低,或两者兼有之;其与“使现代和将来对人类健康与环境的威胁最小”的目标相一致。这一定义是针对有害废弃物而言的,未涉及资源、能源的合理利用和产品与环境的相容性问题,但提出以“源削减”和“再循环”作为污染最小化优先考虑的手段,对于一般废料来说,同样也是适用的。这一原则已体现在随后的“污染预防战略”之中。

欧洲专家倾向于下列提法:清洁生产为对生产过程和产品实施综合防治战略,以减少对人类和环境的风险。对生产过程来说,包括节约原材料和能源,革除有毒材料,减少所有排放物的排放量和毒性;对产品来说,则要减少从原材料到最终处理产品的整个生命周期对人类健康和环境的影响。上述定义概括了产品从生产到消费的全过程,是减少风险所应采取的具体措施,但比较侧重于企业层次上。

联合国环境规划署将清洁生产概括为:清洁生产是一种新的创造性的思想,该思想是将整体预防的环境战略持续运用于生产过程、产品和服务中,以提高生态效率,并减少对人类及环境的风险。对生产过程而言,要求节约原材料和能源,淘汰有毒原材料,减少所有废弃物的数量和毒性;对产品而言,要求减少从原材料获取到产品最终处置的全生命周期的不利影响;对服务而言,要求将环境因素纳入设计和所提供的服务之中。综合、预防、持续的思想应用于策略,指导产品的生产和服务,使污染对人类和环境的影响最小。贯穿于联合国环境规划署清洁生产的概念中的基本要素是污染预防,即在生产发展活动的全过程中充分利用资源能源，最大可能地削减多种废物或污染物的产生，它与污染产生后的控制（末端治理）相对应。它从清洁的生产过程和清洁的产品（包括服务）两个方面，通过将环境保护结合到产品及其生产过程中，促进生产、消费与环境相容。清洁生产的概念中，两个重要的要素是“综合”与“持续”的要求。传统末端控制活动，忽略或难以顾及污染的跨介质转移，而使污染物继续增加环境风险，因此需要实施综合性的对策，特别是通过生产全过程中多种源削减的综合措施，以产生对环境质量改善更加有效的作用。

（二）我国对清洁生产的定义

《中华人民共和国清洁生产促进法》关于清洁生产的定义为：清洁生产是指不断采取改进设计、使用清洁的能源和原料、采用先进的工艺技术与设备、改善管理、综合利用等措施，从源头削减污染，提高资源利用效率，减少或者避免生产、服务和产品使用过程中污染物的产生和排放，以减轻或者消除对人类健康和环境的危害。

清洁生产是将综合性预防的环境战略持续地应用于生产过程中，以提高生态效率，降低对人类和环境的危害，尽量节约原材料和能源，淘汰有毒原材料，在全部排放物和废物离开生产过程以前，减少其数量和毒性。可以概括地说，清洁生产就是低消耗、低污染、高产出，经济效益、社会效益与环境效益相统一的生产模式。

清洁生产是一个动态的过程。一方面，不能期望通过一次或几次清洁生产活动就能完成污染预防的目标。另一方面，随着科学技术的进步，生产水平的提高，将会出现更清洁的生产。因此，清洁生产是个持续改进、永不间断的过程。对于废物产生后在生产过程内部的循环回用和不同生产过程间的综合利用，从污染预防的角度看，由于这类活动仍优于污染的末端处理处置方式，故应得到积极的鼓励。污染预防并不排除污染末端治理的必要性，作为实现环境保护目标的最后有效手段，末端治理还将发挥重要的作用。清洁生产所强调的是：避免污染的产生，尽可能在生产发展全过程中减少废物要比污染产生后运用多种治理技术更为可取。因此，为了有效地减少人类和环境的风险，需要把传统生产过程的污染末端治理向生产过程的“上游”转移，从污染产生的源头去削减污染。

面向污染预防的环境污染防治战略对策体系的优先顺序是：

① 首先在污染产生过程中消除或减少废物或污染物。

② 对未能削减的废物以对环境安全的方式进行循环回用和综合利用。

③ 采取适当的污染治理技术完成进入环境前的污染削减。

④ 对残余的废物或污染物进行妥善的处置、排放。

（三）清洁生产概念的含义

清洁生产概念包含了四层含义：

① 清洁生产的目标是节省能源、降低原材料消耗、减少污染物的产生量和排放量。

② 清洁生产的基本手段是改进工艺技术、强化企业管理，最大限度地提高资源、能源的利用水平和改变产品体系，更新设计观念，争取废物最少排放并将环境因素纳入服务中去。

③ 清洁生产的方法是排污审核，即通过审核发现排污部位、排污原因，并筛选消除或减少污染物的措施并进行产品生命周期分析。

④ 清洁生产的终极目标是保护人类与环境，提高企业自身的经济效益。

（四）清洁生产的原则

① 减量化原则，即资源消耗最少、污染物产生和排放最小；

② 资源化原则,即"三废"最大限度地转化为产品;

③ 再利用原则,即对生产和流通中产生的废弃物,作为再生资源充分回收利用;

④ 无害化原则,尽最大可能减少有害原料的使用以及有害物质的产生和排放,清洁生产体现了集约型的增长方式和发展循环经济的要求。

三、清洁生产的主要内容

清洁生产的内容十分丰富,其核心是将资源与环境的考虑有机融入产品及其生产的全过程中。从生产角度广义来看,它可包括清洁的生产过程、清洁的产品以及区域范围清洁生产三个层次的活动。它们相互联系结合,促进着传统的生产方式乃至经济发展模式的变革。

(一)清洁的能源

清洁的能源包括常规能源的清洁利用、可再生能源的利用、新能源的利用和节能技术。

(二)清洁原料

原材料是工艺方案的出发点,它的合理选择是有效利用资源、减少废物产生的关键因素。从原材料使用环节实施清洁生产的内容可包括以无毒、无害或少害原料替代有毒、有害原料;改变原料配比或降低其使用量;保证或提高原料的质量、进行原料的加工,减少对产品无用的成分;采用二次资源或废物做原料替代稀有短缺资源的使用等。

(三)清洁的生产过程

生产过程是一个生产性组织,特别是一个工业企业最基本的活动。对于这类组织,生产过程一般包括原料准备直至产品的最终形成,即由生产准备、基本生产过程、辅助生产过程以及生产服务等过程构成的全部活动过程。清洁生产的重要内容之一是对一个组织的生产过程实施污染预防的活动。狭义上看,这也是通常所称的清洁生产的基本内容。清洁生产是在产品及其生产过程中实施的污染预防对策措施。由于部门、行业、企业情况千差万别,即使同一类型的部门、行业、企业,其产品、生产过程所面临的具体的环境问题也不尽相同。因此,不存在一个统一的清洁生产技术措施。

清洁生产过程包括以下几个方面:

1. 改革工艺与设备

工艺是从原材料到产品实现物质转化的基本软件。设备的选用是由工艺决定的,它是实现物料转化的基本硬件。通过改革工艺与设备实施清洁生产的主要内容包括:简化流程、减少工序和所用设备;使工艺过程易于连续操作,减少开车、停车次数,保持生产过程的稳定性;提高单套设备的生产能力,装置大型化,强化生产过程;优化工艺条件(如温度、流量、压力、停留时间,搅拌强度,必要的预处理,工序的顺序等);利用最新科技成果,开发新工艺、新设备等。

2. 改进运行操作和管理

除了技术、设备等物化因素外,生产活动离不开人的因素,这主要体现在运行操作和管理上。我国工业生产产生的污染,相当程度上是由于生产过程中管理不善造成的。实践证明,规范操作、强化管理可以通过较小的费用提高资源、能源利用效率,削减相当比例的污染。因此,国外在推行清洁生产时常把改进操作、加强管理作为一项最优先考虑的清洁生产措施,如合理安排生产计划,改进物料贮存方法,加强物料管理,消除物料的跑冒滴漏,保证设备完好等。

3. 生产系统内部循环利用

这里指一个企业生产过程中的废物循环回用。一般地，物料再循环是生产过程流程中常见的原则。物料的循环再利用的基本特征是不改变主体流程，仅将主体流程中的废物加以收集处理并再利用。这方面的内容通常包括将废热回收作为能量利用；将流失的原料、产品回收，返回主体流程之中使用；将回收的废物分解处理成原料或原料组分，再用于生产流程中；组织闭路用水循环或一水多用等。

此外，在一定情况下，还可考虑将废物收集，作为企业自身或其他生产过程的原料，加工成其他产品。从清洁生产的优先序看，对于废物首先应将其尽可能消灭在自身生产过程中，使投入的资源能源得到充分利用，即实施上面所提出的前四种“源削减”技术措施。

清洁生产对生产过程的要求：① 无毒、无害的中间产品；② 减少生产过程中的各种危险因素；③ 少废、无废的工艺和高效的设备；④ 物料的再循环(厂内，厂外)；⑤ 简便、可靠的操作和控制；⑥ 完善的管理。

(四) 清洁的产品

产品制取是工业生产的基本目的。它既是生产过程的产出，又是生产过程的输入。因此，清洁产品是清洁的生产过程中的一项基本内容，包括改革产品体系，报废产品的回用、再生，产品替代与再设计等方面。

清洁产品的生产包括：① 节约原料和能源，少用昂贵和稀缺的原料；② 利用二次资源做原料；③ 产品在使用过程中以及使用后不会危害人体健康和生态环境；④ 易于回收、复用和再生；⑤ 合理包装；⑥ 合理的使用功能和使用寿命；⑦ 易处置、易降解。

第二节　国内外清洁生产的进展

面对环境污染日趋严重、资源日趋短缺的局面，工业发达国家在对其经济发展过程进行反思的基础上，认识到不改变长期沿用的大量消耗资源和能源来推动经济增长的传统模式，单靠一些补救的环境保护措施，是不能从根本上解决环境问题的。

一、国外清洁生产的进展

(一) 联合国对清洁生产的促进作用

1989 年联合国环境规划署工业与环境计划活动中心(UNEP IE/PAC)根据 UNEP 理事会会议的决议，制订了《清洁生产计划》，在全球范围内推行清洁生产。这一计划主要包括 5 个方面的内容。

① 建立国际清洁生产信息交换中心，收集世界范围内关于清洁生产的新闻和重大事件、案例研究、有关文献的摘要、专家名单等信息资料。

② 组建工作组。专业工作组有制革、纺织、溶剂、金属表面加工、纸浆和造纸、石油、生物技术；业务工作组有数据网络、教育、政策以及战略等。

③ 出版工作。包括编写、出版《清洁生产通讯》、培训教材、手册等。

④ 开展培训活动。面向政界、工业界、学术界人士，以提高清洁生产意识，教育公众，推动行动，帮助制订清洁生产计划。

⑤ 组织技术支持。特别是在发展中国家，协助联系有关专家，建立示范工程等。

1990 年 9 月在英国坎特伯雷举办了“首届促进清洁生产高级研讨会”，正式推出了清洁生产的定义:清洁生产是指对工艺和产品不断运用综合性的预防战略,以减少其对人体和环境的风险。会上提出,支持世界不同地区发起和制订国家级的清洁生产计划;支持创办国家的清洁生产中心;进一步与有关国际组织等联成网络等。此后,该研讨会每两年召开一次,定期评估清洁生产的进展,并交流经验、发现问题、提出新的目标,全力推进清洁生产的发展。

1992 年 6 月联合国巴西环境与发展大会在推行可持续发展战略的《里约环境与发展宣言》中,确认了“地球的整体性和相互依存性”“环境保护工作应是发展进程中的一个整体组成部分”“各国应当减少和消除不能持续的生产和消费方式”。为此,清洁生产被作为实施可持续发展战略的关键措施正式写入大会通过的实施可持续发展战略行动纲领《21 世纪议程》中。自此,在联合国的大力推动下,清洁生产逐渐为各国企业和政府所认可,清洁生产进入了一个快速发展时期。

1998 年,在韩国汉城第五次国际清洁生产研讨会上,代表实施清洁生产承诺与行动的《国际清洁生产宣言》(简称《宣言》)出台。包括我国在内的 13 个国家的部长及其他高级代表与 9 位公司领导人共 64 位与会者首批签署了《宣言》。清洁生产正在不断获得世界各国政府和工商界的普遍响应。

2000 年 10 月,第六届清洁生产国际高级研讨会在加拿大蒙特利尔市召开,对清洁生产进行了全面系统的总结,并将清洁生产形象地概括为技术革新的推动者、改善企业管理的催化剂、工业运动模式的革新者、连接工业化和可持续发展的桥梁。

从这层意义上,可以认为清洁生产是可持续发展战略引导下的一场新的工业革命,是 21 世纪工业生产发展的主要方向。当前清洁生产的形势汹涌澎湃,但仍然处于不断发展的过程中,正如联合国环境规划署(UNEP)执行主席在 2000 年 10 月第六届清洁生产国际高级研讨会上对目前清洁生产的发展现状所概括的:“对于清洁生产,我们已经在很大程度上达成全球范围内的共识,但距离最终目标仍有很长的路,因此必须做出更多的承诺。”

(二) 美国清洁生产的进展

全面推行清洁生产的实践始于美国。1984 年,美国国会通过了《资源保护与回收法——固体及有害废物修正案》。该法案明确规定“在可行的部位将有害废物尽可能地削减和消除”是美国的一项国策,它要求产生有毒有害废弃物的单位应向环境保护部门申报废物产生量、削减废物的措施、废物的削减数量,并制定本单位废物最小化的规划。其中,基于污染预防的源削减和再循环被认为是废物最小化对策的两个主要途径。

1990 年 10 月美国国会又通过了《污染预防法》,将污染预防活动的对象从原先仅针对有害废物拓展到各种污染的产生排放活动,并用污染预防代替了废物最小化的用语。把污染预防作为美国的国家政策,取代了长期采用的末端处理的污染控制政策,要求工业企业通过源削减减少污染物的排放,包括:设备与技术改造、工艺流程改进、产品重新设计、原材料替代以及促进生产各环节的内部管理,并在组织、技术、宏观政策和资金上做了具体的安排。它从法律上确认了:污染首先应当削减或消除在其产生之前。

美国环境污染防治战略的优先顺序是:污染物应在源处尽可能地加以预防和削减;未能防止的污染物应尽可能地以对环境安全的方式进行再循环;未能通过预防和再循环消除的污染物应尽可能地以对环境安全的方式进行处理;处置或排入环境只能作为最后的手段,也应以对环境安全的方式进行。

（三）欧洲清洁生产的进展

欧洲许多国家把清洁生产作为一项基本国策。欧共体委员会 1977 年 4 月就制定了关于“清洁工艺”的政策。1984 年、1987 年又分别制定了欧共体促进开发“清洁生产”的两个法规，明确对清洁工艺生产工业示范工程提供的财政支持。1984 年有 12 项、1987 年有 24 项已得到财政资助。欧共体还建立了信息情报交流网络，其成员国可由该网络得到有关的环保技术及市场信息情报。

法国政府为防治或减少废物的产生制定了采用“清洁工艺”生产生态产品及回收利用和综合利用废物等一系列政策。法国环境部还设立了专门机构从事这一工作，每年给清洁生产示范工程补贴 10%的投资，给科研的资助高达 50%。法国从 1980 年起还设立了无污染工厂的奥斯卡奖金，奖励在采用无废工艺方面做出成绩的企业。法国环境部还对 100 多项无废工艺的技术经济情况进行了调查研究，其中无废工艺设备运行费低于原工艺设备运行费的占 68%，对超过原工艺设备运行费的给予财政补贴和资助，以鼓励和支持无废工艺的发展和推行。

荷兰在经济部和环境部的大力支持下，实行了“污染预防项目”(PRISMA)，取得了令人瞩目的结果。1988 年秋，荷兰技术评价组织对荷兰公司进行了防止废物产生和排放的大规模清查研究，制定了防止废物产生和排放的政策及所采用的技术和方法（其关键内容是源削减、内部循环利用和行政管理等），并在十个公司中进行了预防污染的实践，其实施结果已编制成《防止废物产生和排放手册》，已于 1990 年 4 月出版。十个公司预防污染的实践结果证明：污染预防项目(PRISMA)在荷兰工业中防止大量废物产生和排放是可能的；防止公司产生大量废物和排放物可以在 1～3 年内实现；通过采用各种预防技术，把生产过程中的不同废物削减 30%是可能的，在特殊情况下，还可削减 80%；在多数情况下，公司中预防措施不存在财政问题，常常无须任何费用调整就能得到实施，同时还能取得可观的效益。近来，荷兰在防止污染和回收废物方面取得了明显的进展，例如：95%的煤灰料已被利用作为原料；85%的废油回收作为燃料；65%的污泥用作肥料；家庭的废纸和废玻璃已有一半以上被收集分类和再生利用。荷兰政府为促进少废无废（清洁生产）技术的开展和利用，可给工厂提供占新设备费用 15%～40%的补贴。

荷兰政府制定了 2000 年防治和回收废物的环境战略目标，明确规定了到 2000 年特别需要引起重视的 29 种废液要达到治理的要求。

丹麦于 1991 年 6 月颁布了新的丹麦环境保护法《污染预防法》，1992 年 1 月 1 日起正式执行。这一法案的目标就是努力预防和防治对大气、水、土壤和亚壤土的污染以及振动和噪声带来的危害；减少对原材料和其他资源的消耗和浪费；促进清洁生产的推行和物料循环利用，减少废物处理中出现的问题。在清洁工艺和回收环节中，规定：

① 对通过采用清洁工艺和回收利用而大幅度减少对环境影响的研究和开发项目提供资助，并对清洁工艺和回收利用方面的信息活动给予资助。

② 对某些会对公共行业或社会整体带来效益的项目可提供高达 100%的资助。

③ 对其结果属于应用性的项目和研究提供不超过 75%的资助。

④ 对工厂中回收研究项目提供 25%的资助。

⑤ 对用于收集所有类型废物设备进行的研究可提供高达 75%的资助。

近年来，加拿大开展了“3R”运动，“3R”为“Reduce”“Reuse”“Recycle”三字的字头，即减少、再生、循环利用的意思。加拿大不列颠哥伦比亚省在全省动员开展“3R”运动，这个运动的范围相当广泛，从省制订大的计划到民间组织自发的活动，形式多种多样。

二、我国清洁生产的进展

自1992年联合国环境规划署在厦门举办清洁生产培训班，首次将清洁生产理念引入中国以来，清洁生产在中国从自发到与国际接轨，其先进理念由小到大、由点及面，取得了显著的社会、环境和经济效益。2003年1月1日起施行的《中华人民共和国清洁生产促进法》标志着我国清洁生产新高潮的到来。

1993年10月在上海召开了第二次全国工业污染防治会议，会上确定了清洁生产在我国工业污染控制中的地位。

1994年3月25日国务院第十六次常务会议讨论通过了《中国21世纪议程》，专门设立了“开展清洁生产和生产绿色产品”这一方案领域。

1996年8月，国务院颁布了《国务院关于环境保护若干问题的决定》，明确规定所有大、中、小型新建、扩建、改建和技术改造项目，要提高技术起点，采用能耗物耗小、污染物排放量少的清洁生产工艺。

1997年4月，国家环境保护局制定并发布了《关于推行清洁生产的若干意见》，要求地方环境保护主管部门将清洁生产纳入已有的环境管理政策中，以便更深入地促进清洁生产。为指导企业开展清洁生产工作，国家环保局还编制了《企业清洁生产审核手册》以及啤酒、造纸、有机化工、电镀、纺织等行业的清洁生产审核指南。

1998年10月国家环境保护总局副局长王心芳代表我国政府在《国际清洁生产宣言》上郑重签字，我国成为《宣言》的第一批签字国之一。

1999年5月，国家经济贸易委员会发布了《关于实施清洁生产示范试点计划的通知》，选择北京、上海等10个试点城市和石化、冶金等5个试点行业开展清洁生产示范和试点。

《中华人民共和国清洁生产促进法》经第九届全国人大第二十八次会议于2002年6月29日通过，于2003年1月1日起施行。

2003年至今制定的相应行业的清洁生产标准如下：《清洁生产标准　铁矿采选业》(HJ/T 294—2006)《清洁生产标准　煤炭采选业》(HJ 446—2008)等与矿山有关的清洁生产标准，以及《清洁生产标准　化纤行业(涤纶)》(HJ/T 429—2008)《清洁生产标准　粗铅冶炼业》(HJ 512—2009)《清洁生产标准　铜电解业》(HJ/T 559—2010)等各行业清洁生产标准。

我国制定颁布了如下清洁生产法规和政策：1995年颁布、2020年修订的《中华人民共和国固体废物污染环境防治法》、分别于2018年和2017年修订后颁布的《中华人民共和国大气污染防治法》《中华人民共和国水污染防治法》均明确规定：国家鼓励、支持开展清洁生产，减少污染物的产生量。1998年颁布、2017年修订的《建设项目环境保护管理条例》明确规定：工业建设项目应当采用能耗小、污染物排放量少的清洁生产工艺，合理利用自然资源，防治环境污染和生态破坏。

各地政府和环保部门相继制定和颁布了若干地方清洁生产政策和法规。

生态环境部推荐的清洁生产标准分为三级：一级代表国际清洁生产先进水平，二级代表国内清洁生产先进水平，三级代表国内清洁生产基本水平。当一个建设项目全部指标达到一级或二级标准时，从清洁生产角度讲，该项目是一个好项目，可以接受。当一个建设项目全部指标达到三级标准，说明该项目在工艺、装备选择，资源能源利用，产品设计和使用，生产过程的废弃物产生量，废物回收利用和环境管理等方面做得一般，作为新建项目，需要在设计等方面作较大的调整和改进，使之能达到国内先进水平。当一个项目全部指标未达到三级标准，从清洁生产角度讲，该项目不可以接受。

第三节　矿山清洁生产

一、矿山清洁生产的必要性

矿山企业的性质决定了必须推行清洁生产。矿业活动主要指采矿、选矿及冶炼三部分。由于矿产资源的特点造成生产工艺复杂、生产流程长、单位产品能耗高、“三废”产生量大等问题，因而矿山企业是环境污染比较严重的行业之一。

鉴于矿产资源的不可再生性，要实现可持续发展必须开展清洁生产。实现矿产资源可持续利用的一个关键问题，就是如何提高资源的利用率乃至永续利用。在我国矿产资源探、采、选、冶各环节中，综合勘探、综合评价、综合开发、综合利用，历来是矿山行业共知的政策措施，但是始终没有收到令人满意的成效。随着我国经济的快速增长和人口不断增加，水、土地、能源、矿产等资源不足的矛盾越来越突出，生态建设和环境保护的形势日益严峻。面对这种情况，企业特别是以矿产资源开发利用为主的有色金属矿山企业，必须按照科学发展观的要求，大力发展循环经济，提高资源利用率，做好二次资源的开发利用就显得尤为重要和迫切。

矿山清洁生产有赖于对矿山环境问题的认识。矿产资源的开发既是资源的利用过程，也是环境的改变过程。矿山开发与其他的工业企业之间存在明显的差异，由于矿产资源储量的有限性，任何一个矿山的开发阶段都是矿山生命周期的主体。因此，对于矿山清洁生产，要关注矿山开发阶段的资源综合利用问题，更要关注与矿山开发相关的环境问题。

采用清洁生产技术可有效解决我国矿山的环境污染问题，从源头上减少污染物的排放，减轻环境污染。

二、矿山清洁生产的措施

矿产资源作为我国一种重要的战略资源和社会经济发展的重要基础原料，在国民经济建设和国防科技建设中有着举足轻重的作用。如何依托资源优势，解决面临的可持续发展与资源有限的矛盾、资源开发与环境保护的矛盾，实行环境友好的矿业开发，是促进各矿山企业提高企业竞争力的重要举措。

（一）建立完善的培训体系

矿山清洁生产首先是一种理念，必须贯穿到矿业开发的生命全过程中去。因此，矿业开发的有关勘探人员、设计人员、管理人员、生产人员必须掌握同类矿山先进的技术、理念和发展趋势，并自觉地应用于矿业开发的实践中，只有这样，清洁生产才有实现的可能性。

清洁生产的主体是企业，必须首先本着提高企业自身各项素质的认识，不流于形式地展开清洁生产的首个任务——培训工作。系统的培训体系包括培训时间、参加人员、培训内容、培训形式。培训时间有定期、不定期，又可分为短期和长期；参加人员必须包括三个层面上的人员：企业决策层（领导）、管理层（机构负责人）、执行层（技术人员和工人）；培训内容要包括各个方面，不仅是清洁生产的理念、技术和审核，还要进行职工综合素质和创新意识的培训。培训形式可以是多种多样的，例如，请专家到矿山讲课，选派人员参加有关的培训班，通过板报等对职工进行宣传教育。在企业清洁生产的具体实施过程中，培训工作至关重要，这对消除企业实施清洁生产的思想障碍、取得企业决策层的支持和参与、宣传清洁生产思想、组建得力机构有着不可或缺的作用。

（二）矿山清洁生产的主要评价指标

矿山清洁生产程度由多种因素决定，根据采选矿山企业的生产特点，可以首先对其中一些主要的指标进行评价，这将有助于矿山企业针对国内外先进企业的同类指标，有的放矢地提出对策和方案，最大限度地提高资源和能源的利用水平，减少环境污染（见本章第四节矿山清洁生产指标体系）。

评价矿山的清洁生产指标是清洁生产审核程序中预评估的重点工作。矿山可以根据自身特点，确定审核重点，设置清洁生产目标。并且可以对矿山拟采用的清洁生产技术和方案进行综合评估，走适合自身的最佳清洁生产道路。

三、矿山清洁生产的途径

清洁生产方案是矿山企业实现清洁生产的具体途径，清洁生产方案的思路包括以下几个方面：

① 在以采选业为主的矿山企业里，开展清洁生产的重点往往是选矿业，这是因为矿床赋存条件、品位、伴生矿物的差异很大，导致采矿方案的差异性，很难确定统一的矿山采矿清洁生产标准。

② 全员参与。企业在产生清洁生产方案时最主要的手段是清洁生产合理化建议的收集和采纳。在这里需要强调的是，由于从事专业、技术能力和所属岗位的不同，所侧重的问题和角度也就不同，为了全面反映和解决企业存在的清洁生产问题，提交的合理化建议应涵盖企业的所有层面。

③ 注重回收利用以及废物资源化。在生产过程中，充分利用各种资源，从降低能源和原材料消耗方面提出和产生方案，可显著提高清洁生产技术水平，清洁生产效果显著。例如，为降低空压机的电耗和充分利用余热，可在排气管上安装套管，并联起来，引入浴室。这样不但节省燃煤，而且可使空压机排管降温，达到节能的目的；破碎产生的大量粉尘，若原先未有效利用，可经论证研究，建设回收设施，每年亦可创造相当可观的效益；选矿厂尾矿的回收利用，例如尾矿分级处理，粗粒尾矿筑坝，细粒尾矿用作井下胶结充填，或将尾矿作为制砖的原料等，可实现尾矿固体废物的零排放。

④ 改进、完善工艺和设备。提高设备运转率是降低生产成本的有效手段，从中产生清洁生产方案，尽可能消除不利的影响因素，提升清洁生产技术水平。从以设备维护和检修为主要内容的设备维修中产生方案，可提高设备完好率，促进生产的连续性。采用先进的设备和技术改造，可提高生产的产能和联系性，降低生产成本，提高生产效率。例如大型球磨机、节能破碎机、大型浮选槽的应用，可在很大程度上提高企业的清洁生产技术水平。选矿工艺和技术是不断提高和进步的，通过企业自身研究以及与科研院所的合作，可对工艺流程进行改进，这也是企业清洁生产的主要方向。

⑤ 改进操作方法。受到技术、原料等条件的限制，可以从改进操作方法方面寻找清洁生产方案。

第四节　矿山清洁生产指标体系

从清洁生产的发展状况来看，矿山的清洁生产明显滞后于其他行业。建立矿山清洁生产指标体系已成为现代矿山企业建设和生产的基本目标，对实现我国矿业可持续发展具有重要作用。

作为抽象理念被接受的清洁生产同可进入操作层的清洁生产之间依然有着很大的距离。因此，推行清洁生产，首先需要解决的问题就是：清洁生产的状态和清洁生产程度的评价指标，以及如何通过这些指标来评估目前清洁生产状况和未来拟采取的清洁生产方案。为此，建立起一套比较完整的矿山清洁生产指标体系，将为矿山企业实施清洁生产提供有力的支持和指导。

一、构建指标体系的基本原则

矿山是一个复杂的系统，对其进行清洁生产分析与评价，首先要解决的问题就是建立指标体系。指标体系是建立在某些原则基础上的指标集合，是一个有机的统一体。建立矿山清洁生产评价指标体系的原则，一般有以下几方面：

① 科学性。指标体系的建立必须在掌握和认识矿区系统的结构与规律的基础上，并能反映出矿区清洁生产的内涵和目标的实现程度。

② 可行性。指标体系要具有可测性和可比性，要在技术上可行，经济上合理。

③ 无关性。指标体系中的各项指标应该互不相关、彼此独立、避免重复。

④ 完备性。指标体系作为一个有机的整体，应该能够反映和测试被评价系统的主要特征和状况，而且还要反映系统的动态变化和发展趋势。

⑤ 稳定性。指标体系内容不宜变动过频，在一定的时间内应该保持相对的稳定。

⑥ 简明易操作性。制定或选用的指标既要能够充分表达清洁生产的丰富内涵，又要考虑到评价工作的易操作性，因而评价指标不能过多，但必须能充分表达清洁生产的意义，做到简单明了，综合性强。

⑦ 特殊性。由于范围及领域不同，选项的指标体系既要将国际公认的清洁生产的普遍性寓于其中，又要体现不同范围、不同领域的特殊性。矿山清洁生产属于区域的范畴，其指标体系要能反映矿区的特殊性。

二、评价指标体系

根据矿山清洁生产的特点，按照层次分析法的要求，建立由总到分的递阶层次结构模型。该模型可分为三层：第一层为总目标层，即清洁生产发展程度；第二层为准则层，即矿山清洁生产评价的主要准则；第三层为评价指标层，即具体描述矿山清洁生产的各项指标。

对于第二层准则以及其下具体指标的选择，主要是以清洁生产的“3R”和生命周期分析原则为指导思想，通过对产品生命周期的全过程进行考察，力争将每一个可能产生污染物的环节考虑其中。下面具体介绍各项准则及其下的具体指标。

① 设备先进性水平。这是一项定性准则，矿山采选生产所使用的装备水平，是清洁生产强调污染预防技术的一个重要方面。所使用的钻机、破碎机、装运机等设备的先进性对生产的能耗、劳动生产率等指标参数有直接影响。

② 资源开发利用水平。这一准则层包括的指标主要有开采回采率、损失贫化率和选矿

回收率、能耗系数(主要以电为主)、清洁水耗系数、资源有毒有害系数以及全员劳动生产率。

③ 污染物产生水平。矿山的污染物主要有采选过程中排放的废气、废水和固体废弃物，因此将废气排放系数、废水排放系数和固体废弃物排放系数作为此类的具体指标。

④ 废物回收利用水平。采矿产生的废石和选矿产生的尾矿，都可以用于再选或者充填采空区等用途，井下和选矿厂产生的废水经过处理可以循环利用。因此，废石和尾矿的综合利用率以及废水的循环利用率可作为此类的评价指标。

⑤ 环境保护水平。这一准则层包括的指标有土地复垦率、大气质量、水质量以及矿山生产过程中的环保管理水平。

⑥ 产品清洁水平。这一准则层包括的指标有清洁产品率和产品使用寿命。

结合矿山具体实际情况所构造的矿山清洁生产指标体系，如图 7-1 所示。

- 矿山清洁生产水平
  - 设备先进性水平
  - 资源开发利用水平
    - 开采回采率
    - 损失贫化率
    - 选矿回收率
    - 能耗系数
    - 清洁水耗系数
    - 资源有毒有害系数
    - 全员劳动生产率
  - 污染物产生水平
    - 废气排放系数
    - 废水排放系数
    - 固体废弃物排放系数
  - 废物回收利用水平
    - 废石的综合利用率
    - 尾矿的综合利用率
    - 废水的循环利用率
  - 环境保护水平
    - 土地复垦率
    - 大气质量
    - 水质量
    - 矿山环保管理水平
  - 产品清洁水平
    - 清洁产品率
    - 产品使用寿命

图 7-1　矿山清洁生产指标体系

第五节　各类矿山清洁生产标准及评价案例

目前，针对矿山采选业已经颁布的清洁生产标准有《清洁生产标准　煤炭采选业》(HJ 446—2008)、《清洁生产标准　铁矿采选业》(HJ/T 294—2006)以及《铅锌行业清洁生产评价指标体系(试行)》。

一、煤炭采选业的清洁生产标准

(一) 清洁生产标准

清洁生产标准规定了在达到国家和地方环境标准的基础上，根据当前的行业技术、装备水平和管理水平，煤炭采选业清洁生产的一般要求。该标准分为三级：一级代表国际清洁生产先进水平，二级代表国内清洁生产先进水平，三级代表国内清洁生产基本水平。

该标准规定了煤炭采选业清洁生产的一般要求，将清洁生产标准指标分为七类，即生产工艺与装备要求、资源能源利用指标、产品指标、污染物产生指标(末端处理前)、废物回收利用指标、矿山生态保护指标、环境管理要求。清洁生产标准适用于煤炭采选业的清洁生产审核、清洁生产潜力与机会的判断，以及清洁生产绩效评定和清洁生产绩效公告制度，也适用于环境影响评价和排污许可证等环境管理制度。

清洁生产标准对一些术语作了定义，具体如下：

① 煤炭采选业：指开采地下煤炭资源并进行物理加工的行业，可以划分为煤炭开采和煤炭洗选加工两个子行业。煤炭开采业的产品是原煤(露天煤矿称为毛煤)，煤炭洗选业的产品是不同粒径和灰分等级的商品煤。

② 综合机械化采煤工艺：指落煤、装煤、运输、支护、采空区处理等工序全部实现机械化。

③ 选煤水闭路循环：指选煤水中的煤泥全部厂内机械回收，洗水全部复用。

④ 煤炭工业废水：指煤炭开采和选煤过程中产生的废水，包括采煤废水和选煤废水。其中，采煤废水指煤炭开采过程中，排放到环境水体的煤矿矿井水或露天煤矿疏干水。选煤废水指在选煤厂煤泥水处理工艺中，洗水不能形成闭路循环，需向环境排放的那部分废水。

⑤ 煤矸石：是煤炭生产过程中产生的岩石的统称[①]，包括混入煤中的岩石、巷道掘进排出的岩石、采空区垮落的岩石、工作面冒落的岩石以及选煤过程中排出的碳质岩石。

⑥ 煤层：含煤岩系中赋存的层状煤体，它是泥炭沼泽中植物遗体经泥炭化作用转变成的泥炭层，被埋藏后又经煤化作用而形成。

厚煤层：地下开采时厚度 3.5 m 以上煤层，露天开采时厚度 10 m 以上煤层；

中厚煤层：地下开采时厚度 1.3～3.5 m 的煤层，露天开采时厚度 3.5～10 m 的煤层；

薄煤层：地下开采时厚度 1.3 m 以下煤层，露天开采时厚度 3.5 m 以下煤层。

（二）煤炭行业清洁生产评价实例

下面以济源市太行煤矿盘区井煤炭资源整合技改项目的清洁生产分析为例说明在煤炭资源开发项目建设中评价煤矿清洁生产水平的内容及过程。

济源市某煤矿生产规模 15 万 t/年。本项目井田内三个主要场地的布置如下：

1. 工业场地

工业场地布置有生产区、矿井水处理区和办公生活区等，分区明确，有主井绞车房、副井绞车房、风机房、矿井水处理系统、储煤场、煤矸石临时堆放场、变配电室和锅炉房等。该工业场地总占地面积 1.5 ha，建构筑物面积为 3 000 m^2，建筑系数 20%，场区内道路面积 150 m^2，绿化面积 2 250 m^2，储煤场占地面积 452 m^2。

2. 主井场地

主井设计为圆形断面，井深 108 m，井直径 3.2 m，井壁厚 0.3 m，掘进断面直径为 3.8 m。井筒结构自＋238 m 标高至＋233 m 为水泥砂浆浇灌，＋233 m 标高至＋130 m 标高混凝土浇筑，厚度 0.3 m。井筒落底后开掘井底车场及相关硐室。主井设置原煤提升罐笼，同时设置作为安全出口的钢丝绳软梯以备矿井发生灾害时井下人员安全撤出。矿井排水系统设置在主井场地内，矿井的正常涌水量 210 m^3/d，最大涌水量 300 m^3/d，pH 值为6.8。矿井排水按照 300 m^3/d 进行设计，矿井排水高度 106 m。原煤出井后经轨道推车至储煤场，储煤场容量 2 000 t。矸石临时堆放场位于主井工业场地内，矸石由窄轨运出后，经人工推车排入矸石临时堆放场，排矸方便，占地面积 100 m^2。矸石临时堆放场定期洒水降尘，减少对周围居民的影响。

3. 副井场地

副井井深 106 m，井直径 2.6 m，井壁厚 0.3 m，掘进断面直径 3.2 m。副井设置正常生产时的人员提升罐笼，还设置作为安全出口的钢丝绳软梯以备矿井发生灾害时，井下人员安全撤出。矿井的风机房设置在副井场地内。矿井采用中央分列抽出式通风，自主井进风，副井回风，工作面为上行通风。在副井口安装旋风通风机。

通风路线：新鲜风自主井入矿井—井底车场—运输下山巷道—运输平巷—采煤工作

① 此为标准中关于“煤矸石”的定义。作者认为，从煤矸石资源化利用的角度出发，煤矸石应为赋存在煤层中以及煤层顶底板的、在采煤过程及选煤过程中排出的含碳岩石和碳质岩石。

面—回风平巷—轨道下山巷道—总回风巷道—由副井风机房排出地面。

综合考虑井田范围内地质构造、已采煤炭资源带等因素，将井田划分为三个采区，首采矿区东北的 C4 块段，续采 C3、C1 块段。首采区布置 2 个工作面。首采工作面斜长 75 m，具体生产系统描述如下。运煤路线：（第一工作面）回风工作面—区段运输平巷—运输下山—井底车场—主井—地面。运料路线：副井下井—副井大巷—轨道下山—区段回风平巷—回采工作面。矸石运输路线与运料方向相反。

根据煤层顶底板岩性、煤层厚度和煤层倾角，采用走向长壁分层采煤法，顶板采用全部垮落法，首采工作面布置于下山的右侧。开采工作面的工艺流程为：打眼放炮—工作面支护、装煤、运输—移输送机—回柱。采用铲车装煤，工作面铺设刮板输送机。

工作面采用技术摩擦支柱铰接顶梁进行支护，工作面支架为一梁一柱，正悬梁布置，柱距 1.0 m，排距 0.5 m，最小控顶距 202 m，最大控顶距 3.2 m，放顶步距 1.2 m。

风流方向：主井—井底大巷—运输下山—区段运输平巷—回采工作面—区段回风平巷—轨道下山—总回风巷—副井排出；主井—井底大巷—运输下山—轨道下山—绞车房—总回风巷—副井排出。

各巷各转载点安装喷雾防尘装置，出煤时洒水喷雾。各转载点经常清理、冲洗，防止煤尘堆积，工作面个人应戴防尘口罩。风巷经常洒水防尘，保证无煤尘飞扬。

经分析，本项目属于小型矿山，项目和煤炭采选业清洁生产标准对比情况见表 7-1。

表 7-1　煤炭采造业清洁生产标准及项目与标准对比

清洁生产指标等级		一级	二级	三级	本项目生产情况
一、生产工艺与装备要求					
1. 总体要求		符合国家环保、产业政策要求，采用国内外先进的煤炭采掘、煤矿安全、煤炭贮运生产工艺和技术设备。有降低开采沉陷和矿山生态恢复措施及提高煤炭回采率的技术措施			
2. 井工煤矿工艺与装备	煤矿机械化掘进比例/%	≥95	≥90	≥70	90
	煤矿综合机械化采煤比例/%	≥95	≥90	≥70	90
	井下煤炭输送工艺及装备	长距离井下至井口带式输送机连续运输（实现集控） 立井采用机车牵引矿车运输	采区采用带式输送机，井下大巷采用机车牵引矿车运输	采用以矿车为主的运输方式	采用带式输送机，井下大巷采用机车牵引矿车运输
	井巷支护工艺及装备	井筒岩巷光爆锚喷、锚杆、锚索等支护技术，煤巷采用锚网喷或锚网、锚索支护；斜井明槽开挖段及立井井筒采用砌壁支护	大部分井筒岩巷采用光爆锚喷、锚杆、锚索等支护技术，煤巷采用锚网喷或锚网支护，部分井筒及大巷采用砌壁支护，采区巷道金属棚支护	部分井筒岩巷采用光爆锚喷、锚杆、锚索等支护技术，煤巷采用锚网喷或锚网支护，大部分井筒及大巷采用砌壁支护，采区巷道金属棚支护	采区巷道采用型钢支护

表 7-1(续)

<table>
<tr><th colspan="2">清洁生产指标等级</th><th>一级</th><th>二级</th><th>三级</th><th>本项目生产情况</th></tr>
<tr><td rowspan="2">3. 贮煤装运系统</td><td>贮煤设施工艺及装备</td><td colspan="2">原煤进筒仓或全封闭的贮煤场</td><td>部分进筒仓或全封闭的贮煤场。其他进设有挡风抑尘措施和洒水喷淋装置的贮煤场</td><td>设置相对封闭的贮煤场</td></tr>
<tr><td>煤炭装运</td><td>有铁路专用线、铁路快速装车系统，汽车公路外运采用全封闭车厢，矿山到公路运输线必须硬化</td><td>有铁路专用线、铁路一般装车系统，汽车公路外运采用全封闭车厢，矿山到公路运输线必须硬化</td><td>公路外运采用全封闭车厢或加遮苫汽车运输，矿山到公路运输线必须硬化</td><td>汽车公路外运采用全封闭车厢，矿山到公路运输线已经硬化</td></tr>
<tr><td colspan="6">二、资源能源利用指标</td></tr>
<tr><td colspan="2">1. 原煤生产电耗/(kW·h/t)</td><td>≤15</td><td>≤20</td><td>≤25</td><td></td></tr>
<tr><td>2. 原煤生产水耗/(m^3/t)</td><td>井工煤矿(不含选煤厂)</td><td>≤0.1</td><td>≤0.2</td><td>≤0.3</td><td></td></tr>
<tr><td rowspan="2">3. 原煤生产坑木消耗/(m^3/万 t)</td><td>大型煤矿</td><td>≤5</td><td>≤10</td><td>≤15</td><td rowspan="2">不使用坑木支护，用钢支护</td></tr>
<tr><td>中小型煤矿</td><td>≤10</td><td>≤25</td><td>≤30</td></tr>
<tr><td rowspan="3">4. 采区回采率/%</td><td>厚煤层</td><td colspan="2">≥77</td><td>≥75</td><td rowspan="3">本项目属于厚煤层，采区回采率 78%</td></tr>
<tr><td>中厚煤层</td><td colspan="2">≥82</td><td>≥80</td></tr>
<tr><td>薄煤层</td><td colspan="2">≥87</td><td>≥85</td></tr>
<tr><td rowspan="3">5. 工作面回采率/%</td><td>厚煤层</td><td colspan="2">≥95</td><td>≥93</td><td rowspan="3">工作面回采率 98%</td></tr>
<tr><td>中厚煤层</td><td colspan="2">≥97</td><td>≥95</td></tr>
<tr><td>薄煤层</td><td colspan="2">≥99</td><td>≥97</td></tr>
<tr><td>6. 土地资源占用/(ha/Mt)</td><td>井工煤矿</td><td colspan="3">无选煤厂 0.1，有选煤厂 0.12</td><td>0.1</td></tr>
<tr><td colspan="6">四、污染物产生指标(末端处理前)</td></tr>
<tr><td colspan="2">1. 矿井废水化学需氧量产生量/(g/t)</td><td>≤100</td><td>≤200</td><td>≤300</td><td>36</td></tr>
<tr><td colspan="2">2. 矿井废水石油类产生量/(g/t)</td><td>≤6</td><td>≤8</td><td>≤10</td><td>—</td></tr>
</table>

表 7-1(续)

清洁生产指标等级	一级	二级	三级	本项目生产情况
3. 采煤煤矸石产生量/(t/t)	≤0.03	≤0.05	≤0.1	0.05
4. 原煤筛分、破碎、转载点前含尘浓度/(mg/m^3)	≤4 000			3 800
五、废物回收利用指标				
1. 当年抽采瓦斯利用率/%	≥85	≥70	≥60	—
2. 当年产生的煤矸石综合利用率/%	≥80	≥75	≥70	100
3. 矿井水利用率/%：水资源短缺矿区	100	≥95	≥90	78
3. 矿井水利用率/%：一般水资源矿区	≥90	≥80	≥70	
3. 矿井水利用率/%：水资源丰富矿区（其中工业用水）	≥80 (100)	≥75 (≥80)	≥70 (≥80)	
3. 矿井水利用率/%：水质复杂矿区	≥70			
六、矿山生态保护指标				
1. 塌陷土地治理率/%	≥90	≥80	≥60	90
2. 排矸场覆土绿化率/%	100	≥90	≥80	不设排矸场
3. 矿区工业广场绿化率/%	≥15			16
七、环境管理要求				
1. 环境法律法规标准	符合国家、地方和行业有关法律、法规、规范、产业政策、技术标准要求，污染物排放达到国家、地方和行业排放标准、满足污染物总量控制和排污许可证管理要求			符合国家、地方和行业的相关要求
2. 环境管理审核	通过 GB/T 24001 环境管理体系认证	按照 GB/T 24001 建立并运行环境管理体系，环境管理手册、程序文件及作业文件齐全	环境管理制度健全，原始记录及统计数据齐全、真实	项目投运后按照 GB/T 24001 建立并运行环境管理体系

表 7-1(续)

清洁生产指标等级		一级	二级	三级	本项目生产情况
3. 生产过程环境管理	岗位培训	所有岗位人员进行过岗前培训，取得本岗位资质证书，有岗位培训记录	主要岗位人员进行过岗前培训，取得本岗位资质证书，有岗位培训记录		项目投运后严格按照环境影响评价要求以及环评的批复文件要求，可达到二级标准
	原辅材料、产品、能源、资源消耗管理	采用清洁原料和能源，有原材料质检制度和原材料消耗定额管理制度，对能耗、物耗有严格定量考核，对产品质量有考核			
	资料管理	生产管理资料完整、记录齐全			
	生产管理	有完善的岗位操作规程和考核制度，实行全过程管理，有量化指标的项目实施定量管理			
	设备管理	有完善的管理制度，并严格执行，定期对主要设备由技术检测部门进行检测，并限期改造，对国家明令淘汰的高耗能、低效率的设备进行淘汰，采用节能设备和技术设备，无故障率达 100%	主要设备有具体的管理制度，并严格执行，定期对主要设备由技术检测部门进行检测，并限期改造，对国家明令淘汰的高耗能、低效率的设备进行淘汰，采用节能设备和技术设备，无故障率达 98%	主要设备有基本的管理制度，并严格执行，定期对主要设备由技术检测部门进行检测，并限期改造，对国家明令淘汰的高耗能、低效率的设备进行淘汰，采用节能设备和技术设备，无故障率达 95%	
	生产工艺用水、用电管理	所有用水、用电环节安装计量仪表，并制定严格定量考核制度	对主要用水、用电环节进行计量，并制定定量考核制度		
	煤矿事故应急处理	有具体的矿井冒顶、塌方、通风不畅、透水、煤尘爆炸、瓦斯气中毒等事故状况下的应急预案并通过环境风险评价，建立健全应急体制、机制、法制(三制一案)，并定期进行演练。有安全设施“三同时”审查、验收、审查合格文件			
4. 废物处理处置		设有矿井水、疏干水处理设施，并达到回用要求。对不能综合利用的煤矸石设专门的煤矸石处置场所，并按 GB 20426、GB 18599 的要求进行处置			煤矸石全部用于烧结砖
5. 环境管理	环境保护管理机构	由专门环保管理机构配备专职管理人员			建立健全完善的环境管理制度，设立专门的环境监测机构，具备部分监测手段，其余部分委托有资质的监测部门进行监测
	环境管理制度	环境管理制度健全、完善，并纳入日常管理			
	环境管理计划	制订近、远期计划，包括煤矸石、煤泥、矿井水、瓦斯气处置及综合利用、矿山生态恢复及闭矿后的恢复措施计划，具备环境影响评价文件的批复和环境保护设施“三同时”验收合格文件			
	环保设施的运行管理	记录运行数据并建立环保档案和运行监管机制			
	环境监测机构	有专门环境监测机构，对水、废气、噪声主要污染源、污染物均具备监测手段	有专门环境监测机构，对废水、废气、噪声主要污染源、污染物具备部分监测手段，其余委托有资质的监测部门进行监测	对废水、废气、噪声主要污染源、污染物的监测，委托有资质的监测部门进行监测	
	相关方环境管理	服务协议中应明确原辅材料的供应方、协作方、服务方的环境管理要求			

表 7-1(续)

清洁生产指标等级	一级	二级	三级	本项目生产情况
6. 矿山生态恢复管理措施	具有完整的矿区生产期和服务期满时的矿山生态恢复计划，并纳入日常生产管理，且付诸实施		具有较完整的矿区生产期和服务期满时的矿山生态恢复计划，并纳入日常生产管理	具有完整的矿区生产期和服务期满时的矿山生态恢复计划

注：① 根据《煤炭工业给水排水设计规范》(GB/T 50810—2012)，水资源短缺矿区是指现有水源供水能力(不含可利用矿井水量)小于最高日用水量60%的矿区；水资源丰富矿区是指现有水源供水能力(含可利用矿井水量)大于最高日用水量2.0倍的矿区；一般水资源矿区是指现有水源供水能力(含可利用矿井水量)为最高日用水量0.6～2.0倍的矿区。

本项目清洁生产结论：

① 煤炭采用带式输送机，井下大巷采用机车牵引矿车运输；设置相对封闭的贮煤场；生产过程管理中，项目投运后严格按照环境影响评价要求以及环境影响评价的批复文件要求，可达到二级标准；建立健全完善的环境管理制度，设立专门的环境监测机构，具备部分监测手段，其余部分委托有资质的监测部门进行监测。清洁生产水平达到二级。

② 资源能源利用的采区的回采率、矿井水的利用率、污染物的回收利用指标、能耗达清洁生产的二级水平，煤矸石综合利用为100%，达一级水平。

③ 总体来说，该项目的清洁生产水平按照评价提出的要求可以达到《清洁生产标准　煤炭采选业》(HJ 446—2008)的二级清洁生产水平。

二、铁矿采选业的清洁生产标准

以平顶山窑厂铁矿石开采项目为例说明井工开采铁矿石项目的清洁生产分析。

该矿山清洁生产分析的主要依据为国家制定的《清洁生产标准　铁矿采选业》。该标准主要用于铁矿采选行业的清洁生产审核和清洁生产潜力与机会的判断，以及清洁生产绩效评定和企业清洁生产绩效公布制度，适用于铁矿采矿(包括地下采矿和露天采矿)和选矿(包括重选、磁选和浮选)。

在达到国家和地方环境标准的基础上，该标准根据当前的行业技术、装备水平和管理水平，共分为三级，一级代表国际清洁生产先进水平，二级代表国内清洁生产先进水平，三级代表国内清洁生产基本水平。考虑到铁矿采选行业的特点，本技术要求采矿类清洁生产指标分为四类，即工艺装备要求、资源能源利用指标、废物回收利用指标和环境管理要求。

根据平顶山窑厂铁矿的矿体特征、开采技术条件、顶底板围岩的稳定程度，开发利用方案设计采用留矿柱的尾砂充填采矿法，本矿属于小型金属矿山。项目与铁矿采选行业清洁生产水平对比情况见表 7-2。

表 7-2　项目与铁矿采选行业清洁生产水平对比情况(地下开采类)

指标	一级	二级	三级	项目水平
一、工艺装备要求				
穿孔	采用国际先进的信息化程度高、凿岩效率高、配有除尘净化装置的凿岩台车	采用国内先进的凿岩效率较高、配有除尘净化装置的凿岩台车	采用国产较先进的配有除尘净化装置的凿岩设备	YT-24 型风动凿岩机,属于国产较先进的配有除尘器净化装置的凿岩设备,湿式凿岩,清洁生产水平二级
爆破	采用国际先进的机械化程度高的装药车,采用控制爆破技术	采用国内先进的机械化程度较高的装药车,采用控制爆破技术	厚矿体采用机械化装药,薄矿体采用人工装药	评价要求采用国内先进的机械化程度较高的装药车,采用控制爆破技术,清洁生产水平二级
铲装	采用国际先进的高效、低能耗的铲运车、装岩机等装岩设备,配有除尘净化设施	采用国内先进的高效、低能耗的铲运车、装岩机等装岩设备,配有除尘净化设施	采用国内较先进的机械化装岩设备,配有除尘净化设施	采用国内先进的高效、低能耗的铲运车、装岩机等装岩设备,配有除尘净化设施,清洁生产水平达到二级
运输	采用高效、规模化、配套的机械运输体系,如电机车运输、胶带运输,配有除尘净化设施		采用国内较先进的机械化运输体系,配有除尘净化设施	井下采用电机车运输,至选矿厂采用胶带运输,配有除尘净化设施,清洁生产水平二级
提升	采用国际先进的自动化程度高的提升系统	采用国内先进的自动化程度高的提升系统	采用国内较先进的提升系统	矿石提升采用单卷筒绞车提升,属于国内较先进的提升机系统,清洁生产水平为二级
通风	采用配有自动控制、监测系统的通风系统,采用低压、大风量、高效、节能的矿用通风机	采用低压、大风量、高效、节能的矿用通风机		采用矿用抽出式通风方式,通风机属于高效、节能的矿用通风机,清洁生产水平为二级
排水	满足 30 年一遇的矿井涌水量排水要求	满足 20 年一遇的矿井涌水量排水要求	满足矿井最大涌水量排水要求	满足 20 年一遇的矿井涌水量,清洁生产水平为二级
二、资源能源利用指标				
回采率/%	≥90	≥80	≥70	≥80(一级水平)
贫化率/%	≤8	≤12	≤15	10(二级水平)

表 7-2(续)

<table>
<tr><th colspan="2">指标</th><th>一级</th><th>二级</th><th>三级</th><th>项目水平</th></tr>
<tr><td colspan="2">采矿强度
/[t/(m^2/a)]</td><td>≥50</td><td>≥30</td><td>≥20</td><td>≥32,清洁生产二级</td></tr>
<tr><td colspan="2">电耗
/(kW・h/t)</td><td>≤10</td><td>≤18</td><td>≤25</td><td>达二级水平</td></tr>
<tr><td colspan="6">三、废物回收利用指标</td></tr>
<tr><td colspan="2">废石综合利用率/%</td><td>≥30</td><td>≥20</td><td>≥10</td><td>≥30,达一级水平</td></tr>
<tr><td colspan="6">四、环境管理要求</td></tr>
<tr><td colspan="2">环境法律法规要求</td><td colspan="3">符合国家和地方相关法律、法规,污染物排放达到国家和地方排放标准、总量控制和排污许可证管理要求</td><td>符合国家和地方法律、法规,矿井涌水超过 67%,用于选矿厂生产</td></tr>
<tr><td colspan="2">环境审核</td><td>按照清洁生产指南的要求进行了审核;按照 ISO 14001 建立并运行环境管理体系,环境管理手册、程序文件及作业文件齐备</td><td>按照清洁生产指南的要求进行了审核;环境管理制度健全,原始记录及统计数据齐全有效</td><td>按照企业清洁生产审核指南的要求进行了审核;环境管理制度健全,原始记录及统计数据齐全有效</td><td>投产后严格按照环评要求可达二级标准</td></tr>
<tr><td rowspan="5">生产过程环境管理</td><td>岗位培训</td><td colspan="2">所有岗位进行过严格培训</td><td>主要岗位进行严格培训</td><td rowspan="5">该项目尚未进行生产,投产后严格按照环评及相关要求可达二级标准</td></tr>
<tr><td>凿岩、爆破、铲装、运输等主要工序的操作管理</td><td>有完善的岗位操作规程:运行无故障,设备完好率达 100%</td><td>有完善的岗位操作规程:运行无故障,设备完好率达 98%</td><td>有完善的岗位操作规程:运行无故障,设备完好率达 95%</td></tr>
<tr><td>生产设备的使用、维护、检修管理制度</td><td>有完善的管理制度,并严格执行</td><td>主要设备有具体的管理制度,并严格执行</td><td>主要设备有基本的管理制度,并严格执行</td></tr>
<tr><td>生产工艺用水、用电管理</td><td>各种计量装备齐全,并制定严格计量考核制度</td><td>主要环节进行计量,并制定严格计量考核制度</td><td>主要环节进行计量</td></tr>
<tr><td>各种标识</td><td colspan="3">生产区内各种标识明显,严格进行定期检查</td></tr>
</table>

表 7-2(续)

指标		一级	二级	三级	项目水平
环境管理	环境管理机构	建立并有专人负责			按照环评要求可达二级标准
	环境管理制度	健全、完善的环境管理制度,并纳入日常管理		较完善的环境管理制度	
	环境管理计划	制订近、远期计划并监督实施	制定近期计划并监督实施	制订日常计划并监督实施	
	环保设施运行管理	记录运行数据并建立环保档案		记录并统计运行数据	
	污染源监测系统	对凿岩、爆破、铲装、运输等生产过程产生的粉尘进行定期监测			
	信息交流	具备计算机网络化管理系统		定期交流	
土地复垦		① 具有完整的复垦计划,复垦管理纳入日常生产管理;② 土地复垦率达到80%以上	① 具有完整的复垦计划,复垦管理纳入日常生产管理;② 土地复垦率达到50%以上	① 具有完整的复垦计划;② 土地复垦率达到20%以上	具有完整的复垦计划,复垦管理纳入日常生产管理;土地复垦率达到80%以上,清洁生产水平二级
废物处理与处置		应建有废石贮存、处置场,并有防止扬尘、淋滤水污染、水土流失的措施			设置废石场,按水保要求设置拦渣、排水设施
相关方环保管理		服务协议中应明确原辅材料的供应方、协作方、服务方的环境要求			已经明确铁矿的销售

从表7-2可以看出本矿井开采在工艺装备方面的清洁生产水平为:

① 该项目凿岩环节使用的是YT-24型风动凿岩机,属于国产较先进的配有除尘器净化装置的凿岩设备,清洁生产水平为二级。

② 评价要求采用国内先进的机械化程度较高的装药车,采用控制爆破技术,清洁生产水平为二级。

③ 评价要求采用国内先进的高效、低能耗的铲运车、装岩机等装岩设备,配有除尘净化设施,清洁生产水平为二级。

④ 井下采用铁轨运输,至选矿厂采用胶带运输,配有除尘净化设施,清洁生产水平为二级。

⑤ 矿石提升采用单卷筒绞车提升,属于国内较先进的提升级系统,清洁生产水平为二级。

⑥ 通风采用矿用抽出式通风方式,通风机属于高效、节能的矿用通风机,清洁生产水平为二级。

⑦ 矿井排水能力可以满足20年一遇的矿井涌水量排水要求,清洁生产水平为二级。

在资源利用方面：回采率大于80%、贫化率为10%、电耗指标达清洁生产水平二级。采矿强度指标达清洁生产水平二级。

在废石综合利用方面：井巷建设初期产生的大约5 700 m^3废石用于工业广场的平整及进厂道路的修建、废石堆放场的挡墙、沉淀水池和排水沟的建设。矿井建设和生产产生的废石充填于已经废弃的露天采矿坑，既处置了本项目产生的废石，又治理了民采所造成的生态环境问题。废石综合利用率≥30%，达清洁生产水平一级。

总体来说，该项目的清洁生产水平可以达到《清洁生产标准　铁矿采选业》的二级清洁生产水平。

三、铅锌行业清洁生产评价指标体系

以河南省淅川县某铅锌矿年产5万t铅锌矿项目为例说明铅锌行业清洁生产评价指标体系。

该矿年产5万t铅锌矿项目清洁生产分析的主要依据为国家发展和改革委员会制定的《铅锌行业清洁生产评价指标体系（试行）》。该指标体系适用于铅锌行业，包括铅锌采矿企业、铅锌选矿企业、铅冶炼企业和锌冶炼企业，本指标体系用于评价有色金属工业铅、锌行业的清洁生产水平，作为创建清洁生产先进企业的主要依据，并为企业推行清洁生产提供技术指导。

该指标体系依据综合评价所得分值将企业清洁生产等级划分为两级，即代表国内先进水平的“清洁生产先进企业”和代表国内一般水平的“清洁生产企业”。

（一）铅锌行业清洁生产定量、定性评价体系

根据矿体的特征、开采技术条件、顶底板围岩的稳定程度，开发利用方案设计采用浅孔留矿法的采矿法，本矿属于小型金属矿山，采用地下开采方式。铅锌矿采矿（地下开采类）企业定量评价指标体系框架见图7-2。

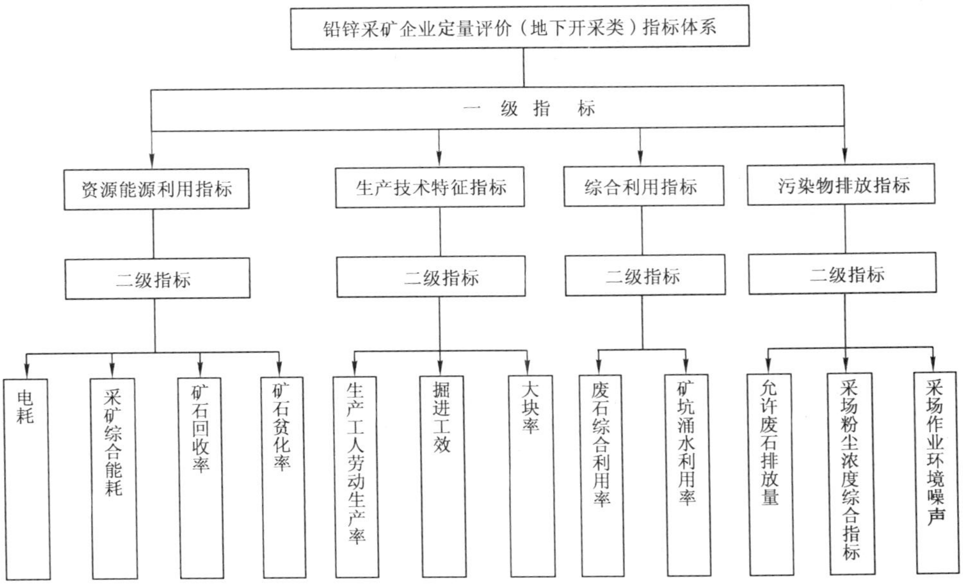

图7-2　铅锌矿采矿（地下开采类）企业定量评价指标体系框架

铅锌矿采矿(露天开采类)企业定性评价指标体系框架见图 7-3。

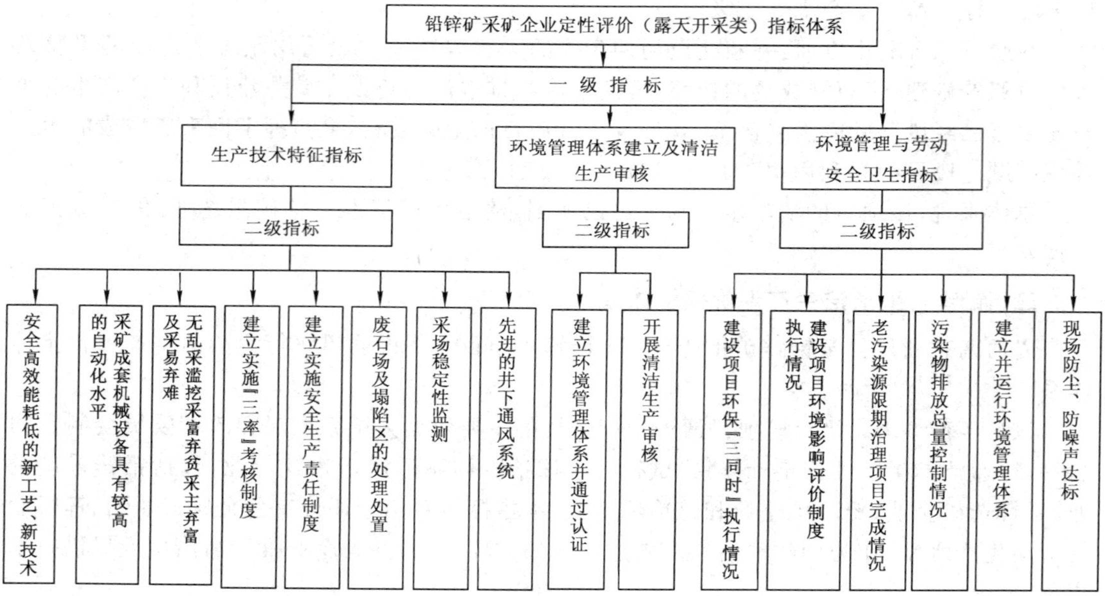

图 7-3　铅锌矿采矿(露天开采类)企业定性评价指标体系框架

在定量评价指标体系中,各指标的评价基准值是衡量该项指标是否符合清洁生产基本要求的评价基准。本评价指标体系确定各定量评价指标的评价基准值的依据是:凡国家或行业在有关政策、规划等文件中对该项指标已有明确要求值的就选用国家要求的数值;凡国家或行业对该项指标尚无明确要求值的,则选用国内重点大中型铅锌企业近年来清洁生产所实际达到的中上等以上水平的指标值。

该定量评价指标体系的评价基准值代表了铅锌行业清洁生产的先进水平。

在定性评价指标体系中,衡量该项指标是否贯彻执行国家有关政策、法规的情况,按"是"或"否"两种选择来评定。

清洁生产评价指标的权重值反映了该指标在整个清洁生产评价指标体系中所占的比重。它原则上是根据该项指标对铅锌企业清洁生产实际效益和水平的影响程度大小及其实施的难易程度来确定的。

铅锌矿采矿企业的地下开采类,其清洁生产评价指标体系的各评价指标、评价基准值和权重值见表 7-3 和表 7-4。

表 7-3　铅锌矿采矿企业定量评价指标项目、权重及基准值(地下开采)

一级指标	权重值	二级指标	单位	权重值	评价基准值
(1) 能源资源利用指标	50	电耗	kW·h/t 原矿	10	25
		采矿综合能耗	kgce/t 原矿	15	10
		矿石回收率	%	15	85
		矿石贫化率	%	10	15

表 7-3(续)

一级指标	权重值	二级指标	单位	权重值	评价基准值
(2) 生产技术特征指标	15	生产工人劳动生产率	t原矿/(人·a)	5	900
		掘进工效	m/工班	5	0.5
		大块率(>500 mm)	%	5	8
(3) 综合利用指标	15	矿坑涌水利用率	%	6	80
		废石综合利用率	%	9	30
(4) 污染物排放指标	20	允许废石排放量	t/t原矿	10	0.5
		采场粉尘浓度综合指标	mg/m^3	5	10
		采场作业环境噪声	dB(A)	5	65

注:评价基准值的单位与其相应指标的单位相同。

表 7-4　铅锌矿采矿企业定性评价指标项目及指标分值(地下开采)

一级指标	指标分值	二级指标	指标分值	备　注
(1) 生产技术特征指标	40	安全高效、能耗物耗低的新工艺、新技术	10	定性评价指标无评价基准值,其考核按对该指标的执行情况给分。 对一级指标“(1)”所属各二级指标,凡采用的按其指标分值给分,未采用的不给分。 对一级指标“(2)”所属二级指标,凡已建立环境管理体系并通过认证的给10分,只建立环境管理体系但尚未通过认证的则给5分;凡已进行清洁生产审核的给15分。 对一级指标“(3)”所属各二级指标,如能按要求执行的,则按其指标分值给分; 对建设项目环保“三同时”、建设项目环境影响评价、老污染源限期治理指标未能按要求完成的则不给分; 对现场防尘、防噪声控制要求,凡粉尘、噪声均有超标要求的则不给分;凡仅有粉尘或噪声超标的,则给2分
		采矿成套机械设备具有较高的自动化水平	10	
		无乱采滥挖、采富弃贫、采主弃富及采易弃难	5	
		建立实施“三率”考核制度	4	
		废石场及塌陷区的处理处置	5	
		采场稳定性监测	3	
		先进的井下通风系统	3	
(2) 环境管理体系建立及清洁生产审核	25	建立环境管理体系并通过认证	10	
		开展清洁生产审核	15	
(3) 环境管理与劳动安全卫生指标	35	建设项目环保“三同时”执行情况	5	
		建立实施安全生产责任制度	5	
		建设项目环境影响评价制度执行情况	5	
		老污染源限期治理项目完成情况	4	
		污染物排放总量控制情况	9	
		建立并运行环境管理体系	3	
		现场防尘、防噪声达标	4	

注:如果铅锌矿采矿企业既有露天开采又有地下开采,其该企业清洁生产综合评价指数的权重值就以露天开采产量和地下开采产量占总产量的百分数计算。比如:某一铅锌矿采矿企业矿石年产量为 a 万 t,其中露天开采矿石年产量为 b 万 t,地下开采矿石年产量为 $(a-b)$ 万 t;露天开采清洁生产综合评价指数为 c,地下开采清洁生产综合评价指数为 d,则该企业清洁生产综合评价指数为 $P=[cb+d(a-b)]/a\times100\%$。

（二）铅锌行业清洁生产评价指标的考核评分计算方法

1. 定量评价指标的考核评分计算

企业清洁生产定量评价指标的考核评分，以企业在考核年度（一般以一个生产年度为一个考核周期，并与生产年度同步）各项二级指标实际达到的数值为基础进行计算，综合得出该企业定量评价指标的考核总分值。定量评价的二级指标从其数值情况来看，可分为两类情况：一类是该指标的数值越低（小）越符合清洁生产要求（如能耗、水耗、污染物排放量等指标）；另一类是该指标的数值越高（大）越符合清洁生产要求（如废水重复利用率、尾矿综合利用率、SO_2利用率、铅冶炼总回收率等指标）。因此，对二级指标的考核评分，根据其类别采用不同的计算模式。

（1）定量评价二级指标的单项评价指数计算

对指标数值越高（大）越符合清洁生产要求的指标，其计算公式为：

$$S_i = S_{xi}/S_{oi} \tag{7-1}$$

对指标数值越低（小）越符合清洁生产要求的指标，其计算公式为：

$$S_i = S_{oi}/S_{xi} \tag{7-2}$$

式中 S_i——第 i 项评价指标的单项评价指数。如采用手工计算时，其值取小数点后两位；

S_{xi}——第 i 项评价指标的实际值（考核年度实际达到值）；

S_{oi}——第 i 项评价指标的评价基准值。

本评价指标体系各二级指标的单项评价指数的正常值一般在 1.0 左右，但当其实际数值远小于（或远大于）评价基准值时，计算得出的 S_i 值就会较大，计算结果就会偏离实际，对其他评价指标的单项评价指数产生较大干扰。为了消除这种不合理影响，应对此进行修正处理。修正的方法是：当 $S_i \geqslant 1.2$ 时，取该 S_i 值为 1.2。

（2）定量评价考核总分值计算

定量评价考核总分值的计算公式为：

$$P_1 = \sum_{i=1}^{n}(S_i \cdot K_i) \tag{7-3}$$

式中 P_1——定量评价考核总分值；

n——参与定量评价考核的二级指标项目总数；

S_i——第 i 项评价指标的单项评价指数；

K_i——第 i 项评价指标的权重值。

若某项一级指标中实际参与定量评价考核的二级指标项目数少于该一级指标所含全部二级指标项目数（由于该企业没有与某二级指标相关的生产设施所造成的缺项）时，在计算中应将这类一级指标所属各二级指标的权重值均予以相应的修正，修正后各相应二级指标的权重值以 $K_i{}'$ 表示：

$$K'_i = K_i \cdot A_j \tag{7-4}$$

式中，A_j 为第 j 项一级指标中各二级指标权重值的修正系数，$A_j = A_1/A_2$，A_1 为第 j 项一级指标的权重值；A_2 为实际参与考核的属于该一级指标的各二级指标权重值之和。

如由于企业未统计该项指标值而造成缺项，则该项考核分值为零。

2. 定性评价指标的考核评分计算

定性评价指标的考核总分值的计算公式为：

$$P_2 = \sum_{i=1}^{n''} F_i \qquad (7\text{-}5)$$

式中　P_2——定性评价二级指标考核总分值；

F_i——定性评价指标体系中第 i 项二级指标的得分值；

n''——参与考核的定性评价二级指标的项目总数。

3. 综合评价指数的考核评分计算

为了综合考核铅锌行业清洁生产的总体水平，在对该企业进行定量和定性评价考核评分的基础上，将这两类指标的考核得分按不同权重(以定量评价指标为主，以定性评价指标为辅)予以综合，得出该企业的清洁生产综合评价指数和相对综合评价指数。

(1) 综合评价指数(P)

综合评价指数是描述和评价被考核企业在考核年度内清洁生产总体水平的一项综合指标。国内大中型铅锌行业之间清洁生产综合评价指数之差可以反映企业之间清洁生产水平的总体差距。铅锌采选冶行业的综合评价指数的计算公式为：

$$P = 0.7P_1 + 0.3P_2 \qquad (7\text{-}6)$$

式中　P——企业清洁生产的综合评价指数，其值一般在 100 左右；

P_1——定量评价指标中各二级指标考核总分值；

P_2——定性评价指标中各二级指标考核总分值。

(2) 相对综合评价指数(P')

相对综合评价指数是企业考核年度的综合评价指数与企业所选对比年度的综合评价指数的比值。它反映企业清洁生产的阶段性改进程度。相对综合评价指数的计算公式为：

$$P' = P_b / P_a \qquad (7\text{-}7)$$

式中　P'——企业清洁生产相对综合评价指数；

P_a——企业所选定的对比年度的综合评价指数；

P_b——企业考核年度的综合评价指数。

4. 铅锌行业清洁生产企业的评定

对铅锌行业清洁生产水平的评价，是以其清洁生产综合评价指数为依据的，对达到一定综合评价指数的企业，分别评定为清洁生产先进企业或清洁生产企业。

根据目前我国铅锌行业的实际情况，不同等级的清洁生产企业的综合评价指数列于表 7-5。

表 7-5　铅锌行业不同等级清洁生产企业综合评价指数

清洁生产企业等级	清洁生产综合评价指数		
	铅锌矿采矿企业	铅锌矿选矿企业	铅锌冶炼企业
清洁生产先进企业	$P \geqslant 90$	$P \geqslant 90$	$P \geqslant 90$
清洁生产企业	$85 \leqslant P < 90$	$80 \leqslant P < 90$	$85 \leqslant P < 90$

(三) 项目清洁生产分析

1. 定量评价指标

该矿年产 5 万 t 铅锌矿石项目的定量评价指标见表 7-6。

表 7-6　本项目定量评价指标

一级指标	权重值	二级指标	单位	权重值	评价基准值	本项目指标	
						评价值	权重值
(1) 能源资源利用指标	50	电耗	kW·h/t 原矿	10	25	30	8.33
		采矿综合能耗	kgce/t 原矿	15	10	12	12.5
		矿石回收率	%	15	85	90	15
		矿石贫化率	%	10	15	10	10
(2) 生产技术特征指标	15	生产工人劳动生产率	t 原矿/(人·a)	5	900	840	4.67
		掘进工效	m/工班	5	0.5	0.6	5
		大块率(>500 mm)	%	5	8	7	4.38
(3) 综合利用指标	15	矿坑涌水利用率	%	6	80	100	6
		废石综合利用率	%	9	30	34	9
(4) 污染物排放指标	20	允许废石排放量	t/t 原矿	10	0.5	0.1	10
		采场粉尘浓度综合指标	mg/m^3	5	10	8	5
		采场作业环境噪音	dB(A)	5	65	65	5

经计算得出：

$$P_1 = \sum_{i=1}^{n}(S_i \cdot K_i) = 94.88$$

2. 定性评价指标

结合表 7-4 对淅川县马头铅锌矿年产 5 万 t 铅锌矿石项目的清洁生产进行分析，本项目定性评价指标分值见表 7-7。

表 7-7　本项目定性评价指标分值

一级指标	指标分值	二级指标	指标分值	本项目分值	备　注
(1) 生产技术特征指标	40	安全高效、能耗物耗低的新工艺、新技术	10	0	定性评价指标无评价基准值，其考核按对该指标的执行情况给分。 对一级指标“(1)”所属各二级指标，凡采用的按其指标分值给分，未采用的不给分。 对一级指标“(2)”所属二级指标，凡已建立环境管理体系并通过认证的给 10 分，只建立环境管理体系但尚未通过认证的则给 5 分；凡已进行清洁生产审核的给 15 分。 对一级指标“(3)”所属各二级指标，如能按要求执行的，则按其指标分值给分； 对建设项目环保“三同时”、建设项目环境影响评价、老污染源限期治理指标未能按要求完成的则不给分； 对现场防尘、防噪声控制要求，凡粉尘、噪声均有超标要求的则不给分；凡仅有粉尘或噪声超标的，则给 2 分
		采矿成套机械设备具有较高的自动化水平	10	0	
		无乱采滥挖、采富弃贫、采主弃富及采易弃难	5	5	
		建立实施“三率”考核制度	4	4	
		废石场及塌陷区的处理处置	5	5	
		采场稳定性监测	3	3	
		先进的井下通风系统	3	3	
(2) 环境管理体系建立及清洁生产审核	25	建立环境管理体系并通过认证	10	5	
		开展清洁生产审核	15	15	
(3) 环境管理与劳动安全卫生指标	35	建设项目环保“三同时”执行情况	5	5	
		建立实施安全生产责任制度	5	5	
		建设项目环境影响评价制度执行情况	5	5	
		老污染源限期治理项目完成情况	4	4	
		污染物排放总量控制情况	9	9	
		建立并运行环境管理体系	3	3	
		现场防尘、防噪声达标	4	2	

经计算得出：
$$P_2 = \sum_{i=1}^{n''} F_i = 73$$

3. 综合评价指数的考核评分计算

铅锌采选冶行业的综合评价指数的计算公式为：
$$P = 0.7P_1 + 0.3P_2 = 0.7 \times 94.88 + 0.3 \times 73 = 88.32$$

4. 清洁生产的评定

结合表 7-6 对河南省淅川县码头铅锌矿的清洁生产进行评定，$85 \leqslant P = 88.32 < 90$，清洁生产水平达到《铅锌行业清洁生产评价指标体系（试行）》的清洁生产企业水平。

第八章 矿山地质灾害与防治

矿产资源开发过程中,与地质环境进行着物质和能量交换与转移的矿业活动,是影响矿山地质环境变化的主要因素。矿业活动对地质环境具有长期而复杂的影响。随着人类社会经济的发展,开发利用矿产资源的规模和强度不断加大,这种影响在时间和空间上将日趋显著,强烈地改变和破坏了矿山地质环境的地应力平衡系统,使得地应力在重新调整过程中产生了多种地质灾害,如崩塌、滑坡、泥石流、地面塌陷、地裂缝、水土流失、荒漠化等。矿山地质灾害不仅威胁矿山人群的生命安全,破坏井下及地表矿山建筑,同时也对矿山水环境、大气环境、土壤环境和生态环境造成严重影响。

为保护矿山地质环境,减少矿产资源勘察开采活动造成的矿山地质环境破坏,保护人民生命和财产安全,促进矿产资源的合理开发利用和经济社会、资源环境的协调发展,国土资源部颁发了《矿山地质环境保护规定》,于 2009 年 5 月 1 日起施行,并根据 2019 年 7 月 16 日自然资源部第 2 次部务会议《自然资源部关于第一批废止修改的部门规章的决定》第三次修正。

第一节 地质灾害的概念

一、地质灾害的概念

我国地域辽阔,人口集中,自然环境系统复杂,地质灾害的灾种多,灾害频繁,是个多灾国。由于我国在地球系统中的特殊条件,加之人类活动的影响,地质灾害无论在强度上还是在规模上都名列世界前茅,地质灾害造成的伤亡人数每年都达数万人,居世界首位。

我国发布的《地质灾害防治条例》中所指的地质灾害往往是指地壳运动及其发展演化过程中,由各种地质作用(自然的、人为的或综合的)形成和出现的灾害性地质事件,使地质环境产生突发的或累进的破坏,造成人类生命财产损失的现象或事件。地质灾害在空间和时间上的分布和活动,受控于自然环境,又与人类活动有关,存在着人类与自然界的相互作用。

它主要强调以下几方面:

① 地质灾害是由于地质作用产生的灾害(必须是通过地质作用产生的灾害,因自然因素或者人为活动引发的危害人民生命和财产安全的火灾等与地质作用无关的灾害,不属于地质灾害)。地质作用包括内动力地质作用(如地质构造运动)、外动力地质作用(如风化、剥蚀等)。

② 地质灾害是在自然和人为因素的作用与影响下形成的灾害(由于人类对自然的无度索取,近年来发生的严重地质灾害中有半数以上与人为因素有关)。

③ 地质灾害是对人民生命和财产安全造成危害和潜在威胁的灾害(对人民生命和财产安全没有或者不会造成危害和潜在威胁的灾害,不属于地质灾害)。这体现了“以人为本”的思想和实事求是的精神。

④ 地质灾害的类型主要是山体崩塌、滑坡、泥石流、地面塌陷、地裂缝、地面沉降等灾害。

二、中国主要地质灾害概况

根据《中国地质灾害与防治》，主要地质灾害概述如下：

（一）崩塌、滑坡、泥石流灾害（简称崩滑流灾害）

中国是崩滑流灾害十分严重的国家。据卫星照片资料，全国有灾害点100万处以上，经调查证实的大型、特大型灾害7 800多处。中华人民共和国成立以来，共发生破坏性较大的灾害5 000多次，造成重大损失的严重灾害事件有1 000多次。如1969年8月云南省大盈江流域弄璋区南拱泥石流，使新章金、老章金两村被毁，97人丧生，经济损失近百万元。1989年7月11日，一场暴雨在乌兰木伦河形成含沙石量高达1 360 kg/m^3的泥石流过程，形成淤平坑井11处和露天矿坑9处。其中马家塔矿泥沙淤积厚6～7 m，达15万m^3。泥石流冲毁两岸矿堤1 870 m，水浇地600亩，路基挡墙60 m，铁轨悬空，中断行车一个多月，直接经济损失2 000多万元。

崩滑流灾害分布广泛。在全国各省（市、自治区）中，除上海等个别省（市、自治区）外，许多省（市、自治区）均受到不同程度的危害。特别是斜贯中国中部的辽、京、冀、晋、陕、甘、鄂、川、滇、贵地区，由于地处中国西部高原山地向东部平原、丘陵过渡地带，地形起伏切割剧烈，同时许多地区暴雨强烈，加上人为破坏植被和改造地表斜坡、岩土的活动广泛而又严重，崩滑流特别发育，不但分布密度大，而且活动特别频繁，是我国崩滑流灾害严重的地区。

1. 长白山、燕山-太行山密集带

主要以泥石流为主，其次有少量滑坡，局部有崩塌。主要分布在辽宁的凤城、宽甸、岫岩，河北的青龙，北京的怀柔、密云等地区。受暴雨影响，常发生群发性泥石流，造成严重人员伤亡和财产损失，并加剧了水土流失和环境恶化。

2. 黄土高原密集区

主要为黄土滑坡，其次为泥石流。以西部的陇中高原和中部的陕北高原最严重。特别是在黄河上游主流和主要支流沿岸以及铁路沿线尤为发育。因此，崩滑流灾害除造成人员伤亡和财产损失外，还威胁水利工程和铁路安全。此外，进一步促进了水土流失活动，加剧了生态环境恶化。

3. 秦岭-大巴山密集区

以泥石流、滑坡为主，其次为崩塌。以白龙江和汉水流域最发育。崩滑流灾害除造成严重人员伤亡和财产损失外，还对宝成铁路和许多公路造成严重威胁。

4. 长江三峡密集带

以滑坡和崩塌（危岩）为主，其次是泥石流。广泛发育在宜昌-重庆之间的长江沿岸。崩滑流不但数量多、密度高，而且有许多规模特别大的崩滑体，如链子崖危岩体、黄蜡石滑坡、新滩滑坡、鸡扒子滑坡等。崩滑流活动频繁，不但造成严重人员伤亡和财产损失，而且严重威胁长江航运安全和重庆等一些城市发展。

5. 龙门山、横断山、五莲峰、乌蒙山密集区

以滑坡、泥石流为主，崩塌（危岩）次之。以鲜水河、大渡河、安宁河、雅砻江、金沙江、澜沧江最发育。崩滑流数量多、密度大，活动特别频繁，不但造成严重人员伤亡和财产损

失，而且严重破坏水土资源和生态环境，是导致这些地区经济落后、居民贫困的重要原因之一。

6．云贵高原密集区

主要为滑坡、泥石流，其次为崩塌。以澜沧江、元江流域最发育，崩滑流数量比较多，密度比较大，活动比较频繁，对人民生命财产以及水土资源和生态环境造成严重破坏。

此外，在西北的天山、祁连山、青藏高原的念青唐古拉山，华南和东南沿海的仙霞岭、武夷山和台湾山脉的一些地区崩滑流灾害也比较严重。

（二）岩溶塌陷

我国岩溶塌陷灾害十分严重，据初步调查，全国有岩溶塌陷 3 000 多处，塌陷坑约 33 200 个，塌陷总面积 330 km^2。

中国岩溶塌陷广泛发育在 24 个省（市、自治区），以广西、湖南、贵州、广东、河北、江西、云南等省（自治区）最严重。从地理分布看，主要分布在长白山-燕山-吕梁山-四川盆地-哀牢山以东区域。该区域内可划分为两大岩溶塌陷分布区：秦岭和淮河以北的北方岩溶塌陷分布区和以南的南方岩溶塌陷分布区。北方岩溶塌陷区主要分布在辽东半岛、伏牛山山麓及一些山间盆地；南方岩溶塌陷区主要分布在川东山地、云贵高原和幕阜山、九岭山、罗霄山、南岭、粤北山地。

（三）地面沉降

目前我国发生地面沉降的城市大约有 70 个。从区域分布看，地面沉降活动主要发生在我国东部地区。

（四）地裂缝

我国地裂缝类型复杂，除伴随地震、滑坡、冻融以及特殊土的胀缩或湿陷活动产生的地裂缝外，主要是伴随构造蠕变活动而产生的构造地裂缝。

构造蠕变地裂缝的分布十分广泛，在华北和长江中下游地区最发育。在该区域中，地裂缝主要集中在汾渭盆地、太行山东麓平原、大别山东北麓平原地区，形成三个规模巨大的地裂缝密集带。此外，在豫东、苏北以及鲁中南等地区，还有一些规模较小的地裂缝发育带。

（五）矿井地质灾害

矿井地质灾害含矿井突水、冲击地压、瓦斯突出、矿井热害、煤自燃等地质灾害。在矿产资源开采中所发生的多种地质灾害，以煤矿矿井地质灾害种类最多，活动最强烈。金属矿产、非金属矿产、油气开采过程也发生一些地质灾害。

矿井突水、突泥主要发生在华北和华南，以河北、山东、湖南等地区的一些煤矿最严重；冲击地压主要发生在东北、华北，其次发生在西南、西北，以北京、辽宁地区的一些矿井最严重；瓦斯突出广泛发生在华南、华北、东北地区的一些煤矿；煤自燃主要发生在西北，其次发生在华北和东北地区，以新疆、宁夏、甘肃的一些煤矿、煤田最严重；矿井热害主要发生在华中、华南地区，以河南、江苏的一些煤矿、铁矿最严重。

（六）特殊岩土工程地质灾害

特殊岩土是指具有特殊工程地质性质的岩土，它们作为工程地基时特别容易失稳变形，从而导致工程设施的破坏。特殊岩土的种类比较多，主要有黄土、膨胀土、淤泥质软土、冻土等，它们的发育情况和危害程度不同。

全国黄土分布面积共 63 万 km^2，其中强烈湿陷性黄土 38 万 km^2，主要分布在华北地区，以黄土高原地区最发育，其次分布在西北和华东的一些地区。膨胀土主要分布在华中、华南、西南地区，以湖北、河南的一些地区最发育，有 21 个省（市、自治区）的 205 个县（市）的房屋等工程建筑受其危害。淤泥质软土主要分布在东部沿海地区，在内陆湖泊、盆地、占河道地带亦有零星分布。淤泥质软土除导致建筑物不均匀下沉外，还常造成边坡失稳。冻土主要分布在东北和青藏高原地区，因此产生的冻胀融沉活动主要危害房屋、桥梁、铁路、公路安全。

（七）水土流失

我国是世界上水土流失特别严重的国家，据调查统计，至 20 世纪末全国水土流失总面积 367 万 km^2，约占国土总面积的 38%。长期以来，我国水土流失呈持续发展态势，其面积、侵蚀强度和危害程度不断加剧，全国平均每年扩展约 1 万 km^2。

水土流失分布非常广泛，以黄土高原地区最严重，长江、珠江中上游和山东半岛、辽东半岛等地区比较严重。其中黄土高原地区水土流失面积 43 万 km^2，年均侵蚀模数约 8 000 t/km^2，平均年流失表土厚度 3.5 cm，泥沙总量 1 316 亿 t。长江流域水土流失面积 56 万 km^2，年侵蚀土壤 24 亿 t。

（八）土地荒漠化

我国现有荒漠化土地共计 261.16 万 km^2，约占国土总面积的 27.20%。广泛分布在西北、华北、东北等区域，以新疆、甘肃、青海、内蒙古、宁夏、陕西、山西、河北等省（区）最严重。

（九）土地盐渍化

全国现有各类盐渍化土地 99 万 km^2，其中现代盐渍化土地 37 万 km^2，残余盐渍化土地 45 万 km^2，潜在盐渍化土地 17 万 km^2。主要分布在东部滨海和西北内陆地区，以青海、西藏、新疆和黑龙江、吉林、辽宁、河北、天津、山东、江苏等省（市、区）最严重。

（十）海水入侵

滨海地区因长期超强度开采地下水或矿井地下水强烈疏干等原因，造成地下水位大幅度下降，甚至低于海平面，地下水与海水的动力平衡遭到破坏，海水沿地下孔隙、裂隙或溶蚀孔洞向陆地扩侵，地下淡水资源遭到破坏的现象称为海水入侵灾害。

我国海水入侵灾害主要是 20 世纪 70 年代以后逐渐发生并不断发展的。据初步调查，全国已发生海水入侵的面积近 1 000 km^2，最大海水入侵距离 10 km 以上。较严重灾害发生地区为：大连市、莱州湾和山东半岛沿海、河北秦皇岛及北戴河沿海，此外在广西北海市和涠洲岛、苏北琼港等地有小面积海水入侵活动发生。

（十一）冻融

冻融是冻胀溶沉的简称，是指在冻土分布区，地表岩土因湿度变化而反复发生冻结与融化的过程或现象。冻融作用可以形成多种地质现象，如冻胀、热熔滑塌、热融沉陷等。这些现象经常破坏铁路、公路、桥梁、房屋等工程设施，导致路基鼓胀、沉陷、房屋开裂变形，威胁工程建筑和交通运输安全。

我国冻融灾害主要发生在高纬度和高海拔的多年冻土分布区，以东北的大兴安岭、小兴安岭和青藏高原地区最严重。

图 8-1 为我国 2019 年全国地质灾害类型构成。

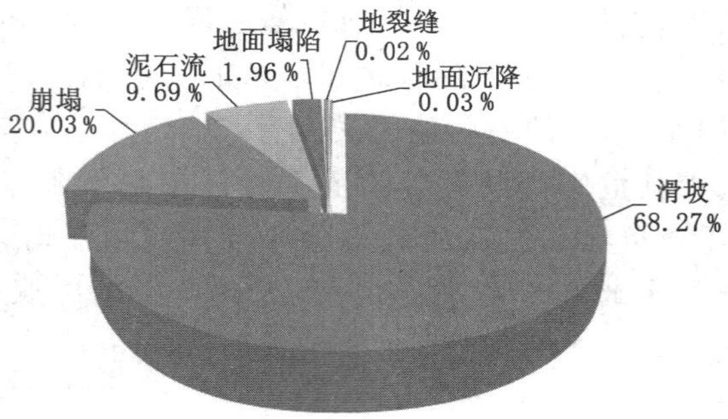

图 8-1　2019 年全国地质灾害类型构成

第二节　矿山地质灾害

目前，我国各类大中型矿山已达 9 000 余万座，资源开采规模居世界第 3 位。矿业的开发为国民经济的快速持续发展提供了重要的原材料及能源物质基础。同时，由于矿山活动直接干涉地质环境，导致矿山环境日益恶化。有关统计显示，我国每年因地质灾害造成的直接经济损失达 300 亿元。因此，合理有效地利用资源、保护矿山环境、防止矿山地质灾害、实现矿业的可持续发展，逐渐为业内人士所共识。

一、矿山地质灾害的概念

矿山地质灾害又称矿井地质灾害、采矿地质灾害，是指在矿床开采活动中，因大量采掘井巷破坏和岩土体变形以及矿区地质、水文地质条件与自然环境发生严重变化，危害人类生命财产安全，破坏采矿工程设备和矿区资源环境，影响采矿生产的灾害。它包括原生地质灾害及与原生地质灾害有成因联系的次生地质灾害，后者往往形成灾害链。矿山开采开山弃石，加剧水土流失，引发地表塌陷、山体滑坡，破坏矿山自然景观；矿山抽排水造成地下水位下降、矿区周围地下水资源枯竭；地下开采诱发地震、岩爆、冒顶片帮、突水、瓦斯爆炸、地面开裂及沉陷等；矿山剥离堆土、尾矿废渣堆积引起地表环境污染，露天尾矿库漏塌、排土场失稳滑移造成泥石流灾害。这些都是矿山地质灾害的具体表现。

二、矿山地质灾害的特点

人为地质作用和自然地质作用及二者的联合作用叠加在矿区地质环境上，就会产生、诱发和加剧矿山地质灾害。矿山地质灾害与一般的地质灾害最突出的区别在于采矿活动是矿山地质灾害产生的主导作用和激发因素，其范围主要限于采矿区、加工区及其附近影响区，不但具有一般地质灾害特性，而且有其自身的特点。尹国勋总结了矿山地质灾害的特点，具有以下几方面。

（一）群发性

采矿工程破坏地质环境的平衡，引起地质环境的反馈，其反馈行为所导致的灾害往往不是孤立的，常在同一矿区的某一时段集中形成灾害群。如顶板灾害、塌陷灾害、井下突水灾害、煤层自燃灾害等可在同一煤矿的某一时段同时或相继发生。由于矿山地质灾害产生机理的多样性，几乎所有的地质灾害都可出现于矿山，其中有些地质灾害是矿山独有的，如井下瓦斯爆炸、井下突水、突泥和尾矿库溃坝等。

（二）衍生性

原生地质灾害还常常衍生一连串的次生灾害，形成一系列有成因联系的灾害链。煤矿生产对环境的影响可分为直接的和间接的，但两种类型的环境影响结果可以认为是一种连锁反应。如顶板灾害—地表塌陷—地裂缝—毁坏耕地，破坏地表建筑物和改变地表径流条件—农作物减产；煤矸石山自燃—矿区大气污染—矿区居民呼吸道疾病；有害矿井水排放—水体污染—土壤污染—有害元素（例如氟）进入农作物—人体—地方病（例如氟骨病）。

（三）区域性

地质灾害受一定区域性条件控制，如受区域性构造条件、区域性岩性组合特征、区域性煤变质条件、区域性地理条件和区域性气候条件的控制和影响。因此，在灾害时空演化和分布上表现出区域性的特点。例如，煤矿区岩溶塌陷和矿井突水灾害，主要发生在石灰岩广布和岩溶发育的区域；煤矿酸性矿井水污染，主要分布于煤层含硫较高的华南地区。

（四）发灾持续时间的多样性

发灾持续时间的多样性受控于内、外动力地质作用的强弱、作用时间和相互影响程度。煤与瓦斯突出、瓦斯爆炸、煤尘爆炸、尾矿库溃坝等，发灾时间短，强度高，破坏性大。采煤塌陷、煤层与煤矸石山自燃、煤矿区地方病、矿区土地盐渍化灾害等则往往具有渐发性、发灾持续时间长等特点。

（五）不可避免性和可防御性

矿山地质灾害的发生是地球内、外动力地质作用的结果，是按一定规律，地应力或地质外动力达到一定程度后发生的。在目前技术经济条件下，乃至今后一定时期内，其发生是不可避免的，但这些灾害随着研究的深入、经验的积累，依靠科技进步预测预报和积极防治，又是可以防御的。

（六）影响的多方面性

矿山地质灾害的影响是多方面性的，从矿工伤亡到对矿区群众心理影响；从直接经济损失到对间接经济损失的影响；从灾害本身到对矿区环境质量的影响；从地质灾害（如采煤塌陷等）到对矿群关系的影响；从矿山经济损失到对本地区经济发展的影响等。由于其影响的多方面性，故对矿山环境地质灾害的防治，影响到本地区的社会效益、经济效益和环境效益。

第三节　地质灾害的分类

我国每年地质灾害造成的伤亡人数都达数万人，居世界首位。为加深对地质灾害的研究，进行地质灾害的分类是必要的。

一、按空间分布状况、发生原因和地质环境或地质体变化的速度分类

按空间分布状况，可将地质灾害分为陆地地质灾害和海洋地质灾害两大类。陆地地质灾害又可分为山区地质灾害（如崩塌、滑坡、泥石流等）、平原地质灾害（如地面沉降、土地沙化等）。海洋地质灾害如海底地震、火山喷发、海啸等。

按发生原因，可将地质灾害分为自然地质灾害和人为地质灾害两大类。自然地质灾害主要由自然作用导致的地质灾害；人为地质灾害主要由人为作用诱发的地质灾害。

按地质环境或地质体变化的速度，可将地质灾害分为突发性地质灾害和缓慢性地质灾害两大类，前者如崩塌、滑坡、泥石流等；后者如水土流失、土地沙漠化等。

二、按动力作用分类

根据不同的地质作用引发的地质灾害，可将地质灾害分为内动力地质灾害和外动力地质灾害两大类。地球内部动力作用引发的称为内动力地质灾害，如地震、地震诱发的海啸、火山喷发、地面升降或倾斜、地裂、岩爆等。地球外部动力作用引发的称为外动力地质灾害，如崩塌、滑坡、泥石流、水土流失、土地沙漠化、土地盐渍化、沼泽化、冲刷淤积、地面沉降、地下海水入侵、塌陷、海岸变迁等。

三、按灾害持续时间和动力作用方式分类

地质灾害包括由于各种原因引起的地质环境和地质体的变异所导致的灾害，也包括由这些原灾害所诱发的、与原灾害有成因联系的次生灾害。对环境地质灾害的研究，涵盖了地质灾害对自然环境和人为环境的影响。本书采用尹国勋教授提出的分类，从灾害所持续的时间和动力作用方式两个方面来划分。

（一）根据灾害持续时间划分

根据灾害持续时间可将地质灾害划分为三类。

1. 突发性地质灾害

这类灾害具有突发、高能、危害性大和持续时间短的特点，如地震（数秒至数分钟）。1976 年 7 月 28 日凌晨 3 点 42 分，唐山发生 7.8 级地震，死亡 24 万人。2008 年 5 月 12 日 14 时 28 分，四川汶川发生 8.0 级地震，死亡 9 万人。火山爆发（数天至数十天，个别常年喷发）、海啸（数小时至数天）、泥石流（数分钟至数小时）、浊流（数小时）、冰川洪水（数小时至数天）、崩塌（数秒至数分钟）、岩爆（数秒）、井下突水、突泥（数分钟至数天）、瓦斯和煤尘爆炸（数秒钟）、煤与瓦斯突出（数秒钟）等。

2. 渐发性地质灾害

这类灾害具有发生相对缓慢、危害不甚剧烈但持续时间较长的特点，如沙漠化（年平均增长率在 1%～3%）、地面沉降（数毫米/年至数厘米/年）、土地盐渍化（数年至数百年）、水土流失（数年至数千年）、地方病（数年至数百年）、煤层及煤矸石自燃（数年至数十年）等。

3. 可突发也可渐发的地质灾害

由于地质环境的复杂性和多样性，以及外力地质作用的强弱变化，下列地质灾害可以是突发的，也可以是渐发的，如滑坡（数秒至数百年）、地裂缝（数分钟至数十年）、岩溶塌陷（数分钟至数十年）、岸边坍塌（数秒至数十年）等。

（二）根据动力作用方式划分

地质作用的能源分为内能和外能。作用在整个地壳，能源来自地球本身（如地应力等）的地质作用称内动力地质作用；作用在地壳表层，能源主要来自地球以外（如风、大气降水等）的地质作用称外动力地质作用，它包括：自然外动力地质作用和由人类活动所产生的人为外动力地质作用。

地质灾害有些是由内动力地质作用产生的，受地应力、岩浆活动、岩性和地质构造等因素的影响和控制，如火山喷发和地震；有些主要是由于外动力地质作用产生的，受地形、岩性、气候等的影响和控制，如泥石流、滑坡和沙漠化；有些则二者兼有之，受内、外地质作用的

共同影响和控制。一种动力作用可以形成多种地质灾害，而不同的动力作用或复合动力作用又可形成同一种地质灾害。

根据动力作用方式，可将地质灾害划分为两大类五亚类，即自然动力类型地质灾害和人为外动力与自然动力复合类型地质灾害两大类。自然动力类型地质灾害包括内动力地质灾害、内动力地质灾害可诱发的灾害以及自然外动力地质灾害三个亚类。人为外动力与自然动力复合类型地质灾害包括人为外动力与自然内动力复合类型地质灾害和人为外动力与自然外动力复合类型地质灾害两个亚类（图 8-2）。

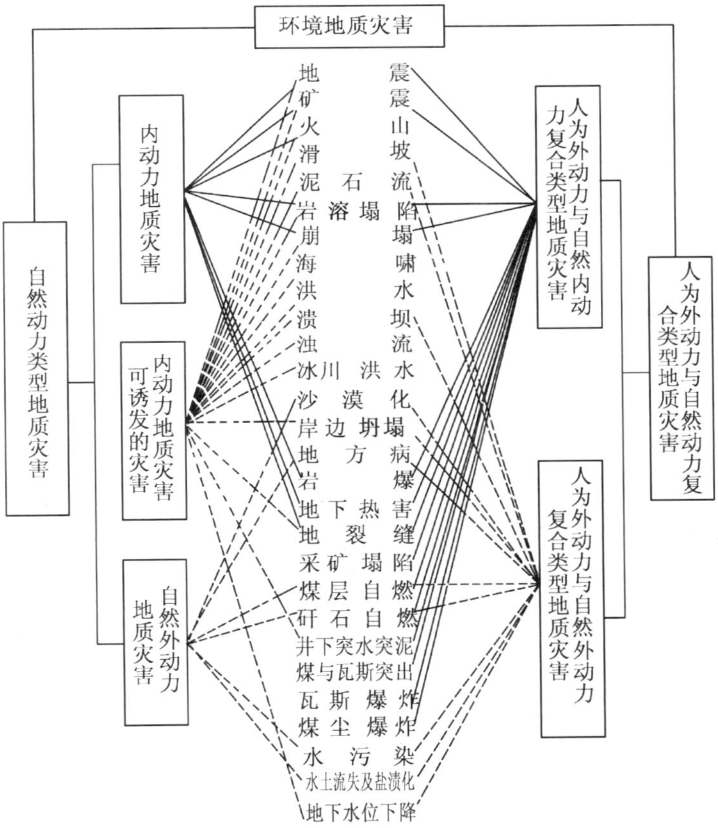

图 8-2　环境地质灾害分类（据尹国勋，1997）

第四节　矿山主要地质灾害

一、我国矿山地质灾害诱发的环境问题

我国矿产资源的开发，特别是不合理的开发、利用，已对矿山及其周围环境造成污染和破坏，而这些环境问题大多是矿山环境地质灾害造成的，或与其有直接联系。越来越突出的环境问题不仅威胁到人民生命安全，而且严重制约了国民经济的发展。2008 年 5 月，国土资源部统一部署、中国地质调查局组织实施的《全国矿山地质环境调查综合研究与成果集成》，历经五载，已由中国地质环境监测院牵头并联合全国 31 个省级地质环境监测总站完成

并通过专家评审鉴定。这标志着全国矿山地质环境现状调查全面完成。

据统计，到 2015 年底，全国矿山开采共引发各类地质灾害 26 365 起，造成直接经济损失 361.6 亿元，矿业活动共破坏土地 303 万 ha，矿山固体废弃物累计积存量约 483.07 亿 t，平均每年抽排地下水约 60 亿 t，排放废水超过 47 亿 t。在建矿、采矿过程中，强制性抽排地下水以及采空区上部塌陷使地下水、地表水渗漏，严重破坏了水资源的均衡和补给、排放条件，导致矿区及周围地下水位下降，引起植被枯死等一系列生态环境问题。通过对所调查的矿山进行综合研究与分析评估，发现所有矿业活动都对矿区地质环境造成影响，而以严重影响和较严重影响为主。矿产资源开发对城区及周边地质环境造成一定影响的矿业城市有 231 个，其中严重影响的 30 个。

在生态环境极为脆弱的西北地区，由于矿业开发引起的崩塌、滑坡、泥石流、地面塌陷、地裂缝等地质灾害数量多、危害大。陕西省矿产资源丰富，区域分布特色明显，开发规模与开采强度大，导致陕西省内产生的矿山地质灾害数量较多，对人类的生命财产安全造成严重的危害。由矿业开发引发的地质灾害共 683 处，其中地面塌陷 299 处，地裂缝 132 处，滑坡 111 处，泥石流 78 处，崩塌 43 处，矿坑突水 20 处。榆林、延安、铜川、渭南与汉中矿山地质灾害数量较多，其他区域灾害相对较少。宁夏回族自治区地质灾害现象亦不容乐观，据宁夏矿山地质环境调查数据统计，全区共发生矿山地质灾害 136 处，其中崩塌 11 处，滑坡 15 处，泥石流 11 处，地面塌陷及地裂缝 84 处，矿坑突水 12 处，煤层自燃 3 处，共造成 107 人死亡，直接经济损失达 6 503.62 万元，地面塌陷等地质灾害破坏土地 8 160.43 ha。地质灾害造成损失最严重的区域分布在石嘴山惠农采煤区和灵武采煤区。

二、矿山地质灾害的主要类型

矿业活动诱发的地质灾害主要是人为地质作用所致。

煤矿山的地质灾害数量最多，影响面积最大，经济损失最重，而金属矿山造成的人员死亡最多。同时矿山地质灾害发生的数量与矿山规模、开采方式有关，大中型矿山大多为国有企业，管理规范及开采技术水平较高，造成的地质灾害数量相对较少，而小型矿山多为集体和私营企业，开采技术水平和设备相对落后，环保意识淡薄，群采乱挖现象严重，造成的地质灾害数量远远大于大中型矿山。不同的开采方式诱发的地质灾害数量差别较大，井下开采诱发的地质灾害数量是露天开采的近 20 倍，井下开采造成的地质灾害类型主要为地面塌陷、地裂缝，露天开采诱发的地质灾害类型则以滑坡、泥石流、崩塌为主。不同类型的地质灾害对矿区及周边环境的破坏程度，对人民生命、财产和地面设施的危害程度也是不同的。

（一）采空区塌陷与地面塌陷

采用空场法、留矿法、崩落法等开采地下矿床形成巨大的采空区，在顶板岩层的载荷作用下，采空区达到一定规模后会发生大面积崩陷，造成重大灾害。地面塌陷是常见的矿山地质灾害，也往往是采空区塌陷的地表反映。塌陷还影响山体、斜坡稳定，导致地面开裂、崩塌和滑坡等地质灾害。

据不完全统计，目前采矿破坏土地面积达 400 万 ha，全国因采矿引起的塌陷 180 余处，塌陷坑 1 600 多个，面积 1 150 多 km^2，全国发生因采矿塌陷受害的城市有 30 多个。每年因采矿地面塌陷造成的损失达 4 亿元以上。如河北寿王坟铜矿、黑龙江西林铅锌矿、弓长岭铁矿、西石门铁矿、画眉坳钨矿、小龙钨矿、盘古山钨矿等矿山都发生过大面积采空区崩塌，其中一些矿山导致严重的经济损失和灾害事故。如盘古山钨矿大面积采空区崩塌使该矿的 7

大工艺系统和 4 个采矿中段破坏，损失工业矿量 30 万 t，企业生产能力连续 4 年平均下降 45%。

典型的地面塌陷如陕西铜川煤矿区，含煤面积 387.20 km^2，煤炭开采已有上千年的历史，多年的煤炭开采，累积造成地面塌陷总面积 168.41 km^2，受损民宅 24 539 户 76 712 人，受损面积 149.6×10^4 m^2，造成学校、医院、卫生所、服务网点、供排水管道、交通、通信、供电等基础设施严重受损，矿区水源地受到破坏。因水位下降，上马、东王、红土、瑶曲水源地的供水量大幅度减少，水井由原来的承压水自喷井到目前的许多水井时常出现吊泵现象，部分村庄贮水窑被毁(图 8-3)。20 世纪 90 年代，地面塌陷引起塬畔村某村民窑洞倒塌，造成 2 人死亡。大范围的采煤塌陷给铜川市人民生活和生产带来了困难，由此引起了中央政府的高度关注，2005 年 12 月国家发展和改革委员会批准了治理铜川煤矿塌陷区的项目，总投资 8.415 5 亿元，主要用于塌陷区治理和居民搬迁房屋等配套设施的建设。

图 8-3　陕西铜川煤矿区瑶曲镇的塌陷坑

(二) 崩塌、滑坡

不合理的开采方式会造成陡坡上的岩石土体被直立裂缝分割，因岩体下部空虚，上部岩(土)体垮落，造成崩塌。斜坡上的土体或岩体受雨水、地下水、人工切坡以及岩性(松软滑坡体下往往为坚硬岩体)、产状和构造等因素的影响，整体或分散的顺坡向下滑动引发滑坡。崩塌与滑坡的显著区别之一是，前者没有完整的滑体和滑床，灾害规模较小，破坏面积不大，造成的人员伤亡和经济损失较泥石流、滑坡灾害少。

我国的滑坡和崩塌主要分布在：

① 中、新生代陆相沉积厚度大或其他易形成滑坡的岩土体的地区。

② 新构造活动的频度和强度大的地区(含强震区)。

③ 地表水侵蚀切割强烈的高中山地区。

④ 暴雨集中且具有形成滑坡、崩塌地质背景的地区。

⑤ 人类活动强度大，对自然环境破坏严重的地区。

《全国地质灾害通报(2019 年)》显示，仅 2019 年，以采矿和切坡等人为因素为主引发的山体滑坡、崩塌、泥石流等地质灾害就达到 277 起，占全年地质灾害发生总数的 4.48%。受西北地区多个矿山采空塌陷的影响，坡体失稳，加上七八月份西北地区出现的持续性较强降雨，多处矿山发生滑坡和崩塌事件，致使附近村落部分房屋以及公共设施损毁倒塌，造成了巨额损失。

(三) 泥石流

泥石流灾害在露天矿和井工矿山均会发生。

堆积在山坡上的坡积物、废石、尾矿等碎屑物质，在大气降雨或重力作用下形成泥石流，根据所携带碎屑物质的类型和比例，泥石流还可细分为石流、泥流和泥石流。露天矿山，雨季形成的滑坡和崩塌可演化为泥石流，并冲进露天矿坑，造成重大灾害。在井工矿山，特别是采用崩落法开采的矿山，当崩落范围贯通地表时，地表泥石和水极易从崩落通道涌入地下采场作业面而形成泥石流。

2008 年 9 月 8 日，山西临汾市襄汾县陶寺乡塔儿山矿区因暴雨发生泥石流(图 8-4)，致使该铁矿废弃尾矿库被冲垮。宽约 600 m、长约 3 km 泥石流将下游的一个农贸集市和两个村子的部分房子冲垮，灾害造成 50 多人遇难，35 人受伤。

图 8-4　泥石流垮塌口全景

(四) 荒漠化

在脆弱的生态环境地域，由于剥除矿体表层土壤，破坏了地表植被，加速和扩大了自然因素所引起的土壤破坏和岩石的侵蚀，造成水土流失，进而使土地出现荒漠化。根据我国第五次荒漠化和沙化土地监测数据显示，全国荒漠化土地面积 261.16 万 km^2，占国土面积的 27.20%；沙化土地面积 172.12 万 km^2，占国土面积的 17.93%；其范围涉及 18 个省、471 个县(以西北及内蒙古 6 省区最为严重，占全国荒漠化面积的 71.1%)。我国政府一直非常重视土地荒漠化的生态治理工作，通过多年治理成效显著，21 世纪以来荒漠化、沙化土地面积连续三个监测期实现了“双缩减”，与第四次监测(2009 年)相比有明显好转，呈现整体遏制、持续缩减、功能增强的良好态势。

(五) 坑内岩爆

坑内岩爆又称矿山冲击，这是因矿坑周边和顶底板围岩在受到强大的地壳应力作用而被强烈压缩，一旦因采掘挖空出现自由面，即有可能产生岩石地应力的骤然释放，导致岩石大量破裂成碎块，并向坑内大量喷射、爆散，给矿山带来危害和灾难。随着矿山开采深度的加大，围岩地应力逐渐提高，岩爆发生的数量、强度以及造成的损失也随之增大。地应力的大小与岩爆的发生密切相关，开采深度加大是地应力提高的重要原因之一，所以开采深度是影响岩爆不可忽视的因素。有的学者提出了岩爆临界深度的概念，并对主要采矿国家岩爆临界深度进行了统计，统计结果如表 8-1 所列。

表 8-1　主要采矿国家岩爆发生的临界深度

国家名称	美国	加拿大	波兰	德国	南非	印度	英国
临界深度/m	150	180	240	300	300	480	600

从表 8-1 提供的数据可以看到，不同国家岩爆发生的临界深度差别很大，从 150 m 到 600 m 不等，规律性不强。由此可以认为，开采深度是判断岩爆发生可能性的重要依据，但不是唯一的依据。矿山开采达到一定深度以后，必须加强开挖地段与岩爆有关的地质条件研究，采取防范措施，才能避免或减少岩爆的发生。

在不同的开采地段，岩爆发生的数量和强度有所不同。不同强度的岩爆表现形式也有所不同。轻微的岩爆，表现为小岩块的弹射，同时伴有响声和尘雾。比较强烈的岩爆，可在巷道两侧或顶板围岩产生剪切裂隙，有岩块向坑道挤出，或发生小规模的坑道片帮、崩落等现象。岩爆发生时坑道内尘雾弥漫，并伴有巨大的响声，地表有轻微震感。强烈的岩爆，岩体发出类似大爆破的响声，巷道帮壁、顶板发生较大规模的剪切破坏，破坏深度可达 1 m，影响范围可达数十米，较大的岩块向坑道内喷出，岩爆作用相当于数百公斤炸药释放的能量，岩石崩落量达数十立方米，岩爆发生处坑道顶板可发生轻微下沉，地表能够听到巨大的响声并有明显震感。

这种破坏过程中伴随着弹性应变能的突然释放而强烈地冲击采矿工作面、采掘设备及采矿人员。岩爆具有突发性、猛烈性的特点，往往难于防范，严重的岩爆会导致重大人员伤亡、毁坏矿井、诱发矿震等，是深矿井开采中最为严重的灾害之一。

(六) 地裂缝

地裂缝在矿区多有发生。在矿山，地裂缝主要是由于地表塌陷或矿井抽水致地下水位下降等原因形成的。主要危害是破坏耕地、毁损地表建筑物，导致铁轨扭曲、公路下沉，危及矿山设施和人居安全等。在平原和低洼区，易造成地表大面积积水、农田被淹，或洼地积水沿裂隙下渗引发矿井透水等事故。地裂缝一般不会直接造成人员伤亡，主要造成地表建筑物开裂、土地裂缝，降低土地的使用价值。地裂缝在山地、丘陵区易诱发山体开裂，形成崩塌、滑坡等灾害链。在干旱地区，地裂缝导致地表水下渗而使流量减小甚至断流，地下水位下降或井泉干枯，导致地表植被死亡，引发或加剧土地沙漠化，使本已脆弱的生态地质环境更加恶化。

(七) 矿震

矿震是由矿山开采引起的地震活动。由于采空区坚硬覆岩大面积悬空后，围岩应力集中程度增大，岩体积累的应变能增加，影响范围随之扩大，脆性岩层或煤层中出现微破裂与地声；随着应力继续增加，微破裂和地声频次增加，当微破裂次数与规模使之彼此贯通时，岩体产生宏观破裂，伴随强烈的震动；坚硬覆岩突然脱离母体瞬间垮落，压缩空气产生强大的气流，从而引起矿震危害。它对矿山安全生产危害性极大，是世界深层采矿作业中难以控制的现象之一。

目前世界上有记载的最大矿震是德国东部 Suna 钾碱矿区 1975 年发生的 5.2 级矿震，其次是波兰卢宾铜矿区 1977 年发生的 4.5 级矿震。我国已有门头沟、辽源、六枝化处、大同、北票、陶庄、涟部、抚顺、新汶等矿区的 55 个以上的煤矿发生过矿震。例如，抚顺矿区每年发生矿震达 3 000～4 500 次，级别最高的是发生在 2002 年 1 月 27 日的 3.7 级矿震。北京门头沟最大矿震达 4.2 级，北京市部分地区均有明显震感，这次矿震也是我国矿震级别最高的一次，但并没有造成人员伤亡。

(八) 矿井突水

矿井突水是因井巷、工作面与含水层、被淹巷道、积水老窖、地表水体或含水的裂隙带、溶洞、洞穴、陷落柱、顶板冒落带、构造破碎带等接近或沟通而突然产生的涌水事故。这是最常见的矿山灾害，是我国包括煤矿在内的各类矿床开采中经常遇到的主要地质灾害之一。煤矿发生矿井突水多于金属矿，是制约矿区生产活动和可持续发展的重要因素，其表现形式通常为突、涌、溃、淋水等。突水的危害表现为突发性强、规模大、后果严重。由于其突然和出水量大的特点，常常影响生产或淹井，而且突水后还要负担巨大的排水费用，采煤和矿井安全都受到严重威胁，有时候甚至会造成矿井报废。

据不完全统计，在20世纪末的20多年里，有250多个矿井被水淹没，死亡1 700多人，经济损失高达350多亿元人民币。可以说，20世纪80年代中期，是我国煤矿突水最为严重的时期，当时在开滦、肥城、焦作等矿区连续发生了多起灾难性突水淹井事故。近年来，虽然随着科学技术的进步，煤矿生产过程与建设过程中的装备、工艺、技术都有了极大的提高，但煤矿突水事故却频繁发生。根据近年来的相关统计，在2000年到2017年间，我国共发生1 173起煤矿突水事故，死亡4 760人，其中重特大突水事故100起，死亡1 840人，分别占水灾事故总起数和总死亡人数的8.53%和38.66%。人身伤亡和财产损失惨重，矿井突水事故仍是矿山地质灾害治理的一大难题。

（九）瓦斯爆炸和矿坑火灾

这种灾害最常见于煤矿。由于通风不良，瓦斯积聚易发生爆炸，造成井下作业人员伤亡，矿井被毁。矿坑火灾除见于煤矿外，也见于一些硫化矿床。因硫化物氧化生热，在热量聚积到一定程度时则发生自燃，引发矿山火灾。矿山火灾的危害极大，而且还严重损耗地下矿产资源，如有的煤矿在地下已燃烧上百年，其资源损耗量巨大。此外，矿山火灾对周围环境的危害也令人触目惊心，如一些久烧不熄的矿山，常使当地气候发生改变，农作物和树木大量死亡，田地荒芜，环境严重恶化。

（十）地热

随着开采深度加大，地热危害不断加剧。我国已有许多矿山开采深度达到800 m以下，有的矿山因含硫量高，开采深度又大，地温较高。如凡口铅锌矿的深井，实测岩石温度达41 ℃；安徽冬瓜山铜矿深部实测岩石温度达36～37 ℃；广西高峰锡矿深部矿坑岩石温度达38 ℃以上。矿山地热灾害导致矿工劳动环境恶劣，严重影响有关矿山的正常生产。

第五节　矿区主要地质灾害防治

本节着重介绍滑坡、泥石流、崩塌、地裂缝、地面塌陷、矿区水害与地下水位下降、煤与瓦斯突出、水土流失、荒漠化等问题与防治方法。

一、滑坡

滑坡上的岩石山体在重力作用下沿一定的软弱面（或软弱带）整体地向下滑动的现象称为滑坡，俗称“走山”“跨山”“土溜”等。

与崩塌相比，滑坡在运动过程中基本保持了岩土的完整性，在较平缓的斜坡中仍可发生。在斜坡破坏形式中，滑坡分布最广，危害最大，是矿区主要的地质灾害之一。图8-5为滑坡要素示意图，图8-6为滑坡现象示意图。

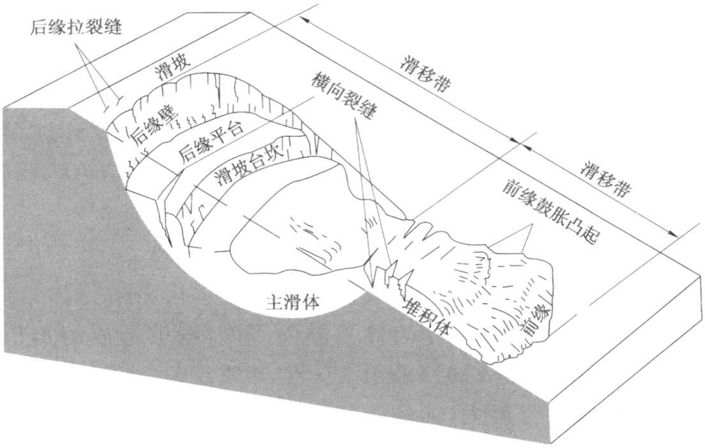

图 8-5　滑坡要素示意图

图 8-6　滑坡现象示意图

（一）滑坡的形成条件

滑坡的形成条件复杂多样，一般分为内在因素和外在因素两个方面。

1. 内在因素

内在因素是指滑坡形成的基础条件，有以下几种形式：

（1）地质构造

地质构造是促使滑坡形成的重要因素，主要是因为：① 不同软弱结构面，控制了滑动面的空间位置和滑坡的周界；② 地质条件决定了山体斜坡地下水的分布和运动规律，如含水层的数目、地下水的补给和排泄等；③ 断裂破碎带提供了物质来源；④ 斜坡的内部结构，包括不同土石层的相互组合情况，岩石中断层、裂隙的特征及其与斜坡方位的相互关系等，这些与滑坡发生的难易程度有密切的关系。

（2）地形地貌

滑坡属山区地质灾害。滑坡地形一般是：滑坡后部有陡斜坡或断壁，其下连接凹地（反坡地形）或平坦地带，然后依次向下为缓斜坡、稍陡的斜坡，下陡、中缓、上陡，上部成马蹄形的环状的折现山坡，且汇水面积大，是发生滑坡的有利地形。各级阶地和剥面间的斜坡地带，也常有滑坡现象。受水流冲刷、淘蚀的山区河流凹岸、黄土地区高阶地前缘斜坡（受水侵蚀，土石强度降低）均易发生滑坡。总体而言，易发生滑坡的地区往往坡向与岩层倾向一致或相近。此外，坡上坡下的相对高度也对滑坡有一定的影响，比高越大，滑坡规模就越大；比高越小，一般不容易产生滑坡。

（3）地层岩性

地层岩性是滑坡形成的物质基础。斜坡体一般由软弱岩石或土体组成，下伏岩石往往是较坚硬的岩石。由于抗剪强度因地层岩性不同而不同，滑坡形成的难易程度也不同。通常，石灰岩、花岗岩和石英岩等组成的斜坡很少发生滑坡现象，主要是因为这些岩石是脆性岩石，致密坚硬、呈块状，抗剪强度大，能经受很大的剪切力而不变形。而页岩、泥岩和其他各种地表覆盖层如黏土、碎石土多是塑性的，土石体的抗剪强度较低。这些地层软弱，容易变形和发生滑坡，为易滑地层。滑坡多发生在软、硬岩性交互产出的地区，且这些地区多为较松软的岩（土）体在上，软弱结构面之下为坚硬的岩石。

2. 外在因素

外在因素分为自然条件和人为条件。自然外在因素是指诱发斜坡滑动的外部营力作用。主要有：① 水流侵蚀，改变坡体形态或增加岩土体负荷，破坏坡体平衡。② 风化剥蚀、地震与火山喷发、地面塌陷以及区域构造应力场变化，可改变斜坡岩土体结构和应力状况，降低岩土体强度和斜坡的稳定性。③ 由于降雨、融雪，大量地表水渗入坡体内部，增加了上覆岩土体的重量，强化了地下水对岩土体的浸润和潜蚀作用，引起孔隙水和动水压力的急剧升高，从而降低结构面之上的岩土体强度和稳定性，导致斜坡失稳。

人为外在因素主要是兴建土木工程等活动，如修建铁路、公路时开挖斜坡、人工切坡或在斜坡上建筑、堆砌、填土、弃土和堆积矿渣，人工爆破，机械振动及人工蓄水、引水等活动，改变斜坡内应力，使其抗剪强度降低、滑动力增大，从而引起滑坡。

（二）矿山滑坡的类型

1. 楔体滑坡

楔体滑坡是最常见的一种滑坡形式，其主要特征是滑动面及切割面均为较大的断层或软弱结构面，通常滑坡规模较小。

2. 顺层滑坡

顺层滑坡为目前发生最多的一种滑坡，是沿已有层面或层间软弱带发生活动而形成的一种滑坡，又分为沿单一层面的滑坡和坐落式平推滑移型滑坡。

3. 倾倒滑坡

倾倒滑坡为反倾边坡，最初沿着边坡岩体中的反倾结构面产生错动，边坡面形成微细的错动裂纹，继而发展为裂缝，随着岩层层面的进一步错动使边坡面的裂缝两侧产生相对的差异变形，并使岩层逐渐向外倾斜直至崩塌。当边坡岩体结构面倾角很陡时，岩体就有可能发生倾倒。此类滑坡往往发生在台阶坡面上，很少导致整个边坡下滑。

4. 圆弧滑坡

圆弧滑坡因滑动面为弧形而得名，常见于土质滑坡。这类滑坡发生通常经过三个阶段，即坡角蠕动变形、滑坡后缘张裂扩张及滑坡中部滑床断裂。前期发展缓慢，中后期发展迅速，滑坡速度很快。

5. 复合滑坡

复合滑坡为上述任两种形式组合而形成的滑坡，常见于具有较厚的第四系覆盖层的岩土质边坡中。第四系覆盖层的土形成近似圆弧状滑面，而下部沿地质结构面特别是软弱结构面发育。

（三）滑坡防治技术

1. 预防措施

矿山滑坡防治工程的意义在于预防和排除因滑坡的发生或重新活动造成对地区及其周围的民房、公共建筑物的危害。在预知滑坡所发生的灾害危害程度及防治工程所需要费用之后，可将居民和建筑物迁到另一安全地带，或进行改移公路、河道等措施。

在矿山滑坡区周围修建土木工程时应注意以下几点：

① 尽可能在滑坡前缘和滑体部位开挖，在滑坡体后部填土。

② 当地形因开挖、填土而发生变化时，要注意排除地表水及地下水，以防水的滞留。

③ 在施工中和竣工后，要特别注意裂缝、隆起、陷落等异常现象，根据需要设置伸缩仪的警报器，或再测定裂缝的开裂情况，由裂缝的变化速度来确定是否暂时停工、躲避或停止通行。

2. 整治措施

矿山滑坡危害极大，人们为制止或缓和滑坡活动，不仅要查明滑坡发生的历史和现状，而且要通过调查，弄清滑坡发生的原理，来制定整治的总体规划。

整治滑坡的方法，归结起来可以分为三类：一是减滑工程；二是抗滑工程；三是其他方式，如图 8-7 所示。所有这些措施，都需要具体情况具体分析，有针对性地使用，才能收到“药到病除”的效果。例如，对于由地下水作用引起的滑坡，在事先弄清地下水补给来源、方式、方向、位置和数量的基础上，主要采用截水盲沟、盲洞、仰斜钻孔等工程加以排除；对于因江河冲刷引起的滑坡，应着重修筑河岸防护工程；对于因挖方修建铁路、公路，破坏了山体平衡，采用抗滑挡墙、抗滑桩等支撑措施来恢复平衡，效果比较显著；对于因地表渗水或自然沟水补给而引起的滑坡体滑动，则宜采取地面铺砌防渗、地表排水及沟床铺砌等措施；对于因滑动带土质不良而引起的滑动，可考虑采用灌浆、焙烧等改良土质的办法，也可以采用疏干工程来减少水的作用；对于大滑坡或滑坡体连续分布的区段，如果处理技术上还不过关，经济上也不合算，可以考虑使工程建筑设施避开滑坡的影响范围；对于中小型滑坡，工程建筑要避开它们正在活动的前部，如果条件允许的话，也可以将小型滑

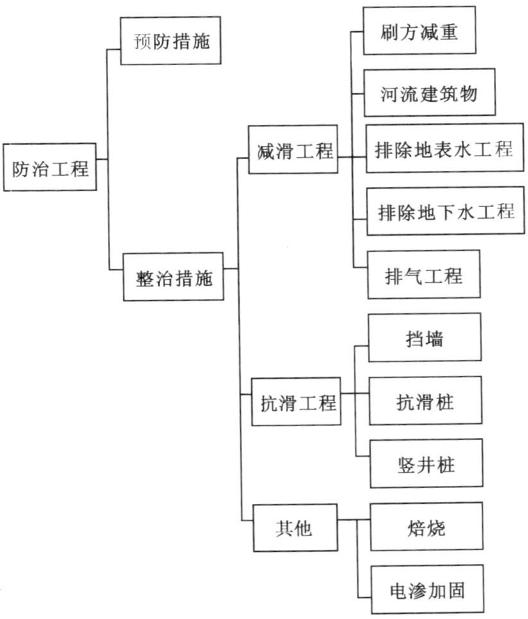

图 8-7　滑坡防治工程分类

坡全部清除。

3. 勘察确定危险程度

矿山滑坡灾害的防治工程不同于一般建筑工程，滑坡灾害防治工程是对致灾地质作用的调整和滑坡变形体的改造工程。因此，必须始终进行对地质的分析研究。勘察工作必须准确查明滑坡的状况，包括致灾作用的性质、成因、变形机制、边界、规模、活动状况、稳定状况及危险程度；参与计算评价的有关岩土物理力学参数及水文地质条件；成灾危害情况，包括可能遭受危害的人、物、设施的位置、规模、价值及可迁移程度；影响治理工程实施的自然条件（地形、水源、天然建材等）及社会条件（交通、能源供应、劳工等），从经济效益、社会效益多方面进行防治，从而确定下步工作。

4. 滑坡灾害防治工程设计考虑因素

滑坡灾害防治工程设计必须根据滑坡活动的成因机制、运动模式、危险程度及防治目标加以制定，对滑坡总体及其不同块段应作有区别的综合考虑。

（1）根据滑坡作用的成因确定主要治理途径

如果滑坡失稳主要是外因造成的，则消除、减少导致崩滑活动的破坏动力来源，视动力性质（类型）及作用特征，采取合理的措施。例如通过改变冲蚀水流的流向、流势，减缓冲蚀强度或修筑抗冲蚀（护坡）工程防治冲蚀型滑坡；通过制止堆积物添加或清方减载防治堆积加载型滑坡；而防治降雨型滑坡，有效方法就是处理好地表及地下水排水。

如果滑坡失稳主要是内因造成的，则可设计增强其自身稳定性的措施。增强变形体自身稳定性的基本原则是减小变形作用力，增强阻抗力。针对滑坡作用机制及运动模式，采取有效的抗衡措施，包括选择适宜的工程结构类型及其实施位置与方向。治理滑坡的具体工程措施，有降低坡高、坡角，在主滑段削方减载，在有效部位施加拦挡工程及排水、防水工程等。

（2）根据滑坡的危险程度和防治目标（安全标准）确定防治工程的强度和工程量

确定防治工程的结构强度和工程量，应以能达到防治目标的要求为准。这也与工程位置的选定有关，比较简便可行的办法是绘制不同安全等级（K 值）的滑坡下滑力曲线图。在图上选取最有利位置使滑坡总体下滑减少为零，其所需的力即为防治工程应有的出力，可据之确定工程的结构强度及工程量。

（3）施工

滑坡灾害防治工程的合理施工也是一件十分重要的事，因为欲加防治的崩滑体，自身稳定性都很差，经不起大的工程扰动，而防治工程施工又难以完全避免扰动，必须将这种扰动限制在变形体能承受的范围之内，不然反而会加剧崩滑变形，甚至失控成灾。锚索（杆）施工的空洞钻掘强度（洞群密度及爆破力），不能对加固岩土体有大的扰动破坏，至于施工锚固力（预应力）也不宜过大，以防将开裂岩体折断，或使土体产生连续性拉张变形带。对土体的锚固，锚头深度必须超过斜坡土体的天然剪切破裂弧面以外。

5. 滑坡防治的基本方法

在防治滑坡时，必须牢记因地制宜，综合治理，力求根治，不留后患。防治工程一般有以下几种基本方法。

（1）排水工程

① 排除地表水：滑坡的发生和发展，与地表水的危害有密切关系。所以，设置排水系统

来排除地表水，对治理各类滑坡都是适用的，对治理某些浅层滑坡，效果尤其显著。

② 排除地下水：地下水通常是诱发滑坡的主要因素，排除有害的地下水尤其是滑带水，成为治理滑坡的一项有效措施。滑坡地下排水系统包括截水盲沟、支撑盲沟、盲洞、仰斜钻孔、渗管、渗井、垂直钻孔以及砂井与平孔相结合、渗井与盲洞相结合等工程设施。

(2) 支挡工程

对于失去支撑而引起的滑坡，或滑床陡、滑动快的滑坡，采用修筑支挡工程的办法，可增加滑坡的重力平衡条件，使滑坡迅速恢复稳定。支撑建筑物的种类很多，有抗滑垛、抗滑桩、抗滑墙、锚固等。这里仅介绍几种主要的支挡工程办法。

① 抗滑片石垛。这是一种用垒砌石块的方法来阻止滑坡体下滑、达到稳定滑坡目的的工程措施。对于滑体不大、滑面位置低于坡脚不深的中、小型滑坡，又有足够的场地和廉价的石料时，就可采用这种工程措施。但是，这种措施不适宜用来治理下滑力较大的大、中型滑坡。对于强地震区的滑坡，由于片石垛本身结构松散，这种措施也同样不宜采用。对于适宜采用抗滑垛的中、小型滑坡，片石垛的基础必须埋置于可能形成的滑面以下 0.5～1.0 m 处，一般都用浆砌片石或混凝土做成厚约 0.5 m 的整体基础。抗滑片石垛的顶宽一般不小于1 m，垛的高度应高出可能向上产生滑动面的位置，垛的外侧坡度通常为 1∶0.75～1∶1.25。码砌石块时，必须平行于基底分层砌筑，石块间尽可能相互咬紧，为了保证片石垛具有良好的透水性能，在垛后需要置放砂砾滤层。

② 抗滑挡墙。这是一种阻挡滑坡体滑动的工程措施，适用于治理因河流冲刷或因人为切割支撑部分而产生的中、小型滑坡，但不适宜治理滑床比较松软、滑面容易向下或向上发展的滑坡。由于滑坡的推力较大，抗滑挡墙比一般的挡土墙要设计得宽大些，具有胸坡缓、外形宽大的特点。为了增加抗滑挡墙的稳定性，在墙后应设一二米宽的衡重台或卸荷平台，挡墙的胸坡越缓越好，一般为 1∶0.3～1∶0.5，也有 1∶0.75～1∶1。抗滑挡墙，一般多设置于滑坡的前缘，基础埋入完整稳定的岩层或土层的一定深度。挡墙背后应设置顺墙的渗沟以排除墙后的地下水，同时在墙上还应设置泄水孔，以防止墙后积水泡软基础。

③ 抗滑桩。这种方法用来治理滑坡时既要保证桩不被剪断、推弯或推倒，又要保证桩间土体不会从桩间滑走或因桩高不够导致土体从桩顶滑出。抗滑桩应设置在滑体中下部，滑动面接近于水平，而且也是滑动层较厚的部位。一定要保证桩身有足够的强度和锚固深度，桩高和桩间距离都要适当。抗滑桩的施工方法主要有打入法、钻孔法和挖孔法三种。对于浅层的黏性土和黄土滑坡，可直接用重锤把木桩、钢轨桩、钢管桩、钢筋混凝土管桩等打入，简单易行；对于中厚层的大型滑坡，则多采用钻孔法和挖孔法施工。

④ 锚固。利用穿过软弱结构面、深入至完整岩体内一定深度的钻孔，插入钢筋、钢棒、钢索、预应力钢筋及回填混凝土，借以提高岩体的摩擦阻力、整体性与抗剪强度，这种措施统称为锚固。

⑤ 减载。当一个滑坡处于头重脚轻的状况下，而在前方又有一个可靠的抗滑地段时，采取在滑坡体上部减重或脚部加填的办法，使滑坡的外形得以改变，重心得以降低，可以使滑坡的稳定性得到根本的改善。曾经有人计算过，如果将滑动土体积的 4%从坡顶转移到坡脚，那么滑坡的稳定性就可增大 10%。如果滑坡没有一个可靠的抗滑地段，则减重只能减小滑坡的下滑力，不能达到稳定滑坡的目的。因此，用减重的方法治理滑坡时，常常需要与下部的支挡措施相配合。

⑥ 固化。用物理化学方法改善滑坡带土石性质。

第一，焙烧法。焙烧法是利用导洞焙烧滑坡脚部的滑带土，使之形成地下“挡墙”而稳定滑坡的一种措施。利用焙烧法可以治理一些土质滑坡。用煤焙烧砂黏土时，当烧土达到一定温度后，砂黏土会像砖块一样，具有相当高的抗剪强度和防水性，同时地下水也可从被烧的土裂缝中流入坑道而排出。

用焙烧法治理滑坡，导洞须埋入坡脚滑动面以下 0.5～1.0 m 处。为了使焙烧的土体成拱形，导洞的平面最好按曲线或折线布置。导洞焙烧的温度一般为 500～800 ℃。通常用煤和木柴做燃料，也可以用气体或液体做燃料。焙烧程度应以塑性消失和在水的作用下不致膨胀和泡软为准。

第二，电渗排水。电渗排水是利用电场作用而把地下水排除，达到稳定滑坡的一种方法。这种方法最适用于粒径 0.05～0.005 mm 的粉质土的排水，因为粉质土中所含的黏土颗粒在脱水情况下就会变硬。施工的过程是：首先将阴极和阳极的金属桩成行的交错打入滑坡体中，然后通电和抽水。一般以铁或铜桩为负极，铝桩为正极。通电后水即发生电渗作用，水分从正极移向由一花管组成的负极，待水分集中到负极花管之后，就用水泵把水抽走。

第三，爆破灌浆法。爆破灌浆法是一种用炸药爆破破坏滑动面，随之把浆液灌入滑带中以置换滑带水并固结在滑带上，从而达到使滑坡稳定的一种治理方法。目前这种方法仅用于小型滑坡。施工步骤是：首先用钻孔打穿滑动带，在钻孔中爆破，使滑坡床岩层松动；再将带孔灌浆管打入滑带下 0.15 m，在一定的压力下将浆液压入，使其在滑动带中将裂缝充满，形成一个稳定土层，借以增大滑带土的抗滑能力。在我国黄土区的一些滑坡，曾用石灰、水泥和黏土浆液压注裂缝的方法来加固滑带土，取得了一定的成效。

二、泥石流

泥石流是山区常见的一种自然灾害，是在山区沟谷中，由暴雨、冰雪融水等水源激发的，含有大量的泥沙、石块的特殊洪流。其特征是往往突然暴发，浑浊的流体沿着陡峻的山沟前推后拥，奔腾咆哮而下，地面为之震动，山谷犹如雷鸣。这种洪流最快时甚至可以每秒 10 m 的速度前进，上千吨的巨石竟像漂浮在水中的木块那样忽浮忽沉地被带到山下较平坦的地区才停止滚动。在几分钟或几十分钟内，泥石流便可将数以亿计的土石方搬到山下，在宽阔的堆积区横冲直撞、漫流堆积，常常给山区生态环境、山区经济发展、人们生活生产造成了严重的灾难，甚至威胁人类的生命。

（一）矿山泥石流的形成条件

1. 来源

矿山泥石流的物质来源主要为建矿及采矿废石、废渣。采矿不仅留下很大的采空区，而且使围岩松动，产生塌陷、裂缝和岩体位移，形成大量的碎屑物质，为泥石流的暴发提供固体物质（图 8-8）；矿山建设改变局部地形，在不适当的地方大量堆放矿山废石，使山坡变陡，地面高差增大而加强了侵蚀能力；大量矿山废石压缩沟床，增大水深和流速，也就增强了流体的动能和冲刷力；废石堆放减小过流断面，使流体受压缩，流速增大，侧蚀和下冲能力加强。

2. 地形地貌条件

地貌条件是形成矿山泥石流的必要条件，它制约着泥石流的形成和运动，影响着泥石流的规模和特性。研究分析泥石流沟地貌的特点和规律，有助于研究泥石流的发生、发展和对泥石流灾害的预测、控制。

图 8-8　矿山泥石流现象

3. 水动力条件

水不仅是泥石流的组成部分，也是泥石流的搬运介质。水在泥石流暴发中有以下作用：流域面上降雨径流造成坡面侵蚀，使固体物质汇集到泥石流沟内，造成固体物质的富集；水流侵蚀切割泥石流沟，使泥石流沟两侧的土体失稳，从而造成崩塌和滑坡等；水还渗入到岩体和土体里，减小其与下伏土体的摩擦系数，使岩土体产生滑坡；水还可以使固体物质饱和液化；水的冲击力还是泥石流爆发的动力。

（二）矿山泥石流类型

按物质成分泥石流可分为三类：① 由大量黏性土和粒径不等的砂粒、石块组成的叫泥石流；② 以黏性土为主，含少量砂粒、石块、黏度大、呈稠泥状的叫泥流；③ 由水和大小不等的砂粒、石块组成的叫水石流。

根据泥石流暴发所处的地形部位，可将泥石流分为四种类型：① 坡面型泥石流；② 坡沟型泥石流；③ 沟谷型泥石流；④ 复合型泥石流。

根据矿山泥石流暴发动力和松散体堆积部位的关系，可将矿山泥石流分为：① 矿山弃渣分散堆存于沟谷源头而形成沟谷型泥石流；② 矿山排土弃渣堵沟体溃决而形成的泥石流；③ 排土场滑塌而形成的滑坡型泥石流；④ 矿山排土场坡面上发育的坡面型泥石流。

（三）矿山泥石流特点

矿山泥石流物质来源于采矿和矿山建设的废土石渣，人为集中干扰、改变了原有的地形条件，使得非泥石流沟转变为泥石流沟，泥石流少发区演化为泥石流多发区。矿山泥石流主要特点有以下几方面。

1. 与矿产分布和人类活动有关

矿山泥石流的分布是随着矿产资源的集中分布状况以及人类开发资源工程技术的发展情况而变化的。

矿山泥石流主要是人为活动所致。人类活动的经济区位特点决定了矿山泥石流的分布规律，以人为活动为中心的大范围的放射状分布，及小范围内交通便利原则的线状分布。例如，神府东胜矿区，矿山泥石流以大柳塔为中心，以乌兰木伦河、王渠沟、母河沟、哈拉兔沟、考考乌素沟等为中心射线，向周围扩散。由修交通线路而导致的矿山泥石流多呈线状分布。由大量排放矿渣、露天采矿剥离物而诱发的泥石流呈块状成群分布。与采石场有关的泥石流多以居民点为中心呈环状成群分布。

2. 矿山松散体易起动、发生过程变化单调

由于矿山泥石流的物源主要是采矿和矿山建设典型的松散介质如弃土、石、渣，因此，其物理性质明显不同于原状物质，容量减小，凝聚力和内摩擦角度变小，抗击能力减弱，遇水容易起动。这样造成侵蚀量大，易形成泥石流。

3. 一般规模小而密度大

矿山泥石流的发生部位主要是坡地和沟道，坡面上发生的泥石流主要是指弃土、石、渣的渣山和松散土体的堆积坡面。其规模根据坡面长度而定，但最大面积也不过只有几十到几百平方米。泥石流沟道是由于原先的冲沟、老冲沟、切沟等经过修路、采石等改变了原来的形状，堆积了大量的松散的弃土、石、渣，发生畸变所致，因而其面积一般小于 2 km^2。

矿山泥石流虽然规模小，但密度很大，集中性很强。如神府东胜矿区，据统计，全区共有约 200 多条泥石流沟道，集中分布在渣山、交通沿线及采石场沟道，都是一些短小而直接注入乌兰木伦河的一级、二级支沟和坡沟，最大面积也只有 1.642 km^2，沟道长度为 2.36～0.2 km，主沟道比降较大。形成区比降大而面积小，有利于暴雨径流的汇集、固体物质的搬运和输移及泥石流的形成。

4. 随固体物质累积量的变化而变化

由于矿山泥石流的物质来源主要是废弃的土、石、渣，所以矿山泥石流随着松散固体物质的累积而增加，随着矿山排土量的减少而减弱。

5. 暴发频率高而灾情重

矿山泥石流的易起动性、松散体堆积的集中性，决定了其暴发频率高。矿山泥石流分布是以矿区为中心，资源外运的交通线路为辐射线，直接面临交通线路、矿区周边和居民区附近。泥石流冲出沟口直冲交通线路、居民区、矿坑等，造成的损失极大。1993 年在临近公路的大海子村采石场发生较大规模的人为泥石流，形成区面积不足 0.2 km^2，沟长 370 m，落差 110 m，泥石流堆积物 3 000 m^3，越过公路、冲毁农田 8 亩，逼近乌兰木伦河岸边，在公路上堆积厚约0.5～1.0 m，延伸达 200 多米，致使交通中断、经济损失严重。

6. 可预防性

矿山泥石流多是人为造成的地质灾害，是人为开发利用资源过程中忽略环境问题的结果。在矿山开采前做总体规划，可以减少或者避免泥石流的发生，可以说泥石流是可预防的。

（四）矿山泥石流防治技术

矿山泥石流主要以治、避、防为主。

1. 防治政策

(1) 切实加强生态环境保护与重建的法制建设环境

立法是防治矿山泥石流灾害的重要措施和保证。《中华人民共和国矿产资源法》《中华人民共和国土地管理法》《中华人民共和国土地管理法实施条例》《土地复垦规定》等法律法规，为我国资源开发与环境保护提供了依据和指南，有力地推进了环保工作。

(2) 加强矿山生态环境保护的监督管理

加强矿山生态环境保护监督管理，需要将资源管理和环境管理区别开来，强化有关职能部门对生态环境保护的统一监督管理职责。同时要重视矿产资源开发环境监督管理制度的建设，包括制定环境标准、组织环境监测、评价环境状况、现场检查监督等，以利于环境保护监督管理的落实。

2. 防治措施

（1）弄清矿山泥石流的种类和流动规律

需要对矿山泥石流进行勘测、调查。在野外勘测和收集各种自然条件、人类活动、矿山泥石流的历史资料，再进行综合分析，判断矿山泥石流的类型、规律及破坏情况。

（2）预防矿山泥石流的发生

对矿山泥石流防治的关键是预防。我国目前所采取的预防措施主要有：合理选择剥离物排弃场场址，慎重采用“高台阶”的排弃方法；清除地表水对剥离排弃物的不利影响；有计划地安排岩土堆置；复垦等。

（3）修建谷坊

在流域上游修建谷坊，以稳定沟床和坡脚，起到稳床固坡的作用，同时减缓上游的沟床比降，达到抑制矿山泥石流形成的目的。谷坊一般以谷坊群的形式出现，形成一个相互保护的系统。

（4）拦挡矿山泥石流

通过设置拦挡坝拦截矿山泥石流。拦挡坝分为重力式实体拦挡坝（拦挡坝）和格栅坝两种，格栅坝又可以分为刚性格栅坝和柔性格栅坝。拦挡坝是矿山泥石流减灾工程中的控制性工程，一般设计成开孔坝，平时的洪水和较小颗粒的泥沙可以通过孔洞进入排导槽。一旦大规模矿山泥石流暴发，拦挡坝拦截绝大部分粗颗粒物质，细颗粒物质可以进入排导槽，起到控制泥石流灾害的作用。

拦挡坝功能包括：① 拦截水沙，改变输水、输沙条件，调节下泄水量和输沙量；② 利用回淤效应，稳定斜坡和沟谷；③ 降低河床坡降，减缓矿山泥石流流速，抑制上游河段纵、横向侵蚀；④ 调整矿山泥石流流向。

（5）排导矿山泥石流

在下游修建排导槽，排导槽起到束流排导的作用，将通过拦挡坝后不含粗大颗粒的变性泥石流排导到指定地带，起到泥石流减灾的作用。

3. 案例分析

以四川省冕宁县泸沽铁矿区盐井沟泥石流治理工程概况为案例进行分析（引自 2009 年陈宁生研究员报告）。

（1）盐井沟泥石流概况

① 地形地貌特点

盐井沟发源于大顶山北西山麓，由十余条小支沟组成，自南往北汇入孙水河。主沟长 8.4 km，沟床平均纵坡为 15.5%。该沟流域面积为 13.6 km^2，地势南高北低，南部大顶山最高海拔 3 453.2 m，北端沟口则为 1 650 m，相对高差达 1 803.2 m，平均每米落差 0.24 m。地貌上属中高山强烈侵蚀剥削型。

② 基岩岩性特征

沟内基岩主要由晋宁期生成的泸沽花岗岩、前震旦系浅变质砂泥质夹大理岩和侏罗系砂砾岩及黏土质页岩组成。

③ 构造活动

盐井沟紧邻安宁河古断裂的东侧，沟内古老的和中生代以来的断裂和褶皱均有发现。但这些断裂，一般均属较古老的构造，多已稳定，对沟内泥石流防治工程影响不大。

④ 气象特征

泸沽多年平均降雨量 1 100 mm，但集中于 5～10 月，干旱季节长达 6 个月，春季比冬季还干，蒸发大于降水约 10 倍。泸沽年平均气温，一月份多年平均低温 5.6 ℃，七月份多年平均气温最高可达 21.1 ℃。

⑤ 人为影响因素

该沟泥石流日趋频繁，是由矿山基建采矿弃渣和当地居民挖矿及砍伐林木、破坏植被所致。

矿井松散物质分布状况如表 8-2 所列。

表 8-2　主沟槽及排土场现存松散固体物质

主沟槽部分		排土场部分	
部　　位	堆积量/万 m^3	部　　位	堆积量/万 m^3
铁路桥—1 号坝	0	1 号排土场	18.083 8
1 号坝—2 号坝	1.191 2	2 号排土场	17.799
2 号坝—3 号坝	2.875 5	3 号排土场	106.943 6
3 号坝—4 号坝	18.133 2	4 号排土场	52.259 7
4 号坝—5 号坝	3.506 2	5 号排土场	15.329 8
5 号坝—排土场	38.145 4	6 号排土场	82.712
排土场以上	44.910 6	7 号排土场	76.981 5
		基建剥离排土量	52.582
合　　计	108.762 1	合　　计	422.691 4
总　　计	531.453 5		

根据实际情况，结合需要和可能，以“全面规划，因地制宜，综合治理”作为盐井沟泥石流治理规划方案的编制原则，其整治工程布置图如图 8-9 所示。

（2）盐井沟泥石流治理概况

① 工程措施

拦挡坝主要设置在盐井沟的主沟槽内。根据地形、地质条件及拦挡坝的不同作用，共设置 5 座拦挡坝。拦挡坝编号由下向上分别为：1 号坝、2 号坝、3 号坝、4 号坝和 5 号坝。

② 生物措施

禁止乱砍滥伐和毁林开荒；停耕还林，上游封山育林和林种改造，中游营造水土保持林及防护林，下游营造薪炭林及少量具有一定水土保持效益的经济林。

③ 盐井沟泥石流设计标准

泥石流洪峰流量设计标准：设计频率 2%，校核频率 1%。工程等级按三等三级考虑。地震烈度按 8 度或 8.5 度考虑，个别重要建筑物按 9 度设计。设计内容包括盐井沟主沟内布设的 5 座拦挡坝工程、铁矿山排土场下方导流堤工程以及全流域内的生物治理工程。

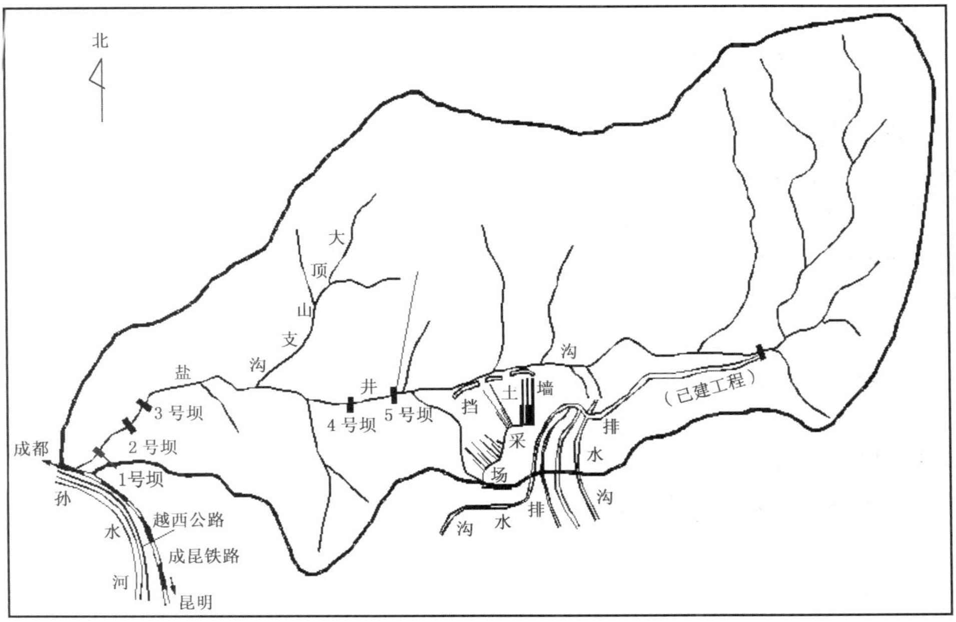

图 8-9 盐井沟泥石流整治工程布置图

三、崩塌

崩塌是位于陡崖、陡坎、陡坡上巨大岩体或土块因长期经受风化剥蚀作用，也可能受到震动或纯粹重力作用，使其脱离母体突然向下发生崩落、滚动、倾倒、翻转堆积在山体坡脚和沟谷的地质现象。山体开挖造成的凌空面、开采爆破造成的坡体不稳，均极有可能导致崩塌。

（一）崩塌的形成条件

1. 地质条件

崩塌主要发生在对山坡体切割、分离的节理、裂隙面、岩层面、断层面等地质构造面，特别是具垂直节理的坚硬、脆性块状结构的岩层上，如石灰岩、砾岩、砂岩、砂质页岩、石英岩、花岗岩、辉长岩、玄武岩等。如果这些坚硬岩层与软弱岩层互层就更容易被风化腐蚀，这样坚硬岩层突悬发生崩塌。山坡体裂隙发育、与山坡体倾向平行的陡倾构造面，最利于崩塌的形成。构造运动强烈、地层挤压破碎、地震频繁的地区容易发生崩塌现象。

2. 岩性条件

岩性对岩质边坡的崩塌具有明显的控制作用。

崩塌一般发生在厚层坚硬岩体中，如石灰岩、砂岩、石英岩等厚层脆性岩石容易形成高陡斜坡，而它的前缘形成陡而深的张裂缝，并与其他结构面组合，发生崩塌。而软弱岩石通常不易发生崩塌现象。

3. 地貌条件

地貌是崩塌形成的直接条件。通常发生崩塌现象主要是以下地形：

① 地形坡度大于 45°，高度大于 30 m、坡面凹凸不平的陡峻斜坡上。

② 在河流强烈切割、坡度陡峻、地势高差较大的高山峡谷区，通常地形切割愈强烈，高

差愈大，崩塌愈易形成。

③ 铁路、公路边坡，工程建筑等。

4. 断裂构造

构造条件是形成崩塌的基本条件之一。

断裂带岩体破碎，并为地下水渗流创造了条件。此外，活动断裂带上易发生构造地震。因此，断裂带控制着崩塌的发育地带的延伸方向、发育规模及分布密度。崩塌体成群、成带、成线状分布的特点几乎都与断裂构造分布有关。

5. 气候条件

气候对崩塌的形成有着一定的促进作用。在陡崖、陡坎、陡坡等地方，如果日温差、年温差较大，容易发生崩塌。因此，崩塌主要出现在初冬和早春时期。

（二）崩塌的类型

根据崩塌体起始运动形式，将崩塌分为倾倒式崩塌、滑移式崩塌、拉裂式崩塌、错断式崩塌及鼓胀式崩塌。各类崩塌特征如表 8-3 所列。

表 8-3　崩塌分类特征

类　型	岩　性	结构面	地　貌	崩塌体形状	受力状态	起始运动形式	失稳主要因素
倾倒式崩塌	黄土、石灰岩及其他直立岩层	垂直节理、柱状节理、直立岩层面	峡谷、直立岸坡悬崖等	板状、长柱状	受倾覆力矩作用	倾倒	静水压力、动水压力、地震力、重力
滑移式崩塌	软硬相间岩层，如石灰岩夹薄层页岩	有倾向临空面的节理面	陡坡通常大于 55°	各种形式，如板状、楔形等	滑移面主要受剪切力	滑移	静水压力、动水压力、重力
拉裂式崩塌	软硬相间的岩层	风化裂隙和重力拉张裂隙	上部突出的悬崖	上部硬岩层以悬臂梁形式突出	拉张	拉裂	重力
错断式崩塌	坚硬岩石或黄土	垂直裂隙发育和重力拉张裂隙	大于 45° 的陡坡	多为板状、长柱状	自重力引起的剪切力	错乱	重力
鼓胀式崩塌	直立黄土、黏土或坚硬岩石下游较厚软层岩	上部垂直节理、柱状节理，下部近水平结构面	陡坡	岩体高大	下部软岩受垂直挤压	膨胀，伴有下沉、滑移、倾倒	重力、水的软化作用

按崩体的物质组成及崩塌所处地形地貌，将崩塌分为山崩、上崩、岩崩、岸崩。

① 山崩：指岩崩体规模大，涉及山体；

② 上崩：指崩塌发生在上体；

③ 岩崩：指崩塌发生在基岩（即岩体）中；

④ 岸崩：指崩塌发生在河流、湖泊、海岸，也称为崖崩。

按崩塌体规模、山坡陡角、块度大小，将崩塌分为剥落、坠石和崩落三类。剥落的块度较小，块度大于 0.5 m 者占 25％以下，产生剥落的岩石山坡一般在 30°～40°；坠石的块度较大，块度大于 0.5 m 者占 50%～75%，山坡脚在 30°～40°范围内；崩落的块度更大，块度大于 0.5 m 者占 75%以上，山坡角大于 40°。

根据崩塌体的规模划分，以崩塌土石的体积计，将崩塌分为：① 小型崩塌：<10 万 m^3；② 中型崩塌：10 万～100 万 m^3；③ 大型崩塌：100 万～1 000 万 m^3；④ 巨型崩塌：>1 000 万 m^3。

（三）崩塌的特点

崩塌具有以下特点：

① 崩塌发生非常突然，下落速度很快；

② 崩塌体脱离母体运动；

③ 崩塌的水平位移小于垂直位移；

④ 崩塌体在下落过程中自身的整体性受到破坏。

（四）崩塌的危害

崩塌的规模虽不如滑坡大，但其危害却不亚于滑坡，简单概括为砸、撞、埋。砸，即崩塌块体脱离母体后在斜坡上迅速连滚带跳，最后落于地面将建筑物砸坏。撞，即崩塌块体在陡坡上快速滚动、碰撞，遇上建筑就撞击建筑，使建筑物损坏。埋，即大型崩塌规模从几十万立方米到数百万立方米，由斜上部铺天盖地下来，将下面（坡脚）的建筑物通通埋上，就连高速汽车也难逃此灾难（图 8-10）。

图 8-10　崩塌的危害

2020 年 7 月 2 日，缅甸帕敢翡翠矿区发生大规模山体崩塌，大量山石涌进山谷，导致至少 174 人死亡、54 人受伤。

（五）崩塌的防治措施

崩塌灾害的防治措施有“防”和“治”两方面。防，即防御灾害的产生，包含防止受灾现象与致灾作用遭遇，增强受灾对象抗灾能力。崩塌的防灾措施是在主动撤离躲避灾害或在条件许可的情况下，采用拦挡工程措施，从而限制崩塌体的运动方向或范围，防治崩塌。治，即利用工程措施或其他手段，对孕灾地质体进行治理，稳定地质体或减缓生成速度，制止灾情发生或蔓延。

1. 崩塌防治的基本原则

（1）优先考虑防灾躲避原则

由于人类认识自然、改造自然的能力尚不够，因此目前我们主要是以防为主，以主动撤离、躲避为主，优先考虑躲避。

（2）工程防治原则

地质灾害防治也是地质工程，它以地质体作为建筑对象，以地质结构体作为工程结构，以地质环境作为实践活动的一种特殊工程。

地质灾害的发展具有阶段性，防治工作一定要及时把握时机，过早过晚防治都不利。要系统分析崩塌形成机制和成灾因素，确定地质模型和力学模型，分析地质环境间的相互作用，分析环境地质体的工程能力。而针对性原则要求我们针对崩塌变形变化的主要力学机制、成灾机制、环境岩土体及持力岩土体的具体情况，合理选择工程方案。防治方案要技术可行，经济合理，能达到综合防治、力求根治的目的。

2. 崩塌防治主要措施

（1）对地质体改造，不仅采用水泥、水玻璃、环氧树脂和化学灌浆对地质体注浆加固，加强整体的连续性，提高力学强度，也要对结构面、结构体和地质环境条件进行改造。

① 结构面的强化改造。岩土体表面通过采用喷混凝土或挂网锚进行处理，从而提高表面结构的完整性和表层强度，多用于崩塌危岩体临空处理和地下硐室或采空区处理。可通过采用锚固增加结构面间的法向应力，进而增加阻力。

② 结构体改造。通过改造和重新配置崩塌体的形态、体积、结构及重量等，减少其变形破坏力，增加支撑和平衡力，提高崩塌体的稳定性。可采用头部刷方减重，削坡降低坡度，坡脚堆载、锚固、支挡或反压，倾倒、悬空危岩支撑等方法。常采用浆砌石，混凝土砌墙、柱、梁等支撑，增加支撑结构体；采空回填支撑，通过采用混凝土柱、浆砌石、毛石等回填支撑采空区。

③ 地质环境条件改造。水域边岸崩塌体坡脚防护采取的措施有：修筑防坡堤、护坡墙；抛石护坡；修筑导水墙、丁坝，疏导高速水流或改变主流线，避免直接冲刷坡脚或降低流速；在紧邻崩塌体下游修筑拦挡坝，减缓水流冲蚀并造成淤沙反压坡脚。

地表排水工程：排水工程，修筑积水沟、排水沟，拦挡并排除地表水。

防渗工程：疏干并改造崩塌体范围内的地表水塘和积水洼地，封闭地表裂缝，增加植被。

抗风化工程：通过填缝、灌浆、喷浆、嵌补等措施，增强环境岩体的抗风化能力。

地下排水工程：修筑地下排水工程，如水平排水孔、水平排水隧洞、竖直集水井、泄水洞、洞孔联合、井洞联合等。

（2）在中小型崩塌或人工边坡崩塌的防治中，通常采用修筑明硐、棚硐等遮挡斜坡上崩塌落石的工程，在铁路工程中较为常用。

（3）采用遮挡建筑物，对崩塌运动的岩土体进行消能拦挡，限制崩塌体的运动速度，同时对建筑物进行遮拦，隔离崩塌体与受灾体。在山体坡脚或半坡上，设置拦截落石平台和落石槽沟、修筑拦坠石的挡石墙、用钢质材料编制栅挡截落石等工程，防治那些雨季容易发生坠石、剥落和小型崩场地区、地段。

（4）对坡体中的裂隙、缝、空洞，可用片石填补、充填空洞，用水泥沙浆密合缝、裂隙等以防裂隙、缝、洞的进一步扩展。

（5）采用支柱、支挡墙或钢质材料支撑在岩石突出悬空或陡崖坡上的大孤石下面。

(6) 在易风化剥落的边坡地段,修建堵护坡、护墙,对缓坡进行水泥护坡等。

(7) 在有水活动的地段,布置排水构筑物,以进行拦截与疏导。

四、地裂缝

地裂缝是矿山常见的自然现象。它是指在天然和人为因素作用下地表岩层、土体形成一定长度和宽度裂缝的地质现象(图 8-11)。地裂缝灾害是影响人类活动和经济建设的主要地质灾害之一,它穿越居民区、厂矿、农田、道路等设施,会导致建筑物错断损坏、农田毁坏、道路变形,严重影响人民生活和厂矿安全。

图 8-11　地裂缝

我国地裂缝在华北和长江中下游地区尤为发育。汾渭盆地、太行山东麓平原和大别山东北麓平原形成了三个规模巨大的地裂缝发育地带。此外,在豫东、苏北以及鲁中南等地区,还有一些规模较小的地裂缝发育带。目前,中国地裂缝在陕西、河北、山东、广东、河南等 17 个省(区、市)共有 430 多处,1 073 条以上,总长超过 346.78 km。我国以西安地裂缝灾害较为严重,影响范围超过 150 km^2。该市主要地裂缝有 10 条,其中最长的一条达 10 km,合计总长度约 40 km。地裂缝均呈北东偏东方向平行伸展。由于地裂缝活动,使多所大专院校和中小学、91 家工厂、97 个企事业单位和 41 个村庄受害;有 132 幢楼房遭受破坏,1 057 间房屋受损;有 60 处主干道、10 处地下管道、3 眼深水井和 427 堵围墙等遭受不同程度的破坏,仅房屋毁坏造成的经济损失就达 2 165 万元。

地裂缝破坏的基本类型有:建筑物普遍出现上宽下窄倒"八"字张性裂缝;地面和路面出现锯齿状、不均匀下沉或形成陡坎的张性裂缝。在有地表水活动的地区裂缝活动明显加强,如灌溉农田内沿地裂缝延伸方向排列呈串珠状陷坑;地下设施混凝土管道和金属管被拉断,防空洞顶部上拱,洞底裂缝。

(一) 地裂缝的成因及分类

1. 地裂缝的成因

地裂缝是地球内营力(如地壳运动、岩浆活动、地热传递等)和外营力(如地球表面的重力作用、气候变化、流水作用、波浪与潮汐、化学作用和人为工程活动等)作用于岩层、土体,使其沿一定方向破裂,从而在地面上形成的裂缝现象。

由于地裂缝往往不是单一成因形成的,而是以某一成因为主,同时又受到其他因素影响的综合作用结果。以形成地裂缝的主导因素为主,可将地裂缝分为构造地裂缝与非构造地裂缝。

(1) 构造地裂缝

构造地裂缝是构造运动和外动力地质作用(自然因素与人为因素)共同作用的结果。前者是地裂缝形成的前提条件,决定地裂缝的活动性质和展布特征;后者则是诱发因素,影响地裂缝发生的时间、地段和发育程度(图 8-12)。从构造地裂缝所处的地质环境来看,构造地裂缝多形成于隐伏活动断裂带上。断裂两旁发生差异活动导致地面拉张变形,或者因滑动断裂走滑、倾斜诱发地震等影响均可在地表形成地裂缝。

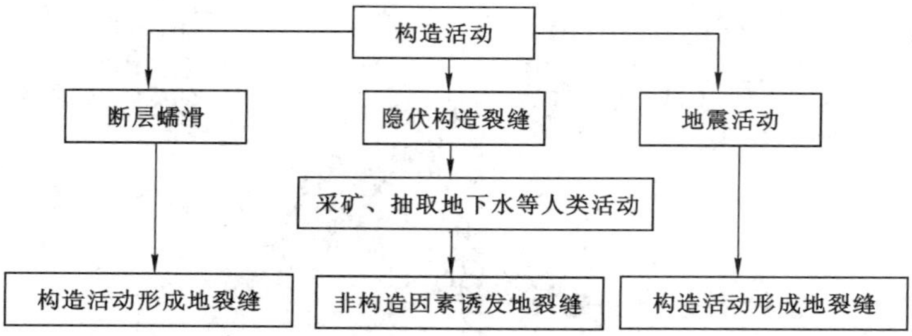

图 8-12 构造地裂缝成因机制

区域应力场的改变可促使岩层构造节理的开启,也可发展成地裂缝。如在 1966 年邢台地震后,华北平原在区域应力调整的过程中,出现了大范围的地裂缝灾害。

构造地裂缝形成发育的外部因素主要为人为活动(如过度抽取地下水)。

(2) 非构造地裂缝

非构造地裂缝的成因相对复杂,崩塌、滑坡、岩溶塌陷、矿山开采活动以及过量开采地下水所产生的地面沉降都有可能产生地裂缝。

因此分析地裂缝成因时,要具体条件具体分析。就总体情况而言,控制地裂缝的首要条件是现今构造活动程度,其次是崩塌、滑坡等灾害动力活动程度及动力活动条件。

2. 地裂缝的分类

地裂缝的分类如表 8-4 所示。

表 8-4 地裂缝分类

类　别	主要原因	动力类型	种　别
构造地裂缝	自然内营力作用为主	断层运动	速滑地裂缝-地震构造地裂缝 蠕滑地裂缝
		区域微破裂	土层构造节理开启性地裂缝
		开启	土层喀斯特陷落型地裂缝

表 8-4(续)

类　别	主要原因	动力类型	种　别
非构造地裂缝	人类活动作用为主	次生重力或动载荷	采空区塌陷地裂缝
			采油、采水地面不均匀沉降地裂缝
			人为滑坡、崩塌地裂缝
			地面负重下沉地裂缝
			强烈爆炸或机械振动地裂缝
	自然内营力作用为主	特殊土	膨胀土地裂缝
			黄土湿陷地裂缝
			冻土和盐丘地裂缝
			干旱地裂缝
		自然重力作用	陷落地裂缝
			滑坡、崩塌地裂缝
			地震次生地裂缝

(1) 构造地裂缝的分类

按照其形成基础,地裂缝又可分为两类四种。

一类是由于断层运动引起的速滑地裂缝和蠕滑地裂缝。断层速滑地裂缝主要是地震构造地裂缝。而活断层较为普遍的方式是蠕滑,浅部断层蠕滑或深部断层整体蠕动都有可能形成地裂缝。比较典型的有西安地裂缝和大同地裂缝。

另一类是由于地壳应力增强使区域微破裂开启形成地裂缝,或开启的微破裂进而受外营力侵蚀形成土层喀斯特,在重力作用下陷落而成地裂缝,如永年地裂缝等。

(2) 非构造地裂缝的分类

人类工程活动不同,诱发形成的地裂缝也不同。如采矿、采油、过度抽取地下水而形成塌陷和沉降地裂缝;修路和其他工程活动开挖坡脚而引起滑坡崩塌后缘张裂缝;人类爆破和机械振动引起岩土体开裂形成地裂缝。

(二) 地裂缝的特点

地裂缝一般产生在第四系松散沉积物中,与地面沉降不同,地裂缝的分布没有很强的区域性规律,成因较多。这主要表现为发育的方向性、延展性和灾害的不均一性、渐进性及周期性。

1. 方向性与延展性

地裂缝常沿一定方向延伸,在同一地区发育的多条地裂缝延伸方向大致相同,在平面上多呈带状分布。从规模上看,地裂缝的长度一般为几十米到几百米,有的甚至几千米,其形状多为直线状、雁行状或锯齿状,剖面上多呈弧形、V 形或放射状。

2. 非对称性与不均一性

地裂缝以相对差异沉降为主,其次为水平拉张和错动。地裂缝的灾害效应在横向上由主裂缝向两侧致灾强度逐渐减弱,而且地裂缝两侧影响的宽度以及对建筑物的影响程度具有明显的非对称性。

同一条地裂缝的不同部位,地裂缝的活动强度及破坏强度也有所差别,在转折和错列部位相对较重，显示出不均一性。

3. 渐进性

地裂缝灾害是由地裂缝的缓慢蠕动发展而逐渐加剧的。因此，随着时间的推移，其影响和破坏程度日益加剧，具有渐进性特点。

4. 周期性

地裂缝活动区域受构造运动及人类活动的影响，因此在时间序列上表现出一定的周期性。当区域构造运动强烈或人类活动加剧（如过量抽取地下水、矿山开采），地裂缝活动加强，反之则减弱。

（三）地裂缝的防治

防御地裂缝灾害的主要措施：

① 加强地裂缝区的工程地质勘察工作，要求各类工程建筑避开地裂缝区段。

② 认真贯彻《地质灾害防治管理办法》《中华人民共和国矿产资源法》《中华人民共和国水法》等有关法律和法规，用法律、行政管理的手段限制地下矿产资源的过量开采。在矿区开采中，应增加、预留保安柱。建筑群、居民点及生命线工程等范围应限制开采区域。总之，在人类活动（如开采地下水、采矿、农田灌溉、人工蓄水等）过程中都应谨防地裂缝的出现。

③ 回填、夯实已有地裂缝。在地裂缝区进行排水工程，防止地表水及大气降水渗入，导致地裂缝的进一步扩展。同时，改善地裂缝区土体性能。

④ 在山坡、谷坡上，尤其地基为半挖半填土质等地裂缝区时，如要建造建筑物，必须进行基础的坚固性的处理，提高建筑物的抗灾性能，同时，对已有建筑进行加固。在建设工程开始前，最好进行工程场地的地质和地震安全性评价工作，确保建筑物抗御地裂缝的能力。

⑤ 利用各种监测手段，密切注视地裂缝的发展动向，特别是在雨季，增派专人巡逻监视，如遇险情，应及时发出警报。

五、地面塌陷

地面塌陷是指在人为和自然地质因素作用下，采空区及岩、土体中洞穴顶部向下断错坍塌，形成塌陷坑、塌陷洞、塌陷槽的一种地质现象（图 8-13）。

图 8-13　地面塌陷

在矿山开采中，地下矿坑的抽排地下水及矿坑突水、涌水等都可引起矿区地面塌陷。矿区地面塌陷可造成其上及附近建筑物开裂，农田毁坏，道路中断，采矿滞产、停产，矿井报废等。据初步调查,我国产生岩溶地面塌陷灾害较严重的大型矿区有:湖南的恩口煤矿、斗笠山煤矿、桥头河煤矿、煤炭坝煤矿、水口山铅锌矿;湖北的宜都松宜煤矿、大冶大广铁矿、大冶铜绿山铜矿、大冶叶花香铜矿;江西的丰域云庄煤矿、乐平桥头丘煤矿、乐平鸣山煤矿、乐平花亭锰矿;广西的西湾煤矿、泗顶山铅锌矿;广东的英德硫铁矿、黑石岗黄铁矿、阳春硫铁矿、石录铜矿、凡口铅锌矿;山东的莱芜铁矿业庄矿区、莱芜顾家台铁矿;安徽的淮南煤矿、铜官山矿、铜陵新桥铜矿;河北的唐山开滦煤矿范各庄等几十个矿区。

(一)地面塌陷的成因及成因类型

1. 地面塌陷的成因

地面塌陷,实质上是矿区活动导致采空区岩、土体内洞穴的抗塌力即洞穴顶部支撑力小于致塌力的结果。致塌力与抗塌力为一对方向相反的对抗力。致塌力主要包括:洞顶部岩、土体的自重力;建筑物及堆积荷载重量;地下水在含水层中产生的渗透压力;大气降水渗入产生的渗透力;地下水位下降至洞穴内产生的吸蚀力;当地下水迅速升高,于密闭洞穴内气体被压缩形成的气体正压力;大气压作用力;由于地震、爆破、机械、车辆等产生的力;等等。抗塌力主要包括岩、土体内的凝聚力(黏结力);岩、土体位于地下水位中的地下水浮托力;洞穴顶部岩、土体坍塌时与周边产生的摩阻力。

2. 地面塌陷的成因类型

地面塌陷形成的原因复杂而种类繁多。归纳起来主要有人为因素与自然因素两大类。人为因素主要是井巷开采抽取地下水、坑道排水、突水、地表水和大气降水渗入、荷载及振动所导致;自然因素则包括河流水位升降与地震等。

现将地面塌陷成因类型分述如下:

(1)抽取地下水致地面塌陷

洞穴的岩、土体位于地下水位中,便产生对洞穴顶板的静水浮托力。当抽取或排出地下水时,地下水水位下降,支撑洞顶岩、土体的浮托力随之降低,而洞顶岩、土体的自重相对增加。此外,洞穴空腔与松散介质接触面上下侧的水、气流体,因地下水流发生变化而产生压强差效应。因而,出现了与抽取地下水同步发展的塌陷现象。

目前,矿区的主要地面塌陷问题与地下工程的排水、突水有关。采矿坑道、隧道及其他地下工程,排疏地下水或突水作用,使地下水陡然下降,顶部地表岩、土体平衡失调,便会产生塌陷。山东莱芜铁矿区1997年由于排水(突水)作用,塌陷面积6 320 m^2,2000年达到8 450 m^2,2002年为9 912.17 m^2。塌陷面积年均增长达到700 m^2以上,累计塌陷坑228个。

民用井抽取地下水也可导致地面塌陷。过量抽取地下水,使地下水位降低,潜蚀作用加剧,岩、土体平衡被破坏,当地下潜伏有洞穴时,便可产生塌陷。

(2)地表水、大气降水渗入导致地面塌陷

当地表水、大气降水渗入地下时,水在岩、土体内的孔隙中运动,产生了一种垂向渗透力,改变了岩、土体的力学性质。当渗透压力值达到一定强度时,岩、土体结构遭到破坏,随着水流产生流土或管涌运移,进而形成土洞,最后导致地面变形、塌陷。地表渗水包括:河湖地表水、输水管渗漏或场地排水不畅引起地表水、工厂排放的废水和雨水等下渗。其中以雨水渗入致塌最为常见。

(3)河水涨落致地面塌陷

岩溶裂隙、洞穴管道中的地下水与附近河水相通时，随着河水位的升降，横向发育的岩溶裂隙、管道中的地下水位也随之升降，这种作用也可导致地面塌陷。广西都安县位于红水河岸的一段公路，由于受河水涨落影响，公路路面上发生塌陷。

(4) 振动致地面塌陷

振动可引起沙质土的液化引起黏质土由凝结状态发生液化而成为溶胶或悬液(即触变现象)，失去液化能力(即失去原有触变性的陈化现象)，导致土体强度降低，抗塌力减弱。在振动产生的波动、冲击波的破坏作用下，可导致潜伏洞穴的塌陷。

(5) 荷载致地面塌陷

在有隐伏洞穴部位上人为增载(建筑物荷载、人为堆积荷载等)，当这些外部荷载超过洞穴拱顶的承受能力时，将引起洞穴直接受压破坏，从而导致地面塌陷。

(6) 矿山采空致地面塌陷

地下采掘活动形成的采空区，其上方岩、土体失去支撑，导致地面塌陷。这种由于矿山采动引起地面塌陷的主要原因是人为活动。此类地面塌陷在许多矿区都有发生，并造成相当程度的危害，即损坏交通设施、水利设施、建筑物、道路、农田等，甚至可能引起山体滑坡和崩塌。

目前，我国由于采煤塌陷土地面积累计已达 110×10^4 ha，经济损失已超过 500 亿元，矿山采空致地面塌陷是矿山塌陷的主要类型。

(二) 岩溶塌陷的成因及成因类型

1. 岩溶塌陷的成因

岩溶塌陷是荷载致地面塌陷的主要类型。在岩溶地区，由于隐伏下部岩溶洞穴扩大而致顶板岩体塌陷，或上覆岩土层的洞顶板在自然或人为因素作用下失去平衡产生下沉或塌陷，导致地面塌陷。就我国而言，可溶岩分布面积达 365 万 km^2，占国土面积的 1/3 以上，是世界上岩溶最发育的国家之一。岩溶塌陷分布范围也相应很广，分布于 22 个省区，以南方的桂、黔、湘、赣、川、滇、鄂等省区最为发育；北方的冀、鲁、辽等省也发生过严重的岩溶塌陷灾害。

岩溶塌陷的形成，通常必须具备三个条件：一是空间条件，即下部有岩溶地层，有溶蚀的空间(溶洞或土洞)，为地下水和塌陷物质提供存储场所或通道。二是物质条件，上部有一定厚度的盖层。盖层可以是基岩，也可以是松散土层。三是水动力条件，有产生岩溶塌陷的主导因素——致塌作用力。

总之，地下水动力条件的改变是塌陷形成的主要原因，而可溶岩浅部岩溶、溶洞发育强烈，第四系土层较薄，结构较疏松，地势较低洼，则是塌陷发生必须具备的条件。只有上述条件同时具备，岩溶塌陷才有可能产生。

2. 岩溶塌陷的成因类型

岩溶塌陷按产生的原因，可分为自然塌陷及人为塌陷。按岩溶塌陷成因机制分析，其产生的根本原因是盖层的部分土体受力失稳破坏，塌陷体受到的致塌力超过抗塌力。由于所处的地质环境和引起塌陷的作用不同，对一个岩溶塌陷来说，不可能同时受到上述所有力的作用。因受力状态不同，产生的力学效应不一样，故有不同的成因机制，形成不同的致塌模式。所以岩溶塌陷的形成是多机制的。岩溶塌陷的成因机制可分为以下几种：① 重力致塌模式；② 潜蚀致塌模式；③ 真空吸蚀致塌模式；④ 冲爆致塌模式；⑤ 振动致塌模式；⑥ 荷载致塌模式；⑦ 溶蚀致塌模式；⑧ 渗压致塌模式。具体见表 8-5。

表 8-5　岩溶塌陷的成因机制

致塌模式		重力致塌	潜蚀致塌	真空吸蚀	冲爆致塌	振动致塌	荷载致塌	溶蚀致塌	渗压致塌
主要诱因		积水、干旱、表（污）水下渗	抽水、矿坑排水、积水、表水下渗	坑道排（突）水、水库放（漏）水	暴雨、洪水、水库蓄水	地震爆破、机械振动、水压波动、气压波动	工程载荷、水库蓄水	表水下渗、易溶岩溶蚀	降雨入渗
受力情况	致塌力	自重力	自重力 渗透压力	自重力 吸蚀力 扩溶力	气压力 水击压力 静水压	自重力 振动力	自重力 荷载力	自重力 （渗透压力）	自重力 （渗透压力）
	抗塌力	抗剪力 内聚力	抗剪力 内聚力	抗剪力 内聚力	自重力 抗剪力 内聚力	抗剪力 内聚力	抗剪力 内聚力	抗剪力 内聚力	抗剪力 内聚力

在我国发生的各类地面塌陷中，以岩溶地面塌陷的分布最广、危害最重。据不完全统计，全国岩溶地面塌陷点达 778 处以上，塌陷坑总数超过 3 万个，每年造成的经济损失达数亿至 10 余亿元。矿山采空区地面塌陷的分布和危害仅次于岩溶地面塌陷。

（三）地面塌陷的预防及监测

1. 预防

① 如在岩溶地区的洼地、谷地等负地形和岩溶平原内，有建筑物或地下工程时，应在附近两千米范围内，不得大量抽排地下水及采掘地下矿藏资源。对已有的抽排井孔与坑道，随时进行降水、抽水量监测，控制水位降深低于塌陷的临界水位，如有可能应保持或恢复原地下水位。

② 建设场地或地下管道及缆线等线路应选址于覆盖层厚的地方或基岩裸露、抽排地下水井孔影响以外的地段。

③ 在建设工程施工前，应进行场地地质环境的安全性评价工作，运用地质雷达、浅层地震以及电磁波 CT 等方法探测场地是否有潜伏洞穴，如有洞穴应进行稳固性的处理。

④ 在塌陷危险潜在区，应对地面河床进行铺砌、加固、改道，堵塞落水洞，填补溶蚀坑，注浆固结岩土体，剥离地表较薄覆盖层。

⑤ 在建设工程场地或建筑物附近，为减缓地下水活动致塌力，可在地下水的径流方向设置压浆帷幕。

⑥ 建筑物的主要承重、受力构件的基础应置于坚硬的基岩或经过坚固处理的地基上。

2. 监测

监测地面、建筑物的变形和井泉或水库水量、水态变化，地下洞穴发展动态，及时发现塌陷前兆现象，对预防、减轻塌陷灾害损失非常重要。在地面塌陷频繁发生地区或潜在地面塌陷区内，可采取如下监测措施：

① 在具备塌陷动力、塌陷物质、储运条件与岩溶低洼地形地区，在抽排地下水的井孔附近，应对地面变形（开裂、沉降）进行监测。

② 进行宏观水文监测。当出现地表积水或突然干枯，放水灌溉及雨季前期降雨都可视

为可能发生塌陷的前兆。

③ 注意收集或及时发现具有塌陷前兆的异常现象。如出现建筑物开裂或作响、植物倾斜变态、井泉或水库突然干枯或冒水，地下水突升突降，地下有土层垮落声及动物惊恐等异常现象皆应警惕塌陷即将来临。

④ 监视井泉内、坑道与水库渗漏点的地下水位降深是否超过设计允许值，地下水位升降速度有否骤然变化，渗漏水中泥沙含量是否较高。

⑤ 塌陷时地表的变形会引起地球物理场的变化，利用这种特性，在洞穴上部埋设装有聚氯乙烯铜线的混凝土管，当临塌陷或大塌陷前，地表覆盖层发生变形时，混凝土管就会被折断从而发出警报。也可以利用重力变化来进行监测。

塌陷区的治理及生态恢复与重建详见第六章。

六、矿区水害与地下水位下降

矿区水害指各种类型的地表水或地下水、老窑水，通过一定的渗透通道，涌入或突入采掘工作空间，影响生产，威胁采掘工作面或矿井安全，增加煤的吨煤成本，发生矿井局部或全部被淹没等矿井事故。我国不仅是采煤大国，也是受水害威胁最严重的国家之一。

据统计，我国受水害威胁的矿井，仅煤炭矿井就有 200 多个，核定生产能力超过 1.0×10^7 t/a。这些矿井大多集中分布在河北、河南、山东、安徽等 6 省的开滦、焦作、淄博、淮南等矿区。这些矿区大多属石炭二叠系煤系地层，基岩为奥陶纪或寒武纪石灰岩的富水岩层，水文地质条件复杂，而且这些矿区的开发历史悠久，浅部煤层开采的老煤窑星罗棋布，加上近年来新出现的小煤窑，给矿区的防治水工作带来极大的困难。

此外，矿山开采损毁植被，破坏水的均衡系统，矿井还需要进行疏干排水，这些活动改变了地下水系统自然流场，改变了“三水”转化关系，导致区域地下水位下降，井泉干涸，形成大面积的疏干漏斗；而地表径流的变更，也将使水源枯竭。如贵州省因采矿造成地下水位下降面积 5 778.53 ha，数千亩水田改为旱地。其中能源（煤）矿山地下水位下降面积 5 667.61 ha，占总下降面积的 98%。地下水疏干至少造成约 250 处泉点（或民井）流量减少甚至枯竭，数万人因采矿造成井泉干枯而失去赖以生存的水源，有的被迫迁移他乡，有的不得不采用工程手段从其他地方引水。

（一）矿区水害区域划分

本书主要对煤矿矿区水害区域进行划分。

1. 华北石炭二叠系岩溶裂隙水水害区

本区位于我国华北断块分布范围之内，北以阴山构造带为界，西以贺兰山构造带为界，南至秦岭构造带，东临黄海。该区在开采煤矿时，矿井涌水，突水频率高，涌水量达 1 000～1.2×10^5 m^3/h，容易造成危害。

2. 华南上二叠统岩溶水水害区

该区位于昆仑-秦岭构造带东段以南、川滇以东一带，属湿润气候区，年降水量 1 200～2 000 mm。该区突水量大（2 700～27 000 m^3/h）。矿井正常涌水量也大（达 3 000～8 000 m^3/h），地表塌陷严重，井下突水伴有泥沙，在雨季采矿，矿井水害更为严重。

3. 东北侏罗系裂隙水水害区

该区位于阴山以北一带，部分矿区因受地表水、第四系松散层水的补给，造成的危害较大。

4. 西北侏罗系裂隙水水害区

该区位于昆仑-秦岭西段以北、贺兰山构造带以西地区，属于干旱气候区，局部为亚干旱气候，严重缺水，仅少部分矿区受地表水和老窑水威胁，发生矿井水害。

5. 西藏-滇西中生界裂隙水水害区

本区位于昆仑-秦岭构造带以南、川滇构造带以西的西藏、四川西部和云南西部，属湿润-亚湿润气候区，区内中生界煤田占全国煤炭储量的 0.1%，含水性弱，水文地质条件简单，矿井水害危害不大。

（二）矿区水害类型

矿区水害的水源主要是大气降水、地表水、地下水和老窑水（也属地下水，此处为便于分析矿井水害的成因称之，专指赋存于地下采空老窑中的积水）。其中地下水按储水孔隙特征又分为岩溶水、孔隙水和裂隙水等。我国矿井水害类型按水源分为地表水水害、岩溶水水害、裂隙水水害、孔隙水水害及老窑水水害五类，有些矿井水害受多种水源的影响，如华北石炭二叠系煤矿井的水害往往受到二叠系灰岩裂隙水和石炭系及奥陶系灰岩岩溶水的共同影响。

1. 地表水水害

水源有大气降水、地表水体（江河、湖泊、水库、坑塘、泥石流）。水源进入矿井的途径是通过井口、采后冒裂带、岩溶地面塌坑、断层带及煤层顶底板或封孔不良的旧钻孔充水或导水进入。如贵州山脚树矿、江苏青山泉矿等都发生过此类水害。

2. 岩溶水水害

岩溶水水害包括薄层灰岩水害和厚层灰岩水害。

薄层灰岩水害水源主要是华北石炭二叠纪煤田的太原组薄层灰岩岩溶水，煤层顶底板含有薄层灰岩含水层，在开采中应予以疏干。通常，这些含水层是可以疏干的。但是当含水层与地表水体发生水力联系时，或被地质构造切割、造成垂向的导水通路和横向与厚层灰岩含水层对接水力联系时，含水层富水性大大增加。所以在具有强水源补给和接近导水通道部位，容易发生突水事故。

厚层灰岩岩溶水水害可分为南方型水害和北方型水害。南方型厚层灰岩赋存于主采煤层顶底板，几乎无隔水保护层利用，一旦发生溶洞突水、突泥，往往来势凶猛。北方型厚层灰岩主要是华北的中奥陶灰岩含水层，一般构造正常地区均赋存于石炭二叠纪煤系之下，是水量丰富、含水构造规模巨大的岩溶水压含水层，可通过陷落柱、巷道、采区的采动破坏带等导水通道进入煤矿井，往往造成严重的矿井水害。1984 年开滦范各庄矿底板奥陶系石灰岩岩溶水通过岩溶陷落柱涌入矿井，最大涌水量达 123 180 m^3/h，创造了有记载的世界采矿突水量之最，矿井迅速被淹。

3. 裂隙水水害

水源是砂岩、砾岩等裂隙含水层的水，并常常受地表水或其他含水层水的补给。此种水害多发生在开采北方二叠纪山西组煤层和侏罗纪煤层，以及开采南方侏罗纪的煤层中。在徐州大黄山煤矿、淮北矿业集团、韩桥煤矿等都发生过此类水害。

4. 孔隙水水害

水源主要是第三系、第四系松散含水层孔隙水、流沙水或泥沙等，有时是地表水补给。水源通过采空冒裂带、地面塌陷坑、断层带或煤层顶底板含水层裂隙及封孔不良的旧钻孔导水进入矿井。发生此类水害的典型矿井有淮南孔集矿、徐州新河矿等。

5. 老窖水水害

老窖水指年代久远且采掘范围不明的老窑积水、矿井周围缺乏准确测绘资料的乱掘小窑积水、矿井本身自掘的废巷老塘水和煤层采空区积水。当巷道接近或遇到老窑积水区时，会在短时间内涌出大量老窑水，来势凶猛，破坏性很大，往往造成恶性事故。发生此类灾害的矿井有徐州旗山矿、吉林蛟河腾达煤矿、广东兴宁大兴矿等。

（三）矿井水害的防治措施

为了防止水害事故的发生，保证矿井建设和生产的安全，我国煤矿工作者探索了一系列的防治水措施。这些措施概括起来主要有：防治地表水涌入矿井，探放水，疏水降压，大水矿井的隔离开采，防水煤柱的留设，水闸门和水闸墙的设置使用，注浆堵水，建立防治水保障制度，加强水文地质工作，做好矿井涌水、积水、突水预报等。各煤矿的自然情况各不相同，可以有针对性地选择相应防治水措施。

1. 矿井水害的基本防治方针

煤矿水害防治以“预测预报、有疑必探、先探后掘、先治后采”为基本原则，并根据矿井水害实际情况制定相应的“防、堵、疏、排、截”综合防治措施。

2. 矿井防水技术要求

① 要做好职工的教育培训，井下职工均要熟悉透水前的各种预兆，发现透水危害及时汇报并采取应急处理措施。

② 要建立必要的矿井防治水规章制度，把防水害工作落到实处。

③ 坚持“有疑必探，先探后掘”的方针，进行井下探放水工作。

④ 加强矿井水文地质观测工作，注意收集整理资料，准确将积水巷、水窝、积水老窑绘在图上，以便进行采掘工程时采取相应防范措施。

⑤ 有突水危险的矿井，必须严格按照《煤矿安全规程》的规定和要求，设置防水闸门，创造控制隔离条件后方可采掘。在某些危险区设置防水闸，减少危险和涌水量。

⑥ 在有老窑水威胁地区必须进行探水，掘进工作面必须边探边掘。平巷掘进一般可对正前和巷道上帮进行钻孔探水，一般为三组钻孔，每组 1～2 个孔；在上山掘进时，一定要在巷道正前和左右两帮进行探水，钻孔不少于 5 组。

⑦ 在相邻矿井的边缘处、断层两侧，大片老空积水区及其他对矿井有危险的水源周围，设置防隔水煤柱，避免和控制水灾的发生。

煤矿地下的地质条件是复杂的，地下水的情况也很复杂，在很多时候我们会遇到各种水害的威胁。根据现有资料，对无法确保没有水害威胁地区，必须采取探放水措施，探水后消除了水害威胁再向前掘进。

3. 矿井水害的防治措施

采取“防、堵、疏、排、截”五项综合治理措施。

① “防”，就是对于矿井边界、导水断层、高压强含水层、导水陷落柱等一定要采取留设防水煤(岩)柱或通过改变采煤方法来预防，并对其他可能诱发矿井水害的水源、通道实施加固、隔离、阻断等措施。

② “堵”，即针对有安全隐患的矿井充水水源、涌水通道，必须超前进行注浆封堵，或对强含水层、隔水层进行注浆封闭或加固处理。

③“疏”，主要指能疏干的充水源要坚决疏干，不能疏干的，如华北奥陶系灰岩岩溶水要结合安全带压开采上限要求，采用疏水降压等措施实现安全作业。

④“排”，力求排水供水相结合，使矿井水资源得到综合利用，建立安全可靠的矿井排水系统。

⑤“截”，即通过开挖沟渠，修筑堤坝、防水帐幕等截流措施，拦截地表河流、水库等地表水及松散层孔隙水。

4. 矿井水害事故防护案例分析

1986 年 4 月 28 日 12 时肥城大封矿开采的 10 号煤层 10204 工作面底板突水，最大涌水量达 3 200 m^3/h，1 个采煤工作面和 2 处下山掘进工作面被淹，全矿停产 3 天。

(1) 该矿水文概况

大封矿以 F_{16} 和 F_{17} 断层为界，分为东西两个水文地质块段，西段含水量较东段丰富，此次突水的 10204 工作面位于西段。该矿属于石炭二叠系，主要是太原组和本溪组，含煤多层，多属于中厚煤层。主要煤层有 7、8、9、10 四层，而 7、8、9 层在 10204 工作面上已采完，只有 10 号煤层正在回采。主要含水层有第四系冲积层、第四层石灰岩(称四灰)、徐家庄灰岩(称徐灰)及奥陶系石灰岩(称奥灰)。

(2) 突水情况

在事发当天，10204 下工作面由切眼向东推进到 38 m，底板突然鼓起，支架有响声，徐灰和奥灰的水涌入工作面，水由白色变为红色。开始水量为 40 m^3/h，当晚 12 时增至 3 200 m^3/h，该工作面被淹，2 处下山的掘进工作面也被淹。

(3) 施工技术

① 注浆钻孔施工

由于 7、8、9、10 煤层都已经被采空，需套管层次多，所以扩大钻孔，采用两层老空下一次套管，下不去的采用跟管自然下沉法，使每个钻孔都通过老空。

② 注浆站及注浆系统

注浆站选定原则是施工方便，且考虑钻孔布置、双液浆的要求、水源的距离，尽量做到面积小，少占农田。此次选用两台 NBB-250/60 往复式注浆泵，3 台自制的点式搅拌机。

③ 注浆材料及注浆参数的选择

注浆材料选用 500 号普通硅酸盐水泥，水玻璃 40Bé(波美度)，模数 2.8，充填料为普通河沙及石子(粒径 1～2 cm)。

注浆参数如表 8-6 所列。

表 8-6 注浆参数的选择

参 数	比 值
双液浆	水灰比(0.9～0.7)∶1 水玻璃与水泥浆体积比 1∶1
单液浆	水灰比(0.9～0.7)∶1，加入的三乙醇胺是水泥重量的 0.03%，食盐的数量是水泥重量的 0.5%
注浆压力	2～3 MPa

④ 注浆结束的标准

a. 最终一次注浆后，如果采用单液浆，即停 24 h 后钻孔注满清水观测其耗水量，耗水量必须小于 5 L/min，单位耗水量 0.5 L/(m・mim)。

b. 注浆终压必须达到 2～3 MPa，并持续 5 min 以上。

七、煤与瓦斯突出

在矿井采掘生产过程中，短时间内(几分钟或几秒钟)以巨大的挤压冲击力从煤层内喷出大量的煤和瓦斯，并伴有强烈的声响，这种现象称为煤与瓦斯突出。它能摧毁井巷设施，破坏通风系统，使井巷充满瓦斯与煤粉，造成人员窒息死亡，甚至引起火灾及瓦斯爆炸事故。突出的固体有煤和岩石，涌出的瓦斯有甲烷、二氧化碳、二氧化硫及混合气体。一次突出的煤岩量有数吨、数百吨甚至数千吨以上；而瓦斯量有数百立方米、数万立方米甚至数百万立方米以上。

(一) 我国煤与瓦斯突出总体情况分析

中国是目前世界上煤与瓦斯突出灾害最严重的国家。据统计，从 1950 年吉林省辽源矿务局富国西二坑在垂深 280 m 煤巷掘进发生第一次有记载突出以来，到 1995 年底，国有重点煤矿中先后有 138 个矿井发生 10 815 次煤与瓦斯突出，死亡 1 266 人。进入 21 世纪以来，2001—2020 年间共发生突出事故 484 起、死亡 3 195 人。其中突出事故起数 2003 年最高为 68 起，突出事故死亡人数 2002 年最多为 347 人，2020 年均降到最低，分别为 2 起和 15 人，如图 8-14 所示。近 20 年间，突出事故起数、死亡人数整体呈现逐年下降的趋势，和煤矿事故总死亡人数演化规律类似。值得注意的是，突出事故死亡人数占煤矿事故总死亡人数比例却呈现波动式上涨，从 2001 年的 3.44%逐渐增加至 2020 年的 6.58%，并于 2019 年达到峰值 12.34%。进一步对比突出事故死亡人数及其占比演化规律不难发现，两条曲线近似呈现“X”形分布，即随着突出事故死亡人数的逐年递减，突出事故死亡人数占比却呈现相反的变化规律，这表明，尽管煤矿安全形势逐年好转、突出事故也得到有效控制，但突出事故在煤矿事故中仍然处于相对较高水平且愈加突显。

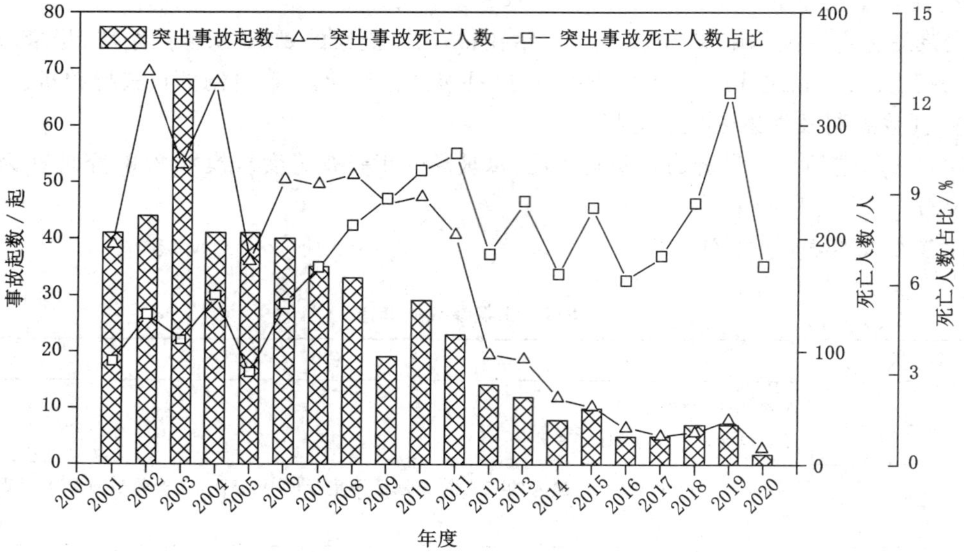

图 8-14 突出事故起数、死亡人数及其占煤矿事故总死亡人数比例

(二) 煤与瓦斯突出分类

1. 按突出现象的力学特征分类

(1) 煤与瓦斯突出(突出)

突出的主要因素为地应力和瓦斯压力的联合作用,通常以地应力为主,瓦斯压力为辅,重力不起作用,基本能源是煤内积蓄的高压瓦斯能。其基本特征为:

① 突出的固体物具有气体搬运的特征,颗粒呈分选性堆积,煤、岩被瓦斯流运至远处,随巷道拐弯,向上抛至一定高度,煤堆积坡度小于煤的自然安息角。

② 突出时有大量瓦斯(甲烷和二氧化碳)喷出,瓦斯逆风流前进,一百吨以下的中型突出,瓦斯逆流为数十米;一千吨以下的大型突出,瓦斯逆流为几百米;超过千吨的特大型突出,瓦斯逆流达千米以上,严重破坏矿井通风系统与设施。

③ 突出的固体物具有被高压气体粉碎的特征。

④ 突出孔洞口小肚大,呈梨形、倒瓶形。

(2) 煤突然压出并强烈涌出瓦斯(压出)

压出的主要因素是地应力,其次还有瓦斯应力与煤的重力。压出的基本能源是煤层所积蓄的弹性能。其基本特征如下:

① 压出固体物按弹性能释放的方向堆积,坡度一般小于煤的自然安息角。

② 压出时有大量瓦斯涌出,有时从压裂裂缝喷出瓦斯,但极少有瓦斯逆流现象。

③ 压出的煤呈大小不同的碎块状。

④ 压出时常出现楔形、缝形、袋形孔洞,口大肚小,外宽内窄,深度一般为数米。

⑤ 压出可推走设备,折断支架。

(3) 煤突然倾出并强烈涌出瓦斯(倾出)

倾出的主要因素为地应力,释放位能。其基本特征为:

① 倾出的煤按重力方向堆积,坡度等于自然安歇角。

② 倾出时有大量瓦斯涌出,无瓦斯逆流现象。

③ 倾出的煤呈大小不同的碎块状,杂乱无章。

④ 倾出一般都存在规则的孔洞,呈舌形、梨形、袋形,口小腔大。

2. 按突出强度分类

突出强度指每次突出现象抛出的煤(岩)数量(以 t 为单位)和涌出的瓦斯量(以 m^3 为单位)。它是每次突出释放潜能的大小和动力现象强弱的重要标志。目前,我们以煤(岩)数量划分强度,对突出进行分类,可分为:

小型突出:突出煤(岩)数量<50 t;

中型突出:突出煤(岩)数量 50～99 t;

次大型突出:突出煤(岩)数量 100～499 t;

大型突出:突出煤(岩)数量 500～999 t;

特大型突出:突出煤(岩)数量≥1 000 t。

(三) 煤与瓦斯突出综合防治

煤与瓦斯突出综合防治的任务有两个方面:首先是预防突出发生,减小突出的频率和强度;其次是避免突出造成人身伤亡事故。

为此,在总结以往工作的基础上,我国在《防治煤与瓦斯突出细则》上要求,在开采突出煤层时，必须采用综合措施，即“四位一体”防灾综合措施，具体包括：突出危防性预测；防治突出措施；防治突出措施的效果检验；安全防护措施。“四位一体”防突综合措施的实施程序如图8-15所示。

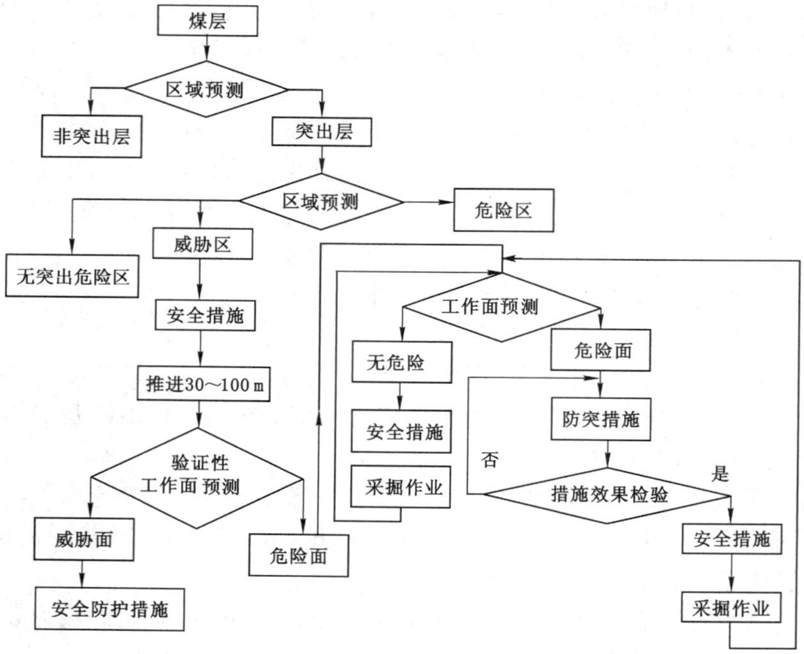

图8-15 “四位一体”防突综合措施防治

“四位一体”防突措施系统，先要进行区域预测，把煤层分为突出与非突出煤层；再把突出煤层划分为突出危险、威胁及无突出危险区，最后经过工作面突出危险性预测把工作面分为突出和无突出危险工作面。

1. 突出危险性预测

突出危险性预测是防突综合措施的第一个环节。预测的目的是确定突出煤层、突出危险区和突出危险工作面，以便防突措施有的放矢。目前，随着防突科技的进步，突出区域预测和工作面预测都已逐渐从试验阶段进入实用阶段。

区域预测，即对井田和采区的煤层和煤层区域进行突出危险性确定。其目的是确定突出危险煤层和非突出危险煤层。对于定位突出危险的煤层，划分为危险区、突出威胁区、突出危险区。

工作面预测即在区域预测定为突出危险区内的采掘工作面，对其前方煤层的突出危险性进行预测。预测的目的是确定工作面的突出危险性。经预测后，划分出突出危险工作面和无突出危险工作面。

2. 防突措施

防突措施一般分为两类：区域防突措施和局部防突措施，如图8-16所示。

第一类：区域防突措施。区域防突措施的目的是消除煤层某一较大区域的突出危险性。属于该类措施的有开采保护层、大面积预抽煤层瓦斯和煤层注水等措施。

第二类：局部防突措施。根据局部防突措施的应用巷道类别，可将局部防突措施分为石

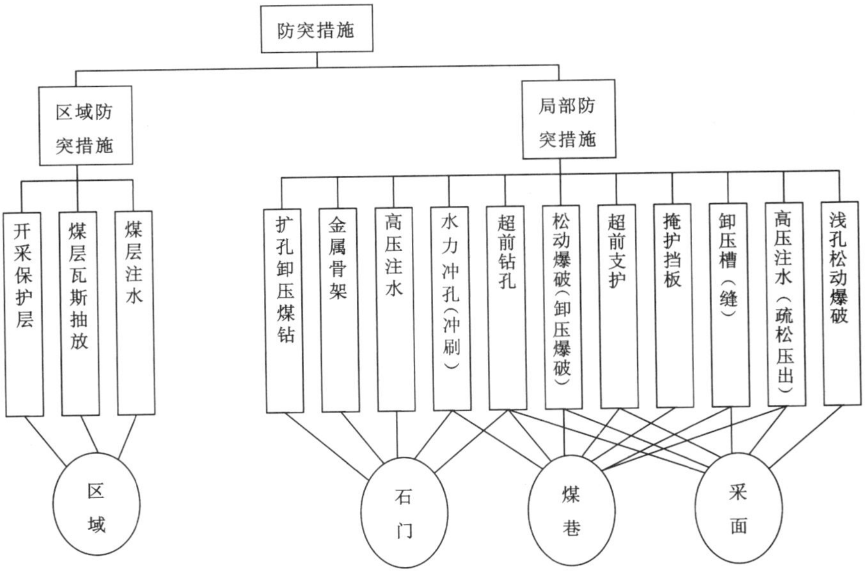

图 8-16　防治突出措施分类图

门揭煤措施、煤巷掘进工作面措施和采煤工作面措施等。属于该类措施的有超前钻孔、松动爆破、水力冲孔、金属骨架等。

3. 防突措施有效性的检验

对于我们所做的任何一种措施，只有在一定的地质、采矿条件下才有效，当条件改变，而应用的措施未及时改变，措施就可能无效，并且各种措施参数是由一定的地质和采矿条件制定的，而条件改变却没及时对措施参数进行相应调整，也会影响措施的效果。因此，实行措施效果检验是防突工作的必然环节，在矿井条件改变时，作出相应的措施，避免事故发生，同时也可改变措施参数，以适应新的条件，从而预防突出。

4. 突出安全防护措施

突出安全防护措施是防突措施的第四个环节，也是防止发生突出事故的第二道防线。安全防护措施是为保护煤矿井下人员在煤(岩)与瓦斯突出时避免伤害所采取的措施。目前，安全防护措施有震动性爆破、远距离爆破、突出挡拦、防突反向风门、压风自救系统等。

(四) 主要防突技术措施

1. 开采保护层

开采保护层是预防突出最有效、最经济的措施，也是目前防突工程中最主要的措施，大部分国家都采用此种措施。

保护层是为消除或削弱相邻煤层的突出或冲击地压危险而先开采的煤层或矿层。后开采的煤层或矿层则称为被保护层。保护层位于被保护层上方的叫作上保护层，位于被保护层下方的叫作下保护层。

2. 水力冲孔

水力冲孔又称钻冲法，是指在具有自喷能力的煤层中打钻孔，利用钻头切割和压力水冲刷煤体，激发喷孔，排出碎煤和瓦斯，释放突出潜能，以减少或消除突出危险性所做的措施。

此法可广泛适用于煤层在打钻时有自喷能力、煤质松软($f<0.5$)的严重突出煤层。

3. 抽放瓦斯

抽放瓦斯是石门揭煤采用的一种最有效的防突措施，是在排放钻孔措施自然排放瓦斯作用的基础上，通过抽放煤层中的瓦斯，加快瓦斯排放和煤体卸压速度，缩短石门揭煤的时间。在煤层透气性比较小以及要求时间短的石门工作面尤其适用。在有条件的矿井应优先采用。

石门工作面揭煤防突采用抽放瓦斯措施时，一般要求：

① 煤层透气性好，并有足够的抽放时间，一般不少于3个月；

② 抽放瓦斯的钻孔布置到石门周界外3～5 m的煤层内；

③ 抽放钻孔为75～100 m，钻孔孔底间距一般为2～3 m。

4. 超前钻孔

超前钻孔措施是在工作面向前方煤体打一定数量的钻孔，并始终保持钻孔有一定的超前距，使工作面前方煤体卸压、排放瓦斯，达到减弱和防止突出的一种方法。

八、矿区水土流失

矿区水土流失是指由于人为扰动地面或堆置固体废弃物而造成水资源和土地资源的破坏和损失(图8-17)，是以人类活动为外营力而产生的一种特殊水土流失类型，既有水土流失的共性，也具有自身的特殊性。

图8-17　矿区水土流失

矿区在开发建设之前与其周围区域的环境是协调一致的，无论其位置如何，它都与周边区域浑然一体，并不存在特殊性，其水土流失状况也与周边区域规模一致。而一旦开发建设形成规模，强烈的人为活动便使作业区内的环境发生巨大变化，由此便形成具有自身特点的矿区环境，并引发人为水土流失。

(一) 矿区水土流失的特征

1. 系统的非封闭性

矿区不是封闭的，矿区的生产系统与社会环境密不可分。一是生产规模受到社会需求、技术进步、周边经济状况与居民环保意识等多方面的深刻影响。二是技术手段，它决定了生产效率，较为先进的技术手段可以使在一定产量下矿区的生产建设活动对环境的破坏相对减少。三是社会经济发展对矿区产品的需求，这决定矿区企业的生产规模的波动，还能对企业经济效益发挥重要作用。

2. 系统的渐进性和突变性

矿区环境的破坏是长期累积的结果，人为水土流失不断发展，一旦条件成熟，环境的承受能力在生产建设影响下达到极限便出现突变，造成大型的灾害性人为水土流失事件。

3. 系统的非规范性

不同矿区环境背景、生产规模、技术手段、经济状况等各方面的差异，存在非规范性。一个矿区水土流失的防治措施不能盲目地套用到另一个矿区，而应因地制宜，结合各矿区自身的实际情况，对人为水土流失的产生、发展作出评价。

4. 采矿对植被盖度的影响

在露天采矿的过程中因剥离原生地表和表层岩土，使地貌完全丧失生物生产力，呈石漠化景观。地下开采的采场虽不直接破坏地表植被和表层岩土，但由于其对地下水系统破坏剧烈，周边地区地下水位普遍下降，表层土壤疏干，植被生长不良，盖度降低，生物群落退化，呈荒漠化趋势。同时由于生产场地、道路等施工占地及采矿过程中排放的废弃物堆放、占压土地，使地表植被受到破坏。

5. 形成人工堆垫地貌

排矸场是采矿过程中排放废弃岩土堆放场地，排放方式有填凹式、平地起堆式和坡面泄流等几种形式。排岩物体堆放改变了原生地表的性质，形成人工堆垫地貌，进而加速了土壤侵蚀。

（二）矿区水土流失的重要形式——土地侵蚀

土地侵蚀是水土流失的一种重要形式，土地侵蚀的产生是地表物质在内外营力作用下的分离、破坏和移动的过程。一般而言，内营力过程的作用使地表抬升，从而形成各种构造，外营力过程的作用则是对内营力形成的构造加以破坏。在自然条件下，这种侵蚀发生过程在一种平衡状态下进行，平稳且相对有序。自从人类活动出现以后，人们为了生存、发展不得不进行垦殖、放牧等各种生产经营活动，这给土壤侵蚀带来了深刻影响。在长期的生产建设过程中，人类体现出无穷的创造力，人类文明逐渐发达。然而长期以来，人类为了能够使环境适宜于自己的生产活动，对环境进行改造活动。一方面确实使自己在生产上创造出更高的水平，但另一方面却使环境的平稳演变过程遭到破坏，种种后果接踵而至。

（三）矿区水土流失的危害

① 破坏生态环境、生态结构，恶化环境质量，生态失衡。

② 破坏水土资源，造成土壤营养流失。矿区水土流失带走肥力强、颗粒细、有机质含量高的表土，使农作物生长所需的氮、磷、钾等养分流失。

③ 堵塞河流和造成农田沙化。泥沙排入河道、湖泊、水库，造成河床抬高，河道淤积，直接影响河道的行洪和蓄洪能力，使湖泊、水库、水电站库区淤塞，失去调节洪水作用。污水排入农田，会导致农田沙化和重金属污染。

④ 产生面源污染，污染水环境，危及群众生产生活用水。大量泥沙排入河道，导致河水变浑，水质变差，一些地方农田灌溉出现困难。同时由于冲刷走的泥沙中含有大量的金属及氮、磷元素，会对地表水体和地下水体造成重金属污染和水体富营养化。

⑤ 产生地质灾害和影响矿区小气候。由于矿山水土流失会产生泥石流、滑坡、崩塌等次生地质灾害，造成人员伤亡和经济损失，严重的有可能影响矿区小气候环境。

⑤ 影响社会和谐。高原矿因水土流失危害，1995 年发生了当地村民殴打矿山管理人员事件；1997～1999 年间，大浔洋矿因水土流失危害引发多起严重纠纷。1999 年又因 2.1 ha 耕地遭泥沙压盖未复耕和多处水利设施淤塞毁坏未修复，影响农村土地延包工作。当然，水土流失对生态安全的影响并不仅仅限于露天采矿，2002 年，采取地下开采方式的上伯季萤石矿因采矿造成水土流失，局部水循环系统改变，导致山泉断流，影响下游山垅田灌溉，引发村民强制封闭矿洞，迫使矿山停产。

(四) 矿区水土流失的预防

1. 贯彻水土保持工作与矿山建设同步的原则

环境保护与企业建设“三同时”，这个原则同样适用于矿山水土保持工作。

2. 严格三废管理

① 场址的选择必须严肃认真。建尾矿库、排土场和拦泥坝等工程时，要查明地质地形条件、周围(特别是下游)的工农业设施、堆存场地设置等情况，确定堆存方案和圈定堆场的范围。选择占地少、筑坝短、容量大的自然凹陷沟谷地带。在高山陡坡、雨量充沛的地区，不宜集中堆放，可采用多梯段分散堆存。在舒展的低山、丘陵区集中堆放，便于管理和治理。

② 堆场的致害主要是由堤坝塌陷引起的，因此，堆场的堤坝要求安全可靠，强度坚实，特别是对尾矿坝要严格管理，严防漏水、漏砂和开裂，在洪水季节要保证溢洪道畅通，防止库水漫坝溢流，要注意定期观测，经常维护。

③ 废水必须处理好后排放。有些矿山(特别是有色金属矿山)的废水，含有一定的有害杂质，对超标的有害元素，必须坚持治理，达到排放标准才能排放。

④ 重视综合利用，减少三废排放。近年来不少矿山重视从尾矿中回收伴生资源，把尾矿、废水称作二次资源加以利用，不但提高资源利用率，增加矿山经济效益，而且可减少“三废”排放，无疑对水土保持是有益的。

3. 绿化矿山是水土保持的根本措施

以矿区为单元的植树造林、陡坡山地退耕还林、营造水平梯田、修筑蓄水塘库、覆盖草被等综合措施，是防止水土流失、保护生态平衡的重要措施。所有矿山，包括砂矿开采，在矿山开采结束后或矿山生产的某一地段、某一台阶结束后，必须对采坑区采取复田、复土、绿化、蓄水等综合措施，促进生态进化。

对于小矿坑可填平复田，对山坡浅采坑可以修水平梯田、水垅，大采坑要根据矿坑实际情况和植物生长条件采用多种措施绿化。我国大冶、个旧等古矿坑，已作为历史古迹保存，以供考察参观。

4. 保护和改造矿区地表、地下水系

矿山一般位于高山、中低山、丘陵地带，都在侵蚀基准面以上，且存在不同程度的切割侵蚀现象。因此，对矿区的本底地形水系和侵蚀现象要进行调查，评价本底水土流失和水系的关系，对本底流失严重的，应予改造、整修，如河沟改道，建坝拦截，水平分流，集水入库，修堤绿化等。同时，注意控制废水排放和治理净化，避免废水污染地表、地下水系。

九、荒漠化

荒漠化是由于气候变化和人类不合理的经济活动等因素，使干旱、半干旱和具有干旱灾害的半湿润地区的土地发生退化的现象(图 8-18)。2019 年 6 月 17 日是第 25 个“世界防治荒漠化和干旱日”，中国为世界荒漠化防治工作做出了巨大的贡献。据统计，全国荒漠化土地面积由 20 世纪末年均扩展 1.04 万 km^2 转变为目前的年均缩减 2 424 km^2，沙化土地面积由 20 世纪末年均扩展 3 436 km^2 转变为目前的年均缩减 1 980 km^2，实现了由“沙进人退”到“绿进沙退”的历史性转变，沙区经济持续发展、民生不断改善，提前实现了联合国提出的到 2030 年实现土地退化零增长目标。

(一) 矿山荒漠化的成因与危害

荒漠化是一种自然和人为双重因素影响下发生的复合性灾害，它不断摧毁着人类赖以

图 8-18　荒漠化

生存的生态环境，直接影响着人类的社会、经济活动，并且它的发生、发展还进一步诱发各种毁灭性的自然灾害，严重威胁着人类的生存和发展。其主要存在以下危害：① 造成水土流失；② 淤积库渠、河床，埋压、阻塞道路，破坏交通、水利设施；③ 沙尘暴频繁，生态环境恶化，生态灾难加重。

形成矿山荒漠化的原因包括自然因素和人为因素。自然因素主要是指矿山在演化过程受自然作用如气温、湿度、风力等而产生的荒漠化，而人为因素是指由于人类采矿活动如乱砍乱伐，开挖煤矿，破坏生态平衡等。

矿区处于极其脆弱的生态环境地域，在开矿过程中由于剥除矿体表层土壤，破坏了地表植被，加速和扩大了自然因素所引起的土壤破坏和岩石的侵蚀，造成水土流失。我国土壤荒漠化广泛分布在西北、华北、东北等区域，以新疆、甘肃、青海、内蒙古、宁夏、陕西、山西、河北等省(区)最严重。

2010 年 3 月的沙尘暴更是席卷全国 16 个省份，范围达 180 万 km^2。仅仅从 3 月 19 日到 3 月 20 日一天内，北京地区的降尘总量就累计达到 15 万 t 左右。

（二）矿山荒漠化防治技术

矿区开发时必须认真对待土地沙漠化问题，防止在矿产资源开发中沙漠化的扩大。坚持开发利用与环境保护并举的原则，以防为主，最大程度缩小对地表植被的破坏。在铁路、公路等交通干线沿线，防沙措施以治理上风侧为主、下风侧为辅，工程措施先行、生物措施跟上为原则；在重点地段要设置固沙带、阻沙带和封育带。工程措施宜采用草方格、砾石压沙、阻沙栅栏等；植物固沙采取乔灌木结合配置，沙丘宜种植沙生旱地植物。

露天采场及排土场的防沙也应采取工程措施与生物措施相结合的方法，以前者为先，利用废石，以砾石压沙为主，固定沙面，然后种植树草。排土场周围还要种植林带，阻止流沙蔓延，同时，还可建筑拦沙工程，阻止泥沙入河。

同时，植树造林，设置沙障控制风沙流动，使自然植被迅速生长恢复。

第九章　矿山环境影响评价

第一节　国内外环境影响评价概况

一、国外环境影响评价概况

20 世纪 50 年代以后，各国相继进行环境立法以加强环境管理。在这一进程中，确立预防原则和采取具体措施以避免和减少人为活动可能造成的环境影响，已成为各国环境立法的共识。由于绝大多数公害和环境问题是伴随着人类活动所产生的，因此，人们开始关注人类开发建设活动对环境带来的影响以及对人类自身所造成的危害，并借助其他学科的研究成果，预测和估计拟议中的开发建设活动可能会给环境带来的影响和危害，有针对性地提出相应的防治措施。1964 年，各国环境科学专家聚会加拿大，在"国际环境质量评价会议"上提出了"环境影响评价"的概念。在当时，环境影响评价仅仅只是一种科学的理论和方法，一种技术手段。之后，人们将其运用于开发建设项目对环境影响的预测评价实践中，通过进一步改进和完善，终于使这项学术研究成果逐步成熟并为法律所确立。

环境影响评价制度是美国于 20 世纪 60 年代末首创的，美国在 1969 年《国家环境政策法》(NEPA)中，规定环境影响评价是联邦政府在环境管理中必须遵循的一项制度。该法颁布以后至 70 年代末，美国各州相继建立了各种形式的环境影响评价制度，纽约州还于 1977 年制定了专门的《环境质量评价法》。到 1978 年，美国改善环境质量委员会(CEQ)专门颁布作为《国家环境政策法》实施细则的《国家环境政策实施程序的条例》(CEQ 规则)。

由于环境影响评价制度的实施对防止环境受到人类行为的侵害具有科学的预见性，因而这项制度很快被世界各国所采纳和效仿，并为各国通过立法所确立。

各国(地区)环境影响评价制度的外在表现形式主要有以下三种：一是在环境立法中确立环境影响评价制度，再通过实施办法予以具体补充，如美国 1969 年颁布的《国家环境政策法》以及我国 1989 年颁布的《环境保护法》和其他单项环境保护法律的规定；二是单独制定环境影响评价法，如加拿大和日本；三是既没有直接在环境立法中确立环境影响评价制度，也没有单独制定环境影响评价法，而是将环境影响评价作为编制规划或者审批许可程序的主要内容之一，或者将其作为国家的政策，通过纲要的形式予以施行，如英国。

继美国之后，瑞典、澳大利亚分别在 1969 年的《环境保护法》和 1974 年的《联邦环境保护法》中，效仿了美国关于环境影响评价制度的规定。法国于 1976 年通过的《自然保护法》第 2 条规定了环境影响评价制度，又在 1977 年公布的 77—1141 号政令中对评价范围、内容、程序做了具体规定，并补充规定了该法强制执行的措施。1988 年，英国制定了《环境影响评价条例》。1990 年，德国通过了《环境影响评价法》。1993 年，荷兰在其通过的《环境保护法》第七章中对环境影响评价作出了规定。1994 年，俄罗斯联邦环境和自然资源保护部公布了《环境影响评价条例》。

截至 1996 年，全世界共有 85 个国家或地区制定了有关环境影响评价的法律，共有一百多个国家和地区在开发建设活动中推行环境影响评价制度。

二、中国环境影响评价概况

我国环境影响评价制度的实施始于20世纪70年代末。我国实行的环境影响评价制度，是在既吸收了西方国家先行开展的环境影响评价制度，又结合我国实际情况的基础上发展起来的。因此，与国外实行的以公众参与环境影响评价为主的方法所不同的是，我国环境影响评价制度主要是依靠环境保护主管部门负责组织审查及批准建设项目的环境影响评价。

自1973年第一次全国环境保护会议后，环境影响评价的概念引入我国。1978年，中共中央在批准国务院关于《环境保护工作汇报要点》的报告中首次提出了进行环境影响评价工作的意向，其中，特别提到了“选择厂址要注意到保护环境，合理布局。工程项目的设计文件要包含环境保护篇章，阐明企业建设前的环境状况，设计所采取的主要保护环境措施，建成后环境质量状况的预计，以及企业环境保护管理机构的设置等内容。”同年，北京师范大学等单位率先对位于江西省的永平铜矿的开采建设进行了环境影响评价。

1979年，我国第五届全国人大常委会第十一次会议通过了《中华人民共和国环境保护法(试行)》，该法首次确立了环境影响报告书制度，规定“一切企业、事业单位的选址、设计、建设和生产，都必须充分注意防止对环境的污染和破坏。在进行新建、改建和扩建工程中，必须提出对环境影响的报告书，经环境保护部门和其他有关部门审查批准后才能进行设计”。依照该法的规定，我国在单个建设项目、城市发展和区域发展等三个方面展开了环境影响评价工作。

1981年5月，国家计划委员会、国家基本建设委员会、国家经济委员会和国务院环境保护领导小组联合颁发了《基本建设项目环境保护管理办法》，该办法对环境影响评价的范围、程序、方法、费用、审批等分别作出规定，并规定建设项目在保护环境方面应当遵循的一些原则和执行环境影响报告书制度的具体做法。1986年，国家环境保护委员会、国家计划委员会和国家经济委员会联合颁布了《建设项目环境保护管理办法》，明确规定制定该办法的目的在于加强建设项目的环境保护管理，严格控制新的污染，加快治理原有的污染，保护和改善环境。该办法将环境影响评价从基本建设项目扩大到技术改造项目和区域开发项目。

1989年，我国在修订《中华人民共和国环境保护法》第十三条时规定：“建设污染环境的项目，必须遵守国家有关建设项目环境保护管理的规定。建设项目的环境影响报告书，必须对建设项目产生的污染和对环境的影响作出评价，规定防治措施，经项目主管部门预审并依照规定的程序报环境保护行政主管部门批准。环境影响报告书经批准后，计划部门方可批准建设项目设计任务书。”

1992年，国家环境保护局和对外经济贸易部联合颁发了《关于加强外商投资建设项目环境保护管理的通知》。1993年，国家环境保护局、国家计划委员会、财政部和中国人民银行联合颁发了《关于加强国际金融组织贷款建设项目环境影响评价管理工作的通知》。这些规范性文件对涉外的投资建设项目的环境影响评价作出了规定。

1994年，国家环境保护局发布了《关于加强自然资源开发建设项目的生态环境管理的通知》，要求各地加强对资源开发建设的生态环境影响评价的管理工作。1997年，国家环境保护局颁布了《环境影响评价技术导则 非污染生态影响》，标志着我国生态环境影响评价走上了新台阶。

1998 年实施的《全国环境保护工作(1998—2002)纲要》中强调，要严格执行环境影响评价制度，重点对小浪底水利枢纽工程、京九铁路、三峡工程进行环境影响评价，并做好建设项目环境影响后评估和影响评价前期招标工作，对“九五”期间我国环境影响评价工作的目标和任务作出具体的规定。

1998 年，国务院决定对《基本建设项目环境保护管理方法》进行修订，并以行政法规的形式重新颁布了《建设项目环境保护管理条例》。该条例第二章有关“环境影响评价”的规定，是我国 2003 年以前有关建设项目实施环境影响评价制度的具体依据。

2000 年 4 月，李鹏委员长在第九届全国人大常委会第十五次会议上发表讲话，要求抓紧制定环境影响评价法。为此，全国人大环境与资源保护委员会主持起草了《中华人民共和国环境影响评价法(草案)》(简称《环境影响评价法》)。经过两年的时间，该草案于 2002 年 10 月 28 日获得通过，并于 2003 年 9 月 1 日起施行。2018 年 12 月 29 日，第十三届全国人民代表大会常务委员会第七次会议第二次修正。

《环境影响评价法》的颁布与施行，是我国环境影响评价制度法制化发展的一个重要的里程碑。在此基础上，我国也将建立起以《环境影响评价法》为核心、由相关行政法规和部门规章以及地方性法规共同构成的环境影响评价法律体系。

环境影响评价政策、法律、法规的出台，使我国在预防建设项目造成环境污染和环境破坏方面取得了很大的进展。据统计，“九五”期间环境影响评价的执行率基本稳定在 90%左右。通过实施环境影响评价等一系列环保措施，取缔、关停了 84 000 多家污染严重又没有治理前景的“十五小”企业，全国 23 万家有污染的工业企业中，90%以上实现了主要污染物达标排放。

第二节　矿山环境影响评价

一、我国矿产资源开发的主要环境问题

我国是矿业大国，长期大规模和超强度的矿产资源开发，为国家的建设和发展作出巨大贡献的同时，也因忽视环境影响甚至在一定程度上以牺牲环境为代价，造成生态环境的严重破坏。近年来，我国矿产资源开发的环境问题突出表现在以下几方面。

(一) 生态环境整体恶化

由于矿产资源生产和消费规模的大幅度增加，粗放式发展模式没有得到根本性扭转，加上历史欠账太多，生态与环境的总体状况虽局部改善、但生态恢复不平衡。每年矿业生产排放的废液占全国工业废水总量的 10%，采选煤、铁和有色金属所排放的固体废料 8 亿 t 左右，占工业固体废弃物总量的 85%。中华人民共和国成立以来，废石、尾矿、煤矸石和粉煤灰累积总和超过 225 亿 t。地下水破坏严重，全国煤矿每年外排矿井水 22 亿 t 以上，其中得到净化利用的不足 20%。1995～1996 年，我国对全国矿山生态环境破坏及重建进行了调查，所调查的 1 173 家中型以上矿山占有和破坏的土地合计约 75 万 ha，全国因采煤破坏塌陷的土地约为 72 万 ha。

(二) 矿产资源开发利用效率低

占全国煤矿总数 90%以上、产量超过 1 亿 t 的小煤矿资源回收率只有 10%～15%，全国平均综合回收率仅 30%。1990 年至 2000 年的 10 年间，我国因乱采滥挖造成的煤炭资源

浪费最少有 100 亿 t，产量占全国一半以上的个体和小型铝土矿山回采率仅为 20%～35%，保守地估计，近 10 年最少浪费了 2 500 万 t 铝土矿资源。如果我国煤炭资源的矿山综合回收率能够提高 5%～10%，未来 20 年节约的资源可以百亿吨计。目前小型矿山开发和共伴生矿床低水平开发利用是造成我国资源浪费和环境污染的主要原因。

（三）治理难度越来越大

随着矿产资源的进一步开发，所造成的环境影响越来越大，治理的难度也随之加大。以煤炭为例，开发的重点逐渐向生态脆弱地区转移，今后 60% 的煤炭产量将集中在晋、陕、蒙等地。目前仅神木地区就有 216 个煤矿企业，已形成 99.12 km^2 的采空区，引发 19 个矿区塌陷，塌陷面积达 27.73 km^2，不少矿区"地陷、水干、树死"，直接影响了当地居民的生产生活，矿区生态环境形势十分严峻。

矿山环境影响评价作为一种以预防为主的手段，正越来越受到人们的重视，开始提前对矿山开采可能产生的环境问题及其影响进行控制，有目的性地预防和解决矿山开采对环境的影响。

二、矿山环境影响评价的分类

矿山开发建设项目对环境的影响分为污染型生态影响和非污染型生态影响两种类型，前者主要包括矿山开发过程中产生的一定数量的废气、废水、废石（渣）、噪声等对环境的直接影响；后者包括矿山开发过程中地表植被剥离、地表塌陷、矿井水抽取导致区域地下水资源枯竭以及水土流失等生态环境问题等。矿山非污染型生态影响与其他行业相比，显得尤为突出。由于其影响范围大、难以逆转以及恢复难度大等特点，现已广受关注。

2018 年 12 月 29 日新修订的《中华人民共和国环境影响评价法》第十六条规定：国家根据建设项目对环境的影响程度，对建设项目的环境影响评价实行分类管理。建设单位应当按照下列规定组织编制环境影响报告书、环境影响报告表或者填报环境影响登记表：（一）可能造成重大环境影响的，应当编制环境影响报告书，对产生的环境影响进行全面评价；（二）可能造成轻度环境影响的，应当编制环境影响报告表，对产生的环境影响进行分析或者专项评价；（三）对环境影响很小、不需要进行环境影响评价的，应当填报环境影响登记表。具体分类依据由国务院生态环境主管部门制定并公布的《建设项目环境影响评价分类管理名录》确定。

三、矿山环境影响评价的重点

与一般建设项目环境影响评价不同，矿山环境影响评价更关注矿山开采引发的直接或间接的生态破坏问题。对矿山开采中产生的废气、废水、废石（渣）和噪声等产生的影响的评价，与一般建设项目环境影响评价区别不大。

（一）污染型环境影响评价要点

矿山开采中产生的废气主要包括：矿产品开采、堆存、破碎、装卸、运输产生的粉尘，矿井排出的废气，燃煤锅炉产生的 SO_2 和烟尘等。需要明确其产生来源、产生量、排放量、排放目的地、污染物性质、污染防治措施以及环境可接受能力等问题。

矿山开采中产生的废水主要包括：矿井排水、矿产堆放场地初期雨水、锅炉废水、矿产品分选过程产生的废水以及废石堆放场淋滤水等，同样需要明确其产生来源、产生量、排放量、排放目的地、污染物性质、污染防治措施以及环境可接受能力等问题。

矿山开采中产生的固体废物主要包括：建矿初期剥离的坡积物、矿山废石、矿产品分选后产生的尾矿、锅炉炉渣、矿井废水处理设施产生的污泥、生活污水处理设施产生的污泥、生活垃圾等，需要明确它们的产生量、性质（如废石、煤矸石和尾矿是否浸出有毒有害的重金属元素）、处理方式及其可行性等。

矿山开采中产生的噪声主要来源于：矿山通风用空气压缩机、装载机、运输车辆、矿石破碎机、浮选机以及球磨机等选矿设备产生的噪声等。

对上述污染型环境因素进行环境影响评价，与一般工业项目相似，确定评价因子、评价级别和评价范围，分析其从源头到归宿整个过程中污染物的变化情况、选择的处理措施及其可行性以及环境的可接受水平等，将此类污染物的影响降低到环境可接受水平，减轻其对人体和生态环境的影响。

矿山污染型环境因素，与一般工业项目的环境影响评价内容相似，本章不再详述。

（二）非污染型生态环境影响评价要点

对矿山非污染型环境因素的环境影响评价有别于一般的工业项目，也是矿山环境影响评价的重点。

1. 选择评价因子

对于不同的开采方式，评价重点及内容有所区别。对于露天开采方式，评价重点应为生物群落、区域环境、水和土地、滑坡和泥石流地质灾害等；对于坑采方式，其评价重点应为地表塌陷、地下水疏排干、区域环境等方面，见表 9-1。

表 9-1　矿山开采生态环境评价因子

生态影响指标	露天开采				坑　采		
	生物群落	区域环境	水和土地	泥石流、滑坡	地表塌陷	地下水疏排干	区域环境
评价因子	生物量；物种多样性；珍稀物种	绿地覆盖率；敏感区	水土流失强度；土壤理化性质	出现概率	影响范围、最大塌陷深度	地下水资源量改变；饮用水源地影响	敏感区

2. 评价级别和评价范围

《环境影响评价技术导则　生态影响》（HJ 19—2011）明确提出了评价级别划分指标，依据影响区域的生态敏感性和评价项目的工程占地（含水域）范围，包括永久占地和临时占地，将生态影响评价工作等级划分为一级、二级和三级，如表 9-2 所示。位于原厂界（或永久用地）范围内的工业类改扩建项目，可做生态影响分析。当工程占地（含水域）范围的面积或长度分别属于两个不同评价工作等级时，原则上应按其中较高的评价工作等级进行评价。改扩建工程的工程占地范围以新增占地（含水域）面积或长度计算。在矿山开采可能导致矿区土地利用类型明显改变，或拦河闸坝建设可能明显改变水文情势等情况下，评价工作等级应上调一级。

生态影响评价应能够充分体现生态完整性，涵盖评价项目全部活动的直接影响区域和间接影响区域。评价工作范围应依据评价项目对生态因子的影响方式、影响程度和生态因子之间的相互影响和相互依存关系确定。可综合考虑评价项目与项目区的气候过程、水文过程、生物过程等生物地球化学循环过程的相互作用关系，以评价项目影响区域所涉及的完整气候单元、水文单元、生态单元、地理单元界限为参照边界。

表 9-2　生态影响评价等级划分表

影响区域生态敏感性	工程占地(含水域)范围		
	面积≥20 km² 或长度≥100 km	面积 2～20 km² 或长度 50～100 km	面积≤2 km² 或长度≤50 km
特殊生态敏感区	一级	一级	一级
重要生态敏感区	一级	二级	三级
一般区域	二级	三级	三级

3. 评价重点

(1) 油田开采的评价重点

① 钻井阶段。由于井场占地改变了土地利用格局而引发的景观生态环境改变和动、植物物种生存和移动等问题；由于机械噪声对人类和动物生存的影响问题；钻井对环境污染问题以及由此而带来的人体健康问题。

② 井下作业阶段。长时间的井下作业带来的区域环境问题，包括地上辅助工作和场地带来的生态影响。

③ 开采、原油集输和储运阶段。除与上述两个方面相同的内容外，长距离的输油及其中间设施的运转，对区域环境中动、植物物种移动的影响，对地下潜流和地表径流的影响，对土地生产能力的影响等。

④ 事故对自然资源的破坏和对环境的污染。

(2) 固体矿产开采的评价重点

① 剥土改变了土地利用现状及引发的景观生态和物种生存问题；

② 露采破坏地表应力引发滑坡、泥石流、崩塌，进而对生态环境造成损害；

③ 坑采引起地面不均匀沉降或塌陷，进而引发生态环境问题；

④ 坑采改变地应力，诱发地震等地质灾害，进而引发生态环境问题；

⑤ 废石(含矸石)堆放，进而引发生态环境问题；

⑥ 移民问题；

⑦ 保护与生态恢复措施。

4. 评价成果

矿山类型项目要提交生态影响评价报告。3 级项目要提交项目地理位置图、土地利用现状图、工程现状布设图和关键评价因子评价成果图；2 级项目增加植被类型分布图、资源分布图等基础图件和主要评价因子评价成果图；1 级项目在完成上述图件之后，要提交生态环境质量现状图，地质灾害及其分布图(现状和预测)，珍稀濒危动、植物资源分布图，荒漠化或土壤侵蚀分布图，充分应用高新信息技术手段进行生态影响评价，并提交相应成果。

第三节　煤矿环境影响评价要点

《环境影响评价技术导则　煤炭采选工程》(HJ 619—2011)已经于 2012 年 1 月 1 日发布实施，对煤矿采煤、选煤过程中产生的环境影响需进行系统的评价。本节以该导则为依据，结合煤矿项目环境影响评价过程中的体会，对其要点进行总结。

煤矿建设项目环境影响评价程序如图 9-1 所示。

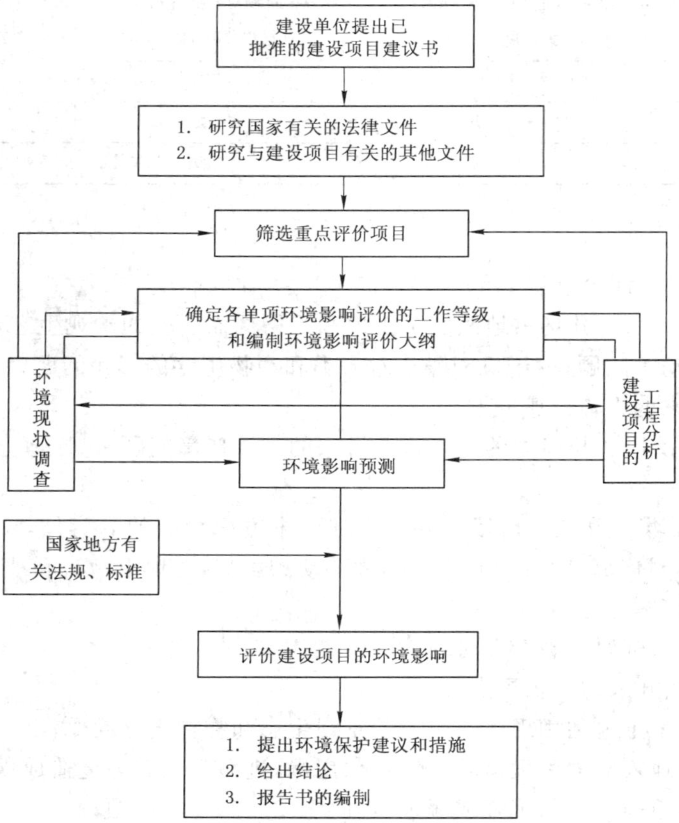

图 9-1 煤矿建设项目环境影响评价程序图

一、煤矿环境影响评价前期准备

在接到一项煤矿开发利用项目的环境影响评价任务以后，首先应获取关于该煤矿项目的开发利用方案报告，对该煤矿项目的基本情况，如项目生产内容、生产规模、建厂位置、项目投资等内容有所掌握。建设项目所处环境的敏感性质和敏感程度，是确定建设项目环境影响评价类别的重要依据。

《建设项目环境影响评价分类管理名录》(2021 版)规定：对煤炭开采和洗选业，应做报告书的是：煤炭开采；应做报告表的是：煤炭洗选、配煤，煤炭储存、集运，风井场地、瓦斯抽放站，矿区修复治理工程(含煤矿火烧区治理工程)；无登记表项目。

二、煤矿项目环境影响因素识别与评价因子

煤矿开采建设项目的主要环境影响因素见表 9-3，主要评价因子见表 9-4。建设项目环境影响评价工作可根据自身特点及周围环境的敏感性，从表 9-3、表 9-4 中筛选环境影响因素和评价因子，并根据煤矿开采特点及区域特征适当补充其他特征评价因子。

表 9-3　煤矿开采建设项目的主要环境影响因素表

环境影响因素			环境空气	地表水	地下水	声环境	土地系统	自然生态	社会生态	景观环境	村庄及重要建筑物和构筑物	重要地表水系	耕地和基本农田	重要线路(国铁、高速公路、220 kV以上高压线等)
建设期	土地利用										—	—	—	—
	废水	建井废水、露天矿降压排水、施工生活污水									—	—	—	—
	废气	临时锅炉烟尘烟气、固体堆放场扬尘									—	—	—	—
	固体废物	建井矸石、弃土弃渣、露天剥离物、生活垃圾									—	—	—	—
	噪声	施工机械、施工车辆									—	—	—	—
	环境风险	临时矸石堆存、冻结凿井冷却液泄露、露天拉沟外排剥离物堆场堆存									—	—	—	—
运行期	土地占用、采煤沉陷、露天剥离													
	废水	矿井水、选煤废水、露天矿疏排水、生活污水												
	废气	锅炉烟气烟尘、煤炭储装运等无组织排放粉尘、排矸场及排土场扬尘												
	固体废物	生产矸石、掘进矸石、洗矸、尾煤、露天剥离物、锅炉灰渣、脱硫石膏、生活垃圾												
	噪声	通风、机修、坑木加工、选煤、露天破碎站及交通噪声												
	环境风险	矸石堆存、露天矿排土场、采煤地表塌陷												
闭矿期	土地占用	工业广场、固体废物堆放场以及临时场地等												
	固体废物	矸石、露天剥离物、锅炉灰渣、脱硫石膏、生活垃圾												
	环境风险	矸石堆存、露天矿排土场												

表 9-4 煤矿开采建设项目的主要环境影响评价因子一览表

环境因素	评价因子	现状调查	污染源调查	影响评价
环境空气	SO_2、烟尘、工业粉尘			
地表水	COD、BOD、石油类、SS			
地下水	pH、氟化物、矿化度、硫酸盐、总硬度			
声环境	等效声级			
自然生态	土地利用、植被覆盖、土壤类型及侵蚀情况、动物、生态系统			
社会生态	产业结构、农业经济、土地利用结构、人均收入、搬迁安置			

三、煤矿项目评价工作等级

环境空气、声环境影响、环境风险、地表水、地下水、土壤环境影响的评价工作等级按照最新相关导则确定。

（一）环境空气评价工作等级

根据《环境影响评价技术导则 大气环境》(HJ 2.2—2018)进行环境影响识别与评价因子筛选时，应按 HJ 2.1 或 HJ 130 的要求识别大气环境影响因素，最终筛选出大气环境影响评价因子。大气环境影响评价因子主要为项目排放的基本污染物及其他污染物。当建设项目中 SO_2 和 NO_x 的排放量大于或等于 500 t/a 时，评价因子应增加 PM2.5。当规划项目中 SO_2、NO_x 及 VOC_s 的排放量达到表 9-5 规定的量时，评价因子应相应增加 PM2.5 及 O_3。

表 9-5 二次污染物评价因子筛选

类 别	污染物排放量/(t/a)	二次污染物评价因子
建设项目	$SO_2+NO_x\geqslant500$	PM2.5
规划项目	$SO_2+NO_x\geqslant500$	PM2.5
	$NO_x+VOCs\geqslant2\ 000$	O_3

确定各评价因子所适用的环境质量标准及相应的污染物排放标准。其中环境质量标准选用《环境空气质量标准》(GB 3095—2012)中的环境空气质量浓度限值(表 9-6、表 9-7)，如已有地方环境质量标准，应选用地方标准中的浓度限值。对于《环境空气质量标准》(GB 3095—2012)及地方环境质量标准中未包含的污染物，可参照表 9-8 中的浓度限值。对上述标准中都未包含的污染物，可参照选用其他国家、国际组织发布的环境质量浓度限值或基准值，但应作出说明，经生态环境主管部门同意后执行。

表 9-6 环境空气污染物基本项目浓度限值

序号	污染物项目	平均时间	浓度限值		单位
			一级	二级	
1	二氧化硫(SO_2)	年平均	20	60	$\mu g/m^3$
		24 h 平均	50	150	
		1 h 平均	150	500	

表 9-6(续)

序号	污染物项目	平均时间	浓度限值		单位
			一级	二级	
2	二氧化氮(NO_2)	年平均	40	40	μg/m³
		24 h 平均	80	80	
		1 h 平均	200	200	
3	一氧化碳(CO)	24 h 平均	4	4	mg/m³
		1 h 平均	10	10	
4	臭氧(O_3)	日最大 8 h 平均	100	160	μm/m³
		1 h 平均	160	200	
5	颗粒物(粒径小于等于 10 μm)	年平均	40	70	
		24 h 平均	50	150	
6	颗粒物(粒径小于等于 2.5 μm)	年平均	15	35	
		24 h 平均	35	75	

表 9-7　环境空气污染物其他项目浓度限值

序号	污染物项目	平均时间	浓度限值		单位
			一级	二级	
1	总悬浮颗粒物(TSP)	年平均	80	200	μg/m³
		24 h 平均	120	300	
2	氮氧化物(NO_x)	年平均	50	50	
		24 h 平均	100	100	
		1 h 平均	250	250	
3	铅(Ph)	年平均	0.5	0.5	
		季平均	1	1	
4	苯并[a]芘(BaP)	年平均	0.001	0.001	
		24 h 平均	0.002 5	0.002 5	

注:其他项目由国务院环境保护行政主管部门或者省级人民政府根据实际情况,确定具体实施方式。

表 9-8　其他污染物空气质量浓度参考限值

编号	污染物名称	标准值/(μg/m³)		
		1 h 平均	8 h 平均	日平均
1	氨	200		
2	苯	110		
3	苯胺	100		30
4	苯乙烯	10		
5	吡啶	80		
6	丙酮	800		

表 9-8(续)

编号	污染物名称	标准值/($\mu g/m^3$)		
		1 h平均	8 h平均	日平均
7	丙烯腈	50		
8	丙烯醛	100		
9	二甲苯	200		
10	二硫化碳	40		
11	环氧氯丙烷	200		
12	甲苯	200		
13	甲醇	3 000		1 000
14	甲醛	50		
15	硫化氢	10		
16	硫酸	300		100
17	氯	100		30
18	氯丁二烯	100		
19	氯化氢	50		15
20	锰及其化合物(以 MnO_2 计)			10
21	五氧化二磷	150		50
22	硝基苯	10		
23	乙醛	10		
24	总挥发性有机物(TVOC)		600	

根据项目污染源初步调查结果,分别计算项目排放主要污染物的最大地面空气质量浓度占标率 P_i(第 i 个污染物,简称“最大浓度占标率”),及第 i 个污染物的地面空气质量浓度达到标准值的10%时所对应的最远距离 $D_{10\%}$。其中 P_i定义为:

$$P_i=\frac{C_i}{C_{0i}}\times 100\% \tag{9-1}$$

式中 P_i——第 i 个污染物的最大地面空气质量浓度占标率,%;

C_i——采用估算模型计算出的第 i 个污染物的最大 1 h 地面空气质量浓度,$\mu g/m^3$;

C_{0i}——第 i 个污染物的环境空气质量浓度标准,$\mu g/m^3$。一般选用 GB 3095—2012 中 1 h 平均质量浓度的二级浓度限值,如项目位于一类环境空气功能区,应选择相应的一级浓度限值;对该标准中未包含的污染物,使用确定的各评价因子 1 h 平均质量浓度限值;对仅有 8 h 平均质量浓度限值、日平均质量浓度限值或年平均质量浓度限值的,可分别按 2 倍、3 倍、6 倍折算为 1 h 平均质量浓度限值。

评价等级按表 9-9 的分级判据进行划分。最大地面空气质量浓度占标率 P_i按式(9-1)计算,如污染物数 i 大于 1,取 P 值中最大者 P_{max}。

表 9-9　评价等级判别表

评价工作等级	评价工作分级判别
一级评价	$P_{max} \geqslant 10\%$
二级评价	$1\% \leqslant P_{max} < 10\%$
三级评价	$P_{max} < 1\%$

（二）声环境影响评价工作等级

声环境影响评价工作等级划分依据包括：① 建设项目所在区域的声环境功能区类别；② 建设项目建设前后所在区域的声环境质量变化程度；③ 受建设项目影响人口的数量。

声环境影响评价工作等级一般分为三级，一级为详细评价，二级为一般性评价，三级为简要评价。

评价范围内有适用于《声环境质量标准》(GB 3096—2008)规定的 0 类声环境功能区域，以及对噪声有特别限制要求的保护区等敏感目标，或建设项目建设前后评价范围内敏感目标噪声级增高量达 5 dB(A)以上[不含 5 dB(A)]，或受影响人口数量显著增多时，按一级评价。

建设项目所处的声环境功能区为《声环境质量标准》(GB 3096—2008)规定的 1 类、2 类地区，或建设项目建设前后评价范围内敏感目标噪声级增高量达 3～5 dB(A)[含 5 dB(A)]，或受噪声影响人口数量增加较多时，按二级评价。

建设项目所处的声环境功能区为《声环境质量标准》(GB 3096—2008)规定的 3 类、4 类地区，或建设项目建设前后评价范围内敏感目标噪声级增高量在 3 dB(A)以下[不含 3 dB(A)]，且受影响人口数量变化不大时，按三级评价。

在确定评价工作等级时，如建设项目符合两个以上级别的划分原则，按较高级别的评价等级评价。

（三）环境风险评价工作等级

环境风险评价工作等级划分为一级、二级、三级。根据建设项目涉及的物质及工艺系统危险性和所在地的环境敏感性确定环境风险潜势，按照表 9-10 确定评价工作等级。风险潜势为Ⅳ及以上，进行一级评价；风险潜势为Ⅲ，进行二级评价；风险潜势为Ⅱ，进行三级评价；风险潜势为Ⅰ，可开展简单分析。

表 9-10　环境风险评价工作等级

环境风险潜势	Ⅳ、Ⅳ$^+$	Ⅲ	Ⅱ	Ⅰ
评价工作等级	一	二	三	简单分析①

注：① 相对于详细评价工作内容而言，在描述危险物质、环境影响途径、环境危害后果、风险防范措施等方面给出定性的说明。

建设项目环境风险潜势划分为Ⅰ、Ⅱ、Ⅲ、Ⅳ/Ⅳ$^+$级。根据建设项目涉及的物质及工艺系统的危险性和所在地的环境敏感程度，结合事故情形下环境影响途径，对建设项目潜在环境危害程度进行概化分析，按照表 9-11 确定环境风险潜势。

表 9-11　建设项目环境风险潜势划分

环境敏感度(E)	危险物质及工艺系统危险性(P)			
	极高危害(P1)	高度危害(P2)	中度危害(P3)	轻度危害(P4)
环境高度敏感区(E1)	Ⅳ⁺	Ⅳ	Ⅲ	Ⅲ
环境中度敏感区(E2)	Ⅳ	Ⅲ	Ⅲ	Ⅱ
环境低度敏感区(E1)	Ⅲ	Ⅲ	Ⅱ	Ⅰ

注：Ⅳ⁺为极高环境风险。

P的分级确定：分析建设项目生产、使用、储存过程中涉及的有毒有害、易燃易爆物质，根据《建设项目环境风险评价技术导则》(HJ 169—2018)附录B确定危险物质及临界量；再定量计算危险物质数量与临界量的比值(Q)，分析所属行业及生产工艺特点(M)，按附录C对危险物质及工艺系统危险性(P)等级进行判断。

E的分级确定：分析危险物质在事故情形下的环境影响途径，如大气、地表水、地下水等，按照《建设项目环境风险评价技术导则》(HJ 169—2018)附录D对建设项目各要素环境敏感程度(E)等级进行判断。

(四) 地表水评价工作等级

地表水环境影响评价工作等级的划分主要依据建设项目的污水排放量、污水水质的复杂程度、各种受纳污水的地面水域规模以及对它的水质要求等，详细内容见“矿山水环境监测”部分。

(五) 地下水环境评价工作等级

地下水环境影响评价工作等级可划分为一、二、三级，应依据建设项目行业分类和地下水环境敏感程度分级进行判定。

根据《环境影响评价技术导则　地下水环境》(HJ 610—2016)附录A确定建设项目所属的地下水环境影响评价项目类别。建设项目的地下水环境敏感程度可分为敏感、较敏感、不敏感三级，分级原则见表9-12。

表 9-12　地下水环境敏感程度分级表

敏感程度	地下水环境敏感特征
敏　感	集中式饮用水水源(包括已建成的在用、备用、应急水源，在建和规划的饮用水水源)准保护区；除集中式饮用水水源以外的国家或地方政府设定的与地下水环境相关的其他保护区，如热水、矿泉水、温泉等特殊地下水资源保护区
较敏感	集中式饮用水水源(包括已建成的在用、备用、应急水源，在建和规划的饮用水水源)准保护区以外的补给径流区；未划定准保护区的集中式饮用水水源，其保护区以外的补给径流区；分散式饮用水水源地；特殊地下水资源(如矿泉水、温泉等)保护区以外的分布区等其他未列入上述敏感分级的环境敏感区①
不敏感	上述地区之外的其他地区

注：① “环境敏感区”是指《建设项目环境影响评价分类管理名录》中所界定的涉及地下水的环境敏感区。

建设项目地下水环境影响评价工作等级划分见表9-13。

表 9-13　评价工作等级分级表

环境敏感程度	项目类别		
	Ⅰ类项目	Ⅱ类项目	Ⅲ类项目
敏　感	一	一	二
较敏感	一	二	三
不敏感	二	三	三

当同一建设项目涉及两个或两个以上场地时，各场地应分别判定评价工作等级，并按相应等级开展评价工作。

（六）土壤环境影响评价等级

根据建设项目类别和建设项目所在地土壤环境敏感程度，将土壤环境影响评价工作级别划分为一、二、三级。

建设项目所在地土壤环境敏感程度分为敏感、较敏感、不敏感，判别依据见表 9-14；当同一建设项目涉及两个或两个以上场地或地区时，应分别判定其敏感程度；产生两种或两种以上生态影响后果的，敏感程度按相对最高级别判定。

表 9-14　生态影响型敏感程度分级表

敏感程度	判别依据		
	盐化	酸化	碱化
敏　感	建设项目所在地干燥度①＞2.5 且常年地下水位平均埋深＜1.5 m 的地势平坦区域；或土壤含盐量＞4 g/kg 的区域	pH≤4.5	pH≥9.0
较敏感	建设项目所在地干燥度＞2.5 且常年地下水位平均埋深≥1.5 m 的，或 1.8＜干燥度≤2.5 且常年地下水位平均埋深＜1.8 m 的地势平坦区域；建设项目所在地干燥度＞2.5 或常年地下水位平均埋深＜1.5 m 的平原区；或 2 g/kg＜土壤含盐量≤4 g/kg 的区域	4.5＜pH≤5.5	8.5≤pH＜9.0
不敏感	其他	5.5＜pH＜8.5	

注：① 指采用 E601 观测的多年平均水面蒸发量与降水量的比值，即蒸降比值。

根据《环境影响评价技术导则　土壤环境》（HJ 964—2018）附录 A 识别建设项目所属行业的土壤环境影响评价项目类别并结合表 9-14 敏感程度分级结果划分评价工作等级，详见表 9-15。

表 9-15　生态影响型评价工作等级划分表

敏感程度	项目类别		
	Ⅰ类	Ⅱ类	Ⅲ类
敏　感	一级	二级	三级
较敏感	二级	二级	三级
不敏感	二级	三级	—①

注：① 表示可不开展土壤环境影响评价工作。

建设项目同时涉及土壤环境生态影响型与污染影响型时，应分别判定评价工作等级，并按相应等级分别开展评价工作。当同一建设项目涉及两个或两个以上场地时，各场地应分别判定评价工作等级，并按相应等级分别开展评价工作。

四、煤矿项目评价工作范围

依据环境要素评价等级，确定不同的评价工作范围。

（一）大气环境评价范围

一级评价项目根据建设项目排放污染物的最远影响距离（$D_{10}\%$）确定大气环境影响评价范围，即以项目厂址为中心区域，自厂界外延 $D_{10}\%$的矩形区域作为大气环境影响评价范围。当 $D_{10}\%$超过 25 km 时，确定评价范围为边长 50 km 的矩形区域；当 $D_{10}\%$小于 2.5 km 时，评价范围边长取 5 km。二级评价项目大气环境影响评价范围边长取 5 km。三级评价项目无须设置大气环境影响评价范围。

（二）地表水环境评价范围

详见第二章相关内容。

工业场地、风井场地与运输道路声环境评价范围一般为厂（场）界外 200 m。

（三）地下水环境评价范围

地下水环境现状调查评价范围应包括与建设项目相关的地下水环境保护目标，以能说明地下水环境的现状、反映调查评价区地下水基本流场特征、满足地下水环境影响预测和评价为基本原则。详见第二章相关内容。

（四）声环境评价范围

声环境影响的评价范围一般根据评价工作等级确定。

对于建设项目包含多个呈现点声源性质的情况，该边界往外 200 m 内的评价范围一般能满足一级评价的要求；相应的二级和三级评价的范围可根据实际情况适当缩小。若建设项目周围较为空旷而较远处有敏感区域，则评价范围应适当放宽到敏感区附近。

对于建设项目呈线状声源性质的情况（如铁路线路、公路），线状声源两侧各 200 m 的评价范围一般可以满足一级评价要求；二级和三级评价的范围可根据实际情况相应缩小。若建设项目周围较空旷而较远处有敏感区，则评价范围应适当放宽到敏感区附近。

（五）环境风险评价范围

根据《建设项目环境风险评价技术导则》（HJ 169—2018），各环境要素环境风险评价范围按照其评价技术导则要求进行设置。同时评价范围还应根据环境敏感目标分布情况、事故后果预测可能对环境产生危害的范围等综合确定。项目周边所在区域，评价范围外存在需要特别关注的环境敏感目标，评价范围需延伸至所关注的目标。

（六）土壤环境评价范围

土壤环境评价范围应包括建设项目可能影响的范围，能满足土壤环境影响预测和评价要求；改、扩建类建设项目还应兼顾现有工程可能影响的范围。土壤环境影响评价范围可根据建设项目影响类型、污染途径、气象条件、地形地貌、水文地质条件等确定并说明，或参考表 9-16 确定。

（七）生态影响评价范围

生态影响评价范围应能够充分体现生态完整性，涵盖评价项目全部活动的直接影响区

表 9-16　现状调查范围

评价工作等级	影响类型	调查范围[①]	
		占地[②]范围内	占地范围外
一级	生态影响型	全部	5 km 范围内
	污染影响型		1 km 范围内
二级	生态影响型		2 km 范围内
	污染影响型		0.2 km 范围内
三级	生态影响型		1 km 范围内
	污染影响型		0.05 km 范围内

注：① 涉及大气沉降途径影响的，可根据主导风向下风向的最大落地浓度点适当调整。

② 矿山类项目指开采区与各场地的占地；改、扩建类的项目指现有工程与拟建工程的占地。

域和间接影响区域。评价工作范围应依据评价项目对生态因子的影响方式、影响程度和生态因子之间的相互影响和相互依存关系确定。可综合考虑评价项目与项目区的气候过程、水文过程、生物过程等生物地球化学循环过程的相互作用关系，以评价项目影响区域所涉及的完整气候单元、水文单元、生态单元、地理单元界限为参照边界。井工开采项目根据地面沉陷影响范围进一步合理确定生态评价范围；露天开采项目一般以采掘场、外排土场边界外扩 1 000～2 000 m 作为煤炭采选工程生态评价范围。

（八）各评价范围应提供的附图和附件

按照导则要求，各个环境要素的影响评价范围需要给出如下附图和附件：

① 附有风向玫瑰图、环境敏感点的评价范围彩图，并标明比例尺。环境空气评价范围图应标出环境空气监测点；地表水评价范围图应标出对照断面和混合监测断面、水流方向、地表径流汇入口和污水排放口；地下水评价范围图应标出监测点位、地下水流向；生态影响评价图应以土地利用现状图为底图。

② 按环境要素或产生环境影响的生产设施，分别识别并说明受煤炭开采活动污染影响和生态损害影响的环境保护目标；对所确定的环境保护目标用图表示其与建设项目的相对位置及距离，用表格说明环境保护目标与建设项目主体的空间关系和社会、经济及技术特征。

五、煤矿项目工程分析要点

工程分析的时段划分，根据煤炭开采工程的时序特点，将煤炭开采工程划分为建设期和生产运营期。对于改扩建、技术改造和复建的煤矿，当其剩余服务年限小于 20 年（含 20 年）时，应作衰减闭矿期环境影响评价。

（一）工程分析的基本内容

工程分析包括项目概况、生产工艺分析、环境影响因素分析和拟采取环境保护措施分析等四项基本内容。

（二）工程分析的重点

① 建设期分析项目：施工中产生的弃石弃土、噪声、粉尘、土地利用和生态改变，施工生活垃圾和排放污水等的性质、数量和影响范围，拟采取环保措施的合理性与有效性。

② 生产运行期分析项目：生产运行后污染物排放、生态扰动对矿区环境质量、生态系统

和周边社会经济生活质量等的持续影响，拟采取环保措施的合理性与有效性。

（三）工程分析的内容和方法

1. 建设项目工程概况

建设项目工程的内容主要包括项目名称、建设规模、建设性质、建设地点、项目组成、产品方案及流向、总平面布置及占地面积、占用土地类型、地面运输、职工人数、建设周期、主要经济技术指标等。

工程概况应包含以下内容图表：项目的地理位置和交通图、矿井井田划分图和矿区内各煤矿建设时序表（可合并在图上标示）、项目总平面布置图、工业场地总平面布置图、项目组成一览表（按照主体工程、辅助工程、公用工程、储运工程分列工程内容和主要技术指标，需要时增加运煤铁路专用线、输水、输电等管线工程部分内容）、项目主要技术经济指标表。

2. 煤炭资源和生产工艺分析

(1) 煤炭资源赋存情况

主要内容包括井田边界、分级储量（地质储量、工业储量、可采储量和设计储量）、煤炭类型与煤质、瓦斯、煤尘和煤的自燃特性等。

(2) 井田开拓方案与工艺

主要内容包括井田开拓方案、开采工艺、水平划分与采区布置、采煤方法、工作面个数、井下运输、通风方式、排水系统等。

(3) 地面生产系统

主要内容包括主、副井生产系统，排矸系统，选煤厂生产系统和工艺流程，煤炭产品方案，煤炭储存装运系统，通风系统，煤矸石堆置场选址等。需要时增加共伴生资源综合利用工程系统的介绍。

(4) 给排水系统

主要内容包括水资源需求、项目分类分项用水量、水质要求、审批的取水水源、排水量和排水预计水质、可行性研究或初步设计提出的取水和排水方案、污（废）水的资源化和无害化方案。

(5) 能源利用

主要内容包括用电负荷、热负荷、燃料种类及消耗量。

(6) 可行性研究报告或初步设计提出的其他内容

包括煤炭共伴生资源综合利用项目的技术特征（产品、规模、技术指标等）、选址、建设时序和预计的产品市场等。

(7) 附图和附表的要求

煤炭资源和生产工艺分析过程中需要提供以下图表：井田边界图，地层综合柱状图，开采煤层特征表，开采煤层煤质特征表，井田开拓平面与立面图，采区开采接替顺序表，矿井主要设备技术特征一览表，矿井生产工艺流程图，选煤厂生产工艺流程图和产品平衡表，配套公路、铁路路线图和主要技术特征一览表，项目生产、生活用水及排水水量、水质表，项目给排水、复用水水质水量平衡图，资源综合利用工程的能源、物料平衡图等。

3. 生态变化影响因素分析

建设期主要内容包括临时土地占用面积、现状土地利用类型、原有生态系统类型、拟采取的临时性保护措施和使用后的土地及生态恢复措施。

生产运行期主要内容包括永久土地占用面积、现状土地利用类型、建设后土地利用状况改变、原有生态系统类型、开采可能影响地表形态改变的区域范围。

4. 环境污染影响因素分析

(1) 新建项目

主要内容包括废水、废气、固体废物、噪声的产生源、排放方式，废气排放口特征，废水排放去向等，污染物的数量、浓度等。

(2) 改扩建、技术改造、整合重组、复建项目

项目变化前原有污染源和污染物的变化情况以及项目变化后污染源和污染物的改变情况。

(3) 附图和附表要求

主要包括建设项目污染源分布图，改扩建、技术改造、整合重组、复建项目以新代老污染物排放与控制对照表，改扩建、技术改造、整合重组、复建项目污染物排放总量与批复对照表，项目建设前后涉及的村庄房屋、水利设施等地面建筑物的拆迁数量、搬迁安置去向等。

5. 生态环境保护设施分析

① 对建设项目拟采取的生态环境保护措施，进行有效性、先进性和可行性分析。

② 改扩建、技术改造、整合重组和复建项目原有设计环保设施，建设面临的污染物排放标准和污染物总量标准的变化情况。

6. 工程分析的方法

① 工程分析以报告书编制前提出的最新版可行性研究或设计文件为依据，工程影响分析主要采取类比和定性-半定量方法。

② 可以采用全国第一次污染源普查提出的《第一次全国污染源普查工业污染源产排污系数手册(第一分册)》中煤炭采选业、煤矸石制砖业、煤矸石发电业的产排污系数。

③ 当设计提出多方案比较选择时，工程分析应从生态环境保护效益和效应的角度对各个方案进行分析、比较。

六、煤矿项目环境现状调查要点

环境现状调查一般采用收集资料法、现场调查和环境现状监测法、遥感影像解译法，此三种方法可以结合使用，其中现场调查和环境现状监测法是基础的、必要的。

(一) 区域自然与社会经济状况调查

对于煤矿建设项目，区域自然环境调查应更关注与煤矿开采等有关的水文地质等方面的特征，掌握自然环境特征对煤矿开采的可能影响。

煤矿建设项目区域自然和社会经济现状调查内容见表 9-17。

(二) 环境质量现状调查

环境质量现状调查的主要对象包括环境空气、地面水环境、地下水环境、声环境和生态环境，均采用环境现状监测法进行。

环境现状监测包括进行现状环境监测和利用历年环境监测资料，其中历年(一般为近三年)环境监测资料应说明资料来源、监测时间、监测点位，说明可靠性和可利用性。环境监测的执行按有关技术导则和国家标准、行业标准要求进行。

煤矿项目环境质量现状调查内容见表 9-18。

表 9-17　煤矿项目区域自然和经济现状调查内容一览表

类型		内容
交通地理位置		位置、隶属行政区划、经纬坐标等
自然环境	地形地貌	区域地形特征，区域环境地质灾害，如滑坡、泥石流、崩塌等的特点和分布特征
	地质与矿产资源	地层概况、地质构造，已探明或已开采的矿产资源
	气候与气象	区域主要气候特征，典型气象参数，灾害天气特征及发生概率
	地面水文特征	地面水体的水文特征、水系划分、功能分区、水质与水资源利用、本项目取水、排水口位置及其与区域水系的关系，最好附水系图
	地下水水文地质特征	依据煤田地质勘探报告，阐述评价范围内含、隔水层的主要特征以及地下水补、径、排条件等，明确评价范围内集中供水水源地的位置，有供水意义的含水层及潜在供水意义的含水层。水文地质条件调查应利用评价区内已进行的水源水文地质勘查成果，一级评价必要时应补充水文地质勘查
	土壤、耕地与水土流失	土壤类型及分布、土壤质量和土壤肥力、土地农业利用情况、基本农田的数量和分布，水土流失分类、侵蚀模数、水土流失区划类型等
	生态功能分区	说明项目所在地区生态功能区划及所在分区特征、保护与建设要求等内容。生态脆弱区应说明植被变化、荒漠化、沙漠化、土地生产力变化、采矿可能导致的生态环境变化情况
	动植物资源与自然景观	主要动植物资源、有无国家规定的珍稀濒危野生动植物、有无国家和地方规定的自然保护区、风景旅游区和生态保护林等
社会经济	社会调查范围	建设项目所在县、乡两级，当项目井田跨两个以上县时，应同时调查，并以工业场地所在地为主
	人口和社区	列表给出评价范围内的村庄数、住户数和人口数、村民收入来源、饮用水源情况。调查区内教育、文化、医疗、通信、市政环卫等基础设施情况
	工业和能源生产	工业类型、产业和产品结构、工业总产值、资源和能源消耗、从业人口
	农业与土地利用	农业类型、产业和产品结构、农业总产值、土地利用情况、灌溉条件等
	交通运输	区内公路、铁路条件和运输情况
	文物、景观及自然保护区	区内历史文化遗产、文物保护单位、自然保护区、风景旅游区、国家森林公园和国家地质公园

表 9-18　煤矿项目环境质量现状调查内容一览表

环境要素	调查内容
环境空气	充分收集、利用已有的有效数据，进行现状监测与评价，说明超标问题及其原因
地面水	根据建设项目排污口设置、污水性质及纳污水体功能区划，按 HJ 2.3—2018 中的规定，在充分收集、利用已有的有效数据前提下，对纳污水体进行水质监测与评价。根据项目的具体特点和已有监测数据情况，可适当减少监测断面的布设
地下水	按确定的评价等级与评价范围，按 HJ 610—2016 的规定确定监测点位与监测点个数，改扩建煤矿可增加 1～2 个监测点，重点调查评价范围内村庄和集中供水水源含水层、已有采区开采对地下水水位和水质影响情况。民用井水监测应考虑地方性地下水特征污染物并说明井深、水位、含水层

表 9-18(续)

环境要素	调　查　内　容
声环境	按照 HJ 2.4—2019 中的规定，在充分收集、利用已有的有效数据前提下，对声环境进行布点、监测与评价。监测点位布设应包括工业场地、风井场地、运输道路、声环境敏感点等，新建项目场地周围无工业及交通噪声源时可适当减少监测点位。现状监测应附监测布点图
生态环境	从行业特点出发，生态调查重点内容包括：评价范围内土地利用现状、植被类型分布现状、植被覆盖度、植被生物量、水土流失现状、土壤类型等；明确评价范围内有无国家级和地方重点保护野生动植物集中分布区或栖息地、国家级和地方级自然保护区、生态功能保护区以及其他类型的保护区域。技改及改扩建项目应进行移民安置情况调查及开采沉陷影响调查。移民安置情况调查内容应以涉及环境的相关内容为主，包括污水和垃圾处置情况、水土保持情况、移民搬迁前后变化情况等；开采沉陷影响调查内容包括原有煤矿开采(建设)造成的地表沉陷变形基本情况，如沉陷及裂缝深度、范围，受影响的建(构)筑物损害、耕地破坏、地表植被破坏、农业生产损失和其他损害情况等。生态现状评价应明确：生态现状质量，区域生态系统的特征、类型、结构、初级生产力以及区域生态系统的完整性、稳定性，评价范围内主要生态制约因素。根据煤炭开采环境影响特点和可能获得的技术数据，煤炭采选工程环境影响评价中的生态现状评价主要采取定性评价与半定量评价相结合的方法
地表沉陷	新建煤矿调查地面地貌和土地利用情况，是否发生地质灾害，若发生，说明其类型、范围、危害程度和原因；改扩建、技术改造和复建的煤矿调查原有煤矿造成的地表沉陷变形基本情况，包括沉陷深度、变形、裂缝、受损房屋、耕地、农业生产等情况，收集邻近煤矿岩移观测数据资料；进行移民的，调查移民安置情况，包括生产、住房、就业、收入、交通变化、移民和迁入地原居民满意程度等

七、煤矿项目环境影响评价要点

通过工程分析，确定煤矿项目主要污染物排放源和排放量以及相应的处理及其处理效率等，结合现场调查资料，可以对煤矿建设项目对环境的影响进行预测和分析评价。

(一) 环境空气影响评价

1. 煤矿开采主要环境空气污染因素

煤炭开采对环境空气的主要影响源包括：有组织排放的锅炉烟气；无组织排放的煤堆扬尘、转载扬尘、运输扬尘、煤矸石堆放场的自燃和扬尘、露天矿排土场扬尘；排放的矿井瓦斯(煤层气)。

2. 空气污染物源强确定

锅炉污染物排放源强可利用实测数据、原国家环保总局《工业污染源产排污系数手册》和经验系数等确定。

煤堆扬尘源强可利用经验公式估算。煤堆扬尘源强与煤堆形式、煤堆含水情况、平均风速等因素有关。

煤炭转载扬尘源强可利用经验公式估算。煤炭转载扬尘浓度与煤流柱高度、煤炭粒度、煤炭含水量、平均风速等因素有关；封闭式胶带运煤走廊可以不作为煤炭转载产生的大气污染源。

汽车运输扬尘源可根据经验公式估算，采用经验公式时应说明公式的来源、应用成果、原使用条件与本项目的相似性。

3. 环境空气影响评价要点

(1) 锅炉达标排放分析

主要预测二氧化硫、烟尘对周围关心点典型日日均浓度的影响，可直接收集最近气象站常规资料分析使用；典型日根据当地关心点分布、地形条件等进行选择。

(2) 煤炭储存扬尘预测

采取煤仓、封闭、设防风抑尘网等措施后，煤炭储存对环境空气的影响分析可简化或不分析；对露天堆存的煤炭应用类比法预测扬尘启动风速，计算典型大风条件下扬起的煤尘浓度和下风向 200 m 和 500 m 处的落地浓度，计算全年扬尘量。

(3) 其他方面

从环境控制质量和总量控制等方面分析矿井瓦斯利用的有益环境效应，同时制定环境空气保护对策。

(二) 地表水环境影响评价

1. 煤炭开采工程水环境污染因素

煤炭开采工程影响地表水环境质量的主要因素包括：矿井水（处理或未经处理的）外排部分；选煤废水事故性排放；生活污水（处理或未经处理的）外排部分；露天矿疏排水未经处理直接排放；大气降水带来的工业场地地表径流和煤矸石堆放场淋溶水；矿灯房酸性废水、医疗废水、机修车间废水、锅炉化水处理车间废水等。

2. 地表水污染源调查

调查内容包括：评价范围内排放口数量、位置、所属企业、排水量、污染物成分、浓度和总量、批准的排污总量、采取的污水处理措施、去除率、正常出水水质以及非点源排放的污染物数量、成分、排放规律。

3. 地表水环境影响预测

预测方法按照《环境影响评价技术导则　地面水环境》(HJ 2.3—2018)规定的方法进行。预测因子根据项目排水特点和煤炭工业水污染物排放标准，可主要选择 pH、悬浮物、COD、BOD_5、石油类、总盐量、总铁、总锰等，以及地表水现状调查中确定的特征污染因子。

4. 地表水环境污染控制设施评价

以清洁生产为原则，分析设计拟采用的水污染控制措施的合理性、先进性、完善性，提出优化的水污染控制与废水资源化建议。论证设计拟采用的水污染控制措施满足环境保护主管部门批复的污染物排放总量控制指标和排放浓度限值的可行性，提出保证和改进的管理与技术要求。

5. 附图和附表

主要包括区域水系分布和水环境功能区划图；工业废水、城市（城镇）生活污水源分布图[污（废）水量、受纳水体]；地方常规环境监测和本次环境质量现状的地表水环境监测采样断面布设图；矿井水、疏干水处理工艺流程图；生活污水处理工艺流程图；选煤厂煤泥水闭路循环系统示意图；水环境调查和监测获得的水质、水量资料表。

(三) 声环境影响评价

在充分收集、利用已有数据的前提下，对声环境敏感点及重点区域进行布点、测量、评价；对存在的超标问题，分析原因。

按照《环境影响评价技术导则　声环境》(HJ 2.4—2009)的规定，对声环境进行影响预测与评价，并进行影响分析，制定声环境保护对策和环境保护措施。对于声环境较简单的建设项目，该工作内容可以适当简化。

（四）环境风险评价

1. 环境风险评价的目的和重点

环境风险评价的目的是分析和预测煤炭采选建设项目在建设和运行中存在的潜在危险和有害因素，分析项目可能发生的突发性事件或事故，预测造成的人身安全与环境影响和损害程度，提出合理可行的防范、应急与减缓措施，以使项目的事故率、事故损失和环境影响降低到可以接受的水平。

建设项目环境风险评价的重点是预测和评价事故对厂界外人群的生命与健康伤害、环境质量的恶化以及对生态系统的影响范围及程度，在此基础上提出防范、减少、消除对人群和环境影响的措施。

2. 环境风险评价等级和评价范围

煤炭开采项目无重大危险源，物质危险性较低，环境风险评价等级一般属于二级评价。

煤炭开采项目环境风险评价范围，对于大气环境影响为距离事故源点 3 km，地表水环境影响为距离事故源点 5 km，排矸场拦矸坝或排土场下游可能受到溃坝影响的范围。

3. 环境风险评价的基本内容

环境风险评价的基本内容为：风险识别、源项分析、后果计算、风险计算和评价以及风险管理。

（1）风险识别

风险识别的目的是确定环境风险类型。根据煤炭开采工程的特点，环境风险类型主要包括溃坝危险源和泄漏危险源两种。溃坝危险源是煤炭矸石山（或排土场）拦矸坝发生崩塌、爆喷和泥石流等溃坝事件，泄漏危险源是煤泥水池或水处理站事故水池发生失控性事故排放和山区煤矸石堆场的溃坝泄漏等。

瓦斯和煤尘爆炸，地面崩塌、陷落，泥石流等均属于生产安全风险和矿山地质灾害，煤炭建设项目均按照有关法律规定进行专项评价，一般不再进行环境风险评价，必要时可以引用有关评价结论。

（2）源项分析

源项分析可采用事故树分析和类比法确定最大可信事故及概率。参照矿山建设项目安全评价的有关成果。

（3）后果计算

后果计算针对最大可信事故对环境（或人群健康）造成的危害和影响进行预测分析，确定影响范围和影响程度。计算的基础资料包括矸石堆场的形状、体积、所处地形地貌、周边经常性作业人数、一次最大洪水量；选煤厂煤泥水事故排放的水量、水质和受纳水体的环境功能和水文参数等。

（4）风险计算和评价

风险计算的任务是综合分析确定最大可信事故造成的受害点距源项的最大距离以及危害程度，包括环境损失、人员伤亡及经济损失。定量分析计算矸石山爆喷事故导致的局部生态系统改变、人员伤亡、短期的局部空气质量下降、土地利用状态改变等；定量分析计算煤泥水排放导致的地表水体功能短期丧失程度和范围、影响区域生产生活用水的时间、破坏景观、水生生物损失等。

（5）风险管理

从预防和有效控制的角度，提出为减轻和消除事故对环境的危害应当采取的减缓措施和应急预案。

4. 环境风险预案的基本内容

环境风险预案的基本内容见表9-19。

表9-19　环境风险预案的基本内容

项　目	内容及要求
应急计划区	危险目标、爆炸和泄露装置区，环境保护目标
应急组织机构、人员	矿山、地区应急组织机构、人员
预案分级响应条件	规定预案的级别和分级响应程序
应急救援保障	应急设备、设施、器材、监测手段等
报警、通信联络方式	规定应急状态下的报警通信方式、通知方式及交通保障、管制
应急环境监测、救险、救援及控制措施	由专业队伍对事故现场进行侦察监测、对事故性质、参数和后果进行评估，为指挥部门提供决策依据
应急检测、防护措施、清除泄露措施和器材	事故现场、邻近地区、控制防范区域，控制和清除污染设施及相应设备
人员紧急撤离、疏散、撤离组织措施	事故现场、邻近地区、受事故影响的区域人员及公众撤离组织计划及救护、医疗救护与公众健康
事故应急救援关闭程序与恢复措施	规定应急状态终止程序；事故现场善后处理、恢复措施；邻近区域解除事故警戒及善后恢复措施
应急培训计划	应急计划制订后，平时安排有关人员培训和演练
公众教育和信息	对矿山邻近地区开展公众教育、培训和发布有关信息

（五）地下水环境影响评价

1. 煤矿项目地下水污染因素

煤炭开采工程对地下水环境的影响主要有：

① 煤层采出后，采空区周围的岩层发生位移、变形乃至破坏，上覆岩层根据变形和破坏的程度不同分为冒落带、裂缝带和弯曲带，其中裂缝带又分为连通和非连通两部分，通常将冒落带和裂缝带的连通部分称为导水裂缝带。采煤沉陷主要就是通过所形成的导水裂缝带影响地下水含水层之间的水力联系，进而对其水量、水位产生影响。

② 露天煤矿开采疏干水对地下水动力场和地下水资源的扰动、破坏。

③ 煤矸石堆存场淋滤液对地下水水质的可能污染影响。

④ 煤炭开采对周边村庄和城镇居民地下饮用水源取水层影响。

⑤ 地表水和地下水的补排关系和水质交互影响。

⑥ 煤炭开采对地下水水质、水位变化的动态影响，以及可能引起的含水层疏干、地面沉陷、巷道突水等环境水文地质问题。

2. 区域环境水文地质条件分析

（1）地质和构造

矿井在矿区构造中的位置，对一级评价应附矿区（区域）水文地质图。

（2）地层分布及岩性

矿区第四系含水层、煤系地层，主要充水含水层的分布及其岩性特征，附地层柱状图。

(3) 矿井水文地质条件

主要包括煤系地层上覆含水层和下伏含水层，不涉及底板突水可能性时，下伏含水层可从简；地下水的补给、径流和排泄条件；富水区划分原则及划分结果；区域降水入渗系数(一、二级评价应有分区)。

(4) 含水层现状及潜在功能

说明具有供水意义的含水层，评价区内生产和生活开采地下水的情况，开采层位及开采水量。

(5) 矿井涌水条件

说明最大涌水量、平均涌水量，矿井排水制度。

(6) 排矸场水文地质条件调查

说明汇水面积、地下水水位埋深、表层渗透系数等。

(7) 其他条件

① 地下水评价范围内重要的泉域、与地表水关系密切的地下水体、水源地以及国家或地方划定的其他需特殊保护的对象，需对其水文地质条件进行调查与分析，并附图说明。

② 建设项目开采地下水作为供水水源时，应利用专门报告对水源地的供水层位、静储量、动储量、可采储量予以介绍(三级评价从简)。

③ 改扩建项目的矿井涌水的长年观测资料及变化曲线，有条件时应说明各含水层的水量占矿井涌水的比例。

3. 煤矿项目地下水环境影响评价

(1) 评价重点

包括预测和评价煤炭开采项目对可利用地下水资源量和水质的影响，分类说明对生产、生活和生态用地下水的影响程度和范围，煤炭开采对区内地下水敏感目标的影响(如泉域、湿地、保护区等)，有针对性地提出地下水环境保护措施和不良影响的防治对策。

(2) 采煤对地下水水量的影响

参照《建筑物、水体、铁路及主要井巷煤柱留设与压煤开采规程》中推荐的模式计算导水裂隙带高度。老矿区有实际观测资料时应进行必要修正，据此分析采煤所导通的主要含水层；分析矿井涌水的来源、变化趋势与规律(与大气降水的关系)。

以静储量为主且疏干对象在区域无实际供水意义时，只计算预测期内地下水静储量的损失量；以静储量为主且疏干对象在区域内有实际供水意义时，计算预测期内地下水静储量的损失量，并分析对疏干对象的影响程度。

以动储量为主且疏干对象在区域内无实际供水意义时，只计算预测期内地下水动储量的损失量；以动储量为主且疏干对象在区域内有实际供水意义时，计算预测期内地下水动储量的损失量，并分析对疏干对象的影响程度。

一、二级评价应计算疏干降落漏斗，以平面图、剖面图标出影响范围及程度。

存在地下水影响敏感点时，应有重点，并明确说明。

地下水储量计算和疏干漏斗计算采用《建设项目地下水环境影响评价规范》(DZ/T 0225—2004)推荐的计算公式和计算方法。

(3) 地下水环境变化对其他环境要素影响简析

分析潜水水位变化对地表植被的影响;分析地下水储量变化对区域生态系统功能及工农业生产能力的潜在影响;矿井水去向及其用途的适应性分析。

(4) 采煤对地下水水质的影响

对采煤疏干静储量的矿区,简单分析总硬度、SO_4^{2-} 等变化趋势;对以动储量为主的矿区,根据涌水来源分析水质变化趋势;排入井下采空区的矿井水,应说明对具有供水意义含水层水质的影响;排污口下游存在的地表水与地下水水力联系可能引起水质的变化情况;煤矸石属于Ⅱ类固体废物时淋溶水对潜水含水层的水质影响。

4. 防治地下水污染的措施及矿井水资源化分析

对可能导致地下水水质恶化的区域,应采取消减措施,可结合地表水专题的评价结论与拟采取措施,进行综合分析。

矿井水应首先考虑用作本煤矿的生产、生活水源,尽可能用于煤矿及配套项目的用水供应。如煤炭企业采煤排水影响到井田内居民水井的供水,应优先保证居民饮水安全,或提出供水预案。结合评价区生态综合整治规划,矿井水的资源化应首先从保证或协调区域生态用水出发,可根据当地当时的水价进行货币化分析。

缺水地区的"保水采煤"建议:禁止开采有重要地下水环境保护目标区域的煤炭资源;限制开采有敏感地下水环境保护目标区域的煤炭资源;应以地下水资源保护为先决条件,提出限制煤炭开采范围、开采数量和开采时间。

(六) 生态环境影响评价

1. 煤炭开采工程生态环境影响预测主要内容

① 煤炭开采工程带来的生态系统组成和功能的变化以及变化的性质和程度,划分原则可参照表 9-20。

表 9-20 煤炭开采工程生态影响识别

影响类型及程度	考虑的影响因子
有利影响	经济结构、生活质量的交通、通信、文教要素
不利影响	生态扰动、改变资源赋存总量
可逆影响	居民安置和居民生活水平
不可逆影响	地表形态改变、土地利用类型、敏感生态系统、矿产资源
近期影响	施工期污染物排放、临时施工占地
长期影响	地表沉陷、地下水资源损失、经济结构
明显影响	地表形态改变、土地利用类型、生态系统类型、经济结构
潜在影响	水文条件改变、荒漠化
局部影响	空气污染物、工业噪声、生活污水、生活垃圾
区域影响	地下水抽排、迁村移民
单一影响	环境质量变化、耕地面积
复合影响	地面沉陷和地下水抽排、迁村移民、社会人口与就业

② 煤炭开采工程对土地植被种类和覆盖率、耕地面积和生产力变化,林地与草场面积和生产力变化,荒漠化与沙漠化发展趋势,地下水资源补给与供应能力变化的影响。

③ 对于一级生态评价项目，除要进行上述单项因子评价外，还应进行生态环境整体性、综合性影响评价。

④ 评价结论的时空划分为开采进行5年和首采区结束两个阶段。

2. 生态环境影响评价方法

推荐的评价方法有系统分析法、质量指标法、景观生态学方法、类比法等。

为使生态影响预测与生态现状评价的结论和数据具有系统性、可比性，生态环境影响预测应采用同一种评价方法。

以农业（含牧业）生态为主地区，生态环境影响预测评价指标应以经济损益为重点；在以自然生态为主的地区，评价指标应以生物多样性为重点。

采用类比法进行生态影响预测应说明类比项目与本项目的可比性；对于改扩建项目应回顾原有工程的生态环境影响，以其影响程度和趋势作为预测的基础条件。

3. 生态环境保护、恢复和补偿措施

煤炭开采工程生态环境保护、恢复和补偿措施的评价方法，原则上执行HJ 19—2011标准中有关生态影响的保护、恢复和替代方案的规定。

煤炭开采工程生态环境防护应根据评价区的生态特征，明确提出保护目标、禁止和限制条件、允许开发强度，分析现有建设方案（可行性研究、初步设计等）对于生态环境承载能力的合理性、项目建设与区域生态保护规划的协调性。

对超过生态环境承载能力，造成不可逆的生态损害的建设项目，应从生态环境保护要求出发，提出调整和替代建设开采方案。

煤炭开采工程一级和二级生态评价项目，均应编制生态环境恢复规划，说明计划的实施进度、投资估算和内部资金来源、外部政策制度等保障机制。其中对必须采取措施保护的生物物种和敏感区、特色优质农牧业区，应编制生态恢复规划；对再生周期短的生物物种和减产量小于30%的农业种植，以自然恢复为主；建设项目生态环境恢复规划应符合所在区域生态环境保护规划要求；煤炭开采生态补偿应包括经济性补偿和生态性补偿。

生态评价的损益分析推荐采用恢复和防护费用法、影子工程法、调查评价法等。

4. 生态环境影响评价结论

生态环境影响评价结论的内容包括生态环境现状概要、建设项目对生态有影响的工程分析概要、建设项目对生态环境影响的预测和评价结果、提出的生态防护措施建议等。

结论中应明确回答建设项目的选址、规模、开发时序等是否合理，能否满足生态环境保护的要求，能否保证要求的生态环境质量，并对不符合的项目提出修改、调整、替代直至停止建设的建议。

结论中还应对建设项目生态环境保护提出监管制度建议，包括生态影响监测、生态环境管理、生态恢复与建设规划等。

5. 生态环境影响评价的图件要求

① 生态环境现状调查图件。图件的比例尺一般应为1/100 000～1/10 000，基础图件均应为彩色，分辨率不低于150 dpi。

② 生态影响一级评价项目需要采用环境遥感资料反映全区域生态环境现状，图形图像处理成果应与评价地形图比例一致，并说明资料来源和时间。

所有基础图均应为5年以内的版本，特殊情况下不能获得时应予以说明。

（七）固体废物环境影响评价

1. 煤矿项目固体废物污染因素

煤炭开采和分选工程评价的主要固体废物为采掘煤矸石、分选矸石、露天矿土岩剥离物和分选尾煤；生活垃圾、锅炉炉渣、水处理污泥、脱硫石膏等。

2. 固体废物产生量预测

煤矸石产生量根据井巷工程量，预测建设期及生产期掘进矸石产生量；根据地质条件、煤质、开采方法、选煤工艺，采用类比法预测矿井运营期的产矸量。可以根据下列信息来预测煤矸石产生量：

① 巷道工程量（煤巷、岩巷、半煤岩巷数量及比例）表；

② 类比项目的产矸率及排矸率表；

③ 煤炭地面分选加工产矸量表（即煤炭分选产品平衡表）；

④ 煤层顶底板岩性即采煤方法是否割顶、截底；

⑤ 煤系地层柱状图，明确含矸层位及含矸率。

3. 排矸场或临时矸石堆放场选址

选址时应考虑的因素包括排矸场交通位置、土地利用和植被分布、周围 500 m 内居民点分布、汇水面积、土地性质等，特殊情况下（软岩地基、存在断裂带、高潜水位等）可引入工程勘探结论；拟采取的排放方式、服务年限，论证排矸场或临时矸石堆放场选址可行性。

4. 煤矸石性质界定

进行煤矸石性质判定可采取以下方法：

① 对无地下水敏感保护目标的项目，可根据全国资料划为一般废物；

② 按照《固体废物浸出毒性浸出方法》，分析判定煤矸石属Ⅰ类或Ⅱ类固体废物；

③ 进一步确定煤矸石贮存场的防护要求类型（Ⅰ类或Ⅱ类）；

④ 对开采同一煤层的矿井，已有矸石性质结论的，不再进行浸出实验。

5. 固体废物环境影响分析

① 煤矸石自燃。根据矸石成分并结合区域自然环境因素、煤矸石堆放方式和类比煤矿资料，分析其自燃倾向。

② 煤矸石扬尘。采用风洞实验经验模式进行预测，具体模式可参考火电厂环境影响评价规范。

③ 煤矸石对土壤的影响。应用有害元素分析结果进行预测和分析。

④ 煤矸石淋滤液的影响。应用浸出实验结果，结合当地地下水（主要是潜水）分布情况及水文地质进行预测。

⑤ 煤矸石对景观的影响。主要考虑劣质影响，周边为非敏感区时只进行简要分析。

⑥ 其他固体废物影响。对生活垃圾、锅炉炉渣、水处理污泥、脱硫石膏等可作简要分析。

6. 防止固体废物环境污染措施

① 防护距离。煤矸石堆放场周围 500 m 范围内无居民点，堆场及运矸道路不得有地质灾害点、高压线等，如不能满足应考虑重新选址。

② 水土保持。引用水土保持方案说明排矸场水土保持措施和目标，分析其合理性。

③ 煤矸石综合利用。设计采用煤矸石不出井时论述其技术经济可行性，分析其资源环

境效益；煤矸石综合利用可设单节进行论述，说明适合本区的综合利用途径，并进行简要的社会、经济、环境三方面效益分析。

（八）地表沉陷环境影响评价

1. 煤炭开采引起地表沉陷环境影响评价关注重点

① 地表沉陷的范围、最大下沉深度、陷落盆地的总变形体积。

② 地表沉陷的发生、发展过程，分首采工作面、首采区、全部煤炭资源开采结束三个时段分别进行说明。

③ 地表沉陷对毗邻的敏感区的影响程度；对评价区内的地面生态系统、山体、河流、森林等的影响程度。

④ 煤炭开采引起的地表沉陷对评价区内社会经济的影响程度，包括对农业、居住地、经济结构和居民分布等的影响。

⑤ 地表沉陷对评价区内地面建筑物和构筑物的影响程度，包括对工业和民用建筑、铁路、公路、水利工程、水土保持工程、输电、输水、输气线路等的影响。

⑥ 沉陷预测和评价应采用充分的图件和统计表格表示预测、防治和恢复的结果。

⑦ 地表沉陷评价与生态环境影响评价、水土保持等密切相关，应注意衔接和统一。

2. 地表沉陷影响因素分析

(1) 项目的煤层赋存情况

包括井田面积，可采煤层的埋深、层数和层间距，煤层倾角等。用井田边界图、地质柱状图表示。

(2) 煤田地质情况

包括煤系上覆岩层的岩性、硬度，含煤地层中的断层分布，煤类牌号和煤层硬度等。用表格和地质图表示。

(3) 煤田水文地质情况

包括煤炭中主要含水层和隔水层、含水层富水系数、地下水补给和径流方向等。用水文地质剖面图表示。

(4) 煤炭开采设计

包括采煤方式、采煤工艺、顶板管理、巷道布置、采区布置、分区分层开采计划、各种保安煤柱留设等。用采区布置图表示。

3. 地表沉陷影响预测

(1) 沉陷变形预测

沉陷变形预测包括：预测沉陷区下沉面积和下沉分布；预测最大下沉深度和出现区域、出现时间和最终稳定时间。分首采区五年、首采区结束、全井田开采结束等三个时段绘制下沉等值线图。明确标示各种保安煤柱的位置和范围。

预测沉陷区下沉变形曲率，分 3～5 个等间距绘制首采区下沉变形曲率图；分 6～10 个等间距绘制全井田下沉变形曲率图。

当煤田上部地表为丘陵和山地等复杂地貌时，定性说明沉陷后最终的地貌变化和总体趋势。

当煤田上部地表为不稳定山地地貌时，预测因沉陷变形可能发生的地质灾害风险和危害程度与结果。

（2）沉陷变形影响预测

① 计算导水裂隙带高度，预测是否会因沉陷变形导致隔水层破坏，引起第四系潜水漏失或减少。

② 预测因地表沉陷变形导致的地面生态系统变化、土地利用系统变化和社会经济系统变化。

③ 估算在未采取防护、恢复措施条件下生态损失和农业经济损失、农（牧）业生产结构变化、农牧民收入变化。

④ 预测地表沉陷变形导致的水土流失增加量。

⑤ 地表沉陷变形预测模式推荐采用《建筑物、水体、铁路及主要井巷煤柱留设与压煤开采规程》中提供的概率积分法，导水裂隙带高度计算推荐使用该规程中的经验公式。

⑥ 预测计算参数选取时应说明依据；使用预测软件时应说明软件来源和鉴定情况。

⑦ 对复杂、敏感项目的沉陷变形预测，可以采用两种及以上预测计算方法。当结果出现较大差异时，应慎重复核，可采用数学平均或经验判断的方法处理，并说明理由。

4. 地表沉陷环境影响评价

地表沉陷环境影响评价应包括以下方面：

① 地表沉陷变形的长期性、不可逆性对区域环境质量的综合性影响。

② 地表沉陷变形对区域社会可持续发展能力的影响。

③ 地表沉陷变形对煤炭开采带来的生态成本。

④ 地表沉陷变形对评价区域地形地貌、区内地面建筑物和构筑物的影响程度，以及对评价区景观环境的影响。

5. 地表沉陷的防护、土地复垦和补偿

根据煤炭开采和社会经济双赢原则提出优化的地表沉陷防护原则和技术路线，结合县级以上人民政府土地开发利用规划和社会主义新农村建设规划制定土地复垦规划，重点提出基本农田恢复与补偿方法；对涉及敏感区保护的建设项目，提出限制性、保护性开采的替代开采方案；提出生态补偿、农牧业经济补偿的标准，提出开发者应缴纳的生态恢复资金标准和分年度实施规划。

6. 地表沉陷环境影响评价结论

结论应说明煤炭开采造成的地表沉陷变形面积、最大下沉深度、积水面积和积水深度；说明煤炭开采地表沉陷变形对社会、经济、生态环境的影响趋势、影响程度和发生的时间；提出减缓和恢复煤炭开采地表沉陷变形的对策和建议；提出地表沉陷变形恢复和补偿的资金需求概算；提出加强地表沉陷变形观测，防范矿山环境地质灾害，保障土地复垦的监测计划和管理机制建议。

（九）污染物总量控制与环境影响控制

1. 污染物总量控制

建设项目必须申请并取得项目所在地市级以上环境保护行政主管部门批复的污染物排放总量控制指标。在环境影响评价和项目运营期污染物排放总量控制指标是环境工程设计、工程建设、运营中环境监督管理的重要依据和判断准则。同时建设项目实施污染物排放总量控制必须满足清洁生产、达标排放、“以新带老”（通过改建、扩建和技术改造项目，完善建设单位不符合环境保护要求的环保设施/措施）的要求。

根据国家污染物总量控制要求和行业特点，污染物排放总量控制因子选择如下：

① 废气污染物：二氧化硫和烟尘；

② 废水污染物：COD、石油类、氨氮；

③ 固体废物：煤矸石、废石、露天土岩剥离物；

④ 总量控制因子也可以根据国家环境保护规划及地方环境管理部门的要求及建设项目特点做适当调整。

根据工程分析中建设项目及现有工程污染物排放总量核定结果、"以新带老"措施消减污染物排放总量核定结果，核定出污染物的最终排放总量，按项目所在地的环境保护行政主管部门下达给建设单位的污染物排放总量控制指标，分析是否符合污染物排放总量控制要求。

在未下达污染物排放总量控制指标或超过项目所在地环境保护行政主管部门下达的总量控制指标要求的情况下，首先由建设单位在企业内部采取消减措施，在企业内部消减后仍无法满足要求的前提下，按最终核定结果提出总量控制建议值，采取由政府对污染物排放总量进行调配或采用污染物排放总量交易等手段，使建设项目满足污染物排放总量控制要求。

固体废物综合利用指标须达到最新国家相关煤炭产业政策要求。

2. 环境影响控制

从环境污染控制、生态保护和环境管理三方面，评价设计拟采取方案的可行性，并予以必要的改进和完善，明确规定该项目应采取的环境影响控制方案。环境影响控制方案应贯彻循环经济和清洁生产原则，排放污染物要实行减量化、资源化和无害化，受影响的生态要进行恢复与建设。环境影响控制方案要符合环境保护技术政策，体现先进性、合理性和可行性的统一，重要措施应进行多方案比选。

(1) 环境污染控制

污染控制的重点目标包括：

① 矿井水、露天煤矿疏干水的资源化利用；

② 锅炉烟尘和 SO_2 达标排放，必要时的烟气除尘脱硫和工艺措施；

③ 选煤厂选煤废水闭路循环，煤泥的合理利用；

④ 原煤和商品煤堆放场的防尘；

⑤ 煤矸石堆放场防止自燃、流失和扬尘；

⑥ 地表沉陷预防与治理措施。

(2) 生态保护

生态改善措施包括：

① 对项目施工阶段所造成的地表扰动，采取一一对应的恢复措施，包括工程措施和生物措施，使施工期对生态破坏的不利因素减至最小；

② 因地制宜，合理配置绿化方案；

③ 水土保持与土地复垦措施；

④ 地表沉陷预防与治理措施；

⑤ 村庄搬迁安置与耕地、林地恢复、补偿措施。

"以新带老"措施包括：

① 对于涉及(依托)现有工程的建设项目,若现有工程存在环境保护问题,应对其实施技术合理、经济可行的"以新带老"措施;

② 给出"以新带老"措施的名称、工艺或防范、投资、运行费用、效果;

③ 核定"以新带老"措施对污染物的消减量。

(3) 环境管理

根据以上环境保护措施的分析结果,列表给出环境保护"三同时"项目一览表。表中包括"三同时"项目名称、投资、工程量、效果等。

环境管理及环境监理措施包括:环境管理、监测计划及环境监理执行;环境和生态保护效果监测;生产阶段全过程实施环境监理措施。

(十) 评价结论

评价结论应包括以下基本内容:

① 建设项目与产业政策的相符性,说明建设项目与国家法规、环境保护政策、煤炭行业政策、建设项目所在地的社会、经济与环境保护规划的一致性与协调性;

② 建设项目的性质及项目所在区域的社会及环境现状,说明现实的环境质量问题、主要污染来源和主要生态破坏因素;

③ 废水、废气、噪声、固废等各种污染源、污染物种类、产生量、排放量、排放规律、污染防治措施、综合利用措施及可行性分析结论;

④ 各个环境影响因子的环境影响预测结果,提出的环境工程减缓措施,最终不可避免的环境污染影响;

⑤ "三场"选址的可行性;

⑥ 环境生态影响源、生态影响因素和影响程度;

⑦ 生态恢复工程及生态工程措施,环境效益、经济效益和生态效益;

⑧ 公众参与分析及结论;

⑨ 清洁生产分析及结论;

⑩ 项目污染物总量控制指标及可实现性;

⑪ 总结论。

第四节　矿山地质环境影响评价

矿山地质环境影响评价的内容以矿山地质环境条件和各种矿山环境地质问题而定,包括:

① 矿业活动对地质环境的影响和破坏,产生和可能产生的环境地质问题;

② 矿山开采受到地质环境的制约,遭受和可能遭受地质灾害的危害程度和危险性;

③ 论证地质环境对矿山建设及生产活动的适宜性;

④ 提出矿山地质环境保护的对策和工程技术措施等。

一、基本概念

矿山地质环境影响评价是指矿山建设及矿业活动可能影响范围内的环境地质问题和地质灾害,对矿山开采及周围环境影响程度的判断与估量,包括矿山地质环境的现状评价、预测评价和综合评价,提出矿山地质环境保护与治理方案。

根据矿山建设及矿业活动发展阶段的实际需要，分别开展新建矿山、改(扩)建矿山和闭坑矿山的地质环境影响评价。

新建矿山地质环境影响评价(前评价)是指矿业开采前的新建(基建)矿山的地质环境影响评价。该项工作是在矿区地质环境条件初步评价的基础上，即储量报告评审备案后进行。

改(扩)建矿山地质环境影响评价(中评价)是指改(扩)建矿山或转让采矿权的矿山，在矿业开采过程中未进行前评价工作或已做过前评价但扩大开采范围和改变采矿方法的已建矿山而开展的地质环境影响评价。

闭坑(或停采)矿山地质环境影响评价是指矿山的矿产资源开采完毕或因故停采后的地质环境影响评价。

二、矿山地质环境影响评价

(一) 矿山地质环境影响评价分类

矿山地质环境影响评价应在查明矿区地质环境基础上，结合开采方案、开采现状对存在和潜在的重要矿山环境地质问题(表 9-21)进行现状评价、预测评价和综合评价。

表 9-21　环境地质问题和地质灾害类型

环境地质问题	地质灾害类型
土地资源问题：矿山占用土地改变利用功能对土地资源的破坏。主要包括： 1. 矿山坑口或露天采场毁地； 2. 矿石、矸石堆场占地； 3. 尾砂库、坝区占地； 4. 选矿、冶炼场地占地； 5. 矿本部基建场地占地； 6. 植被破坏	崩塌、滑坡、泥(渣)石流、地面塌陷、地裂缝、地面沉降、水土流失、土地荒漠化
地下水资源问题： 1. 矿坑排水造成水均衡的破坏； 2. 地下水位大幅度下降； 3. 地下水与地表水水力联系加剧，补给、径流及排泄条件改变； 4. 矿坑排水对地表水和土壤的污染	地面塌陷、地裂缝、地面沉降；海(咸)水入侵；地表水污染、地下水污染、土壤污染
地质地貌景观(地质遗迹)问题： 1. 对地质地貌景观(地质遗迹)的破坏； 2. 独特典型地质地貌景观(地质遗迹)消失； 3. 面状地质地貌景观(地质遗迹)被破坏，失去应有的价值	

现状评价——指对矿山地质环境、矿山开采和现存的环境地质问题进行现状评价。通过分析地质环境特征、采选矿等矿业活动对地质环境作用的方式和影响，对存在的重要环境地质问题、危害对象及影响和破坏程度进行评价；通过对影响和破坏起作用的因素做深入分析，判断其性质、变化、危害及损失情况。生产矿山的现状评价应作重点评价。

预测评价——指对因新建矿山、生产矿山矿业活动等工程经济活动使矿山地质环境改变，进而可能诱发、加剧的环境地质问题进行预测。根据矿山类型、规模、开采方式、地质环境特征及主要环境地质问题，预测地质环境的变化趋势及危害，包括影响时间、空间和强度。

综合评价——指在现状评价、预测评价基础上，对矿山地质环境进行分区评价，判定矿山地质环境影响程度的级别。矿山活动对地质环境影响程度要依据稳定状态、水土资源环境影响与破坏程度、危害对象、损失与治理难度划分为严重、中等、较轻三个等级，见表9-22。

表 9-22　矿业活动对地质环境影响程度分级表

影响程度	确定要素			
	稳定状态	水土资源环境影响与破坏程度	危害对象	损失与治理难度
严重	不稳定	影响大，破坏严重	城镇、重要交通干线、重要工程设施及特殊保护地区	损失大、治理难度大、难以恢复
中等	较不稳定	影响较大，破坏较重	村庄、一般交通线和工程设施及资源环境功能规划要求较高地区	损失较大、治理和恢复较难
较轻	基本稳定	影响较小，破坏轻	一般地区、资源环境功能规划要求较低地区	损失小，易治理和恢复

（二）矿山地质环境影响评价的重点内容

① 矿山活动诱发的地面塌陷、地裂缝、山体开裂、崩塌、滑坡、泥石流等地质灾害。

② 矿业活动诱发的水资源、水环境变化，包括区域水均衡破坏、地下水资源枯竭、海咸水入侵、矿坑突水、水质污染等。

③ 矿业活动对土地资源、自然景观的影响和破坏，包括改变土地利用现状、水土流失、土地沙化、土壤污染等。

④ 闭坑矿山的综合整治，包括消除安全隐患、地质环境监测、土地复垦和改变矿山生态等。

（三）评价方法

矿山地质环境影响评价一般采用层次分析法、模糊综合评判法、相关分析法和工程类比法等方法。单要素评价方法参照有关规程、规范执行。

（四）因素选取与评价指标的确定

在综合分析矿山地质环境的基本特征、开采方式、开采强度及现存和潜在的环境地质问题基础上，识别矿山开采的影响（影响因素的识别、影响对象的识别、影响后果和程度的识别）。通过对比、筛选，确定评价指标。完成现状评价后，进一步确认预测评价和综合评价的主要评价指标。

① 矿区地面与斜坡稳定性评价指标。对于可能发生地面和斜坡稳定性破坏的地段，评价指标包括地形地貌、地质构造、岩土体类型、地震基本烈度、气象水文条件、矿床充水条件、采矿方式和强度等；对于已发生地面和斜坡稳定性破坏的地段，评价指标还应增加规模、频次、密度等，见表9-23。

表 9-23 矿区地面和斜坡稳定性分级表

分级	因素指标		
	地质构造	地形地貌	岩土体结构类型
基本稳定	断裂不发育	残积台地、低缓山丘，地形相对高差小于 10 m	块状、坚硬层状岩类，结构面不发育，风化、岩溶不发育，不存在软弱层
较不稳定	断裂较发育	山前沟谷、冲洪积阶段地，地形相对高差 10～20 m	软硬相间岩类、片状岩类，岩体结构面发育中等，风化、岩溶发育中等，局部存在软弱层
不稳定	断裂发育	陡峻高丘、地形相对高差大于 20 m	松散岩类、岩体破碎，结构面发育，风化、岩溶发育，软弱层分布广

分级	因素指标			
	地震基本烈度(I)	矿床充水条件	采矿方式和强度	采矿对地表的影响与破坏
基本稳定	$I<7°$	封闭、近封闭型水文地质单元，涌水量小	开采面积小、深度浅	采矿产生的环境地质问题，对地表环境地质问题影响轻
较不稳定	$7°\leqslant I<9°$	半封闭型水文地质单元，涌水量中等	开采面积大、较深	采矿产生较严重的或潜在的重大环境地质问题，使地表受到较重影响或破坏
不稳定	$I\geqslant 9°$	开放型水文地质单元，涌水量不稳定	开采面积大、深度大	采矿多次产生严重或潜在重大环境地质问题，使地表受到严重影响或破坏

② 区域水资源、水环境影响评价指标。矿区及周围地下水水位变化、地表水水体变化、地下水均衡及水资源影响程度、海(咸)水入侵、矿山污染源、水体污染范围和程度等，见表9-24。

③ 矿区土地资源影响评价指标。采矿场、废弃物堆放场、尾矿库等占地情况；采矿引起的地表变形对土地利用的影响程度；矿山型水土流失、土地沙化、土壤污染等。

④ 闭坑矿山环境影响评价指标。矿山井巷充水老窑、浸没、相邻矿山和地下工程的突水、地质变形、集中水源地和地下工程的破坏、水土环境污染等。

表 9-24 采矿对矿区水土资源环境影响分级表

分级	指标类型	
	矿区水资源、水环境影响	矿区土地资源土壤环境影响
影响较轻	1. 矿区主要供水含水层受矿坑突水、排水影响小，水位下降小于 10 m，不影响地表水体； 2. 对矿区地下水资源有影响，但对区域地下水资源影响不大； 3. 不存在海(咸)水入侵； 4. 基本不存在污染源，地表水Ⅱ类，地下水优，基本没受污染	1. 采矿场、固体废弃物堆放场、尾矿库等占地面积比小于 20%； 2. 采矿地表变形影响土地利用面积比小于 5%； 3. 水土流失限于矿区局部小范围； 4. 土地沙化和荒漠化限于矿区局部小范围； 5. 土壤没有受到污染或污染较轻

表 9-24(续)

分级	指标类型	
	矿区水资源、水环境影响	矿区土地资源土壤环境影响
影响较重	1. 矿区主要供水含水层受矿坑水排水影响较大，水位下降 10～20 m，对区域地下水位有一定影响，地表水体也受到影响； 2. 矿区地下水资源影响严重，区域地下水资源减少，发生潜在水资源危机，影响矿区和附近水源地供水； 3. 沿海地区局部发生或潜在海(咸)水入侵； 4. 有局部污染源，地表水为Ⅲ类，地下水良好，局部有污染	1. 采矿场、固体废弃物堆放场、尾矿库等占地面积比为 20%～40%； 2. 采矿地表变形影响土地利用面积比为 5%～10%； 3. 矿区和附近部分地区存在矿山型水土流失； 4. 矿区和附近部分地区存在矿山型土地沙化和荒漠化； 5. 土壤污染较严重
影响严重	1. 矿区主要供水含水层受矿坑突水排水影响大，水位下降大于 20 m，区域地下水水位明显下降，地表水遭受严重影响； 2. 矿区地下水呈疏干/半疏干状态，区域地下水有一定程度疏干，水资源明显减少，发生水资源危机，严重影响矿区和附近水源地的供水； 3. 沿海地区发生或潜在严重海(咸)水入侵	1. 采矿场、固体废弃物堆放场、尾矿库等占地面积比大于 40%； 2. 采矿地表变形影响土地利用面积比大于 10%； 3. 矿区和外围大部分地区存在矿山型水土流失，甚至影响流域； 4. 矿区和外围大部分地区存在矿山型土沙化和荒漠化，甚至影响流域； 5. 土壤污染严重

依据矿业活动对环境的危害和影响程度等因素，评价矿山环境对矿业开发的适宜度。适宜程度分为适宜、基本适宜、适宜性差三类，见表 9-25。

表 9-25　适宜程度分类表

适宜程度	分　类　说　明
适宜	矿山地质条件简单，矿山开发对地质环境影响破坏一般，矿业活动引发(加剧)地质灾害的危险性小，或本身遭受地质灾害危害的可能性小，易于防治和生态恢复
基本适宜	矿山地质条件较复杂，矿山开发对地质环境影响破坏较严重，矿业活动引发(加剧)地质灾害危险性中等或本身遭受地质灾害危害的可能性较大，防治难度和生态恢复难度中等
适宜性差	矿山地质条件复杂，矿山开发对地质环境影响破坏严重，矿业活动引发(加剧)地质灾害危险性大或本身遭受地质灾害危害的可能性大，防治难度大，生态恢复难度大

三、矿山地质环境影响评价报告的编写要求

(一) 前言

1. 任务由来及编制依据

说明评价项目的由来及性质、委托单位及要求、编制依据。主要列出技术依据、资料依据等，包括矿山地质环境影响评价技术要求、经审批的地质勘察报告、资源储量报告和开发利用方案等。

2. 工作目的与任务

参照“技术要求”规定，分别列出目的与任务，有特别要求的也应列出。

3. 矿区人文与社会经济概况

根据现场实际调查，说明矿区及周边可能受影响范围内的居民人数、房屋数量及分布状况，农业、工业生产、交通经济情况等；对重要交通、工程建设、设施、集镇、人口聚居地、文化古迹、地质公园、自然保护区等要详细阐明。

4. 本次工作情况

阐明本次资料收集和现场调查等工作情况，包括周边矿山情况的调查与资料收集。列出收集利用的资料名称。现场调查包括地面及井下调查，调查工作量表中应列出调查的面积、路线长、各类观测点数、矿井数及调查巷道长度等内容工作量。正在生产及扩建的矿山必须有针对性地进行一定量的井下调查。

（二）矿区自然地理与地质环境概况

1. 自然地理

① 地理位置。矿山的地理位置及交通等。

② 地形地貌。简述评价区地形地势、形态成因、地貌类型及特征和分布。形态成因类型的划分可采用相关专业标准，一般应采用Ⅳ级或Ⅴ级地貌类型。

③ 气象水文。阐明矿山区一带气象特征及要素、地表水系、水体、水流特征——流量。水位、洪水位一般都应有时间说明。

2. 矿区地质及地质环境

（1）矿区地质

应首先说明所收集的矿区地质资料名称、编制时间等。然后对以下内容进行分析叙述。

① 地层岩性。可采用生物地层分层法或岩石地层分层法进行地层分层，简述各地层的岩性、厚度、分布及接触关系，与岩浆岩接触时的蚀变带特征。原则上采用示意性地层柱状图表示法，表示方式见“矿区地层及工程地质水文地质简表”。

② 矿区地质构造。概述其区域构造位置、评价区的褶皱、断裂构造、裂隙的发育特征，也可以以表格形式表达；露采矿山的裂隙测量统计必不可少，应进行系统调查并形成统计图表，作为边坡稳定性评价依据。

③ 岩浆岩。叙述其时代、岩性、结构及蚀变带特征等。

④ 矿床特征。简述矿层（体）的形态、产状、厚度、规模、空间分布特征，有益组分和有害组分的含量；顶底板的岩性、厚度及变化（附矿床平、剖面图）。

（2）矿区工程地质

概述岩土体工程地质类型及特征。岩体类型划分至岩性综合体，一般以地层分层作为类型界线，必要时再分、合（地层的工程地质情况在地层柱状图上专栏表示）。其他需要阐述的工程地质情况包括岩体结构面特征，岩体风化带、岩溶带、蚀变带特征，岩体质量，围岩稳定性，边坡类型和特征及其稳定性，生产矿坑工程地质情况等。

（3）矿区水文地质

矿区水文地质主要应包含以下内容：

① 含水层的地下水类型、厚度、富水性、裂隙与岩溶发育情况、泉井流量、水质与矿层（体）关系等特征，隔水层的岩性、厚度及变化、隔水程度及分布等特征，含水层间及与地表水

间水力联系程度(可在地层柱状图上专栏反映);

② 断裂构造带含水导水特征;

③ 老窑(窿)水特征及分布;

④ 矿坑充水因素和预测矿坑涌水量及水文地质条件复杂程度;

⑤ 地下水补、径、排特征;

⑥ 生产矿坑水文地质情况。

3. 矿山及周边人类工程活动情况

以不同的人类工程活动类型分别概述人类活动强度及其对地质环境影响状况。

(三) 矿山概况、开发利用方案及评价级别与范围的确定

1. 矿山概况

① 矿山位置、范围、面积及矿产资源量。以储量报告及开发利用方案为依据,详细叙述矿山地理位置、矿区范围(给出矿区范围的拐点坐标)、矿区面积以及矿产的资源储量及类型。

② 矿山地质工作概况。简述以往地质工作情况。

③ 矿山开采工作概况。阐明以往开采情况(建矿时间、开拓方法、井巷布设、采矿方法、开采中段或水平、采空区分布,附平、剖面图,产量及采出矿量等)。

④ 矿山地质环境保护工作情况。查清和阐明矿山已进行的环境保护工作情况,包括对废水、固体废弃物和地质灾害的防治工程及取得的防治效果等。各项防治工程均应在现状评价图上表示出来。

⑤ 周边矿山情况。阐述周边矿山与评价矿山的相对位置、相互影响等情况(包括地下水、地面变形、废石、废水等地质环境问题的相互影响)。周边矿山的矿界及主要地质环境问题要在图上标出。

2. 开发利用方案简介

根据矿产资源开发利用方案,简要叙述包括年设计生产能力、设计年限、开采范围、开采深度、开拓方式、井巷布设、井巷支护、采矿方法(方法、水平或中段划分、工作面或矿房、矿块及矿柱的尺寸、顶板管理方法、矿柱回采及采空区处理)、排水设计、水仓位置与容积以及矿山污水和固体废弃物处置设计与防治方案等情况,附设计平、剖面图。

3. 评价级别和范围的确定

① 根据矿山所在地人居因素、矿山规模、设计生产能力和矿区各项地质环境条件与复杂程度,确定评价级别。

② 根据矿区地形地貌、水文地质及工程地质主要特征和矿山开采影响情况,确定评价范围及面积。要注意考虑废石尾砂流汇水区、抽排水影响区及区域水均衡区、水土污染区、采动破裂(岩石移动)影响范围等条件。

(四) 矿山地质环境影响现状评价

现状评价是在现场实地调查的基础上,对矿业活动产生的各类地质环境问题进行直观评价,以现实存在的影响状况为评价依据,要求实事求是,以事实说话。每项评价均以评价结论作为小标题。

1. 矿业活动对水资源、水环境影响的现状评价

(1) 对水资源影响的现状评价

对水资源影响的现状评价包括对地下水资源枯竭、区域地下水均衡破坏、地表水漏失等方面的评价。

① 对地下水资源枯竭影响的评价。从地下含水层被疏干、地下水位(水头)降低情况及泉井水干涸等几方面来判定矿山开采对地下水资源的影响程度。根据现场调查,对照有关资料,对疏干排水影响区的地下水位(水头)降低情况、降落漏斗、地下含水层疏干的空间分布和疏干率,及对地表泉井水干涸的影响范围、影响对象、危害程度以及自然恢复的可能性,作出影响程度评价。

② 对区域地下水均衡影响的评价。在分析地质环境条件和开采方式等基础上确定均衡地段,进行均衡评价,确定负均衡程度;同时阐明影响对象、后果、程度以及其自然恢复的可能性。评价方法参照有关规范规程。

③ 对地表水漏失影响的评价。根据现状调查查明的矿山地表水漏失的分布范围、影响对象、损失情况、发生原因和恢复治理难度,评价其影响程度。

(2) 对水环境影响的现状评价

分地表水和地下水进行评价。阐明污染源、污染物、污染途径,根据其危害对象、危害范围、损失情况和恢复治理难度,评价其影响程度。要正确地选取评价指标,须对主要影响因素(作用)进行必要的阐述。污染程度的评价指标及程度参照国家地表水和地下水环境质量标准进行级别划分。评价方法一般应为定量-半定量法。

2. 矿业活动对土地资源、土壤环境影响的现状评价

包括对矿业活动占用、破坏、污染土地资源的数量、质量(地类)和影响程度的评价。需附占用、破坏、污染土地资源现状表。

(1) 对土地资源影响的现状评价

查明和阐明矿业活动占用土地情况,包括采矿场、废弃物堆放场、尾砂库、选冶加工厂、运输道路、水处理场及生活区和办公区等占用土地的数量与质量(地类)以及恢复治理难度,评价其对土地资源的影响程度。土地的质量(地类)要按土地分类表的二级地类明确,对占用农田,特别是基本农田的要准确查明其面积,了解其办理用地手续情况。

(2) 对土壤环境影响的现状评价

① 对土壤环境破坏的现状评价。包括对采矿活动引发的地面变形、水土流失、土地荒漠化等破坏影响的土地范围、数量(面积)、质量(地类)、程度进行详细阐述,评价矿业活动对土壤环境的影响程度。

② 对土壤环境污染的现状评价。查清和阐明污染源,污染物的数量、类型、污染途径,危害的对象(地类)、范围,污染程度和造成的损失,结合其恢复治理难度评价影响程度。评价方法一般应为定量-半定量法。

3. 矿山地质灾害影响(危害)的现状评价

查明和指出评价区内已发生的各种地质灾害种类(包括滑坡、崩塌、采空区地面塌陷、岩溶地面塌陷、矿坑突水突泥等)及它们的分布(经调查不存在的灾种在说明原因的情况下可不评价)。对已发生过的地质灾害应分灾种说明其形态特征、规模、数量、发生原因、分布范围和导致的损失,并结合其治理难度逐一评价其影响(危害)程度。

4. 矿业活动对建筑物及工程、设施和自然保护区影响的现状评价

凡评价区内有公路(不包括本矿山用路)、铁路、厂矿、桥、涵、水库(坝)、河道、城镇、居民

聚居地、名胜古迹、地质遗迹、自然保护区(含地质公园、风景名胜区等)重要建设工程及设施和自然保护区分布时,评价报告要对上述工程设施和景观进行有针对性的专项评价,评价矿业活动是否对其造成影响,如造成了影响应根据其损坏程度、损失大小、治理恢复难易程度等作出影响程度评价。

5. 矿业活动对景观影响的现状评价

景观影响是指矿业活动导致的地表自然景观改变并对人们造成视觉污染的影响。其影响程度主要从对自然景观的破坏程度和景观破坏区所处位置来确定。可根据被破坏区是否为交通要道、旅游公路、风景名胜区、地质公园、人口集中居住区等直观可视范围,以及景观的破坏程度、距离远近等进行其影响程度评价。

6. 矿业活动对人居环境影响的现状评价

分类叙述矿业活动已引发的对当地人民生活、生产造成影响的各类环境地质问题,并根据其严重程度和损失情况作出影响程度的现状评价。如废水使粮食减产、地面变形导致房屋破坏,等等。

7. 结论

根据现状评价结果,作出现状评价分区;附矿山地质环境影响现状评价结果表,做出现状评价总体结论。

(五) 矿山地质环境影响预测评价

预测评价是在现状评价的基础上,根据矿山开采设计方案设计的矿业活动方式及进度预测矿业活动可能引发、加剧的各类环境地质问题和矿山建设可能遭受的地质灾害危险性,并根据其影响对象、预期损失和恢复治理难易度评价其影响程度。

1. 矿业活动对水资源、水环境影响的预测评价

(1) 对水资源影响的预测评价

① 对地下水资源枯竭影响的预测评价。包括含水层疏干、地下水位超常降低及泉井水干涸的预测。根据有关的地质环境条件和现状情况以及本次开采影响因素等方面,进行分析作出影响程度的预测评价,预测地下水位降低程度、漏斗范围、含水层疏干的空间分布、疏干率等,并根据预测的危害对象和恢复难度作出影响程度评价。

② 对区域地下水均衡影响的预测评价。根据有关的地质环境条件及现状情况,预测矿山开采抽排水对区域地下水水均衡的影响范围、影响对象、损失情况和恢复难度并作出影响程度评价结论。

③ 对地表水漏失影响的预测评价。在地质环境条件及现状评价的基础上,预测地表水产生漏失的范围、面积,漏失量,分析造成漏失的影响因素,预测危害对象、损失情况和恢复治理难度,并作出影响程度评价结论。

(2) 对水环境影响的预测评价

① 对地表水环境影响的预测评价。根据地表水的分布情况和现状评价有关资料,分析预测矿山开采可能产生的地表水的污染来源、污染物质,预测其污染范围、危害对象和可能导致的损失情况以及其恢复治理难度,并据此作出对地表水环境影响程度的预测评价。

② 对地下水环境影响的预测评价。参照地表水评价方法进行评价。

2. 矿业活动对土地资源、土壤环境影响的预测评价

(1) 对土地资源影响的预测评价

在现状评价的基础上，根据矿山开采设计方案分析预测未来矿业活动占用、破坏土地的数量、质量（地类），包括生活及办公场地、采矿场、固体废弃物堆放场（含尾砂库），选冶场（厂）、运输道路等的占用土地的数量与质量（地类）以及恢复治理难度，在此基础上评价其对土地资源的影响程度。在预测新增占用量，尾矿库、废（矸）石堆占地的新增量时要有计算依据。占用的土地地类要按土地分类表的二级地类明确，对占用农田，特别是基本农田的要准确预测其面积，并了解其办理用地手续情况。

（2）对土壤环境影响的预测评价

① 对土壤环境破坏的预测评价。土壤环境破坏主要指地面变形对土地的破坏（包括采空地面塌陷、岩溶塌陷、地裂缝等），地面开挖翻动（地表采矿）以及水土流失、土地荒漠化等导致土地性状改变。该节可按所导致的具体地质环境问题分述。在现状评价的基础上，分析其发展变化趋势，预测其破坏土地的类型（地类）、范围、面积、程度、危害后果和可能导致的损失，分析其恢复治理的难易程度，并作出破坏土壤环境程度的预测评价。

② 对土壤环境污染预测评价。在现状评价的基础上，根据本轮矿业活动的部署和强度，分析预测可能导致土壤污染的矿业活动（包括采、选、冶）产生的污染源、污染物的规模及有毒有害物含量等，预测可能导致土壤环境污染的范围、污染程度和危害，可能造成的损失以及恢复治理难易程度等。预测方法一般采用分析法和类比法，也可建立一些简单模式。同时，应充分应用现状评价得出的规律性进行预测。有关污染指标项目，一般可选取硫、砷以及有毒重金属等。

3．矿山地质灾害预测评价

矿山地质灾害预测评价包括矿业活动引发、加剧地质灾害和矿山建设遭受地质灾害两方面的评价，其程度以危险性大小来衡量。在评价时，引发与加剧应分开评述，不能混为一谈。

（1）矿业活动可能引发、加剧地质灾害的危险性预测评价

分灾种预测其引发、加剧的危险性程度。预测方法是在充分考虑现状评价结果的基础上，以分析地质环境条件结合开采方式的地质分析法为主，同时尽可能用考虑权重的综合评判法，有的问题和参数需用定量法取得。预测灾种包括滑坡、崩塌、采空区地面塌陷、岩溶地面塌陷等。对不会发生的灾种，在作出说明的基础上可不进行评价。

① 引发、加剧采空区地面塌陷的危险性预测评价。在现状评价和分析地质环境条件及开采方式关系的基础上进行可能性和危险性预测，先预测地面变形的可能程度和范围。变形破坏范围除正常的采空区地面外，对为了保护地面建筑物、水体、铁路而设保留矿柱的保护区地面也应同时进行预测。变形破坏区范围的预测方法，一般可根据采动影响的移动参数——地表移动的移动角，用作图法求取其地表移动变形破坏范围，并尽可能利用本矿山及邻近条件相似的矿山的地表移动参数，也可利用区域上条件相似的矿山资料。当预测评价其可能性为中等以上时，应根据预测塌陷区可能危害的对象、导致的损失程度和恢复治理的难易度作出危险性评价。

② 引发、加剧岩溶地面塌陷的危险性预测评价。对覆盖型岩溶区和矿层（体）顶底板为岩溶含水层或存在导水断裂可连通岩溶含水层的矿山，都应进行岩溶地面塌陷危险性预测。结合开采井巷布设及疏干等，以及矿坑突水突泥预测、塌陷现状规律等对矿山有关地质环境条件，如岩溶含水层的分布、断层与岩溶发育程度、覆盖型岩溶区分布、富水性、地表水系分

布及地形地貌等，进行岩溶地面塌陷可能性、危险性及塌陷区分布的预测。预测方法一般用层次分析法结合多因素综合评判法，充分应用现状评价成果，筛选、确定影响因素。

(2) 矿山建设可能遭受地质灾害的危险性预测评价

包括滑坡、崩塌、泥石流对矿山工程设施的危害，矿坑突水突泥等对井巷及人员安全的危害等。分灾种评价其危险性。

① 遭受滑坡、崩塌、泥石流地质灾害的危险性预测评价。根据矿山建设工程的分布和评价区的环境地质条件、现状评价情况等，预测矿山建设遭受滑坡、崩塌、泥石流等地质灾害的危险性。分灾种、分危害对象作出危险性程度评价。

② 遭受矿坑突水突泥的危险性预测评价。在现状评价和分析矿山地质环境条件与开采方式关系的基础上进行引发突水突泥的可能性、危险性程度预测。预测对象包括直接顶底板含水层水、断裂带水、老窑水，此外还应对顶板隔水层以上的含水层，由于冒顶破坏顶板隔水层而可能发生突水的进行预测。因此，预测重点是分析采矿工程可能揭露、连通含水层，含水导水断裂带，积水老窑区，以及破坏顶板隔水层导致矿坑突水突泥的可能性、危险性及分布地段。对于顶板隔水层以上的含水层应在计算导水裂隙带高度的基础上进行预测，计算模式可参照有关规范规程进行。

4. 矿业活动对建筑物及工程、设施和自然保护区影响的预测评价

当评价区内有公路(不包括本矿山用路)、铁路、厂矿、桥、涵、水库(坝)、河道、城镇、居民聚居地、名胜古迹、地质遗迹、自然保护区(含地质公园、风景名胜区等)重要建设工程、设施和自然保护区分布时，要就矿业活动对这些工程、设施或保护区可能产生的影响与危害进行专项预测评价。即应分析预测矿业活动可能加剧或引发的地质环境问题种类、规模和对这些工程设施的危害、可能导致的损失以及恢复治理难度，并据此作出影响程度预测评价。

5. 矿业活动对景观影响的预测评价

在现状评价的基础上，根据社会发展对该处自然景观的需求情况、矿业活动对自然景观破坏的发展趋势以及景观破坏区的恢复治理难度等，作出影响程度预测评价。

6. 矿业活动对人居环境影响的预测评价

分类叙述矿业活动可能引发和加剧的对当地人民生产、生活造成影响的环境地质问题，及影响人数、影响程度、损失情况和恢复治理难度，并作出影响程度的预测评价。

7. 结论

阐明预测产生和加剧的重大环境地质问题，附矿山地质环境影响预测评价结果表，作出预测评价总体结论。

(六) 矿山地质环境影响综合评价

1. 矿山地质环境影响程度分区及综合评价结论

(1) 矿山地质环境影响程度分区

根据现状评价和预测评价结果，作出矿山地质环境综合评价分区及分区说明。矿山地质环境分区及分区原则：采用环境地质问题及影响程度分区法，凡影响较重及以上的环境地质问题，按单个环境地质问题进行分区，并冠以该环境地质问题的名称。

综合评价影响程度级别的确定方法，一般以现状评价和预测评价的影响程度最高一级为综合评价的影响程度级别，或以主要影响因素，考虑权重以综合评判法进行评价。

根据上述原则做出矿区综合评价分区并阐明各区的位置、面积、主要环境地质问题及其

影响范围和影响程度等。

（2）综合评价结论

对本轮矿业活动引发和可能引发的地质环境问题特别是影响程度严重的环境问题从其影响对象、影响范围、影响的严重程度和可能导致的后果（损失）以及其恢复治理难度等方面进行综合分析后，得出影响程度的综合评价结论。综合评价结论分为影响较轻、影响较重和影响严重三级。附矿山地质环境影响综合评价表。

2. 矿山建设适宜性评价

根据矿业活动对地质环境的影响程度、人居情况和人们及社会经济发展等对环境的基本要求以及矿山地质环境恢复治理难易程度，作出矿山建设的适宜性评估。适宜性包括采取防治措施后的适宜，但必须具备防治的可行性和经济性。适宜性结论分为适宜、基本适宜、适宜性差和不适宜四种。

3. 对矿山建设的有关建议

根据矿区地质环境条件和矿山在现有开采设计方案的情况下可能产生的矿山地质环境问题，可以提出进一步优化矿山设计方案和矿山工程建设的建议，如留设保安矿柱、调整废石（矸石）堆放场地的方案等。

第五节　矿山环境影响评价报告案例（节选）

针对矿山项目环境影响评价的特点，本节以河南某煤矿为例。该煤矿环境影响评价报告书于 2006 年 4 月开始编制。2006 年 7 月底，在河南省环境保护局的主持下，对项目环境影响报告书（送审版）进行了评审。同年 8 月完成了项目环境影响报告书（报批版）。河南省环境保护局 2006 年 8 月做出该项目环评批复（豫环审[2006]161 号）。该报告书共分16 章，12 万字，图件 39 幅，附件 14 个，由于篇幅所限，本节仅介绍供参考的章节目录和部分内容节选。

要说明的是，2006 年至今，我国环境影响评价工作有了新的变化，颁布了一些新的法律、法规、规章和政策，为避免发生混淆，本次节选内容所涉及部分，均采用当时颁布的相关文件规定。

一、案例章节目录（仅供参考）

该案例报告书共分 16 章。

第一章　总论，主要包括项目由来、编制依据、评价目的和任务、评价指导原则、评价等级、评价范围及评价重点、污染控制与环境保护目标、评价标准和评价时段等。

第二章　工程概况，主要包括地理位置与交通、井田概况、矿井建设外部条件和矿井建设概况。

第三章　工程污染源分析，主要包括整合前环境污染影响因素、整合后环境污染影响因素、非污染生态环境影响因素和环境影响要素识别与评价因子筛选。

第四章　环境概况，主要包括自然环境、社会环境、生态环境现状和环境现状监测与评价。

第五章　建设期环境影响及措施分析，主要包括施工扬尘影响分析、施工噪声影响分析、施工废水影响分析、生态环境影响分析、施工期环境保护措施可行性分析与要求以及施工期主要环境影响及防治措施一览表。

第六章　营运期环境影响分析评价，主要包括环境空气影响评价、地表水环境影响评价、声环境影响评价、固体废物环境影响评价和闭矿后环境影响评价。

第七章　生态环境影响评价，主要包括地下水环境影响评价、地表塌陷环境影响评价和社会经济影响评价。

第八章　水土保持，主要包括水土流失、水土保持方案、水体保持监测和水保建议。

第九章　营运期环保措施可行性分析，主要包括环境空气污染防治措施可行性分析、废水处理措施可行性分析、噪声污染防治措施可行性分析、固体废物处置与综合利用、煤矿瓦斯气体治理与综合利用、项目原有环境污染问题防治措施分析和环保治理设施及环保投资一览表。

第十章　生态环境综合整治，主要包括地表变形、沉陷的防治及缓解措施、地下水资源保护及矿井突水防治和生态整治措施。

第十一章　公众参与，主要包括公众参与的目的及作用、公众参与的方法和公众参与的结果分析。

第十二章　清洁生产分析，主要包括清洁生产分析的意义、清洁生产分析和清洁生产分析结论。

第十三章　污染物排放总量控制，主要包括污染物排放总量控制原则、污染物排放总量控制因子、污染物排放总量控制指标的确定和工程污染物总量控制指标建议。

第十四章　环境经济效益分析，主要包括社会效益分析、经济效益分析和环境经济损益分析。

第十五章　环境管理及环境监测计划，主要包括环境管理和监测计划两部分。

第十六章　结论，主要包括结论、建议及总结论三部分。

二、矿山环境影响评价案例(节选)

(一) 项目基本情况

M公司煤矿是由A煤矿、B煤矿和C煤矿整合而成，形成一套生产系统，原A煤矿主斜井作为井田开拓的副斜井，原C煤矿斜风井作为公司井田开拓的风井，在井田东部新建一立井作为主井，形成一立二斜开拓系统，剩余原煤矿所有井巷均报废，整合后生产能力为30万t/a，批准开采$二_1$煤层。

(二) 环境影响因素识别与评价因子

1. 环境影响因素识别

根据第九章第三节内容要求，建设期主要环境影响因素包括：建井废水和施工生活污水；临时锅炉烟尘烟气和固体堆放场扬尘；建井矸石、弃土弃渣和生活垃圾；施工机械和施工车辆。营运期主要环境影响因素包括：土地占用和采煤塌陷；矿井水、矸石场淋滤水和生活污水；锅炉烟尘烟气、煤炭储装运等无组织排放粉尘，排矸场及排土场扬尘；生产矸石、掘进矸石、锅炉炉渣和生活垃圾；通风、机修、坑木加工及交通噪声；矸石堆存环境风险。

2. 环境影响评价因子

该项目开采过程中主要环境影响因子见表9-26。

表 9-26　项目主要环境影响因子一览表

项　　目		现状评价因子	影响评价因子
社会经济影响因子		人群分布、土地利用、工农业生产、经济收入、生活质量等	
环境污染影响因子	环境空气	TSP、SO_2、烟尘	TSP、SO_2、烟尘
	地表水	pH、COD_{Cr}、悬浮物、NH_3-N、石油类、S^{2-}、硫酸盐、水温	COD_{Cr}、NH_3-N
	地下水	pH 值、高锰酸盐指数、总硬度、氟化物、硫酸盐、亚硝酸盐、水温	
	声环境	等效声级，$L_{eq(A)}$	等效声级，$L_{eq(A)}$
	固体废物	—	矸石自燃、矸石淋溶水影响分析
非污染生态影响因子		耕地面积、植物、农作物产量、水土流失量	地表塌陷、地下水疏干、水土流失、耕地面积及农业产量

（三）环境影响评价工作等级和评价范围

按照相关标准中的评价工作等级确定原则，确定生态环境、环境空气、地表水、声环境、地下水评价工作等级均为三级，环境风险评价等级为二级，评价范围见表 9-27。

表 9-27　项目环境影响评价工作等级和评价范围

评价要素	评价工作等级	评　价　依　据	评　价　范　围
生态环境	三级	影响范围小于 20 km^2，非敏感区，无濒危珍稀物种	全井田境界周边向外延伸 500 m，总评价面积约 2.59 km^2
环境空气	三级	$P_{maxSO_2}=2.4\%<10\%$	以副斜井工业场地为中心，主导风向（NE）为主轴，长 5 km，宽 4 km 的矩形，面积为 20 km^2
地表水	三级	污水排放量 3 726.66 m^3/d，污水水质简单，为非持久性污染物，包括 COD 和 SS，颍河水流量＜15 m^3/s，水质要求Ⅲ级	地表水现状评价对象为颍河（该河距离矿区约 15 km）。评价范围为矿井水入颍河口上游 500 m，下游 2 500 m，全程长度为 3 km
声环境	三级	小型项目，处于 GB 3096—2008 规定的 1,2 类标准地区	以主、副井工业场地、风井工业场地厂界外 1 m 为限，适当放宽到附近 300 m 范围内的李家门、陈碾、王庄、红旗炉、响潭湾；运煤公路两侧各 200 m
地下水生态治理	三级	开采技术条件简单的矿床	全井田境界范围，评价面积为 1.015 4 km^2
	专章分析评价		地表塌陷引起的村庄、道路、河流、地面构筑物以及水井的影响
环境风险	二级	煤矸石属于一般固体废物	煤矸石堆放场淋滤液和自燃对周围环境的影响

（四）工程分析

1. 建设项目概况

建设项目名称：M 公司年产 30 万 t 煤炭资源整合技改项目；

项目建设地点：N 省 O 市 P 镇 Q 村境内；

项目建设性质：煤炭资源整合技术改造项目；

项目建设规模：矿井生产能力为 30 万 t/a；

项目总投资：3 692.60 万元；

项目服务年限：11.9 年；

建设期：12 个月。

项目的地理位置和交通图、矿井井田划分图和矿区内各煤矿建设时序表、工业场地总平面布置图、项目组成一览表和项目主要技术经济指标表等内容不再列表和图表示，仅列出项目总平面布置图，见图 9-2。

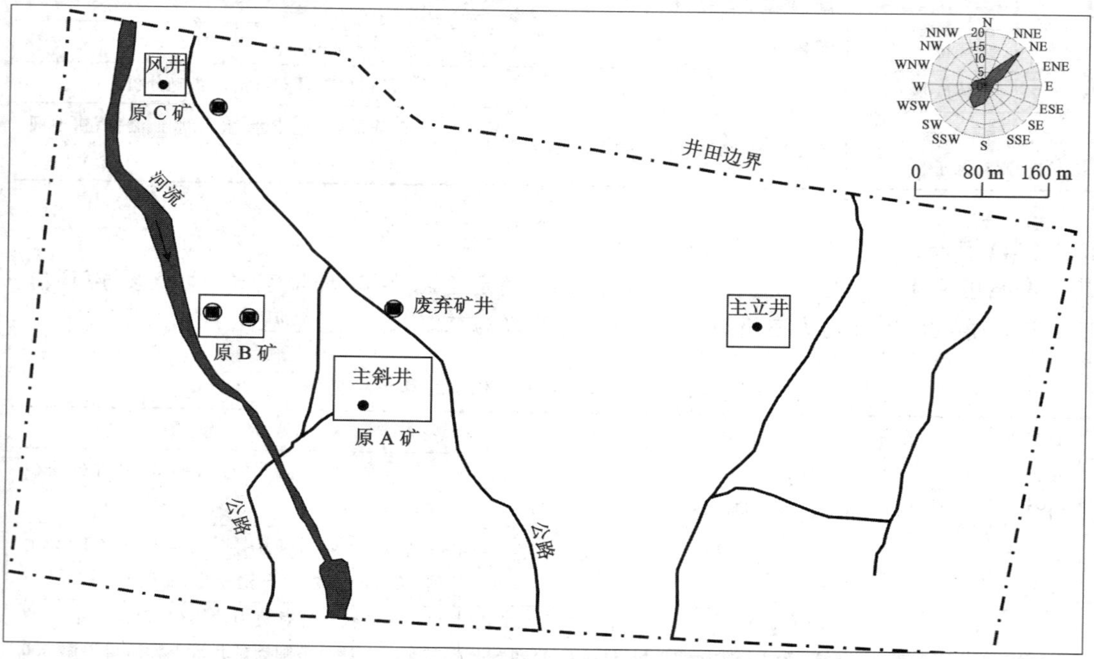

图 9-2　项目总平面布置图

2. 煤炭资源和生产工艺分析

(1) 煤炭资源基本概况

井田形态为一长方形，东西长约 1.42 km，南北宽约 0.85 km，面积约 1.015 4 km^2。煤层走向北东—南西，倾向东偏南。两条主要断层均位于矿区边界，矿区范围内没有任何断层。井田开采标高＋245～－155 m，总体构造复杂程度为简单类型。

据储量核查报告，井田估算二$_1$煤层面积 1.015 4 km^2，估算(111b)＋(122b)＋(333)类资源储量 856.6 万 t，保有资源储量 820.1 万 t，已采 45.5 万 t，保有资源储量中，(111b)类 407.9 万 t，(333)类 30.6 万 t。

煤炭类型属于贫煤，含硫量为 0.39%，煤层瓦斯相对涌出量为 9.18 m^3/t，瓦斯绝对涌出量为 0.9 m^3/min，为低瓦斯矿井，煤尘有爆炸危险性，煤为不易自燃煤层。

(2) 生产工艺概况

综合考虑井田范围内地质构造、薄煤带等因素，将井田划分为 3 个采区，2 个上山采区和 1 个下山采区，平均区段倾长 120 m。首采区先布置 4 个工作面，先开采 1101 工作面，再开采 1105 工作面，后开采 1102 和 1103 工作面。

选择走向长壁、区内后退、低位放顶煤、一次采全高的采煤方法，全部垮落管理顶板。首采区为 11 采区，首采区开采时间为 4 年左右，接替采区为 12 采区，服务年限为 3 年左右，东部 10 采区，服务年限为 4.9 年左右，全矿井服务年限为 11.9 年。

地面生产系统的工艺为：井下煤炭井箕斗提出地面后，进入井口煤仓，由给煤机均衡送入低速胶带输送机，人工在胶带走廊将煤炭中的大块矸石和杂物捡出，原煤流入储煤场。矸石由副井提升，地面人工推车自溜出井口房后，推至矿井工业场地临时堆矸场，及时运走，生产煤矸石砖，综合利用。

(3) 给排水系统

本矿井设计生产、生活用水量为 664 m^3/d，其中生活用水量为 224 m^3/d，生产用水量为 440 m^3/d。评价认为设计提出的生活用水量较大，按照人均 0.1 $m^3/(d \cdot 人)$ 的标准计算，生活用水量为 64.4 m^3/d。矿井实际正常涌水量为 70 m^3/h（按照 24 h 小时排水计，排水量为1 680 m^3/d）。井下排水经过井下水仓初步沉淀后，抽至地面矿井水处理站，处理后部分（361.44 m^3/d）用作地面储煤场降尘用水、井下生产用水、井下降尘用水等。为充分利用矿井水资源，评价要求，矿井水经过斜管沉淀池处理后，一部分水（102.8 m^3/d）用于锅炉用水或经过过滤池过滤和消毒后，用于职工生活用水。多余部分（1 215.76 m^3/d）排入主立井工业广场东的河沟内。由于本地区地表水资源缺乏，农灌季节可全部用于农田灌溉，非农灌季节排入河流，目前要求矿井水的利用率应为 65%。

主、副井工业场地地面排水系统采用雨、污分流制，场区雨水通过管道排入附近河沟内，最终排入河流。生活污水（47.66 m^3/d）经过隔油池以及一体化污水处理设施处理达标后，根据“用污排净、一水多用、回用、套用”的用水原则，评价要求生活废水处理达到《污水综合排放标准》一级标准后，全部用于场地绿化（5 m^3/d）、道路洒水（25 m^3/d）、矸石场洒水（2.5m^3/d）和储煤场洒水（15.16 m^3/d）等，不外排。

3. 生态变化影响分析

主立井场地占地面积 1.5 ha，其中占用耕地面积为 1.2 ha。副斜井和风井场地等永久占地均为工矿用地，不属于基本农田。工程建设占地情况见表 9-28。

表 9-28　工程建设占地情况一览表

占地类型	项　　目	面积/ha	占地类型				使用功能	原地貌损坏方式
			耕地/ha	建设用地/ha	未利用地/ha	土路/ha		
永久性占地	主立井场地	1.5	1.2		0.3		主立井场地、办公区、储煤场	永久占用
	风井场地	0.196		0.196			矿井井下通风设施	
	副斜井场地	1.87		1.87			出矸、下料、下人	
	场外公路	0.60			0.20	0.40	运煤公路	
	场外污水排放明渠	0.005			0.005		煤矿废(污)水排放	
	小计	4.171	1.2	2.066	0.505	0.40		

表 9-28(续)

占地类型	项目	面积/ha	占地类型				使用功能	原地貌损坏方式
			耕地/ha	建设用地/ha	未利用地/ha	土路/ha		
临时占地	场外供电线路	0.005			0.005		供电	挖损
	场外供水管线	0.03	0.01		0.02		引处理后的矿井水作为生活用水和锅炉用水	平整
	小计	0.035	0.01		0.025			
合计		4.206	1.21	2.066	0.53	0.40		

4. 环境污染影响因素分析

本项目属于技术改造项目，项目变化前原有污染源和污染物的变化情况以及项目变化后污染源和污染物的改变情况均需要说明。

5. 生态环境保护设施分析

对建设项目拟采取的生态环境保护措施，进行有效性、先进性和可行性分析。

（五）环境现状调查

1. 区域自然和社会经济状况调查

主要采用收集资料法和现状调查相结合的方法，对区域自然和社会经济状况进行调查（图 9-3）。自然环境中涉及与煤矿开采有关的水文地质条件也要调查清楚。

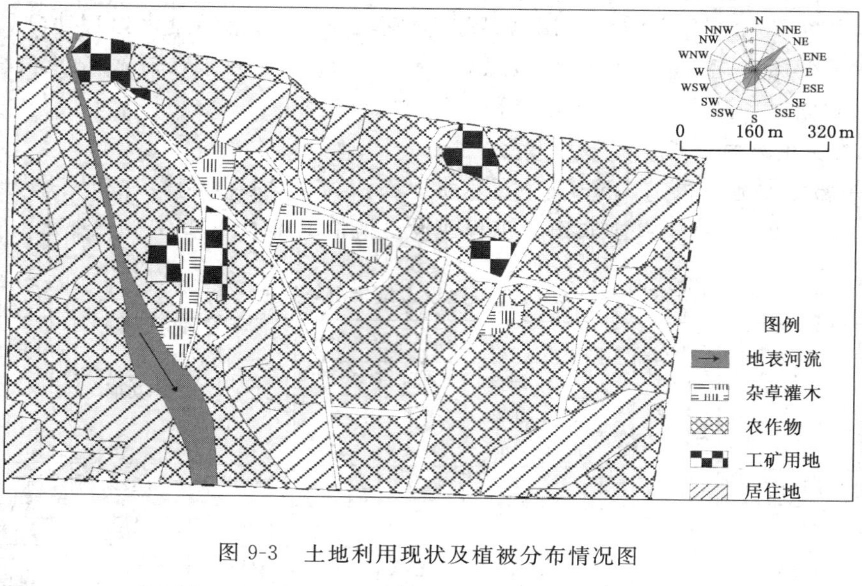

图 9-3　土地利用现状及植被分布情况图

2. 环境要素现状监测

主要包括环境空气、地表水环境、地下水环境、声环境和生态环境等。环境现状监测包括进行现状环境监测和利用历年环境监测资料，其中历年环境监测资料应说明资料来源、监测时间、监测点位，说明可靠性和可利用性。环境监测执行按有关技术导则和国家标准、行业标准要求进行，监测点位置图见图 9-4。

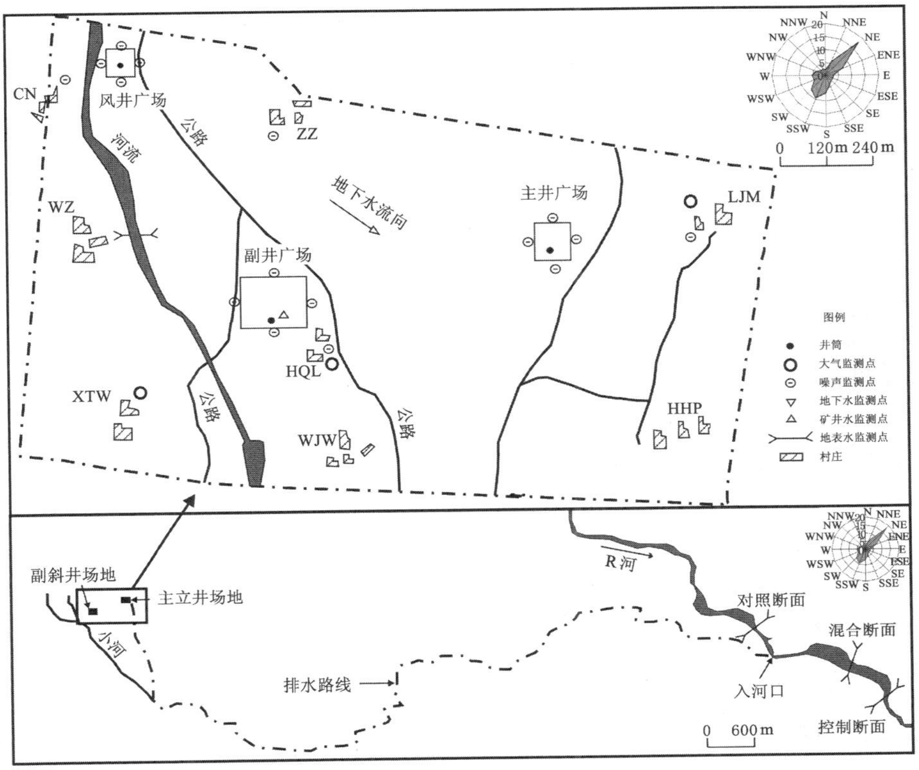

图 9-4　项目废水排放路线及河流 R 监测断面布置图

（六）环境影响评价

1. 地表水环境影响评价

矿井水经主井工业场地絮凝斜管沉淀池处理后流经约 15.5 km 后进入河流 R，该河流属淮河水系支流，枯水期平均流量 0.30 m^3/s。

根据当地环境保护局出具评价标准，R 河执行《地表水环境质量标准》（GB 3838—2002）中的Ⅲ类标准，目前项目矿井废水入河口附近的水体功能主要作为流经区域内农业生产灌溉用水，不作为居民饮用水水源。当地居民饮用水取水口位于 R 河下游某水库，该水库上游1 000 m 范围均为饮用水水源保护区，废水入河口距离该饮用水保护区距离为 29 km。

地表水预测因子为 COD，水期为枯水期。完全混合断面采用完全混合模式，完全混合断面至水库上游 1 000 m 采用一维稳态衰减模型，污染物的衰减系数为 1.4/d。

河流 R 三个监测断面 COD 均超过Ⅲ类水标准限值（≤20 mg/L），经过预测，得出：

① 正常情况下废水与河水混合后，混合断面水中 COD 含量为 22.4 mg/L，升高了 0.2 mg/L，不能达到《地表水环境质量标准》（GB 3838—2002）Ⅲ类水域标准要求，但仍可以满足《农田灌溉水质标准》（GB 5084—92）的旱作水质要求。

② 事故状态下未经处理的废水直接排入河后，混合断面水中 COD 含量为 28.0 mg/L，增加了 5.6 mg/L，不能达到《地表水环境质量标准》（GB 3838—2002）Ⅲ类水域标准要求，

但仍可以满足《农田灌溉水质标准》(GB 5084—92)的旱作水质要求。

③ 无论是正常情况下,还是在事故排放情况下,废水与河水混合后,经过 1 km 的距离后,COD 含量急剧下降,低于 1.0 mg/L,而下游的水库饮用水保护区上游距离该混合断面还有 28.5 km,因此,废水排放对该水库的饮用水保护区影响不大。

2. 环境空气影响评价

该地区全年最多风向为东北风,频率为 17.50%,其次为南—西南风,频率为 9.48%。频率大于 5.0%的还有北—东北风、东—东北风、南风、西风、西南风,频率依次为 6.10%、6.90%、6.81%、5.03%和 7.55%。静风频率为 20.25%,年平均风速为 1.8 m/s。

(1) 锅炉排放烟尘和 SO_2 环境影响

副井工业广场新建两台 2 t 蒸汽锅炉,平时一开一备,采暖期同时工作,供暖时间为 102 d。非采暖期每天运行 12 h,采暖期运行 16 h。锅炉年耗煤量为 1 926 t,燃煤为本矿二$_1$煤,发热量 28.45 MJ/kg,灰分 15.04%,硫分 0.39%。锅炉房设置一座上口直径 0.4 m、高度 35 m 的烟囱。锅炉烟气中烟尘和 SO_2 的产生浓度分别为 1 600 mg/m^3 和 534 mg/m^3,烟气经除尘效率不低于 90%的 CGX-4 型多管旋风除尘器除尘后,通过烟囱排入环境空气,经除尘器处理后的烟尘和 SO_2 浓度分别为 160 mg/m^3 和 534 mg/m^3,烟囱高度及烟尘和 SO_2 的排放浓度均达到《锅炉大气污染物排放标准》(GB 13271—2001)中规定的二类区Ⅱ时段标准要求,可以做到长期、稳定、达标排放。

(2) 储煤场扬尘影响分析

采用面源预测模式,经预测表明,储煤场及生产作业场在达到起尘风速(5.64 m/s)时,才可能有煤尘排放,煤尘对 200 m 以内的环境空气质量有一定影响,对 200 m 以外的环境空气质量影响很小。

(3) 运输道路产生扬尘影响分析

根据汽车道路扬尘扩散规律,当风速小于 4 m/s 时,风速对载煤汽车在道路上行驶时引起的扬尘量几乎无影响;当风速大于 4 m/s 时,风速对汽车扬尘量有明显影响。

经预测,运输车辆在原煤输送过程中,随着车速的加快,汽车扬尘量将随之加大。因此对道路两侧村庄居民将带来一定的扬尘污染影响,应加强道路硬化,路面清洁,定时洒水,运输车辆加装防尘帆布,以减少汽车扬尘。

(4) 矸石临时堆放场扬尘影响分析

采用修正后的倾斜烟羽扩散模式,预测矸石处理场对环境空气的影响。矸石堆表面含水率大于 4%时,其下风向不会出现扬尘超标污染现象;只有含水率低于 3.1%,风速大于 12.6 m/s 时,矸石堆放场下风向才会出现超标(参考《大气污染物综合排放标准》,TSP 标准限值为 1.0 mg/m^3),最大超标距离不超过 500 m,受影响的关心点有下风向 240 m 的 XTW 村,因此在大风天气下,要加大矸石临时堆放场的含水率,使起尘量较小,减轻对下风向居民点的影响。

3. 环境噪声影响分析

采用噪声衰减模式对环境的噪声影响进行预测。采取措施前,三个工业场地厂界声环境均存在超标现象,采取措施后,主立井场地厂界声环境达标,副斜井东厂界超标,主要原因是锅炉房高噪声源引起的。风井场地西厂界超标,主要原因是背景值高造成的。

采取措施前,主立井场地对周围 LJM 等影响不大,副斜井场地引起 HQL 村、XTW 村夜间声环境超标，风井场地引起 CN、ZZ 和 XXZ 夜间声环境超标。采取措施后，三个工业场地对周围环境的影响均较小，周围环境保护目标的声环境质量均满足《声环境质量标准》(GB 3096—2008)1 类标准。

根据类比调查分析，其沿线 HQL 农户聚居点公路边的噪声将增加 10 dB(A)。根据声环境监测资料，HQL 昼间 44.8 dB(A)，夜间 42.3 dB(A)，考虑车辆引起的噪声，叠加后环境关心点 HQL 声环境昼间为 54.8 dB(A)，夜间车辆禁止运行，因此昼间和夜间均达到《声环境质量标准》1 类区标准限值要求，影响不大。

4. 固体废物影响分析

(1) 固体废物来源

根据工程分析结果，矿井营运期产生的固体废物主要有煤矸石(1.5 万 t/a)、锅炉灰渣(347.1 t/a)、生活垃圾(213 t/a)、煤泥(110.38 t/a)和污泥(15.7 t/a)。矿井营运期主要固体废物是煤矸石。

(2) 煤矸石淋滤液影响分析

矸石经雨淋后，部分有害物质发生溶解并随渗流进入土壤和水体中，从而对水环境及土壤产生影响。其影响大小，主要取决于矸石的物质成分及大气降水和雨水酸度等诸多因素。矸石浸出液中有毒有害元素含量均极低，各项污染因子均不超过《地下水质量标准》Ⅲ类和《地表水环境质量标准》Ⅲ类限值要求，因此矸石淋滤液不会对地下水造成污染。在雨季淋滤液排放时，不会对周围生态环境产生明显影响。

(3) 煤矸石自燃影响分析

一般认为，煤层含硫量在 3%以上，其中硫铁矿占 40%以上，并含有铁矿结构，煤矸石才有可能自燃。以煤矸石含硫量看，本矿煤矸石发生自燃的可能性不大，另外，$二_1$煤层为不易自燃煤层。

5. 地下水环境影响分析

(1) 井田水文地质条件

项目井田水文地质剖面图如图 9-5 所示。

按照含水层地质时代、岩性特征和富水性的强弱，据设计报告，划分为三个主要含水层(组)，自下而上为石炭系上统灰岩岩溶裂隙含水层、二叠系砂岩裂隙含水层以及第四系松散层含水层，其中石炭系上统灰岩岩溶裂隙含水层分为三段，分别为上段灰岩、中段灰岩和下段灰岩。在这三层含水层中，与矿床充水相关的是石炭系上统灰岩岩溶裂隙含水层，主要表现为底板灰岩岩溶裂隙水充水。

该矿区范围内有一条季节性河流，加上煤层埋藏较浅，采空区有可能形成地面沉降、地面裂缝等，容易成为矿山的导水通道，使大气降水及地表水形成$二_1$煤层的顶板充水，因此要按设计留足护河煤柱，防止地表水体进入矿井。

(2) 地下水环境关心点及用水状况

本井田范围内小煤矿开采过程中破坏了地下水资源，导致矿区范围内居民 3～15 m 井全部枯竭，井田内没有地下饮用水取水井。据现场调查，XXZ 村、XTW 村集体水井均不在井田范围内，HHP 村居民吃水靠社会车辆从某镇取水，没有集体水井。因此井田范围内没有居民饮用水水井，地下水的疏排问题不会造成或加剧井田范围内居民饮水困难。本井田内现有居民 1 744 人，按照人均用水定额 0.15 $m^3/(d·人)$计算，每年取水量为 0.95×10^5 m^3/a。

含水层	隔水层	煤层	柱状图	厚度/m
第四系潜水				10.0
	泥岩类隔水层			130
砂岩类含水层				35
	泥质类隔水层			15
二叠系砂岩裂隙含水层				50
	泥质岩类隔水层			10
		二1煤层		7.5
	底板隔水层			20
石炭系上统灰岩岩溶裂隙含水层				35
	石炭系中统泥岩段隔水层			30

两带高度最大值89.1m（15、50、10 三层）

图 9-5 井田水文地质剖面图

(3) 垮落带和导水裂隙带高度预测

由于受地质构造、采煤方法等多种因素的影响，本评价根据《建筑物、水体、铁路及主要井巷煤柱留设与压煤开采规程》公式计算的冒落带和导水裂隙带最大高度，对采煤后对地下水含水层影响进行定量和定性相结合的方法进行分析。

冒落带最大高度 H_m：

$$H_m = \frac{100\sum M}{4.7\sum M + 19} \pm 2.2$$

导水裂隙带最大高度 H_L：

$$H_L = \frac{100\sum M}{1.6\sum M + 3.6} \pm 5.6$$

二$_1$煤层直接顶板以砂岩为主，厚度(M)约 35 m，局部为粉砂岩、砂质泥岩和泥岩，直接底板为砂质泥岩或泥岩夹粉、细砂岩条带，局部为细粒砂岩和泥岩，厚度在 20 m 左右。全区煤层平均采放高度为 7.5 m，煤层倾角为 15°，计算得出冒落带最大高度 H_m为 16.0 m，导水裂隙带最大高度 H_L为 73.2 m，冒落带加导水裂隙带最大值为 89.2 m。

6. 采煤对地下水的影响分析

(1) 采煤对含水层结构的影响

二$_1$煤层在开采后导致的冒落带、导水裂隙带，受影响的含水层主要有二$_1$煤层顶板砂岩裂隙含水层，厚度 70 m 左右。含水层为砂岩裂隙弱含水层，组成二$_1$煤层顶板直接充水含水层，为裂隙淋水，易疏干，不是矿井充水的主要因素，对二$_1$煤层的开采影响不大。

根据两带高度预测及煤层赋存情况，导水裂隙带会沟通煤层高度在＋170 m 以上的上覆地层第四系孔隙潜水，对煤层赋存高度在+170 m以下的地层第四系孔隙潜水影响不大。

(2) 采煤对地下水资源量的影响

煤层开采后，受采空区垮落带及导水裂隙带的影响，二叠系砂岩裂隙含水层水位会受到影响。$二_1$煤层底板的石炭系上段灰岩岩溶裂隙含水层，一般厚15 m左右，上距$二_1$煤层10 m左右，层位稳定，局部岩溶裂隙发育。含水层富、导水性不均一，为$二_1$煤层底板直接充水含水层。$二_1$煤层底板与太原组之间为泥岩、砂质泥岩夹细粒砂岩条带，沉积稳定，厚度变化不大，隔水性能一般，也不易造成底板涌水，不会形成降落漏斗。

井田开采后，不会对第四系含水层构成影响。矿井排水排泄顶板砂岩裂隙水和底板灰岩岩溶水，排水量为17.5×10^5 m^3/a。其中顶板砂岩裂隙水为6.1×10^5 m^3/a，底板灰岩岩溶水为11.4×10^5 m^3/a，顶板砂岩裂隙水和底板灰岩岩溶水排水量大于天然补给量，地下水位会因补给不足而持续下降，从而使该区水力坡度增大，侧向补给量增加。

矿井排水导致周围水位下降，自开采边界向外的影响范围可以用下面的经验公式概算：

$$R = 10S\sqrt{K}$$

式中　R——影响半径，m；

S——抽水降深，m；

K——渗透系数，m/d。

经计算，本井田砂岩含水层影响半径为221 m，灰岩含水层影响半径为164 m。即自井田边界向外水位下降影响面积砂岩含水层为0.15 km^2，灰岩含水层影响面积为0.08 km^2。

(3) 采煤对地下水关心点的影响分析

根据两带高度计算，采煤对CN村、WZ村、ZZ村、XTW村等浅层井水有影响，但据现场调查，井田内井深在3～15 m之间的民井，均已经干涸。根据现场调查XXZ村集体饮用水水井深270 m，位于副斜井西北2 000 m处；XTW村集体饮用水水井深190 m，位于副斜井西500 m处；镇集体饮用水水井深200 m，位于副斜井西南1 200 m处，井田内的HHP村没有集中饮用水水井，吃水从镇上购买。三口集中饮用水水井均在矿区范围外，且位于$二_1$煤层露头线以外的区域，均取在煤层以下的奥灰岩溶水，不受煤层开采的影响。

本区农作物以小麦、玉米为主，作物根系长度20～40 cm。一般来说，当地下水水位小于10 m时，由于毛细作用，地下水对包括农作物在内的地表植被影响较大，可为植物的生长直接提供水源。但当水位下降到10 m以下时，对地表植被的涵养水源基本无影响，本区第四系潜水的水位埋深平均约为10 m，地下水水位的变化对农作物几乎没有什么影响，因此井田开采对农田植被的涵养水源没有影响。

7. 地表塌陷影响分析

(1) 地表移动与变形预测

矿井设计报告中主要留设了井田边界煤柱、河流保护煤柱、广场保护煤柱，其余村庄均为留设保护煤柱，具体保护煤柱留设情况见图9-6。

本次预测重点对首采区的地表变形进行分析，然后对评价区的地表塌陷影响范围进行估算。本次预测采用的是根据概率积分法编制的“地表移动与变形计算”程序，输入相关参数，程序自动计算各种变形数据。预测模式采用国家煤炭工业局《建筑物、水体、铁路及主要井巷煤柱留设与压煤开采规程》中所推荐的模式。

首采区地表移动变形预测内容包括地表下沉等值线图、地表倾斜等值线图、地表曲率变

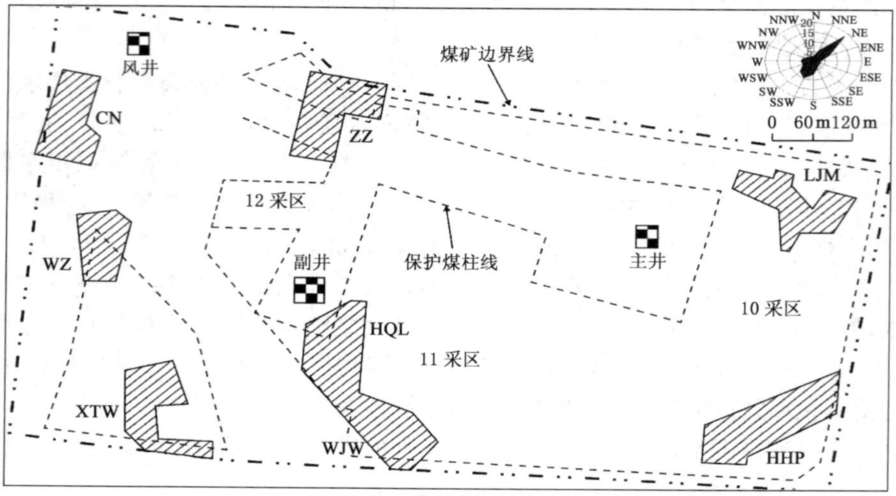

图 9-6　全井田保护煤柱线分布图

形等值线图、地表水平移动等值线图和地表水平变形等值线图。预测结果见图 9-7、图 9-8、图 9-9、图 9-10 和图 9-11。经预计得到首采区地表最大下沉值为 4.584 mm，最大倾斜值为 46.8 mm/m，最大曲率值为 0.72×10^{-3}/m，最大水平移动值为 1 604 mm，最大水平移动变形为24.8 mm/m。首采区沉陷影响面积约 0.66 km^2。

图 9-7　首采区地表下沉等值线(mm)图

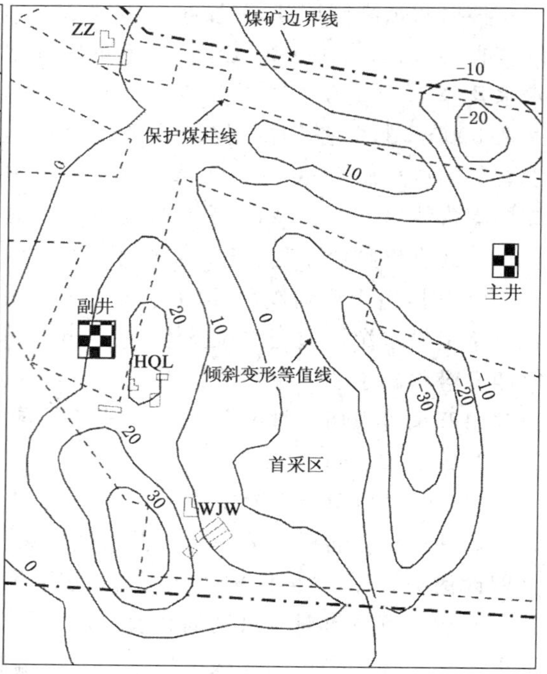

图 9-8　首采区地表倾斜等值线(mm/m)图

通过计算求得首采区煤层开采后地表移动延续时间为 625 d，首采区煤层开采后，地表最大下沉速度为 30.0 mm/d。

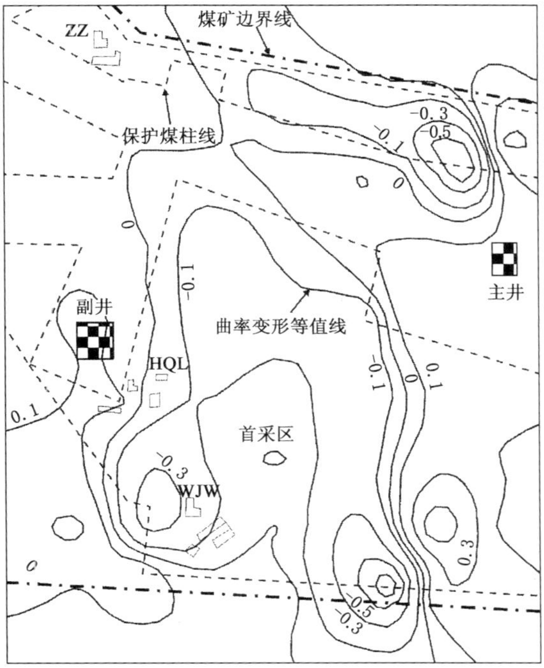

图 9-9　首采区曲率变形等值线(10^{-3}/m)图

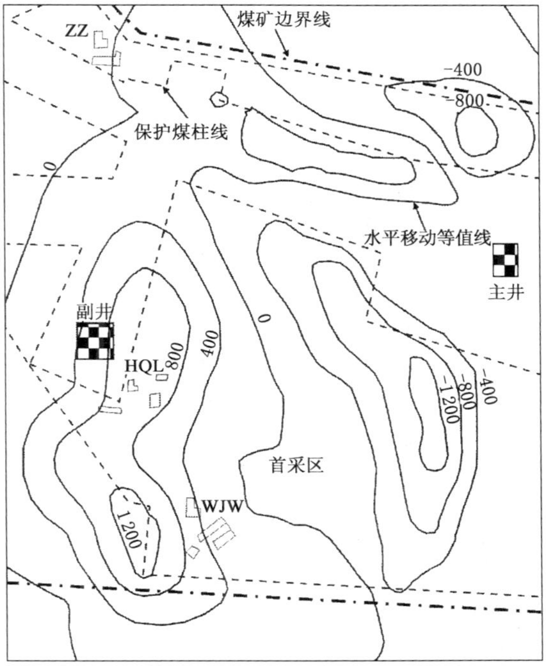

图 9-10　首采区水平移动等值线(mm)图

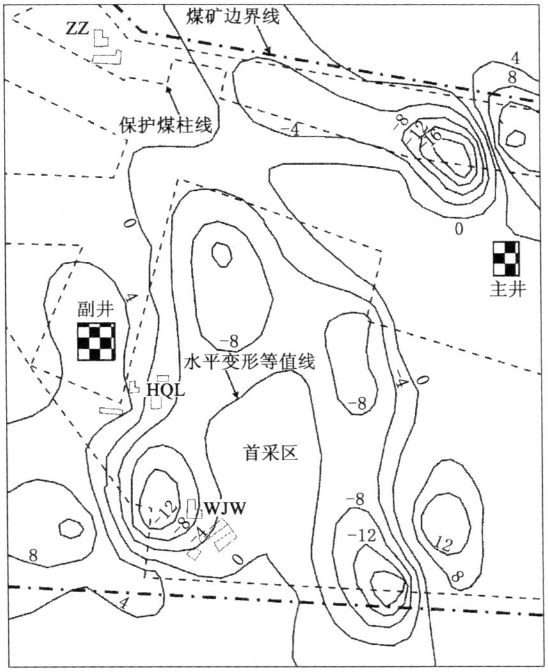

图 9-11　首采区水平变形等值线(mm/m)图

本次预测重点是首采区，也对全井田对地表下沉等值线图进行了预测(图 9-12)，全井田地表移动变形影响范围约为 1.017 km^2，最大下沉值约 6 491 mm，出现在井田充分采动的 10 采区内。

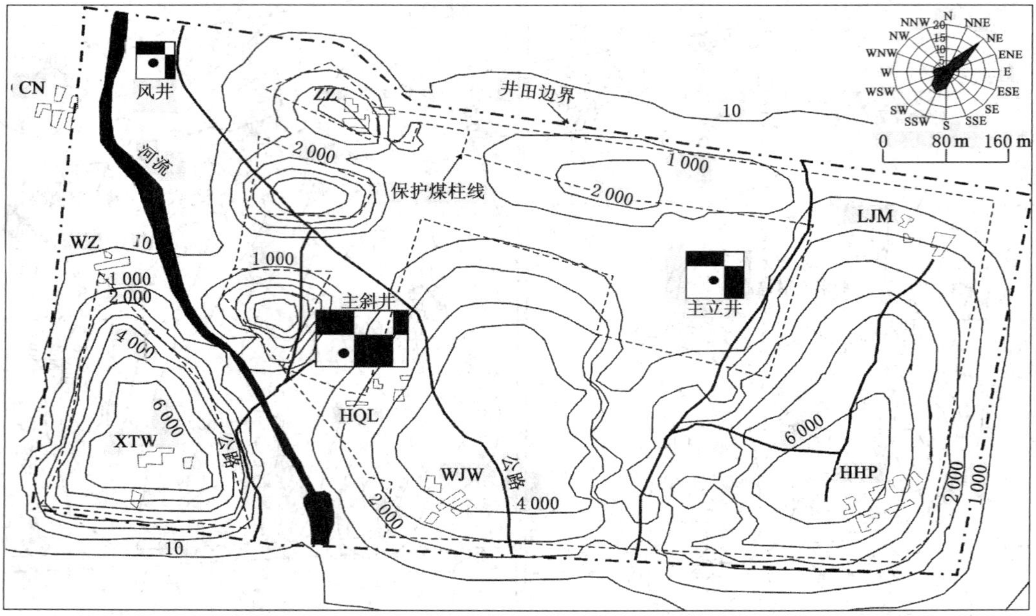

图 9-12　全井田地表下沉等值线(mm)图

(2) 地表塌陷对地表生态环境影响分析评价

① 塌陷区居民影响分析。根据建筑物所受的最大地表移动变形值和砖混结构建筑损坏等级判别标准确定自然村的受损害程度并提出建议措施(表 9-29)。

表 9-29　建筑物最大变形、破坏等级及处理方式

村庄名称		地表变形值			损坏等级	治理措施
采　区	名　称	倾斜变形 /(mm/m)	曲率 /m^{-1}	水平变形 /(mm/m)		
首采区	HQL	24	0.2×10^{-3}	6	Ⅳ	搬迁
	WJW	30	0.26×10^{-3}	10	Ⅳ	搬迁
12 采区	ZZ	35	1.0×10^{-3}	25	Ⅳ	搬迁
	CN	0	0	0	未损	未损害
	WZ	5	0.3×10^{-3}	7	Ⅲ	修理
	XTW	18	0.2×10^{-3}	16	Ⅳ	搬迁
10 采区	LJM	17	0.1×10^{-3}	8	Ⅳ	搬迁
	HHP	24	0.3×10^{-3}	15	Ⅳ	搬迁

首采区内两个村庄均受到较大影响，属于Ⅳ级破坏，需要进行搬迁确保居民生活安全；

12 采区四个村庄，只有 CN 村受到的破坏最轻，不需要进行任何处理，可以保证居民生活安全，WZ 村受到Ⅲ级破坏影响，需要进行修理，才可以保证居民生活安全，剩下的 ZZ 村和 XTW 村破坏等级均为Ⅳ级破坏，需要搬迁；后期 10 采区内两个村庄 LJM 村和 HHP 村破坏等级均为Ⅳ级破坏，需要搬迁。

整个矿区范围内受到Ⅳ级破坏，需要搬迁的村庄共有 6 个，首采区内两个村庄均需要搬迁，矿方已经与需要搬迁的村民所在行政村签订搬迁赔偿协议，搬迁地点定为副斜井南 1 km 的镇政府所在地，交通、水源、通信等均可以满足搬迁户的生活要求。

② 地表塌陷对地表形态及土地利用的影响分析。根据地表移动变形影响预测，全井田开采沉陷影响范围为 1.017 km^2，地表最大下沉值为 6 491 mm，出现在 10 采区的充分采动区。本矿区二$_1$煤层平均埋深 250 m 左右，平均采深与采厚之比在 45 左右，大于 30，由此估计地表移动变形是连续而缓慢的，一般不会出现突然塌陷现象，但在塌陷区边缘地带，地表可能出现裂缝。

目前，井田评价范围内主要土地利用类型为耕地，还有一部分道路用地和村庄建筑用地。地表塌陷后，塌陷较大的区域易形成积水区。结合塌陷预测结果，首采区容易出现积水的区域主要是地表下沉值大于 4 m 的区域。在矿井生产期间，对这些地点必须根据实际的地表下沉情况设置必要的排涝设施，在暴雨时要及时排水，避免短期积水对土地利用的影响。同时，对于下沉值大于 4 m 的区域，应结合煤矸石的处置，进行充填复垦；在 4 m 以下的浅塌陷区，实施土地平整改善耕作条件。一些村庄搬迁后，原为交通和居民用地类型也将复垦为耕地。

据调查，在采矿影响范围内的农作物，一般轻度破坏造成作物减产 10%，中度破坏为 10%～30%，重度破坏为 30%～50%。就本矿而言，因采深与采厚之比较大，地表变形相对比较缓慢，地表不会出现塌陷坑，可能形成的裂缝一般规模较小，基本属于轻度破坏区。

矿区内有村级公路，通往镇政府，路面质量一般。矿区范围道路长度为 1.9 km，受开采影响，路基最大下沉值约 4.2 m，受影响较大，需要采取填垫路基等措施保证公路的正常使用。

矿区西部有一条排水渠道，长度约 1.1 km，主要接纳上游矿井排水，水质较差，河流平均流量为 0.01 m^3/s。矿井设计对该河流留设 50 m 防水保护煤柱，防止地表水体进入井巷。经过预测，河流河床最大下沉值约 1.0 m，由于护河煤柱的留设，矿井开采对河流的影响程度减小，同时要加强生产管理，防止河水进入矿井造成淹井。

评价区范围内的农田水利设施主要是灌渠，没有水源井，水源主要是取自矿区的地表河流，农灌渠主要为土渠，总长约 700 m，主要集中在河流两侧可以利用河水进行农灌的地带，其余地区农田均为望天收，没有农灌渠道。评价区生态环境具有典型的农业生态系统特征，地表的移动变形会使部分耕地的坡度小幅度增加，灌溉会受到一定的影响，从而影响耕作条件，农作物的生长环境受到一定影响，这种影响是短期的，通过采取农灌渠系统修复措施，可恢复农作物的生长环境。

（七）环境保护措施分析

1. 环境空气污染防治措施分析

井下采煤，设计对掘进工作面采取冲洗岩帮、湿式凿岩、洒水、风流净化等综合防尘措施；回采工作面采用煤层预注水提高煤体含水率和采煤机械配备内外双喷雾洒水系统等综合防尘措施;在进风巷道中设置净化风流的防尘水雾,使岩、煤尘浓度降到 2 mg/m^3 以下。风井排出地表的气体含尘量满足《大气污染物综合排放标准》要求,污染防治措施可行。

副井工业场地设供热锅炉两台,均配备多管旋风除尘器,烟囱高度 35 m,除尘效率为 90%。锅炉排放污染物浓度均符合《锅炉大气污染物排放标准》中Ⅱ时段二类区标准要求,锅炉烟气污染物治理措施可行。

储煤场、矸石临时堆场产生的粉尘属于无组织排放,通过定期对场地进行洒水,抑制扬尘产生。路面扬尘除限制车速和车载重量外,要对路面进行清扫,并定期洒水。这样污染防治措施可行。

2. 废水污染防治措施分析

该矿矿井水处理站位于主立井工业场地,专门处理井下排水,处理量为 1 680 m^3/d,废水成分包括 SS、COD,浓度分别为 190 mg/L 和 120 mg/L,处理设施主要由集水井、斜管沉淀池、煤泥沉淀池、清水池、过滤池等组成。井下排水经过处理后,SS、COD 均可以满足《污水综合排放标准》表 4 一级标准和《农田灌溉水质标准》(旱作)要求。因此,评价认为井下排水处理工艺合理可靠,措施可行。

副井工业场地设立一座一体化污水处理设施,专门处理地面生产、生活污水,处理量为 47.66 m^3/d。污水中 SS、COD、NH_3-N 浓度分别为 200 mg/L、150 mg/L、15 mg/L。该污水处理站设有格栅、调节池、综合污水处理设备(集接触氧化、生物过滤、消毒于一体)。

地面生产、生活污水经过处理后,主要指标均符合《污水综合排放标准》一级标准,处理后的地面生产、生活废水全部回用场区,用于储煤场和矸石临时堆放场洒水以及场区绿化等,污水处理工艺基本合理,方案可行。

3. 噪声污染防治措施分析

采取隔声、消声、减振等措施后,经过预测分析,除因锅炉房影响,造成副井工业场地东厂界夜间超标,风井场地西厂界因背景值超标外,其他厂界均可以满足《工业企业厂界环境噪声排放标准》(GB 12348—2008)中的Ⅱ类标准要求,噪声控制措施基本可行。

4. 固体废物污染防治措施

设计针对营运期煤矸石,提出煤矸石防治措施:煤矸石出井后,经过矸石临时堆放场周转,外运进行综合利用或填沟,并将矸石堆放场选在副斜井西南的冲沟内,占地面积 1.0 ha。评价认为设计提出的煤矸石处置措施不可行,主要原因是:据现场调查,该冲沟不能满足 500 m 的防范距离,距离 XTW 村只有 200 m 左右。而且现场调查发现,矿区范围内及周围环境中,居民点较多,较集中,多数山沟内有居民居住,没有满足 500 m 防范距离的矸石处置场地。

依据此评价要求矿方对产生的 1.5 万 t/a 的矸石进行综合利用,矸石出井后,先期堆存于矸石临时堆放场,及时运往矸石砖厂生产免烧砖。

生活垃圾集中后运至市城市垃圾卫生填埋场进行填埋处理,措施可行。斜管沉淀池产生的煤泥全部销售;生活污水处理站产生的污泥,连同生活垃圾运至卫生填埋场进行集中处理;锅炉炉渣与煤矸石一起送往免烧砖厂综合利用,不外排。措施可行。

5. 煤矿瓦斯气体治理与综合利用

该矿井为低瓦斯矿井,采用设计要求的正常通风即可消除瓦斯积聚问题。矿井设有专用回风巷道,不考虑集中抽放瓦斯和抽放设备,只采用安全检查监控设备。安全检查监控设备主要有光学瓦斯鉴定人工检测、便携式瓦斯检测报警仪自动检测报警和智能监控报警断电系统等，确保矿井安全生产。煤矿矿井瓦斯由于没有集中抽放设备，因此矿井瓦斯无法进行集中利用，瓦斯经过回风系统出井后自然排空。

6. 环保投资估算

本工程可行性研究报告提出环保投资总额为 57.48 万元，环评提出的环保投资 291.6 万元，因此根据项目环境治理的需要，项目还必须追加环保投资 234.12 万元。

（八）环境风险分析

1. 煤矸石风险分析

根据煤矸石浸出试验分析结果，煤矸石浸出液中各项有毒有害元素的含量均较低，满足《危险废物鉴别标准　浸出毒性鉴别》（GB 5085.3—1996）规定的要求，因此确定该矿井煤矸石不属有毒固体废弃物，可作一般固体废物处置。矸石不会产生自燃，也没有造成爆炸的可能性，矸石堆放场地位于矿井工业场地内，临时周转后，均运往矸石砖厂综合利用。因此评价认为该矿井煤矸石的临时堆存不会引起对场界内外人群的伤害，对环境质量影响较小。

2. 水库饮用水水源的风险分析

根据环境影响预测分析内容，废水经过 15.5 km 的运移后进入河流，经过与河水的充分混合稀释以及自然衰减后，经过预测，在完全混合断面下游 1 000 m 处，无论是正常情况下还是事故状态下，河水中 COD 含量均降到 1 mg/L 以下，而此完全混合断面距离水库上游1 000 m还有 28.5 km 的距离，因此，评价认为废水排放对水库的影响小，不会对将来作为市生活饮用水水源地的水库造成影响。

3. 矿井水过滤消毒处理风险分析

根据《建设项目环境风险评价技术导则》（简称《导则》）（HJ/T 169—2004），该项目液氯储量最大为 50 kg，远小于《导则》规定的储存场所临界量 25 t 的规定，不会成为重大危险源，但鉴于氯气为有毒物质，矿方应加强管理，派专人负责矿区生活用水的消毒工作，杜绝液氯泄漏事故的发生。在此基础上，消毒剂液氯对环境的影响是可以接受的。

（九）结论（部分）

1. 项目符合国家产业政策

该煤矿不属于限值类和淘汰类目录，属于允许类项目，符合国家法律、法规和政策规定，符合国家的产业政策。

2. 项目与规划的关系

项目符合市矿区总体规划，地面设施布置于镇发展总体规划外的农村环境，不占用基本农田。

3. 区域环境质量现状

环境空气：三个监测点位以《环境空气质量标准》（GB 3095—1996）二级标准评价时，TSP 的日均值浓度以及 SO_2 和 NO_x 的小时均值和日均值均能满足 GB 3095—1996 二级标准要求。

地表水：矿井水最终排入河流 R，属于淮河流水系，三个监测断面以《地表水环境质量标准》（GB 3838—2002）Ⅲ类标准进行评价，主要关心因子氨氮、硫酸盐等均满足 GB 3838—2002Ⅲ类标准要求，三个监测断面 COD_{Cr} 均存在超标现象，说明河水水质一般。

地下水：地下水监测点位水质各项指标均符合《地下水环境质量标准》（GB/T 14848—93）Ⅲ类标准，地下水水质良好。

声环境:评价区域内四个声环境监测点位,无论是昼间还是夜间,其等效连续A声级值均能满足《城市区域环境噪声标准》(GB 3096—93)Ⅰ类标准限值,评价区域声环境良好,未受污染。

4. 环境影响及措施分析

项目施工期和营运期对环境产生的影响主要表现为空气、废水、噪声、固体废物、地下水、地表塌陷以及植被破坏等,经过预测分析,上述影响的程度是可控的,采取措施后,影响是可以接受的。

5. 污染物总量控制指标

项目整合前总量控制的污染物排放量核算结果为COD:105.582 t/a,NH_3-N:0.069 3 t/a,SO_2:1.02 t/a,烟尘:1.05 t/a。

项目建成投产后,"三废"达标排放,实施总量控制的污染物排放量为COD:6.22 t/a,NH_3-N:0 t/a,SO_2:12.0 t/a,烟尘:7.72 t/a。

整合前后污染物的增减量为COD:−99.362 t/a,NH_3-N:−0.069 3 t/a,SO_2:10.98 t/a,烟尘:6.67 t/a。

另外,整合后煤矸石、灰渣等固体废物全部综合利用,不外排。

6. 建议与结论

(1) 建议

① 在工程设计投资预算中,必须落实和保证环保投资经费,工程建设中严格执行环保设施与主体设施"三同时"原则。

② 处理后排放的井下涌水,寻找更好更佳的利用途径,以提高水的重复利用率。

③ 制定矿井开采后可能产生的地质灾害不良影响的监控、应对和补救措施,将影响的发生频率及影响程度控制在最低范围。

④ 加强煤炭运输管理,尽量减少夜间运输车流量。运输车辆途径居住区时,应减速行驶、少鸣笛,尽力避免扬尘和噪声扰民。

⑤ 水土保持工程中的绿化,应选用当地植物(乔、灌、草),注意生物安全问题。

⑥ 项目建设招标及签订施工合同时,应将国家及地方有关施工期环境保护规定和项目建设期有关生态环境保护要求列入合同内容。根据工程建设性质,结合工程所在地环境实情,制定施工期环境保护方案,实施施工监理。

⑦ 积极做好煤矿闭矿后的生态恢复工作,将因煤矿建设带来的区域生态环境影响恢复到以前的水平。

(2) 结论

该工程符合国家产业政策,选址合理,工艺成熟,污染物防治措施可行,在保证各项环保设施正常运行的基础上,严格执行环保部门批复意见,项目的生产不会对当地的环境质量产生大的不利影响。

从合理利用资源与环境保护角度讲,本项目是可行的。

第十章　矿区地球化学与地方病

第一节　矿区地方病的地球化学特点

矿石由矿物组成，而矿物由单质或化合物组成。因而，在矿产资源的开发利用过程中，不可避免地将其中的主要物质成分或次要物质成分以水、气、固体废物等形式带入人类生存的环境之中，从而导致某种元素的“富集”；在自然状态下，由于各地岩石类型不同，会导致该地区某些人体必需的元素“贫乏”。元素的“富集”和“贫乏”均可导致地方病的发生。

在矿山开发过程中，人类活动所导致的地方病已经是屡见不鲜。比如在贵州省西南部，由于人们长期使用高砷煤，结果导致多人死亡；在中国西南部，由于人们使用高氟煤导致了地氟病的大面积流行；在贵州滥木厂矿区由于铊的开采，出现了地方性铊中毒。

一、环境生命元素与健康

（一）元素

人体所含元素差别极大，按其含量不同可以分为常量元素和微量元素两大类。常量元素包括 C、H、O、N、S、P、Na、K、Ca、Mg、Cl 等 11 种，占人体总量的 99.95%。它们构成人体中的主要组分，是生命机体不可缺少的元素，从元素周期表中的排列来看，均为原子序数 20 号以前的轻元素。

微量元素包括 Fe、Cu、Zn、Mn、Co、Cr、Mo、V、F、Ni、I、Se、As、Pb、Sn、Al、Ba、B、Hg、Si、Cd、Sr、Li、Ge 及稀土元素等，因它们每一种元素在人体内含量低于人体体重的万分之一，故称为微量元素。微量元素通过各种机理和代谢环节在机体的生命活动中发挥重要作用。根据其在人体内的作用，又通常将它们分为 4 类：

① 人体必需微量元素，是维持机体正常生命活动不可缺少的必需微量元素。必需微量元素是指那些具有明显营养作用和生理功能，维持生物生长发育、生命活动及繁衍不可缺少的而又不能通过机体的生理生化反应来合成，必须从外界摄取，并且机体的需要量很小但作用极大的元素。它们主要是以过渡族元素为主的金属元素和卤素元素。目前的研究认为，Fe、Cu、Zn、Mn、Co、Cr、Mo、V、F、I、Se、Si、Ni、Sn 等 14 种元素是人体和动物必需的微量元素。

② 人体可能必需微量元素，对这类微量元素在体内的形态、作用尚缺乏研究，不能明确判断是否为人体必需的微量元素。

③ 有毒微量元素，是已证明对人体毒性很大的元素。如 Pb、Hg、Cd、As、Ge、Ga、In、Te 等，这些元素在自然界多形成硫化物，且均为大相对原子质量的元素。

④ 非必需微量元素，是人体不需要的元素。

表 10-1 是参照人体重(平均质量 70 kg)化学元素的总质量和组成质量分数。

表 10-1　参照人体重(平均质量 70 kg)化学元素的总质量和组成质量分数

元素	体内总质量/g	质量分数/%	元素	体内总质量/g	质量分数/%
O	43 000	61	Pb	0.12	0.000 17
C	16 000	23	Cu	0.072	0.000 10
H	7 000	10	Al	0.061	0.000 09
N	1 800	2.6	Cd	0.050	0.000 07
Ca	1 000	1.4	B	<0.048	<0.000 07
P	720	1.0	Ba	0.022	0.000 03
S	140	0.20	Sn	<0.017	<0.000 02
K	140	0.20	Mn	0.012	0.000 02
Na	100	0.14	I	0.013	0.000 02
Cl	95	0.13	Ni	0.010	0.000 01
Mg	19	0.027	Au	<0.010	<0.000 01
Si	18	0.026	Mo	<0.009 3	<0.000 01
Fe	4.2	0.006	Cr	<0.001 8	<0.000 003
F	2.6	0.0037	Cs	0.001 5	0.000 002
Zn	2.3	0.003 3	Co	0.001 5	0.000 002
Sr	0.32	0.000 46	Be	0.000 036	
Br	0.20	0.000 29	Ra	3.1×10^{-11}	

(二) 环境生命元素与人体健康

人类是自然的产物，是生命和环境相互作用经过长期演化和选择的结果。从环境中获取维持生命过程所必需的物质和能量，包括各种必需的化学元素，并通过新陈代谢与周围环境不断地进行物质和能量的交换，以致人体的物质组成和周围环境的物质组成，不仅保持动态平衡的关系，而且形成一个统一的整体。

20 世纪 70 年代，英国地球化学家汉密尔顿对 220 名病人的化学元素含量及地壳中各相应元素的含量进行测定，并用其含量均值的对数绘制元素相关图(图 10-1)，结论表明除了人体原生质中的主要成分碳、氢、氧和地壳中的主要成分硅以外，其他化学元素在人体血液中的含量和地壳中这些元素的含量分布规律具有惊人的相似性，由此可以说明人体化学组成与地壳演化具有亲缘关系。这一地壳丰度控制生命元素必需性的现象称之为“丰度效应”。

我国的环境生命科学研究者对从东北到西南大区域克山病病带的研究中，得出了同样的结论，丰富和发展了汉密尔顿的学说。谭见安等对克山病病区与非病区的岩石、土壤、饮水、粮食、动物毛、人发等整个地理生态系统中 21 种与生命有关元素的研究(图 10-2)，反映了环境与生物之间紧密的化学联系这个普遍规律，以及环境-人体化学元素与健康的关系。

现代人体的化学成分正是人类长期在自然环境中吸收交换元素并不断进化、遗传、变异的结果。人体中某种元素的含量与地壳元素标准丰度曲线发生偏离，就表明环境中该种元素对人体健康产生了不良影响。环境的任何异常变化，都会不同程度地影响到人体的正常生理功能。如人在某一地方长时间居住，就会发展自己体内的种种代谢或代偿功能，以便从

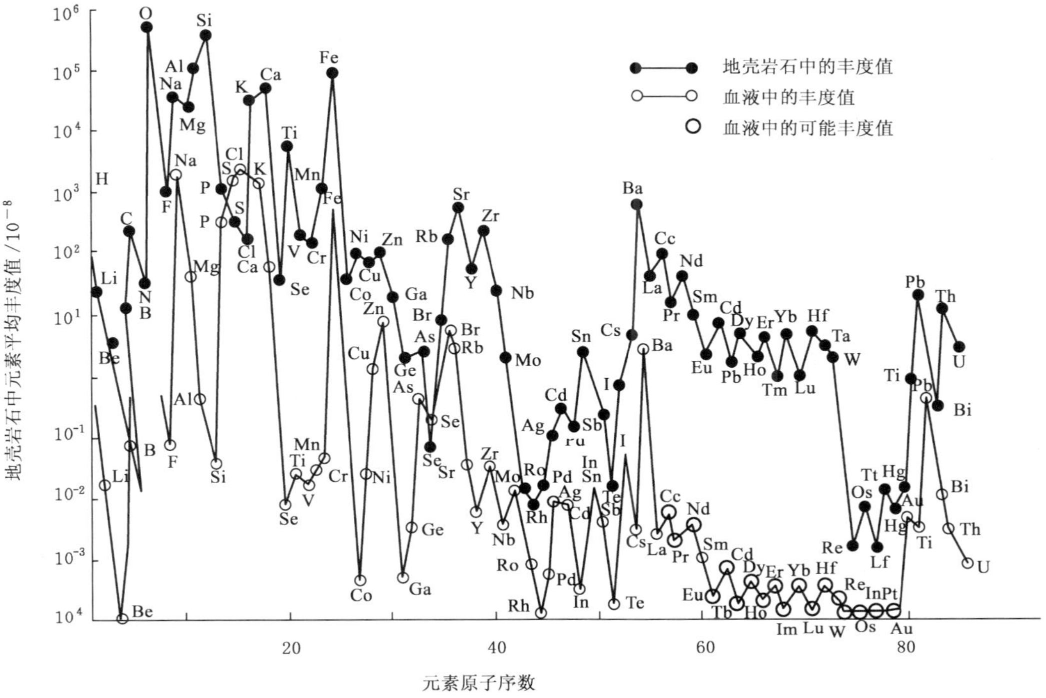

图 10-1　人体血液元素与地壳中元素丰度比较(汉密尔顿,1965)

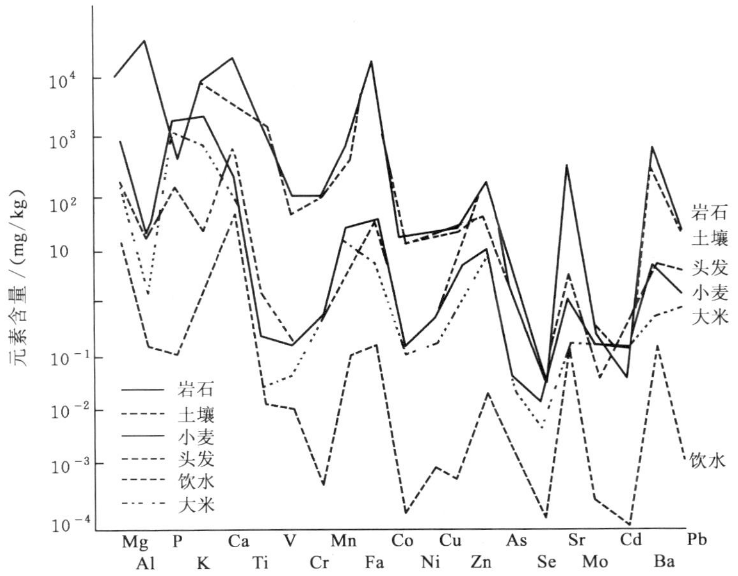

图 10-2　生态系统环境生命元素含量对比曲线图

环境中获取适量的微量元素,而当他到新的地点进行生活时,由周围环境通过饮食进入体内的微量元素含量会有变化,这时人就不得不重新调节自己体内的机能。而在这一改变过程中，有可能出现一系列不适的反应，而这一综合反应就是我们平时所说的“水土不服”。

虽然人类具有调节自己的生理功能来适应不断变化着的环境的能力，但如果环境的异常变化超出人类正常生理调节的限度，则可能引起人体某些功能和结构发生异常，甚至造成病理性的变化。这种能使人体发生病理变化的环境因素，称为环境致病因素。如矿区往往提供给人类某种或某几种微量元素量过多，超出人体机能调整的极限，将会导致疾病。

（三）地球化学性疾病

医学专家研究发现，当今人类疾病 90%以上与微量元素有关，许多疑难绝症和大区域的地方病都与人体微量元素过量或缺乏相关。维持人体微量元素正常动态平衡，只能通过人体与环境相互间的物质交换来实现。可以说微量元素的地球化学分布对人体健康有着直接的、非常重要的影响。然而，环境中地球化学元素的分布是不均一的。生命各圈层中物质组成各不相同，环境中的地球化学元素的分布分配和迁移转化，必然影响生命元素的分布分配、化分化合，分散富集、协同拮抗、行为性状等生命活动的规律变化。此外，由于大规模的人类活动，也加速了某些元素的环境地球化学转化进程。

当作用于生命体中的某些元素出现比例失调、相互取代、拮抗协同等，都会引起生命元素的变化，致使人体内平衡遭受破坏、生命过程发生障碍、健康受到影响，疾病就有可能出现。这就是地方病的环境地球化学病因。

人群若长期生活在或经常接触到某些元素污染的环境（如某些金属矿区），元素通过各种方式进入人体，并在人体的某些部位累积，就会患职业病或出现中毒现象。如碘元素分布异常可引起甲状腺肿或地方性克汀病；氟元素分布过多可引起地方性氟中毒等。

地方病按其成因又分为原生地方病和次生地方病两种。前者是指在地质历史发展过程中由于内外动力地质作用，改变其环境地球化学平衡，引起人体功能性病变。其中有些病因较明显，如分布在我国黑龙江、吉林、辽宁、河北、山西、陕西的氟骨症，许多山区广泛分布的甲状腺肿。还有些病因不够明显的、影响因素比较复杂和有待于进一步探讨的地方病，如分布在我国黑龙江、吉林、辽宁、内蒙古、河北、河南、山东、山西、陕西、甘肃、宁夏、四川、湖北、云南、西藏等十几个省和部分地区的克山病、大骨节病和河南林县食管癌等。次生地方病是由于人类经济技术活动的原因，使地球化学环境中某些元素超过背景值，引起人体中毒性病变。如 1956 年，含汞废水排入日本熊本县水俣湾，污染地表水体及其中生物，而人在食用被污染的鱼后所引起的“水俣病”事件；在 1931 年到 1972 年间，由于三井矿业公司炼锌厂排放含有镉的废水，导致日本富山县神通川流域出现了轰动世界的“骨痛病”事件，患者达 230 多名，死亡 34 人。

二、元素的迁移转化

矿山是矿产资源主要开发地和生产地，在特定的物理化学条件或人类活动的作用和影响下，地表环境中的元素随时空的变化而发生空间位置的迁移、存在形态的转化，并在一定环境下发生重新组合与再分布，形成元素的聚集或分散，由此而产生元素的“过剩”或“贫乏”，并最终影响到人体健康。

（一）地表环境中元素的迁移类型

地表环境中元素的迁移包含元素空间位置的移动以及存在形态的转化两层含义。前者指元素从一地迁移到另一地，后者则指元素在空间迁移过程中从一种形态转化为另一种形态。在许多情况下这两者是同时发生的，尤其是存在形态的转化必然伴随着空间位置的移动。

元素的迁移类型根据不同的划分形式可以分为不同的迁移类型。

1. 按介质类型划分

地表环境中的元素迁移需要借助某种介质完成。介质不同，其迁移类型亦不同。按介质类型的不同，可将元素迁移分为空气迁移、水迁移和生物迁移三种形式。

(1) 空气迁移

是指元素以空气为介质，以气态分子、挥发性化合物和气溶胶等形式进行的迁移。属于空气迁移的化学元素有O、H、N、C、I等元素。以气溶胶形式迁移只是在近代工业发展以来，因工业废物的大量排放导致某些微量元素以颗粒物或附着在颗粒物表面进行的一种迁移。在矿山爆破、采掘和分选过程产生的废气中，$<PM_{10}$的含有有害元素的粉尘以空气为介质进入矿工肺泡，是导致矿工煤尘肺和矽肺病等呼吸系统疾病的主要原因。

(2) 水迁移

是指元素以水体为介质，以简单的或复杂的离子、络离子、分子、胶体等状态进行的迁移。元素可以胶体溶液或真溶液的形态随地表水、地下水、土壤水、裂隙水和岩层孔隙水等水体运动而发生迁移。水迁移是地表环境中元素迁移的最主要类型，大多数元素都是通过这种形式进行迁移转化的。人类采矿活动加速了地下水向采空区的流动，含大量矿体特征元素的矿井水向矿山环境排放，水迁移速度的加快致使元素浓度增高。

(3) 生物迁移

是指进入环境的元素通过生物体的吸收、代谢、生长以及死亡等一系列过程实现的元素迁移。这是一种非常复杂的元素迁移形式，与生物种、属的生理、生化、遗传和变异作用有关。即使同一生物种、属在不同的生长期对元素的吸收、迁移也存在差异或不同。

2. 按物质运动的基本形态划分

按物质运动的基本形态还可将元素迁移划分为机械迁移、物理化学迁移与生物迁移三种类型。

(1) 机械迁移

是指元素及其化合物被外力机械搬运而进行的迁移。如水流的机械迁移、气的机械迁移和重力机械迁移等。需要强调的是人类在矿山工程活动中，大规模的露天开采或井工开采的爆破、挖掘、机械运输、选矿等都可导致元素的机械迁移，其迁移的速度、规模和距离都是上述三种机械迁移方式所无法比拟的。

(2) 物理化学迁移

是指元素以简单的离子、络离子或可溶性分子的形式，在环境中通过一系列的物理、化学作用(如溶解-沉淀、氧化-还原等作用)实现的迁移。矿山在开采过程中的选矿活动，既有机械迁移，也具有物理化学迁移特征。

(3) 生物迁移

是指通过生物体内的生物化学作用而发生的元素迁移。

通常，环境中元素的迁移方式并不是决然分开的，有时同一种元素既可呈气态迁移，又可呈离子态随水迁移，也可通过生物体实现迁移。如组成原生质的O、H、C、N等元素，在某些情况下呈气态分子(O_2、CO_2、CH_4、NH_3)形式进行迁移，在另外情况下则呈离子态(如SO_4^{2-}、CO_3^{2-}、NH_4^+、NO_3^-)随水进行迁移，也可以生物的重要组成部分实现迁移(生长、死亡)。

（二）地球表生环境中元素的迁移转化的影响因素

元素在自然环境中的迁移受到两方面因素的影响：一是内在因素，即元素的地球化学性质；二是外在因素，即区域地质地理条件所控制的环境地球化学条件。

1. 影响表生环境中元素迁移转化的内在因素

不同元素形成不同的化学键（离子键与共价键），以及同一元素的不同价态对迁移具有较大的影响。

不同键性的化合物，具有不同的迁移能力。一般来说，离子键型化合物是通过阴阳离子的静电吸力相连接，熔点和沸点较高。这类物质易溶于水而进行迁移，但难进行气迁移，如 NaCl。共价键型化合物则是通过较弱的分子间引力所连接，熔点和沸点较低，易转变为气态和液态，因而易于进行气迁移，如 CO_2、H_2S 等。

元素的化合价愈高，形成的化合物越难溶解，其迁移能力也就越弱。如氯化物较硫酸盐易溶解，硫酸盐较磷酸盐易溶解。而同一元素其化合价不同，迁移能力也不同。低价元素化合物的迁移能力大于高价元素化合物的迁移能力，例如 $Fe^{2+} > Fe^{3+}$，$Cr^{3+} > Cr^{6+}$ 等。

此外，元素的迁移转化也受到原子半径和离子半径的影响。原子半径和离子半径的大小影响胶体的吸附能力，如胶体对同价阳离子的吸附能力随离子半径增大而增大。

就化合物而言，相互化合的离子其半径差别愈小，溶解度也愈小，迁移能力也愈弱，如 $BaSO_4$、$PbSO_4$ 的溶解度都较小；离子半径的差别愈大，则溶解度愈大，如 $MgSO_4$。

总之，自然界中元素的迁移强度有很大的差异。在相同条件下，不同元素的迁移千差万别；而在不同的迁移方式下，同一元素差异也较大。

2. 影响表生环境中元素迁移转化的外在因素

同一种元素在不同区域地质地理条件中的迁移能力是极不相同的。影响元素迁移的最大外力是活的有机体和天然水。主要的外在因素有环境的 pH 值、氧化还原作用、络合作用、腐殖质、胶体吸附、气候条件和地质与地貌等。

(1) 环境的 pH 值

表生环境中的 pH 值主要指土壤和天然水的 pH 值。

土壤酸度可分为活性酸度与潜性酸度两类。土壤的活性酸度是指土壤溶液中的氢离子形成的酸度，用 pH 值来表示；而由吸附于土壤胶体上的氢离子所形成的酸度，称为土壤的潜性酸度。土壤的潜性酸度比活性酸度大千倍乃至万倍。当活性的氢离子减少时，潜性的氢离子就会进行补充，即活性酸度和潜性酸度处于动态平衡之中。土壤的活性酸度主要来源于土壤溶液中各种有机酸类（如草酸、丁酸、柠檬酸、乙酸等）和无机酸类（如碳酸、磷酸、硅酸等）。土壤的活性酸度即土壤溶液的 pH 值在较大的范围波动，可由 3.0～3.5 到 10～11 之间变换。

天然水的 pH 值主要受风化壳土壤酸碱度的影响。腐殖酸和植物根系分泌出的有机酸，是影响天然水 pH 值的另一个重要方面。天然水的 pH 值大致与土壤带的 pH 值相吻合。含酸或含碱的矿业废水排入水体后，在局部地段对水的 pH 值影响也较大。

在地表环境中，pH 值可影响元素或化合物的溶解与沉淀，决定着元素迁移能力的大小。大多数元素在强酸性环境中形成易溶性化合物，有利于元素的迁移；在中性环境中，形成难溶性的化合物，不利于元素的迁移；在碱性环境下，某些元素的化合物也易于溶解，利于迁移。

在酸性和弱酸性水中(pH＜6)，有利于 Ca^{2+}、Sr^{2+}、Ba^{2+}、Ra^{2+}、Cu^{2+}、Zn^{2+}、Cd^{2+}、Cr^{3+}、Fe^{2+}、Mn^{2+}、Ni^{2+} 的迁移；在碱性水中(pH＞7)上述元素很少迁移，而 Cr^{6+}、Se^{4+}、Mo^{2+}、V^{5+}、As^{5+} 等则易于迁移。碱金属和碱土金属在地下水的 pH 值为 6～9 时易于迁移，而在强酸性及强碱性条件下，可能生成氢氧化物沉淀，不利于迁移；Hg、Cd、Pb、Zn 等金属具有很强的亲硫性和亲氧性，在低 pH 值条件下发生水解，形成金属的羟基络合物，能促进这些元素在环境中的迁移。

(2) 氧化还原作用

氧化还原作用是自然环境中普遍存在的现象，对元素在环境中的迁移转化具有重要的影响。

一些元素在氧化环境中可进行强烈迁移，而另一些元素在还原条件下更容易迁移。如硫、铬、钒等元素在氧化作用强烈的干旱草原和荒漠环境中形成易溶性的硫酸盐、铬酸盐和钒酸盐而富集于土壤和水中；在以还原作用占优势的腐殖酸环境中(如沼泽)，上述元素便形成难溶的化合物而不能迁移。而铁、锰等，在氧化环境下形成溶解度很小的高价化合物，难于迁移；而在还原环境下，则形成易溶的低价化合物，发生强烈迁移。

(3) 络合作用

在地表环境中，重金属元素的简单化合物通常很难溶解，但在它们形成络离子以后，则易于溶解发生迁移。甚至有人认为，金属离子络合物是影响重金属迁移的最重要的因素。

近年来，人们特别重视羟基络合作用与氯离子络合作用所促进的大量重金属在地表环境中的迁移。羟基对重金属的络合作用实际上是重金属离子的水解反应，重金属能在低 pH 值下水解，从而提高重金属氢氧化物的溶解度。氯离子作用对重金属迁移的影响主要表现在两个方面：一是显著提高难溶重金属化合物的溶解度；二是生成氯络重金属离子，减弱胶体对重金属的吸附作用。

形成的重金属络合物越稳定，越有利于重金属迁移；反之，络合物易于分解或沉淀，不利于重金属迁移。

(4) 腐殖质

腐殖质对元素的迁移主要表现为有机胶体对金属离子的表面吸附和离子交换吸附作用，以及腐殖酸对元素的螯合作用与络合作用。一般认为，当金属离子浓度高时，以交换吸附为主，在低浓度时以螯合作用为主。腐殖质螯合作用对重金属迁移的影响取决于所形成的螯合物是否易溶。易溶则促进重金属的迁移，难溶则降低重金属的迁移。

在腐殖质丰富的环境中，Cu、Pb、Zn、Fe、Mn、Ti、Ni、Co、Mo、Cr、V、Se、Ca、Mg、Ba、Sr、Br、I、F 等元素可被有机胶体吸附，并随水大量迁移。腐殖质与 Fe、Al、Ti、U、V 等重金属形成络合物，较易溶于中性、弱酸性和弱碱性介质中，并以结合物形式迁移；在腐殖质缺乏时，它们便形成难溶物而沉淀。

(5) 胶体吸附

胶体由于具有巨大的比表面积、表面能并带电荷，能够强烈地吸附各种分子和离子。胶体使元素迁移的作用主要发生在气候湿润地区。由于天然水呈酸性，有机质丰富，利于胶体的形成，元素常以胶体状态发生迁移。在湿润地区，胶体最易吸附的元素有 Mn、As、Zr、Mo、Ti、V、Cr 和 Th 等，其次有 Cu、Pb、Zn、Ni、Co、Sn 等元素。而在气候干旱地区，天然水呈碱性，有机质偏少，不利于胶体的形成，因而由胶体使元素迁移的可能性极小。

各种胶体对元素的吸附具有选择性。例如，褐铁矿胶体易吸附 V、P、As、U、In、Be、Co、Ni 等元素；锰土胶体易吸附 Li、Cu、Ni、Co、Zn、Ra、U、Ba、W、Ag、Au、Tl 等；腐殖质胶体易吸附 Ca、Mg、Al、Cu、Ni、Co、Zn、Ag、Be 等；黏土矿物胶体则常吸附 Cu、Ni、Co、Ba、Zn、Pb、U、Tl 元素。

(6) 气候条件

气候对环境中元素迁移的影响主要取决于两个最重要的条件：热量和水分。其对地表环境中元素迁移的影响主要表现在直接影响和间接影响两个方面。

① 直接影响：地表环境中化学元素的迁移形式以水介质中发生的物理化学迁移为主，而气候变化的主要因素是降水量和热量。降水量的多少和温度的高低，对化学元素的迁移产生重大影响。在炎热的湿润地区，各种地球化学作用反应剧烈，原生矿物多高度分解，淋溶作用十分强烈，风化壳和土壤中的元素被淋失殆尽，结果使水土均呈酸性反应，元素较贫乏，腐殖质富集，为还原环境。在干旱草原、荒漠气候带，降水量少，阳光充足，蒸发作用十分强烈，水的淋溶作用微弱，各种地球化学作用反应强度弱，速度也十分缓慢，地表环境中富集大量氯化物、硫酸盐等盐类，许多微量元素也大量富集，尤以 Ba、Sr、Mo、Zn、As、Se、B 等元素为最显著。

此外，温度变化可以影响元素进行的化学反应速度。温度每升高 10 ℃，反应速度便增加为原来的 2～3 倍。因而，炎热地区环境的化学反应要比寒冷地区进行得迅速而彻底。

② 间接影响：主要表现在生物迁移作用方面。气候愈温暖湿润，生物种类和数量愈多，生长速度也愈快，地表环境中的有机质或腐殖质愈多，生物吸收、代谢各种元素的过程愈强烈，地表环境中的许多元素可通过大量生物的吸收、代谢作用进行迁移。而在干旱气候条件下，生物种类和数量很少，地表有机质和腐殖质缺乏，元素的生物迁移微弱，地表环境中的元素多发生富集。

(7) 地质与地貌

地质构造、岩性等地质条件均对元素的迁移产生影响。岩层褶皱剧烈、断裂构造发育、节理错综复杂的地区，侵蚀作用、地球化学作用和元素的迁移比较强烈，元素随水流或其他介质大量迁移。如坚硬的岩石难以被侵蚀风化，质地软弱的岩石易于被风化侵蚀，其中所含的元素随淋失作用、搬运作用而发生迁移。此外，与地质构造密切相关的火山作用造成地表环境某些元素富集，如 B、F、Se、S、As 和 Si 等；与岩浆活动有关的多金属矿床可使地表环境中富含 Hg、As、Cu、Pb、Zn、Cr、Ni、V、W、Mo 等元素，从而对元素的迁移、聚集产生一定的影响。

地形地貌条件对元素的迁移也具有十分明显的影响作用，一般山区为元素的淋失区，低平地区为元素的堆积富集区。对内陆河流而言，坡降较大的中上游为元素的淋失地段，坡降较平缓的下游则为元素的堆积地段。研究表明，因某些元素“缺乏”引起的地方病常常分布在元素淋失区；因某些元素“过剩”而引起的地方病常发生在元素堆积区。

三、地球化学环境地带性

地球上的气候、水文、生物、土壤等都与温度的变化密切相关。伴随地表热能的纬度分布规律，气候、水文、植物等都呈现明显的地带性分布规律，而元素的化学活动与这些因素也具有密切关系。因此，元素分布具有地球化学分带特征(表 10-2)。

表 10-2 中国的自然地带与地球化学环境地带

位置	气候带	植被带	土壤带	地球化学环境带
东部地区	寒温带	落叶针叶林	棕色针叶林土	酸性、弱酸性还原和中性氧化的地球化学环境
	温带	落叶阔叶林	暗棕壤、棕壤褐土	
	亚热带	常绿阔叶林	黄棕壤、黄红壤、红壤砖红壤性土、砖红壤	
	热带	季雨林		
西、北部地区	温带	森林草原	黑钙土、黑垆土	中性氧化和碱性、弱碱性氧化的地球化学环境
		草原	栗钙土、灰钙土	
		荒漠、半荒漠	灰棕漠土、风沙土	
		荒漠、裸露荒漠	棕漠土、风沙土、盐土	
	高寒带	森林草甸	高草甸土	中性、碱性、弱碱性还原的地球化学环境
		草原	高山草原土	
		荒漠	高山寒漠土	

我国地球化学环境按地理纬度从北向南分为：酸性、弱酸性还原的地球化学环境带；中性氧化的地球化学环境带；碱性、弱碱性氧化的地球化学环境带；酸性强氧化的地球化学环境带。

（一）酸性、弱酸性还原的地球化学环境带

该环境终年降水量约为 600～1 000 mm，蒸发较弱，水分相对充裕，气候寒冷而湿润，植被茂盛，腐殖质大量堆积，沼泽发育，泥炭堆积，多属还原环境；以灰化土、棕色森林土、草甸沼泽土、泥炭沼泽土等为主。土壤的潜育层发育，植物残体被细菌分解，产生大量的腐殖酸，土壤呈酸性，pH 值为 3.5～4.5 的酸性环境抑制好氧性细菌的生长，故植物残体得不到彻底分解，长期处于半分解状态，多数元素被禁锢在植物残体中，导致环境中的矿物质营养日趋贫乏。

富含腐殖质的酸性还原环境决定了该区地球化学作用的性质和强度较大。在酸性淋溶条件下，Ca、Mg、K、Na、Al、B、I、V、Cu、Co、Ni、Zn、Cd 等元素易被淋溶迁移，尤其二价铁和二价锰具有较高的迁移能力。风化壳处于富硅铝化过程，盐基十分缺乏，土壤的烧失量较高，植物灰分普遍较低。

由于水中含有大量的腐植酸，导致 Ca、Mg、Cu、Pb、Zn、Mn、Fe、Al、I、P 等许多元素常被有机胶体所吸附，或形成金属有机络合物，其中以二价铁最典型。滞水地段，具有铁锈色的絮状有机胶体往往成片相连。

在该环境带发现许多疾病，有些疾病的分布已呈明显的地方性，如心血管病、脑出血、高血压、癌症、克山病、地方性甲状腺肿、龋齿、大骨节病等。而在动物中也广泛流行着许多种地方病，如动物白肌病、痉挛症、骨质松脆症、甲状腺肿大、消瘦症、贫血症等，动物发育不良，生长迟缓，呆痴矮小等。这些疾病的产生往往与该区某些元素缺乏具有直接关系。

（二）中性氧化的地球化学环境带

该环境中热量较充分，年降水量为 600～1 200 mm，蒸发作用不强，地表径流通畅，潜水位较低。土壤湿度适中，为氧化环境。植被发育一般，而且植物残体分解较彻底，天然水多为中性，pH 值为 7 左右。

一般来说，该区人、畜的地方病很少，只有在山区和平原的局部地区有地方性甲状腺肿和龋齿流行。

（三）碱性弱碱性氧化的地球化学环境带

该环境中气候干旱，年降水量为250～400 mm，或者更少；主要的土壤为灰钙土、栗钙土，在低洼处可见盐土和碱土。这种环境最显著的特点是元素富集、腐殖质贫乏。

由于降水不足，淋溶作用微弱。在土壤中Ca、Na、Mg、S、Cl、F、B、V、Zn、Cr、Cu、Mo、Ni、Se、As等元素大量富集。地表水和潜水多属碱性，pH值为8～10，在碱性介质中五价钒，六价铬、砷、硒等元素活性较大，易迁移，但淋溶微弱，蒸发强烈，上述元素最终仍富集于水土中。

在本环境的大部分地区，生物元素是过剩的，因而，常流行着某些地方病，例如氟斑牙、氟骨症、硒中毒、痛风病（钼过剩），或因环境中砷过剩而产生皮肤癌。在牲畜中也流行某些地方病，例如氟中毒、硒中毒、腹泻（钼过剩）、贫血（铜过剩），或因硼过剩而患肠炎等。

（四）酸性强氧化的地球化学环境带

该环境热量丰裕，水分充沛，年降水量为1 000～3 000 mm，植被繁茂高大，元素的生物地球化学循环强烈；本区风化、淋溶作用均十分强烈。风化壳中的Ca、Na、Mg、K、S、Li、B、I等元素大量被淋洗流失。

在该环境中发育着典型的砖红壤和广泛分布的红壤，所含元素较少。由于盐基缺乏，土壤呈酸性，pH值为3.5～5.0。水土和食物中碘异常缺乏，地力性甲状腺肿的分布十分广泛，因钠不足而影响人体的发育，常形成侏儒。在本区还流行着缺铁性的热带贫血症、心血管病。

（五）非地带性的地球化学环境带

在自然界中某些局部的地球化学环境不受地理纬度分带的影响。如在湿润的森林景观带可出现高氟区和高硒区；而在干旱的荒漠景观中可以出现沼泽，造成局部的腐殖质堆积的环境。

非地带性的地球化学环境可分为以下两种类型，即元素富集的氧化地球化学环境和腐殖质富集的还原地球化学环境。例如在某些火山、温泉分布的地区以及硫铁矿区可造成局部环境中S、Fe、Si、Se、As等元素的富集，在含氟的矿床周围氟高度富集；在某些煤系地层，凝灰岩地区和硫化矿床的氧化带会使Se高度富集；在多金属矿区或氧化带，Cu、Pb、Zn、Cd、Hg等元素大量富集。在上述局部环境中因为某些元素的过剩，可导致人、畜的许多种地方病。

四、矿山地方病的地球化学特点

矿山在生产运营中，可产生多种废物（如废水、废气、尾矿等）。而这些废物中常含有多种有毒有害物质，不仅有常见的酸碱污染物、重金属污染物（Cu、Pb、Zn、Sn、As、Ti、Co等），甚至还含有有机污染物（如多氯联苯、多环芳烃等）。这些污染物如果不经过合理处置，将会对环境、人类产生重大危害，进而引发地方病。

（一）废石和尾矿

采矿，无论地下或露天开采，都要剥离地表土壤和覆盖岩层，开掘大量的井巷，因而产生大量废石；选矿过程亦会产生大量的尾矿。部分废石堆或尾矿场会不断逸出或渗滤析出各种有毒有害物质污染大气、地下或地表水体。如某矿山冶炼厂，每年堆放铬渣25万t，使周围70多平方千米范围的地下水受到严重铬污染，1 800口水井水质变异而不能饮用。某些重金属元素最终进入土壤，导致土壤毒化，破坏土质。

（二）三废

许多矿山包括采、选、冶的联合企业。向环境排放大量的“三废”，如不注意防治，将会造成大范围的环境污染。19 世纪末日本发生震惊世界的环境污染事件就发生在某铜矿，该矿含 Cu、S、Fe、As，冶炼时排放的废气除二氧化硫外，还有砷化合物和有色金属粉尘。污染物严重地污染矿区周围面积达 400 km^2，受害中心区被迫整村迁移。该矿污水排入渡良濑川水体，洪水泛滥时广为扩散，使周围四个县数万公顷的农田遭受危害，鱼类大量死亡，沿岸数十万人流离失所。

我国某钢铁公司曾污染周围环境，人称其污染源为“三龙”“二蛇”“一山”，“三龙”是指炼钢厂的黄烟、烧结厂的黑烟和镁矿的白烟，三者合为一体，每天排放有毒气体约 20 000 m^3；“二蛇”是指选矿场红色选矿废水和钢厂区排出高浓度含酚、氰废水，每天外排废水达 60 万 t；“一山”是指其历年排出废渣，形成几亿吨大渣山，每天排渣量达 1.6 万 t。

第二节　矿山地方病的发病机理和防治

矿山地方病是指在某一特定地区，由于岩矿开采导致粉尘或某种化学物质在环境系统中积累的含量达到一定的程度，从而影响矿工以及周围人群的身体健康，形成表征矿区环境污染的地方性疾病。矿山地方病既有普遍意义上的地方病特点，又有其独特的发病机理和临床表现特征，往往是因为某种污染物或化学元素在环境系统中的过量富集所引起的，由于矿山生产往往在短时间内将大量的有毒有害元素带入环境，其危害性更大，所引发的地方病也更为典型。

比较常见的矿山地方病有尘肺、地方性氟中毒、地方性砷中毒等疾病。

一、尘肺

尘肺病是由矿区或工作环境空气中的粉尘引起的疾病，按照吸入肺内的粉尘种类和病因可归结为四大类：矽肺、硅酸盐尘肺、碳系尘肺和金属尘肺。1986 年，国家卫生部正式颁布的尘肺病有 12 种，分别为：矽肺、煤工尘肺、石墨尘肺、炭黑尘肺、石棉尘肺、滑石尘肺、水泥尘肺、云母尘肺、陶工尘肺、铝尘肺、电焊工尘肺和铸工尘肺。

（一）矽肺

矽肺是由于长期吸入高含量游离 SiO_2 的粉尘，从而引起的以肺部弥漫性纤维化为特征的尘肺病，临床表现有 3 种形式：慢性矽肺、急性矽肺和介于两者之间的加速性矽肺。患者常伴有轻重不同的并发症，例如：肺结核、肺部感染、慢性支气管炎及阻塞性肺气肿、自发性气胸等疾病。绝大部分矿山岩石中都含有石英（SiO_2），在岩矿采掘、开山修路、隧道开凿等作业中，工人及周围人群皆有机会接触含有石英的粉尘。此外，在玻璃行业、机械制造业、矿石原料加工、制陶等过程中，生产工人也有机会接触矽尘。

1. 病因

矽肺病常与以下因素有关：

① 粉尘中游离 SiO_2 的含量。含量越高，矽肺发病时间越短，病情也越严重。

② 患者肺内粉尘蓄积量。而蓄积量又取决于矿区或工作环境中粉尘的浓度、分散度以及防护措施等因素。肺内的粉尘量越大，越易发生矽肺，病情也越严重。

③ 混合粉尘的联合作用。环境中很少有单纯石英粉尘存在,通常是多种粉尘共存,相互之间的联合作用不可忽视。

④ 患者本身的个体因素和健康状况。有肺结核和其他慢性呼吸系统疾病病史的患者更易患矽肺。

2. 发病机理

颗粒物的直径越小,进入呼吸道的部位越深。直径 10 μm 的颗粒物通常沉积在上呼吸道,直径 5 μm 的可进入呼吸道的深部,直径 2 μm 以下的可 100%深入到细支气管和肺泡。现代偏振检测发现,矽肺病变结构中双折射颗粒以硅酸盐粉尘为主,而不是传统认为的游离 SiO_2。游离的 SiO_2 常与其他粉尘混合在一起,如与氧化铁结合的混合性粉尘并不能形成典型的矽结节,其肺细胞依旧呈现卫星排列结构轮廓,中央胶原区也没有特有的螺环状结构。因此,SiO_2 的类型和剂量成为影响矽肺病发生、发展的主要因素。游离 SiO_2 是自然产生和存在的矿物成分,大气粉尘中的游离 SiO_2 常以无定型和结晶型两种形式存在。研究发现,无定型 SiO_2 没有明显的致病性,进入肺部以后只引起轻度的纤维化和细胞反应;结晶型的 SiO_2 呈硅氧四面体结构排列,在一定压力和温度条件下,有 8 种异构体,其中鳞石英的致纤维化能力最强,超石英和柯石英最弱。

颗粒直径小于 5 μm 的矿山粉尘中的游离 SiO_2 结晶呈四面体结构,具有较强的致纤维化作用。由此,历史上曾衍生出许多假说和学说,如机械刺激学说、化学中毒学说、表面活性学说、免疫学说等,但均未能全面阐明矽肺纤维化的形成过程。早期研究结果证明,细胞质膜损伤及巨噬细胞内钙稳态的紊乱,可能是石英对巨噬细胞损伤的重要机制之一。1994 年,刘保连等人研究了肺泡巨噬细胞在石英作用下胞浆内游离钙离子[(Ca^{2+})i]、Ca^{2+}-Mg^{2+}-ATP 酶(钙泵)和还原型谷胱甘肽(GSH)的变化,结果表明,石英不仅可以使肺泡巨噬细胞内[(Ca^{2+})i]升高,还可以抑制肺泡内巨噬细胞的活性,皆呈现剂量-效应关系。根据扫描电镜观察石英作用于肺泡巨噬细胞,可以使质膜上出现大小不均匀的疱状物,支持了肺泡内巨噬细胞钙离子升高这一现象。

当前比较公认的致病理论为自由基理论,即氧化/抗氧化失衡。SiO_2 粉尘进入肺部以后,首先被肺泡吞噬细胞吞噬并损伤巨噬细胞,发生呼吸爆发,激发电子传递系统,导致溶酶体酶的释放和生物活性物质的分泌,作用于成纤维细胞和间质细胞,促进成纤维细胞增殖和胶原合成,催化细胞内的氧产生超氧阴离子自由基 O^{2-},O^{2-} 又可将细胞内的 Fe^{3+} 还原为 Fe^{2+},进而催化 H_2O_2 产生羟基自由基 OH·,OH·可以引发脂质过氧化反应,引起成纤维细胞增生和免疫反应,最终形成矽结节,矽结节逐渐扩大、融合,可使肺组织大量破坏,严重影响呼吸功能。另外,当 SiO_2 粉尘的剂量较大时,大量的 SiO_2 粉尘也可吸附于巨噬细胞膜上,直接损伤细胞膜导致细胞的不可逆损伤。

3. 预防和治疗

目前尚无能使矽肺病完全逆转或者康复的药物,药物治疗主要是早期阻止或抑制矽肺的发展。对矽肺病患者应采取综合性治疗措施,包括脱离粉尘作业、另行安排适当工作等,在药物治疗的基础上加强营养和康复性治疗,生活规律化,以延缓病情进展和预防并发症的发生。

对矿区而言,重要而行之有效的预防矽肺病的措施是:尽力减少采矿生产过程中产生的粉尘以及控制矿区大气中的粉尘含量,改革生产工艺、施行湿式作业、密闭尘源、通风除尘、设备定期进行维护检修。

（二）硅酸盐尘肺

硅皲盐尘肺是由于人体吸入硅酸盐粉尘所引起的尘肺病，一般多发于矿区和生产车间的工人群体。硅酸盐可分为天然和人造两类，天然硅酸盐由 SiO_2、金属氧化物和结晶水组成，广泛分布于自然界中。硅酸盐有两种形态，即纤维状和非纤维状。纤维状硅酸盐主要有石棉、耐火材料、滑石等；非纤维状硅酸盐主要有黏土、水泥、高岭土、云母等。大多数硅酸盐都可引起各种不同的硅酸盐尘肺，例如石棉尘肺、滑石尘肺、水泥尘肺、云母尘肺、高岭土尘肺等。

1. 石棉尘肺

石棉尘肺是由于肺部长期吸入过量的石棉粉尘，从而引起肺部组织的广泛纤维化，并伴有不同程度的壁层胸膜或脏层胸膜的纤维化，损害肺功能，严重影响劳动能力，属于硅酸盐尘肺中发现最早、危害最严重的一种。石棉矿的开采及运输工人、石棉加工厂和石棉制品厂的工人，在长期操作过程中若防护措施不力，可导致石棉尘肺。自 1967 年美国一名港口搬运工死于石棉尘肺，获得巨额赔偿以来，有关石棉与健康的问题已成为世人瞩目的焦点之一。相比于矽肺，石棉尘肺发展更慢，往往在接触 10 年后发病。其主要症状有气急、咳嗽、胸痛等，易并发呼吸道感染、自发性气胸、肺源性心脏病等病症。

（1）病因

石棉是一种纤维状矿物质，具有耐酸、碱、热和坚固等特点，根据属性不同可分为蛇纹石属和角闪石属。石棉粉尘通过呼吸道进入人体，可分为三种去向：① 非贮留反应，绝大多数的石棉尘进入肺部后可从肺内清除，并不会留下损伤；② 低贮留反应，肺组织的反应局限在沉降部位，巨噬细胞聚集而附近的肺组织最终被纤维化；③ 高贮留反应，沉降和贮留很高，肺组织反应激烈，可发生弥散性肺泡炎和肺损伤。影响石棉粉尘去向的因素有：粉尘纤维的沉积量、纤维的类型、纤维的大小、纤维的化学特性和个体免疫力等。

（2）发病机理

石棉是世界卫生组织确认的致癌物之一，可引起肺癌和间皮瘤，国际癌症研究机构已经将石棉定为环境致癌物。石棉纤维粉尘所导致的石棉尘肺的发病机理至今尚未研究透彻，过去主要有纤维机械刺激学说和化学学说。近年来，随着现代生物技术的进展，有关石棉尘肺的研究有了新的进展。

机械刺激学说认为，石棉纤维有的呈现中空管状，柔软可弯曲，有的呈链状结构，直硬而脆，对细支气管和肺泡壁有严重损伤，严重时可穿透胸膜脏层，进入胸腔，引起胸膜增厚、胸膜斑、积液和肿瘤。

化学学说的早期研究表明，不同类型的石棉纤维对分离的细胞膜破坏程度有所不同，其引起氧自由基产生和脂质过氧化的程度也有差异。在石棉作用的细胞研究中发现，各种吞噬细胞如多形核白细胞、巨噬细胞、上皮细胞和成纤维细胞等皆可产生活性氧物质。石棉产生氧自由基主要有两种途径，其一是通过激活细胞膜上的磷酸氧化酶、花生四烯酸代谢，引发细胞呼吸“爆炸”而产生 O^{2-} 等；其二是通过 Waber-Weiss 反应，使 Fe^{3+} 转化为 Fe^{2+}，从而产生 O^{2-} 和 OH·。氧自由基可与细胞中大量不饱和脂肪酸作用发生均裂，形成的不饱和脂肪酸自由基，进一步发生均裂反应，导致膜的结构和功能破坏，进而破坏核酸、蛋白质和多糖化合物的结构和功能，引起一系列的病变。氧自由基还可刺激炎性细胞分泌各种因子，通过受损的肺泡进入间质，含石棉的肺细胞液随之进入间质，成为有效的间质细胞诱导剂，刺激间质细胞增生和成纤维细胞的增长并最终导致肺纤维化。

现代医学研究表明，端粒酶在石棉诱发人胚肺成纤维细胞恶性转化中发挥了重要的作用。人胚肺成纤维细胞在导入端粒酶功能片段后，会发生明显的恶性转化，恶性转化细胞和人胚肺成纤维细胞系均具有较高的端粒酶活性和较长的端粒长度，而端粒酶活性较高、端粒长度较长的细胞，经石棉刺激后恶性转化率也较高。

(3) 防治措施

尽管石棉致病的概率很小，致病的过程很漫长，但是在高浓度的石棉粉尘中，这个概率会变大，过程也会缩短。因此在安全生产和使用中仍要加强预防，严格控制粉尘浓度。在石棉的生产和使用中，应当严格执行石棉粉尘排放国家标准。严禁超标排放，严禁搬运和使用中粉尘外溢。针对经常接触石棉粉尘的人员，可以结合预防治疗的研究成果，适当地口服一些自由基灭活剂或抗氧化剂类药物，如柠檬酸铝、SOD、克矽平、去铁胺、维生素 E 和 C 等，或者提供一定的可供食疗的食物，以避免致病或减轻病情。除上述之外，还可对石棉表面进行表面处理，采用表面处理的方法改变石棉纤维的表面形态，降低石棉纤维的危害性，可显著地减少石棉纤维的致病率。在有条件的矿区或生产车间，应尝试改用湿法生产或加工工艺，减少石棉粉尘对环境的污染。

2. 滑石尘肺

滑石尘肺是在滑石开采、加工和使用过程中，工人由于长期吸入滑石粉尘而引起的肺部广泛纤维化疾病。其发生、发展与滑石的成分、粉尘浓度、分散度及接尘工龄有关，在硅酸盐尘肺中，其重要性仅次于石棉尘肺。早期临床表现无明显症状，后期出现劳动及活动后气短，伴胸痛、咳嗽咳痰等症状，严重时出现明显呼吸困难及体重下降。滑石尘肺病理类型属结节性和弥漫性间质纤维化型，以肺间质纤维化为主要病理改变，也有异物肉芽肿样改变。

除上述两种硅酸盐尘肺之外，还有云母尘肺、水泥尘肺、高岭土尘肺、硅藻土尘肺、蜡石尘肺和蛭石尘肺等，皆多发于采矿和加工工人，预防该类尘肺的措施与上述石棉尘肺的措施基本相同。

(三) 碳系尘肺

碳尘是自然界中以单质碳或元素碳形式存在的一组粉尘的总称，极少或基本不含 SiO_2 和硅酸盐。常见的碳尘有煤、炭黑、石墨和活性炭等，能引起煤工尘肺、石墨尘肺、炭黑尘肺、活性炭尘肺等。

煤工尘肺是指在煤矿开采及加工过程中，工人因长期吸入高含量烟煤或无烟煤粉尘而致煤尘在肺内弥漫性结节样沉积，又称为煤尘肺、煤工肺。根据接触煤尘性质的不同，煤工尘肺可分为煤肺、煤矽肺和矽肺。该病高发于煤矿开采区，尤其是井下通风条件恶劣的地方小煤矿，矿工在煤尘弥漫的井下作业，出井后除了眼白和牙齿外，周身是煤粉，煤工尘肺发病率较高。煤工尘肺属煤矿区典型的矿区地方病。研究发现，印度采煤工中煤工尘肺的发病率平均为 8.03%。我国对 20 个煤矿的普查表明，其发病率在 5%～10%之间。

1. 影响因素

(1) 煤的品位

根据煤变质程度的不同，煤可分为三种，即无烟煤、烟煤和褐煤。Bennett 调查英国数百个煤矿，发现煤品位越高的矿区煤工尘肺发病率越高，煤样中固定碳为 80%～81.5%和 93%～95%的两个矿区发病率分别为 3.9%和 15.4%。

（2）SiO_2含量

游离SiO_2是影响煤尘致病能力和尘肺发病的重要因素，国外学者在20世纪60年代就已经提出，煤尘SiO_2含量高于18%时，引起的尘肺病类似矽肺；煤尘SiO_2含量低于18%或5%时，病理改变类似于煤矽肺或煤肺。

（3）其他组分

煤尘中石英的作用和单纯石英有所不同，与其共存的其他矿物质及元素的影响不可忽视。煤尘中瓷土、云母等无机矿物质或铜、锌等元素具有抑制石英致纤维化作用的能力，其机制可能与非煤矿物或元素占据石英活性表面的行为有关。除此之外，煤尘中的某些金属，例如镍，可能增强粉尘毒性，影响尘肺发病。苏联学者通过大规模的煤矿流行病学调查，认为煤中挥发分含量是影响煤工尘肺发病的一个重要因素。

2. 发病机理

煤工尘肺的病因非常明确，即长期吸入高含量煤尘所致。Born认为，到达终末支气管和肺泡的颗粒直径为0.5～5 μm，煤尘中游离SiO_2、其他含硅颗粒、煤灰中的有毒成分都是影响煤工尘肺病必不可少的因素。煤尘所致的尘肺病变涉及肺内炎性反应、肺细胞功能改变、肺组织损伤、纤维化形成，发病过程复杂。煤工尘肺的发生有多种细胞及细胞因子参与，也可能与机体免疫反应、脂质过氧化有关，但至今发病机理仍不完全清楚，一些认识尚未统一，有待于进一步的研究。目前，普遍认为煤工尘肺的发病有两种机制参与。

（1）免疫介导机制

煤工尘肺是由于含有游离SiO_2的煤尘到达肺泡被巨噬细胞吞噬后，使其死亡、破碎，SiO_2颗粒游离出来后，又被另一巨噬细胞吞噬。如此反复进行，使得煤工尘肺不断缓慢进展。一般认为，尘肺患者体液免疫功能增加，细胞免疫功能降低，表现为血清IgG、IgA含量随接尘时间延长和疾病加重而升高，白蛋白下降，γ-球蛋白增高，抗核抗体阳性率增加，淋巴细胞对PHA（植物血凝素）和PWM（美洲商陆）反应降低，OKT_{3+}、OKT_{4+}细胞百分率下降，并且OKT_{4+}细胞中除了T_H、T_1外，还含有某种细胞能刺激T抑制细胞，从而抑制B细胞分泌抗体，故OKT_{4+}细胞的减少使机体易患免疫性疾病。

在体内、体外动物实验调查研究证明煤工尘肺发展中巨噬细胞是产生血小板生长因子（PDGF）、胰岛素样生长因子1（IGF-1）和转化生长因子β（TGF-β）的主要来源，这3种细胞因子参与组织修补和纤维化过程。当TGF-β前体被激活后，肺脏巨噬细胞抑制[3H]与胸腺嘧啶脱氧核苷合并，且TGF-β被特异性抗体中和后，又恢复了成纤维生长。国外也有报道煤工尘肺患者肺泡液中IL-6增多，干扰素r（IFN-r）减少，肺泡上皮细胞、淋巴细胞和肺泡表面活性磷脂增多，并认为IL-6具有抗纤维变性作用，IFN-r具有促进纤维变性的作用。

（2）遗传基因学说

1994年，在已接触粉尘15年并染上煤工尘肺的矿工中，应用序列明确的低聚核苷酸探针复制DRB，测得DR8（1：0801—0804）、DR1（1：0101—0103）频率增加；在无尘肺患者中DR52（3：－0101、3：－0201、3：－0202、3：－0301）频率降低。这揭示了DR1缺乏和DR52的增加可以对抗煤工尘肺，而DR8可能与煤工尘肺的发病和发展有关系。

3. 防治措施

煤工尘肺的预防和治疗措施关键在于消除致病因素，不接触粉尘对于矿区煤矿工人而言很难做到，因此重点在于预防，采取有效措施以控制、降低煤尘产生源，改善工作环境，加强通风为主要手段。同时，提高煤矿工人等接触人群的防范意识，并做到及时发现、早期诊断、早期治疗。

（四）金属尘肺

金属矿山在开采、运输、冶炼加工等过程中产生的金属及其氧化物粉尘，如铝、铁、钡、锡、锑等及其氧化物，被工人长期吸入引起金属尘肺。常见的金属尘肺有铝尘肺、白刚玉尘肺、碳化硅尘肺、金刚砂尘肺、铁尘肺、钡尘肺、锡尘肺和锑尘肺等。

金属矿山的粉尘相当复杂，其致病机理也相对复杂。不同的矿山及同一矿山不同的采掘过程都会有不同的致癌物，且粉尘又是井下吸附氡子体、多环芳烃等致癌物的载体。同时吸入粉尘中的各种致癌物及其他成分可能对肺癌的发生起到协同作用。被公认具有致肺癌危险的金属矿山有铀矿、赤铁矿、砷矿等；确定的致肺癌物有氡子体、砷、铍、游离 SiO_2 等。还有一些金属矿山如铅锌矿、锡矿、金矿等报道肺癌发生超量，也多是由于粉尘与上述致癌物的作用所致。另外，在金属矿山开采中普遍使用柴油机做动力，柴油机排出废气被国际癌症研究机构(LARC)确定为可疑致人类肺癌物。因此，部分金属矿山肺癌的高发，不单纯是由于粉尘，而且还存在上述致癌物及矿工吸烟等综合因素的作用。

金属尘肺的防治手段关键在于预防，先进的开采工艺、妥善的运输手段、安全合理的冶炼加工工艺配合必需的行之有效的控制和降低金属粉尘产生的防治措施，是避免和降低矿区人群金属尘肺发病的有效方法。

二、地方性氟中毒

（一）概述

地方性氟中毒也称地氟病，是一种世界性的地方病，亚洲、欧洲、非洲、美洲等均有报道。地氟病也是矿山常见地方病。它是由于外环境中氟含量过高，居民长期摄入过量氟所引起的以氟斑牙和氟骨症为特征的全身性慢性疾病。在我国主要流行于贵州、陕西、甘肃、山东、河北、辽宁、吉林、黑龙江等省。氟斑牙多见于儿童，随年龄增长而病情加重，氟骨症多侵犯成年人，表现为四肢、脊柱关节持续性酸痛，功能障碍，并随年龄增长而发病率增高、病情加重。根据患病原因不同，地方性氟中毒可归纳为两类，即燃煤型氟中毒和饮水型氟中毒。

2008 年统计资料表明，全国有燃煤型和饮水型病区县 1 313 个，病区人口 66 497.7 万人；氟斑牙患者 3 976.5 万人，氟骨症患者 324.3 万人。在 8 个燃煤污染型监测县中，人群氟斑牙平均患病率为 59.22%，其中患病率在 30%以下的仅占 9%。燃煤污染型氟中毒全国氟病监测点的中、重病区主要集中在贵州、四川、云南 3 省交界处，还有陕西紫阳、重庆黔江和湖北建始，这些病区的人群氟斑牙检出率均在 50%以上，有的高达近 90%，氟斑牙指数在 0.96～2.94之间。燃煤污染型氟中毒地区，煤矿所产的煤炭多为高氟煤，如陕西紫阳的煤矿区。

饮水型氟中毒全国监测点的中、重病区主要有黑龙江安达、肇东，吉林乾安，辽宁凌海，内蒙古土默特，山西临猗，宁夏盐池，新疆阿克苏，河南鲁山，山东梁山，安徽阳山，江苏东凌、铜山，广东丰顺。这些病区人群的氟斑牙检出率均在 50%以上，有的高达 95%，氟斑牙指数在1.11～3.31 之间。

从 20 世纪 80 年代初在四川阿坝壤塘藏族居住区发现饮茶型氟中毒以来，许多饮茶型氟中毒病区被相继发现报道，主要集中在有饮砖茶习惯的少数民族地区，如四川的阿坝、甘孜以及西藏、甘肃、青海、新疆和内蒙古等部分地区，其人群氟斑牙检出率大部分在50%以上，有的甚至高达90%以上，氟斑牙指数大部分大于1，有的高达3以上，属于中、重病区。

（二）地方性氟中毒的病因

对于发生在矿区周边的地方性氟中毒，主要是由燃烧高氟煤或选矿废水污染造成的（我国煤炭中的氟含量见表10-3），如广西壮族自治区钟山县珊瑚矿区周围居民的氟中毒由选矿废水污染水源引起，其发病率高达46.77%。也有地区食物中含氟高亦可致病。

表10-3　中国煤炭中氟含量

采样地点	样品数	含量范围/$\times10^{-6}$	平均值/$\times10^{-6}$
全国20个省市自治区	100	35～1 525	194.5
云南省	68	83～800	203.6
四川涪陵地区	16	380～1 488	866
四川宜宾地区	23	70～267	131
广西河池地区	7	227～1 907	614
河北省	28	49～355	230
湖北省鄂西州石煤	7	160～1 300	857
湖北省鄂西州无烟煤	9	50～380	162
湖南省湘西州保靖县	4	173～2 350	1 411
贵州省织金县	34	15～598	143
北京市房山区	12	122～1 333	274
云贵川野外考察	25	95～225	301
其他	4	15～2 350	149
总平均值		15～2 350	268

1. 煤烟型污染所致食物及空气混合型氟中毒

在我国南方发现一些水氟不高的地区居民患有严重的氟中毒。据对云南、贵州、四川、湖南、湖北、辽宁等12省150个县3 000多万人口的调查表明：多数情况下为燃煤（含氟100～3 763 mg/kg）污染食物和居室空气所致。2007年重庆市疾控中心调查结果表明，全市共有燃煤型氟中毒病区村666个，涉及30.94万户人家共109.5万人。在调查86 509名8～12岁病区村儿童时发现，223个病区村氟斑牙检出率超过50%。调查67 088名16岁以上病区群众时发现，氟骨症的检出率为1.19%。其中，重病区氟骨症检出率接近20%。2018年重庆市疾控中心在巫山、彭水两个县进行调查，总计调查2个县10个乡镇15个病区村，其中25岁以上常住人口8 511人，受检7 768人，临床诊断氟骨症478人，检出率为6.15%。

2. 饮水型氟中毒

饮水型氟中毒是病区分布最广、患病人数最多的一种类型。我国饮水型氟中毒病区主要分布在淮河—秦岭—昆仑山以北的广大地区。其中饮水含氟量在1.1～2.0 mg/L的占63%，在2.1～4.0 mg/L的占27.5%，4.1 mg/L及以上的占9.5%。一些调查表明，在饮水型氟中毒病区居民的病情与水氟浓度呈正相关。

（三）地方性氟中毒发病机理

多年来，地方性氟中毒的发病机理在学术界一直存在争议，有人认为胶原蛋白是氟化物作用的主要靶子；有人认为氟中毒时骨量增加主要不是成骨活动增强，而是由于破骨细胞减少和生命周期缩短，骨吸收受抑制；有的国外专著把氟中毒时的骨软化归入骨转换缓慢、成骨和破骨活动均不活跃的“单纯性”骨软化一类。

总体上说，地方性氟中毒的发病机制在于摄入过量的氟，使人体内的钙、磷代谢平衡受到破坏。过量的氟在体内与钙结合形成氟化钙，沉积于骨骼和软组织中，血钙因而降低，导致甲状旁腺功能增强，溶骨细胞活性增高，促进溶骨作用和骨的吸收作用。氟化钙的形成会影响牙齿的钙化，使牙冠钙化不全，牙釉质受损。另外，氟离子与钙、镁等离子结合，使钙、镁离子数量减少。一些需要钙、镁离子的酶，如烯醇化酶、胆碱酯酶、骨磷化酶等的活性便受到抑制，从而促进氟中毒的发生。

李广生教授通过大量动物实验和体外细胞培养观察，确认了氟中毒发病机理中的几个关键问题：

① 成骨细胞功能活跃在氟骨症骨病变中是一个发生较早、并起主导作用的环节。

② 氟骨症的骨硬化主要是成骨活动加强而不是破骨活动减弱的结果。

③ 氟骨症的骨质疏松属于骨转换加速的活动性骨质疏松，其破骨性吸收总是与成骨活跃相伴随。

④ 氟骨症的骨软化属于骨转化加速、兼有甲状旁腺机能亢进的混合性骨软化，而非单纯性骨软化。

⑤ 骨周软组织化骨也是在骨转换加速、成骨活动显著活跃的情况下发生的。

由此，李广生教授认为，膳食低钙是地方性氟中毒（氟骨症）的主要促发和加重因素。整体低钙-靶细胞内 Ca^{2+} 升高这种“钙矛盾”（Calcium paradox，也可译为钙反常）参与了氟骨症的发病机制；在发生慢性氟中毒时，与一过性但反复发生的血清 Ca^{2+} 降低密切联系的甲状旁腺激素（PTH）分泌增多与波动，是激活成骨细胞和加速骨转换的一个经常起作用的环节。

三、地方性砷中毒

（一）概述

地方性砷中毒是 20 世纪 30 年代才被人类确认的一种严重危害人体健康的地方病，是在特定地理环境下的居民长期通过饮水、空气、食物摄入过多的砷，而引起的以皮肤色素脱失、着色、角化及癌变为主的全身性的慢性中毒性疾病。其发病与矿产资源的开发、运输、使用所造成的环境污染有着密不可分的关系，也有区域水源或土壤中天然砷含量超标导致的地方性砷中毒现象。根据患病直接原因的不同，地方性砷中毒可归纳为两类，即饮水型砷中毒和燃煤型砷中毒。

现已知世界上有 20 多个国家有此病的流行，孟加拉国、印度和中国是流行较重的国家。我国自 20 世纪 80 年代初在新疆发现地方性砷中毒以来，先后在内蒙古、山西、吉林、宁夏、青海、贵州等省（自治区）发现了地方性砷中毒病区。近年来通过全国调查及水源含砷量筛查，又在安徽、河南、北京、四川等省（市）查出砷超标水井，其中有些地区还发现了可疑病人。目前，全国受地砷病威胁的人口 300 余万，确诊病人超过万例。上述病区是按我国现行饮水砷卫生标准最大值不超过 0.05 mg/L 而确定的，若按世界卫生组织推荐的饮水含砷量卫生标准 0.01 mg/L 计算，我国饮用水超过该标准的人口数预计达数千万。

矿业活动导致的砷污染危害事件屡有发生(表 10-4)，其主要原因与矿山和选冶厂排放的含砷废水、含砷废渣、含砷化合物烟气、污染水源有密切关系。

表 10-4　我国 2000 年以来矿业活动导致的砷污染危害事件

时　间	地　点	污 染 事 件	原　　因
2000 年	广西柳江	6 人中毒，2 人死亡	冲洗废旧砷矿渣产生砷化氢
2001 年	广西河池五圩	193 人中毒	选矿厂排水砷超标 2 189 倍
2002 年	贵州独山县城近郊	334 人中毒①	选冶厂矿渣污染水源
2002 年	湖南衡阳界牌镇	76 人中毒②	砷矿石、废渣污染水源
2003 年	云南楚雄滇中铜冶炼厂	83 人陆续中毒③	砷化合物烟气污染大气环境
2004 年	辽宁阜新	160 人砷中毒④	炼铜厂污水泄漏污染水源
2005 年	河北保定老河头镇	30 多人中毒⑤	含砷矿渣遇水生成砷化氢
2014 年	湖南石门县白云乡鹤山村	1 000 多人慢性砷中毒，癌症发病率居全国第二位⑥	雄黄矿砷污染土壤、地表水及农作物
2015 年	湖北黄石大王镇	49 名村民砷中毒，118 人被检出尿砷超标⑦	冶炼企业非法排放含高浓度砷污染物废气

注：① 中新网贵阳，2002-3-20；② 北京青年报，2002-8-5；③ 重庆晨报，2004-12-18；④ 北京青年报，2005-4-9；⑤ 央视国际，2005-4-6。⑥ 经济参考报，2014-4-18；⑦ 民主与法制时报，2015-1-12。

(二) 地方性砷中毒的类型

1. 饮水型砷中毒

饮水型地方性砷中毒是由于人群生活在特定的地质、地理环境中长期饮用高砷水(水砷含量>0.05 mg/L)，机体组织中砷慢性蓄积超过正常生理负荷，形成全身性慢性砷中毒，使机体各系统器官组织受到不同程度的损害，并且有致癌、致突变、致畸胎性。临床主要表现为掌趾部皮肤角化、皲裂、出血、皮肤癌，躯干部皮肤色素沉着、脱失。如湖南石门雄黄矿区，开采历史长达 300 多年，周围村民由于长期饮用含有大量砷的河水而患慢性砷中毒疾病，患病率最高可达 36.5%。

全国饮水型病区平均患病率(检出率)约为 30%，其多发区域为矿区、冶炼厂周边，发病原因多为矿物分选、冶炼、废渣存放过程中防范措施不力而导致水源污染，周围人群饮用含砷水所致。

2. 燃煤污染型砷中毒

燃煤污染型砷中毒是我国特有的一种类型的砷中毒，与煤矿含砷煤的开采和使用范围有密切关系。其病因为民众燃烧高砷煤做饭取暖，炉灶无烟囱，玉米辣椒等放于炉灶上层烘烤，使食物受到室内煤烟中砷的污染，民众通过食入与吸入途径摄取大量的砷而导致砷中毒。

(三) 地方性砷中毒的发病机理

砷的慢性中毒机制和致癌机制研究到目前为止还没有得到公认的动物致癌模型，其主要研究结果形成以下几个学说。

1. 代谢学说

通过砷在人体内的代谢和生物材料(血、尿、发、指甲)砷分析,表明肝脏对砷发挥一部分解毒作用,有机砷、无机砷大部分由尿排出。同时,大多数砷几天就排出体外,少量在体内保存数月或更久(如头发、指甲)。在 GSSH、GSH 参与下,砷在体内代谢表现为氧化还原和甲基化过程。

2. 自由基学说

在自由基作用研究中,认为活性氧自由基(reactive oxygen species,ROS)致 DNA 氧化损伤。8-羟基-2′-脱氧鸟嘌呤核苷(8-Hydroxy-2′-Deoxyguanosine,8-OH-dG)是脱氧鸟嘌呤核苷在羟自由基、单线态氧或直接的电子转移作用下产生的一种氧化加合物,是公认的 DNA 氧化损伤标志物之一。在高砷暴露人群的研究中,已有结果表明在砷致皮肤损害的皮肤组织和尿中出现 8-羟基-2′-脱氧鸟嘌呤核苷含量升高。

3. 基因学说

对抑癌基因 P53、P21 和癌基因 ras 与砷致癌作用相关的机制,以及人类抗砷基因(hARG)的克隆和表达开展了研究,并取得一些结果。

此外还有人开展了砷对人皮肤成纤维细胞缝隙连接通信(gap junctional intercellular communication,GJC)的研究,砷可显著抑制人皮肤成纤维细胞缝隙连接通信,这可能与癌发生的促进阶段密切相关。

第十一章　矿山环境管理

第一节　矿山环境管理概述

一、矿山环境管理的概念和特点

矿山环境管理是指政府运用法律、经济、技术、行政、教育等手段，限制矿产勘察、开发与采选对周围环境要素产生的破坏和污染，使矿业发展与环境相协调，达到既要为经济发展提供矿产资源保障，又不超出矿山环境容量的目的。

矿山环境管理的主要职能是：负责组织编制和实施矿山环境保护规划并对执行情况进行监督检查；拟定矿山环境管理办法；组织协调审批矿业项目的环境影响评价报告书，负责实施环境影响评价报告书中提出的污染防治工程；组织协调矿山环境恢复治理工作。矿山环境管理主要有以下特点：

① 管理资源。矿山环境保护从本质上讲就是保证自然资源的合理开发和在生产过程中避免资源浪费、防止资源破坏和环境污染。可见，矿山环境管理必须以管理自然资源的开发利用以及保护生态平衡为根本。

② 综合性。因为环境问题是由自然、社会、政治和科学技术等因素错综复杂地交织在一起构成的，所以要实施环境管理就必须采取立法、经济、教育和科学技术等措施相结合的办法，才能有效地处理和解决环境方面的问题。

③ 区域性和广泛性。由于矿山环境受到地理位置、气候条件、人口密度、资源蕴藏、经济发展、生产布局以及环境等多方面的制约，所以矿山环境管理具有明显的区域性。另外，由于每个人都在一定的环境中生活，人们的活动又作用于环境，因此矿山环境质量的好坏，同每一个矿区成员有关。矿山环境管理既涉及经济问题，又涉及社会问题，所以它还具有广泛性。这些特点决定了在进行矿山环境管理时，必须采取多种形式和措施才能达到目标。

二、矿山环境管理体制

所谓环境管理体制，就是环境管理的领导与机构的设置，责任、职责的划分以及相互关系的规定。我国建立的环境管理体制是：组织上以企业为基础，以地方为主，条块结合，各方协同的体制；手段上以行政、经济、立法、教育为主，加强管理，促防促治；方法上以综合评价、综合防治为主，同时实行群众监督。由于我国幅员辽阔，地区环境特点差异较大，经济活动亦很复杂，并且许多企业管理比较落后，很容易造成环境污染事件的发生。因此，环境管理一般以企业为基础，并充分发挥各部门的积极性，实施环境管理。

第二节　与矿山环境管理有关的法律、法规和政策

矿山最主要、最核心的环境问题是对生态环境的影响，故国内外有关矿山环境保护的法律法规、政策和规定等，主要集中在对矿山生态环境的保护和修复方面。

一、国外有关矿山环境保护的法律、法规

美国和德国是最早开始关注矿山生态环境修复的国家。1918 年美国印第安纳州的矿业主开始在采空区复垦植树，但属自发性修复。1920 年《矿山租赁法》中明确要求保护土地和自然环境。第二次世界大战后，随着露天采矿业的迅速发展，对土地和环境造成严重破坏，公众开始有所异议，呼吁制止露天开采，这一呼吁引起许多州的州长和立法机构的注意。1939 年西弗吉尼亚州首先颁布了第一个管理采矿的法律——《复垦法》，对矿区环境修复起了很大促进作用。此后，印第安纳州、伊利诺伊州、宾夕法尼亚州、俄亥俄州、肯塔基州分别于 1941、1943、1945、1947 和 1954 年陆续运用法律手段管理采矿区的生态环境修复工作。1977 年 8 月 3 日美国国会通过并颁布第一部全国性的矿区生态环境修复法规《露天采矿管理与(环境)修复法》。德国也是从 20 世纪 20 年代开始矿区环境修复。20 世纪 50 年代和 60 年代，许多工业发达国家加速复垦法规的制定和复垦工程的实践活动，比较自觉地进入了科学复垦时代。1969 年瑞典的采矿和重工业项目就已被环境法严格控制。

日本在 20 世纪五六十年代保护自然环境呼声很高，并进行治理实施研究。1956 年开始投入大量人力、物力、财力对关东足尾山矿山进行治理。到 1990 年共治理弃矿 706 km^2，投资 62 亿多日元；1971 年确定了保护自然环境方针；1972 年制定了保护自然环境条例。

澳大利亚在 1980 年对开采矿区进行大规模的复垦，1997 年形成“最佳实用采矿环境管理”完整系统，出版了系列小册子用于指导矿山生态环境保护、复垦和管理；政府有关部门为各采矿企业提供培训、参与研究、提供技术资料和帮助等一系列活动。

二、国内有关矿山环境保护的法律、法规

(一) 概述

多年来，我国十分重视建立和完善有关矿山资源综合利用和环境治理的法规，并已经逐步确立了土地利用规划、环境影响评价、环保“三同时”制度、勘探权和采矿权许可证制度、限期治理等法律制度。在已经出台的《中华人民共和国环境保护法》《中华人民共和国矿产资源法》《中华人民共和国煤炭法》《中华人民共和国水土保持法》《中华人民共和国土地管理法》《中华人民共和国国民经济和社会发展第十三个五年规划纲要》中都对矿产资源综合利用和矿山环境治理提出了要求。

与矿山环境管理有关的法律、法规和规章列于表 11-1。

(二)《中华人民共和国环境保护法》的有关规定

《中华人民共和国环境保护法》是为保护和改善环境，防治污染和其他公害，保障公众健康，推进生态文明建设，促进经济社会可持续发展，制定的法律。由中华人民共和国第十二届全国人民代表大会常务委员会第八次会议于 2014 年 4 月 24 日修订通过，自 2015 年 1 月 1 日起施行。

表 11-1　我国与矿山环境管理有关的政策性法规一览表

类别	名　　称	制定机关	施行时间
法律	中华人民共和国宪法	第五届全国人民代表大会第 5 次会议通过	1982.12.4
	中华人民共和国水污染防治法	第六届全国人民代表大会常务委员会第 5 次会议通过	1984.11.1
	中华人民共和国矿产资源法	第八届全国人民代表大会常务委员会第 21 次会议通过	1997.1.1
	中华人民共和国土地管理法	第九届全国人民代表大会常务委员会第 4 次会议，于 1998 年 8 月 29 日修订通过	1999.1.1
	中华人民共和国大气污染防治法	第六届全国人民代表大会常务委员会第 22 次会议通过	1988.6.1
	中华人民共和国环境保护法	第七届全国人民代表大会常务委员会第 11 次会议通过，第十二届全国人民代表大会常务委员会第八次会议于 2014 年 4 月 24 日修订	2015.1.1
	中华人民共和国水土保持法	第七届全国人民代表大会常务委员会第 20 次会议通过，2010 年 12 月 25 日修订	2011.3.1
	中华人民共和国矿山安全法	第七届全国人民代表大会常务委员会第 28 次会议通过	1993.5.1
	中华人民共和国固体废弃物污染环境防治法	第八届全国人民代表大会常务委员会第 16 次会议通过	1996.4.1
	中华人民共和国煤炭法	第八届全国人民代表大会常务委员会第 21 次会议通过，2011 年 4 月 22 日修改	2011.7.1
	中华人民共和国环境噪声污染防治法	第八届全国人民代表大会常务委员会第 20 次会议通过	1997.3.1
	中华人民共和国环境影响评价法	第九届全国人民代表大会常务委员会第 30 次会议通过	2003.9.1
行政规章	国务院关于环境保护工作的决定	国务院	1984.5.8
	国务院关于加强乡镇、街道企业环境保护管理的规定	国务院	1984.9.27
	关于开展资源综合利用若干问题的暂行规定	国务院	1985.9.30
	矿产资源监督管理暂行办法	国务院	1987.4.29
	污染源治理专项基金有偿使用暂行办法	国务院	1988.9.1
	土地复垦规定	国务院	1989.1.1
行政规章	防治尾矿污染环境管理规定	国务院	1999.7.12
	乡镇煤矿管理条例	国务院	1994.12.20
	中华人民共和国矿产资源法实施细则	国务院	1994.3.26
	国务院关于促进煤炭工业健康发展的若干意见	国务院	2005.6.7
	矿产资源开采登记管理办法	国务院	1998.2.12
	探矿权采矿权转让管理办法	国务院	1998.2.12
	地质资料管理条例	国务院	2002.7.1
	国务院办公厅关于加快煤层气(煤矿瓦斯)抽采利用的若干意见	国务院	2006.6.15
	国务院关于全面整顿和规范矿产资源开发秩序的通知	国务院	2005.8.18

表 11-1(续)

类别	名称	制定机关	施行时间
部门规章	放射性废物安全管理条例	国务院	2012.3.1
	关于增设“排污费”收支预算科目的通知	财政部	1982.4.9
	全国环境监测管理条例	城乡建设环境保护部	1983.7.21
	建设项目环境保护设计管理办法	国务院环境保护委员会、国家计委、国家经委	1987.3.20
	饮用水水资源保护区污染防治管理规定	国家环保局、卫生部、建设部、水利部、地质矿产部	1989.7.10
	建设项目环境影响评价证书管理办法	国家环境保护局	1989.9.2
	关于资源综合利用项目与新建和扩建工程实行“三同时”的若干规定	国家计委	1990.1.1
	防治尾矿污染环境管理规定	国家环境保护总局	1992.10.1
	矿山生态环境保护与污染防治技术政策	国家环境保护总局、国土资源部、卫生部	2005. 9.7
	国家发展改革委关于加强煤炭基本建设项目管理有关问题的通知	国土资源部、人民银行、工商总局、质检总局、环保总局、安监总局	2005.12.8
	国家发展改革委关于大型煤炭基地建设规划的批复	国家发展改革委	2006.3.2
	加快煤炭行业结构调整、应对产能过剩的指导意见	国家发展改革委	2006.4.10
	关于逐步建立矿山环境治理和生态恢复责任机制的指导意见	财政部、国土资源部、环保总局	2006.2.10
	矿山地质环境保护规定	国土资源部	2009.5.1
	关于加快推进煤矿企业兼并重组的若干意见	国家发展改革委员会	2010.10.21
	粉煤灰综合利用管理办法	国家发展改革委员会、科学技术部、工业和信息化部、财政部、国土资源部、环境保护部、住房和城乡建设部、交通运输部、国家税务总局、国家质量监督检验检疫总局	2013.1.5

在该法中，环境是指影响人类生存和发展的各种天然的和经过人工改造的自然因素的总体，包括大气、水、海洋、土地、矿藏、森林、草原、湿地、野生生物、自然遗迹、人文遗迹、自然保护区、风景名胜区、城市和乡村等。在该定义中把矿藏列为环境的一种自然因素。

对于环境保护的监督管理，该法中指出：国务院环境保护主管部门，对全国环境保护工作实施统一监督管理；县级以上地方人民政府环境保护主管部门，对本行政区域环境保护工作实施统一监督管理。县级以上人民政府有关部门和军队环境保护部门，依照有关法律的规定对资源保护和污染防治等环境保护工作实施监督管理。

该法要求建设项目中防治污染的设施，应当与主体工程同时设计、同时施工、同时投产使用。防治污染的设施应当符合经批准的环境影响评价文件的要求，不得擅自拆除或者闲置。

排放污染物的企业事业单位和其他生产经营者应当采取措施，防治在生产建设或者其他活动中产生的废气、废水、废渣、医疗废物、粉尘、恶臭气体、放射性物质以及噪声、振动、光辐射、电磁辐射等对环境的污染和危害。排放污染物的企业事业单位，应当建立环境保护责任制度，明确单位负责人和相关人员的责任。重点排污单位应当按照国家有关规定和监测规范安装使用监测设备，保证监测设备正常运行，保存原始监测记录。严禁通过暗管、渗井、渗坑、灌注或者篡改、伪造监测数据，或者不正常运行防治污染设施等逃避监管的方式违法排放污染物。

排放污染物的企业事业单位和其他生产经营者，应当按照国家有关规定缴纳排污费。排污费应当全部专项用于环境污染防治，任何单位和个人不得截留、挤占或者挪作他用。依照法律规定征收环境保护税的，不再征收排污费。

国家实行重点污染物排放总量控制制度。重点污染物排放总量控制指标由国务院下达，省、自治区、直辖市人民政府分解落实。企业事业单位在执行国家和地方污染物排放标准的同时，应当遵守分解落实到本单位的重点污染物排放总量控制指标。对超过国家重点污染物排放总量控制指标或者未完成国家确定的环境质量目标的地区，省级以上人民政府环境保护主管部门应当暂停审批其新增重点污染物排放总量的建设项目环境影响评价文件。

国家依照法律规定实行排污许可管理制度。实行排污许可管理的企业事业单位和其他生产经营者应当按照排污许可证的要求排放污染物；未取得排污许可证的，不得排放污染物。

企业事业单位应当按照国家有关规定制定突发环境事件应急预案，报环境保护主管部门和有关部门备案。在发生或者可能发生突发环境事件时，企业事业单位应当立即采取措施处理，及时通报可能受到危害的单位和居民，并向环境保护主管部门和有关部门报告。突发环境事件应急处置工作结束后，有关人民政府应当立即组织评估事件造成的环境影响和损失，并及时将评估结果向社会公布。

企业事业单位和其他生产经营者违法排放污染物，受到罚款处罚，被责令改正，拒不改正的，依法作出处罚决定的行政机关可以自责令改正之日的次日起，按照原处罚数额按日连续处罚。企业事业单位和其他生产经营者超过污染物排放标准或者超过重点污染物排放总量控制指标排放污染物的，县级以上人民政府环境保护主管部门可以责令其采取限制生产、停产整治等措施；情节严重的，报经有批准权的人民政府批准，责令停业、关闭。

建设单位未依法提交建设项目环境影响评价文件或者环境影响评价文件未经批准，擅自开工建设的，由负有环境保护监督管理职责的部门责令停止建设，处以罚款，并可以责令恢复原状。违反本法规定，重点排污单位不公开或者不如实公开环境信息的，由县级以上地方人民政府环境保护主管部门责令公开，处以罚款，并予以公告。因污染环境和破坏生态造成损害的，应当依照《中华人民共和国侵权责任法》的有关规定承担侵权责任。违反本法规定，构成犯罪的，依法追究刑事责任。

（三）《中华人民共和国矿产资源法》的有关规定

1986 年 3 月 19 日第六届全国人民代表大会常务委员会第十五次会议通过《中华人民共和国矿产资源法》，根据 1996 年 8 月 29 日第八届全国人民代表大会常务委员会第二十一次会议《关于修改〈中华人民共和国矿产资源法〉的决定》进行了第一次修正，根据 2009 年 8 月 27 日第十一届全国人民代表大会常务委员会第十次会议《关于修改部分法律的决定》

进行了第二次修正。

1．矿产资源开采的审批

非经国务院授权的有关主管部门同意，不得在下列地区开采矿产资源：港口、机场、国防工程设施圈定地区以内；重要工业区、大型水利工程设施、城镇市政工程设施附近一定距离以内；铁路、重要公路两侧一定距离以内；重要河流、堤坝两侧一定距离以内；国家划定的自然保护区、风景区、地表（下）水保护区，国家重点保护的不能移动的历史文物、地质公园和名胜古迹所在地；国家规定不得开采矿产资源的其他地区。

2．开采矿产资源的环境保护措施

开采矿产资源，必须遵守有关环境保护的法律规定，防止污染环境，应当节约用地。耕地、草原、林地因采矿受到破坏的，矿山企业应当因地制宜地采取复垦利用、植树种草或者其他利用措施。开采矿产资源给他人生产、生活造成损失的，应当负责赔偿，并采取必要的补救措施。

设立矿山企业，必须符合国家规定的资质条件，并依照法律和国家有关规定，由审批机关对其矿区范围、矿山设计或者开采方案、生产技术条件、安全措施和环境保护措施等进行审查。关闭矿山，必须提出矿山闭坑报告及有关采掘工程、安全隐患、土地复垦利用、环境保护的资料，并按照国家规定报请审查批准。

（四）《中华人民共和国煤炭法》的有关规定

1996年8月29日第八届全国人民代表大会常务委员会第二十一次会议通过了《中华人民共和国煤炭法》，国家主席于同日公布，自1996年12月1日起施行。2011年4月22日第十一届全国人民代表大会常务委员会第二十次会议对该法进行了修改并于2011年7月1日起施行。之后又于2013年、2016年进行了两次修改。相关内容有：

国家对煤炭开发应实行统一规划、合理布局、综合利用的方针。国家依法保护煤炭资源，禁止任何乱采、滥挖破坏煤炭资源的行为。开发利用煤炭资源，应当遵守有关环境保护的法律、法规，防治污染和其他公害，保护生态环境。

煤炭生产开发规划与煤矿建设中应当遵守以下环境保护的规定：煤炭生产开发规划应当根据国民经济和社会发展的需要制定，并纳入国民经济和社会发展计划。煤矿建设使用土地，应当依照有关法律、行政法规的规定办理。征用土地的，应当依法支付土地补偿费和安置补偿费，做好迁移居民的安置工作。煤矿建设应当贯彻保护耕地、合理利用土地的原则。地方人民政府对煤矿建设依法使用土地和迁移居民，应当给予支持和协助；煤矿建设应当坚持煤炭开发与环境治理同步进行。煤矿建设项目的环境保护设施必须与主体工程同时设计、同时施工、同时验收、同时投入使用。

开办煤矿企业，应当具备下列条件：有煤矿建设项目可行性研究报告或者开采方案；有计划开采的矿区范围、开采范围和资源综合利用方案；有开采所需的地质、测量、水文资料和其他资料；有符合煤矿安全生产和环境保护要求的矿山设计；有合理的煤矿矿井生产规模和与其相适应的资金、设备和技术人员；法律、行政法规规定的其他条件。

煤炭资源开采应采取的生态保护措施：因开采煤炭压占土地或者造成地表土地塌陷、挖损，由采矿者负责进行复垦，恢复到可供利用的状态；造成他人损失的，应当依法给予补偿；关闭煤矿和报废矿井，应当依照有关法律、法规和国务院煤炭管理部门的规定办理。

（五）《中华人民共和国水土保持法》的有关规定

1991年6月29日第七届全国人民代表大会常务委员会第二十次会议通过《中华人民共和国水土保持法》，1991年6月29日起施行。目前该法已由中华人民共和国第十一届全国人民代表大会常务委员会第十八次会议于2010年12月25日修订通过，自2011年3月1日起施行。与矿山环境保护相关的内容有：

1. 水土流失重点防治区划

水土保持是指对自然因素和人为活动造成水土流失所采取的预防和治理措施。其目的就是要预防和治理水土流失，改善生态环境。水土保持是建立良好的生态环境的一项根本性措施。

水土流失重点防治区是人民政府依据水土流失的具体情况依法确定的造成或可能造成水土严重流失并优先予以预防和治理的区域。它可以分为重点预防保护区、重点监督区和重点治理区。水土流失重点防治区按国家、省、县三级划分，具体范围由县级以上人民政府水行政主管部门提出，报同级人民政府批准并公告。

2. 水土流失防治措施

地方各级人民政府应当按照水土保持规划，采取封育保护、自然修复等措施，组织单位和个人植树种草，扩大林草覆盖面积，涵养水源，预防和减轻水土流失。地方各级人民政府应当加强对取土、挖砂、采石等活动的管理，预防和减轻水土流失。禁止在崩塌、滑坡危险区和泥石流易发区从事取土、挖砂、采石等可能造成水土流失的活动。崩塌、滑坡危险区和泥石流易发区的范围，由县级以上地方人民政府划定并公告。崩塌、滑坡危险区和泥石流易发区的划定，应当与地质灾害防治规划确定的地质灾害易发区、重点防治区相衔接。

水土流失严重、生态脆弱的地区，应当限制或者禁止可能造成水土流失的生产建设活动，严格保护植物、沙壳、结皮、地衣等。在侵蚀沟的沟坡和沟岸、河流的两岸以及湖泊和水库的周边，土地所有权人、使用权人或者有关管理单位应当营造植物保护带。禁止开垦、开发植物保护带。禁止在二十五度以上陡坡地开垦种植农作物。在二十五度以上陡坡地种植经济林的，应当科学选择树种，合理确定规模，采取水土保持措施，防止造成水土流失。省、自治区、直辖市根据本行政区域的实际情况，可以规定小于二十五度的禁止开垦坡度。禁止开垦的陡坡地的范围由当地县级人民政府划定并公告。

禁止毁林、毁草开垦和采集发菜。禁止在水土流失重点预防区和重点治理区铲草皮、挖树兜或者滥挖虫草、甘草、麻黄等。林木采伐应当采用合理方式，严格控制皆伐；对水源涵养林、水土保持林、防风固沙林等防护林只能进行抚育和更新性质的采伐；对采伐区和集材道应当采取防止水土流失的措施，并在采伐后及时更新造林。在林区采伐林木的，采伐方案中应当有水土保持措施。采伐方案经林业主管部门批准后，由林业主管部门和水行政主管部门监督实施。在五度以上坡地植树造林、抚育幼林、种植中药材等，应当采取水土保持措施。在禁止开垦坡度以下、五度以上的荒坡地开垦种植农作物，应当采取水土保持措施。具体办法由省、自治区、直辖市根据本行政区域的实际情况规定。

生产建设项目选址、选线应当避让水土流失重点预防区和重点治理区；无法避让的，应当提高防治标准，优化施工工艺，减少地表扰动和植被损坏范围，有效控制可能造成的水土流失。

3. 水土保持方案

在山区、丘陵区、风沙区以及水土保持规划确定的容易发生水土流失的其他区域开办可能造成水土流失的生产建设项目，生产建设单位应当编制水土保持方案，报县级以上人民政府水行政主管部门审批，并按照经批准的水土保持方案，采取水土流失预防和治理措施。没有能力编制水土保持方案的，应当委托具备相应技术条件的机构编制。

水土保持方案应当包括水土流失预防和治理的范围、目标、措施和投资等内容。水土保持方案经批准后，生产建设项目的地点、规模发生重大变化的，应当补充或者修改水土保持方案并报原审批机关批准。水土保持方案实施过程中，水土保持措施需要作出重大变更的，应当经原审批机关批准。生产建设项目水土保持方案的编制和审批办法，由国务院水行政主管部门制定。

依法应当编制水土保持方案的生产建设项目，生产建设单位未编制水土保持方案或者水土保持方案未经水行政主管部门批准的，生产建设项目不得开工建设。依法应当编制水土保持方案的生产建设项目中的水土保持设施，应当与主体工程同时设计、同时施工、同时投产使用；生产建设项目竣工验收，应当验收水土保持设施；水土保持设施未经验收或者验收不合格的，生产建设项目不得投产使用。依法应当编制水土保持方案的生产建设项目，其生产建设活动中排弃的砂、石、土、矸石、尾矿、废渣等应当综合利用；不能综合利用，确需废弃的，应当堆放在水土保持方案确定的专门存放地，并采取措施保证不产生新的危害。县级以上人民政府水行政主管部门、流域管理机构，应当对生产建设项目水土保持方案的实施情况进行跟踪检查，发现问题及时处理。

（六）矿山生态环境保护与污染防治技术政策

《矿山生态环境保护与污染防治技术政策》于 2005 年 9 月 7 日由国家环境保护总局、国土资源部、卫生部共同颁布实施，为环发〔2005〕109 号。

1. 制定的目的和依据

为了实现矿产资源开发与生态环境保护协调发展，提高矿产资源开发利用效率，避免和减少矿区生态环境破坏和污染，根据《中华人民共和国固体废物污染防治法》《中华人民共和国水污染防治法》《中华人民共和国清洁生产促进法》《中华人民共和国矿产资源法》《全国生态环境保护纲要》等有关的法律、法规和政策文件，制定该技术政策。

2. 适用范围

该技术政策适用于从事固体矿产资源开发的企业，不包括从事放射性矿产、海洋矿产开发的企业。该技术政策适用于矿产资源开发规划与设计、矿山基建、采矿、选矿和废弃地复垦等阶段的生态环境保护与污染防治。

3. 指导方针和技术原则

矿产资源的开发应贯彻“污染防治与生态环境保护并重，生态环境保护与生态环境建设并举；以及预防为主、防治结合、过程控制、综合治理”的指导方针。

矿产资源的开发应推行循环经济的“污染物减量、资源再利用和循环利用”的技术原则，具体包括：

① 发展绿色开采技术，实现矿区生态环境无损或受损最小；

② 发展干法或节水的工艺技术，减少水的使用量；

③ 发展无废或少废的工艺技术，最大限度地减少废弃物的产生；

④ 矿山废物按照先提取有价金属、组分或利用能源，再选择用于建材或其他用途，最后进行无害化处理处置的技术原则。

4. 实现目标

2010年应达到的阶段性目标：① 新、扩、改建选煤和黑色冶金选矿的水重复利用率应达到90%以上；新、扩、改建有色金属系统选矿的水重复利用率应达到75%以上；② 大中型煤矿矿井水重复利用率力求达到65%以上；③ 已建立地面永久瓦斯抽放系统的大中型煤矿，其瓦斯利用率应达到当年抽放量的85%以上；④ 煤矸石的利用率达到55%以上，尾矿的利用率达到10%以上；⑤ 历史遗留矿山开采破坏土地复垦率达到20%以上，新建矿山应做到边开采、边复垦，破坏土地复垦率达到75%以上。

2015年应达到的阶段性目标：① 选煤厂、冶金选矿厂和有色金属选矿厂的选矿水循环利用率在2010年基础上分别提高3%；② 大中型煤矿矿井水重复利用率、大中型煤矿瓦斯利用率、煤矸石的利用率、尾矿的利用率在2010年基础上分别提高5%；③ 历史遗留矿山开采破坏土地复垦率达到45%以上，新建矿山应做到边开采、边复垦，破坏土地复垦率达到85%以上。

5. 考核指标体系

政府主管部门应建立和完善矿山生态环境保护与污染防治的考核指标体系，将下述指标纳入考核指标体系：

① 采矿回采率、贫化率、选矿回收率、综合利用率等矿产资源综合开发利用指标；

② 固体废物综合利用率、煤矿瓦斯抽放利用率、水重复利用率等废物资源化利用指标；

③ 土地复垦率、矿山次生地质灾害治理率等生态环境修复指标。

6. 清洁生产

鼓励矿山企业开展清洁生产审核，优先选用采、选矿清洁生产工艺，杜绝落后工艺与设备向新开发矿区和落后地区转移。

7. 矿产资源开发规划与设计

禁止在依法划定的自然保护区（核心区、缓冲区）、风景名胜区、森林公园、饮用水水源保护区、重要湖泊周边、文物古迹所在地、地质遗迹保护区、基本农田保护区等区域内采矿；禁止在铁路、国道、省道两侧的直观可视范围内进行露天开采；禁止在地质灾害危险区开采矿产资源；禁止土法采、选冶金矿和土法冶炼汞、砷、铅、锌、焦、硫、钒等矿产资源开发活动；禁止新建对生态环境产生不可恢复利用的、产生破坏性影响的矿产资源开发项目；禁止新建煤层含硫量大于3%的煤矿。

限制在生态功能保护区和自然保护区（过渡区）内开采矿产资源；生态功能保护区内的开采活动必须符合当地的环境功能区规划，并按规定进行控制性开采，开采活动不得影响本功能区内的主导生态功能；限制在地质灾害易发区、水土流失严重区域等生态脆弱区内开采矿产资源。

8. 矿坑水的综合利用和废水、废气的处理，宜采取的措施

鼓励将矿坑水优先利用为生产用水，作为辅助水源加以利用，在干旱缺水地区，鼓励将外排矿坑水用于农林灌溉，其水质应达到相应标准要求；宜采取修筑排水沟、引流渠，预先截堵水，防渗漏处理等措施，防止或减少各种水源进入露天采场和地下井巷；宜采取灌浆等工程措施，避免和减少采矿活动破坏地下水均衡系统；研究推广酸性矿坑废水、高矿化度矿坑

废水和含氟、锰等特殊污染物矿坑水的高效处理工艺与技术；积极推广煤矿瓦斯抽放回收利用技术，将其用于发电、制造炭黑、民用燃料、制造化工产品等；宜采用安装除尘装置、湿式作业、个体防护等措施，防治凿岩、铲装、运输等采矿作业中的粉尘污染。

9. 固体废物贮存、综合利用及废弃地复垦

对采矿活动所产生的固体废物，应使用专用场所堆放，并采取有效措施防止二次环境污染及诱发次生地质灾害。

应根据采矿固体废物的性质、贮存场所的工程地质情况，采用完善的防渗、集排水措施，防止淋溶水污染地表水和地下水；宜采用水覆盖法、湿地法、碱性物料回填等方法，预防和降低废石场的酸性废水污染；煤矸石堆存时，宜采取分层压实、黏土覆盖、快速建立植被等措施，防止矸石山氧化自燃。推广表外矿和废石中有价元素和矿物的回收技术，如采用生物浸出—溶剂萃取—电积技术回收废石中的铜等；推广利用采矿固体废物加工生产建筑材料及制品技术，如生产铺路材料、制砖等；推广煤矸石的综合利用技术，如利用煤矸石发电、生产水泥和肥料、制砖等。

废弃地的复垦应遵循以下规定：矿山开采企业应将废弃地复垦纳入矿山日常生产与管理，提倡采用采(选)矿-排土(尾)-造地-复垦一体化技术；矿山废弃地复垦应做可垦性试验，采取最合理的方式进行废弃地复垦；对于存在污染的矿山废弃地，不宜复垦作为农牧业生产用地；对于可开发为农牧业用地的矿山废弃地，应对其进行全面的监测与评估；矿山生产过程中应采取种植植物和覆盖等复垦措施，对露天坑、废石场、尾矿库、矸石山等永久性坡面进行稳定化处理，防止水土流失和滑坡；废石场、尾矿库、矸石山等固废堆场服务期满后，应及时封场和复垦，防止水土流失及风蚀扬尘等；鼓励推广采用覆岩离层注浆，利用尾矿、废石充填采空区等技术，减轻采空区上覆岩层塌陷；采用生物工程进行废弃地复垦时，宜对土壤重构、地形、景观进行优化设计，对物种选择、配置及种植方式进行优化。

(七)《矿山地质环境保护规定》的有关内容

《矿山地质环境保护规定》于2009年2月2日国土资源部第4次部务会议审议通过，自2009年5月1日起施行。之后经过三次修订，分别是2015年5月6日国土资源部第2次部务会议《国土资源部关于修改〈地质灾害危险性评估单位资质管理办法〉等5部规章的决定》第一次修正；2016年1月5日国土资源部第1次部务会议《国土资源部关于修改和废止部分规章的决定》第二次修正；2019年7月16日自然资源部第2次部务会议《自然资源部关于第一批废止修改的部门规章的决定》第三次修正。

1. 制定的依据、原则及使用范围

为保护矿山地质环境，减少矿产资源勘察开采活动造成的矿山地质环境破坏，保护人民生命和财产安全，促进矿产资源的合理开发利用和经济社会、资源环境的协调发展，根据《中华人民共和国矿产资源法》和《地质灾害防治条例》，制定该规定。

矿山地质环境保护，坚持预防为主、防治结合，谁开发谁保护、谁破坏谁治理、谁投资谁受益的原则。因矿产资源勘察开采等活动造成矿区地面塌陷、地裂缝、崩塌、滑坡、含水层破坏、地形地貌景观破坏等的预防和治理恢复，适用该规定。开采矿产资源涉及土地复垦的，依照国家有关土地复垦的法律法规执行。

2. 矿山地质环境保护规划

自然资源部负责全国矿山地质环境的调查评价工作。省、自治区、直辖市国土资源行政

主管部门负责本行政区域内的矿山地质环境调查评价工作。市、县国土资源行政主管部门根据本地区的实际情况，开展本行政区域的矿山地质环境调查评价工作。

自然资源部依据全国矿山地质环境调查评价结果，编制全国矿山地质环境保护规划。省、自治区、直辖市国土资源行政主管部门依据全国矿山地质环境保护规划，结合本行政区域的矿山地质环境调查评价结果，编制省、自治区、直辖市的矿山地质环境保护规划，经自然资源部审核后，报省、自治区、直辖市人民政府批准实施。市、县级矿山地质环境保护规划的编制和审批，由省、自治区、直辖市国土资源行政主管部门规定。

矿山地质环境保护规划应当包括下列内容：① 矿山地质环境现状和发展趋势；② 矿山地质环境保护的指导思想、原则和目标；③ 矿山地质环境保护的主要任务；④ 矿山地质环境保护的重点工程；⑤ 规划实施保障措施。

矿山地质环境保护规划应当符合矿产资源规划，并与土地利用总体规划、地质灾害防治规划等相协调。

3. 矿山地质环境保护与治理恢复

采矿权申请人申请办理采矿许可证时，应当编制矿山地质环境保护与治理恢复方案，报有批准权的国土资源行政主管部门批准。矿山地质环境保护与治理恢复方案应当包括下列内容：

① 矿山基本情况；② 矿山地质环境现状；③ 矿山开采可能造成地质环境影响的分析评估（含地质灾害危险性评估）；④ 矿山地质环境保护与治理恢复措施；⑤ 矿山地质环境监测方案；⑥ 矿山地质环境保护与治理恢复工程经费概算；⑦ 缴存矿山地质环境保护与治理恢复保证金承诺书。

采矿权申请人未编制矿山地质环境保护与治理恢复方案，或者编制的矿山地质环境保护与治理恢复方案不符合要求的，有批准权的国土资源行政主管部门应当告知申请人补正；逾期不补正的，不予受理其采矿权申请；采矿权人扩大开采规模、变更矿区范围或者开采方式的，应当重新编制矿山地质环境保护与治理恢复方案，并报原批准机关批准。

采矿权人应当严格执行经批准的矿山地质环境保护与治理恢复方案。矿山地质环境保护与治理恢复工程的设计和施工，应当与矿产资源开采活动同步进行。

开采矿产资源造成矿山地质环境破坏的，由采矿权人负责治理恢复，治理恢复费用列入生产成本。矿山地质环境治理恢复责任人灭失的，由矿山所在地的市、县国土资源行政主管部门，使用经市、县人民政府批准设立的政府专项资金进行治理恢复。自然资源部，省、自治区、直辖市国土资源行政主管部门依据矿山地质环境保护规划，按照矿山地质环境治理工程项目管理制度的要求，对市、县国土资源行政主管部门给予资金补助。

矿山地质环境治理恢复后，对具有观赏价值、科学研究价值的矿业遗迹，国家鼓励开发为矿山公园。

采矿权转让的，矿山地质环境保护与治理恢复的义务同时转让。采矿权受让人应当依照本规定，履行矿山地质环境保护与治理恢复的义务。

以槽探、坑探方式勘察矿产资源，探矿权人在矿产资源勘察活动结束后未申请采矿权的，应当采取相应的治理恢复措施，对其勘察矿产资源遗留的钻孔、探井、探槽、巷道进行回填、封闭，对形成的危岩、危坡等进行治理恢复，消除安全隐患。

4. 矿山地质环境保护的监督管理

县级以上国土资源行政主管部门对采矿权人履行矿山地质环境保护与治理恢复义务的情况进行监督检查。相关责任人应当配合县级以上国土资源行政主管部门的监督检查，并提供必要的资料，如实反映情况。

县级以上国土资源行政主管部门应当建立本行政区域内的矿山地质环境监测工作体系，健全监测网络，对矿山地质环境进行动态监测，指导、监督采矿权人开展矿山地质环境监测。采矿权人应当定期向矿山所在地的县级国土资源行政主管部门报告矿山地质环境情况，如实提交监测资料。县级国土资源行政主管部门应当定期将汇总的矿山地质环境监测资料报上一级国土资源行政主管部门。

县级以上国土资源行政主管部门在履行矿山地质环境保护的监督检查职责时，有权对矿山地质环境保护与治理恢复方案确立的治理恢复措施落实情况和矿山地质环境监测情况进行现场检查，对违反本规定的行为有权制止并依法查处。

开采矿产资源等活动造成矿山地质环境突发事件的，有关责任人应当采取应急措施，并立即向当地人民政府报告。

第三节　与矿山环境管理有关的标准

《中华人民共和国环境保护标准管理办法》中对环境标准的定义为：环境标准是为了保护人群健康、社会物质财富和维持生态平衡，对大气、水、土壤等环境质量，对污染源的监测方法以及其他需要所制定的标准的总称。

具体讲，环境标准是根据国家的环境政策和法规，在综合考虑本国自然环境特征、社会经济条件和科学技术水平的基础上规定环境中污染物的允许含量和污染源排放污染物的数量、浓度、时间和速率以及其他有关的技术规范，以达到保护人民健康、促进生态良性循环、实现社会经济发展的目标。

各种不同环境标准相互依存、相互衔接、相互补充、相互制约构成一个有机整体，即构成了环境标准体系。我国现行环境标准体系目前分为三级和五类，详见图 11-1。

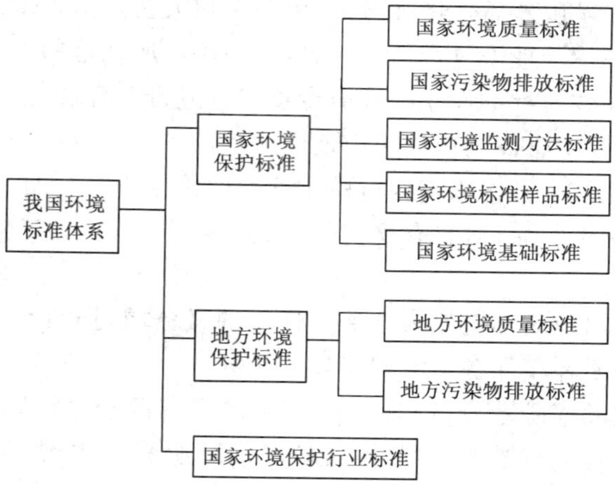

图 11-1　环境标准体系框图

与矿山环境管理有关的标准见表 11-2。

表 11-2　与矿山环境管理有关的主要标准

序号	标　准　号	标　准　名　称
1	GB 3095—2012	环境空气质量标准
2	GB 3097—1997	海水水质标准
3	GB 3838—2002	地表水环境质量标准
4	GB 11607—89	渔业水质标准
5	GB/T 14848—2017	地下水质量标准
6	GB 5084—2005	农田灌溉水质标准
7	GB 3096—2008	声环境质量标准
8	环发[2005]109 号	矿山生态环境保护与污染防治技术政策
9	GB 15618—2018	土壤环境质量　农用地土壤污染风险管控标准(试行)
10	GB 36600—2018	土壤环境质量　建设用地土壤污染风险管控标准(试行)
11	GB 5749—2006	生活饮用水卫生标准
12	GB 16297—1996	大气污染物综合排放标准
13	GB 9078—1996	工业炉窑大气污染物排放标准
14	GB 13223—2011	火电厂大气污染物排放标准
15	GB 13271—2014	锅炉大气污染物排放标准
16	GB 16171—2012	炼焦化学工业污染物排放标准
17	GB 8978—1996	污水综合排放标准
18	GB 20426—2006	煤炭工业污染物排放标准
19	GB 12348—2008	工业企业厂界环境噪声排放标准
20	GB 12523—2011	建筑施工场界环境噪声排放标准
21	GB 18597—2001	危险废物贮存污染控制标准
22	GB 18599—2020	一般工业固体废物贮存和填埋污染控制标准
23	GB 9132—2018	低、中水平放射性固体废物近地表处置安全规定
24	GB 14585—1993	铀、钍矿冶放射性废物安全管理技术规定
25	GB 12379—1990	环境核辐射监测规定
26	GB 23727—2020	铀矿冶辐射防护和辐射环境保护规定
27	GB 15848—2009	铀矿地质勘查辐射防护和环境保护规定
28	GB 14586—1993	铀矿冶设施退役环境管理技术规定
29	GB 21522—2008	煤层气(煤矿瓦斯)排放标准(暂行)
30	GB 28661—2012	铁矿采选工业污染物排放标准
31	HJ 610—2016	环境影响评价技术导则　地下水环境
32	HJ 619—2011	环境影响评价技术导则　煤炭采选工程
33	HJ 1148—2020	伴生放射性矿开发利用项目竣工辐射环境保护验收监测报告的格式与内容
34	HJ 1015.1—2019	环境影响评价技术导则　铀矿冶

表 11-2(续)

序号	标准号	标准名称
35	HJ 1015.2—2019	环境影响评价技术导则　铀矿冶退役
36	HJ 740—2015	尾矿库环境风险评估技术导则(试行)
37	HJ 651—2013	矿山生态环境保护与恢复治理技术规范(试行)
38	HJ 652—2013	矿山生态环境保护与恢复治理方案(规划)编制规范(试行)
39	HJ 607—2011	废矿物油回收利用污染控制技术规范
40	HJ 463—2009	规划环境影响评价技术导则　煤炭工业矿区总体规划
41	HJ/T 358—2007	清洁生产标准　镍选矿行业
42	HJ/T 294—2006	清洁生产标准　铁矿采选业

我国各省根据本地区的环境容量、环保要求等实际情况,制定了严于国家标准的地方标准。在环保实践中,当两种标准同时存在时,优先使用地方标准。

第四节　环境监测

环境监测是环境保护工作的耳目,是环境质量评价的基础,也是环境管理规划和立法的科学依据。搞好环境监测对发展环境科学,搞好环境保护工作都是十分重要的。

一、环境监测的目的和任务

环境监测的最终目的是提供及时、准确、全面反映环境质量和污染源现状及发展趋势的信息,为环境规划与管理、环境评价和污染源控制等提供科学的依据。对矿山企业而言,环境监测的主要任务可概括为以下几方面:

(1) 评价矿区环境质量,预测矿区环境质量变化趋势。

① 提供矿区环境质量现状数据,判断是否符合国家制定的环境质量标准。

② 掌握矿区环境污染物的时空分布特点,追踪污染途径,寻找污染源,预测污染的发展动向。

③ 评价矿区污染治理的实际效果。

(2) 为制定矿区环境法规、标准、环境规划、环境污染综合防治对策提供科学依据。

① 积累大量的不同矿区的污染数据,依据科学技术和经济水平,制定切实可行的环境保护法规和标准。

② 根据监测数据,预测污染的发展趋势,为做出正确的决策、制定环境规划提供可靠的资料。

③ 为环境质量评价提供准确数据。

(3) 收集环境本底值及其变化趋势数据,积累长期监测资料,为保护人类健康和合理使用自然资源,以及为确切掌握环境容量提供科学依据。

(4) 揭示矿区新的环境问题,确定新的污染因素,为矿区环境管理与污染控制提供研究方向。

二、环境监测的内容和方法

环境监测的内容一般应包括两个方面,即污染源监测和环境监测。

污染源监测就是在矿区内的废气、废水的排放口，设置自动监测仪器，或定期定点采样分析排出物的有害物质浓度。

环境监测则是定期定点采集分析环境因素，或在固定点安置自动监测仪器，进行化学、物理或生物学的测定分析，以观察环境被污染的状况。

这两方面的监测都是以国家颁布的环境标准和排放标准为依据的。二者相辅相成，对于正确评价环境质量，制定防治措施，都是不可缺少的组成部分。

矿区环境监测包括大气、水质、土壤污染监测，固体废弃物监测，噪声污染监测，放射性污染监测等内容，环境监测方法通常有化学监测法、物理监测法和生物监测法三种。

(1) 化学监测法。这是以化学反应为基础的一种监测方法，其优点是设备简单、经济、易于普遍推广。

(2) 物理监测法。物理监测法具有灵敏、快速、简便、易实现自动化的优点，是今后监测手段的发展方向。但该法所需仪器设备较多，且价格昂贵，目前在国内矿山环境监测中虽占一定比重，但尚未全面展开。

(3) 生物监测法。这是一种利用生物对污染物质的灵敏反应进行环境监测的方法。监测方法参照执行国家有关技术标准和规范。

三、环境监测的组织体系

为适应环境监测工作的需要，必须在全国建立环境监测中心，各地方建立环境监测中心或监测站，形成全国从中央到地方的环境监测网络。其组织体系如图 11-2 所示。由图 11-2 可以看出，各级环境监测站是同级主管部门的监测机构，全面负责本地区的环境监督、检查和监测工作。对矿区而言，应设立矿区环境监测站，它应是全国环境监测网络中的一个基础分支。根据国家有关矿山企业的法令、条例和规定，对矿区环境进行监督、检查和监测工作。

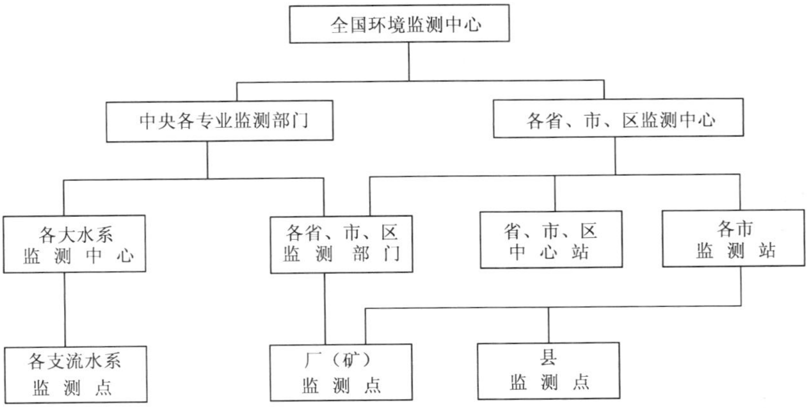

图 11-2　全国环境监测网络图

参 考 文 献

[1] 白建峰,崔龙鹏,黄文辉,等.煤矸石释放重金属环境效应研究:淮南煤矿塌陷区水体试验场实例调查[J].煤田地质与勘探,2004,32(4):7-10.

[2] 鲍含诚,李庆海.矿山粉尘与相关疾病[M].北京:煤炭工业出版社,1999.

[3] 毕银丽,吴王燕,刘银平.丛枝菌根在煤矸石山土地复垦中的应用[J].生态学报,2007,27(9):3738-3743.

[4] 卞正富,翟广忠.矿区土地复垦规划的理论与实践[M].北京:煤炭工业出版社,1996.

[5] 蔡光琪,魏强.露天采矿中的环境问题与土地复垦[J].煤矿环境保护,2000,14(6):28-32.

[6] 陈荐.钢球磨煤机噪声控制技术[M].北京:中国电力出版社,2002.

[7] 陈杰瑢.环境工程技术手册[M].北京:科学出版社,2008.

[8] 陈玲,赵建夫.环境监测[M].北京:化学工业出版社,2004.

[9] 陈清,卢国珵.微量元素与健康[M].北京:北京大学出版社,1989.

[10] 陈秋计,孔云峰,刘昌华,等.基于能值理论的开采沉陷地养分变化研究[J].农业环境科学学报,2007,26(6):2125-2128.

[11] 陈喜红.银金矿总废水处理研究[J].湖南有色金属,2000,16(5):31-33.

[12] 陈余道,蒋亚萍.环境地质学[M].北京:冶金工业出版社,2004.

[13] 戴国钧.地方性氟中毒[M].呼和浩特:内蒙古人民出版社,1985.

[14] 邓寅生.煤炭固体废物利用与处置[M].北京:中国环境科学出版社,2008.

[15] 范锦忠.利用煤矸石生产节能型超轻陶粒[J].墙材革新与建筑节能,2006(8):32-34.

[16] 冯启言,王华,李向东,等.华东地区矿井水的水质特征与资源化技术[J].中国矿业大学学报,2004,33(2):193-196.

[17] 付松波,陈志.我国地方性砷中毒基础研究工作进展[J].中国地方病学杂志,2006,25(5):585-587.

[18] 高亮.我国煤矿矿井水处理技术现状及其发展趋势[J].煤炭科学技术,2007,35(9):1-5.

[19] 高艳玲.固体废物处理处置与资源化[M].北京:高等教育出版社,2007.

[20] 宫成,丁杨,侯世占.矿山生态环境的恢复治理[J].煤炭技术,2008,27(10):3-5.

[21] 桂和荣.环境保护概论[M].北京:煤炭工业出版社,2002.

[22] 国家环境保护总局环境影响评价管理司.环境影响评价岗位培训教材[M].北京:化学工业出版社,2006.

[23] 国家环境保护总局环境影响评价管理司.煤炭开发建设项目生态环境保护研究与实践[M].北京:中国环境科学出版社,2006.

[24] 国家环境保护总局科技标准司.中国环境保护标准汇编 2004—2006 年(下册)[M].北京:中国环境科学出版社,2006.

[25] 国土资源部地质环境司，国土资源部宣传教育中心. 中国地质灾害与防治[M]. 北京：地质出版社，2003.
[26] 韩家骅，靳朝阳. 矿山企业的噪声源及治理措施[J]. 矿业工程，2008，6(1)：60-61.
[27] 郝吉明. 大气污染控制工程 [M]. 北京：高等教育出版社，1989.
[28] 何芳，徐友宁，陈华清，等. 西北地区矿山地质灾害的现状及其时空分布特征[J]. 地质通报，2008，27(8)：1245-1255.
[29] 何金军，魏江生，贺晓，等. 采煤塌陷对黄土丘陵区土壤物理特性的影响[J]. 煤炭科学技术，2007，35(12)：92-96.
[30] 何绪文. 废水处理与矿井水资源化[M]. 北京：煤炭工业出版社，2002.
[31] 胡文容. 煤矿矿井水及废水处理利用技术[M]. 北京：煤炭工业出版社，1998.
[32] 胡振琪，张光灿. 煤矸石山复垦[M]. 北京：煤炭工业出版社，2006.
[33] 环境保护部科技标准司. 中国环境保护标准全书(2007—2008 年)[M]. 北京：中国环境科学出版社，2008.
[34] 黄盛初，刘文革，赵国泉. 中国煤层气开发利用现状及发展趋势[J]. 中国煤炭，2009，35(1)：5-10.
[35] 黄益宗，王毅力. 选矿废水的污染治理及其循环利用对策[J]. 科技创新导报，2008，5(4)：183.
[36] 纪万斌. 工程塌陷与治理[M]. 北京：地震出版社，1998.
[37] 姜建军. 矿山环境管理实用指南[M]. 北京：地震出版社，2004.
[38] 蒋家超，招国栋，赵由才. 矿山固体废物处理与资源化[M]. 北京：冶金工业出版社，2007.
[39] 金银龙，梁超轲，何公理，等. 中国地方性砷中毒分布调查(总报告)[J]. 卫生研究，2003，32(6)：519-540.
[40] 金毓峑，李坚，孙治荣. 环境工程设计基础[M]. 北京：化学工业出版社，2002.
[41] 鞠海燕，黄春文，罗文海，等. 金属矿山酸性废水危害及治理技术的现状与对策[J]. 中国钨业，2008，23(2)：41-44.
[42] 李富平，杨福海，袁怀雨. 矿业开发密集地区景观生态重建[M]. 北京：冶金工业出版社，2007.
[43] 李桂芬. 煤矸石综合利用[J]. 煤炭技术，2006，25(4)：116-118.
[44] 李家华. 环境噪声控制[M]. 北京：冶金工业出版社，1995.
[45] 李松盛. 矿山噪声及其治理　第一讲　矿山噪声特征[J]. 工业安全与防尘，1992，18(4)：43-46.
[46] 李毅，李蘅，张静. 我国矿山地质灾害主要类型和勘查防治方法[J]. 矿产与地质，2004，18(1)：62-64.
[47] 李志锋，李巍. 浅谈矿井水的防治措施[J]. 西部探矿工程，2009，21(1)：119-120.
[48] 梁超轲. 地方性砷中毒研究评述[J]. 医学研究杂志，2006，35(12)：3-5.
[49] 林炳营. 环境地球化学简明原理[M]. 北京：冶金工业出版社，1990.
[50] 林肇信. 大气污染控制工程[M]. 北京：高等教育出版社，1991.
[51] 刘宝录. 麻风病、地方病临床诊治指南[M]. 兰州：甘肃科学技术出版社，2008.

[52] 刘春荣,朱彩平.煤矸石在道路工程建设中的应用[J].煤炭企业管理,2001(9):46.
[53] 刘仁学,高连选,赵民.山西煤矿矿井水处理与利用[J].煤矿环境保护,2000,14(2):35-37.
[54] 刘文军,刘泽林.开展清洁生产是有色金属矿山可持续发展的必然选择[J].新疆有色金属,2008,31(S2):119-121.
[55] 刘永祺,丁厚灿,陈西平,等.矿山开发建设项目环境影响评价的特点与方法探讨[J].四川环境,1999,18(1):50-52.
[56] 罗仙平,谢明辉.金属矿山选矿废水净化与资源化利用现状与研究发展方向[J].中国矿业,2006,15(10):51-56.
[57] 马德朝.煤矿局部通风机噪声机理及控制方法[J].科技资讯,2007,5(7):28-29.
[58] 马小娥,王敏丽,郭晖,等.Acheson 法低温合成 SiCp/Al_2O_3 理论及工艺研究[J].中国陶瓷工业,2007,14(2):18-23.
[59] 牛冬杰,孙晓杰,赵由才.工业固体废物处理与资源化[M].北京:冶金工业出版社,2007.
[60] 潘懋,李铁锋.环境地质学[M].2 版.北京:高等教育出版社,2003.
[61] 潘英杰.我国铀矿冶设施退役环境治理现状及应采取的对策[J].铀矿冶,1997,16(4):227-236.
[62] 彭建,蒋一军,吴健生,等.我国矿山开采的生态环境效应及土地复垦典型技术[J].地理科学进展,2005,24(2):38-48.
[63] 邱希青,王宗香,寿冀平.山东省矿山地面塌陷地质灾害现状、趋势分析及其防治[J].地质调查与研究,2005,28(3):174-179.
[64] 冉斌.利用煤矸石、工业石膏煅烧阿利特-硫铝酸盐水泥熟料[J].水泥,2006(5):14-15.
[65] 戎秋涛,翁焕新.环境地球化学[M].北京:地质出版社,1990.
[66] 盛连喜.环境生态学导论[M].北京:高等教育出版社,2002.
[67] 石林华,汪龙琴.矿井水资源化及污染控制技术探讨[J].采矿技术,2008,8(1):86-88.
[68] 史克杰,高立柏,范华.空压机噪声及其测试[J].煤矿环境保护,1999,13(6):18-20.
[69] 舒新前,周安宁.洁净煤技术概论[M].北京:煤炭工业出版社,1997.
[70] 宋书巧,周永章.矿山清洁生产示范研究[J].中国人口·资源与环境,2003,13(3):106-110.
[71] 谭见安.环境生命元素与克山病:生态化学地理研究[M].北京:中国医药科技出版社,1996.
[72] 唐绍辉,吴壮军,陈向华.地下深井矿山岩爆发生规律及形成机理研究[J].岩石力学与工程学报,2003,22(8):1250-1254.
[73] 唐述虞.铁矿酸性排水的人工湿地处理[J].环境工程,1996,14(4):3-7.
[74] 唐孝辉.山西采煤沉陷区现状、危害及治理[J].生态经济,2016,32(2):6-9.
[75] 汪劲.中外环境影响评价制度比较研究:环境与开发决策的正当法律程序[M].北京:北京大学出版社,2006.
[76] 王斌,陈建宏,欧阳海鸥,等.矿山清洁生产评价体系的建立[J].矿业快报,2006,22(2):32-34.

[77] 王国荃,吴顺华.地方性砷中毒的研究进展[J].新疆医科大学学报,2004,27(1):18-20.

[78] 王惠雷.冶金矿山企业的噪声现状及其治理措施[J].工业建筑,2002,32(2):69-70.

[79] 王明伟,陈治,孙永年.地质灾害调查与评价[M].北京:地质出版社,2008.

[80] 王伟,张洪江,张成梁,等.煤矸石山植被恢复影响因子初探:以山西省阳泉市280煤矸石山为例[J].水土保持通报,2008,28(2):147-152.

[81] 王晓春,蔡体久,谷金锋.鸡西煤矿矸石山植被自然恢复规律及其环境解释[J].生态学报,2007,27(9):3744-3751.

[82] 王旭昭,王洪勇,曲金洪.红透山铜矿岩爆灾害特征及其地质条件分析[J].地质与勘探,2005,41(6):102-106.

[83] 王永安,朱云辉.矿井瓦斯防治[M].北京:煤炭工业出版社,2007.

[84] 韦冠俊.矿山环境工程[M].北京:冶金工业出版社,2001.

[85] 卫修君.煤矿水的灾害防治与资源化[M].北京:煤炭工业出版社,2008.

[86] 魏东岩.矿山地质灾害分析[J].化工矿产地质,2003,25(2):89-93.

[87] 魏振枢,杨永杰.环境保护概论[M].北京:化学工业出版社,2007.

[88] 吴国昌,甄习春.河南省矿山环境问题研究[M].北京:中国大地出版社,2007.

[89] 吴志亮.环境地质学[M].重庆:重庆大学出版社,2001.

[90] 肖和平,潘芳喜.地质灾害与防御[M].北京:地震出版社,2000.

[91] 肖涌洪.煤炭洗选技术的现状与展望[J].科技情报开发与经济,2006(21):177-178.

[92] 谢光炎,戴文灿,孙水裕.硫化沉淀浮选法处理矿山井下废水研究[J].有色金属(选矿部分),2003(2):41-43.

[93] 谢锡纯,李晓豁.矿山机械与设备[M].徐州:中国矿业大学出版社,2000.

[94] 邢一德.MDEA脱碳气碳化煤球工艺的开发与应用[J].化工设计通讯,1999,25(2):15-17.

[95] 熊振湖,费学宁,池勇志,等.大气污染防治技术及工程应用[M].北京:机械工业出版社,2003.

[96] 徐茗,刘秉慈,张相民,等.温石棉诱发人胚肺细胞恶性转化中端粒酶的作用[J].中华预防医学杂志,2004,38(3):34-39.

[97] 徐曙光.国外矿山环境立法综述[J].国土资源情报,2009(8):20-24.

[98] 徐友宁,何芳,袁汉春,等.中国西北地区矿山环境地质问题调查与评价[M].北京:地质出版社,2006.

[99] 徐子芳,杨政,邹小童,等.煤系废物地聚合物稳定/固化重金属离子效果研究[J].环境科学学报,2015,35(3):812-818.

[100] 姚运先.水环境监测[M].北京:化学工业出版社,2005.

[101] 尹国勋,付新峰,赵群华,等.永城矿区高氟地下水的氟源及其地质构造因素:永城矿区高氟污染地下水成因探讨之一[J].焦作工学院学报(自然科学版),2002,21(2):110-113.

[102] 尹国勋,谢洪波,赵群华,等.煤矿环境地质灾害及其分类、环境效应和影响特点[J].煤矿环境保护,2000,14(2):8-11.

[103] 尹宏，郭佳忠，段成矩，等. 钙离子与SiO_2引起的巨噬细胞损伤[J]. 中华劳动卫生职业病杂志，1991，9(6)：324.

[104] 俞启香. 矿井灾害防治理论与技术[M]. 2版. 徐州：中国矿业大学出版社，2008.

[105] 庾莉萍. 我国矿山生态环保问题大、责任重[J]. 资源与人居环境，2008(17)：51-55.

[106] 喻永林. 腐植酸钠煤棒制作和气化工艺的特点[J]. 化肥工业，2004，31(5)：13-16.

[107] 袁航，石辉. 矿井水资源利用的研究进展与展望[J]. 水资源与水工程学报，2008，19(5)：50-57.

[108] 曾键年. 矿山安全与矿山环境保护[M]. 北京：地质出版社，1998.

[109] 曾石林. 酸性矿井水回收再利用[J]. 工程建设，2013，45(3)：60-62.

[110] 张福有，李建勋. 矿山环境工程学[M]. 西安：陕西科学技术出版社，1986.

[111] 张广迅. 煤矿空压机噪声的控制[J]. 煤炭科技，2006(1)：34-35.

[112] 张国良. 矿区环境与土地复垦[M]. 徐州：中国矿业大学出版社，1997.

[113] 张佳维，梁麟. 煤矿废水综合治理与利用[J]. 山西建筑，2013，39(16)：128-129.

[114] 张锦瑞，王伟之，秦煜民. 尾矿库土地复垦的研究现状与方向[J]. 有色金属(选矿部分)，2000(3)：42-45.

[115] 张丽芬，曾夏生，姚运生，等. 我国岩溶塌陷研究综述[J]. 中国地质灾害与防治学报，2007，18(3)：126-130.

[116] 张丽萍，唐克丽. 矿山泥石流[M]. 北京：地质出版社，2001.

[117] 张志，赵永斌，刘如意. 微电解—中和沉淀法处理酸性重金属矿山地下水的试验研究[J]. 有色金属(选矿部分)，2002(2)：45-47.

[118] 招文锐，杨兵，朱新民，等. 人工湿地处理凡口铅锌矿金属废水的稳定性分析[J]. 生态科学，2001，20(4)：16-20.

[119] 赵水阳，孟志军，张才德. 矿山自然生态环境保护与治理规划理论与实践[M]. 北京：地质出版社，2006.

[120] 中国科学院地球化学研究所. 高等地球化学[M]. 北京：科学出版社，1998.

[121] 中国煤层气有限责任公司. 中国煤层气开发产业化对策研究[M]. 北京：石油工业出版社，2007.

[122] 周新祥. 噪声控制技术及其新进展[M]. 北京：冶金工业出版社，2007.

[123] 周筝. 国内外清洁生产进展现状综述[J]. 能源与环境，2007(4)：20-22.

[124] 朱蓓丽. 环境工程概论[M]. 北京：科学出版社，2001.

[125] BAO C K，LU Y S，SHANG J C. Framework and operational procedure for implementing strategic environmental assessment in China[J]. Environmental Impact Assessment Review，2004，24(1)：27-46.

[126] LESUR O J，MANCINI N M，HUMBERT J C，et al. Interleukin-6，interferon-gamma，and phospholipid levels in the alveolar lining fluid of human lungs[J]. Chest，1994，106(2)：407-413.

[127] PARIHAR Y S，PATNAIK J P，NEMA B K，et al. Coal workers' pneumoconiosis：a study of prevalence in coal mines of eastern Madhya Pradesh and Orissa states of India[J]. Industrial Health，1997，35(4)：467-473.

[128] WU P,TANG C Y,LIU C Q,et al. Geochemical distribution and removal of As,Fe, Mn and Al in a surface water system affected by acid mine drainage at a coalfield in Southwestern China[J]. Environmental Geology,2009,57(7):1457-1467.

[129] RIHS H P,LIPPS P,MAY-TAUBE K,et al. Immunogenetic sudies on HLA-DR in German coal miners with and without coal worker's pneumoconiosis[J]. Lung, 1994,172(6):347-354.

[130] LIN C,TONG X,LU W,et al. Environmental impacts of surface mining on mined lands, affected streams and agricultural lands in the Dabaoshan Mine region, Southern China[J]. Land Degradation & Development,2005,16(5):463-474.

[131] BARHAD B, MANOLESCU N, SIMIONESCU N, et al. Changes concerning the external structure of peritoneal macrophages, due to the DQ-12 standard dust[J]. Environmental Research,1983,31(2):256-265.

[132] BANKS D,YOUNGER P L,ARNESENR T,et al. Mine-water chemistry:the good, the bad and the ugly[J]. Environmental Geology,1997,32(3):157-174.